国家科学技术学术著作出版基金资助出版

烟气多污染物控制原理与技术

尹华强　郭家秀　楚英豪　李建军　刘勇军　著

科学出版社
北　京

内 容 简 介

资源环境约束与实现碳达峰、碳中和目标是我国电力、钢铁、有色、石化、建材等行业工业烟气治理技术进步和产业发展面临的挑战与机遇。本书系统阐述了烟气多污染物控制原理、方法与技术，重点介绍烟气脱硫、脱硝、脱碳、脱汞、除氟及碱金属脱除等方面的基本原理、主要工艺、关键设备及典型工程案例。

本书可供工业烟气污染控制与碳捕集研究相关科研人员与学生阅读，也可供政府环境保护等有关部门及企事业单位相关科研及工程人员参考使用。

图书在版编目（CIP）数据

烟气多污染物控制原理与技术 / 尹华强等著. —北京：科学出版社，2022.5

ISBN 978-7-03-071936-2

Ⅰ. ①烟… Ⅱ. ①尹… Ⅲ. ①工业废气-废气治理-研究 Ⅳ. ①X701

中国版本图书馆 CIP 数据核字（2022）第 046087 号

责任编辑：叶苏苏 孙静惠 / 责任校对：樊雅琼
责任印制：罗 科 / 封面设计：义和文创

科学出版社 出版
北京东黄城根北街 16 号
邮政编码：100717
http://www.sciencep.com
四川煤田地质制图印刷厂 印刷

科学出版社发行 各地新华书店经销

*

2022 年 5 月第 一 版 开本：787 × 1092 1/16
2022 年 5 月第一次印刷 印张：22 1/4
字数：525 000

定价：249.00 元

（如有印装质量问题，我社负责调换）

序

大气环境问题，特别是以多污染物共存、多污染源叠加、多尺度关联、多过程演化、多介质影响为特征的复合型大气污染问题影响公众健康、区域空气质量和全球气候，是我国实现高质量发展和人类社会可持续发展面临的极大挑战。

国内外对大气环境问题开展了多年研究，取得了大量成果，但防治大气污染、改善空气质量、保护人体健康和生态环境、应对气候变化依然任重道远。本书编写团队对大气污染治理技术的研究始于 20 世纪 70 年代，通过对大气环境问题多年的认识、思考、探索，深刻体会到大气环境问题具有多样性、复杂性、多变性，需要对大气环境科学技术不断探索、不断创新，特别是中国大气环境问题的独特性需要我国科技工作者在学习国外先进科技成果的基础上更多地独立思考、独立发现、独立表述，更系统、全面、科学地认识大气环境问题，探索新原理、新方法、新途径，研究开发新材料、新设备、新工艺，以多样化、精准化、智慧化、绿色化的先进适用技术支持大气环境治理。为此，在众多同仁鼓励下本书撰写团队编写了此书，以期抛砖引玉。

尹华强

2022 年 2 月 25 日

前　言

大气环境及其演化对人类的生存与发展十分重要。全球大规模的工业化、城镇化引发的大气环境问题，呈现出多污染源多污染物叠加、城市与区域污染复合、污染与气候变化交叉等显著特征，对我国和全球可持续发展是巨大挑战，同时也是科技、经济高质量发展的新机遇。

针对烟气，尤其是工业烟气的治理，以及多污染源多污染物叠加的重点难点，本书基于编写团队在国家“七五”科技攻关环境保护项目、国家自然科学基金项目及省部级相关项目和工程化、产业化等方面的研究成果，概述烟气的种类及特点、烟气中主要污染物的危害，重点阐述烟气污染物控制原理与技术及工程实例，涵盖脱硫、脱硝、脱汞、除氟等方面的基本原理、主要工艺、关键设备以及 CO_2 气体的减排与综合利用。本书介绍的主要技术已经得到工程应用，并取得了良好的经济效益、环境效益和社会效益。

全书共 7 章，第 1 章由尹华强、岑望来撰写；第 2 章由李建军、舒松撰写；第 3 章由楚英豪撰写；第 4 章由刘勇军撰写；第 5 章～第 7 章由郭家秀撰写。全书总体由郭家秀统稿校稿，尹华强策划。

本书的撰写工作得到了国家科学技术学术著作出版基金的支持。书中部分内容参考了有关单位或个人的研究成果，均已在参考文献中列出，在此一并致谢！

烟气多污染控制原理与技术的探索方兴未艾，特别是碳达峰、碳中和的新挑战为其发展提供了新机遇。恳请各位同行与广大读者不吝赐教，共同推动大气环境科学技术进步与产业发展。

目　录

1 绪　　论

1.1 烟　　气

烟气主要指燃料燃烧、工业生产等过程产生的含有烟尘、气态污染物的气体。电力、钢铁、有色、化工、建材、造纸等行业是主要的烟气排放行业。由于燃料、原料不同，烟气产生过程工况条件不同，不同行业烟气主要污染物组成与浓度不同，因而排放的烟气具有不同特性。

1.1.1 烟气中的大气污染物

烟气中的大气污染物主要包括烟尘、硫氧化物、氮氧化物、碳氧化物及一些有害物质(如重金属类、含氟气体、含氯气体等)[1]。根据烟气中大气污染物的存在状态，也可将其分为气溶胶态污染物和气态污染物。

1.1.1.1 气溶胶态污染物

根据颗粒污染物物理性质的不同，可分为如下几种：①粉尘。粉尘指悬浮于气体介质中的固体微粒，通常是在固体物质的破碎、分级、研磨等机械过程或土壤、岩石风化等自然过程形成的。粉尘粒径一般在一微米到几百微米。粒径大于 10μm 的粒子靠重力作用能在较短时间内沉降到地面，称为降尘；小于 10μm 的粒子能长期在大气中漂浮，称为飘尘。②烟。烟通常指由生产过程形成的固体粒子的气溶胶。在工业生产过程中总是伴有诸如氧化之类的化学反应，熔融物质挥发后生成气态物质的冷凝物。烟的粒子是很细微的，粒径范围一般为 0.01～1μm。③飞灰。飞灰指由燃料燃烧后产生的烟气带走的灰分中分散的较细的粒子。灰分是含碳物质燃烧后残留的固体渣，在分析测定时假定它是完全燃烧的。④黑烟。黑烟通常指由燃烧过程中产生的不完全燃烧产物，不包括水蒸气。黑烟的粒径范围为 0.05～1μm。⑤雾。在工程中，雾一般指小液体粒子的悬浮体。它可能是在液体蒸气的凝结、液体的雾化以及化学反应等过程形成的，如水雾、酸雾、碱雾、油雾等，水滴的粒径范围在 200μm 以下。⑥总悬浮颗粒物。总悬浮颗粒物是指大气中粒径小于 100μm 的所有固体颗粒。

1.1.1.2 气态污染物

气态污染物以分子状态存在，常见的有五大类：①以 SO_2 为主的硫氧化物；②以 NO 和 NO_2 为主的氮氧化物；③以烷烃、烯烃、芳香烃及其衍生物(如萘、蒽、苯并芘等)为主的碳氢化合物；④碳氧化物 CO、CO_2；⑤卤素化合物。

气态污染物也可分为无机气态污染物和有机气态污染物两类。①无机气态污染物有硫化物(SO_2、SO_3、H_2S 等)、含氮化合物(NO、NO_2、NH_3 等)、卤素单质(Cl_2 等)、含卤化合物(HCl、HF、SiF_4 等)、碳氧化物(CO、CO_2)以及臭氧、过氧化物等。②有机气态污染物则有碳氢化合物(烷烃、芳香烃、稠环芳烃等)、含氧有机物(醛、酮、酚等)、含氮有机物(芳香胺类化合物、氰等)、含硫有机物(硫醇、噻吩、二硫化碳等)、含氯有机物(氯代烃、氯醇、有机氯农药等)。

直接从污染源排放的污染物称为一次污染物。一次污染物有颗粒物、硫氧化物、氮氧化物、烃类化合物和碳氧化物、重金属等。一次污染物为烟气污染控制的主要对象。一次污染物在大气中互相作用，经物理、化学或物理化学作用形成的与一次污染物的物理、化学性质完全不同的新的大气污染物称为二次污染物。大气中的二次污染物种类繁多，受到普遍重视的有臭氧、酸雾和盐类及光化学烟雾等。

大气污染物的一般特征是来源广，数量大，有气味，有毒性，能够协同转化和长程扩散迁移，与人类生存息息相关。排放到大气中的各种污染物经历一系列的物理化学过程：扩散、迁移、转化和循环，它们在大气中的滞留时间长短决定了其对人类或环境危害的程度。表 1-1 为几种常见大气污染物的特征。

表 1-1 主要大气污染物的特征[2]

污染物	主要来源		对流层中停留时间	转化作用
	人为源	天然源		
SO_2	火电、化石燃料燃烧	火山、海水	约 4 天	氧化成硫酸及其盐
CO	燃烧、交通	林火、海洋	0.1～0.3 年	
CO_2	燃烧	生物分解、火山、林火	4 年	生物吸收，光合作用，海洋吸收
H_2S	污水处理过程	生物分解、火山	约 2 天	氧化，湿沉降
O_3	光化学反应	雷电、火山、林火	30～90 天	还原为 O_2
NO_x	燃烧、化学过程	土壤生物作用	5 天	氧化，湿沉降
NH_3	废物处理	生物腐败	2～5 天	与 SO_2 作用生成铵盐
CH_4	农牧业	天然气、生物分解		光化学反应
非甲烷烃类化合物	燃烧、化学过程	生物过程		光化学反应
气溶胶	工农业、交通	火山、林火、扬尘	10～30 天	湿沉降

1.1.2 烟气中主要污染物的物理化学性质、排放状况及危害

1.1.2.1 硫氧化物

(1) 硫氧化物的物理化学性质

硫的氧化物有 5 种：SO、S_2O_3、SO_2、SO_3、SO_4。其中最重要的是 SO_2 和 SO_3。SO_2 是具有强烈刺激性气味的无色气体，其分子结构为角状，O—S—O 键角 120°，S—O 键长 0.143nm。SO_2 分子中的 S 原子呈 sp^2 杂化态，在不成键的杂化轨道中有一对孤电子。

两个 S—O 键具有双键特征。在 SO_2 分子中，S 的氧化数为+4，介于其最低氧化数–2 和最高氧化数+6 之间，因此，SO_2 既可作为氧化剂，也可作为还原剂，但主要是还原剂。SO_2 易溶于水形成亚硫酸。亚硫酸实际上是 SO_2 的水合物，具有中等程度的腐蚀性，可以缓慢地与空气中的氧结合，形成腐蚀性和刺激性更强的硫酸。

SO_3 是由 SO_2 催化氧化而得，无色，易挥发，熔点为 16.8℃，沸点为 44.8℃，密度在–10℃时为 2.29g/cm^3，20℃时为 1.92g/cm^3。在蒸气状态下 SO_3 分子结构为平面三角形，键角 120°，S—O 键长 0.143nm，具有双键特征，其中 S 原子呈 sp^2 杂化态。固体 SO_3 有两种形态：纤维状$(SO_3)_n$ 和冰状结构的三聚体$(SO_3)_3$。SO_3 是强氧化剂，其中 S 原子处于最高氧化态(+6)。SO_3 能与不溶解的碱性或两性氧化物作用，生成可溶性盐。SO_3 与水作用生成 H_2SO_4，同时放出大量热：

$$SO_3 + H_2O \longrightarrow H_2SO_4 + 79.55\text{kJ} \tag{1-1}$$

(2) SO_2 的排放状况

图 1-1 列出了我国 2000～2019 年 SO_2 排放总量的变化。1995 年，由于国家对粉尘、SO_2 等主要污染物排放实施总量控制和经济结构调整，SO_2 排放量逐年减少，到 2002 年降至 19.26×10^{6}t(19.26Mt)。然而，从 2003 年开始，随着经济的快速发展，SO_2 排放量逐年升高，2006 年达到 25.89Mt。此后，随着我国经济结构的调整和环保标准趋于严格，SO_2 排放量逐渐降低，2012 年排放量降至 21.2Mt，但仍高于 2002 年排放水平。2015 年排放量降至 18.59Mt，低于 2002 年的排放水平。2016 年后，SO_2 排放量的统计更为科学，其统计数据明显不同于 2016 年以前的数据，但是仍然可见，工业源排放是我国 SO_2 排放的主要源头，占总排放量的 85%左右。生活源排放主要是由城镇供热取暖、餐饮等过程

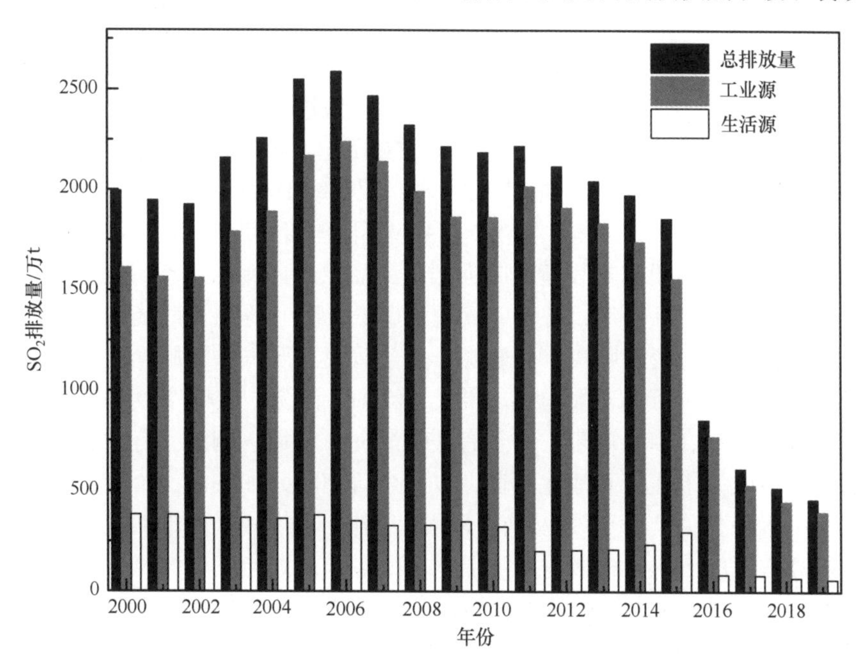

图 1-1 我国 2000～2019 年 SO_2 排放状况

数据来源：2000～2015 年数据来源于历年《环境统计年报》；2016～2019 年数据来源于历年《中国生态环境统计年报》

造成的。近年来，由于采用集中供暖，使用型煤和清洁燃料等方式，我国生活源 SO_2 排放量呈逐年降低趋势。2019 年，全国 SO_2 排放量为 457.3 万 t，相比 2016 年下降 46.5%。其中，工业源 SO_2 排放量为 395.4 万 t，占全国 SO_2 排放量的 86.5%；生活源 SO_2 排放量为 61.3 万 t，占全国 SO_2 排放量的 13.4%。

我国 SO_2 排放源还具有明显的地域和行业特征。2019 年 SO_2 排放量超过 25 万 t 的省份有 5 个，分别为内蒙古、河北、江苏、山东和辽宁。其中内蒙古是唯一一个 SO_2 排放量超过 30 万 t 的省份，达到 35.2 万 t，占全国 SO_2 总排放量的 7.7%。天津、上海、海南、西藏和北京排放量低于 5 万 t。工业源 SO_2 排放量最大的地区是内蒙古，生活源 SO_2 排放量最大的省份是湖南。

2019 年，在调查统计的 42 个工业行业中，SO_2 排放量排名前 3 位的行业依次为非金属矿物制品业，电力、热力生产和供应业，黑色金属冶炼和压延加工业。3 个行业的 SO_2 排放量合计为 262 万 t，约占全国工业源 SO_2 排放量的 66%。2017～2019 年工业行业 SO_2 排放情况见表 1-2。

表 1-2　工业行业 SO_2 排放情况

年份	合计(万 t)	各行业占比			
		非金属矿物制品业	电力、热力生产和供应业	黑色金属冶炼和压延加工业	其他
2017	529.9	23.5%	27.8%	15.5%	33.3%
2018	446.7	23.9%	26.7%	16.3%	33.1%
2019	395.4	26.2%	23.8%	16.2%	33.7%

(3) SO_2 的危害

SO_2 为无色、有强烈刺激性气味的气体，对人体呼吸器官有很强的毒害作用，还可通过皮肤经毛孔侵入人体或通过食物和饮水经消化道进入人体而造成危害。空气中 SO_2 的浓度只有 1×10^{-6} 时，人就会感到胸部有一种被压迫的不适感；当浓度达到 8×10^{-6} 时，人就会感到呼吸困难；当浓度达到 10×10^{-6} 时，咽喉纤毛就会排出黏液。

人体主要经呼吸道吸收大气中的 SO_2，引起不同程度的呼吸道及眼结膜的刺激症状。急性中毒者表现出眼结膜和呼吸道黏膜强烈刺激症状，如流泪，鼻、咽、喉烧灼感及疼痛，咳嗽，胸闷，胸骨后疼痛，心悸，气短，恶心，呕吐等。长期接触低浓度 SO_2 可引起慢性损害，以慢性鼻炎、咽炎、气管炎、支气管炎、肺气肿、肺间质纤维化等病理改变为常见。轻度中毒者可出现眼灼痛、畏光、流泪、流涕、咳嗽(常为阵发性干咳)，鼻、咽、喉部有烧灼样痛，声音嘶哑，甚至有呼吸短促、胸痛、胸闷。有时还出现消化道症状，如恶心、呕吐、上腹痛和消化不良，以及全身症状，如头痛、头昏、失眠、全身无力等。严重中毒很少见，可于数小时内发生肺水肿，出现呼吸困难和发绀，咳粉红色泡沫样痰。较高浓度的 SO_2 可使肺泡上皮脱落、破裂，引起自发性气胸，导致纵隔气肿。SO_2 的危害在于它常常跟大气中的飘尘结合在一起被吸入，飘尘气溶胶微粒可把 SO_2 带到肺部使毒性增加 3～4 倍，对人体造成危害。

如果 SO_2 遇到水蒸气，形成硫酸雾，就可以长期滞留在大气中，毒性比 SO_2 大 10

倍左右。一般情况下，SO_2 含量达到 8×10^{-6} 时，人开始感到难受；而硫酸雾浓度还不到 80×10^{-6} 时，人已经开始不能接受。“八大公害事件”中的伦敦烟雾事件就是硫酸烟雾引起呼吸道疾病，导致 5 天之内 4000 人死亡，后来又连续发生了 3 次。

SO_2 会给植物带来严重的危害，它的允许含量只有 0.15×10^{-6}，超过这个含量就会使植物的叶绿体受到破坏，组织坏死。SO_2 对植物的危害多发生在生理功能旺盛的成熟叶上，而对幼叶和生理活动衰老的叶的危害程度相对较轻。此外，不同种类的植物对 SO_2 的抗性不同，某些常绿植物、豆科植物和黑麦植物特别容易遭受损害。

1.1.2.2 氮氧化物

(1) 氮氧化物的物理化学性质

氮氧化物 NO_x 有 6 种常见的形式：一氧化二氮(N_2O)、一氧化氮(NO)、二氧化氮(NO_2)、三氧化二氮(N_2O_3)、四氧化二氮(N_2O_4)和五氧化二氮(N_2O_5)。其中 NO 和 NO_2 是重要的大气污染物。

NO 是无色无味无臭的气体，液化点−151.7℃，凝固点−163.6℃。液态与固态的 NO 均呈绿色。NO 在常温下极易氧化为红棕色的 NO_2。NO 微溶于水，0℃时 1 体积水中可溶解 0.07 体积的 NO，但不与水反应，也不与酸、碱反应。在浓硫酸中溶解得很少，在稀硫酸中溶解得更少。溶于浓硝酸，易溶于亚铁盐溶液，特别易溶于硫酸亚铁溶液，更易溶于 CS_2 中。温度较高时，也与许多还原剂反应，例如，红热的 Fe、Ni、C 能把 NO 还原为 N_2，在铂催化剂存在下，H_2 能将其还原为 NH_3。NO 分子内有孤对电子，故可与金属离子形成配合物。例如，NO 与 $FeSO_4$ 溶液形成棕色可溶性的硫酸亚硝酰合铁(I)。

NO_2 为红棕色有窒息性臭味的气体，具有强烈的刺激性，液化点 21.2℃，凝固点−11.2℃。液态 NO_2 为黄色，固态 NO_2 为白色。NO_2 是具有顺磁性的单电子分子，易发生聚合作用生成抗磁性的二聚体 N_2O_4。在聚合体中 N_2O_4 和 NO_2 的组成与温度有关，在极低的温度以固态存在时，NO_2 全部聚合成无色的 N_2O_4 晶体。当达到熔点−9℃时，N_2O_4 发生部分解离，其中含有 0.7%的 NO_2，故液态 N_2O_4 呈黄色。当达到沸点 20℃左右时，红棕色气体为 NO_2 和 N_2O_4 的混合物，其中约含 15%的 NO_2。当温度达到 140℃以上时，N_2O_4 全部转变为 NO_2，所以 N_2O_4 与 NO_2 共存的温度范围为−9～140℃。NO_2 与 N_2O_4 气体混合物的氧化性很强，能把 SO_2 氧化为 SO_3，碳、硫、磷均能在其中燃烧。它溶于浓硝酸、CS_2 和三氯甲烷。当温度超过 150℃时，NO_2 发生分解：

$$2NO_2(g) \xrightleftharpoons{150℃} 2NO + O_2 \tag{1-2}$$

NO_2 易溶于水，溶于少量冷水，生成硝酸和 N_2O_3。在水很多时歧化为 HNO_3 和 HNO_2。HNO_2 不稳定，受热立即分解成 NO 和 NO_2，因此 NO_2 溶于热水得 HNO_3 和 NO。

(2) 氮氧化物的排放状况

我国的 NO_x 历年排放总量的确切数据迄今尚不完整，只有火电厂有记录可查。按照 1980～2000 年的零散资料，20 年间我国的 NO_x 排放总量从 486 万 t/a 跃升至 1177 万 t/a，净增 1.4 倍。图 1-2 列出了我国 2006～2019 年 NO_x 排放总量的变化。自 2011 年起机动车污染物排放情况(移动源)与生活源分开单独统计。由图 1-2 可见，2011 年排放量为 2404

万 t，达到历史最高。此后，NO_x排放总量和工业 NO_x排放量呈逐年下降趋势，移动源 NO_x排放量总体持平并在 2018 年超过工业 NO_x排放量，固定源 NO_x排放得到有效控制。2019 年，全国 NO_x排放量为 1233.9 万 t，其中工业源 NO_x排放量为 548.1 万 t，占全国 NO_x排放量的 44.4%；生活源 NO_x排放量为 49.7 万 t，占全国 NO_x排放量的 4.0%；机动车 NO_x排放量为 633.6 万 t，占全国 NO_x排放量的 51.3%。

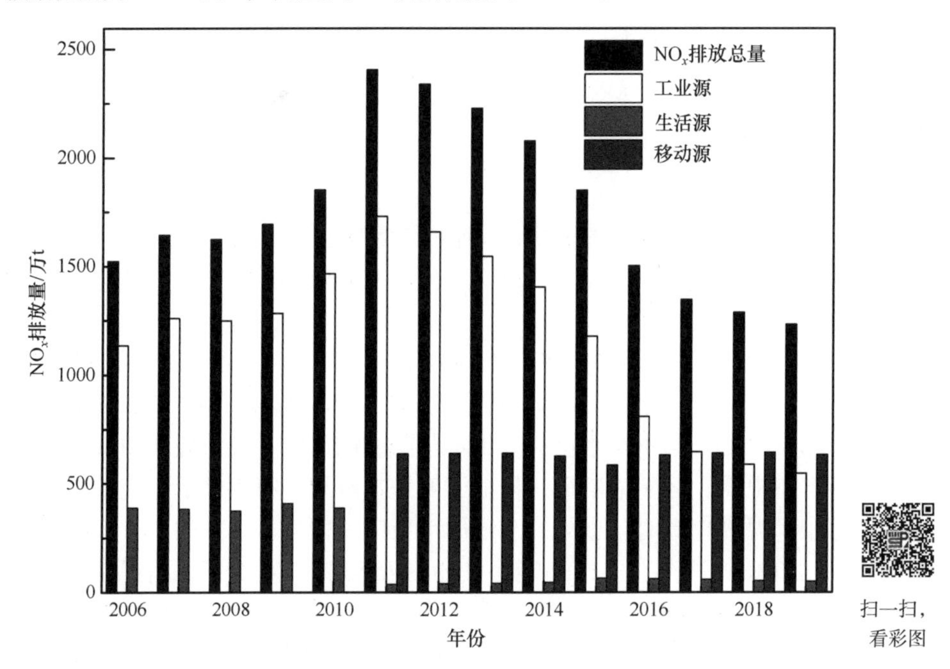

图 1-2　我国 2006～2019 年 NO_x排放状况

2006～2015 年数据来源于历年《环境统计年报》；2016～2019 年数据来源于历年《中国生态环境统计年报》

我国 NO_x排放的地域分布也极不平衡。排放量前十的省份为山东、河北、河南、江苏、辽宁、山西、广东、内蒙古、浙江、黑龙江，其排放总量占全国 NO_x排放总量一半以上，而海南、青海、西藏的 NO_x排放量相对最少。据统计，2015 年，NO_x排放量超过 100 万 t 的省份依次为山东、河北、河南、内蒙古和江苏，5 个省份 NO_x排放量占全国 NO_x排放总量的 33.7%。到 2019 年，NO_x排放量超过 100 万 t 的地区仅有山东和河北两个省份，排放量占全国 NO_x排放总量的 17.1%。工业源 NO_x排放量最大的是江苏，生活源 NO_x排放量最大的是湖南，机动车 NO_x排放量最大的地区是山东。

(3) 氮氧化物的危害

NO_x中造成大气污染的主要是 NO 和 NO_2，其中 NO_2的毒性比 NO 高 4～5 倍。大气中天然排放的 NO_x，主要来自土壤和海洋中有机物分解，属于自然界氮循环过程。人为活动排放的 NO_2主要来自煤炭的燃烧过程。每燃烧 1t 煤则产生 8～9kg NO_x。汽车尾气和石油燃烧的废气中也含有 NO_x，使用肥料过程中也会产生 NO_x。化石燃料燃烧过程中的 NO_x有 90%以上是 NO，NO 进入大气后逐渐氧化成 NO_2。NO_2有刺激性，是一种毒性很强的棕红色气体。当 NO_2在大气中积累到一定量，并遇到强烈的阳光、逆温和静风等条件，便参与光化学反应而形成毒性更大的光化学烟雾。光化学烟雾的危害性极大，能造成农作物减产，对人的眼睛和呼吸道产生强烈的刺激，导致头痛和呼吸道疾病，严重的会使人死亡。

NO 能与血红蛋白作用，降低血液的输氧功能。NO_2 对呼吸器官有强烈刺激，能引起急性哮喘病。NO_x 对眼睛和上呼吸道黏膜刺激较轻，主要侵入呼吸道深部和细支气管及肺泡，到达肺泡后，因肺泡的表面湿度增加，反应加快，在肺泡内可阻留约 80%，一部分变成 N_2O_4。N_2O_4 与 NO_2 均能与呼吸道黏膜的水分作用生成亚硝酸与硝酸，这些酸与呼吸道的碱性分泌物相结合生成亚硝酸盐及硝酸盐，对肺组织产生强烈的刺激和腐蚀作用，可增加毛细血管及肺泡壁的通透性，引起肺水肿。亚硝酸盐进入血液后还可引起血管扩张，血压下降，并可以和血红蛋白作用生成高铁血红蛋白，引起组织缺氧。高浓度的 NO 也可使血液中的氧和血红蛋白变为高铁血红蛋白，引起组织缺氧。因此，在一般情况下当污染物以 NO_2 为主时，肺的损害比较明显，严重时可出现以肺水肿为主的病变，而当混合气体中有大量的 NO 时，高铁血红蛋白的形成就占优势，此时中毒发展迅速，出现高铁血红蛋白症和中枢神经损害症状。人们长期处在 NO_x 含量过高的环境中会导致死亡，室内 NO_x 的含量不能超过 $5mg/m^3$。

NO_x 还可危害植物、材料。NO_2 对植物的危害比 NO 强 5 倍。危害植物的具体症状是：在叶脉间或叶片边缘出现不规则水渍状伤害，使叶子逐渐坏死，出现白色、黄色或褐色斑点。NO_x 对材料的腐蚀作用主要由反应产物硝酸盐和亚硝酸盐引起，可引起织物的染料褪色、加速橡胶制品老化、腐蚀建筑等，造成使用寿命缩短。

NO_x 参与臭氧层的破坏。超声速飞机排放的 NO_x 会破坏臭氧层，改变大气层结构。臭氧层是大气层不可分割的一部分，对大气的循环以及大气的温度分布起着重要的作用。大气层的温度随着高度的变化而变化，臭氧在平流层中通过吸收太阳光的紫外线和地面的红外辐射而使气温升高。当臭氧层被破坏时，会使平流层获得的热量减少，而对流层获得的热量增多，破坏地表对太阳辐射的热量收支平衡，导致全球气候变化。臭氧层的减少导致到达地表的紫外辐射强度增加，紫外线可以促进维生素的合成，对人类骨组织的生长和保护起有益作用，但紫外线中 UV-B 段辐射的增强可以引起皮肤、眼部和免疫系统的疾病。

1.1.2.3 二氧化碳

(1) 二氧化碳的物理化学性质

常温下二氧化碳是一种无色无味气体，密度比空气略大(1.977g/L，所以实验室收集二氧化碳可用向上排空气法)，能溶于水，没有闪点，无色无味。二氧化碳分子结构很稳定，化学性质不活泼。它的沸点低(−78.5℃)，常温常压下是气体。加压降温可得无色液体，再降温可得雪花状固体，再压缩可得干冰，干冰达到−78.5℃，会升华成为气态，不会形成液态。干冰不是冰，是固态二氧化碳。二氧化碳是碳氧化物之一，是无机物，不可燃，通常不支持燃烧，无毒性。二氧化碳可以溶于水并和水反应生成碳酸，而不稳定的碳酸容易分解成水和二氧化碳；还可以和氢氧化钙反应生成碳酸钙沉淀和水，且当二氧化碳过量时生成碳酸氢钙。另外，二氧化碳本身不支持燃烧，但是会和部分活泼金属(如钠、钾、镁)在点燃的条件下反应生成相对应的金属的氧化物和碳。

(2) 二氧化碳的排放状况

1990～1995 年，我国温室气体(非 CO_2 温室气体折算为 CO_2 当量)排放量呈现缓慢增长趋势；1995～2001 年，温室气体排放量基本处于稳定状态：2002 年以后，温室气体排放量呈现近于线性急剧增长的趋势。目前，我国成为世界上最大的温室气体排放国家之一。温室气体的排放不仅对我国环境造成潜在的影响，也使得我国在碳减排领域面临巨大的国际压力。碳捕集与封存(CCS)技术是减排二氧化碳的最直接途径，越来越受到国际社会的重视。2009 年 12 月哥本哈根联合国气候变化大会的召开表明世界各国政府已经意识到节能减排的重要性。我国出台的《"十二五" 控制温室气体排放工作方案》明确规定要大幅度降低温室气体的排放。国务院印发的《"十三五" 控制温室气体排放工作方案》提出，加强能源碳排放指标控制。到 2020 年，能源消费总量控制在 50 亿 t 标准煤以内，单位国内生产总值能源消费比 2015 年下降 15%，非化石能源比重达到 15%。大型发电集团单位供电二氧化碳排放控制在 550g $CO_2/(kW \cdot h)$以内。积极有序推进水电开发，安全高效发展核电，稳步发展风电，加快发展太阳能发电，积极发展地热能、生物质能和海洋能。到 2020 年，力争常规水电装机达到 3.4 亿 kW，风电装机达到 2 亿 kW，光伏装机达到 1 亿 kW，核电装机达到 5800 万 kW，在建容量达到 3000 万 kW 以上。加强智慧能源体系建设，推行节能低碳电力调度，提升非化石能源电力消纳能力。大力推进天然气、电力替代交通燃油，积极发展天然气发电和分布式能源等。由此可见，温室气体的排放在未来几年内必定要达到严格的排放标准。

(3) 二氧化碳的危害

当环境中二氧化碳含量少时，对人体无危害，但其超过一定量时会使人体血液中的碳酸浓度增大，酸性增强，产生酸中毒。空气中二氧化碳的体积分数为 1%时，人会感到气闷，头昏，心悸；4%～5%时感到眩晕；6%以上时人会神志不清、呼吸逐渐停止乃至死亡。二氧化碳密度比空气大，所以在低洼处的浓度较高。人工凿井或挖孔桩时，若通风不良则会造成井底的人员窒息。

空气中一般含有二氧化碳约 0.03%，但由于人类活动(如化石燃料燃烧)影响，二氧化碳含量猛增，导致温室效应增强，引发全球气候变暖、冰川融化、海平面升高等问题，其中最主要的是温室效应。因为二氧化碳具有保温的作用，会逐渐使地球表面温度升高。近 100 年，全球气温升高 0.6℃，照这样下去，预计到 21 世纪中叶，全球气温将升高 1.5～4.5℃。由温室效应所引起的海平面升高，也会对人类的生存环境产生巨大的影响。两极的冰块也将全部融化。所有这些变化对野生动物而言无异于灭顶之灾。

2018 年，全球大气二氧化碳浓度已达到 407.8ppm(1ppm 为 10^{-6})。2021 年 5 月二氧化碳浓度达到 419ppm，为历史最高水平。过去二十年，除了全球因新冠肺炎疫情影响，工业活动降低，从而引起二氧化碳浓度下降外，其他年份二氧化碳浓度呈增长趋势，且增长幅度逐年增加。二氧化碳浓度比工业化之前的 280ppm 高得多，而人为因素是导致二氧化碳浓度急剧上升的主要原因。释放出的二氧化碳中，57%进入大气层，其余的则进入海洋，造成海洋酸化。40%以上的地面二氧化碳排放是由于火山爆发。据估计，每年火山爆发释放 3 亿～4 亿 t 二氧化碳到大气中。人类排放的二氧化碳达火山爆发排放量的约 100 倍，超过 300 亿 t。

1.1.2.4 汞

(1) 汞的物理化学性质

汞俗称水银，化学符号 Hg，原子序数 80，是密度大、银白色、室温下为液态的过渡金属，为 d 区元素。汞的核外电子排布很特别，电子排布式为[Xe]$4f^{14}5d^{10}6s^2$。由于这样的电子排布强烈地阻止汞原子失去电子，所以汞的性质与稀有气体类似，会形成弱的分子间作用力，以致固体非常容易熔化。6s 亚层的稳定性源于全满的 4f 亚层。4f 亚层会微弱地屏蔽原子核的电荷，这些电荷会增加原子核对 6s 亚层的库仑引力。在相同条件下，除了汞之外是液体的元素只有溴、铯、镓和铷，其会在比室温稍高的温度下熔化。汞的凝固点是−38.83℃，沸点是 356.73℃，汞是所有金属元素中液态温度范围最小的。

汞容易与大部分普通金属形成合金，这些汞合金统称汞齐。能与汞形成合金的金属包括金和银等，但不包括铁，铁粉用于置换汞。汞与元素周期表中第一行过渡金属难以形成合金，但不包括锰、铜和锌。不易与汞形成合金的元素还有铂。钠汞齐是有机合成中常用的还原剂。汞和铝的纯金属接触时易形成铝汞齐，由于铝汞齐可以破坏防止继续氧化金属铝的氧化层，所以即使很少量的汞也能严重腐蚀金属铝。汞不与大多数的酸反应，如稀硫酸，但是氧化性酸，如浓硫酸、浓硝酸和王水可以溶解汞并形成硫酸盐、硝酸盐和氯化物。汞也可以与空气中的硫化氢或粉末状的硫反应。一般汞化合物的化合价是+1 价或+2 价，+4 价的汞化合物只有四氟化汞，不存在+3 价的汞化合物。

大多数一价汞的化合物是反磁性的，并且形成二聚离子 Hg_2^{2+}。稳定化合物包括盐酸盐和硝酸盐。一价汞的络合物可以与强络合剂反应，如与硫离子和氰根离子等发生歧化反应，生成 Hg^{2+}和单质汞。氯化亚汞又名甘汞，无色固体，化学式为 Hg_2Cl_2，原子的连接方式为 Cl—Hg—Hg—Cl。它可与氯气反应生成氯化汞。氢化亚汞为无色气体，化学式为 HgH，没有汞-汞键。汞原子易与自身结合，形成多原子分子。线形的汞原子链在中心，形成带正电的基团，如 $Hg_3^{2+}(AsF_6^-)_2$。

二价汞是汞最常见的氧化态，也是自然界中非常重要的一种氧化态。汞的四种卤化物都存在。二价汞离子与其他配合体形成正四面体的配合物，但是与卤素形成线形的配合物，如 $HgCl_4^{2-}$。最常见的是氯化汞，又称氯化高汞、升汞、氯化汞(Ⅱ)，其是一种易升华的白色固体，是腐蚀性极强的剧毒物品。有机汞化合物中的汞总是+2 价的，配位数一般是 2，形成直线形化合物。有机汞不与水反应，一般形成 HgR_2 或 HgRX，前者多易挥发而后者多为固体。其中 R 是芳基或烷基，X 一般是卤素或乙酸根。甲基汞表示一系列化学式为 CH_3HgX 的化合物。金属汞和二价离子汞等无机汞在生物特别是微生物的作用下会转化成甲基汞和二甲基汞，这种转化称为生物甲基化作用，常发生于被污染的河流或湖泊中，对生态系统造成的危害非常大。

(2) 汞的排放状况

赋存在燃煤中的汞经过燃煤电厂的锅炉机组后，在炉内高温下，几乎所有的汞会转变为零价汞进入高温的烟气，经过各污染控制设备和其他设施后，由于温度、烟气成分及飞灰等的影响，汞会发生复杂的物理化学变化而转化为不同的形态，最终表现为三种形态：颗粒态汞、氧化态汞以及元素态汞。一般颗粒态汞易被除尘器收集；氧化态汞易溶于水，易被湿法烟气脱硫技术脱除；而元素态汞挥发性高，不溶于水，不溶于酸，很难被除尘器去除。因此，汞的排放形态直接影响汞的脱除效率。

2019 年 3 月，联合国环境规划署(UNEP)发布了《2013 年全球汞评估》的更新版。该报告显示，全球每年向大气排放 5500～8900t 汞，人为汞源释放量约占总汞释放量的 30%。我国被认为是全球大气汞排放量较多的国家之一，在许多大中城市，大气汞处于较高的污染水平。根据我国 1980～2014 年的汞排放情况，煤燃烧、有色金属冶金和水泥生产可能是汞排放的主要来源。我国北部和东部地区汞排放比较集中。我国大气汞的排放量为 500～700t，是全球最大的大气汞排放国，且呈上升的趋势。为在全球范围控制和减少汞的排放，UNEP 在 2013 年通过了《关于汞的水俣公约》，我国已于 2016 年批准该公约。从数据看，在未来减少汞的使用和大气汞排放方面，中国要承担比世界其他国家更大的履约压力。据调查，全国共有汞排放点源 60 多万个。《关于汞的水俣公约》在对我国汞污染防治起到积极推动作用的同时，必然对相关行业带来巨大影响。有关人为源大气汞排放的全球清单对 17 个关键领域的全球排放量进行了量化，其结果为约 2220t。减少排放的行动导致北美和欧盟的排放量略有减少，而经济活动的增加(尤其在亚洲)，以及对添加汞的产品的使用和处理，抵消了减少汞排放的努力。

(3) 汞的危害

汞及汞化合物对人体的损害与进入体内的汞量有关。微量的汞在人体内可以经尿液、粪便和汗液等途径排出体外，不致引起危害，但量过大，则会损害人体健康。①损害呼吸系统。早期仅为呼吸道刺激症状，如咳嗽、咳痰，随后出现间质性肺炎、呼吸困难，最后呼吸衰竭甚至死亡。②损害中枢和周围神经系统。对于中枢神经系统主要表现为精神、行为障碍，能引起智力下降、语言障碍、听力及视力障碍。对于周围神经系统表现为肢体的感觉障碍，出现肌肉长期、剧烈刺痛或烧灼痛，以下肢为主，伴有患肢麻木。③损害肾脏。泌尿系统是人体有毒物质的主要排泄途径。汞的毒性直接损害肾小管，导致急性肾小管坏死，最后引起急性肾功能衰竭和急性间质性肾炎。

汞中毒分为急性汞中毒和慢性汞中毒。急性汞中毒主要由口服升汞等汞化合物引起。汞由呼吸道或消化道进入体内后，数分钟到数十分钟即引起急性腐蚀性口腔炎和胃肠炎，口腔和咽喉灼痛，并有恶心、呕吐、腹痛，继有腹泻。呕吐物和粪便常有血性黏液和脱落的坏死组织等。患者常可伴有周围循环衰竭和胃肠道穿孔。在 3～4 天后(严重的在 24h 内)可发生急性肾功能衰竭。同时可有肝脏损害。慢性汞中毒是长期接触低浓度汞及汞化物引起的职业性中毒。少数患者可由汞制剂引起，它可以分为轻度中毒、中度中毒和重度中毒。

汞中毒的机理目前尚未完全清楚。已经知道的是，Hg-S 反应是汞产生毒性的基础。金属汞进入人体后，很快被氧化成汞离子，汞离子可与体内酶或蛋白质中许多带负电的基团如巯基等结合，使细胞内许多代谢途径，如能量的生成、蛋白质和核酸的合成受到影响，从而影响细胞的功能和生长。汞通过核酸、核苷酸和核苷的作用，阻碍了细胞的分裂过程。无机汞和有机汞都可引起染色体异常并具有致畸作用。此外，汞能与细胞膜上的巯基结合，引起细胞膜通透性改变，导致细胞膜功能严重障碍。位于细胞膜上的腺苷环化酶、Ca-ATP 酶及 Na/K-ATP 酶的活性都受到强烈抑制，进而影响一系列生物化学反应和细胞的功能，甚至导致细胞坏死。因种类不同，汞及汞化物进入人体后会蓄积在不同的部位，从而造成这些部位受损。例如，金属汞主要蓄积在肾和脑；无机汞主要蓄积在肾脏；而有机汞主要蓄积在血液及中枢神经系统。汞也可通过胎盘屏障进入胎儿体内，使胎儿的神经元从中心脑部到外周皮层部分的移动受到抑制，导致大脑麻痹。

1.1.2.5 其他污染物

(1) 氟

1) 氟的物理化学性质。

氟是在 1886 年由 Henri Moissan 首次分离出来的。氟是已知元素中非金属性最强的元素(而且不具有 d 轨道)，只能呈–1 价。氟的英文名称为 fluorine，化学符号 F，原子序数 9。氟是卤族元素之一，属ⅦA 族，在元素周期表中位于第二周期。氟的基态原子价电子层结构为 $2s^2 2p^5$，且具有极小的原子半径，因此具有强烈的得电子倾向，这使得其没有正氧化态，具有强的氧化性，是已知的最强的氧化剂之一。氟元素的单质是 F_2，它是一种淡黄色剧毒的气体。单质氟与盐溶液的反应，都是先与水反应，生成的氢氟酸再与盐反应；通入碱中可能导致爆炸。氟化氢的水溶液氢氟酸是一种中强酸，也是一种极强的腐蚀剂，有剧毒。但氟化氢是稳定性最强的氢卤酸，因为氟原子含有较强的电子亲和能。如果皮肤不慎沾到，将一直腐蚀到骨髓。氟气的腐蚀性很强，化学性质极为活泼，是氧化性最强的物质之一，能与几乎所有元素发生反应，甚至可以和部分惰性气体在一定条件下反应。氟也是特种塑料、橡胶和制冷剂(氟氯烷)中的关键元素。由于氟的特殊化学性质，氟化学在化学发展史上有重要的地位。

氟气与水的反应复杂，主反应为

$$2H_2O + 2F_2 = 4HF + O_2 \quad (1\text{-}3)$$

该反应生成氟化氢和氧气，副反应生成少量的过氧化氢、二氟化氧和臭氧。

氟气与氨气的反应为

$$4NH_3 + 3F_2 = NF_3 + 3NH_4F \quad (1\text{-}4)$$

但若氨气过量，除了生成 NF_3，还会生成 N_2F_4、HNF_2 和 N_2F_2 等，若上述反应过于激烈，只能得到氮气：

$$2NH_3 + 3F_2 = 6HF + N_2 \quad (1\text{-}5)$$

氟气与 NO 反应，生成氟化亚硝酰：

$$F_2 + 2NO = 2NOF \quad (1\text{-}6)$$

氟气与无水亚硝酸钠在加热条件下，或是令 NO_2 在氟气中燃烧，可以得到氟化硝酰：

$$NaNO_2 + F_2 = NO_2F + NaF, \quad 2NO_2 + F_2 = 2NO_2F \quad (1\text{-}7)$$

氟气与稀释的叠氮化氢反应，生成叠氮氟化物：

$$HN_3 + F_2 = N_3F + HF \quad (1\text{-}8)$$

一般情况下，氧与氟不反应，但存在两种已知的氧氟化物，即 OF_2 和 O_2F_2。在 2%

的氢氧化钠溶液中通入氟气，可以得到OF_2：

$$2F_2 + 2NaOH \longequal 2NaF + H_2O + OF_2 \tag{1-9}$$

氟气通过冰水的表面，可以制得次氟酸(HOF)。

二氧化硅在氟气中可燃烧，生成氧气：

$$SiO_2 + 2F_2 \longequal SiF_4 + O_2 \tag{1-10}$$

氟气还可以从许多含卤素的化合物中取代其他卤素：

$$F_2 + 2HX \longequal 2HF + X_2\ (\text{X 为其他卤素}) \tag{1-11}$$

已知的含氟矿物很多，最重要的是氟化钙(CaF_2)，此外还有氟镁石(MgF_2)、氟盐(NaF)、冰晶石(Na_3AlF_6)、氟碳铈矿[(Ce, La)[CO_3]F]、磷灰石[$Ca_5F(PO_4)_3$]、氟硅酸钾(K_2SiF_6)等。

气态HF为无色，具有强烈的腐蚀性和毒性。在空气中，只要超过3ppm就会产生刺激的味道。常以双分子形式存在(H_2F_2)，相对密度1.27(34℃，空气)，沸点19.5℃，极易溶于水。其水溶液氢氟酸是一种弱酸，但具有较强的腐蚀性。与水蒸气相遇形成酸雾而“冒白烟”。干燥的HF性质比较稳定，与大多数的元素及其氧化物均不发生反应，但在水的作用下，可以和碱性物质发生反应。四氟化硅是无色气体，极易溶于水，生成氟硅酸和硅胶，与氟化氢反应生成氟硅酸，与氨水等碱性物质反应，生成氟硅酸盐，析出硅胶。

2) 氟的排放状况。

氟化物主要是由钢铁冶炼、烧结砖瓦生产、铝冶炼、磷肥制造、烧结陶瓷和耐火材料以及其他硅酸盐工业等生产活动排放的。尤其值得重视的是某些落后的燃烧方法，使用高氟、高硫、高灰分煤等造成的危及人体健康的煤烟型氟中毒，长期在此环境下工作的工人极易骨折。

对于煤粉炉，煤燃烧产物飞灰和底灰中氟含量均远低于煤中氟含量，进入飞灰和底灰中氟的质量不到煤中氟总质量的10%；而气态氟化物排放率在88%～96%。这表明煤粉炉燃煤过程中，燃烧温度高，煤中氟析出强度高，几乎全部以气态氟化物形式排放，仅有极少量保留在煤灰中。

对于流化床锅炉，其燃烧温度较低，一般在800～1100℃，同时燃煤粒径较大，煤中氟析出不完全。计算结果表明，气态氟化物排放率在68%～75%。

在我国四川、云南、贵州、湖北、浙江、江西、山西、山东及东北等地的一些煤矸石、页岩烧结砖厂中，氟化物的排放量均很高，对周围的桑蚕养殖、水果栽培等影响很大，估计有的排放量超过了100mg/m^3。某权威部门对一座煤矸石烧结砖厂的氟化物排放量进行的测算值为279mg/m^3，超过了国家允许排放标准的93倍，即使这样还没有考虑烟气中的氧含量问题。这样高的排放量，即便是除氟设备的效率达95%以上，也难以达到环保要求。

3) 氟的危害。

氟化物对人体的危害性比SO_2大20倍，对植物的危害性比SO_2大10～100倍。氟化物还可在环境中蓄积，通过食物影响人和动物。

氟是人体必需的元素，是组成人体骨骼和牙齿的主要成分之一，它对动物骨组织和牙釉质的形成起着重要作用，并通过激活或抑制多种酶的活性而参与新陈代谢过程。缺氟或过量摄入氟对人体健康都是不利的。缺氟将导致齿质变差，容易脱落。过量的氟将抑制体内酶化过程，破坏人体正常的钙、磷代谢，使钙从正常组织中沉积和造成血钙减少；氟的矿化作用有可能将骨骼中的羟基磷酸钙转变为氟磷酸钙，从而破坏骨骼中正常的氟磷比；氟还能引起滑膜增生及生成骨刺等病变，使骨节硬化、骨质疏松、骨骼变形发脆，危及骨骼正常的生理功能。在工业生产条件下，氟化物可以通过呼吸道、消化道和皮肤等途径被人体吸收，一般认为，通过消化道进入人体的氟对人体的危害更大一些。氟被吸收后进入血液，75%在血浆中，25%在血细胞中；血浆中氟的 75%与血浆蛋白结合，25%呈离子状态并发生生理反应；进入人体的氟，蓄积和排泄各占一半，蓄积于人体的氟大部分沉积在骨骼和牙齿中，氟的排泄主要通过肾脏。

植物可从空气、土壤、水分中吸收或富集氟化物，但是土壤中的氟对植物的影响极小。只有空气中的氟化物或是工业窑炉中排放出的颗粒状氟化物沉积下来后，植物才能吸收过量的氟化物，引起植物枝叶褪绿，叶末端坏死，叶形扭曲、畸变直到整叶坏死；引起果实发育异常或受阻等，从而降低了农作物产量，影响粮食质量或观赏植物的观赏价值等。不同植物或同一植物在不同生长期对氟化物的敏感性差异很大。已经观察到一些对氟极其敏感的植物，如某些观赏植物及针叶树。空气中的氟化物能够以气态形式通过植物叶面气孔进入植物体内，也可以颗粒型物质沉积在植物叶面上。这种沉积作用使植物叶面上的氟化物得到富集，对食用这些植物的动物造成明显的危害。春蚕吃了含氟量高的桑叶，就会出现蚕眠起不齐，蚕体大小不匀，甚至造成蚕中毒，严重影响蚕茧的质量。

氢氟酸有助于酸雨现象的形成，而酸雨影响着材料及森林和淡水生态系统。空气受到氟化物的严重污染后，对建筑物也会造成很大危害，如形成盲窗，影响建筑物的美观和采光。

(2) 碱金属

1) 碱金属的物理化学性质。

碱金属元素是指元素周期表 I A 族元素中所有的金属元素，包括锂(Li)、钠(Na)、钾(K)、铷(Rb)、铯(Cs)、钫(Fr)六种，前五种存在于自然界，钫只能由核反应产生。碱金属的单质反应活性高，在自然状态下只以盐类存在，钾、钠是海洋中的常量元素，在生物体中也有重要作用；其余的则属于轻稀有金属元素，在地壳中的含量十分稀少。碱金属单质的密度小于 $2g/cm^3$，是典型的轻金属，锂、钠、钾能浮在水上，锂甚至能浮在煤油中；碱金属单质的晶体结构均为体心立方堆积，堆积密度小，莫氏硬度小于 2，质软。碱金属是金属性很强的元素，其单质也是典型的金属，表现出较强的导电、导热性。碱金属单质都能与汞(Hg)形成合金(汞齐)。

碱金属单质的标准电极电势很小，具有很强的反应活性，能直接与很多非金属元素形成离子化合物，与水反应生成氢气，能还原许多盐类(如四氯化钛)，除锂外，所有碱金属单质都不能和氮气直接化合。在碱金属元素形成的各类化合物中，碱金属阳离子是没有特殊性质的，碱金属化合物的性质在绝大多数情况下体现为阴离子的性质。碱金属的盐类大多为离子晶体，而且大部分可溶于水，其中不溶或者微溶的盐类有氟化锂、碳酸锂、磷酸锂；醋酸铀酰锌钠、六羟基合锡(Ⅳ)酸钠、三钛酸钠、铋酸钠、六羟基合锑酸钠；六硝基合钴酸钾、高氯酸钾、四苯基硼酸钾、高铼酸钾等。

碱金属卤化物中常见的是氯化钠和氯化钾，它们大量存在于海水中，电解饱和氯化钠可以得到氯气、氢气和氢氧化钠，这是工业制取氢氧化钠和氯气的方法。碱金属硫酸盐中以硫酸钠最为常见，十水合硫酸钠俗称芒硝，用于相变储热，无水硫酸钠俗称元明粉，用于玻璃、陶瓷工业及制取其他盐类。碱金属的硝酸盐在加强热时分解为亚硝酸盐，可作为氧化剂。碱金属也可以制成有机金属化合物，在有机合成上有重要应用，如1-炔烃可与钠在液氨中生成炔基钠。炔基钠是亲核试剂，可与卤代烃反应制备炔的衍生物或增长碳链。此外，炔基钠也可以与酰卤反应制备炔基酮，但在有机合成中应用较少，其替代品为炔基铜(Ⅰ)化合物。碱金属单质与氧气能生成各种复杂的含氧化合物，如过氧化物是强碱(质子碱)，能与水反应生成碱性更弱的氢氧化物和过氧化氢，由于反应大量放热，生成的过氧化氢会迅速分解产生氧气。过氧化物中常见的是过氧化钠(Na_2O_2)和过氧化钾(K_2O_2)，它们可用于漂白、熔矿、生氧。

2) 碱金属的危害。

碱金属在人体中以离子形式存在于体液中，也参与蛋白质的形成。碱金属对高炉炼铁影响较大，由于碱金属和锌在高炉内不断循环富集，即使在原燃料中的含量很少，也会逐渐在炉内富集到较高的程度，对生产造成不良影响。碱金属和锌的影响及危害主要包括以下几点。

催化焦炭气化熔损：碱金属(K、Na)对焦炭气化熔损反应有显著的催化作用，能够提前并加剧CO_2对焦炭的气化反应，缩小间接还原区，扩大直接还原区，进而引起焦比升高，同时由于加剧了焦炭劣化，焦炭骨架作用能力被削弱，从而降低料柱特别是软熔带焦窗的透气性。由于现代大型高炉焦比降低，焦炭负荷增加的同时在高炉内滞留时间延长，焦炭作为料柱骨架保持炉内透气性的作用愈发关键且无可替代，因此碱金属加剧焦炭劣化的作用对高炉冶炼影响很大。

破坏炉衬耐材：在一定条件下，碱金属蒸气能与炉衬耐材中硅铝质添加剂发生化学反应生成硅酸盐、霞石类化合物，而且碱金属可能嵌入碳晶格层面之间，引起碳层间距增大，宏观上造成体积膨胀，严重时导致炭砖分层与粉化。Zn也能与炭砖等耐材发生反应。有观点认为，Zn的作用更甚于碱金属，Zn蒸气渗入砖衬的气孔或裂纹中，在CO_2、H_2O存在时能够生成ZnO，反应过程伴随体积变化，因而会引起耐材异常膨胀，致使砖衬疏松、开裂剥落和严重侵蚀。

恶化高炉顺行：碱金属和锌蒸气随煤气上升过程中部分冷凝或被氧化成细小颗粒，黏附、沉积在炉料孔隙中，造成料层透气性变差，吸附在炉身上部炉衬表面时能导致结结垢，造成下料不畅，特别是在碱金属富集严重的高炉内，焦炭劣化加剧导致料柱透气性变坏，如不适当控制冶炼强度，容易频繁地引起高炉崩料、悬料。另外碱金属和锌的循环过程都伴随着高温区的吸热反应和低温区的放热反应，造成炉内热量从高温区转移到低温区，一定条件下导致高炉铁水物理热下降，炉缸不活，熔渣黏度升高，也不利于高炉顺行。

加剧风口烧损：碱金属和锌蒸气渗入风口区耐火砖中会发生反应，造成砖衬膨胀，导致风口二套上翘，炉缸活跃程度下降，严重时出现炉缸堆积，使高炉风口前端接触渣铁的概率加大，此外锌蒸气在风口区域如遇冷却设备漏水，在过冷区域可能冷凝成液体与风口接触，这些都能造成风口局部热流密度快速增加，当超出风口所能承受的最大热流值时风口就会烧损。

1.2 烟气特点与治理技术

我国能源消费结构以煤炭为主，煤炭比重长期保持在60%以上。各种预测均认为，这种能源结构至少将维持60年，原因是我国油气储量有限，而水电、核电价格相对较昂贵。因此，煤炭在我国国民经济和社会发展中占有极其重要的地位。然而，每年燃烧数亿吨煤炭所产生的巨量烟气已成为大气环境严重恶化的重要污染源。酸雨、温室效应、臭氧层破坏、雾霾等环境问题每年都给我国带来巨大的财产损失，同时，也在渐渐地加剧环境对人体的舒适度不良影响。

1.2.1 烟气的特点

烟气是指化石燃料燃烧和矿石冶炼过程产生的对环境有污染的气体，通常经烟道由烟囱排出。燃料燃烧时除产生大量烟尘外，在燃烧过程中还会形成一氧化碳、二氧化碳、二氧化硫、氮氧化物、有机化合物及烟尘等物质。工业生产过程中来源更为复杂，如石化企业排放的硫化氢、二氧化碳、二氧化硫、氮氧化物；有色金属冶炼工业排放的二氧化硫、氮氧化物及含重金属元素的烟尘；磷肥厂排放的氟化物；酸碱盐化工业排出的二氧化硫、氮氧化物、氯化氢及各种酸性气体；钢铁工业在炼铁、炼钢、炼焦过程中排出的粉尘、硫氧化物、氰化物、一氧化碳、硫化氢、酚、苯类、烃类等。其污染物组成与工业企业性质、实际工况等密切相关。

烟气污染呈现出多污染源、多污染物、多工况条件等特点。在治理烟气的同时，若充分利用烟气中的各种“资源”，变废为宝，不仅可以保护环境，还能获得巨大的经济效益。

1.2.2 烟气污染控制技术分类

1.2.2.1 硫氧化物控制技术

控制 SO_2 排放的技术通常可分为燃烧前脱硫、燃烧中脱硫和烟气脱硫(flue gas desulfurization，FGD)三种措施。燃烧前脱硫是通过物理洗选、氯解、热解、水煤浆以及微生物等技术，从源头降低原煤的硫含量，达到减少 SO_2 排放的目的。燃烧前脱硫可以提高煤的利用率，降低运输成本，脱硫费用较低，无二次污染[3,4]。燃烧中脱硫是通过改进燃烧技术和锅炉结构来控制 SO_2 的排放。一般采用的方法有炉内喷钙加增湿活化、循环流化床(circulating fluidized bed，CFB)技术和型煤技术。炉内喷钙加增湿活化技术的脱硫效率为50%左右，而CFB的效率高于70%。型煤技术脱硫效率可达40%～60%[4]。FGD则适用于 SO_2 浓度高、排放量大的烟气。目前，在已大规模应用的脱硫技术中，FGD是控制 SO_2 排放应用最广、最具有经济效益的技术。在今后相当长的一段时间内，FGD还将成为主流脱硫技术[5-7]。到 2006 年，国内外研究开发的烟气脱硫技术有 200 多种。但是技术成熟且具有经济性的甚少[8]。按照原理划分，FGD 有氧化还原和吸收-吸附两大类。根据操作特点和脱硫产物形态的不同，FGD 技术可分为湿法、半干法、干法三种[7-9]。

(1) 湿法

在已实现工业化应用的烟气脱硫技术中，湿法烟气脱硫工艺占主导地位，为 FGD 总安装量的 85%左右[10]。其原理是 SO_2 呈酸性，能被碱吸收。主要技术包括石灰石-石膏法、海水法、软锰矿法[11]。

石灰石-石膏法烟气脱硫技术的吸收剂为石灰石/石膏浆液。烟气与吸收浆液在吸收塔逆流接触混合，烟气中的 SO_2 与吸收浆液中的 Ca^{2+} 反应生成 $Ca(HSO_3)_2$，接着被吸收塔的空气氧化生成 $CaSO_4$，经浓缩脱水处理最终可制得纯度大于 90%的石膏[12]。石灰石-石膏法脱硫率高，易达到 90%以上[13-15]。

海水法脱硫是以海水为吸收剂吸收烟气中的 SO_2，再被空气强制氧化成无害的硫酸盐溶于海水中，而硫酸盐恰好是海水天然成分中的一种。脱硫后回流海洋的海水，硫酸盐成分增加幅度较小，离开排放口后，经过一定距离其浓度差异便会消失。该方法适用于脱除低浓度的 SO_2($<$1500mg/m^3)。

软锰矿法烟气脱硫是以软锰矿粉的浆液为吸收剂，脱除烟气中的 SO_2，可直接利用低品位的软锰矿净化烟气中的 SO_2，可得到脱硫副产品——电解锰[11]。吸收 SO_2 的软锰矿浆液浓度为 20%，pH 值为 4～5。吸收 SO_2 后，浆液的 pH 值降至 1～2，先加入 15%的氨水使 Fe^{2+}、Cu^{2+}析出，然后通入 H_2S 去除 Co、Ni 等金属。净化液经电解后，阴极上生成金属 Mn，24h 后取出极板干燥得到金属 Mn 产品，阳极上产生的稀硫酸加入氨水后，得到含 Mn 的硫酸铵，作为肥料出售[16]。

(2) 半干法

在半干法烟气脱硫技术中，吸收剂以悬浮液形式被喷入吸收塔，在吸收塔内，吸收剂与 SO_2 发生反应。半干法脱硫反应在气、液、固三相中进行。将其与袋式除尘器联合使用可以提高脱硫效率。典型的半干法烟气脱硫技术包括循环流化床法、喷雾干燥法等。

循环流化床烟气脱硫技术是以循环流化床原理为基础，通过吸收剂的多次循环，延长吸收剂与气体的接触时间，吸收剂的利用率和脱硫效率大大提高，能在低钙硫比(1.1～1.2)的条件下，达到接近湿法工艺的脱硫效率。一般应用于中小型容量机组的烟气脱硫。

喷雾干燥法是半干法烟气脱硫技术中应用最广泛的技术。它利用喷雾干燥的原理，将吸收浆液雾化喷入吸收塔内。吸收剂与 SO_2 发生化学反应，同时吸收浆液中的水分被烟气中的热量蒸发。脱硫反应完成后，排出被干燥的废渣。通常采用生石灰作吸收剂。

(3) 干法

干法烟气脱硫的脱硫反应在无液相介入的干燥状态下进行。其主要优点为：耗水量少，一般无二次污染，脱硫后的烟气温度高，可自行排烟，便于回收硫等。干法烟气脱硫的主要技术包括炉内喷钙尾部烟气增湿活化脱硫法、电子束辐照烟气脱硫法、活性炭/焦烟气脱硫法。

炉内喷钙尾部烟气增湿活化脱硫法分为炉内喷钙和炉后增湿活化两个阶段。细粉状的石灰石吸收剂被用力喷入炉膛上部的高温区域，受热分解为 CaO 和 CO_2，其中一部分

CaO 与烟气中部分 SO_2 和全部 SO_3 反应生成 $CaSO_4$，这一部分的脱硫效率为 25%～35%。随后烟气进入炉后的活化器中喷水增湿，烟气中未反应的 CaO 与水反应生成 $Ca(OH)_2$，$Ca(OH)_2$ 继续与 SO_2 反应生成 $CaSO_3$，接着被部分氧化为 $CaSO_4$。经过增湿活化后，系统脱硫效率能达到 75%以上[17, 18]。吸收剂通常为 $CaCO_3$ 粉、消石灰粉和白云石粉。

电子束辐照烟气脱硫法是烟气先经除尘处理，再进入冷却塔中被雾状的水降温至 60～75℃，按化学计量比注入 NH_3 后再进入脱硫反应器。烟气中的 N_2、O_2 与水蒸气被电子束辐照后产生大量的自由基，SO_2 在自由基的作用下被氧化为 SO_3，SO_3 再与水蒸气和注入反应器的氨发生反应生成硫酸铵，实现 SO_2 的脱除[19, 20]。

活性炭/焦烟气脱硫法是以纯的活性炭/焦或负载了活性组分的活性炭/焦为脱硫吸附剂去除烟气中的 SO_2，去除途径主要有两种：①通过物理吸附将 SO_2 储存在微孔内；②活性炭/焦作为催化剂，SO_2、O_2 和 H_2O 被催化氧化为硫酸而储存在微孔中。物理吸附和催化氧化通常交替进行，难以区分[21]。

1.2.2.2 氮氧化物控制技术

目前，国内外已经研究开发了多种 NO_x 废气治理的技术和方法，其中主要包括固体吸附法、液体吸收法、催化法和等离子体法等。

(1) 固体吸附法

固体吸附法是利用吸附剂多孔表面与各气体之间结合力的不同，有选择性地吸附一种或多种废气组分。根据吸附力性质的不同可将吸附过程分为物理吸附和化学吸附。吸附剂对 NO_x 的吸附量随着温度和压力的改变而改变，因此通过改变温度和压力可以有效控制 NO_x 的吸附和脱附。固体吸附法较适合处理 NO_x 浓度较小的烟气，目前常用的固体吸附剂为活性炭、分子筛、沸石和硅胶等[22]。

(2) 液体吸收法

吸收是利用混合气体中不同组分在吸收剂中溶解度的不同，或是与吸收剂发生相应的选择性化学反应，从而将有害气体从混合气体中分离。吸收实质上是物质通过物理或化学作用从气相转移到液相的过程[23]。液体吸收法脱除 NO_x 主要在吸收塔中进行，两大主要影响因素是吸收液和吸收塔。采用氧化、还原、络合吸收等方法可以提高 NO_x 的净化效果[24]。目前常用的液体吸收法脱硝技术有直接吸收法、氧化吸收法、液相还原吸收法和液相络合吸收法。

直接吸收法是利用水、酸性溶液、碱性溶液等直接吸收 NO_x，达到将 NO_x 从烟气中脱离出来的目的，主要包括水吸收法、酸吸收法和碱吸收法[25]，吸收效率不高，不适用于燃烧型烟气脱硝。

氧化吸收法是对 NO 进行氧化后再用碱液吸收 NO_x。氧化剂主要包括气相氧化剂和液相氧化剂[26]，目前研究较多的氧化剂是 O_3、$NaClO_2$ 和 $KMnO_4$。氧化吸收法在实际应用中的主要制约因素是氧化剂的成本。

液相还原吸收法是利用液相还原剂将烟气中的 NO_x 还原成无害的 N_2，常用的还原剂有亚硫酸盐、硫化物、硫代硫酸盐、尿素等。液相还原剂很难与 NO 反应生成 N_2，而是生成 N_2O，而且反应速率很慢，需要先将 NO 氧化成 NO_2 或 N_2O_3，提高 NO_x 的氧化度。

对于高浓度 NO_x 废气，一般不直接用液相还原吸收法处理，而是作为补充净化手段[27]。目前应用较广泛的还原剂是尿素和亚硫酸盐。

液相络合吸收法利用液相络合剂直接与 NO 发生反应，增加 NO 在水中的溶解性，有利于 NO 从气相转移到液相，特别适用于处理含有 NO 的燃煤烟气中的 NO_x，在实验装置中对 NO 的脱除效率可以达到 90%以上。常用的 NO 络合剂有 $FeSO_4$、EDTA-Fe(Ⅱ)和 Fe(Ⅱ)-EDTA-Na_2SO_3 等[28]。目前液相络合吸收法脱硝大多停留在实验阶段，工业上尚无应用。

(3) 催化法

催化法技术包括选择性催化还原、选择性非催化还原和催化(直接)分解法。

选择性催化还原(selective catalytic reduction，SCR)是在催化剂存在的情况下，利用还原剂有选择性地将 NO_x 还原为无害气体 N_2 的脱硝技术。主要选用的还原剂有 NH_3、H_2、CO 和烃类[29]，其中 NH_3 是目前商业用烟气脱硝技术中使用最多的还原剂。其反应机理为：在催化剂的作用下，NH_3 能将 NO 还原为 N_2[30]。催化剂是 SCR 技术的核心部分，直接决定系统性能。催化剂会因各种物理化学作用(中毒、烧结、腐蚀、堵塞等)而失效[31]。

选择性非催化还原(selective non-catalytic reduction，SNCR)是指在不加入催化剂的情况下，在 800～1100℃温度区域内喷入含有氨基和氰基的还原剂，使之与 NO_x 反应生成无毒的氮气和水，从而达到脱硝的目的[32]。常用的还原剂有氨气、尿素和氰尿酸等[33]。脱硝效率相对较低(35%～60%)[34]，反应温度要求较高且范围较窄，未完全反应的氨还原剂造成尾部逃逸，导致二次污染，同时喷入的还原剂溶解、雾化用水使得尾部烟气排量增大，影响脱硝效率[35]。通过使用添加剂的方式拓宽反应温度范围，提高脱硝效率，减少副产物影响。添加剂主要有 CO、H_2、H_2O_2、烃类及其衍生物和碱金属化合物等[36]。

催化(直接)分解法是将 NO_x 直接分解成 N_2 和 O_2，在热力学上是可行的。该法既能消除污染，无二次污染产生，又能节约资源[37]。其分解反应为

$$NO(g) \longrightarrow \frac{1}{2}N_2 + \frac{1}{2}O_2, \quad \Delta G^{\ominus} = -20.7\text{kcal/mol}(25℃) \tag{1-12}$$

由于该反应的活化能较高，需要通过催化剂作用降低其活化能。目前主要研究的催化剂为：贵金属催化剂、金属氧化物及钙钛矿型复合氧化物以及金属离子交换的分子筛。

(4) 等离子体法

等离子体直接脱除 NO_x 的途径有分解途径和氧化途径[38]。分解反应是由电子与 N_2 碰撞产生的 N· 自由基将 NO 转化为 N_2；氧化反应是 NO 在等离子体作用下被氧化成 NO_2，然后与 H_2O 放电产生的 ·OH 自由基作用生成硝酸或亚硝酸。在富氧条件下 NO 脱除率大大降低；在无催化剂存在的条件下，烃类的加入只能使 NO 通过氧化转化为 NO_2 后被 H_2O 吸收去除；在有催化剂存在的条件下，等离子体很大程度上提高了 SCR 催化剂的性能，在低温的条件下可以达到较高的能量利用效率。低温等离子体将放电产生的大部分电能用于产生高能电子去激活、分解和电离背景气产生一些活性粒子，这些活性粒子与污染物反应，从而将这些污染物去除[39]。

1.2.2.3 脱碳技术

(1) 吸收法

吸收法是利用液体吸收剂吸收尾气中的 CO_2。根据吸收分离原理的不同，吸收法可以分为物理吸收法和化学吸收法两种。物理吸收法是利用对 CO_2 具有较大溶解度的有机溶剂作为吸收剂，按照物理溶解方法吸收烟气中 CO_2。常用的吸收剂有乙醇胺、聚乙二酯、甲醇等。该过程符合亨利定律[40]，通常适合 CO_2 分压高的尾气。化学吸收法是利用碱性的化学试剂与酸性的二氧化碳发生化学反应生成弱联结性的化合物，从而实现对烟气中的二氧化碳的分离捕集。化学吸收法对二氧化碳的选择性高，适用于处理净化二氧化碳浓度较低的烟气[41]。以醇胺类作为化学吸收剂已成为比较成熟的技术，在工业上得到了广泛的应用[42]。

将物理吸收剂和化学吸收剂按照一定的比例混合可以得到混合吸收剂。混合吸收剂可以同时进行物理和化学吸收，兼具物理吸收剂和化学吸收剂的优点。目前，比较成熟的混合法是环丁砜法(Sulfinol 法)，该方法使用环丁砜作为物理吸收剂，通过物理作用吸收 CO_2，使用醇胺作为化学吸收剂，通过化学作用吸收 CO_2。混合吸收剂在 CO_2 捕集领域也发挥了重要的作用。

(2) 膜分离法

膜分离法主要是利用不同气体通过膜材料的速率不同把烟气中不同成分区分开来。膜材料分为吸收膜和分离膜两种。吸收膜是利用烟气通过膜时二氧化碳被膜材料另一侧的化学吸收剂吸收而实现气体的分离。分离膜主要是利用烟气中不同组分在膜内的渗透速率不同而实现气体的分离。在工程上，经常同时使用两种膜以提高吸收效率[43]。但是烟气中常含有其他杂质成分，容易造成膜污染，同时高温烟气也容易破坏膜材料本身，从而导致使用成本大大提高。

(3) 低温分离法

低温分离法利用烟气中各组分沸点不同，采用低温压缩冷凝的方法将烟气中二氧化碳分离出来。通过低温分离法可以得到纯度高的液态二氧化碳。但是该方法设备投资大，冷凝过程中能耗较高。

(4) 吸附法

吸附法是利用活性炭、分子筛、天然沸石等多孔材料固体吸附剂，对烟气中的二氧化碳进行选择性可逆吸附，从而实现对二氧化碳的分离[44]。根据吸附原理的不同，吸附法可分为物理吸附法和化学吸附法。物理吸附法主要利用吸附质和吸附剂之间的范德瓦耳斯力实现吸附分离。常用的吸附剂有分子筛、活性炭等。然而物理吸附法选择性较低，吸附力较小，并且吸附性能较差，因此使用成本很高。化学吸附法是通过接枝或负载的方法，将有机胺、K_2CO_3 等活性组分装载于多孔材料孔隙中，利用活性组分与 CO_2 分子间较强的亲和力实现 CO_2 的捕集分离。

(5) 变压吸附法

不同于使用溶剂进行的吸收分离，变压吸附技术使用固体吸附剂。吸附原理类似于物理法吸收，在高压下被固体材料吸附，通过减压实现固体材料的再生。变压吸附技术可以有效避免因有机溶剂损失造成的资源浪费和二次环境污染。

1.2.2.4　汞控制技术

从国内汞污染防治和履行国际公约要求角度出发，针对汞污染中最难控制的大气汞排放提出“遵循清洁生产与末端治理相结合的全过程污染控制原则，采用先进、成熟的污染防治技术，加强精细化管理，推进含汞废物的减量化、资源化和无害化，减少汞污染物排放”的汞污染防治技术路线，从原生汞生产、用汞工艺、添汞产品生产和无意汞排放4个方面9个行业提出源头替代、过程控制和末端治理的汞污染防治技术引导方向，并提出硫、硝、汞协同减排和含汞废物资源化利用等技术的鼓励研发方向，涉及原生汞生产、用汞工艺、添汞产品生产，以及燃煤电厂与燃煤工业锅炉、铜铅锌及黄金冶炼、钢铁冶炼、水泥生产、殡葬、废物焚烧和含汞废物处理处置等无意汞排放工业过程。

(1) 源头控制

燃煤电厂与燃煤工业锅炉应使用低汞燃料煤或采用洗煤、配煤等脱汞预处理技术，减少燃料中的汞含量；加强各生产过程中汞等重金属元素的物料控制，从源头减少汞污染物的排放。

(2) 过程控制

在燃煤过程中可通过采用煤炭改性以及使用煤炭添加剂，合理提高氯、溴等卤族元素含量，提高燃烧过程中汞的转化效率。在新型干法水泥窑生产工艺中应提高水泥回转窑窑尾废气与生料磨同步运转率，加强生料磨停运时汞排放控制技术措施，减少水泥窑的汞排放。鼓励采用先进的生产工艺和设备，淘汰高能耗、高污染、低效率的落后工艺和设备，推进清洁生产。

(3) 末端治理

对含汞物料污染防控，应遵循“减量化、资源化、无害化”的基本原则，宜采用波立顿脱汞法、碘络合-电解法、硫化钠-氯络合法和直接冷凝法等烟气脱汞工艺，采用袋式除尘、电袋复合除尘和湿法脱硫、制酸等烟气净化协同脱汞技术；对脱汞副产物进行稳定化、无害化处理，对粉煤灰和脱硫石膏进行安全处置；含汞废水可采用硫化法、中和沉淀法和活性炭吸附法等方法进行处理，处理后的废水应优先循环利用；严格执行副产品硫酸的含汞量限值标准，加强对进入硫酸蒸气以及其他含汞废物中汞的跟踪管理。汞矿采选过程产生的废石和选矿渣应优先进行资源综合利用或矿坑回填的处理处置；含汞废物应交给具有相应能力的持危险废物经营许可证的单位进行无害化处理处置。同时，积极鼓励在生产过程中对汞及其他有价成分进行高效资源回收，尽可能地防止、减少或减轻含汞废气、废水和固体废物对环境的危害。

1.2.2.5　氟的脱除技术

气态氟化物污染物主要来源于化学、无机盐及冶金工业，通常以化合物形态存在。例如，烧结烟气中氟的主要存在形态为氟化氢(HF)和四氟化硅(SiF_4)以及少量的含氟粉尘。通过分析性质发现，含氟化氢和四氟化硅的废气很容易被水和碱性物质(石灰乳、烧碱、纯碱、氨水等)采用湿法净化工艺脱除。根据吸收剂不同又将湿法净化工艺分为水吸收法和碱吸收法。氟化物用水吸收，比较经济，吸收液易得，缺点是对设备有强烈的腐蚀作用；用碱性物质吸收，产物为盐类，可减轻对设备的腐蚀作用，还可获得副产物，回收氟资源。净化含氟废气的另一个主要方法为干法吸附。废气中的氟化氢或四氟化硅被吸附下来，生成氟的化合物或仅仅吸附在吸附剂表面，吸附剂经再生处理后循环使用。

(1) 碱吸收法

碱吸收法除氟是采用含碱性物质的吸收液吸收烟气中氟化物并得到副产物冰晶石的方法。一般采用廉价的石灰作中和剂，此时石灰可能与烟气中的 SO_2 反应而产生 $CaSO_4$ 结垢问题；若烟气中不含 SiF_4，可用 NH_4OH、NaOH 进行中和而得到相应的 NH_4F、NaF 产品。

含氟烟气经二级吸收、除雾后排放，一级循环吸收液部分排出到中和澄清器，用碱性物质中和生成氟化物沉淀；中和澄清液返回循环使用，而泥浆排至废渣库或脱水后堆存。碱法除氟具有除氟效率高、工艺成熟、技术可靠、存在的结垢问题较难解决等特点。

(2) 水吸收法

水吸收法就是用水作吸收剂循环吸收烟气中的 HF 和 SiF_4，生成氢氟酸和氟硅酸，继而生产氟硅酸钠，回收氟资源。吸收液呈现酸性，待吸收液中含氟达到一定浓度后，将其排出加以回收利用或中和处理。

一般水吸收法除氟工艺采用二级或三级串联吸收工艺，吸收设备可选择文氏管、填料塔、旋流板塔等；二级或三级串联吸收工艺的除氟效率可分别达到95%和98%以上，若第三级采用碱性介质作吸收液，其除氟效率将达到 99.9%。该工艺吸收液中含氟浓度高，可用于回收生产 Na_3AlF_6、Na_2SiF_6、MgF_2、AlF_3、NaF 等多种氟盐，为氟资源的回收利用创造条件。

水吸收法除氟工艺具有除氟效率高、操作弹性大、吸收液(水)和中和剂(石灰)价廉易得，不存在设备、管道因结垢堵塞或磨损等问题，吸收液经中和处理或回收氟盐产品后含氟浓度很低，废水对环境的影响较小；但仍存在设备腐蚀、中和渣量大、废渣二次污染等问题。

(3) 吸附法

干法吸附工艺净化烟气就是利用固体吸附剂吸附某种气体物质而达到净化烟气的目的。通常采用碱性氧化物作吸附剂，利用其固体表面的物理或化学吸附作用，将烟气中的 HF、SiF_4、SO_2 等污染物吸附在固体表面，而后利用除尘技术使之从烟气中除去。吸附剂有 Al_2O_3、CaO、$CaCO_3$ 和 Fe_2O_3 等。

干法吸附工艺净化含氟烟气产生的氟化物可以回收利用，吸附剂价廉易得、工艺简单、操作方便、无须再生，净化效率高，一般在 98%以上；干法净化不存在含氟废水，避免了设备出现结垢、腐蚀和二次污染问题；和其他方法相比，干法净化基建费用和运行费用都比较低，可适用于各种气候条件，特别是北方冬季，不存在保温防冻问题。

(4) 协同脱除

研究发现，经过除尘设施后，烟气中总氟呈下降趋势，除尘设施对烟气中氟的减排效果较明显；烟气中颗粒态氟化物浓度明显降低，除尘器对颗粒态氟化物的协同脱除效率达 90.4%以上，而对气态氟化物的脱除效率较低(平均脱除效率为 8.97%)。布袋除尘器对

HF 的脱除效率高于静电除尘器。布袋除尘器增加了飞灰与烟气中的气态氟化物的接触时间，有利于飞灰对气态氟化物的吸附。

湿法烟气脱硫技术的特点是整个脱硫系统位于烟道的末端、除尘器之后，其脱硫剂、脱硫过程、反应副产品及其再生和处理等均在湿态下进行，脱硫以后的烟气需经再加热才能从烟囱排出。石灰石-石膏法对烟气中的氟离子的整个脱氟反应过程可描述为：首先，烟气中的大部分气态氟化物与飞灰一起被吸收塔的料浆溶解下来，转入灰水中。其中氟化氢气体溶于水后形成氢氟酸，SiF_4 气体被水溶解后，与水反应生成 H_2SiF_6，氟硅酸极易溶于水，在碱性水中能电离出氟离子，在氟化物向灰水中迁移的同时，料浆中的 $CaCO_3$ 和 CaO 缓慢溶于水中生成 Ca^{2+}，液相中的高浓度氟离子更易与之生成 CaF_2 沉淀。一般说来，灰渣中氟溶入液相的过程比较迅速，因此达到溶解、沉淀、吸附与脱附平衡的时间较短。对于湿法除尘系统，烟气中大部分氟被水淋洗而进入液相，使液相中氟远高于干法除尘系统。随着灰渣中游离氧化钙溶解生成 Ca^{2+}，液相中的高浓度氟离子更易与之生成 CaF_2 沉淀。该法脱氟反应速率快、脱氟效率高、钙利用率高，适合大型燃煤电站锅炉的烟气脱氟。

1.2.3 烟气综合利用

烟气中含有大量污染气体、碳氢化合物和粉尘。据相关数据统计，全球矿物燃料燃烧每年产生约 200 亿 t CO_2 气体，同时每年燃烧所产生 SO_2 数量巨大，按煤中含硫量的 (1±0.2)%来计算，会产生 1.4～1.6g/m^3 的 SO_2[45]。如不经任何处理直接排放到空气，不仅会破坏环境、危害人类健康，还会带来巨大经济损失。例如，烟气中 SO_2、NO_x 气体引发的酸雨现象；CO_2 气体带来的温室效应，未完全燃烧而被烟气带出的细颗粒及微尘对人类健康的危害以及对生态环境的破坏等，同时这些环境问题也给我国经济的发展产生一定程度的影响[46]。如此大量的有害气体若能得到利用，变废为宝，不仅是对自然环境的保护，也会给企业带来巨大的经济效益。我国回收利用工作起步较晚，工业化利用技术与国外相比尚有一定差距，但已经在石油、采矿、制糖、制盐等行业应用且取得了良好的效果[47]。未来烟气的综合利用仍具有巨大的潜力，主要发展方向应加大研发力度，优化、深化现有回收利用工艺，提高回收利用率；同时应结合我国工业生产特点，吸收并转化国外先进回收处理工艺；加大产业联合力度，真正做到废物零排放。

根据烟气自身的特性，目前国内对烟气的利用主要有两个方面：一是烟气中所含的化学成分(CO_2、SO_2 等酸性气体)；二是烟气中包含的工业废热。其中目前热量的利用主要采用间接方式，效率不高。例如，烟气通过换热器预热原料，但是换热器传热效率有限。如果将其以直接方式利用在蒸发、干燥等单元操作中，利用率会有所提高。

(1) CO_2 的资源化利用

我国许多工业烟气中都含有大量 CO_2，如石灰窑气、高炉气、转炉气等，烟气中对于不同的气源 CO_2 含量也不尽相同(以下数据为体积分数)，如石灰窑尾气 15%～45%，炼钢副产气 18%～21%，燃煤锅炉烟气 18%～19%，焦炭及重油燃烧气 10%～17%，而天然气燃烧烟气 8.5%～10%[48]。在国外，回收的二氧化碳中，约 40%用作生产其他化学品(如尿素和甲醇)的原材料，约 35%用于提高油田采收率，约 10%用于制冷，5%用于饮料碳酸化，其他应用占 10%[49]。在我国的二氧化碳消费结构中，碳酸型饮料占 70%，碳酸二甲酯与降解塑料加工占 10%，二氧化碳保护焊占 6%，超市食品保鲜占 5%，烟丝膨化及其他占 5%，油井注压采油占 4%[50]。目前对烟气利用最主要的就是 CO_2 资源。以下介绍几种对 CO_2 资源的主要利用方式。

1) 注入地层增加原油采收率。

烟气注入地层采油工艺，是将烟气经过处理、增压后，作为溶剂注入油层，与油层中的残留原油混溶成一种流体而驱替产出的采油方法[51]。提高石油采收率(enhanced oil recovery，EOR)的非热力混相方法主要包括应用 N_2 或 CO_2、烃气和惰性气的高压混相驱替。注入 CO_2 强化采油应用最广泛，效果较好。注入烟气的效果介于注入 CO_2 和 N_2 之间[52]。烟气中能起溶剂作用的有效成分是 CO_2、N_2，注入前要净化、富集[53]。将高压 CO_2 注入油田后，与油、水相混。当油与水内溶解大量的 CO_2 时，它们的黏度、密度和压缩性都得到改善，有助于提高采收率。注烟气适用于浅层稠油开采。此方法在克拉玛依九区油田[54]、辽河油田[49,55]、胜利油田[56]等油田使用后均获得了良好的效果。

2) 石灰-烟气净化卤水。

卤水净化工艺是制盐行业降低盐中杂质含量，提高精制盐产品纯度和白度，提高制盐企业有效工作时间，延长设备使用寿命，降低能源消耗，提高资源综合利用率，有利于盐化工生产的重要措施之一[57]。石灰-烟气法是利用石灰[$Ca(OH)_2$]将卤水中的 Mg^{2+} 以 $Mg(OH)_2$ 沉淀形式除去，回收制盐母液，通入烟气将卤水中的 Ca^{2+} 以 $CaCO_3$ 沉淀形式除去，该法用于芒硝型卤水净化工艺[58-61]。该法降低能耗，增加了芒硝的生产能力，降低了制盐生产成本，减少了污染空气的排放，有利于保护环境。该工艺技术目前已被中盐工程技术研究院有限公司(原中盐制盐工程技术研究院)消化吸收，成功产业化，并已申请专利。

3) 蔗汁提纯。

烟气 CO_2 饱充技术是基于烟气中的 CO_2 与石灰[$Ca(OH)_2$]生成碳酸钙($CaCO_3$)沉淀而吸附糖液中的非糖分，有效除去蔗蜡、淀粉、蛋白质和可溶性硅化合物等，提高蔗汁澄清效率，达到糖汁提纯的目的。该工艺的优点是在不改变原有亚硫酸法工艺主体的基础上，充分利用锅炉烟气中的 CO_2 对混合汁进行饱充后再经上浮处理，处理后的蔗汁在硫熏中和时所需的硫熏强度大大降低，这样既可减少硫磺的使用量，又降低了产品白砂糖的残硫量。2008 年广西永鑫华糖集团有限公司使用该法后，蔗汁平均色值下降 43.12%；浮清汁纯度平均提高 1.15AP；蔗汁中和硫熏强度可由 18～22mg/kg 降到 12～16mg/kg，硫磺使用量减少约 20%，二氧化碳外排量减少约 10%[62]。

4) 卤水-石灰-烟气法生产轻质碳酸镁。

利用海盐生产区充足的苦卤资源或制溴废液中度卤水为原料，用廉价易得的石灰与原料中的 $MgCl_2$ 反应生成 $Mg(OH)_2$，在 $Mg(OH)_2$ 溶液中通入烟气发生反应生成 $Mg(HCO_3)_2$，$Mg(HCO_3)_2$ 通过热解生成轻质碳酸镁，同时副产 $CaSO_4$。

5) 利用烟气制液体纯碱。

利用烟气和含碱废液制取液体纯碱。烟气中的二氧化碳与废液中的氢氧化钠反应生成碳酸钠。反应式为

$$2NaOH + CO_2 \longrightarrow Na_2CO_3 + H_2O \tag{1-13}$$

6) 应用于冶金企业、焦化企业及其他企业。

结合烟道气的特性和冶金企业、焦化企业等企业的特点，从资源化利用 CO_2 的角度，CO_2 可用于中和氨水和冶金过程中过剩的碱、分解酚盐、矿渣资源优化等综合利用；另外 CO_2 还有广泛的物理、化学、生物等方面的应用。

(2) SO_2 的资源化利用

SO_2 是固定源化石燃料燃烧烟气中含量仅低于 CO_2 的酸性气体。对 SO_2 资源的利用主要有以下几个方面。

1) 处理铬渣。

铬渣中的铬可分为五种形态：酸溶态、水溶态、稳定铁锰氧化物结合态、结晶铁锰氧化物结合态、残余态等。能在自然环境条件下溶出并产生危害的主要是水溶态及酸溶态铬，约占总量的 40%[63,64]。烟气中 SO_2 与制革废水接触会将废水中有毒的六价铬还原为无毒的三价铬[65]：

$$SO_2 + H_2O \longrightarrow H_2SO_3 \tag{1-14}$$

$$Cr_2O_7^{2-} + 3HSO_3^- + 5H^+ \longrightarrow 2Cr^{3+} + 3SO_4^{2-} + 4H_2O \tag{1-15}$$

$$Cr_2O_7^{2-} + 3SO_3^{2-} + 8H^+ \longrightarrow 2Cr^{3+} + 3SO_4^{2-} + 4H_2O \tag{1-16}$$

2) 处理含氰废水。

烟气与含氰废水接触过程中，在适合的温度及碱性条件下，将废水中游离氰和其他过渡金属络合氰化物氧化为氰酸盐，在提供硫酸的条件下生成硫酸铵和重碳酸盐。

$$CN^- + SO_2 + O_2 + H_2O \longrightarrow CNO^- + H_2SO_4 \tag{1-17}$$

$$2CNO^- + H_2SO_4 + 4H_2O \longrightarrow (NH_4)_2SO_4 + 2HCO_3^- \tag{1-18}$$

(3) 利用烟气中的化学成分处理碱性废水

目前我国碱性工业废水(如印染废水、造纸废水、制革废水)每年排放超 10 亿 t，这些废水含有大量碱性物质和各种有机物、难生物降解物质。利用烟气中 SO_2、CO_2、H_2S、NO_x 等气体的酸性性质，烟气与碱性工业废水(含有大量 NaOH、Na_2CO_3)充分接触发生中和反应，在减少有害气体含量的同时降低了废水处理难度，降低了企业运行成本。

(4) 利用烟气中的粉尘吸附废水中的有机物

烟气中含有大量的无机粉尘和粉煤灰，是在减压和高温条件下形成的，具有一定的孔隙结构和活性表面。其能吸附工业废水中的有机物，从而降低废水后续处理的有机负荷。

(5) 烟道气中工业废热的综合利用

燃煤锅炉的排烟温度是锅炉设计的主要性能指标之一，影响锅炉的热效率、锅炉制造成本、锅炉尾部受热面的低温腐蚀、堵灰、烟道阻力和引风机电耗等。我国燃煤机组锅炉设计排烟温度多在 120～140℃，实际运行排烟温度一般比设计值略高。工业锅炉为了避免尾部受热面发生低温腐蚀，排烟温度较高，通常在 200℃左右。这样高的热量从锅炉排入大气既浪费了大量能源，又造成了严重的环境热污染(在各种热损失中，排烟热损失一般占锅炉输入热量的 5%～12%，占锅炉热损失的 70%～90%)。在工业企业中，燃煤锅炉烟气余热回收利用的方向主要分为加热凝结水，提高给水初温，预热助燃空气，为区域集中供热、制冷等。

1.3 烟气治理发展

我国是煤炭消费大国，然而作为能源，煤炭虽经济性好，但在清洁方面很不理想。因为煤炭在完成热能转换的同时，会产生大量的烟尘、SO_2、NO_x、CO_2等，严重影响大气环境。

1.3.1 烟气治理技术发展特点

烟气净化技术经历了除尘、脱硫、脱硝、脱碳、脱汞等分类治理到烟气综合治理与资源化利用过程，现已在各个行业的烟气污染治理方面得到了广泛应用和推广。随着世界各国对环境保护问题的高度重视，烟气净化已成为一项新兴的环保产业。目前投入应用的烟气净化技术有十余种，主要是通过脱硫、脱硝、除尘等处理系统来达到净化效果。各类烟气净化技术在电力、钢铁、有色等行业中已成功应用并日臻成熟[66]。

与单污染物控制技术相比，多污染物联合脱除技术具有脱除效率高、投资费用低、占地面积小、技术改造相对容易、可控水平高等优点，能够达到日趋严格的环保排放标准。活性炭同时脱硫脱硝脱汞技术、电子束氨法烟气脱硫脱硝技术、活性焦法脱硫脱硝技术、电催化氧化技术、新型催化法烟气净化技术等均是具有发展前景的烟气多污染物一体化控制技术。如何引进消化吸收再创新国外烟气多污染控制技术，研究开发符合我国国情的烟气多污染控制技术并加以推广利用仍是一项艰巨的任务。

1.3.2 烟气治理技术发展趋势

1.3.2.1 多样化

在“十二五”前，我国在烟气污染治理方面出台了一系列的法律、法规、政策，促进了烟气污染控制产业的快速发展。这段时期，大气污染控制约束性指标重点是 SO_2，重点控制领域在燃煤电厂。由于燃煤电厂烟气量大，国内外多种脱硫技术面临大型化的难题。石灰石-石膏法脱硫技术在国外燃煤电厂成功实现大型化应用，客观上促成了我国燃煤电厂烟气脱硫选择了以石灰石-石膏法为主的技术路线，对我国 SO_2 减排起到了巨大的促进作用。但燃煤电厂烟气脱硫技术单一等问题导致了我国脱硫技术同质化、产业空心化，并带来新的环境问题。

从“十二五”开始，我国大气污染控制约束性指标中增添了 NO_x，并且重点控制领域从电力行业扩展到钢铁、有色、化工、建材等非电力行业。钢铁、有色、化工、建材等领域烟气状况与电力行业的烟气状况不同，非电力行业烟气量较小且波动较大，SO_2 浓度变化大，烟气组成也与电力行业不同，需要适应烟气波动和耐冲击负荷的新的脱硫脱硝技术，这一转变，促进了我国烟气污染控制技术多样化的快速发展，对我国烟气污染控制环保产业通过技术多样化促进产业核心竞争力提升有重要作用。

1.3.2.2　高效化

为大力推进我国节能减排建设，实现资源、能源、环境和社会的可持续发展，烟尘、粉尘等颗粒物和 SO_2、氮氧化物等气态污染物的排放标准日趋严格。如《火电厂大气污染物排放标准》(GB 13223—2011)规定，位于重点地区燃煤电厂烟气粉尘、SO_2、NO_x 排放限值分别执行 20mg/m^3、50mg/m^3、100mg/m^3(标准状态，干基，6% O_2)，并且自 2015 年起烟气中汞及其化合物污染排放限值为 0.03mg/m^3，这将促使烟气污染控制技术向着高效化的方向发展。

1.3.2.3　资源化

在烟气污染技术多样化、高效化的发展趋势下，烟气污染控制产业的竞争也将越来越激烈，技术上的竞争优势最重要的是体现在可资源化利用方面，能够带来环境效益、经济效益的可资源化[67]。在我国建设资源节约型、环境友好型社会的指导下，以及节能减排环境保护规划的框架下，具有可资源化技术特点的新技术将会取得快速发展，如与石灰石-石膏法衔接的石膏回收利用技术、与氨法衔接的硫铵回收利用技术、与活性焦脱硫脱硝技术衔接的硫酸/硫磺回收利用技术、新型催化法脱硫回收硫酸技术等。

1.3.2.4　协同化

SO_2 和 NO_x 是主要的大气污染物质。目前，国内外常用的脱硫工艺是湿式石灰石-石膏法，脱硝工艺是选择性催化还原法和选择性非催化还原法。SO_2 与 NO_x 的分项治理，不仅占地面积大，而且投资、运行和维护费用高。随着世界各国对环境保护的重视，法规对重金属排放的控制也越来越严格，对烟气中汞等重金属的控制已逐渐提上日程。为满足日益严格的环保标准，同时降低烟气净化的费用，开发烟气多污染物一体化控制技术是烟气治理的总趋势[68-71]。多污染物一体化脱除是在同一装置将 SO_2、NO_x 和汞等多种污染物一次性全部脱除。

"十二五"期间，大气污染防治以区域、城市大气污染防治和重点行业污染控制为重点，推进多种污染物协同控制，加强对颗粒物、SO_2、NO_x、VOCs(挥发性有机物)等污染防治实用技术的应用推广。2018 年，《中华人民共和国大气污染防治法》(修正版)将我国大气污染防治工作的目标调整为改善大气环境质量，要求坚持源头治理，加强对燃煤、工业、机动车船、扬尘、农业等大气污染的综合防治，推行区域大气污染联合防治，对颗粒物、二氧化硫、氮氧化物、挥发性有机物、氨等大气污染物和温室气体实施协同控制。目前，应用最简单的多污染物控制装置就是联合脱硫脱硝工艺，但是随着环保标准的日益严格，新技术也将不断涌现，多污染物控制技术向联合脱除粉尘、SO_2、CO_2、NO_x 和有毒重金属等方向发展。

1.3.2.5　绿色化

污染控制技术的绿色化是指从传统的高开采、高消耗、高排放、低效益污染治理模式向低开采、低消耗、低排放、高效益治理模式转变，即从传统的三高一低技术向三低一高技术转型。传统的吸收法技术是以高的碱液或碱性物质的消耗为代价换取高的环境效益，从本质上讲，是不绿色不环保的技术，新型钙法技术、离子液吸收法技术、软锰矿法烟气脱硫技术、新型氨法技术在传统技术的基础上，降低了吸收剂的用量，从提高吸收剂的利用效率出发，以低消耗达到高效益的目的。传统的吸附法技术由于吸附容量有限，效率较低，逐步向催化方向转移，如在传统的活性炭法脱硫技术的基础上研究开发的新型催化法脱硫技术、活性炭纤维法脱硫脱硝技术等。

1.3.3 烟气治理产业现状与前景

传统以燃煤电厂、水泥建材、钢铁冶炼等为主的烟气除尘、脱硫和脱硝产业已经基本完成处理设施全覆盖。根据《中国电力行业年度发展报告 2021》，全国总装机容量的88%实现超低排放。2020 年，全国电力烟尘、SO_2、氮氧化物排放量分别约 15.5 万 t、78.0 万 t、87.4 万 t。主要污染物的排放已经得到全面控制。我国大气污染控制战略已经由污染物减排向空气质量改善转移。

2021 年，以 2030 年前实现碳达峰和 2060 年前碳中和为目标的“双碳”国家战略要求能源、建材、冶炼、化工等所有行业都要进行深刻的变革，减污、节能、降低二氧化碳排放成为全社会发展的重要目标。其中，电力领域 2025 年非化石能源发电占比将超过50%。现有烟气净化技术体系将会因为处理对象和目标的改变发生根本性转变，绿色低碳、资源回收和针对性强的烟气净化技术将会具有巨大的发展空间。

参 考 文 献

[1] 中华人民共和国生态环境部. 中国生态环境统计年报 2020[EB/OL]. (2022-02-18)[2022-04-07]. https://www.mee.gov.cn/hjzl/sthjzk/sthjtjnb/202202/W020220218339925977248.pdf.
[2] 杨飏. 烟气脱硫脱硝净化工程技术与设备[M]. 北京: 化学工业出版社, 2013.
[3] 孙丽梅, 单忠健. 国内外煤炭燃前脱硫工艺的研究进展[J]. 洁净煤技术, 2005, 11(1): 55-58.
[4] 邵中兴, 李洪建. 我国燃煤 SO_2 污染现状及控制对策[J]. 山西化工, 2011, 31(1): 46-48.
[5] 王小明, 薛建明, 颜俭, 等. 国内外烟气脱硫技术的发展与现状[J]. 电力环境保护, 2000, 16 (10): 31-34.
[6] 赵晓红. SO_2 的污染现状及控制措施[J]. 内蒙古科技与经济, 2010, 17(219): 48-49.
[7] 张杨帆, 李定龙, 王晋. 我国烟气脱硫技术的发展现状与趋势[J]. 环境科学与管理, 2006, 31(4): 124-128.
[8] 王华, 祝社民, 李伟峰, 等. 烟气脱硫技术研究新进展[J]. 电站系统工程, 2006, 22(6): 5-7.
[9] 陈兵, 张学学. 烟气脱硫技术研究与进展[J]. 工业锅炉, 2002, 4(74): 6-10.
[10] 张秀云, 郑继成. 国内外烟气脱硫技术综述[J]. 电站系统工程, 2010, 26(4): 1-2.
[11] 朱晓帆, 苏仕军, 任志凌. 软锰矿烟气脱硫研究[J]. 四川大学学报(工程学科版), 2000, 32(5): 36-39.
[12] 蒋文举. 烟气脱硫脱硝技术手册[M]. 北京: 化学工业出版社, 2012.
[13] 梁宇. 石灰石-石膏湿法烟气脱硫技术分析[J]. 新疆电力技术, 2009(4): 54-55.
[14] 田宇, 王文俊, 赵海燕. 烟气脱硫技术综述[J]. 山西建筑, 2010, 36(33): 354-355.
[15] 王鑫. 石灰石-石膏湿法脱硫工艺的缺陷与优化[J]. 电源技术应用, 2013 (8): 375.
[16] 邹洋, 夏凌风, 王运东, 等. 燃煤电厂烟气脱硫技术最新进展[J]. 化工进展, 2011(S1): 702-708.
[17] 郑继成. 炉内喷钙/尾部增湿活化脱硫成套技术与装备[J]. 内蒙古科技与经济, 2010, 26(2): 67-69.

[18] 吕宏俊. 炉内喷钙/尾部增湿活化脱硫技术应用研究[J]. 中国环保产业, 2011(3): 23-25.
[19] 朱文敏, 张跃进, 蒋诚. 火电厂电子束脱硫技术特性的分析与应用[J]. 上海电力学院学报, 2002, 18(2): 4-8.
[20] 张晔. 我国火电厂电子束法脱硫副产品工程应用前景[J]. 电力设备, 2002, 3(2): 30-33.
[21] 杨毅, 岑祖望. 可资源化活性焦烟气脱硫技术简介[J]. 硫酸工业, 2007(1): 46-49.
[22] 唐鉴, 李贵贤, 董宇航, 等. 吸附脱除氮氧化物的研究进展[J]. 石化技术与应用, 2009, 27(4): 370-374.
[23] 苗志超. 吸收法净化氮氧化物废气的研究[D]. 天津: 天津大学, 2005.
[24] 任晓莉. 常压湿法治理化学工业中氮氧化物废气的研究[D]. 天津: 天津大学, 2006.
[25] 高文雷. 旋转填充床中湿法氧化脱硝的研究[D]. 北京: 北京化工大学, 2012.
[26] Sada E, Kumazaw H, Kudo J, et al. Absorption of NO in aqueous mixed solution of $NaClO_2$ and NaOH[J]. Science of the Total Environment, 1978, 33: 315-318.
[27] 苏亚欣, 毛玉如, 徐璋. 燃煤氮氧化物排放控制技术[M]. 北京: 化学工业出版社, 2005: 158-159.
[28] Li W, Wu C Z, Shi Y. Metal chelate absorption coupled with microbial reduction for the removal of NO_x from flue gas[J]. Journal of Chemical Technology and Biotechnology, 2006, 81(3): 306-311.
[29] 宋艳杰. 选择性催化还原法降低 NO_x 排放的研究[J]. 内蒙古石油化工, 2011(20): 7-9.
[30] Burch R, Breen J P. A review of the selective reduction of NO_x with hydrocarbons under lean-burn conditions with non-zeolitic oxide and platinum group metal catalysts[J]. Applied Catalysis B: Environmental, 2002, 39: 283-303.
[31] 张蕊, 张艳艳. 催化剂在选择性催化还原法烟气脱硝技术的选择研究[J]. 污染防治技术, 2010, 23(3): 15-17.
[32] Bae S W, Roh S A, Kim S D. NO removal by reducing agents and additives in the selective non-catalytic reduction (SNCR) process[J]. Chemosphere, 2006, 65: 170-175.
[33] 张薇. 添加剂对选择性非催化还原反应特性的催化作用及其机理研究[D]. 杭州: 浙江大学, 2008.
[34] Javed M T, Irfan N, Gibbs B M. Control of combustion-generated nitrogen oxides by selective non-catalytic reduction[J]. Journal of Environmental Management, 2007, 83(3): 251-289.
[35] 吕洪坤. 选择性非催化还原与先进再燃技术的实验及机理研究[D]. 杭州: 浙江大学, 2009.
[36] 张志中, 刘建成, 鲍强, 等. 添加剂作用于选择性非催化还原过程的研究进展[J]. 能源与环境, 2013, 6: 32-42.
[37] Hamada H, Kintaichi Y, Sasaki M, et al. Silver-promoted cobalt oxide catalysts for direct decomposition of nitrogen monoxide[J]. Chemistry Letters, 1990, 7: 1069-1070.
[38] Penetrante B M, Hsiao M C, Merritt B T, et al. Comparison of electrical discharge techniques for nonthermal plasma processing of NO in NO_2[J]. IEEE Transactions on Plasma Science, 1995, 23(4): 679-687.
[39] 苏清发, 刘亚敏, 陈杰, 等. 低温等离子体诱导低碳烃催化还原 NO_x 研究进展[J]. 化学进展, 2009, 28(8): 1449-1457.
[40] 冯国琳. CO_2 气体分离技术研究进展[J]. 氮肥技术, 2011, 32(5): 35-39.
[41] 黄绍兰, 童华, 王京刚, 等. CO_2 捕集回收技术研究[J]. 环境污染与防治, 2008, 30(12): 77-82.
[42] 杜云贵, 聂华, 蒙剑, 等. 燃煤电厂烟气中的二氧化碳捕集技术研究[C]. 中国环境科学学会学术年会论文集(第二卷), 2011: 1288-1291.
[43] 李新春, 孙永斌. 二氧化碳捕集现状和展望[J]. 能源技术经济, 2010, 22(4): 21-25.
[44] 房昕. 温室气体二氧化碳的分离回收与综合利用[J]. 青海环境, 2009, 19(1): 34-38.
[45] 段红霞. 气候变化背景下的创新与企业绿色转型[J]. 绿叶, 2012, 1: 45-51.
[46] 孙胜奇, 陈荣永, 王平. 我国二氧化硫烟气脱硫技术现状及进展[J]. 中国钼业, 2005, 1(3): 45-46.
[47] Li H L, Ditaranto M, Yan J X. Carbon capture with low energy penalty: Supplementary fired natural gas

combined cycles[J]. Applied Energy, 2012, 97(27): 214-216.
[48] 万建军, 于博, 刘安双. 国内烟道气的综合利用[J]. 盐业与化工, 2013, 19(3): l-3.
[49] 吴祥平, 张星, 马伟. 冶金焦化企业节能减排中烟道气资源化利用探讨[J]. 有色矿产, 2011, 12(6): 45-47.
[50] 魏晓丹. 国内外二氧化碳的利用现状及进展[J]. 低温与特气, 1997(4): 1-7.
[51] 苏元伟, 任刚. 我国二氧化碳回收和利用现状[J]. 资源节约与环保, 2010(3): 72-73.
[52] 于明波, 行登恺, 丁建民. 烟道气双注采油工艺技术研究[J]. 钻采工艺, 2003(3): 46-49.
[53] 莫增敏. 用 CO_2、产出气及烟道气提高重油采收率的效果对比[J]. 国外油田工, 2000(2): 4-8.
[54] 陈铁龙. 三次采油概论[M]. 北京: 石油工业出社, 2000: 59-90.
[55] 崔平正, 王志坚, 商联. 锅炉烟道气注入地层采油地面工艺装置设计[J]. 石油机械, 2000 (5): 11-13.
[56] 王勇. 烟道气辅助 SAGD 提高稠油开发效果研究[D]. 东营: 中国石油大学(华东), 2010.
[57] 杨立敏, 范文会. 用于油田注气的燃煤电站锅炉烟气处理工艺分析[J]. 内蒙古石油化工, 2007(8): 296-299.
[58] 宋礼慧, 张大成, 刘东红. 石灰-烟道气法卤水净化工艺碳化反应的实验研究[J]. 盐业与化工, 2010(1): 24-26.
[59] 倪小伟. 卤水净化工艺比选及经济性分析[J]. 苏盐科技, 2008(9): 5-5.
[60] 万建军, 刘东红, 靳志玲. 石灰-烟道气法卤水净化工艺[J]. 盐业与化工, 2010, 39(2): 34-37.
[61] 陈鹏. 卤水净化之我见[J]. 中国井矿盐, 2000, 31(4): 6-7.
[62] 赵友星, 陈文超, 王海增. 卤水净化工艺与二氧化碳固定[J]. 盐业与化工, 2011, 40(3): 23-25.
[63] 何华柱, 周锡文, 吴辉, 等. “烟道 CO_2 饱充, 蔗汁渣沫分离”技术在亚硫酸法糖厂澄清工艺的应用与探讨[J]. 广西蔗糖, 2009, 6(2): 37-40.
[64] 潘金芳. 化工铬渣中铬的存在形态研究[J]. 上海环境科学, 1996, 15(3): 15-17.
[65] 任庆玉. 铬渣的治理及综合利用[J]. 环境工程, 1989, 7(3): 50-55.
[66] 高怀友, 漆玉邦, 李登煜. 烟道气处理铬渣的原理及流程[J]. 农业环境与发展, 1999(3): 17-19.
[67] 倪梓桐. 环保产业视域下的经济发展形势和技术选择[J]. 环境保护, 2011, Z1: 46-48.
[68] 马剑. 烟气净化技术的适用性分析[J]. 环境卫生工程, 2014(4): 48-50.
[69] 李同川, 牛和三. 脱硫脱硝活性炭的研究[J]. 新型炭材料, 2005, 20(2): 178-182.
[70] Gao S Q, Nakagawa N, Kato K, et al. Simultaneous SO_2/NO_x removal by a powder-particle fluidized bed[J]. Catalysis Today, 1996, 29(1-4): 165-169.
[71] 纪晓雯. 燃煤烟气脱硫脱硝一体化技术的研究与应用[J]. 能源与环境, 2004(4): 53-56.

2 烟气脱硫原理与技术

2.1 概　　述

燃煤火力发电、工业锅炉以及金属冶炼工业和能源工业等生产过程中，化石燃料的燃烧将产生大量的二氧化硫(SO_2)、氮氧化物(NO_x)、颗粒物等大气污染物。仅2018年，全球人为排放 SO_2 总量就有将近3000万t。SO_2 是全球最主要的大气污染物之一。

SO_2 也是生产硫酸和一系列化肥的必要原料。近年来，我国的硫磺资源日益匮乏，为满足磷肥的产量需求，每年都需要进口大量的硫磺。海关统计资料显示，我国2013年硫磺的进口量为10.5Mt，折合成 SO_2 为21Mt，加上国内自产的 SO_2，我国化肥行业每年将需求更多的 SO_2 资源[1]。我国每年排放大于20Mt的 SO_2，不但造成硫资源的大量浪费，而且形成的酸雨、雾霾污染会造成更多的经济损失。因此，开发既能高效控制 SO_2 污染，又能将其回收或转化为硫酸资源的技术和工艺，对我国环保事业和可持续发展战略具有十分重要的意义。

2.1.1 二氧化硫的来源

大气中的 SO_2 主要来自化石燃料的使用，我国90%的 SO_2 排放来自燃煤。煤是一种含有大量C、H、O和少量S、N等有机物和部分无机物的沉积岩。按照硫在煤中的存在形态分为无机硫和有机硫，其中无机硫包括元素硫、硫化物硫和硫酸盐硫。元素硫、硫化物硫和有机硫为可燃性硫(80%～90%)，硫酸盐硫是不参与燃烧反应的，多残存于灰烬中，称为非可燃性硫。可燃性硫在燃烧时主要生成 SO_2，只有1%～5%氧化为 SO_3。其主要化学反应式如下[2]。

单体硫燃烧：

$$S+O_2 = SO_2 \tag{2-1}$$

$$SO_2+1/2O_2 = SO_3 \tag{2-2}$$

硫铁矿燃烧：

$$4FeS_2+11O_2 = 2Fe_2O_3+8SO_2 \tag{2-3}$$

$$SO_2+1/2O_2 = SO_3 \tag{2-4}$$

硫醚等有机硫燃烧：

$$(CH_3CH_2)_2S \longrightarrow H_2S + H_2 + C + C_2H_4 \tag{2-5}$$

$$2H_2S+3O_2 = 2SO_2+2H_2O \tag{2-6}$$

2.1.2 二氧化硫的环境影响

酸雨是 SO_2形成的最严重的环境问题。大气中的 SO_2和 NO 经氧化后溶于水形成硫酸、硝酸和亚硝酸，是造成酸雨的主要原因。不同种类的植物对 SO_2的抗性不同，某些常绿植物、豆科植物和黑麦植物特别容易遭受损害[3]。

目前全球已形成三大酸雨区：第一个是以德国、法国、英国等国为中心，波及大半欧洲的北欧酸雨区，第二个是包括美国和加拿大在内的北美酸雨区。由于 SO_2和 NO_x的排放量渐渐增多，中国已成为世界第三大酸雨区，主要分布地区是四川、贵州、湖南、湖北、江西、浙江、江苏及福建、广东等省份部分地区，面积超过 200 万 km^2。

长期生活在含酸沉降物的环境中，人体内会产生过多的氧化酶，导致动脉硬化、心肌梗死等疾病的发病率增加。酸雾会侵入肺部，诱发肺水肿或导致死亡。酸雨会促使汞、铅等重金属通过食物链进入人体，诱发癌症和老年痴呆。酸雨沉降所引起的水质酸化，可能造成鱼类和其他水生物群落的生存环境发生变化，改变营养物和有毒物的循环，并使有毒金属溶于水体中，进入食物链，造成物种减少和生产力下降。酸雨的沉降会抑制土壤中有机物的分解和氮的固定，淋浇土壤中钙、镁、钾等营养元素，造成土壤贫瘠化，还会损害植物新生的芽叶，影响其生长发育，导致生态环境退化。酸雨能侵蚀建筑材料、金属结构、油漆等，特别是许多以大理石和石灰石为材料的历史建筑物和艺术品，耐酸性差，容易受到酸雨的腐蚀和变色，美国一年因酸雨而造成建筑物和材料的损失就高达 20 亿美元[4]。

2.1.3 二氧化硫控制标准

为控制大气污染，我国从 20 世纪 70 年代就开始制定有关大气环境质量标准、大气固定源污染物排放标准，到目前已经建立了较为完善的大气污染物控制标准体系。

空气环境质量标准包括：《环境空气质量标准》(GB 3095—2012)、《室内空气质量标准》(GB/T 18883—2002)。

大气固定源污染物排放标准中，锅炉采用《锅炉大气污染物排放标准》(GB 13271—2014)，工业炉窑采用《工业炉窑大气污染物排放标准》(GB 9078—1996)，火电厂采用《火电厂大气污染物排放标准》(GB 13223—2011)，水泥工业采用《水泥工业大气污染物排放标准》(GB 4915—2013)，炼焦工业采用《炼焦化学工业污染物排放标准》(GB 16171—2012)，恶臭污染物采用《恶臭污染物排放标准》(GB 14554—1993)，其他制定了大气污染物排放标准的工业和行业有合成树脂工业，石油化学工业，石油炼制工业，再生铜、铝、铅、锌工业，火葬场，无机化学工业，锡、锑、汞工业，电池工业，砖瓦工业，电子玻璃工业，铁合金工业，轧钢工业，炼钢工业，炼铁工业，钢铁烧结、球团工业，铁矿采选工业，橡胶制品工业，平板玻璃工业，钒工业，稀土工业，硫酸工业，硝酸工业，镁、钛工业，铜、镍、钴工业，铅、锌工业，铝工业，陶瓷工业，合成革与人造革工业，电镀业，煤气层，加油站，储油站，煤炭工业，饮食业油烟。其余污染源排放的大气污染物均执行《大气污染物综合排放标准》(GB 16297—1996)(表 2-1)。

表 2-1　二氧化硫控制标准

<table>
<tr><th colspan="2">相关标准</th><th colspan="4">SO_2排放限值/(mg/m^3)</th></tr>
<tr><td rowspan="20">大气固定源污染物排放标准</td><td rowspan="3">《锅炉大气污染物排放标准》(GB 13271—2014)</td><td colspan="4">特别排放限值</td></tr>
<tr><td>燃煤锅炉</td><td colspan="2">燃油锅炉</td><td>燃气锅炉</td></tr>
<tr><td>200</td><td colspan="2">100</td><td>50</td></tr>
<tr><td rowspan="2">《工业炉窑大气污染物排放标准》(GB 9078—1996)</td><td colspan="2">1997 年 7 月 1 日前</td><td colspan="2">1997 年 7 月 1 日后</td></tr>
<tr><td colspan="2">850</td><td colspan="2">禁排</td></tr>
<tr><td rowspan="3">《火电厂大气污染物排放标准》(GB 13223—2011)</td><td colspan="4">特别排放限值</td></tr>
<tr><td>燃煤锅炉</td><td colspan="2">以油为燃料的锅炉或燃气轮机组</td><td>以气体为燃料的锅炉或燃气轮机组</td></tr>
<tr><td>50</td><td colspan="2">50</td><td>35</td></tr>
<tr><td rowspan="3">《水泥工业大气污染物排放标准》(GB 4915—2013)</td><td colspan="2">现有与新建企业大气污染物排放限值</td><td colspan="2">特别排放限值</td></tr>
<tr><td>水泥窑及窑尾余热利用系统</td><td>烘干机、烘干磨、煤磨及冷却机</td><td>水泥窑及窑尾余热利用系统</td><td>烘干机、烘干磨、煤磨及冷却机</td></tr>
<tr><td>200</td><td>600</td><td>100</td><td>400</td></tr>
<tr><td rowspan="2">《炼焦化学工业污染物排放标准》(GB 16171—2012)</td><td colspan="2">现有企业(2012 年 10 月 1 日～2014 年 12 月 31 日)</td><td colspan="2">新建企业(2012 年 10 月 1 日起)</td></tr>
<tr><td colspan="2">100</td><td colspan="2">50</td></tr>
<tr><td rowspan="2">《大气污染物综合排放标准》(GB 16297—1996)</td><td colspan="2">现有污染源</td><td colspan="2">新污染源</td></tr>
<tr><td colspan="2">700</td><td colspan="2">550</td></tr>
<tr><td rowspan="4">空气环境质量标准</td><td>《室内空气质量标准》(GB/T 18883—2002)</td><td colspan="4">0.5(1h 均值)</td></tr>
<tr><td rowspan="3">《环境空气质量标准》(GB 3095—2012)</td><td></td><td>24h 平均</td><td>1h 平均</td><td>年平均</td></tr>
<tr><td>一级</td><td>50</td><td>150</td><td>40</td></tr>
<tr><td>二级</td><td>150</td><td>500</td><td>40</td></tr>
</table>

2.1.4　二氧化硫控制政策与措施

自 20 世纪 70 年代初日本和美国率先实施控制SO_2排放战略以来，许多国家相继制定了严格的SO_2排放标准和中长期控制战略，加速了控制SO_2的步伐，大大促进了有关控制技术的发展，使SO_2排放量得到了大幅度的削减。

《国务院关于环境保护若干问题的决定》和《国家环境保护“九五”计划和 2010 年远景目标》本着突出重点、量力而行、循序渐进的原则，提出了两控区①分阶段的控制目标：到 2000 年要遏制酸雨和SO_2污染恶化的趋势，到 2010 年使酸雨和SO_2污染状况明显好转。在《中华人民共和国国民经济和社会发展第十一个五年规划纲要》(环境保护

① 两控区指酸雨控制区和二氧化硫污染控制区。

部分)中，在“加强大气污染防治”部分明确提出加大重点城市大气污染防治力度。加快现有燃煤电厂脱硫设施建设，新建燃煤电厂必须根据排放标准安装脱硫装置，推进钢铁、有色、化工、建材等行业 SO_2 综合治理。在大中城市及其近郊，严格控制新(扩)建除热电联产外的燃煤电厂，禁止新(扩)建钢铁、冶炼等高耗能企业。加大城市烟尘、粉尘、细颗粒物和汽车尾气治理力度。在“环境治理重点工程”中，针对燃煤电厂烟气脱硫，提出增加现有燃煤电厂脱硫能力，使90%的现有电厂达标排放。新建燃煤机组要同步建设脱硫脱硝设施，未安装脱硫设施的现役燃煤机组要加快淘汰或建设脱硫设施，烟气脱硫设施要按照规定取消烟气旁路。加快燃煤机组低氮燃烧技术改造和烟气脱硝设施建设，单机容量30万kW以上(含)的燃煤机组要全部加装脱硝设施。加强对脱硫脱硝设施运行的监管，对不能稳定达标排放的，要限期进行改造。加快其他行业脱硫脱硝步伐。推进钢铁行业 SO_2 排放总量控制，全面实施烧结机烟气脱硫，新建烧结机应配套建设脱硫脱硝设施。加强水泥、石油石化、煤化工等行业 SO_2 和氮氧化物治理。石油石化、有色、建材等行业的工业窑炉要进行脱硫改造。新型干法水泥窑需进行低氮燃烧技术改造，新建水泥生产线安装效率不低于60%的脱硝设施。因地制宜开展燃煤锅炉烟气治理，新建燃煤锅炉要安装脱硫脱硝设施，现有燃煤锅炉要实施烟气脱硫，东部地区的现有燃煤锅炉还应安装低氮燃烧装置。

近年来，随着对大气环境和 SO_2 污染防治的重视，我国的 SO_2 去除量、达标排放率，以及工业废气处理设施数量都显著增加。至2010年，我国工业废气 SO_2 排放达标率达到97.9%，SO_2 去除量达到3304.0万t，废气处理设施187401套。表2-2所列为我国2002～2010年工业 SO_2 排放达标率、工业 SO_2 去除量以及工业废气治理设施数量。

表2-2 全国 SO_2 处理情况

项目	2002年	2003年	2004年	2005年	2006年	2007年	2008年	2009年	2010年
工业 SO_2 排放达标率/%	70.2	69.1	75.6	79.4	81.9	86.3	88.8	91.0	97.9
工业 SO_2 去除量/万t	697.7	749.2	890.2	1090.4	1439.0	1942.6	2286.4	2889.9	3304.0
工业废气治理设施/套	137668	137204	144937	145043	154557	162325	174164	176489	187401

2.1.4.1 大气污染防治法

1987年9月5日，我国颁布了《中华人民共和国大气污染防治法》，并于1988年6月1日正式开始实施。第一次颁布的大气污染防治法，全文共计六章，除了第一章和第六章为总则和附则外，第二章到第五章分别为大气污染防治的监督管理，防治燃煤产生的大气污染，防治废气、粉尘和恶臭污染，法律责任。文中对烟尘、废气、粉尘和恶臭污染在法律层面做了规定。

1995年，对《中华人民共和国大气污染防治法》进行第一次修正，首次在法律中增加了有关控制酸雨污染的条文。明确规定“国务院环境保护部门会同国务院有关部门，根据气象、地形、土壤等自然条件，可以对已经产生、可能产生酸雨的地区或者其他二氧化硫污染严重的地区，经国务院批准后，划定为酸雨控制区或者二氧化硫污染控制区”。

2000 年对《中华人民共和国大气污染防治法》进行第一次修订，强化了对 SO_2 排放的控制要求。其中规定：新建、扩建排放二氧化硫的火电厂和其他大中型企业，超过规定的污染物排放标准或者总量控制指标的，必须建设配套脱硫、除尘装置或者采取其他控制二氧化硫排放、除尘的措施。同时还规定：大气污染物总量控制区内有关地方人民政府依照国务院规定的条件和程序，按照公开、公平、公正的原则，核定企业事业单位的主要大气污染物排放总量，核发主要大气污染物排放许可证。并专门有一章来讲述防治燃煤产生的大气污染，对燃煤锅炉和火电厂等 SO_2 和 NO_x 的排放做了相关立法。与 SO_2 和 NO_x 控制密切相关的内容主要如下。

1) 国家推行煤炭洗选加工，降低煤的硫分和灰分，限制高硫分、高灰分煤炭的开采。新建的所采煤炭属于高硫分、高灰分的煤矿，必须建设配套的煤炭洗选设施，使煤炭中的含硫分、含灰分达到规定的标准。对已建成的所采煤炭属于高硫分、高灰分的煤矿，应当按照国务院批准的规划，限期建成配套的煤炭洗选设施。禁止开采含放射性和砷等有毒有害物质超过规定标准的煤炭。

2) 国务院有关部门和地方各级人民政府应当采取措施，改进城市能源结构，推广清洁能源的生产和使用。大气污染防治重点城市人民政府可以在本辖区内划定禁止销售、使用国务院环境保护行政主管部门规定的高污染燃料的区域。该区域内的单位和个人应当在当地人民政府规定的期限内停止燃用高污染燃料，改用天然气、液化石油气、电或者其他清洁能源。

3) 国家采取有利于煤炭清洁利用的经济、技术政策和措施，鼓励和支持使用低硫分、低灰分的优质煤炭，鼓励和支持洁净煤技术的开发和推广。

4) 国务院有关主管部门应当根据国家规定的锅炉大气污染物排放标准，在锅炉产品质量标准中规定相应的要求；达不到规定要求的锅炉，不得制造、销售或者进口。

5) 城市建设应当统筹规划，在燃煤供热地区，统一解决热源，发展集中供热。在集中供热管网覆盖的地区，不得新建燃煤供热锅炉。

6) 大、中城市人民政府应当制定规划，对饮食服务企业限期使用天然气、液化石油气、电或者其他清洁能源。对未划定为禁止使用高污染燃料区域的大、中城市市区内的其他民用炉灶，限期改用固硫型煤或者使用其他清洁能源。

7) 新建、扩建排放二氧化硫的火电厂和其他大中型企业，超过规定的污染物排放标准或者总量控制指标的，必须建设配套脱硫、除尘装置或者采取其他控制二氧化硫排放、除尘的措施。在酸雨控制区和二氧化硫污染控制区内，属于已建企业超过规定的污染物排放标准排放大气污染物的，依照该法第四十八条的规定限期治理。国家鼓励企业采用先进的脱硫、除尘技术。

8) 企业应当对燃料燃烧过程中产生的氮氧化物采取控制措施。

新的《中华人民共和国大气污染防治法》还将大气污染物排放总量制度和许可证制度的管理纳入了法治化管理轨道，如在第十五条中对实施大气总量控制区内的地方人民政府如何实施总量控制和许可证管理提出了原则要求，这无疑对我国大气污染防治工作具有重要意义。

2.1.4.2 排污收费制度和排污许可证制度

(1) 排污收费制度

排污收费制度是我国环境管理的一项基本制度，是促进污染防治的一项重要经济政策。排污收费制度实施 20 多年来，对促进企事业单位加强污染治理、节约和综合利用资源、控制环境恶化趋势、提高环境保护监督管理能力发挥了重要的作用。

《中华人民共和国大气污染防治法》第十一条规定：向大气排放污染物的单位，超过规定的排放标准的，应当采取有效措施进行治理，并按照国家规定缴纳超标准排污费。征收的超标准排污费必须用于污染防治。对造成大气严重污染的企业事业单位，限期治理。

1992 年，为促进对 SO_2 的治理，筹集治理资金，国务院批准，国家环境保护局、国家物价局、国务院经贸办颁发通知，在贵州、广东二省和重庆、宜宾、南宁、桂林、柳州、宜昌、青岛、杭州和长沙等九市开展征收工业燃煤 SO_2 排污费试点。收费标准为 0.20 元/kg SO_2。1996 年国务院批准 SO_2 排污收费试点地区扩大到两控区。收费标准不变。

排污收费基本政策如下：排污超标的，征收超标排污费；新污染源超标的，加倍收费两年后继续超标的，提高标准收费。在排污费管理上，严格按收支两条线管理。排污费作为地方财政收入，纳入预算内管理。其中 80%部分补助重点污染源治理，20%部分补助环保事业发展。排污费应设立污染源治理专项基金，有偿使用、专款专用、不准挪用。排污费征收工作及排污费财务管理和排污费年度收支预决算的编制及排污费财务、统计报表的编报会审工作由环境监理部门负责。

1998 年国家环境保护总局在杭州、郑州、吉林开展提高排污收费的试点工作，并出台总量排污收费试点方案。改革后排污费将作为环境损害的补偿费用，实行排污总量收费；逐渐提高征收标准，最终使之高于污染治理的成本、促使排污者治理污染；排污费将主要用于综合性污染防治、示范工程，改善区域、流域的环境质量，适当用于重点污染源的治理贴息等。

2002 年 1 月 30 日国务院第 54 次常务会议通过了《排污费征收使用管理条例》，并在 2003 年 7 月 1 日起正式施行，同时废止了 1982 年 2 月 5 日国务院发布的《征收排污费暂行办法》和 1988 年 7 月 28 日国务院发布的《污染源治理专项基金有偿使用暂行办法》。该条例对污染物排放种类、数量的核定做了规定：县级以上地方人民政府环境保护行政主管部门，应当按照国务院环境保护行政主管部门规定的核定权限对排污者排放污染物的种类、数量进行核定。装机容量 30 万 kW 以上的电力企业排放二氧化硫的数量，由省、自治区、直辖市人民政府环境保护行政主管部门核定。污染物排放种类、数量经核定后，由负责污染物排放核定工作的环境保护行政主管部门书面通知排污者。该条例也对排污费征收和如何使用做了规定。依照《中华人民共和国大气污染防治法》、《中华人民共和国海洋环境保护法》的规定，向大气、海洋排放污染物的，按照排放污染物的种类、数量缴纳排污费。排污费必须纳入财政预算，列入环境保护专项资金进行管理，主要用于下列项目的拨款补助或者贷款贴息：重点污染源防治；区域性污染防治；污染防治新技术、新工艺的开发、示范和应用；国务院规定的其他污染防治项目。该条例规定，从 2005 年 7 月，对 NO_x 执行与 SO_2 相同的排污费征收标准。然而，目前所使用的排污收费制度也存有缺点，如收费标准偏低，存在区域差异调整等，也需要逐步完善。

(2) 排污许可证交易制度

排污许可证交易制度正是一种利用市场手段解决环保问题的有效方式。即根据特定区域环境质量的要求，确定一定时期内的污染物总量控制指标，通过颁发许可证的方式分配排污指标，并允许许可证的市场交易。排污许可证制度最早于20世纪60年代末由戴尔斯首先提出，他认为，将满足环境标准的可允许污染物排放量作为许可份额，准许排污者之间的相互有偿交易。70年代初，蒙特戈友利首先应用数理经济学方法，严谨地证明了排污许可贸易体系具有污染控制的成本效率，即实现污染控制目标的最低成本。随后涌现了大量的关于排污许可证制度的理论和应用研究。但这一体系为政府环境决策机构所采纳则始于80年代。1986年，美国EPA正式颁布了排污许可贸易政策，随后在有些地区对污水和废气的排放实施了许可贸易制度。近年来，欧美的许多学者又在探讨建立国际排污许可贸易体系，以控制温室效应和臭氧层的破坏。在我国，水污染物排放许可证制度是最先实施的一项制度。这项制度自1985年在上海率先实施，后逐渐在全国推广。

1990年，我国开始试行大气污染物总量控制，1991年4月又确定在上海、天津、沈阳、广州、太原、包头等16个城市进行大气污染物许可证制度试点工作。试点工作在国家环境保护局的领导下，在中国环境科学研究院等单位的技术支持下，对6646个重点污染源排放的主要污染物(烟尘和SO_2)，颁发了987张排污许可证，初步建立起适合我国国情的排放大气污染物许可证制度运行机制，以及适用的可操作的大气污染物排放总量控制方法。1996年国务院正式提出全国主要污染物排放总量控制计划。对烟尘、工业粉尘、SO_2等12种污染物实行总量控制。在此基础上，《中华人民共和国环境保护法》作出关于实行排污许可证制度的规定，根据污染物的物理特征，我国目前的污染物排放许可证大致可以分成三类：①大气污染物排放许可证，如每吨烟尘为1张排污许可证，每100kg SO_2为1张排污许可证；②水污染物排放许可证；③其他污染物排放许可证。

在实践中，各地还根据具体情况进行了排污许可证交易的探索，如2002年南京下关发电厂与太仓港环保发电公司签署SO_2排污许可证交易的协议等。从交易双方的关系看，排污许可证的交易方式有以下几种类型：①点源与点源间的排污许可证交易。点源与点源间的交易是指排污许可证指标在点源之间进行转让，即排污指标富余的排污单位将一部分排污指标转让给需要排污指标的排污单位，接收排污指标的排污单位向对方支付相应的货币。点源之间的排污交易是排污许可证交易的主要方式。②点源与面源间的排污许可证交易。点源与面源间的交易是指某一排污单位(点源)与面源之间的排污交易，如平顶山矿务局准备建设5万t焦化厂和1200kW的热电厂，但平顶山矿务局没有大气污染物(总悬浮颗粒物、SO_2)排污指标，为此，平顶山矿务局通过给当地居民供煤气、集中供热，以减少居民生活、采暖所产生的大气污染物，即减少了面源的大气污染物排放量，环保部门据此给平顶山矿务局发放排污许可证。这就是典型的点源(平顶山矿务局)与面源(居民户)之间的排污交易。③点源与环保部门间的排污许可证交易。点源与环保部门间的排污许可证交易是排污许可证交易的一种特殊形式，即排污单位向环保部门购买所需的排污许可证指标。

2.1.4.3 酸雨与 SO_2 两控区及两控区污染防治计划

酸雨和 SO_2 污染危害居民健康、腐蚀建筑材料、破坏生态系统，造成了巨大经济损失，已成为制约社会经济发展的重要因素之一。国务院对酸雨和 SO_2 污染问题从 20 世纪 90 年代开始就十分重视。1990 年 12 月，国务院环境保护委员会第 19 次会议通过了《关于控制酸雨发展的意见》，对推动 SO_2 污染治理起到了积极作用。为进一步遏制酸雨和 SO_2 污染的发展，1995 年 8 月修订的《中华人民共和国大气污染防治法》规定在全国划定两控区，在两控区内强化对酸雨和 SO_2 污染控制。国家环境保护局于 1995 年底组织开展了两控区划分工作。2002 年 10 月 3 日，经国务院正式批准，国家环境保护总局发布了《两控区酸雨和二氧化硫污染防治“十五”计划》。

(1) 两控区划分基本条件

考虑到酸雨和 SO_2 污染特征的差异，分别确定酸雨控制区和 SO_2 污染控制区的划分基本条件。

1) 酸雨控制区的划分基本条件。一般将 $pH \leqslant 5.6$ 的降水称为酸雨。有关研究结果表明，降水 pH 值 $\leqslant 4.9$ 时，将会对森林、农作物和材料产生损害。西方发达国家多将降水 $pH \leqslant 4.6$ 作为确定受控对象的指标。不同地区的土壤和植被等生态系统对硫沉降的承受能力是不同的，硫沉降临界负荷反映了这种承受能力的大小。酸雨污染是发生在较大范围的区域性污染。酸雨控制区应包括酸雨污染最严重地区及其周边 SO_2 排放量较大地区。在我国酸雨污染较严重的区域内，包含一些经济落后的贫困地区，这些地区目前还不具备严格控制 SO_2 排放的条件。基于上述考虑，并考虑到我国社会发展水平和经济承受能力，确定酸雨控制区的划分基本条件为：现状监测降水 $pH \leqslant 4.5$；硫沉降超过临界负荷；SO_2 排放量较大的区域。国家级贫困县暂不划入酸雨控制区。

2) SO_2 污染控制区的划分基本条件。我国环境空气 SO_2 污染集中于城市，污染的主要原因是局地大量的燃煤设施排放 SO_2，受外来源影响较小，控制 SO_2 污染主要控制局地的 SO_2 排放源。SO_2 年平均浓度的二级标准是保护居民和生态环境不受危害的基本要求，而 SO_2 日平均浓度的三级标准是保护居民和生态环境不受急性危害的最低要求。因此，SO_2 污染控制区的划分基本条件确定为：近年来环境空气 SO_2 年平均浓度超过国家二级标准；日平均浓度超过国家三级标准；SO_2 排放量较大；以城市为基本控制单元。国家级贫困县暂不划入 SO_2 污染控制区。酸雨和 SO_2 污染都严重的南方城市，不划入 SO_2 污染控制区，划入酸雨控制区。

(2) 划定范围

根据上述两控区划分基本条件，划定两控区的总面积约为 109 万 km^2，约占我国陆地面积的 11.4%，其中酸雨控制区面积约为 80 万 km^2，约占我国陆地面积的 8.3%，SO_2 污染控制区面积约为 29 万 km^2，约占我国陆地面积的 3%。

2.1.4.4 控制二氧化硫和酸雨的重点措施

1) 把酸雨和 SO_2 污染防治工作纳入国民经济和社会发展计划。我国 SO_2 大量排放并造成严重的环境污染，主要有以下三方面原因：一是能源结构问题，我国以煤为主的能源消耗方式长期存在，煤炭消费中有相当数量的高硫煤，且大多是直接燃用原煤，燃烧方式落后，清洁能源比例很小，与发达国家相比，在消费同样数量能源情况下，SO_2 排放量更多；二是我国过去赖以发展经济的支柱产业大多是依靠大量消耗能源和资源的初加工产业，工艺水平和管理水平低，造成能源和原材料浪费严重；三是在过去相当长的时期里，不少地区片面追求经济增长，忽略了环境因素，造成工业布局不合理、城市基础设施不配套、工业污染治理欠账太多等。这些问题的解决，需要统一规划，统一政策，各级政府领导、各个部门通力合作，污染企业主动治理。这就要求两控区内的地方政府和有关部门制定相应的酸雨和 SO_2 污染防治规划以及分阶段的 SO_2 总量控制计划，并纳入当地经济和社会发展计划组织实施。按照谁污染谁治理的原则，落实防治项目和治理资金。“十三五”期间，我国印发《打赢蓝天保卫战三年行动计划》并实施一系列攻坚行动方案。从加快解决燃煤污染到全面推进污染源治理，从加强机动车排放管理到应对重污染天气，本着“全国一盘棋”的思想，全面实施各项举措，将大气污染防治提高到新的治理层面。

2) 从源头抓起，调整能源结构、优化能源质量，对煤炭中硫进行全过程控制，减少燃煤 SO_2 排放。为控制两控区 SO_2 排放，必须从源头抓起，限制高硫煤的开采、生产、运输和使用，推进高硫煤矿配套建设洗选设施，同时优先考虑低硫煤和洗选动力煤向两控区的供应。结合《中华人民共和国煤炭法》、《中华人民共和国电力法》、《中华人民共和国节约能源法》和《能源发展战略行动计划(2014—2020 年)》、《中国洁净煤技术“九五”计划和 2010 年发展纲要》、《煤炭清洁高效利用行动计划(2015—2020 年)》等法律法规及规范性文件，我国控制 SO_2 排放已经并将继续力争根据煤中硫的生命周期进行全过程控制。

调整能源结构，发展燃气、燃油、水电以及太阳能、风能、生物质能等清洁能源，是解决 SO_2 污染的有效途径，有条件的地区和城市应大力发展清洁能源，逐步减少民用燃煤量。我国一次能源的 70%来自燃煤，在今后相当长一段时间内不会有根本的变化。因此，节约能源本身就可以削减 SO_2 排放量。我国节能潜力很大，现在能源利用率只有 30%左右，而发达国家的能源利用率已达到 40%以上。如果我国的能源利用率提高到目前世界发达水平，既可节约 1/3 的能源，又可以“不再花钱”就可削减 1/4 的 SO_2 排放量。因此，节能是今后控制 SO_2 污染的一个重点。

3) 重点治理火电厂污染，削减 SO_2 排放总量。截至 2005 年，全国火电厂装机容量约 3.44 亿 kW，其 SO_2 排放量为 1300×10^4t，占全国 SO_2 排放量的 50%以上；随着社会经济发展，对能源的需求持续增加，火电厂规模逐年增加，2010 年火电装机容量达到 7.1 亿 kW，2016 年全国火电装机容量达到 10.6 亿 kW，如果不采取控制措施，全国 SO_2 排放量会比 2005 年增加 1 倍以上。因此，今后我国的 SO_2 排放总量控制，尤其是两控区内削减 SO_2 排放总量的重点应放在火电厂。

控制火电厂排放 SO_2，一是要优化电厂的布局，在两控区大中城市市区内，禁止新建燃煤火电厂。二是要关停污染严重的小火电机组，加快火电厂的脱硫建设。2017 年 1 月 10 日，环境保护部发布了《火电厂污染防治技术政策》，对火电厂机组能源利用率、小火电机组淘汰标准等作了更严格的要求。其中新建燃煤发电机组，要求采用 60 万 kW

以上超超临界机组，平均供电煤耗低于 300g 标准煤/(kW·h)；对于改造后仍不符合能效、环保等标准的 30 万 kW 以下机组要进行优先淘汰。

4) 防治化工、冶金、有色、建材等行业生产过程排放的 SO_2 污染。化工、冶金、有色和建材等行业生产过程中排放的 SO_2，占总排放量的 20%左右，是造成酸雨和 SO_2 污染的重要原因。控制生产过程中产生的 SO_2 污染，应着眼于对生产的全过程控制，实行清洁生产。即选择低污染的原材料、采用先进的生产工艺和设备，降低生产能耗，加强生产各个环节的管理及进行必要的尾端治理等。严格执行《中华人民共和国大气污染防治法》规定的限期淘汰严重污染大气环境的工艺和设备的制度，已建项目要按期淘汰国家公布淘汰的工艺和设备，禁止在新建、改造项目中使用淘汰的工艺和设备。对两控区内超标排放 SO_2 的工业锅炉、窑炉等排放源限期治理，经过限期治理仍不达标的应予以关停。建议有关主管部门在安排防治 SO_2 污染的技术改造、综合利用、清洁生产等项目和资金方面，要向两控区倾斜。

5) 大力研究开发 SO_2 污染防治技术和设备。具有成熟的 SO_2 污染控制技术和适用的设备是实现两控区控制目标的关键因素。要加快适合国情的脱硫技术设备的研究、开发、推广和应用，开展有关示范工程的建设。与此同时，加快对国外先进治理技术、设备的引进和消化吸收。

6) 加强环境管理，强化环保执法。要加强对酸雨和 SO_2 污染的控制工作，必须强化环境监督管理，强化环保执法，使我国已经指定的有关法律、法规能充分发挥作用，把环境保护的基本国策真正落到实处。运用经济手段是促进 SO_2 污染治理的一个重要措施，要按照《国务院关于二氧化硫排污收费扩大试点工作有关问题的批复》(国函〔1996〕24 号)要求，认真做好 SO_2 排污费的征收、管理和使用工作，其中用于重点排污单位专项治理 SO_2 的资金比例不得低于 90%。要在浓度控制的基础上，实行污染物排放总量控制，对排放源提出总量控制或总量削减的指标，采取有效措施，严格监督管理。新建、改造项目应当实行“以新带老，总量减少”的原则。

2.1.5 二氧化硫控制技术

目前，控制 SO_2 污染的技术可分为三类：燃烧前控制技术、燃烧中控制技术和燃烧后控制技术。

2.1.5.1 燃烧前控制技术

燃烧前控制技术也称首端控制技术，是控制污染的先决一步。对于燃煤中硫的首端控制技术包含物理的、化学的、生物的方法，以及多种技术联合使用的综合工艺、煤炭转化脱硫等多种燃烧前控制技术。

物理脱硫方法有：跳汰、重介质、空气重介质、风选、斜槽和摇床等多种重选分离法，电选，磁选，浮选，油团聚分选等方法。化学脱硫方法有：碱法脱硫、热解与氢化脱硫、氧化法脱硫等方法，具体而言主要有热碱液浸出(BHC)法、硫酸铁溶液浸出(Meyers)法、液相氧化法、催化氧化法、PETC 法、Ames 法、KVB 法、氯解法、熔碱浸提(MCL)法、溶剂抽提法等。

煤炭转化脱硫技术指的是煤炭气化和煤炭液化技术，将煤气化和液化后进行脱硫。常温煤气脱硫方法有：干法脱硫和湿法脱硫两类。湿法脱硫分为物理吸收法、化学吸收法和氧化法(直接转化法)。热煤气脱硫技术包括炉内热煤气脱硫、炉外热煤气脱硫、膜分离技术脱硫和电化学脱硫等多种方法。煤的脱硫技术还包括超临界流体萃取、加氢热解、微波法、电化学法、超声波法、干式静电法、干式磁选及温和化学脱硫工艺等其他方法。

2.1.5.2 燃烧中控制技术

燃烧中控制技术主要指清洁燃烧技术，旨在减少燃烧过程污染物排放，提高燃料利用效率的加工、燃烧、转化和排放污染控制的所有技术的总称。燃烧中控制技术主要指的是型煤固硫技术、循环流化床燃烧技术和水煤浆燃烧技术等。

2.1.5.3 燃烧后控制技术

燃烧后控制技术指的是烟气脱硫(flue gas desulfurization，FGD)技术。经过长期的研究、开发和应用，烟气脱硫工艺流程多达 180 种，然而具有工业应用价值的仅十余种。烟气脱硫技术分类方法很多，按照操作特点分为干法、湿法和半干法；按照生成物的处置方式分为回收法和抛弃法；按照脱硫剂是否循环使用分为再生法和非再生法。根据净化原理分为以下几类：①吸收法吸附，用液体吸收废气中的 SO_2；②采用固体吸附材料吸附废气中的 SO_2；③催化法，将废气中的 SO_2 催化氧化成 SO_3，然后转化为硫酸或还原为硫，再将硫冷凝分离。

2.2 烟气脱硫发展历程与现状

2.2.1 日本烟气脱硫发展历程与现状

2.2.1.1 日本烟气脱硫发展历史

从 20 世纪 60 年代开始，日本经济迅速发展。与此同时，也出现了以大气污染为主的公害问题，从而使大气污染治理技术迅速发展。目前，日本在大气污染防治技术水平和装置普及程度方面，处于世界最先进的行列。从 1965 年开始，日本有 15 个监测站对 SO_2 进行连续性检测。这些监测站设置在当年具有代表性的 SO_2 污染地区，基本上分布在(东)京(横)滨地区、四日市、堺市。SO_2 污染浓度在 1967 年达到最高值 0.059×10^{-6}，以后逐年下降。降低 SO_2 浓度，以重油脱硫和普及排烟脱硫装置为主。日本努力落实这些政策，使重油平均含油量减少了一半，排烟脱硫装置的总处理能力上升了 30 多倍。由于对策奏效，SO_2 引起的大气污染得到了明显改善。因此，达到环境标准的监测站比例逐年增加，1989 年为 99.5%，并能继续保持理想的水平[5-8]。1989 年，日本的烟气脱硫设备约有 1800 套，处理烟气量约为 1.76 亿 Nm^3/h，详见表 2-3 和表 2-4。电力行业脱硫设备 87 套，烟气处理能力 $74704\times10^3Nm^3/h$，占全部的 42.4%，每套平均处理能力为 $858.7\times10^3Nm^3/h$。

表 2-3 1989 年日本排烟脱硫设备的行业分布与能力

行业	设备		烟气处理		
	数量/套	比例/%	总处理能力/($10^3Nm^3/h$)	处理比例/%	平均处理能力/[10^3Nm^3/(h·套)]
电力	87	4.8	74704	42.4	858.7
煤气	4	0.2	18	—	4.5
供热	5	0.3	396	0.2	79.2
采暖	18	1	312	0.2	17.3
垃圾焚烧	289	16.0	8734	5.0	30.2
钢铁(高炉冶炼)	1	0.1	—	—	—
钢铁(非高炉冶炼、生铁铸件)	59	3.3	11263	6.4	190.9
钢铁(生铁铸件)	5	0.3	335	0.2	67
有色金属(初次精炼)	48	2.7	2655	1.5	55.3
有色金属(其他)	30	1.7	882	0.5	27.4
金属制品	6	0.3	72	—	12
采矿	40	2.2	3267	1.9	81.7
炼油	44	2.4	3681	2.1	83.7
石化	24	1.3	5176	2.9	215.7
其他油、煤生产	17	0.9	155	0.1	9.1
纸浆和造纸	190	10.5	16646	9.4	87.6
陶瓷和水泥生产	1	0.1	40	—	40
化学制品	293	16.2	17760	10.1	60.6
机械和工具制造	40	2.2	1169	0.7	29.2
纺织	158	8.7	11027	6.3	69.8
其他及未知项	451	24.9	18080	10.3	40.1
总计	1810	100	176372	100	97.4

表 2-4 1989 年日本排烟脱硫配套设备

设备	设备数		气体处理			
	数量/套	比例/%	烟气总处理能力/($10^6Nm^3/h$)	比例/%	设备平均处理能力/($10^3Nm^3/h$)	平均效率/%
锅炉	719	40.2	122.1	72.2	170	88.8
烧结机	27	1.5	11.0	6.5	407	80.5
焚烧炉	474	26.5	11.6	6.9	24	77
烧成炉	116	6.5	4.7	2.8	41	85.6
干燥炉	109	6.1	3.7	7.2	34	83.8

2.2.1.2 FGD 工艺主要类型

20 世纪 70 年代建造 FGD 设备的初期，为了适应不同的应用目的、所要求的烟气处理量和其他参数，曾采用过许多种 FGD 工艺，制造厂家或者自己搞技术开发，或者将自己的技术同国外厂家的结合在一起。如表 2-5 所示，目前使用的工艺有许多种，但是使用最广泛的是湿法工艺，其设备数量和处理能力都占总数的 90%。火力发电站几乎全部采用“石灰-石膏法”。石灰资源丰富，是最经济的脱硫剂，同时，副产物石膏可用于生产水泥和制作石膏板。为适应不同的工业还采用了其他 FGD 工艺，例如，造纸和纺织工业中最常用苛性钠作为吸收剂，有色金属工业常用碱式硫酸铝作为吸收剂。许多中小型企业考虑到经济成本，采用氢氧化镁作为吸收剂，因为氢氧化镁价格便宜、吸收性好，并且排出液硫酸镁可以作为产品出售。

表 2-5 FGD 工艺类型

工艺类型	吸收剂	吸收剂的状态	原料	副产品
石灰-石膏法	亚硫酸钙($CaSO_3$)	浆液	碳酸钙($CaCO_3$) 熟石灰[$Ca(OH)_2$] 生石灰(CaO)	石膏($CaSO_4 \cdot 2H_2O$)
镁/石膏法	亚硫酸镁($MgSO_3$) 亚硫酸钙	浆液	氢氧化镁[$Mg(OH)_2$] 熟石灰 碳酸钙	石膏
亚硫酸钠-格劳伯盐(硫酸钠)法	亚硫酸钠(Na_2SO_3)	溶液	苛性钠($NaOH$)	格劳伯盐液体
亚硫酸钠回收法			苛性钠	亚硫酸钠
亚硫酸钠-石膏法			碳酸钙 熟石灰 生石灰	石膏
亚硫酸钠-硫酸法			苛性钠	硫酸(H_2SO_4)
稀硫酸-石膏法	稀硫酸	溶液	硫酸 碳酸钙	石膏
NH_3-硫酸铵法	亚硫酸铵[$(NH_4)_2SO_3$]	溶液	氢氧化铵(NH_4OH)	硫酸铵[$(NH_4)_2SO_4$]
NH_3-石膏法			熟石灰	石膏
铝-石膏法	碱式硫酸铝 [$Al_3(OH)_3(SO_4)_3$]	浆液	硫酸铝[$Al_2(SO_4)_3$] 碳酸钙	石膏
镁法	亚硫酸镁	溶液	氢氧化镁	排出硫酸镁液体
活性炭吸附法	活性炭		活性炭	
喷淋干燥	氢氧化钙 碳酸钠	浆液	熟石灰 碳酸钠	石膏和其他

2.2.1.3 FGD 技术发展趋势

(1) 煤灰干法脱硫

以煤灰、熟石灰和石膏为原料制成脱硫剂，利用其碱性成分吸收烟气中的 SO_2，使其形成不易挥发的无水石膏。吸收后的石膏硬化物可再利用。这项技术是北海道电力公司和日立公司共同研制开发的。

(2) 活性炭干法脱硫

日本在排烟脱硫技术方面是世界领先的，主要有石灰法、苛性钠等湿法脱硫，但这些方法用水量很大，而且需要高级处理，副产物也需处理。日本工业技术院从1966年开始将活性炭干式脱硫列入科研计划。随着活性炭制造技术的进步，同时脱硫、脱硝的试验性装置也在研制中。经过多年的改进和调整，活性炭/焦法脱硫-脱硝技术已经达到了长期、稳定、连续运行的水平，脱硫率可达98%，脱硝率在80%以上。由日本和德国共同开发研制的MMC-BF技术，被日本认定为第一号商品装置。美国政府调查报告认为，该技术是最先进的烟气脱硫脱硝技术，联合国欧洲经济委员会在2000年提交的NO_x排放控制经验总结中，将SCR、SNCR和活性炭/焦法列为烟气脱硝的三大工艺予以推荐。

(3) 电子束照射烟气处理工艺

该工艺由日本荏原(Ebara)公司提出，于1971年率先研制。1972年以来Ebara公司与日本原子能研究所(JAERI)共同研究，为其连续处理系统的应用奠定了基础。在此工艺中，一个集尘装置先从约150℃烟气中将浮尘粗略地去除掉，然后在冷却塔中用喷淋水将烟气冷却到70℃。根据硫氧化物(SO_x)的浓度添加一定量的氨，气体进入反应装置内用电子束照射。烟气中的硫氧化物在非常短的时间内被氧化，生成作为中间产品的硫酸，并同已有的氨发生中和反应生成粉粒，此工艺可以同时减少烟气中的氮氧化物。经过多年的研究开发，电子束照射烟气处理工艺已从小试、中试和工业示范逐步走向工业化。目前，一些关键技术正不断突破，用于电子束照射烟气脱硫的加速器将进一步趋于结构简化，其造价更便宜，单台功率更大。

(4) 微生物技术

微生物可以在常温常压条件下制造清洁能源，如依靠微生物去除液化油中的含硫成分。

2.2.2 美国烟气脱硫发展历程与现状

2.2.2.1 美国1990年《洁净空气法修正案》

1971年美国实施《洁净空气法》(Clean Air Act，CAA)，规定73MW以上的新建电厂锅炉SO_2排放不得超过1238mg/m^3(标准状态)，见表2-6。

表2-6 1971年CAA的SO_2排放浓度和脱硫效率

使用锅炉	煤种	排放极限(标准状态)/(mg/m^3)	脱硫效率/%
73MW以上新建锅炉	低硫煤	619	70
	中硫煤	619	70～90
	高硫煤	1238	>90

1971～1991年，美国的环境质量得到了改善。其中粉尘排放量降低60%，CO降低5%，SO_2降低27%，NO_x降低1%，但是严重的污染问题依然存在，酸雨仍然没有得到控制。1990年11月15日颁布了《洁净空气法修正案》(Clean Air Act Amendment of 1990,

CAAA)。其主要指标是：大气有害污染物至少降低 75%；每年削减 SO_2 排放量至少 1000 万 t，以减轻酸雨的发生；逐步减少氟、氯碳化物及其他化合物对臭氧层的破坏；净化汽车、燃料等的排气。

(1) 酸雨控制法

CAAA 的第Ⅳ项为酸雨控制，规定每年 SO_2 排放量削减 1000 万 t，化石燃料电厂在 1980 年水平上每年削减 50%。从 1990 年至 2005 年全面执行控制酸雨计划期间，企业投资估计每年为 30 亿～39 亿美元。降低 SO_2 排放投资的投资将转给消费者，至 2000 年，全国平均电价提高 0.5%～1.2%。该法规还包括：排放量许可制度、许可权交易制度、超标排放惩罚制度和对连续排放监测的要求等。

(2) 削减 SO_2 排放量计划

削减 SO_2 排放量计划分两阶段：第一阶段，自法规颁布之日起到 1995 年 1 月 1 日。要求污染严重的 110 个火电厂(总容量为 89545MW，大多数是燃煤电厂)将 SO_2 平均排放量降至 1081g/GJ 以下。第二阶段，自 1995 年至 2000 年 1 月 1 日，上述污染严重的 110 个火电厂必须进一步削减 SO_2 排放量至 522g/GJ 以下。第一、第二阶段必须削减 SO_2 的电厂及机组统计数见表 2-7。对所有电厂每年预留 900 万 t SO_2 排放量许可权，以备电厂生产增长使用。

表 2-7　第一、第二阶段受影响的电厂及机组

项目	州数	工厂数	机组数
第一阶段	21	110	263
第二阶段	27	785	＞2100
合计	48	895	＞2300

(3) 削减 SO_2 排放量的途径

可选择的途径包括：改变燃料，即改用含硫低的煤种或天然气；安装烟气脱硫装置或其他技术(如高效发电工艺节煤、洗煤等)；把电力生产从污染严重的电厂转移到比较洁净的电厂；SO_2 排放许可权交易。

(4) 优惠政策

CAAA 中制定了一些优惠政策，在削减 SO_2 排放的第二阶段，为鼓励电厂安装高效洗涤装置，可放宽期限 2 年或发给额外排放权。在第二阶段对采用洁净煤技术的电厂可放宽期限 4 年。

(5) 建立许可权制度

单位排放许可权定义为特有者可排放 1t SO_2。EPA 根据 1980 年 SO_2 排放情况，授予每一发电机组一定数量的 SO_2 排放许可权。大型的燃煤电厂通常可以削减比要求更多的 SO_2 排放量，而将其剩余的许可权在市场出售。须削减 SO_2 排放量的企业，可以不采取代价昂贵的削减措施而购买其他企业的许可权，以达到全部或部分控制的目的。通过这种方法企业可最经济地满足 SO_2 排放量的要求。

(6) SO_2 排放量监测

执行酸雨控制计划的关键是必须具备准确监测排放量的能力。根据 CAAA 规定，EPA 要求企业使用高准确度的系统来连续监测 SO_2 的排放量，也包括 NO_x 等的监测，企业每三个月需上报监测结果。当 SO_2 排放量超过允许值时，企业将受到严厉的经济惩罚：即每超标 1t SO_2，罚款 2000 美元。

2.2.2.2 煤燃烧前的控制技术

减少公用事业发电厂 SO_2 排放量的一种具有吸引力的方法是在燃烧矿物燃料之前减少燃料内的硫含量，主要包括两种方法：将燃料配制成低硫燃料或者用洗煤的方法除硫或燃油除硫。

煤的配制及煤的净化是保证减少 SO_2 排放量的技术，以保证符合国家大气污染物综合排放标准 GB 16297—1996 的要求。美国公用事业发电厂燃煤的平均含硫量从 1975 年的 2.2%降低到 1985 年的 1.4%。1987 年美国能源部的报告估计，如果燃煤的含硫量保持在 2.2%，那么 1985 年后 SO_2 的排放量将会高于每年 8100 万 t，必须控制燃煤中的含硫量。我国各地的煤含硫量差别较大，西南的煤含硫量一般在 3%～5%之间，高的可达 7%以上；而西北和东北的煤含硫量较低，在 0.3%～0.5%之间。因此、煤的配制、煤净化及低硫煤发电可降低 SO_2 的排放。

(1) 煤的配制

将煤配制成含硫较低的燃料是减少公用事业发电厂 SO_2 排放量最价廉可取的选择之一。1971 年公布的《新源绩效标准》(New Source Performance Standards，NSPS)，强制新的燃煤发电厂排放率为 1.2lb/10^6Btu(1lb=0.453592kg，1Btu=1055J)，并且只采用“混合煤”，不进行烟气脱硫，其排放率低于 1.2lb/10^6Btu 的电厂明显增加。1979 年出于立法的需要，NSPS 进行了修改，取消了新的燃煤电厂的战略，对其加上了新的要求，将 SO_2 脱除效率提高 70%～90%，在那时要做到这点，就需要采用烟气脱硫。

(2) 煤的净化

现在有一些更新的物理煤净化方法，如多级漂洗、静电分离以及油烧结，能除去 90%矿石中硫，削减 65%的总含硫量。要想得到比物理分离方法更进一步的效果，就需要从煤中分离出有机硫。煤净化方面的研究与发展从化学和生物进化两个领域进行。两种方法在 1995～2000 年还不可能实现商品化，化学净化尚处在论证阶段，而微生物净化还处在实验室规模。化学净化具有除去煤中总硫量 90%～95%的能力，包括在高温及高压下用化学物质或溶剂精制煤。尽管在这些工序中，大多数硫已被清除，但是化学净化的费用无论是比传统的还是更新的物理净化煤方法要昂贵得多，但在脱除效率方面，化学净化具有竞争力。

(3) 对新电厂的控制技术

新电厂采用的技术至少能符合 2011 年颁布的修改过的 NSPS 性能水平要求。这些规定要求任何燃料燃烧后烟气排放的 SO_2 不能够高于 458g/(MW·h)，或者减排 97%。烧煤矸石的标准和以前相比不变。

(4) 对现有电厂的更新技术

更新技术一般设计成能得到清除效率符合 2011 年 NSPS 及地方 SIP 规定要求的技术。

尤其是控制技术要求满足 SO_2 的排放标准 635g/(MW·h)，或者减排 90%。有时把许多技术组合在一起，也可以提高脱硫效率。

2.2.2.3 美国烟气脱硫技术

CAAA 的实施，对火电厂 SO_2 控制技术产生巨大的影响，在 CAAA 第一阶段，主要采用的控制技术是改变燃料和安装脱硫装置。从该修正案实施两年后的情况看，改用低硫燃料来降低 SO_2 排放量的市场比例比预想的要大得多，这是因为在价格和资源上燃用低硫油和天然气均占优势，比安装脱硫装置容易满足脱硫要求，而且投资低。但改变煤种对锅炉的安全稳定运行带来不利的影响，特别是粉尘特性的改变，影响电除尘器的正常运行，必须采用有效措施，如增加比收尘面积、烟气调质及脉冲荷电等。

(1) 湿式烟气脱硫在 CAAA 第一阶段的应用

1990～1995 年，即 CAAA 第一阶段，美国公用事业发电厂新装的脱硫装置几乎都是石灰石/石灰洗涤工艺，其中采用石灰石作吸收剂的比例逐渐上升，占绝对优势。美国能源部在 CAAA 第一阶段洁净煤计划中，选用的 FGD 系统列于表 2-8。

表 2-8 第一阶段 FGD 技术选用结果

企业名称	电厂机组	机组容量/MW	工艺形式	吸收塔数	脱硫设计值/%		是否利用石膏
					不加有机酸	添加有机酸	
阿勒格尼动力系统(Allegheny Power System)	Harrison 1～3	3×640	WL-Mg	3×100%	98	—	否
大西洋电气(Atlantic Electric)	England 1～2	130/170	WLS-FO	2×130 100%	93	—	是
IP&L	Persburg 1～2	278/248	WLS-FO	2×100%	95	97	是
肯塔基公用事业(Kentucky Utilities)	Ghent 1	510	WLS-FO	3×50%	90	95	否
OMU	Smith 1～2	150/290	WLS-FO	2×67%	95	—	是
Penelec	Conemaugh 1～2	2×900	WLS-FO	5×50%	95	≪95	是
PSI 能源(PSI Energy)	Gibson 4	650	WLS-IO	2×67%	91	—	否
西格科(SIGECO)	Gulley 3	265	WLS-FO	1×100%	95	—	是
TVA	Cumberland 1～2	2×1300	WLS-FO	6×40%	95	—	否
弗吉尼亚电力(Virginia Power)	Mt.Storm 1～3	2×540	WLS-FO	6×50%	93	98	否
MYSEG	Milliken 1～2	2×160	WLS-FO	2×100%	95	98	是

注：WL-Mg 为湿式氧化镁强化石灰石洗涤工艺；WLS-FO 为湿式石灰石强制氧化工艺；WLS-IO 为湿式石灰石抑制氧化工艺；吸收塔数 100%是指要求 SO_2 的吸收效率，%

(2) 氧化镁强化石灰石洗涤工艺

用氧化镁强化石灰石为吸收剂的洗涤工艺是高脱硫效率的典范工艺。氧化镁的存在

使石灰液吸收 SO_2 能力比石灰石高 10～15 倍，在气/液比较低时，脱硫效率可达 98%。该系统可抑制石膏的形成，因而不会结垢。由于以上原因，吸收塔的尺寸比一般石灰系统小，再循环动力可节约 65%。这些经济效率可以补偿价格较高的不足，因此，这种工艺在要求高脱硫效率的电厂得到应用。

(3) 湿式石灰石洗涤工艺的新动向

在 CAAA 颁布后的脱硫市场中，湿式石灰石洗涤工艺最有吸引力。和数十年前相比，这种工艺已经有了很大的改进，投资降低 50%，运行可靠性得到提高。新一代的湿式石灰石洗涤工艺的性能指标可达到：脱硫效率高于 95%；石灰石利用率高于 90%；运行可靠性高于 95%；能耗低于机组出力的 2%。由于可靠性得到保证，已没必要设置备用设备(如减掉备用塔)，节省了投资。塔体结构的优化及材料的改进以及吸收塔单塔容量增大和数量减少，使工艺投资降低 14%～25%。FGD 系统的发展趋势之一是减少主要设备，单一设备完成多种功能。吸收塔设计成同时脱硫和氧化，结构紧凑，减少了占地面积，因此可用于老厂改造。自 20 世纪 70 年代末至今，吸收塔趋向采用喷淋塔，并不断改进塔内结构。由于当前能够更好地控制塔内的化学过程，结构问题已得到解决，因而近年来开始采用双流盘式填料，改善了气、液传质过程，降低塔高和液气比，系统投资也可降低。美国约有 6000MW 机组的脱硫系统采用有机添加剂，可提高脱硫效率 3%～5%。采用结垢抑制剂可减少塔内的结垢。

(4) CAAA 第二阶段各工艺应用

排放交易市场的成熟和高效新工艺的优惠政策对电厂采用先进技术起推动作用，《资源保护及恢复法》(Resource Conservation and Recovery Act，RCRA)、《水处理法》及对 NO_x 和毒性气体的排放限制，使电厂在选择脱硫工艺时进行总量考虑。美国能源部(DOE)洁净煤示范计划对多个先进技术进行了示范，其中有的技术在欧洲和日本已实现商业应用。这些工艺的特点是：水耗低、无废水排放；能耗低；固体渣易于处置；同时脱除 SO_2、NO_x 和毒性气体。这些先进的 FGD 系统在 CAAA 第二阶段能否得到实际应用，主要与示范结果的优劣以及电厂的需求有关。比较典型的工艺有以下两种。

1) 高级石灰石 FGD 工艺。

来源于美国 Bailly 电厂(600WM)的高级石灰石 FGD 工艺，是欧洲和日本电厂已经应用技术的综合改进。它的特点是：两炉合用一台吸收塔；燃煤含硫量 2.5%～4.5%，设计脱硫效率 95%；石灰石粉直接倾入吸收塔；顺流布置，烟速大于 4.5m/s；烟气预冷，吸收 SO_2 和部分氧化同时在吸收塔内进行；未氧化部分在塔下的反应槽中完成；生产石膏副产品(纯度大于 97%)；FGD 的废水在现有 ESP 前的烟气中蒸发，所含固态物与飞灰一并收集和处理；FGD 系统用电约 6.5WM，相当于厂用电量的 1%左右。

2) CT-121 工艺。

由美国 7-Eleven 公司承担示范项目，处理烟气量相当于 100MW 电厂。采用喷射鼓泡反应器作吸收器，使传统的石灰石 FGD 系统中的化学吸收、强制氧化和石膏结晶在同一反应器内进行。运行时 pH 值为 3～5，在此条件下石灰石完全溶解，亚硫酸钙可完全氧化成硫酸钙。锅炉燃用烟煤，含硫量 2.5%，设计脱硫效率为 90%。吸收塔可脱除 99%以上烟尘，不需要在上游单独设除尘装置，固体废物回填堆放，水循环利用。

(5) 干式脱硫工艺的应用

由于 CAAA 对脱硫工艺的脱硫效率要求更高，干式脱硫技术在第一阶段未被选用，其中包括已经有工业运行经验的喷雾干燥技术。在 CAAA 第二阶段，改用低硫煤的电厂 SO_2 排放量仍不能满足法规要求，需要进一步脱除烟气中 SO_2，可采用投资低的干式脱硫技术。因此，美国 EPA、美国电力研究学会和 DOE 都进行了不同规模的干式脱硫技术的研究，包括以下内容。

1) 循环流化床(circulating fluidized bed，CFB)脱硫工艺。

在 TVA 的肖尼(Shawnee)电厂 10MW 机组上建立了一套循环流化床烟气脱硫中试装置，TVA 最初实验结果表明，脱硫效率可达 90%以上。

2) 炉内喷钙工艺。

美国炉内喷钙脱硫示范包括炉内喷钙尾部增湿活化(LIFAC)工艺和炉内喷钙多级燃烧器(LIMB)工艺。LIFAC 工艺在怀特沃特谷(Whitewater Valley)电厂 2 号机组上示范，容量 600MW，燃用 2%～2.9%的高硫煤。结果表明，当钙硫比为 2 时，采用 ESP 灰再循环，脱硫效率可达 75%，增湿活化后脱硫效率可提高到 85%。

3) 管道喷射工艺。

ADVACATE 管道喷射脱硫工艺喷射高活性脱硫吸收剂，当钙硫比为 1.5 时，脱硫效率可达 89%。

2.2.3 中国烟气脱硫发展历程与现状

2.2.3.1 中国烟气脱硫技术发展

我国烟气脱硫起步较早，始于 20 世纪 50 年代，但是发展相当缓慢，而且仅限于有色冶金废气和硫酸尾气的净化。早在 50 年代，有色冶金部门就将 SO_2 浓度高于 0.5%的烟气净化制酸；硫酸厂对尾气中 SO_2 净化回收制硫酸；氮肥厂净化 SO_2 尾气回收生产硫酸铵，并已建成了一批工业化规模装置投入运行。

燃煤发电厂烟气脱硫试验始于 70 年代初，先后有上海杨浦电厂及湖北松木坪电厂，进行了六种不同方法的烟气脱硫试验研究。目前我国现有的烟气脱硫技术包括含碘活性炭法、亚硫酸钠循环法、胺酸法、喷雾干燥法等。但是，这些方法多为中小型或中间试验规模的烟气脱硫装置，对燃煤发电厂大烟气量工业化的烟气脱硫装置研究得还很不够。1991 年我国自行研制的 12MW 机组的旋转喷雾干燥法烟气脱硫装置，在白马电厂正式投入运行。1992 年重庆珞璜电厂 2×360MW 机组的湿法石膏法烟气脱硫装置已全部投入运行。除此之外，其他电厂还没有实际投入运行的烟气脱硫工程。为了促进国内 FGD 技术的开发研究，“七五”、“八五”期间，国家有目的、有计划地引进了一批国外的先进技术和装置，见表 2-9。所引进的示范工程涉及各种成熟工艺。湿法流程全部是日本的技术，半干法及干法流程则以欧美技术为主。引进的示范工程虽然设备先进、运行稳定、自控程度高，但其投资及运行费用极为昂贵[9]。

表 2-9 中国引进的 FGD 装置情况

引进单位	工艺流程	锅炉烟气量/(Nm^3/h)	脱硫剂	效率/%	运行时间	技术提供方
胜利油田	氨-硫铵法	2100000	NH_3、H_2SO_4	90	1979 年	日本东洋公司
南京钢铁厂	碱式硫酸铝法	51800	$Al_2(SO_4)_3$、$Al(OH)_3$	95	1981 年	日本同和公司
重庆珞璜电厂	石灰石/石灰-石膏法	1087000	石灰石浆	95	1992 年	日本三菱公司
山东黄岛电厂	简易喷雾干燥法	300000	生石灰、煤灰	70	1995 年	日本三菱公司
南京下关电厂	炉内喷钙增湿活化法	795000	石灰石	75	1997 年	芬兰 IVO 公司
太原发电厂	小型高速平流法	600000	石灰石	80	1996 年	日本日立公司
广西南宁化工厂	简易石灰石/石灰-石膏法	50000	$Ca(OH)_2$	70	1996 年	日本川崎公司
成都热电厂	电子束法	300000	NH_3	80	1997 年	日本荏原制作所
山东潍坊化工厂	简易石灰石/石灰-石膏法	100000	消石灰浆	70	1995 年	日本三菱公司

近几十年，我国政府有关部门多次组织了中小型燃煤工业锅炉烟气脱硫技术的攻关研究，先后开发了一批具有自主知识产权的脱硫技术，包括喷射石灰/石灰石法、氨法、催化法、磷铵肥法及炭法等 40 余种新的脱硫技术，其中一些技术运行较为稳定，脱硫效率也能达到国家标准，见表 2-10。

表 2-10 自主研发的典型脱硫技术

脱硫方法	研究单位	脱硫剂	规模/(km^3/h)	脱硫效率/%	目前状况
磷铵肥法	国电热工研究院、四川大学等	渣碳/磷矿石	10	70～95	工业示范
软锰矿法	四川大学	软锰矿浆	7	>80	工业化应用
新型催化法	四川大学	炭基催化剂		95	工业化应用
亚钠循环法	中国人民解放军第三三〇三工厂等	纯碱	10	90	完成中试
碱式硫酸铝法	重庆天原化工厂电站	碱式硫酸铝	100	95	工业化应用
磷矿石脱硫法	湖南大学	碳酸盐矿	5	63～70	完成中试
文丘里脱硫法	国家电力公司电力环境保护研究所	碱性溶液	75	63～70	完成中试
旋转喷雾干燥法	清华大学	$Ca(OH)_2$	70	85	完成中试
炉内喷射增湿活化	沈阳黎明公司	石灰石	50	75	完成工业化试验
脱硫烟气循环流化	北京工商大学、清华大学等	石灰	20	80	工业化示范
活性焦法	南京电力自动化设备总公司	活性焦	200	95	工业化示范

续表

脱硫方法	研究单位	脱硫剂	规模/(km^3/h)	脱硫效率/%	目前状况
铁法	大连理工大学	铁	100	95	工业化应用
循环法	成都华西化工研究所	离子液体	10	98	完成工业化试验

2.2.3.2　存在的问题

(1) 国内脱硫企业自主创新能力不足

我国目前在建和运行的脱硫装置，所采用的技术与设备绝大多数是从国外引进的，国内脱硫公司的消化吸收和再创新能力较弱。

(2) 已建脱硫装置运行不足

目前我国已建成投产的烟气脱硫设施实际投运率不足 60%，其原因除了经济上不合理和环保执法不严外，还因为部分脱硫公司对国外技术和设备依赖度较高，而且没有完全掌握工艺技术或者系统设计先天不足，设备运行不稳定，效果不理想，个别设备出现故障后难以及时修复。

(3) 石灰石/石灰-石膏湿法脱硫技术的自身缺陷

采用石灰石/石灰-石膏湿法脱硫工艺，脱硫副产物的硫石膏产量巨大，这些硫石膏虽然可以作为建筑材料进行综合利用，但是质量上还存在许多问题，目前大部分脱硫石膏只能堆放储存，造成环境的二次污染，同时采用这种工艺还会增加二氧化碳的排放。另外，我国是一个硫资源相对贫乏的国家，石灰石/石灰-石膏湿法脱硫工艺不能回收烟气中的 SO_2，是一种不适合我国国情的工艺。

2.3　烟气脱硫技术

2.3.1　吸收技术

吸收是重要的化工单元操作，在化工、冶金以及大气污染控制工程中被广泛地用来处理工艺过程气体和净化燃烧气体。吸收技术在气态污染物的各种净化技术中占重要地位，是烟气脱硫的重要方法之一。

吸收法是根据气体混合物中各种组分在液体溶剂中物理溶解度或化学反应活性不同而将混合物分离的一种方法。根据原理的差异可分为物理吸收和化学吸收。物理吸收是利用气体混合物在所选择的溶剂中溶解度的差异而使其分离的吸收过程；化学吸收是伴有显著化学反应的吸收过程。物理吸收以气相中被吸收气体的分压与液相呈平衡时该气体分压的压力差为吸收推动力，由于物理吸收过程的推动力很小，吸收速率较低，因而在工程设计上要求被净化气体的气相分压大于气液平衡时该气体的分压。在实际工程问题中其常具有废气量大、污染物浓度低、气体成分复杂、排放标准要求高等特点，采用通常的物理吸收难以适应和满足上述要求。但是，在化学吸收过程中，被吸收气体与液相组分发生化学反应，有效地降低了溶液表面上被吸收气体的分压，增加了吸收过程的推动力，既提高了吸收速率，又降低了被吸收气体的气相分压。因此，在实际的工程设计中，通常选用化学吸收。

2.3.1.1　吸收技术分类

吸收法脱硫属于湿法脱硫，包括石灰石/石灰-石膏法、海水法、氧化镁法、钠钙双碱法、钠碱法、碱式硫酸铝法、磷铵肥法等[10]。其中，石灰石/石灰-石膏法是目前商业市场应用最广泛、最成熟的脱硫工艺，针对石灰石/石灰-石膏法在实际工程中常见的结垢、堵塞等问题，在石灰石/石灰-石膏法的基础上，又进一步改善发展了简易石灰石/石灰-石膏法、间接石灰石/石灰-石膏法。在工程实践中习惯按脱硫剂种类为其分类，主要分为钙法、氨法、镁法、钠法、水法，虽然这种分类方法不能包含所有的 FGD 工艺，但使用起来较直观明了。

石灰石/石灰-石膏法以石灰石或石灰浆液与烟气中 SO_2 反应，脱硫产物石膏可综合利用，是目前世界上使用广泛的脱硫技术[11]。简易石灰石/石灰-石膏工艺以传统工艺为基础，只是省去了烟气热交换系统或采用了部分未脱硫烟气与脱硫烟气混合等措施，一定程度上解决了工艺投资及运行费用高等问题。但因脱硫效率中等，其适合在国内中小型锅炉上应用，工艺有待完善，系统运行的可靠性有待提高。

针对直接石灰石/石灰-石膏法结垢和堵塞的问题，发展了间接石灰石/石灰-石膏法，主要有双碱法、碱式硫酸铝法等。这类方法的共同特点是用与 SO_2 直接反应后生成具有较大溶解度的中间产物 $NaOH$、Na_2CO_3、$Al_2(SO_4)_3 \cdot Al_2O_3$、水或稀硫酸等作脱硫剂，中间脱硫产物在再生池内与石灰石(石灰)反应再生出最初的脱硫剂用于循环脱硫，并产生最终脱硫产物亚硫酸钙或石膏[12,13]。碱式硫酸铝法烟气脱硫技术又称同和法。该方法用碱式硫酸铝溶液吸收废气中的 SO_2，吸收 SO_2 后的吸收液送入氧化塔，塔底鼓入压缩空气，使硫酸铝氧化。氧化后的吸收液大部分返回吸收塔循环使用，只引出小部分送至中和槽，加入石灰石再生，并副产石膏。

钠碱法主要包括亚钠循环吸收法和亚硫酸钠法两种。亚钠循环吸收法是用 Na_2SO_3 吸收 SO_2 生成 $NaHSO_3$，吸收液加热分解出高浓度 SO_2(进一步加工为液态 SO_2、硫磺或硫酸)和 Na_2SO_3(用于循环吸收)。亚硫酸钠法则是用 Na_2CO_3 吸收 SO_2，并将 Na_2SO_3 制成副产品。我国一些中小型化工厂和冶炼厂常用该法处理硫酸尾气中的 SO_2。

氨吸收法的典型工艺是氨-酸法[14]，它实质上是用$(NH_4)_2SO_3$吸收 SO_2 生成 NH_4HSO_3，循环槽中用补充的氨使 NH_4HSO_3 再生为$(NH_4)_2SO_3$、循环脱硫；部分吸收液用硫酸(或硝酸、磷酸)分解得到高浓度 SO_2 和硫铵(或硝铵、磷铵)化肥。我国一些较大的化工厂用该法处理硫酸尾气中的 SO_2。华东理工大学已完成 2.5 万 kW 机组烟气氨-酸法脱硫的工业试验。如果不用酸分解吸收 SO_2 的溶液，而将吸收液直接加工为亚硫酸铵副产品，这种方法称为氨-亚硫酸铵法。

磷铵肥法是利用天然磷矿石和氨为原料，在烟气脱硫过程中副产磷铵复合肥料。“七五”期间，在四川豆坝电厂完成了 5000m^3/h 烟气量的中试。一级吸收脱硫效率 70%～80%，二级吸收脱硫效率大于 84%，总脱硫效率大于 95%。副产磷铵复合肥含水量小于 4%，肥料品位($N+P_2O_3$)大于35%。随后又在四川豆坝电厂建成$10\times10^4Nm^3/h$的工业试验装置，脱硫副产品稀硫酸部分用于生产硫酸亚铁，部分用于中和电厂冲灰水的碱度。

海水烟气脱硫是利用海水的天然碱度来脱除烟气中SO_2[15]。该工艺是用海水吸收烟气中的SO_2，再用空气强制氧化为无害的硫酸盐而溶于海水中，而硫酸盐是海水的天然成分，经脱硫而流回海洋的海水，其硫酸盐成分只稍微提高，当离开排放口一定距离后，这种浓度的差异就会消失。该技术不产生废弃物，具有技术成熟、工艺简单、系统运行可靠、脱硫效率高和投资运行费用低等特点，在一些沿海国家和地区得到日益广泛的应用。按是否向海水中添加其他化学物质可将海水烟气脱硫工艺分为两类：①不添加任何化学物质，以Flakt-Hydro工艺为代表；②向海水中添加一部分石灰以调节海水碱度，以Bechtel工艺为代表。

氧化镁法是用氧化镁的浆液吸收烟气中SO_2，得到含结晶水的亚硫酸镁和硫酸镁的固体吸收产物。经脱水、干燥和燃烧还原后，再生出氧化镁，循环脱硫，同时副产高浓度SO_2气体。该技术在美国有大规模工业装置运行[16]。

有机酸钠-石膏法烟气脱硫技术是用有机酸钠吸收液吸收烟气中的SO_2后，吸收液用石灰石还原为有机酸钠再循环使用，同时得到副产品石膏。有机酸钠-石膏脱硫工艺具有节能、运行费用低、操作简便、脱硫效率高、无废水排出、适用性广泛等特点。

2.3.1.2 *石灰石/石灰-石膏法*

湿式石灰石/石灰-石膏烟气脱硫是国内目前以及将来大型机组环保中的主要脱硫技术。该技术从20世纪70年代开始研发应用，从传统工艺到简化系统、缩小设备及控制二次污染，经历了三代发展。湿式石灰石/石灰-石膏烟气脱硫的吸收剂石灰浆液价格低，易于获得。随着湿式石灰石/石灰-石膏烟气脱硫技术的不断完善，该技术已经成为应用最为广泛的烟气脱硫技术。

(1) 技术原理

湿式石灰石/石灰-石膏烟气脱硫工艺的原理是采用石灰石粉制成浆液作为脱硫吸收剂，与经降温后进入吸收塔的烟气接触混合，烟气中的SO_2与浆液中的碳酸钙，以及加入的空气进行化学反应，最后生成石膏。脱硫后的净烟气依次经过除雾器除去水滴，再经过烟气换热器加热升温后，经烟囱排入大气[17]。由于吸收剂循环量大和氧化空气的送入，吸收塔下部浆池中的亚硫酸氢根或亚硫酸盐几乎全部被氧化为硫酸根或硫酸盐，最后在$CaSO_4$达到一定过饱和度后结晶形成石膏($CaSO_4\cdot2H_2O$)，石膏可根据需要进行综合利用。

烟气中的SO_2可溶于水，分解为H^+和HSO_3^-或SO_3^{2-}，与吸收液中的Ca^{2+}反应生成$Ca(HSO_3)_2$或$CaSO_3$，由于$CaSO_3$极难溶于水，可促使反应向右进行，推动SO_2进一步溶解。在水中，气相SO_2被吸收，并经下列反应后生成亚硫酸：

$$SO_2(气)+H_2O \longrightarrow SO_2(液)+H_2O \tag{2-7}$$

$$SO_2(液)+H_2O \longrightarrow H^+ + HSO_3^- \longrightarrow 2H^+ + SO_3^{2-} \tag{2-8}$$

H^+被 OH^-中和生成 H_2O，使得这一平衡向右进行。OH^-是由水中溶解的石灰石产生的，且通入的空气可将生成的 CO_2 带走。

$$CaCO_3 \longrightarrow Ca^{2+} + CO_3^{2-} \tag{2-9}$$

$$CO_3^{2-} + H_2O \longrightarrow OH^- + HCO_3^- \longrightarrow 2OH^- + CO_2\,(液) \tag{2-10}$$

$$CO_2(液)+H_2O \longrightarrow CO_2(气)+H_2O \tag{2-11}$$

上述有关反应中得到的 HSO_3^- 和 SO_3^{2-} 可被通入的氧气氧化，最后生成石膏沉淀物。

$$HSO_3^- + 1/2O_2 \longrightarrow SO_4^{2-} + H^+ \tag{2-12}$$

$$SO_3^{2-} + 1/2O_2 \longrightarrow SO_4^{2-} \tag{2-13}$$

$$Ca^{2+} + SO_4^{2-} \longrightarrow CaSO_4 \tag{2-14}$$

以石灰石或石灰为脱硫剂的反应方程式如下。

吸收段：

$$CaCO_3(固)+SO_2+1/2H_2O \longrightarrow CaSO_3 \cdot 1/2H_2O+CO_2(气) \tag{2-15}$$

$$Ca(OH)_2 +SO_2 \longrightarrow CaSO_3 \cdot 1/2H_2O+1/2H_2O \tag{2-16}$$

$$CaSO_3 \cdot 1/2H_2O +SO_2+1/2H_2O \longrightarrow Ca(HSO_3)_2 \tag{2-17}$$

氧化段：

$$2CaSO_3 \cdot 1/2H_2O+O_2+3H_2O \longrightarrow 2CaSO_4 \cdot 2H_2O \tag{2-18}$$

总反应方程式：

$$SO_2+1/2O_2+2H_2O+CaCO_3(固) \longrightarrow CaSO_4 \cdot 2H_2O(固)+CO_2(气) \tag{2-19}$$

石灰石燃烧所产生的燃煤锅炉烟气，其中所含的低浓度有害气体除 SO_2 之外，还有 HCl 和 HF。与 SO_2 相类似，气相的 HCl 和 HF 也参与反应，并最终生成氯化钙和氟化钙，$CaCO_3$ 与这些有害物质的反应如下：

$$2HCl(气)+CaCO_3(固) \longrightarrow CaCl_2(液)+H_2O+CO_2(气) \tag{2-20}$$

$$2HF(气)+CaCO_3(固) \longrightarrow CaF_2(固)+H_2O+CO_2(气) \tag{2-21}$$

工艺过程中生成的氯化钙溶于水，并随废水一起排放。

(2) 工艺流程

除尘后的烟气经热交换及喷淋冷却后进入吸收塔内，与吸收剂浆液逆流接触，脱除所含的 SO_2，净化后的烟气从吸收塔排出，通过除雾和再热升压，最终从烟囱排入大气。吸收塔内生成的含亚硫酸钙的混合浆液用泵送入 pH 调节槽，加酸将 pH 值调至 4.5 左右，然后送入氧化塔，由加入的压缩空气进行强制氧化，生成的石膏浆液经增稠浓缩、离心分离和皮带脱水后形成石膏制品。基本工艺流程图见图 2-1，同时存在其他几种工艺模式，见图 2-2。

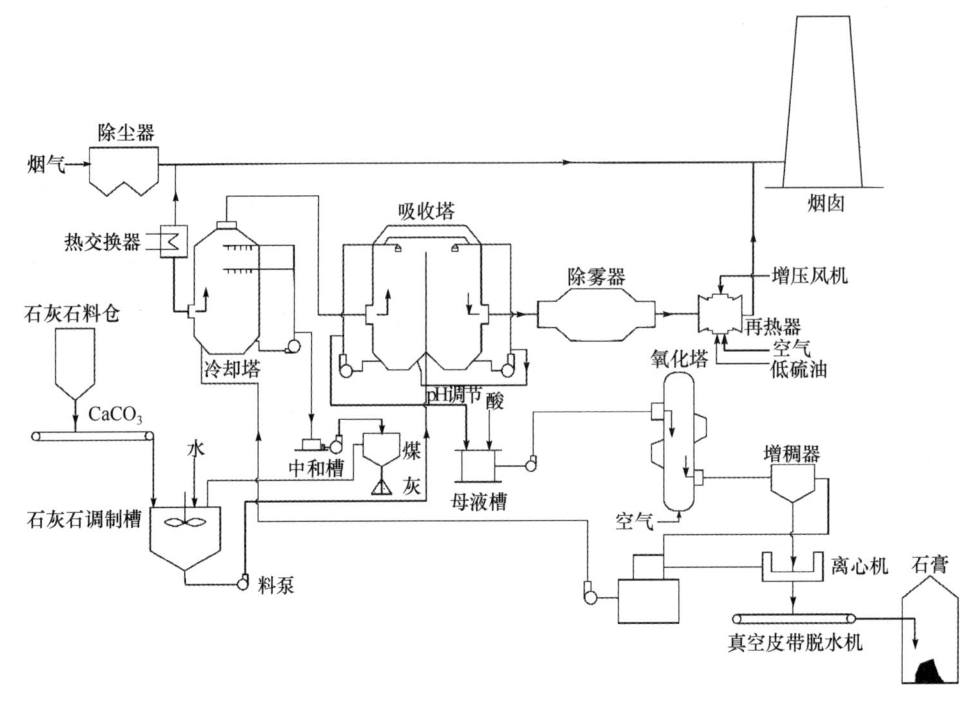

图 2-1　工艺流程图

湿式石灰石/石灰-石膏烟气脱硫工艺的设备布置一般可以分成如图 2-2 所示的四种模式。每一种模式可以是强制氧化方式，也可改变成自然氧化方式，只要把强制氧化空气引入或去掉。

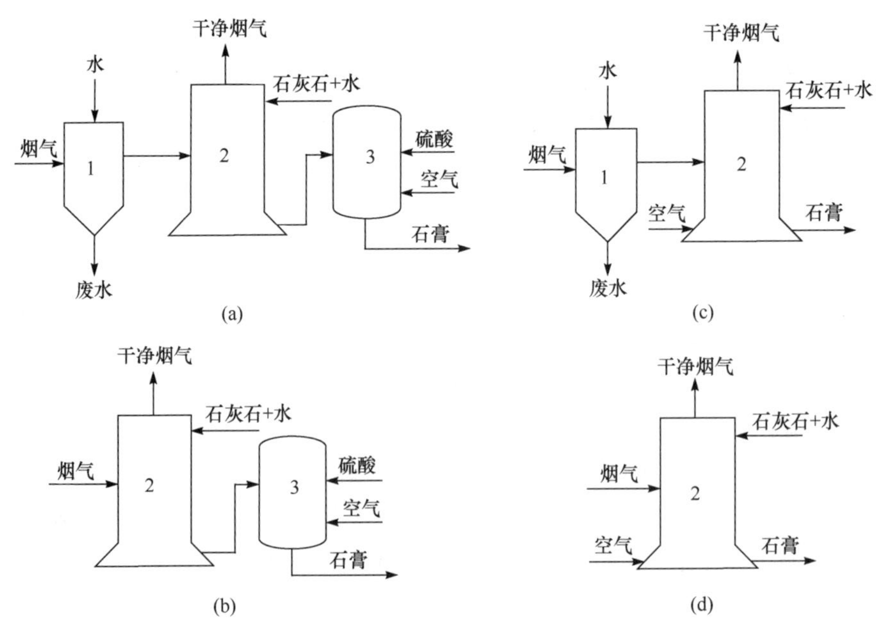

图 2-2　湿式石灰石/石灰-石膏烟气脱硫工艺的模式

1-预洗涤塔；2-吸收塔；3-氧化器

图 2-2(a)是 20 世纪 80 年代早期的典型布置。预洗涤塔用来去除飞灰、HCl 和 HF，以确保石膏质量的良好和稳定。烟气在预洗涤塔中冷却到 50℃，并被水蒸气饱和，然后烟气进入吸收塔脱除 SO_2，净化后烟气从烟囱中排出。在吸收塔中生成的 $CaSO_3$ 浆液被送入氧化器中强制氧化成石膏。在氧化器中，通过加入硫酸的办法使 pH 值为 4.0～4.5，以促进氧化过程。从吸收塔取出的浆液中，$CaSO_3$ 为主要固态产物，而 $CaSO_3$ 的溶解度很低，因此需要加入 H_2SO_4 以促使 $CaSO_3$ 转换成有高溶解度的 $Ca(HSO_4)_2$，然后进行氧化。

图 2-2(b)，由于去掉了预洗涤塔，因而降低了总的基建投资和废水量。石膏的质量由于含有少量的飞灰而略有下降，但是一般仍能在石膏质量的允许变化范围内。如果适当选取煤种和 ESP，仍能保证得到高质量的石膏。WFGD 系统的构件材料应仔细选择以便消除氯化物浓度的增加而导致的腐蚀加剧。SO_2 的脱除效率会慢慢地降低，这是因为氯化铝产生的络合物会阻碍石灰石在吸收塔浆液中的溶解度。这种氟化物的负面效应可通过加入添加剂 Na_2SO_4 或加入 NaOH、石灰来快速提高 pH 值而加以减轻，另外一个方法是提高在 FGD 上游的 ESP 的效率。

图 2-2(c)取消了氧化器。空气直接鼓入到吸收塔底部的储液槽中。这种氧化方法通常称为就地氧化，现在已成为最常用的方法。在图 2-2(a)和(b)采用的氧化器中的氧化，称为场外氧化。尽管预洗涤塔主要用来去除 HCl 和 HF，但是在低 pH 值的预洗涤塔中还可以去除更多的汞和带有其他重金属微量元素的尘粒。取消氧化器或把场外氧化改为就地氧化是 FGD 技术的发展方向。

图 2-2(d)是湿式石灰石/石灰-石膏烟气脱硫工艺中最简单的布置，目前已成为 FGD 系统的主流。所有的化学反应都是在一个一体化的单塔中进行的。这种布置可以降低投资和能耗。从 20 世纪 80 年代后期开始，其已经达到了很高的系统运行可靠性，并且可以产生质量相当不错的石膏。单塔所占的面积较小，非常适用于现有电厂的改造。

湿式石灰石/石灰-石膏烟气脱硫系统是一个完整的工艺系统，一般分成以下几个分系统：吸收剂制备系统、烟气吸收及氧化系统、脱硫副产物处置系统、脱硫废水处理系统、烟气及烟气再热系统、自控和在线监测系统。

1) 吸收剂制备系统。

原则上石灰石的制备始于它的磨制，主要有干式磨制和湿式磨制两种方法，选择哪一种磨制系统取决于脱硫系统的运行模式，两种磨制系统的效果相当。在湿式磨制系统中，石灰石通过船或车运至现场，卸车后通过斗提运输机提升至石灰石筒仓，经称重给料皮带送入湿式球磨机，通过加入适量的水将石灰石磨制成非常细微的颗粒。石灰石浆液通过水力旋流器进行分离，溢流部分进入浆液储罐，然后送至吸收塔中；底流部分中颗粒粒径较大的石灰石被送回湿式球磨机。干式磨制系统在磨制时不加水，磨制出的石灰石粉是干态的，细度合适的石灰石粉末首先被输送至储仓，然后给料至浆液制备罐中，再加水制成固体浓度约 30%的浆液。值得一提的是，无论采用哪种制备系统，石灰石浆液都采用环形控制总线的控制系统，根据需要向吸收塔中喷淋。

2) 烟气吸收及氧化系统。

吸收系统的主要设备是吸收塔、浆液循环泵、石膏排浆泵等。吸收塔是湿法脱硫系统的核心，吸收塔的参数设计取决于所需的脱硫效率。吸收塔主要由四个部分组成，即吸收区域、除雾器、浆液池和搅拌系统。吸收区域(即喷淋区域)的作用就是烟气和吸收剂接触、传质、反应；除雾器设计的关键是既要保证除去浆液液滴，又要考虑减少阻力降；浆液池是亚硫酸钙氧化和石膏结晶的场所；搅拌系统的作用是避免固体在浆液池底部沉积，并且使氧化空气和石灰石浆液更好地分布。

3) 脱硫副产物处置系统。

烟气中的 SO_2 经与石灰石浆液反应并经氧化后，在吸收塔浆液池中生成硫酸钙，并结晶成石膏晶粒，为了将浆液池中的固体物浓度控制在 120～130g/L 范围内，需从浆液池中排出一部分浆液送至石膏脱水系统。当浆液池中的固体物浓度超过某一设定值时，石膏浆液泵就将一部分浆液送至石膏脱水系统。在石膏脱水系统中，石膏浆液首先被送至石膏水力旋流器中进行一级脱水，实际就是浓缩过程，溢流液是一些细微的粉尘颗粒和其他的物质，它们比石膏晶粒的尺寸更小，被送至石膏旋流器溢流水箱。为避免脱硫系统中氯化物、粉尘等物质的浓缩，必须将一部分水排出循环系统，因此，溢流水箱中的水被送至废水旋流器进行再次分离，其上层溢流液送至废水处理系统处理，下层底流送至回收水箱回到系统中去。石膏旋流器的底流部分为浓缩的石膏浆液，送至真空皮带脱水机进行二级脱水，得到最终石膏产品。真空皮带脱水机由输送皮带、滤布、驱动装置和滚轮、真空罐、给料分配装置和冲洗水分配装置组成。滤布被均匀地支撑在输送皮带上。滤布的表面结构及输送皮带上的沟槽能够保证过滤水排水畅通。真空箱和滤液在真空皮带下的排水区域共同组成一个密封空间。与之配套的真空泵产生真空将皮带上的石膏浆液中的水分除去，真空泵的密封水可进一步用于石膏的清洗及滤布的清洗。

4) 脱硫废水处理系统。

脱硫废水处理系统可以单独设置，也可经预处理去除重金属、氯离子等后排入电厂废水处理系统进行处理，但不得直接混入电厂废水稀释排放。脱硫废水的处理措施及工艺选择，应符合项目环境影响报告书审批意见的要求。脱硫废水中的重金属、悬浮物和氯离子可采用中和、化学沉淀、混凝、离子交换等工艺去除。对废水含盐量有特殊要求的，应采取降低含盐量的工艺措施。脱硫废水处理系统应采取防腐措施，适应处理介质的特殊要求。处理后的废水，可按照全厂废水管理的统一规划进行回用或排放，处理后排放的水质应达到 GB 8978 和建厂所在地区的地方排放标准要求。

5) 烟气及烟气再热系统。

主要包括原烟道(即导入烟道)，将电厂锅炉排出的原烟气引入 FGD 系统；增压风机，将烟气增压以克服吸收塔及烟道系统阻力；净烟道，将 FGD 处理后的净烟气排入烟囱；旁路烟道，在烟气脱硫装置计划停运、原烟气温度过高等情况下，烟气绕过吸收塔直接通过旁路烟道进入烟囱；GGH(烟气-烟气再热器)，主要作用是利用锅炉出来的原烟气来加热经脱硫之后的净烟气，使净烟气在烟囱进口的最低温度达到 80℃以上，大于酸露点温度后排放至烟囱，同时降低进入吸收塔的原烟气入口温度，保证脱硫效率和系统安全性。

6) 自控和在线监测系统。

根据烟气脱硫系统不同子系统的要求，主要的控制回路包括：①增压风机压力控制；②石灰石浆液补充控制；③石膏浆液排放控制；④废水系统控制；⑤皮带机石膏层厚度控制等。FGD 装置必须安装烟气排放连续监测系统(continuous emission monitoring system，CEMS)，CEMS 能够测量烟气的流量、粉尘含量、SO_2含量、NO_x含量、压力、温度等参数，并分别将测得的结果转化成 4～20mA 的直流信号输入 DCS 中进行连续自动监视与控制。

(3) 工艺特点

湿式石灰石/石灰-石膏烟气脱硫工艺有以下优点：①以石灰作为吸收剂，资源丰富、原料价廉易得，在我国分布很广，许多地区石灰石品位很好，碳酸钙含量在 90%以上，优者可达 95%以上。②脱硫效率高。湿式石灰石/石灰-石膏烟气脱硫工艺脱硫效率高达 95%以上，脱硫后的烟气不但 SO_2浓度很低，而且烟气含尘量也大大减少。③技术成熟，运行可靠性好。石灰石/石灰-石膏法脱硫技术发展历史长，技术成熟，运行经验多，运行稳定。采用湿式石灰石/石灰-石膏烟气脱硫工艺，使用寿命长，可取得良好的投资效益。④对煤种变化的适应性强。该工艺适用于任何含硫量的煤种的烟气脱硫，无论是含硫量大于 3%的高硫煤，还是含硫量低于 1%的低硫煤，湿式石灰石/石灰-石膏烟气脱硫工艺都能适应。⑤脱硫副产物便于综合利用。湿式石灰石/石灰-石膏烟气脱硫工艺的脱硫副产物以二水石膏为主。石膏一般可用于水泥行业作水泥缓凝剂，用于建材行业制作石膏板、石膏线等。

与此同时，湿式石灰石/石灰-石膏烟气脱硫也存在难以解决的问题：①占地面积大，一次性建设投资相对较大(占总投资的 15%～20%)。湿式石灰石/石灰-石膏烟气脱硫工艺比其他工艺的占地面积要大，所以有的电厂在没有预留脱硫场地的情况下采用该工艺会有一定的难度，其一次性建设投资比其他工艺高。②脱硫副产物石膏产量大，品质差，难以综合利用。随着大量湿式石灰石/石灰-石膏烟气脱硫装置投运，产生了大量的脱硫石膏，从而导致天然石膏产量本来就较大的国内石膏市场出现了局部供大于求的现象，进而引发了脱硫石膏堆积从而导致二次污染。

(4) 发展历程和现状

国际能源机构煤炭研究组织调查表明，湿法脱硫占世界安装烟气脱硫的机组总容量的 85%。以湿法脱硫为主的国家有：日本(98%)、美国(92%)、德国(90%)等。在湿法烟气脱硫技术的发展历史上，湿式石灰石/石灰-石膏烟气脱硫技术一直都占据着重要的地位。

湿式石灰石/石灰-石膏烟气脱硫最早由英国皇家化学工业公司提出。从 20 世纪 70 年代该技术开始工业化应用以来，针对石灰石/石灰-石膏法脱硫洗涤系统，尤其是脱硫塔容易结垢、堵塞、腐蚀以及产生机械故障等一系列的弊病，日本、美国及德国对湿法烟气脱硫工艺开展了不间断的深入研究，在解决结垢、堵塞及腐蚀，提高脱硫效率、运行可靠性和降低成本方面有了很大的改进，运行可靠性达到 99%。到目前为止，经过三代的发展，湿式石灰石/石灰-石膏烟气脱硫技术已经成熟，并得到了最广泛的应用。

第一代湿式石灰石/石灰-石膏烟气脱硫技术是 20 世纪 70 年代开始工业化应用的技术。70 年代，脱硫主体吸收装置一般由三塔一槽组成，即预洗涤塔、洗涤塔、氧化塔和中间储槽。其工艺流程如图 2-3 所示。由于初期对石灰石/石灰-石膏烟气脱硫工艺缺乏深入的研究，系统复杂、设备占地面积庞大、初期投资高；且结垢、堵塞、腐蚀问题严重，系统安全可靠性差；同时脱硫效率也不高，只有 70%～85%。在这一阶段，为了解决结垢和堵塞问题，出现了双碱法、湿法氧化镁法、钠基洗涤法、柠檬酸盐清液洗涤法、威尔曼-洛德法等。此阶段人们对此技术持观望态度，推广应用缓慢。

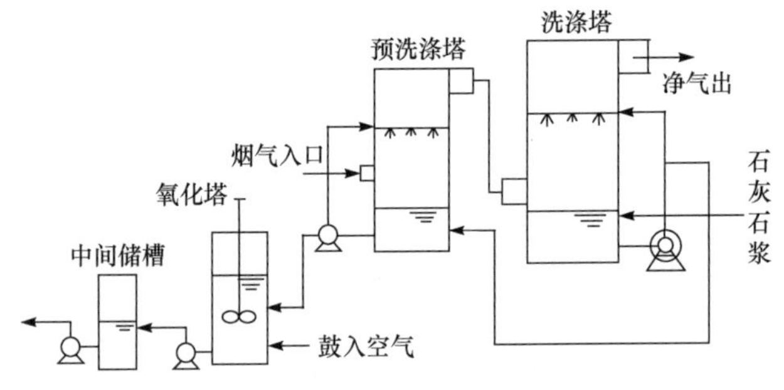

图 2-3　第一代湿式石灰石/石灰-石膏烟气脱硫系统

80 年代初，西方发达国家的 SO_2 排放标准日趋严格，批准执行 SO_2 排放量削减计划，促使烟气脱硫技术进一步发展，石灰石/石灰-石膏烟气脱硫工艺也得到了较深入的研究和不断的改进。大约在 80 年代中期，随着相关配套设施技术的进步，出现了第二代湿式石灰石/石灰-石膏烟气脱硫技术，该技术的吸收装置将预洗涤塔和洗涤塔合二为一，取消了中间储槽，其系统流程如图 2-4 所示。第二代石灰石/石灰-石膏烟气脱硫技术吸收塔使用单塔，塔型设计和总体布局也有较大进展，工艺过程得到一定简化；同时随着对脱硫工艺过程研究的深入，通过添加添加剂等方法，结垢、堵塞、腐蚀问题有一定的缓解，设备可靠性得以提高，系统可用率达到 97%，湿式石灰石/石灰-石膏烟气脱硫效率提高到 90%以上。

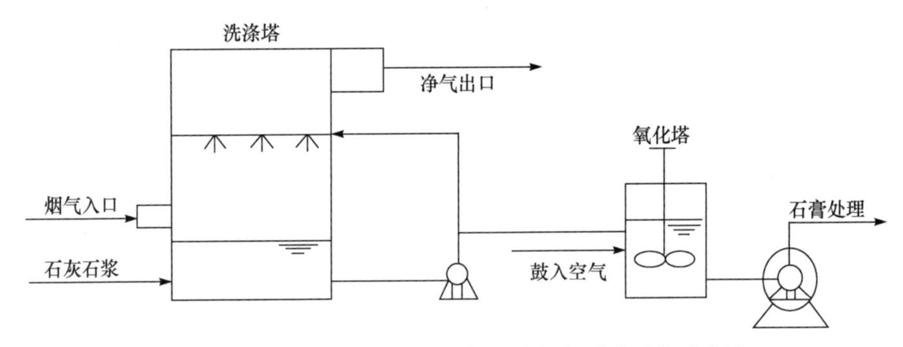

图 2-4　第二代湿式石灰石/石灰-石膏烟气脱硫系统示意图

到了 90 年代，人们对湿式石灰石/石灰-石膏烟气脱硫研究的深入及对吸收塔内结垢机理的充分认识，直接推动了第三代石灰石/石灰-石膏烟气脱硫技术的诞生。第三代石灰石/石灰-石膏烟气脱硫吸收装置将预洗涤塔、洗涤塔和氧化塔三塔合一，提高了烟速，缩小了塔径，减少了占地面积，其系统流程如图 2-5 所示。第三代石灰石/石灰-石膏烟气脱硫技术通过对工艺、设备及系统多余部分的简化，大大降低了脱硫装置的投资费用，初期投资费用降低 30%～50%；采用就地强制氧化，通过给系统提供石膏晶种，控制系统浆液中石膏的过饱和度，使结垢、堵塞问题基本得到解决，提高了系统的安全可靠性(≥95%)；并通过对塔内部件的改进，强化了塔内的气液接触，提高了脱硫效率；同时通过对脱硫副产品回收利用的研究开发，也拓宽了其商业应用的途径。

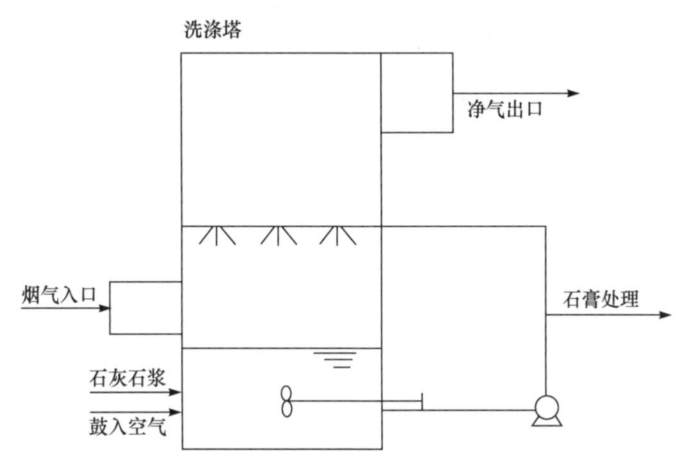

图 2-5 第三代湿式石灰石/石灰-石膏烟气脱硫系统示意图

由于湿式石灰石/石灰-石膏烟气脱硫采用的脱硫剂为浆液，脱硫塔容易结垢。在湿式石灰石/石灰-石膏烟气脱硫的发展史上，结垢、堵塞现象一直是人们关注的问题。第一代和第二代石灰石/石灰-石膏烟气脱硫装置采用异地氧化，其吸收塔主体实质上还是在自然氧化环境下运行，吸收剂浆液中的主要成分是亚硫酸钙，从而无法从根本上克服自然氧化湿法脱硫装置中易结垢、堵塞的问题。第三代采用就地强制氧化方式，使得吸收浆液中的主体变为石膏晶粒，并通过控制石膏的过饱和度，控制石膏的结晶过程只是在已有石膏晶粒表面发生，从而基本上控制了结垢和堵塞现象。

湿式石灰石/石灰-石膏烟气脱硫工业化装置已有 40 余年的历史，经过多年不断改进、发展与完善，目前已成为世界上技术最为成熟、应用最广泛的脱硫工艺，在脱硫市场特别是大容量机组脱硫上占主导地位，约占电厂装机容量的 85%。应用的单机容量已达 2000MW。1992 年，在重庆珞璜电厂建成该工艺示范工程。我国早期应用湿式石灰石/石灰-石膏烟气脱硫工艺的火电厂有：重庆珞璜电厂一期工程 2×36 万 kW 机组、重庆珞璜电厂二期工程 2×36 万 kW 机组、重庆电厂 2×20 万 kW 机组、北京国华热电厂 2×20 万 kW 机组、广州粤连电厂 2×12.5 万 kW 机组和浙江杭州半山电厂 2×12.5 万 kW 机组等。目前，大机组运行状况良好，湿式石灰石/石灰-石膏烟气脱硫技术已经成熟，并在燃煤电站 60 万 kW 机组广泛应用。

2.3.1.3 钠钙双碱法

钠钙双碱法可归类于双碱法，双碱法烟气脱硫技术是为了克服石灰石/石灰-石膏法容易结垢的缺点而发展起来的，其采用钠基脱硫剂进行塔内脱硫，由于钠基脱硫剂碱性强，吸收 SO_2 后反应产物溶解度大，不会形成过饱和结晶，造成结垢、堵塞问题。双碱法的种类很多，本节主要介绍钠钙双碱法、碱式硫酸铝法。

钠钙双碱法是先用碱金属盐类(如 NaOH、Na_2CO_3、$NaHCO_3$、Na_2SO_3)的水溶液吸收 SO_2，然后在另一个反应器中用石灰或石灰石作第二碱，将吸收了 SO_2 的溶液再生；再生的吸收液循环再用，而 SO_2 仍然以亚硫酸钙和石膏的形式析出。由于其固体的产生过程不是发生在吸收塔中，所以避免了石灰法的结垢问题。钠钙双碱法脱硫工艺降低了投资及运行费用，比较适用于中小型锅炉进行脱硫改造。

(1) 技术原理

在整个钠钙双碱法烟气脱硫体系中主要发生三部分反应。

1) 脱硫反应。

以 Na_2CO_3 为吸收剂：

$$Na_2CO_3+SO_2 = Na_2SO_3+CO_2 \tag{2-22}$$

以 NaOH 为吸收剂：

$$2NaOH+SO_2 = Na_2SO_3+H_2O \tag{2-23}$$

以 Na_2SO_3 为吸收剂：

$$Na_2SO_3+SO_2+H_2O = 2NaHSO_3 \tag{2-24}$$

2) 再生反应。

将吸收了 SO_2 的吸收液送至石灰反应器，用石灰料浆对吸收液进行再生和固体副产品的析出。以钠盐作为脱硫剂，用石灰或石灰石对吸收剂进行再生，则在反应器中会进行下面的反应。

用石灰再生：

$$CaO+H_2O = Ca(OH)_2 \tag{2-25}$$

$$Ca(OH)_2+Na_2SO_3+1/2H_2O = 2NaOH+CaSO_3 \cdot 1/2H_2O\downarrow \tag{2-26}$$

$$Ca(OH)_2+2NaHSO_3 = Na_2SO_3+CaSO_3 \cdot 1/2H_2O\downarrow+3/2H_2O \tag{2-27}$$

用石灰石再生：

$$CaCO_3+2NaHSO_3 = Na_2SO_3+CaSO_3 \cdot 1/2H_2O\downarrow+CO_2\uparrow+1/2H_2O \tag{2-28}$$

再生的 NaOH 和 Na_2SO_3 等脱硫剂可以循环使用。所得半水亚硫酸钙经氧化，可制得石膏($CaSO_4 \cdot 2H_2O$)。

3) 氧化反应。

$$2CaSO_3 \cdot 1/2H_2O+O_2+3H_2O = 2CaSO_4 \cdot 2H_2O \tag{2-29}$$

(2) 工艺流程

钠钙双碱法的吸收、再生工艺流程如图 2-6 所示。运行过程中，烟气与循环吸收液在吸收塔接触后排空。亚硫酸钠被吸收的 SO_2 转化成亚硫酸氢盐。抽出一部分再循环液与石灰反应，形成不溶性的半水亚硫酸钙和可溶性的亚硫酸钠及氢氧化钠。半水亚硫酸钙在稠化器中沉积，上清液返回吸收系统，沉积的半水亚硫酸钙送真空过滤器分离出滤饼，过滤液也返回吸收系统，返回的上清液和过滤液在进入吸收塔前应补充 Na_2CO_3。过滤所得滤饼(含水约 60%)，重新浆化为含 10%固体的料浆，加入硫酸降低 pH 值后，在氧化器内用空气氧化可得石膏。目前使用较多的钠钙双碱法烟气脱硫工艺主要由吸收剂制备和补充系统、烟气系统、SO_2 吸收系统、脱硫产物处理系统和电气与控制系统五部分组成。

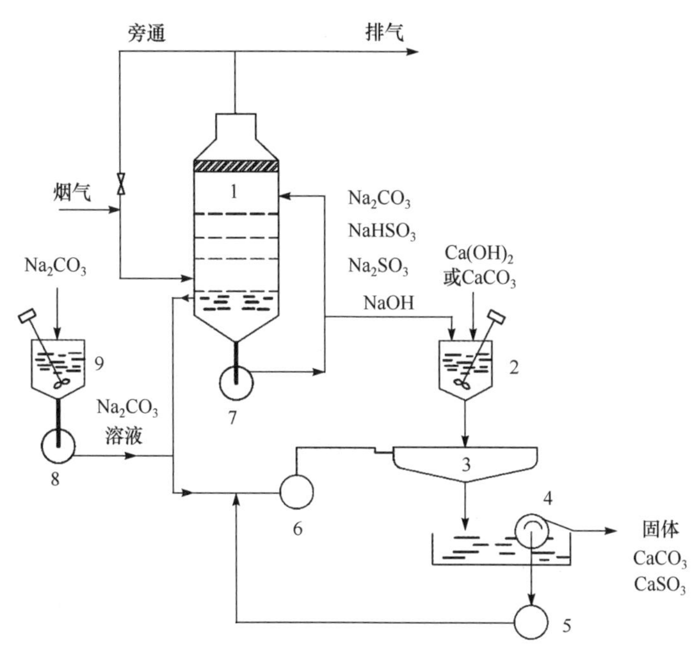

图 2-6　钠钙双碱法的吸收、再生工艺流程

1-吸收塔；2-混合槽；3-稠化器；4-真空过滤器；5～8-泵；9-混合槽

1) 吸收剂制备和补充系统。

脱硫装置启动时用氢氧化钠作为吸收剂，将氢氧化钠干粉料加入碱液罐中，加水配制成氢氧化钠碱液，碱液进入 pH 调节池中，由泵打入脱硫塔内进行脱硫。为了将用钠基脱硫剂脱硫后的脱硫产物进行再生还原，设有一个石灰熟化池，石灰熟化池中加入的是石灰粉，加水后配成石灰浆液，将石灰浆液打到再生池内，与亚硫酸钠、硫酸钠发生反应。在整个运行过程中，脱硫产生的很多固体残渣等颗粒物由沉淀池经渣浆泵打入石膏脱水处理系统。由于排走的残渣中会损失部分氢氧化钠，所以在钠碱罐中可以定期补充氢氧化钠，以保证整个脱硫系统的正常运行及烟气的达标排放。

2) 烟气系统。

锅炉烟气经烟道进入除尘器进行除尘后进入脱硫塔，洗涤脱硫后的烟气经安装在塔内的两级除雾器除去雾滴后进入主烟道，经引风机通过烟囱排入大气。当脱硫系统出现故障或检修停运时，系统关闭进出口挡板门，烟气经锅炉原烟道旁路进入烟囱排放。

3) SO_2 吸收系统。

烟气进入吸收塔内向上流动，与向下喷淋的石灰石浆液以逆流方式洗涤，气液充分接触。脱硫塔采用内置若干层旋流板的方式，塔内最上层脱硫旋流板上布置一根喷管。喷淋的氢氧化钠溶液通过喷浆层喷射到旋流板中轴的布水器上，然后碱液均匀布开，在旋流板的导流作用下，烟气旋转上升，与均匀布在旋流板上的碱液相切，进一步将碱液雾化，充分吸收 SO_2、SO_3、HCl 和 HF 等酸性气体，生成 Na_2SO_3、$NaHSO_3$、NaCl、NaF 等，同时消耗了作为吸收剂的氢氧化钠。在吸收塔出口处装有两级旋流板(或折流板)除雾器，用来除去烟气在洗涤过程中带出的水雾。在此过程中，烟气挟带的烟尘和其他固体颗粒也被除雾器捕获，两级除雾器都设有水冲洗喷嘴，定时对其进行冲洗，避免除雾器堵塞。

4) 脱硫产物处理系统。

脱硫系统的最终脱硫产物仍然是石膏浆(固体含量约 20%)，具体成分为 $CaSO_3$、$CaSO_4$，还有部分被氧化后的 Na_2SO_4。从沉淀池底部排浆管排出，由排浆泵送入水力旋流器。固体产物中掺杂各种灰分及 Na_2SO_4，严重影响了石膏品质及后续再利用。在水力旋流器内，石膏浆被浓缩(固体含量约 40%)之后用泵打到渣处理场，溢流液回流入再生池内。

5) 电气与控制系统。

脱硫装置动力电源自电厂配电柜引出，经高压动力电缆接入脱硫电气控制室配电柜。在脱硫电气控制室，电源分为两路，一回经由配电柜、控制开关柜直接与高压电机(浆液循环泵)相连接。另一回接脱硫变压器，其输出端经配电柜、控制开关柜与低压电器相连接，低压配电采用动力中心电动机控制中心供电方式。系统配备有低压直流电源为电动控制部分提供电源。脱硫系统的脱硫剂加料设备和旋流分离器实行现场控制，其他实行控制室内脱硫控制盘集中控制，也可实现就地手动操作。

(3) 工艺特点

与传统的湿法脱硫工艺相比，钠钙双碱法脱硫具有以下优点：①用钠碱脱硫，循环水基本上是钠碱的水溶液，在循环过程中对水泵、管道、设备均无腐蚀与堵塞现象，便于设备运行与保养。②吸收剂的再生和脱硫渣的沉淀发生在脱硫塔以外，避免了塔的堵塞和磨损，提高了运行可靠性，降低了操作费用；同时可以用高效的板式塔或填料塔代替空塔，使系统更紧凑，且可提高脱硫效率。③钠碱吸收液在脱硫塔内吸收 SO_2 反应速率快，所以可用较小的液气比，达到较高的脱硫效率。

缺点是：①Na_2SO_3 氧化副产物 Na_2SO_4 较难再生，需不断补充 NaOH 或 Na_2CO_3 而增加碱的消耗量。另外，Na_2SO_4 的存在也将降低石膏的质量。②整个系统涉及的池子比较多，如何使各池子的液位保持自动平衡还有待解决；双碱法脱硫要加两种碱，现在正在调试以找到符合 SO_2 排放要求时两种碱液的最合适 pH，并根据此 pH 实现自动加药。③实际使用中存在脱硫后的烟气带水问题，因此脱水工艺和设备待进一步改进。

(4) 发展历程及现状

国外钠钙双碱法烟气脱硫工艺研究自 20 世纪 70 年代开始到现在，已经逐步系统化和完善化，工艺技术经过几代改进，现在已经能够大规模应用于工业领域。钠钙双碱法的工艺研究经历了三代技术发展，每次技术革新都伴随着工艺流程、脱硫剂以及设备方面的研发，现就这几代技术发展历程做详细介绍。

1) 第一代钠钙双碱法烟气脱硫技术。

20 世纪 70 年代初，使用石灰石或生石灰作为脱硫剂的钙法烟气脱硫工艺在烟气处理过程中会产生沉淀，从而阻碍反应的进程，而且还会造成整个烟气处理系统的堵塞，因此需要定期去除积攒在反应器内部、表面和管道里的沉淀。有时反应器内积攒的不溶物沉淀过多，从而不得不更换反应器，这就会使操作成本增加。因此需要一种连续的、更加低成本的工艺方法，钠钙双碱法烟气脱硫工艺技术应运而生。Robert J. Phillips 在1970 年第五届空气污染年会上发表的《湿法控制二氧化硫气体排放》中提出使用纯碱作为脱硫剂，使用生石灰作为再生剂，可以有效地进行烟气脱硫。生石灰经消化后生成的熟石灰碱性较强，在再生过程中再生效率较高，从而使得再生反应所需时间相对较短，因此在这一时期的钠钙双碱法工艺中被大量使用，所以这一代双碱法烟气脱硫工艺的特点是使用生石灰作为再生剂。然而，第一代双碱法工艺还面临很多问题：第一，再生剂使用效率过低。在再生过程中，提高再生剂生石灰利用率的有效方法就是降低浆液的 pH，然而这势必降低再生液的脱硫能力。第二，再生系统中的钙残留问题。如果从再生系统返回的再生脱硫剂中的钙组分过多，不管是可溶的还是不可溶的，都会造成在吸收塔脱硫过程中产生大量的不溶物沉淀，就会堵塞吸收塔和管道。这个问题是双碱法最严重的问题之一。

针对第一个问题，FMC 公司的 Wall Bruce Irving 等采用精确控制再生液和吸收塔流出浆液 pH 的方法初步解决了生石灰利用率的问题[18]。他们指出吸收塔中浆液 pH 下降到5.9～6.3 时，将一部分吸收塔流出液排出塔外进行再生，再生器中加入一定量的消化后的石灰进行再生，控制再生液的 pH=8～8.5，pH 太高会使加入的石灰出现过饱和状态，使再生浆液中的 Ca^{2+}结垢，pH 太低会使再生液中 $NaHSO_3$ 不能完全转化为 Na_2SO_3，从而使再生液的脱硫效率下降。再生液与吸收塔流出液进行适当混合，控制 pH=6～7，此时混合液中 Na_2SO_3 的浓度为 3%～14%，$NaHSO_3$ 的浓度为 3%～9%，混合液返回吸收塔中重新进行脱硫反应。此方法对整个系统 pH 值的控制不仅提高了再生剂生石灰的使用效率，而且使再生液中 Ca^{2+}浓度最小化。

针对第二个问题 Envirotech 公司的 Dahlstrom 等提出了几个解决方法[19]：①采用固定再生器中不溶物沉淀的方法；②将从再生器中排出的部分不溶物沉淀循环送入再生器，作为晶种，以方便后续沉淀的脱水和减少沉淀粉末的残留；③对流出的上层澄清再生液进行 Na_2CO_3 软化处理，进一步除去澄清再生液中残留的 Ca^{2+}。使用生石灰作为再生剂的钠钙双碱法为整个双碱法奠定了坚实的基础，使双碱法工艺技术在工业上的应用成为可能。时至今日，国内自主研发的钠钙双碱法烟气脱硫工艺大多借鉴于此。

2) 第二代钠钙双碱法烟气脱硫技术。

由于石灰石比生石灰更加廉价，因此用石灰石代替生石灰作为钠钙双碱法工艺的再生剂逐渐成为热点。但是使用石灰石作为再生剂在脱硫效率、再生剂的使用(再生反应速率和反应转化率)和副产物的性质等方面均和使用生石灰作为再生剂完全不同。1982 年之前，几乎全部的双碱法脱硫工艺均采用生石灰-钠基系统，正是由于石灰石的再生反应活性低于生石灰的反应活性，为了达到较高的再生转化率，需要添加过量的石灰石，但是这样会造成再生液中 Ca^{2+}浓度过高和石灰石使用效率不高，因此需要一种更加准确控制再生反应的工艺技术。使用石灰石作为再生剂，大大降低了钠钙双碱法的操作成本，无疑提高了钠钙双碱法工艺的适用性和经济性。

3) 第三代钠钙双碱法烟气脱硫技术。

由上面介绍的钠钙双碱法工艺技术可以知道，虽然生石灰再生活性比石灰石高，但是由于生石灰成本较高，因此工业上大多采用石灰石作为双碱法系统的再生剂。然而，这种使用石灰石作为再生剂再生后得到的脱硫剂的 pH 值一般都在 7 以下，这是因为当

pH 值大于 7 以上时，石灰石再生反应的速率会大大降低，从而延长再生反应所需要的时间。然而，通过实验发现当再生剂的 pH=7.0～8.0 时其脱硫效率显著提高。因此，如果想得到高 pH 值的再生液，就需要加入超过化学计量的石灰石再生剂，这样就会使再生剂的使用效率降低，增加了操作的成本。

相比之下，使用生石灰作为再生剂可以得到的再生液的 pH 值最高可达 11～13。因此采用何种再生剂就产生了矛盾，针对这一矛盾 Paul F. Claerbout 等提出了一种改进的双碱法解决方案[20]，他们分别使用 $Ca(OH)_2$ 和 $CaCO_3$ 作为两级再生器的再生剂，这种工艺在保持使用低廉的石灰石作为主再生剂的基础上，极大提高了再生反应的效率。从吸收塔流出的吸收剂进入再生体系，再生体系由两级反应组成，流出液先进入第一级再生器进行再生，再生后的浆液溢出到第二级再生器，第二级再生器里按照一定比例加入再生剂 $Ca(OH)_2$ 和 $CaCO_3$，同时补充一定量的 Na_2CO_3。控制第二级再生器的 pH=11～13，在此 pH 下能够发生再生反应。在此再生器中生石灰作为再生剂参与再生反应，而石灰石和生成的沉淀一起循环回第一级再生器，将第一级再生器 pH 值控制在 5.5～6.5，进行再生反应。反应生成的不溶物沉淀从第一级再生器底部排出到固液分离系统，完成整个再生反应。经过两级再生反应再生的高 pH 值的吸收液与刚从吸收塔内流出的低 pH 值的吸收液混合，得到的 pH 值为 7.0～8.0 的吸收液返回吸收塔继续进行脱硫。此工艺需要进一步提高操作精度，优化工艺参数，以达到脱硫效率和脱硫成本的有效统一，因此对设备和自控要求相对较高。钠钙双碱法对传统石灰石/石灰-石膏烟气脱硫技术中的结垢和堵塞方面有所改善，但仍有许多关键技术问题还有待解决，如抑制氧化、固液分离、降低碱耗等。目前其在中小型锅炉机组中具有广泛的市场前景。

2.3.1.4　碱式硫酸铝法

碱式硫酸铝法是用碱式硫酸铝溶液来吸收烟气中的 SO_2，然后再将反应后的吸收液进行氧化，当吸收液被氧化后根据溶液的碱度，再把石灰石加入此溶液中，这样氧化后的溶液便可再生为碱式硫酸铝，继续作为吸收液。碱式硫酸铝作为吸收剂吸收 SO_2 存在着诸多优点，不但实现了吸收剂的再生，而且副产物可多样化回收，减少运行费用，提高了经济性，降低了二次污染。

(1) 技术原理

1) 吸收剂的制备系统。

碱式硫酸铝水溶液的制备可用粉末状硫酸铝即 $Al_2(SO_4)_2\cdot(16\sim18)H_2O$ 溶于水，添加石灰石或石灰粉中和，沉淀出石膏，除去一部分硫酸根，即得到所需碱度的碱式硫酸铝。其主要反应如下：

$$(2-x)Al_2(SO_4)_3+3xCaCO_3+3xH_2O = 2[(1-x)Al_2(SO_4)_3\cdot xAl(OH)_3]+3xCaSO_4+3xCO_2 \tag{2-30}$$

碱式硫酸铝可用$(1-x)\ Al_2(SO_4)_3\cdot xAl(OH)_3$ 表示。以 $100x$ 称为碱度(用%表示)，例如，$0.8Al_2(SO_4)_3\cdot 0.2Al(OH)_3$ 的碱度为 20%；$Al_2(SO_4)_3$ 的碱度为 0%；$Al_2(SO_4)_3\cdot Al(OH)_3$ 的碱度为 50%；$Al(OH)_3$ 的碱度为 100%。

2) 吸收系统。

在吸收塔中，碱式硫酸铝溶液吸收 SO_2 的反应式为

$$Al_2(SO_4)_3 \cdot Al_2O_3 + 3SO_2 = Al_2(SO_4)_3 \cdot Al_2(SO_3)_3 \tag{2-31}$$

由反应式可知，溶液中吸收 SO_2 的有效成分是 Al_2O_3，Al_2O_3 含量的多少，将决定对 SO_2 的吸收能力，它在溶液中的含量通常用碱度表示。

3) 氧化系统。

在氧化塔中，利用压缩空气将吸收 SO_2 后生成的 $Al_2(SO_4)_3 \cdot Al_2(SO_3)_3$ 浆液氧化，反应式如下：

$$Al_2(SO_4)_3 \cdot Al_2(SO_3)_3 + 3/2O_2 = 2Al_2(SO_4)_3 \tag{2-32}$$

吸收 SO_2 后的碱式硫酸铝在氧化塔中用空气进行氧化，氧化速度快，停留时间仅需几分钟，反应在气液两相中进行，因此与空气量(为理论量的 2 倍)、气液接触表面积以及氧的吸收率有关。

4) 中和再生系统。

在中和槽中，加入石灰石作为中和剂，再生出碱式硫酸铝吸收剂，同时沉淀出石膏，其反应方程式见式(2-30)。

(2) 工艺流程

图 2-7 是碱式硫酸铝烟气脱硫工艺流程示意图。经过滤除尘后的烟气从吸收塔的下部进入，用碱式硫酸铝溶液对其进行洗涤，吸收其中的 SO_2，尾气经除沫后排空。吸收后的溶液送入氧化塔并鼓入压缩空气对其进行氧化，氧化后的吸收液大部分返回吸收塔循环，引出一部分送去中和。送去中和的溶液的一部分引入除镁中和槽，在此用 $CaCO_3$ 中和，然后在沉淀槽沉降，弃去含镁离子的溢流液不用，以保持镁离子浓度在一定水平以下。含有 Al_2O_3 沉淀的沉淀槽底流，用泵送入 1#中和槽，与送去中和的另一部分槽液混合，送至 2#中和槽，在 2#中和槽内用石灰石粉将溶液中和至要求的碱度，然后送至增稠器，上清液返回吸收塔，底流经离心机分离后得石膏产品。

吸收塔与氧化塔为主要设备。吸收塔为双层填料塔，塔的下段为增湿段，上段为吸收段，顶部安装除雾器。氧化塔为空塔，塔内装满吸收液，氧化时需将空气均匀分布于液体中，以利于氧化的进行，所以关键为气体的分布。气体分布装置可以采用多孔板或设置空气喷嘴或安装高速旋转的搅拌器，但都存在一定的缺点。

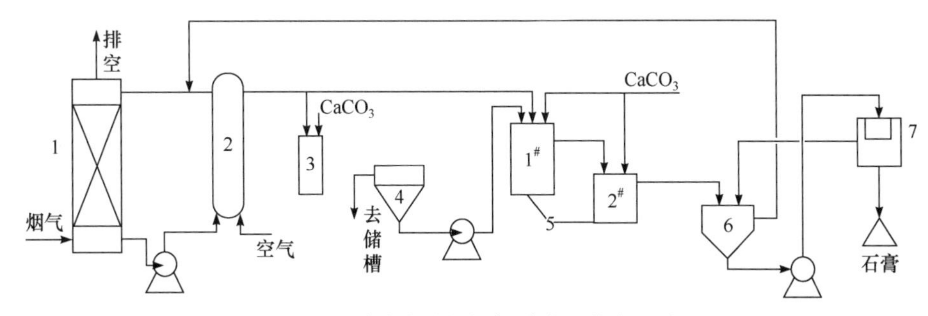

图 2-7　碱式硫酸铝烟气脱硫工艺流程图

1-吸收塔；2-氧化塔；3-除镁中和槽；4-沉淀槽；5(1#、2#)-中和槽；6-增稠器；7-离心机

(3) 工艺特点

碱式硫酸铝烟气脱硫工艺对于吸收低浓度的 SO_2 具有诸多优点：作为原料的石灰石和硫酸铝，价格低廉、来源方便；吸收剂碱式硫酸铝溶液无毒无味、不引起二次污染；吸收液的 pH 值较低，设备不易堵塞；吸收 SO_2 容量大、液气比小、钙硫比低、脱硫效率高；可得到优质的石膏副产品。

(4) 发展历程和现状

碱式硫酸铝法最早由英国皇家化学工业公司(ICI)于 1932～1942 年进行研究，该国于 1958 年在曼彻斯特建成一套装置并投入运转。芬兰奥托昆普铜冶炼厂于 1936 年用该法处理含 5% SO_2 的烟气，生产能力为 52t/d(液体 SO_2)。我国沈阳化工研究院于 1954 年用此法进行过中间试验，处理含 0.5%～1% SO_2 的铅烧结烟气，吸收率达 90%以上，吸收 SO_2 以后的溶液，用低压蒸汽解吸，以得到 SO_2 气体，并使吸收剂循环使用，解吸效率接近 100%，每吨 SO_2 消耗低压蒸汽 6.7t。由于当时条件限制，对于 0.3%左右的低浓度 SO_2 气体未进行试验。

日本自 60 年代开始逐渐重视碱式硫酸铝法的研究。1972 年，日本同和矿业公司开发了碱式硫酸铝法用于烟气脱硫，并首先在该公司的冈山冶炼厂使用，20 个月的平均脱硫效率为 99%。我国于 1980 年引进一套该装置，用来处理南京钢铁厂硫铁矿烧渣的高温氯化焙烧尾气，最大设计烟气量为 52300Nm^3/h，SO_2 浓度为 2850ppm，排空 SO_2 浓度 106ppm，自生产以来，脱硫效果很好，SO_2 吸收率达 98.7%～99.5%。

碱式硫酸铝湿法烟气脱硫技术，有利于简化 SO_2 吸收装置系统、缩减脱硫试验中循环液体量，选用适合的设备系统还可以有效减小系统阻力，所以无论在设备、工艺过程，还是在经济效益方面都可以降低费用。同时，在吸收剂再生过程中，$CaCO_3$ 的化学反应速率较快，钙的利用率较高。碱式硫酸铝脱硫副产物石膏及解吸出的 SO_2 均可作为资源回收利用，这也符合烟气脱硫的发展方向。

2.3.1.5 海水法

海水烟气脱硫工艺技术就是利用海水的特性来洗涤烟气中的 SO_2，以达到烟气净化的效果。20 世纪 70 年代初挪威诺尔斯克(Norsk)水电局开发了海水脱硫工艺，首先将其广泛应用于炼油厂、炼铝厂等工业窑炉。1988 年印度 TATA 电厂第一次安装 2 台处理烟气量为 44.5×10^4Nm^3/h 的海水脱硫装置后，海水脱硫工艺在电厂的应用才取得了较快发展。

(1) 技术原理

由于雨水将陆上岩层的碱性物质带到海中，天然海水含有大量的可溶性盐，其中主要成分是氯化钠和硫酸盐，还有一定量的可溶性碳酸盐。海水通常呈碱性，一般海水的 pH 为 7.5～8.3，天然碱度为 1.2～2.5mmol/L，这使得海水具有天然的酸碱缓冲能力及吸收 SO_2 的能力。

海水在洗涤烟气的过程中，烟气中的 SO_2 气体被海水吸收，生成亚硫酸根离子和氢离子，继而采用空气强制氧化，生成硫酸根。反应如下：

$$SO_2 + H_2O \longrightarrow H_2SO_3 \tag{2-33}$$

$$H_2SO_3 \longrightarrow H^+ + HSO_3^- \tag{2-34}$$

$$HSO_3^- \longrightarrow H^+ + SO_3^{2-} \tag{2-35}$$

$$SO_3^{2-} + 1/2O_2 \longrightarrow SO_4^{2-} \tag{2-36}$$

以上反应中产生的 H^+与海水中的碳酸盐发生反应，生成水和二氧化碳，从而阻止或缓和洗涤液 pH 值的继续下降，有利于海水对 SO_2 的继续吸收；洗涤后的海水变成酸性水，经曝气池处理达标后再排放到大海，反应如下：

$$CO_3^{2-} + H^+ \longrightarrow HCO_3^- \tag{2-37}$$

$$HCO_3^- + H^+ \longrightarrow H_2CO_3 \longrightarrow CO_2 + H_2O \tag{2-38}$$

反应产物硫酸盐是海水的天然成分，经脱硫而流回海洋的海水，其硫酸盐成分只稍微提高，当离开排放口一定距离后，这种浓度的差异就会消失。

(2) 工艺流程

1) 基本工艺流程。

将海水烟气脱硫工艺按是否向海水中添加其他吸收剂分为两类：①不添加任何其他化学物质，用纯海水作为吸收液的工艺，以挪威 ABB-Flakt 公司和 Norsk-Hydro 公司合作开发的 Flakt-Hydro 工艺为代表，这种工艺已得到广泛的工业应用。②向海水中添加一部分石灰以调节海水碱度，以美国 Bechtel 公司工艺为代表，这种工艺在美国建立了示范工程，但未广泛推广应用。

2) 海水烟气脱硫的不同工艺。

Flakt-Hydro 海水烟气脱硫工艺：Flakt-Hydro 海水脱硫工艺主要由烟气系统、供排海水系统、海水恢复系统以及工厂必备的电气控制系统等组成。其主要流程是：锅炉排出的烟气经除尘器后，由 FGD 系统增压风机送入 GGH 的热侧降温以提高吸收塔内的 SO_2 吸收效率，冷却后的烟气由吸收塔底部送入，在吸收塔中与由塔顶均匀喷洒的海水(利用电厂循环冷却水)逆向充分接触混合，经过净化后的烟气，通过 GGH 升温后，经由烟囱排入大气。吸收 SO_2 后的海水进入后反应池，在后反应池注入大量的海水和空气将 SO_2 氧化成硫酸根离子，至其水质恢复后又流入大海。其脱硫流程如图 2-8 所示。

Bechtel 海水烟气脱硫工艺：Bechtel 海水烟气脱硫工艺流程如图 2-9 所示。该系统由烟气预冷却系统、吸收系统、再循环系统、仪表控制系统等组成。约为冷却水总量 2%的海水进入吸收塔，其余海水用于溶解脱硫生成的石膏晶体。在洗涤系统中加入石灰或石灰与石膏的混合物，以提高脱硫所需的碱度，海水中可溶性镁与加入的碱反应再生为吸收剂 $Mg(OH)_2$，可以迅速吸收烟气中的 SO_2。

3) 基本系统组成。

海水烟气脱硫工艺分为两种不同的工艺，基本组成大不相同。

i) Flakt-Hydro 海水烟气脱硫系统。

烟气系统：从锅炉排出的烟气经除尘器除尘后，通过 GGH 冷却降温，以提高吸收塔内的 SO_2 吸收效率，并防止塔的内体受到热破坏，塔的内体最大限度地采用较便宜的防腐材料和轻质填料。

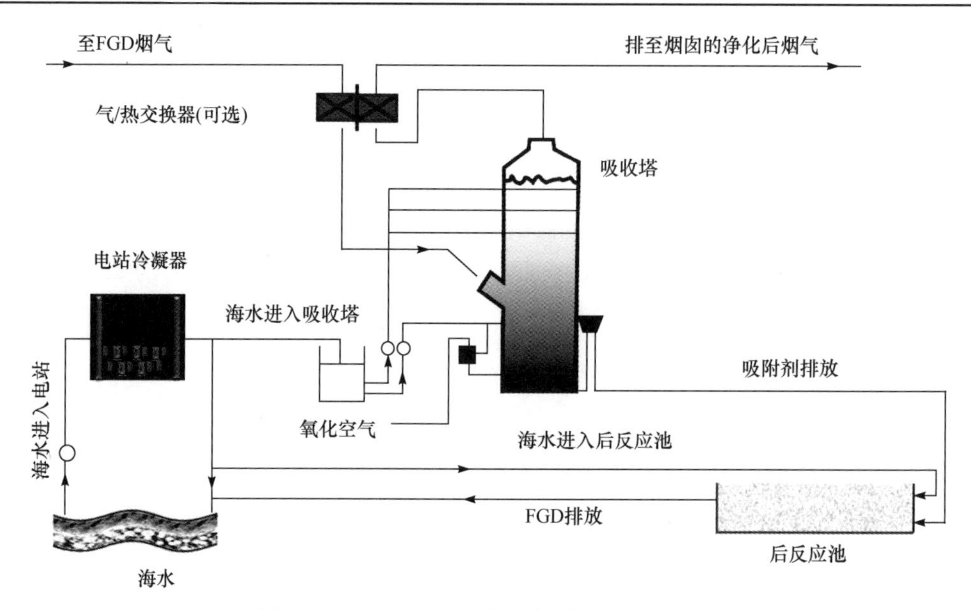

图 2-8　Flakt-Hydro 海水烟气脱硫工艺流程图

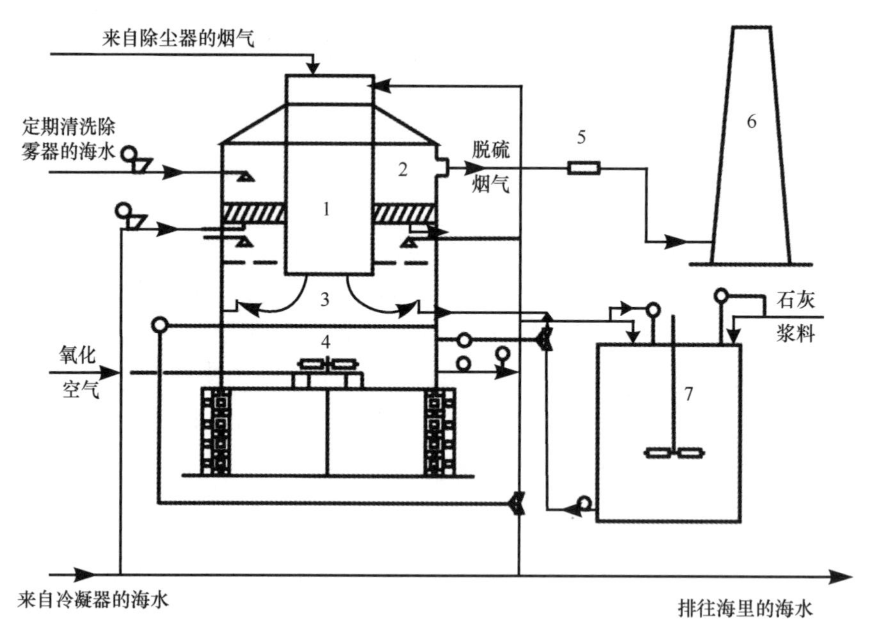

图 2-9　Bechtel 海水脱硫工艺

1-预冷区；2-除雾区；3-SO_2吸收塔；4-循环槽；5-再热器；6-烟囱；7-再生器

供排海水系统：冷却后的烟气从塔底送入吸收塔，在吸收塔中与由塔顶均匀喷洒的海水(利用电厂循环冷却水)逆向充分接触混合，海水将烟气中 SO_2 吸收生成亚硫酸根离子。

海水恢复系统：海水恢复系统的主体结构是曝气池。来自吸收塔的酸性海水与凝汽器排出的碱性海水在曝气池中充分混合，同时通过曝气系统向池中鼓入适量的压缩空气，使海水中的亚硫酸盐强制氧化为稳定无害的硫酸盐，同时释放出 CO_2，使海水的 pH 值升到 6.5 以上，达到排放标准后，排入大海。

ii) Bechtel 海水烟气脱硫系统。

预冷却系统：预冷却器位于冷却塔上部中心处，来自除尘器净化后的烟气从 149℃冷却至 52℃。同时，因冷却时喷入再循环碱性浆液，可脱去烟气中部分 SO_2。预冷却器还有利于在吸收塔内建立良好的烟气分布，也起到支撑托盘、除雾器和给料管的作用。

吸收系统：吸收塔为填料塔，是钢筋混凝土结构。烟气在填料塔栅格板表面与从吸收塔上部喷入的海水充分接触反应。再循环浆液中的 $Mg(OH)_2$ 和可溶性的 $MgSO_3$ 吸收烟气中的 SO_2，可获得 95%以上的脱硫效率。同时也发生一定的氧化反应，浆液中的 $MgSO_3$ 和 $Mg(HSO_3)_2$ 被烟气中的氧气氧化成 $MgSO_4$。因吸收和氧化反应均生成易溶解的产物，所以在吸收塔内无结垢的倾向。净化后的烟气经顶部除雾器除去水滴后排出。洗涤烟气后的海水在塔底收集，靠重力流入海水恢复系统。

再循环系统：循环槽设在吸收塔底段，内装搅拌器。预冷却器流下的酸性浆液和来自托盘及喷入的碱性浆液在槽内中和。同时鼓入空气，将 $MgSO_3$ 完全氧化成为 $MgSO_4$。搅拌器将大气泡打碎成细小气泡，加速氧化反应。再循环槽内保持 pH 值为 5～6，使 $Mg(OH)_2$ 完全溶解。

仪表控制系统：FGD 系统的仪表控制系统具备数据采集功能、控制功能和现场监测功能。其数据的连续采集和处理反映脱硫系统运行工况，如脱硫系统进出口烟气的 SO_2、氧气浓度及烟温等。曝气池排放口设置 pH 值、COD、水温等监测设备。另外，配备各种必要的烟气、海水现场监测仪表。

Bechtel 工艺与其他海水脱硫及石灰石/石灰-石膏法相比，具有如下优点：①脱硫效率高(可达 95%)，SO_2 排放浓度可降至 0.005%或更低；②吸收剂浆液的再循环量可降至常规石灰石法的 1/4，由于低液气比减少了投资，降低了吸收系统能耗；③生成完全氧化的产物，不经处理即可直接排入大海，只生成可溶性产物，能保证完全氧化；④生产的最终产物是很细的石膏晶体，当用冷凝器的冷却海水稀释时会马上溶解，不必另设混合溶解槽；⑤通过再生槽内的沉淀反应，破坏了过饱和现象，减少了洗涤塔中 $Ca(OH)_2$ 的浓度，从而避免结垢，并保证系统中足够的晶核浓度。

(3) 工艺特点

海水脱硫工艺与湿法石灰石/石灰-石膏法、烟气循环流化床、炉内喷钙尾部增湿活化脱硫、海水脱硫及电子束氨法脱硫等工艺主要性能比较见表 2-11。

表 2-11　脱硫工艺方案的比较

项目	石灰石/石灰-石膏法	烟气循环流化床	炉内喷钙尾部增湿活化脱硫	海水脱硫	电子束氨法
成熟程度	成熟	成熟	成熟	成熟	工业试验
单塔应用经济规模	200MW 及以上	100MW 及以下	200MW 及以下	200MW 及以上	200MW 及以下
脱硫效率	90%以上	75%～80%	75%～80%	90%以上	75%～80%
使用煤种	不限	中低硫煤	中低硫煤	中低硫煤	中低硫煤
吸收剂	石灰石/石膏	石灰	石灰石	海水	液氨

续表

项目	石灰石/石灰-石膏法	烟气循环流化床	炉内喷钙尾部增湿活化脱硫	海水脱硫	电子束氨法
吸收剂利用率	95%以上	50%～60%	30%～40%	—	90%以上
主要副产物	石膏	亚硫酸钙/石膏	亚硫酸钙/石膏	硫酸镁/钙	硫氨/硝铵
废水	少	无	无	无	无

海水脱硫工艺有以下优点：①技术成熟、工艺简单、脱硫效率高、装机容量大；②不需要加任何添加剂，避免了石灰石的开采、加工、运输和储存等；③不产生副产品和废弃物，避免了处理废弃物及二次污染等问题；④运行维护简单，不会产生结垢和堵塞，具有较高的系统可用率，运行费用较低；⑤投资费用低，一般占电厂投资的 7%～8%，占地面积小，运行费用低，电耗占机组发电量的 1%～1.5%；⑥自动化程度高，可靠性好。

与此同时，海水脱硫工艺也有其制约因素：①仅适用于沿海电厂，海水资源要有足够的碱度，且扩散好；②海水的碱度有限，仅适用于燃用中低硫煤(＜1.5%)电厂的脱硫；③由于海水对设备有腐蚀，要求设备具有较高的抗腐蚀性，且为了控制烟气洗涤时的重金属带入量，对静电除尘器要求较高。

(4) 发展历程和现状

20 世纪 60 年代后期，美国加利福尼亚大学伯克利分校 Bromkley 教授研究了海水脱硫的机理，在此基础上，挪威 ABB-Flakt 公司和 Norsk-Hydro 公司合作开发了 Flakt-Hydro 工艺，此工艺于 20 世纪 70 年代研发成功，相继应用到炼油厂、炼铝厂及电站锅炉的烟气治理中。现在，挪威的火电厂全部采用海水脱硫。美国 Bechtel 公司在洗涤系统中加入石灰提高脱硫效率，开发了 Bechtel 海水脱硫工艺，并于 1983 年应用在美国 Colstrip 的 3 号机组上。掌握海水脱硫工艺的还有日本的富士水化工业株式会社、法国的 Stein 公司和德国的 FBE 等企业。西门子公司也在 Paition 电厂(2×610MW)安装了海水脱硫装置。

海水脱硫受到世界各沿海国家的日益重视，西班牙、英国、印度尼西亚、马来西亚、印度等国也安装了一定数量的海水脱硫装置，海水脱硫工艺得到较快发展和广泛应用。目前世界上已投运或在建有近百台海水脱硫装置用于发电厂和冶炼厂的烟气脱硫，机组总容量超过 2×10^4MW，单机最大容量为 700MW。我国第一家应用海水烟气脱硫工艺的是深圳西部电厂(1999 年投入运行，技术来源于挪威 ABB 公司)。深圳西部电厂 4 号机组海水脱硫系统有关运行参数见表 2-12。

表 2-12　运行工况

参数	考核工况	校核工况
燃煤含硫量/%	0.63	0.75
锅炉出口烟气量/(Nm^3/h)	1100000	1100000
锅炉燃煤量/(t/h)	114.4	114.4
冷却海水总量/(m^3/h)	43200	43200

续表

参数	考核工况	校核工况
海水含盐量/%	2.3	1.8
海水的 pH	7.5	7.5
海水温度(最低/最高)/℃	27.1/40.7	27.1/40.7
引风机出口烟气含尘量/(mg/Nm^3)	190	190

海水脱硫的设计值和实测值分别见表 2-13 和表 2-14。

表 2-13　海水脱硫系统排烟的性能保证

参数	设计要求		实际测定
	考核工况	校核工况	
系统 SO_2 脱除效率/%	≥90	≥70	92～97
系统排烟温度/℃	≥70	≥70	75～87

表 2-14　工艺排放海水的性能保证值

参数	设计要求	实际测定
pH 值	≥6.5	6.5～6.9
耗氧量(COD_{Mn})/(mg/L)	≤5	0～2
溶解氧(DO)/(mg/L)	≥3	3～6
SO_3^{2-} 氧化率/%	≥90	91～99

深圳妈湾电厂海水烟气脱硫系统是我国首套海水脱硫装置，是国家环境保护总局和国家电力公司的示范项目，其各项性能指标均达到或超过设计值，满足国家对该项目的审查要求，符合环保标准；曝气过程中没有明显的 SO_2 溢出情况，对周围环境没有造成不良影响；工艺排水对海域水质和海洋生物的影响很小。4 号机组同步建设海水脱硫工程并于 1999 年 8 月完成验收；5 号、6 号机组(2×300MW)海水脱硫装置于 2004 年 2 月 23 日建成投运；1 号、2 号、3 号机组海水脱硫工程于 2017 年 11 月建成。电厂各机组配套海水脱硫工程全部建成后，每年削减了向大气排放的 SO_2 约 7000t。由台塑美国公司独资兴建的福建后石发电厂陆续建成了 6 套 600MW 无 GGH 海水脱硫装置，于 1999～2003 年陆续投入运行。1 号机组已于 1999 年 11 月并网，同年 12 月完成 96h 满负荷试运行并一次成功，于 2000 年 2 月底投入商业运行；2 号机组于 2000 年 7 月完成 96h 满负荷试运行并一次成功，于 2000 年 8 月底投入商业运行。中国华电工程(集团)公司联合阿尔斯通电力挪威公司共建的青岛发电厂海水脱硫工程于 2007 年完成建设，该工程采用世界上先进海水脱硫技术，脱硫效率高达 90%以上；其 1 号、2 号 300MW 机组海水脱硫工程是国家环境保护总局在我国北方地区的第一个海水脱硫示范项目。其他一些沿海发电厂，

如秦皇岛电厂的 2 套 300MW 海水脱硫装置于 2006 年、2007 年相继投入运行，山东黄岛发电厂的 2 套 660MW 海水脱硫装置也于 2006 年、2007 年相继投入运行。由东方锅炉自主开发并总承包建设的国产首台 30 万 kW 海水脱硫机组于 2006 年末在厦门嵩屿电厂投运，机组脱硫效率达 95%以上。华能日照电厂的 2×350MW 机组海水烟气脱硫系统于 2007 年 10 月投运，脱硫效率达 90%以上。我国已成为世界上大型海水脱硫装置建设经验最丰富的国家之一。

2.3.1.6 氧化镁法

用氧化镁浆液洗涤 SO_2 烟气时，可生成含结晶水的亚硫酸镁和硫酸镁(由氧化副反应生成)。将生成物从吸收液中分离出来，进行干燥，除去结晶水，然后将氧化镁再生并制成浆液循环使用，释放出的 SO_2 高浓度气体进一步回收。整个脱硫过程不产生大量脱硫废渣，产物可得到有效回收，是一种清洁少废的闭环工艺[21]。国内外的研究应用表明，氧化镁再生法脱硫工艺能达到 95%以上的脱硫效率。由于氧化镁的水解产物溶解度和反应活性都要优于氧化钙，因此在达到相同脱硫效率的条件下，其脱硫剂与硫的物质的量比要低于石灰石或石灰。同时，由于氧化镁的分子量低于石灰石或氧化钙，即使在相同的脱硫效率下，其脱硫剂用量也要少于钙脱硫剂，因此其运行费用较低。

(1) 技术原理

氧化镁法是用 MgO 的浆液吸收烟气中的 SO_2，生成含水亚硫酸镁和少量的硫酸镁，然后将其脱水、干燥后加热，使其分解，得到 MgO 及 SO_2。再生的 MgO 可重新循环用于脱硫。其化学原理如下。

浆液制备：

$$MgO+H_2O \longrightarrow Mg(OH)_2 \tag{2-39}$$

利用浆液中的氢氧化镁，吸收 SO_2，反应如下。

主反应：

$$Mg(OH)_2+SO_2+5H_2O \longrightarrow MgSO_3 \cdot 6H_2O\downarrow \tag{2-40}$$

$$MgSO_3+SO_2+H_2O \longrightarrow Mg(HSO_3)_2\downarrow \tag{2-41}$$

$$Mg(HSO_3)_2+Mg(OH)_2+10H_2O \longrightarrow 2MgSO_3 \cdot 6H_2O\downarrow \tag{2-42}$$

副反应：

$$MgSO_3+1/2O_2+7H_2O \longrightarrow MgSO_4 \cdot 7H_2O\downarrow \tag{2-43}$$

$$Mg(HSO_3)_2+1/2O_2+6H_2O \longrightarrow MgSO_4 \cdot 7H_2O\downarrow+SO_2\uparrow \tag{2-44}$$

通过干燥来获得亚硫酸镁中的结合水，过程如下：

$$MgSO_3 \cdot 6H_2O \xrightarrow{\triangle} MgSO_3+6H_2O\uparrow \tag{2-45}$$

$$MgSO_3 \cdot 7H_2O \xrightarrow{\triangle} MgSO_3+7H_2O\uparrow \tag{2-46}$$

再通过煅烧分解和还原，获得可以循环利用的氧化镁，且得到的高浓度 SO_2 可作为资源吸收利用，反应如下：

$$MgSO_3 \xrightarrow{\triangle} MgO+SO_2\uparrow \tag{2-47}$$

$$MgSO_4+1/2C \longrightarrow MgO+SO_2\uparrow+1/2CO_2\uparrow \tag{2-48}$$

获得的氧化镁可以循环利用，且得到的高浓度 SO_2，可作为资源吸收利用。

(2) 工艺流程

1) 基本工艺流程。

锅炉烟气由引风机送入吸收塔预冷段，冷却至适合的温度后进入吸收塔，往上与逆向流下的吸收浆液反应，脱去烟气中的硫分。吸收塔顶部安装有除雾器，用以除去净烟气中挟带的细小雾滴。净烟气经过除雾器降低烟气中的水分后排入烟囱。粉尘与杂质附着在除雾器上，会导致除雾器堵塞、系统压损增大，需由除雾器冲洗水泵提供工业水对除雾器进行喷雾清洗。氧化镁法工艺流程见图 2-10。

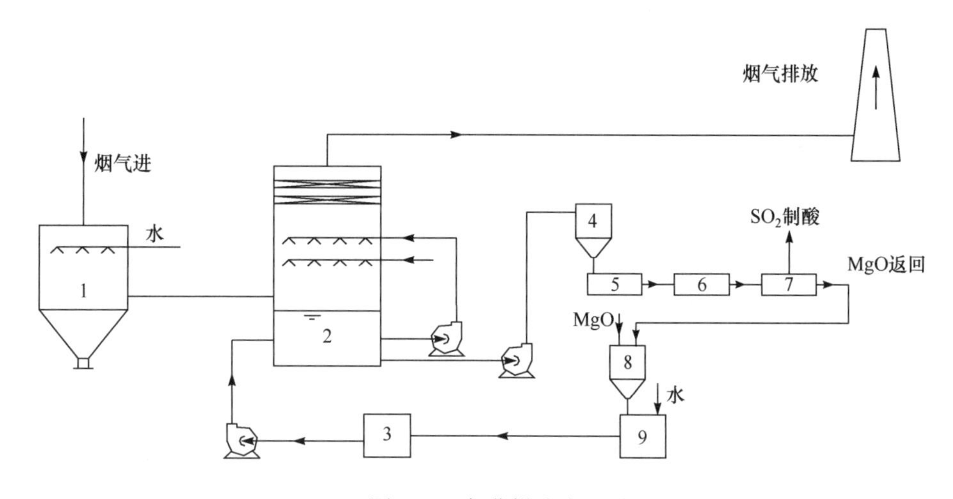

图 2-10 氧化镁法流程图

1-预洗涤器；2-吸收塔；3-浆液池；4-浓缩池；5-脱水机；6-干燥器；7-煅烧炉；8-储仓；9-熟化池

2) 基本系统组成。

预除尘系统。为防止烟气中的飞灰污染脱硫吸收剂，在吸收塔前设置预除尘装置。预除尘装置可采用文丘里洗涤器对烟气进行预处理，使烟气温度降低，湿度增加，去除飞灰，有利于后续吸收的反应。

脱硫剂制备系统。脱硫剂(氧化镁)由罐车直接运抵厂区，通过气力输送至储仓。脱硫剂通过调速输送机加入熟化罐，生成 $Mg(OH)_2$ 浆液。熟化罐配有搅拌器。由熟化罐排出的脱硫剂浆液进入浆液罐。浆液在罐内保持适当的浓度，而后通过浆液泵输送到脱硫吸收塔。

SO_2 吸收系统。脱硫吸收系统的主设备是反应吸收塔。反应吸收塔多采用立式喷淋塔。塔下部为循环浆液箱，并装有侧入式搅拌器，保证在不同浆液浓度运行时良好混合并可靠循环。喷淋吸收塔上部装有两级除雾器，以去除烟气带出的大部分液滴。

浆液的浓缩和干燥系统。由脱硫塔排出的副产物浆液以 $MgSO_3$ 为主，为悬浮结晶体。由于 $MgSO_3$ 性质稳定，可不氧化直接排出。副产物浆液首先在浓缩机中沉淀浓缩。增凝剂添加装置向浓缩池内加入增凝剂，加快沉淀速度，提高浆液浓度到约 30%。浓缩池上部的清液用于熟化罐和吸收塔补水。下部排出的稠液进入脱水机给料罐，供真空脱水机进一步脱水。经真空脱水机脱水后的副产物含固量为 65%～70%，可以进行堆放和运输。

脱硫剂再生系统。将干燥后的 $MgSO_3$ 及 $MgSO_4$ 进行煅烧，使其分解，得到 MgO，同时生成 SO_2。生成的 SO_2 浓度为 10%～16%，经除尘后可用于制硫酸。再生的 MgO 可重新用于脱硫。

(3) 工艺特点

氧化镁法烟气脱硫工艺具有以下优点：①脱硫效率高，吸收剂利用率高，机组适应性强。在镁硫比为 1.03 时，镁法的脱硫效率最高可达 99%。②液气比小，吸收塔高度低。由于镁基的溶解碱性比钙基高数百倍，所需液气比仅为钙基脱硫的 1/6～1/3，而且吸收反应强度更高，不仅大大减少循环液量，而且其吸收塔的高度显著低于石灰石脱硫塔。③吸收剂制备系统简单，体积小。因为氧化镁/氢氧化镁分子量小，因此，吸收剂质量小。且吸收剂为粉状，到厂后直接熟化成脱硫浆液，不需进行破碎、磨粉等工序，因而脱硫剂制备系统大大简化。④系统不结垢，不堵塞，运行可靠性高。⑤脱硫副产物 $MgSO_3$、$MgSO_4$ 容易综合利用，具有较高商业价值。⑥对煤种变化的适应性强。

氧化镁法烟气脱硫工艺也有其制约因素：①氧化镁制备的浆液腐蚀性较强，对脱硫系统设备耐腐蚀性要求高，对烟囱的耐腐蚀性能也有一定的要求；②使用氧化镁法脱硫，除垢问题必须得到解决，除雾器结垢、堵塞或造成局部坍塌是相当普遍的现象。

(4) 发展历程和现状

世界上最早采用氧化镁脱硫的有美国波士顿的 Mystic 电厂 150MW 机组的脱硫系统，于 1972 年投运，Dickerson 电厂 95MW 的三号机组的脱硫系统，于 1973 年投运。这两个系统已相继退役。至今仍运行的是位于美国费城市郊的 Eddystone 电厂的 150MW 机组和两台 360MW 超临界机组。该系统自 1982 年投运以来，每天消耗约 70t 氧化镁，其中约 1/4 自中国进口。1992 年以前，脱硫副产品用于生产硫酸出售并再生氧化镁回用，后由于市场原因，停掉了硫酸制备厂，直接将每天产生的约 200t 副产品硫酸镁运往佛罗里达州作为镁肥，施于果园、烟草田、甘蔗田，提高作物产量和质量并改良土壤。该系统正常运行至今。美国 Cyprus Miami 公司采用氧化镁技术，在 1993 年投运的脱硫装置有两套，其技术参数见表 2-15。在我国台湾，由于石灰法脱硫副产品抛弃困难，氧化镁脱硫在各工业领域得到广泛应用，仅台塑集团就装有四十余台。其原料全部由辽宁、山东购买，副产物硫酸镁液体直接排海。我国已建成的氧化镁脱硫装置还有南玻集团 27 万 mN^3/h 燃油玻璃窑炉的烟气处理装置。

表 2-15　Cyprus Miami 氧化镁技术参数表

项目	第一套	第二套
入口烟气量/(Nm^3/h)	411，215	220，945
入口 SO_2 量/(mg/Nm^3)	571	4286

续表

项目	第一套	第二套
出口烟气量/(Nm^3/h)	418，370	232，725
出口 SO_2 量/(mg/Nm^3)	54	143
脱硫效率/%	90.5	96.7
液气比/(L/Nm^3)	2.2～2.8	2.8～3.5

2.3.2 吸附技术

吸附过程是用多孔固体(吸附剂)将气体混合物的一种或数种组分积聚或浓缩在其表面上，达到分离目的的操作。吸附法对低浓度气体的净化能力很强，并且可以回收有用物质使吸附剂得到再生，所以在烟气治理工程中得到较广泛的应用。吸附法治理烟气中的 SO_2，最常用的是活性炭吸附法。吸附法脱硫常用的吸附剂除活性炭外，还有活性焦、分子筛、硅胶等吸附介质[22]。

下面介绍活性炭吸附法脱硫技术及其原理[23]。

2.3.2.1 活性炭吸附脱硫的特点

活性炭吸附脱硫技术最早出现在 20 世纪 70 年代后期，已有数种工艺在日本、德国、美国等得到工业应用，其代表方法有日立法、住友法、鲁奇法、BF 法及 Reinluft 法等。目前已有火电厂将其扩展到石油化工、硫酸及肥料工业等领域。活性炭吸附法烟气脱硫得到应用的关键是解决副产物稀硫酸的应用市场及提高它们的吸附性能[24]。

活性炭脱硫的主要特点：过程比较简单，再生过程中副产物很少；吸附容量有限，须在低气速(0.3～1.2m/s)下运行，因而吸附器体积较大；活性炭易被废气中的 O_2 氧化而导致损耗；长期使用后，活性炭会产生磨损，并因微孔堵塞丧失活性[25]。活性炭烟气脱硫技术在消除 SO_2 污染的同时可回收硫资源，在较低温度下将 SO_2 氧化成 SO_3，并在同一设备将 SO_3 转化成硫酸，并可作为脱除 NO_x 或回收烟气中 CO_2 工艺过程的有机组成部分，因而是一种防治污染与资源回收利用相结合的有吸引力的技术[26]。

2.3.2.2 活性炭吸附脱硫的技术原理

(1) 脱硫

活性炭脱硫是利用活性炭吸附烟道气中的 SO_2 并将其氧化为硫酸而储存在活性炭孔隙内的烟气净化技术，其优点是活性炭吸附容量大，吸附过程和催化转换的动力学过程快，对氧的反应性低，可再生等。一般认为，当烟气中没有氧和水蒸气存在时，用活性炭吸附 SO_2 仅为物理吸附，吸附量较小，而当烟气中有氧和水蒸气存在时，在物理吸附过程中，还会发生化学吸附。这是由于活性炭表面具有催化作用，是吸附的 SO_2 被烟气中的 O_2 氧化成 SO_3，SO_3 再与水蒸气反应生成硫酸，使其吸附量大大增加。其中反应(2-49)～反应(2-51)为物理吸附，反应(2-52)～反应(2-54)为化学吸附。

$$SO_2 \longrightarrow SO_2^* \tag{2-49}$$

$$O_2 \longrightarrow 2O^* \tag{2-50}$$

$$H_2O \longrightarrow H_2O^* \tag{2-51}$$

$$SO_2^* + O^* \longrightarrow SO_3^* \tag{2-52}$$

$$SO_3^* + H_2O^* \longrightarrow H_2SO_4^* \tag{2-53}$$

$$H_2SO_4^* + nH_2O^* \longrightarrow H_2SO_4 \cdot nH_2O^* \tag{2-54}$$

式中：*表示吸附态。

(2) 再生[27]

吸附了一定量 SO_2 的活性炭由于其内、外表面覆盖了稀硫酸，使活性炭吸附能力降低，因此必须对其再生，即采用一定方法去除活性炭表面的硫酸恢复活性炭的吸附能力，另外废旧活性炭被遗弃后，既造成能源浪费又产生二次污染。因此，国内外对活性炭的再生技术都非常重视。目前活性炭再生方法主要为加热再生法和洗涤再生法。其反应原理及优缺点：洗涤再生法原理是活性炭、溶剂与被吸附质三者之间存在着相平衡关系，可采用改变溶剂的 pH 值、温度等方法破坏吸附平衡，使得吸附质从活性炭表面脱附下来，达到再生目的。在实践应用中就是用水、酸等溶液对穿透的活性炭进行洗涤，洗出活性炭微孔中的硫酸。在采用水洗再生时，充分活化活性炭由于孔容变大，会使再生效果好。另外，水洗水温也会利于再生。

加热再生法原理是用高温气体将含有水分的活性炭进行干燥，在加热过程中吸附质通过水蒸气蒸馏、解吸或热分解等方式以解吸、炭化、氧化的形式从活性炭的活性中心上消除。这种再生方式最低温度为 190℃，在 320℃左右活性炭吸附生成的硫酸可解吸完全。加热再生法的优点是再生时间短、效率高；缺点是在加热再生过程中活性炭损失大、消耗能源较多。吸附过的活性炭经再生，可以获得硫酸、液体 SO_2、单质硫等产品。这样活性炭脱硫工艺既可以用来控制 SO_2 的排放，又可以回收硫资源。

2.3.2.3　活性炭吸附脱硫的工艺流程

活性炭(焦)吸附烟道气中 SO_2 工艺中的吸附装置主要有两种形式：固定床与移动床。其再生方法也主要有两种，即水洗再生法与加热再生法。

(1) 水洗再生活性炭(焦)脱硫再生工艺

水洗再生活性炭(焦)脱硫再生工艺是用水将因吸附一定量 SO_2 而失去吸附能力的活性炭(焦)中的硫分洗去，这样既得到了一定浓度的稀硫酸，又使活性炭(焦)恢复其脱硫能力。水洗液既可以直接作为稀硫酸产品用于酸洗钢板及制造硫铵、石膏、磷铵等物质，又可以进一步浓缩得到高浓度的硫酸产品。

1) 固定床吸附水洗再生活性炭(焦)脱硫再生工艺。

Lurgi 法：Lurgi 法活性炭(焦)脱硫属于湿式方式，其工艺流程见图 2-11。在 Lurgi 法中，需要净化的气体首先与吸附器出来的稀硫酸液体接触、换热，这样既可以使烟道气冷却下来，有利于固定床吸附器中的活性炭(焦)吸附其中的 SO_2，又可以使稀硫酸液体浓缩在活性炭(焦)固定床吸附器中。烟气连续流动，洗净水间歇从吸附器上方喷入，将活性炭(焦)内的硫分洗去，恢复其脱硫能力。由吸附器中出来的水洗液中含 10%～15%的硫酸，被送至硫酸浓缩装置中提浓，最后得到 70%的硫酸。Lurgi 法中气液接触，洗净水在床内分散不均匀，用水量大，水洗液中硫酸浓度低，提浓时难度大，脱硫效率较低，适用于处理量小、SO_2 浓度较低的情况。我国湖北松木坪电厂使用该工艺处理电厂废烟气，其脱硫效率可达 90%，制得 70%的硫酸，可就地作为普钙磷肥生产的原料酸使用。

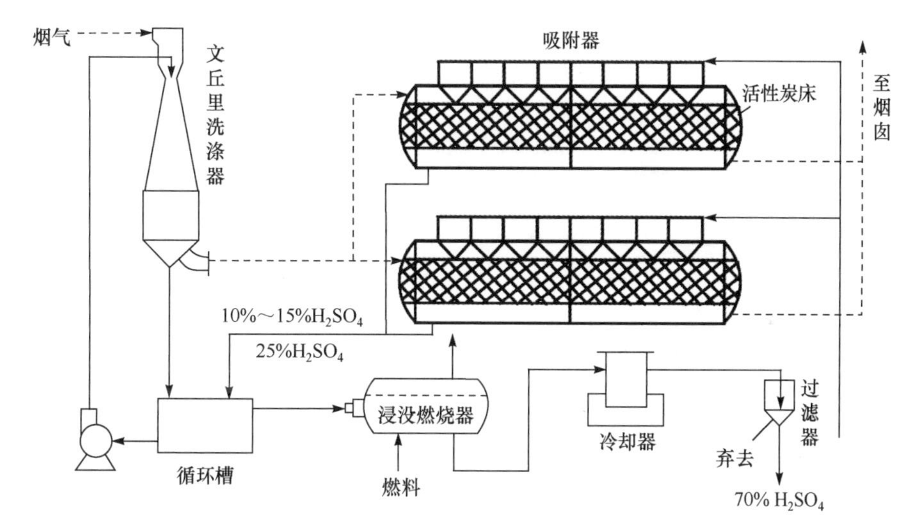

图 2-11　德国 Lurgi 法脱硫工艺流程

日立-东电活性炭法：日本的日立-东电活性炭法工艺较复杂，见图 2-12，该工艺的吸附装置由五个并联的活性炭固定床吸附器组成。运转时，由电厂锅炉来的部分烟气经过空气预热器、除尘器进入其中四个吸附器内脱除 SO_2。同时，第五个炭床进行洗涤再生。使用六个洗涤槽，每个槽内储存不同浓度的硫酸。吸附器依次用六个槽中稀硫酸溶液洗涤，开始使用浓度最大的，最后使用新鲜水，从而恢复活性炭(焦)的吸附能力。该工艺可以得到硫酸浓度为 20%的水洗液，经浓缩得到浓度为 65%的硫酸，主要用于磷肥生产。与 Lurgi 法相比，该法得到的洗液中硫酸浓度较高，用水较少，连续性较好。但设备复杂，需多次切换，操作较繁，可用于处理量较大的场合，但要求管线很粗，各配套设备尺寸也相应加大，由此带来的设备投资及维修难度加大。

旋转淋浴法-化研法：该法是一种固定床吸附水洗再生活性炭(焦)脱硫方式，其工艺流程见图 2-13。该工艺是在吸附器内的活性炭(焦)床层中间设置一中空旋转轴，由外来动力牵引。在该轴安装与旋转轴相通的淋浴器，洗涤液由旋转轴的中心轴管进入淋浴器内。淋浴器随轴旋转，对活性炭(焦)床层进行洗涤。由床层下端流出的稀硫酸从排液管排出。运动时，一部分床层进行吸附，另一部分床层进行洗涤，保证了脱硫与再生的连续进行。

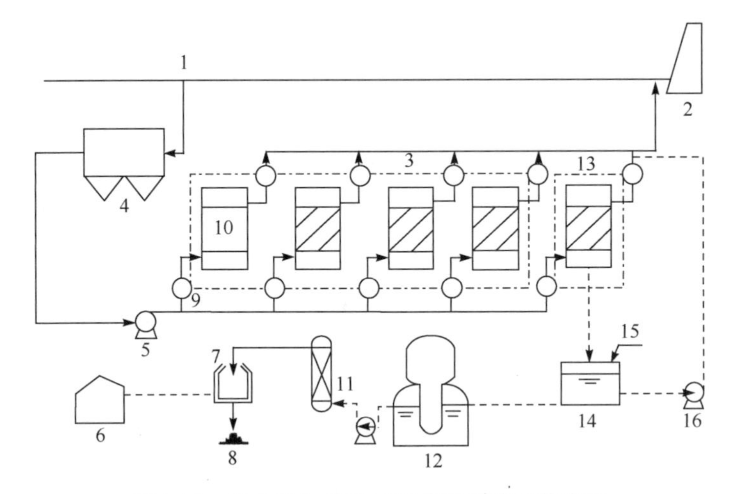

图 2-12　日本日立-东电活性炭法脱硫工艺流程

1-空气预热器预热烟道气；2-烟囱；3-混床吸附器；4-除尘器；5-风机；6-硫酸槽；7-离心过滤器；8-沉淀物；9-气阀；10-活性炭；11-硫酸冷却器；12-增稠器；13-水洗再生；14-再生液；15-水源；16-清液泵

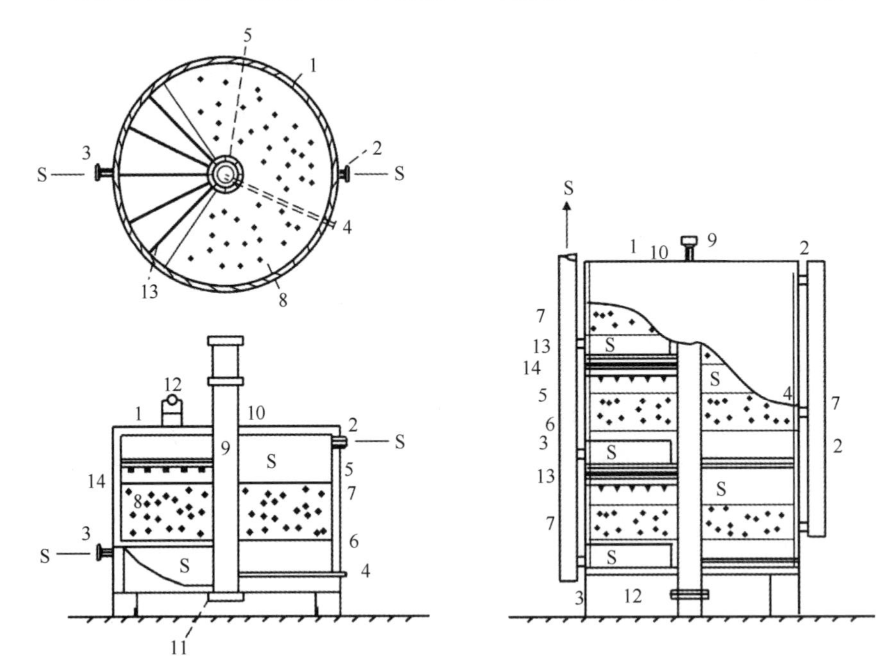

图 2-13　日本化研法脱硫工艺

1-吸附器；2-进气管；3-出气管；4-进液管；5、6-金属丝网；7-活性炭床；8-活性炭；9-中心旋转轴；10-封口；11-架子底座；12-电机；13-洗液；14-显示器；S-含硫烟气

该法吸附设备构思巧妙，集中了 Lurgi 法与日立-东电活性炭法的优点，成功地将吸附器与脱附器结合在一起。与前法相比，该法不需要切换，连续性较好；设备紧凑，占地面积小；洗涤液在床层内分布均匀，床层利用效率较高；可以根据烟气处理量及其中 SO_2 浓度的变化改变旋转轴的旋转速率，处理过的烟气中 SO_2 浓度较稳定；操作灵活。因此，该法具有较高的推广价值。

固定床吸附水洗再生法处理过的烟气温度较低，湿度高，排空时会产生“白烟”现象；该吸附方式随着吸附时间的推移，活性炭(焦)床层的吸附能力会下降，床层内活性炭利用率分布不均匀，总体利用效率不高；处理量大时，设备也要随着增加，空间占用加大；当烟气含尘量大时，床层阻力会随时间的延长而增大，因此，在吸附器前需要安装除尘设备；运行时，吸附过的烟气中 SO_2 浓度波动较大，连续性较差。

2) 移动床吸附水洗再生法。

移动床吸附烟道气中的 SO_2 属于干法脱硫。活性炭(焦)从吸附器上端进入。在移动床吸附器中，活性炭(焦)粒靠自身重力由上向下连续移动，与烟气错流接触。吸附了 SO_2 的活性炭(焦)由吸附器下端排出，进入水洗脱离装置进行水洗再生。水洗后的活性炭(焦)经干燥重新进入吸附器循环使用。该法保证了吸附再生的连续进行，得到的稀硫酸利用价值较高，且其浓度可以根据洗净水与循环酸液的比例适当调整。移动床吸附法可以有效地避免固定床的缺点，是一种新型的床型。该法设备简单，占用空间少；操作容易，运行可靠、连续性好；脱硫性能高，较小的装置即可达到较好的脱硫效果；处理过的烟气中 SO_2 浓度稳定，床层利用率高；由于是干法脱硫，处理过的烟气温度较高，湿度较低，不会出现“白烟”现象；活性炭(焦)移动床本身具有除尘性能，在运行中，床层压降稳定，不需要预设除尘设备；可以得到优良的稀硫酸，用于生产优质石膏、磷肥或浓缩为浓硫酸。活性炭(焦)在床层中移动时，会造成一定程度的磨损，因此，需要定期补充活性炭(焦)。

水洗再生法需要大量用水，水洗液中含酸，易造成二次污染。且由于稀硫酸的腐蚀性对设备的制造材料要求较高，投资较大，并给维修工作带来一定的困难，当产品为硫酸时，其运输及储存均是问题。

(2) 加热再生活性炭(焦)脱硫再生工艺

加热再生法即将吸附过 SO_2 的活性炭(焦)加热至一定温度，使活性炭(焦)孔隙内的硫酸与炭反应，生成 SO_2 而脱离活性炭(焦)，从而得到富 SO_2 气体，再生过的活性炭(焦)返回吸附过程。其反应方程式为

$$2H_2SO_4+C \longrightarrow 2SO_2+CO_2+2H_2O \tag{2-55}$$

得到的富 SO_2 气体可以用来生产液体 SO_2，或送往硫酸厂生产硫酸，或被还原生产单质硫。使用加热再生法的活性炭(焦)脱硫工艺，吸附装置也有固定床及移动床两种形式，均属于干法烟气脱硫。由于活性炭(焦)固定床吸附烟气中 SO_2 存在着诸多缺陷，在这里不予介绍。

1) 日本的日立造船法。

日本的日立造船法即移动床吸附-水蒸气脱附法，其工艺流程见图 2-14。该工艺主要装置由吸附器、脱附器、空气处理装置、热交换器等组成。从燃煤锅炉采的烟气进入吸附器，与吸附器内缓慢下移的活性炭(焦)错流接触，烟气中的 SO_2 被活性炭(焦)吸附氧化为硫酸而储存于孔隙内，处理过的烟气排空。吸附 SO_2 的活性炭(焦)由移动床脱附器上部进入，在下移过程中先被锅炉废气预热至 300℃左右再与 300℃的过热水蒸气接触放出 SO_2。再生后的活性炭(焦)经热交换器降温至 150℃后离开再生器，送至空气处理装置以恢复其脱硫性能，最后进入吸附器循环使用。含高浓度 SO_2 的水蒸气离开再生器后，经

冷却器冷凝分离后得到浓度约为 80%的 SO_2 气体。该方法的优点是水蒸气易于分离，得到的 SO_2 气体较纯，操作温度低，避免了高温下活性炭(焦)自身热分解，损耗量减少，运行安全。

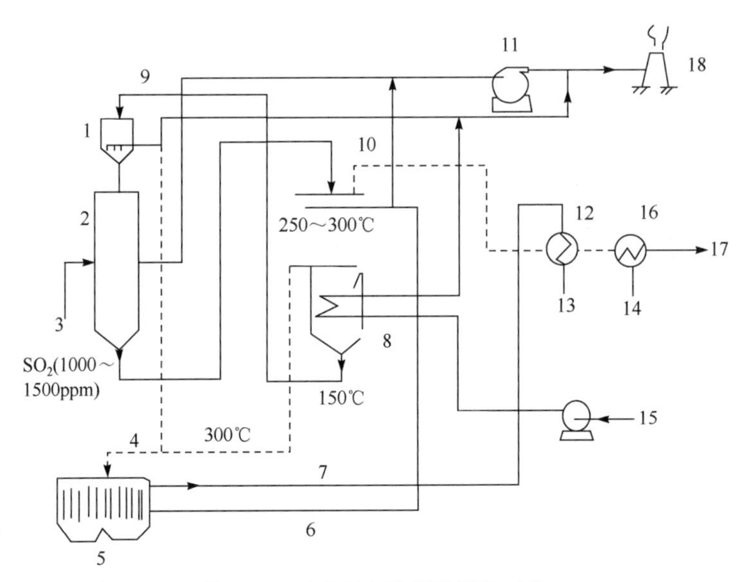

图 2-14　日本日立造船法脱硫工艺

1-空气处理装置；2-吸附器；3-烟道气；4-水蒸气；5-锅炉；6-废气；7、13-锅炉给水；8-解吸；9、10-活性炭；11-风机；12、16-热交换器；14-冷凝液；15-压缩空气；17-高浓度 SO_2 气体(80%)；18-烟囱

2) 日本的住友-关电法。

日本的住友-关电法即移动床吸附-惰性气体脱附活性炭(焦)脱硫法，其工艺流程见图 2-15。该法与日立造船法类似，只是用惰性气体替换了水蒸气，脱附温度较高，为 370℃以上。离开脱附器的富 SO_2 气体用于生产浓硫酸。与该法类似的还有德国的 Reinluft 法。

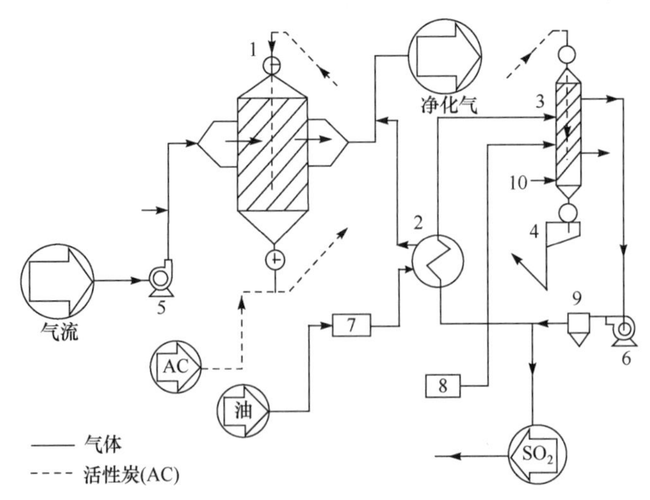

图 2-15　日本住友-关电法脱硫工艺

1-吸附器；2-气体换热器；3-解吸；4-螺旋出料；5、6-风机；7-热气炉；8-惰性气体源；9-旋风分离器；10-冷却水

3) 德国的 BF/Uhde 烟气脱硫脱氮法。

该方法于 1980 年研制成功，其工艺流程见图 2-16。该法不仅可以脱除 SO_2，还可以在加入 NH_3 的情况下脱除氮氧化物。该工艺用热烟气来解吸活性焦上的硫分，得到高浓度 SO_2 的富煤气。加热再生法可以节省水源，不造成二次污染，可以得到富 SO_2 气体，既可以用来生产硫酸，又可以生产单质硫，可选性较大。由于机械磨损、硫酸还原时需消耗一部分炭，因此，需要定期补给。

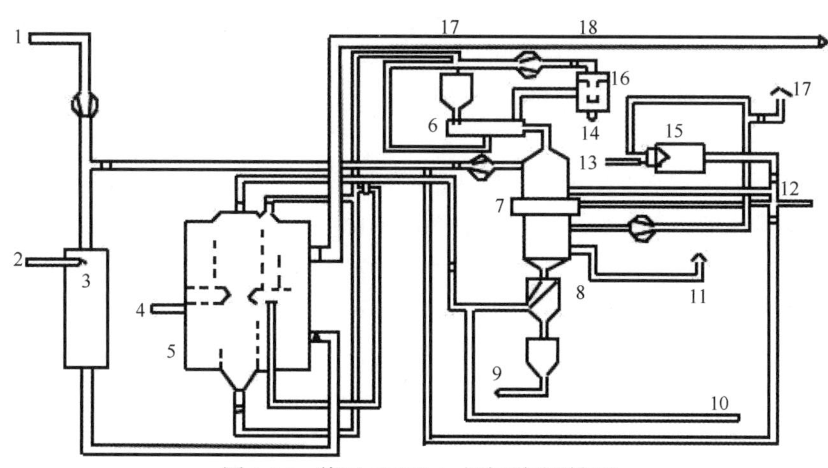

图 2-16 德国 BF/Uhde 烟气脱硫脱氮法

1-锅炉来的烟气；2-水；3-气体冷却；4-NH_3；5-吸附器；6-筛网；7-解吸器；8-滤网；9-去燃烧炉；10-新鲜的活性焦；11-新鲜空气；12-高浓度气体；13-燃油；14-除尘灰；15-燃烧炉；16-布袋除尘器；17-废气；18-至烟囱

2.3.2.4 活性炭吸附脱硫的影响因素

(1) 原材料的影响

原材料本身的基本性质在很大程度上决定了活性炭材料的内孔结构状态和比表面积大小，而且活性炭孔结构和比表面积的大小对活性炭脱硫性能有很大程度的影响。张双全等通过研究发现，难石墨化的微晶表现形式为三维无序性微晶间以交联键互联，在空间形成发散的孔隙结构状。易石墨化炭的表现形式正好与难石墨化的相反，微晶分子排列有序，孔隙率比较低，因此在制备活性炭时，在选择原材料方面应首选分子排列取向度低的煤炭。从实验数据来看，煤的变质程度越低，挥发分含量越高，活性炭脱硫效果就会越好。无烟煤、煤炭的变质程度和石墨化程度高，烟煤略低于前两者，褐煤的变质程度和石墨化程度最低。因此，近年来大部分研究人员以褐煤或烟煤为原材料经热解活化来制备活性炭。

(2) 空床气速的影响

在同一反应条件下，活性炭脱硫效率是随着空速的提高而降低的，而且存在一个转折点，当空床气速低于该点后，活性炭在单位时间内吸附 SO_2 的能力就会大幅度增加，通过大量研究也对这一点进行了证明。空床气速对活性炭吸附能力的影响主要有两方面：第一，空床气速高时，SO_2 与活性炭表面接触时间太短，因而没有被活性炭充分吸附，相应地在活性炭表面的化学反应时间相对较短，对反应速率的影响较大。第二，活性炭对 SO_2 的物理吸附主要靠分子间的范德瓦耳斯力。当空床气速增大时，该势能场对 SO_2

的捕集能力降低，影响了脱硫效率。

(3) 水蒸气和氧气浓度的影响

目前对于水蒸气存在的情况下，活性炭脱除 SO_2 的催化反应机理意见不统一，但是通过大量实验证明，在没有水蒸气参与反应的条件下，即使氧气穿透也不能发生化学吸附，活性炭只对 SO_2 进行物理吸附，而且吸附容量不大。但在水蒸气和氧气同时存在的反应条件下，活性炭的吸附容量有了比较明显的提高。反应过程可认为，在水蒸气和氧气同时作用时，氧气与 SO_2 反应生成了三氧化硫，三氧化硫进而再与水结合成硫酸，用过量的水冲洗活性炭后硫酸离开活性中心进行脱附，则活性中心继续吸附 SO_2。但是实验研究证明并不是水蒸气含量越大越好，当水蒸气的含量过大时，活性炭的脱硫效率也会降低。

(4) 床层温度的影响

活性炭床层温度对活性炭的脱硫效率影响明显，随着床层温度的逐渐升高，脱硫效率是先增大后减小的。活性炭在对 SO_2 吸附时不同的床层温度对物理吸附和化学吸附的影响也是不一样的。当床层温度低时，虽然活性炭对 SO_2 的物理吸附量迅速增大，但是活性炭对 SO_2 的化学吸附量仍是物理吸附量的几十倍，物理吸附不是活性炭总吸附量的主要影响因素。低温吸附不利于活性炭化学吸附，导致 SO_2 的吸附率很低，从而使总的脱硫效率很低。随着温度的逐渐升高，化学吸附迅速加大。但是，当床层温度达到一定温度时，尤其是在超过 90℃以后，活性炭表面的水分蒸发很快，烟气中的水分也不容易在活性炭表面长时间停留，脱硫效率反而降低。也有实验表明，活性炭的脱硫效率随床层温度的升高而下降。由于物理吸附是化学吸附的基础，随着温度的升高物理吸附将受到抑制从而影响化学吸附的进行，导致转化率下降，进而引起脱硫效率降低。

(5) 活性炭改性的影响

在活性炭制备过程中，活化阶段对孔隙结构和表面化学结构的影响明显，采用不同的活化方法和条件会对活性炭的孔隙结构和表面化学结构产生很大影响，导致活性炭的脱硫效率有一定的变化。研究人员一致认为在 80～150℃之间的化学吸附是活性炭脱硫的主要影响因素，比表面积和表面化学结构会对脱硫效率产生影响。

(6) 烟气的伴生组分对脱硫的影响

烟气中含有少量的一氧化氮时对活性炭脱硫有显著提高。但是当一氧化氮的含量达到一定值时，对 SO_2 的吸附氧化则没有太大影响[28]。

2.3.3 其他技术

2.3.3.1 电子束照射烟气脱硫技术

1970 年，日本 Ebara 公司首先提出电子束照射烟气脱硫技术。1972 年，该公司与日本原子力研究所合作研究。1974 年，Ebara 公司在藤泽中央研究所建成处理量为 1000Nm^3/h(燃烧重油)的小型中试厂。研究证明，通过加氮能将污染物转化为硫铵和硝铵。1977 年，Ebara 公司与新日本钢铁公司联合，在九州八幡钢厂(若松)建成处理量为 10000Nm^3/h 的烧结炉烟气示范厂，初步证明电子束法的商用可行性。经过三十多年的发展，该技术开始从实验研究走向工业应用。近年来，德国、日本、美国、波兰、俄罗斯和中国等诸多国家的研究人员致力于该项技术的研究开发，在日本、中国、波兰先后建立了工业示范装置,截至 2001 年世界上已经建成处理各种烟气的实验研究和工业示范装置三十余座[29]。

(1) 技术原理

随着电子束辐照(EBP)烟气脱硫脱硝技术的逐渐成熟，对其机理的研究也不断深入。研究并掌握 EBP 技术的反应机理对于优化工艺参数，指导工程设计，降低运行成本，增强 EBP 技术同其他烟气脱硫技术的竞争力具有重大意义。烟气经电子束照射后，发生如下反应。

1) 自由基生成。

燃煤烟气一般由 N_2、O_2、水蒸气、CO 等主要成分及 SO_2 和 NO_x 等微量成分组成。当用电子束照射时，电子束能量大部分被烟气中的 N_2、O_2、H_2O 等吸收，生成强反应活性的各种自由基，其会在极短时间内(约十万之一秒)将 SO_2 和 NO_x 氧化成硫酸和硝酸。

2) SO_2 的氧化。

SO_2 脱除大致涉及两种反应类型：辐射诱导反应和热化学反应，热化学反应是脱除 SO_2 的主要途径，其贡献占 SO_2 总脱除率的 70%～90%。氧化 SO_2 的自由基主要为 $\cdot OH$、$\cdot O$、$HO_2\cdot$，其中 SO_2 与 $\cdot OH$ 的反应是最主要的反应。$\cdot OH$、$\cdot O$、$HO_2\cdot$ 与 SO_2 发生的反应可表示为

$$SO_2+2\cdot OH \longrightarrow H_2SO_4 \tag{2-56}$$

$$SO_2+\cdot O \longrightarrow SO_3 \tag{2-57}$$

$$HO_2\cdot+SO_2 \longrightarrow \cdot OH+SO_3 \tag{2-58}$$

3) 硫酸铵的生成。

上述氧化反应生成 H_2SO_4，与事先注入的 NH_3 进行中和反应，生成硫酸铵气溶胶粉体微粒。少量未氧化的 SO_2 则在微粒表面与 O_2、NH_3 和 H_2O 继续进行热化学反应生成硫酸铵，反应式为

$$H_2SO_4+2NH_3 \longrightarrow (NH_4)_2SO_4 \tag{2-59}$$

$$SO_2+1/2O_2+H_2O+2NH_3 \longrightarrow (NH_4)_2SO_4 \tag{2-60}$$

4) 电子束氨法脱硫的主要反应途径。

电子束氨法脱硫的主要反应途径如下。

$$\begin{array}{ccccccc} SO_2 & \xrightarrow{\cdot OH} & HSO_3^- & \xrightarrow{\cdot OH、O_2} & SO_3 & \xrightarrow{H_2O} & H_2SO_4 \\ & \searrow^{NH_3} & & & & & \downarrow^{NH_3} \\ & & (NH_3)_2SO_3 & & \xrightarrow{O_2、H_2O} & & (NH_4)_2SO_4 \end{array} \tag{2-61}$$

→代表自由基反应，其他为热化学反应

5) 电子同烟气中主要成分的作用。

电子与物质作用时，其能量损失主要有三种方式：①非弹性碰撞。电子与原子的核外电子发生作用，使物质电离和激发。②弹性散射。电子受原子核库仑场作用改变了运

动方向，不损失能量，入射电子的能量越低，靶物质的原子序数越大，散射越严重。③轫致辐射。当电子穿过物质时，其运动速度迅速降低，产生电磁辐射的过程称为轫致辐射，电子与原子序数较大的元素作用容易发生轫致辐射，放出 X 射线[30]。

(2) 工艺流程

电子束辐照烟气脱硫脱硝技术是利用电子束(电子能量为 800keV～1MeV)辐照烟气，将烟气中的 SO_2 和 NO_x 转化成硫酸铵和硝酸铵的一种烟气脱硫脱硝技术。工艺流程见图 2-17。流程由烟气调质、加氨、电子束照射和副产品收集等环节构成。除尘净化后的烟气通过烟气调质塔调节烟气的温湿度(降低温度、增加含水量)，在反应器入口喷入氨气，然后流经反应器。在反应器中，烟气被电子束辐照产生多种活性基团，这些活性基团氧化烟气中的 SO_2 和 NO_x，生成的硫酸铵和硝酸铵颗粒由副产物收集装置回收，净化后的烟气经烟气排空。回收的副产品经造粒处理后，可作为肥料供农业使用[31]。

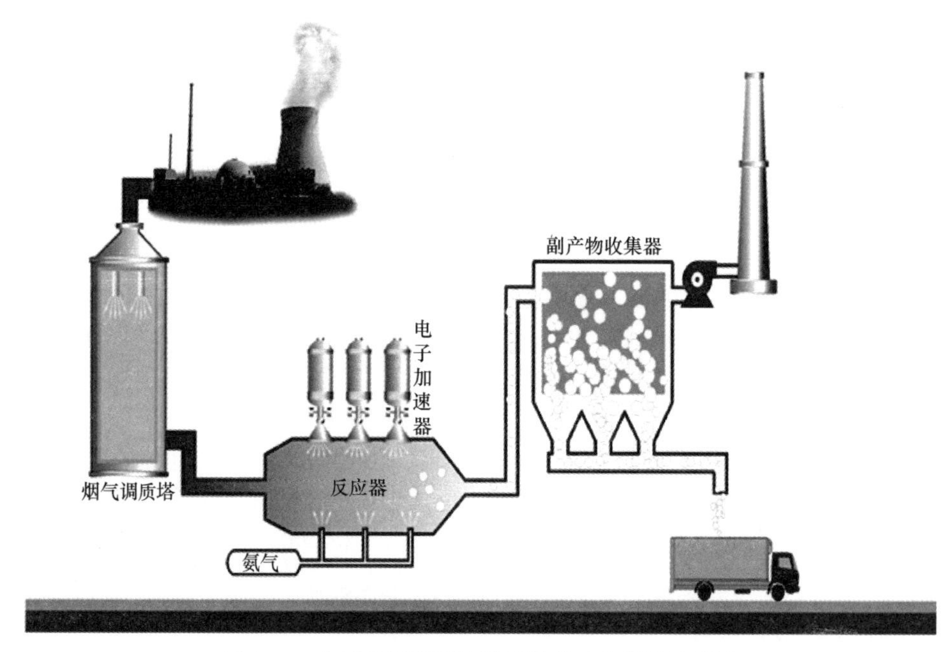

图 2-17　电子束辐照烟气脱硫脱硝工艺流程示意图

(3) 主要设备

1) 烟气预处理系统。

烟气预处理系统主要由除尘和冷却两部分组成，用于对锅炉排放的高温烟气(>150℃)除尘、降温和增湿。除尘效率直接影响副产物的颜色和成分。同时，粉尘中的部分离子吸收高能电子，对反应过程的能耗有一定影响。一般要求粉尘含量较低，通常采用电除尘器。

冷却塔用于将烟气温度降低到合适的反应温度和增加烟气中用于产生等离子体的 H_2O 的含量。冷却塔种类很多，效果最好的是喷淋冷却塔。SO_2 和 NO_x 脱除效率和温度的关系研究结果表明：烟气温度降低，脱除效率提高，最佳温度为 60～70℃。

2) 加速器辐照处理系统。

加速器辐照处理系统由加速器和反应器组成。通常采用电压 800～1000keV 的直流电子加速器，功率由烟气处理量、SO_2和NO_x入口浓度及脱除效率决定。电子束吸收剂量增大，SO_2和NO_x脱除效率增高。目前，日本日新高电压公司、法国 Vivirad 公司等可提供该类加速器。

反应器通常选用圆柱体或长方体，体积 V 根据烟气处理量 Q 和烟气在反应器中的停留时间 T 确定($V=Q\times T$)，停留时间 6～10s。均流器的主要目的是均匀烟气气流，使流经反应器的烟气被电子束均匀辐照[32]。圆柱体反应器结构示意图如图 2-18 所示。

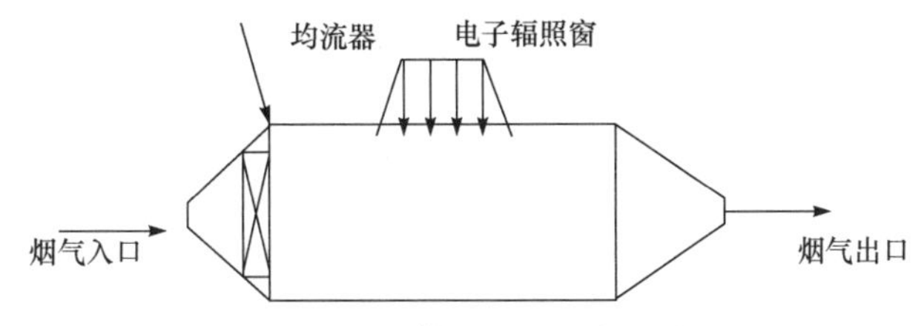

图 2-18　圆柱体反应器结构示意图

电子束发生装置由发生电子束的直流高压电源、电子加速器及窗箔冷却装置组成。电子在高真空的加速管里通过高电压加速，加速后的电子通过保持高真空的扫描管透射过一次窗箔及二次窗箔(均为 30～50μm 的金属箔)照射烟气。窗箔冷却装置是向窗箔间喷射空气进行冷却、控制因电子束透过的能量损失引起的窗箔温度的上升。图 2-19 为电子加速器结构示意图。

3) 氨投加装置。

氨投加装置由液氨储槽、液氨蒸发器、氨气缓冲罐、氨计量投加泵和自动控制装置组成。储槽中的液氨经蒸发器蒸发为氨气，氨气经由设置在反应器中的喷头投加入烟气中。

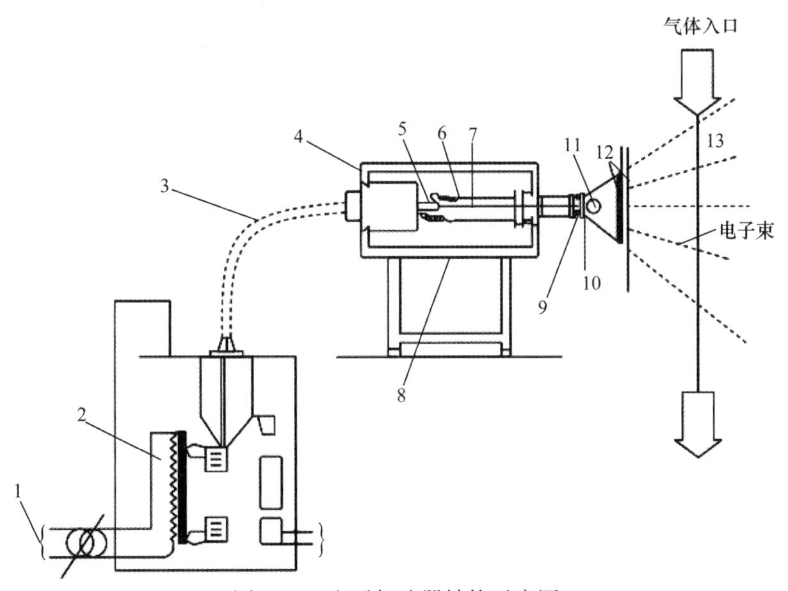

图 2-19　电子加速器结构示意图

1-主电源入口；2-整流变压器；3-高压电缆；4-绝缘盒；5-灯丝；6-加速管；7-加速电极；8-分压电阻；9-X 扫描线圈；10-Y 扫描线圈；11-真空泵；12-照射窗；13-反应器

4) 副产物收集器。

反应生成的副产物是黏结性很强的硫酸铵和硝酸铵超细粉，对收集器造成严重的腐蚀和黏结。常用的布袋收尘器和静电收尘器无法满足其需要，通常采用防黏结的静电收尘器。

5) 监测控制系统。

工艺流程中烟气参数的获取，通过分别设于喷雾塔前和静电除尘器后的烟气成分在线分析装置实现。有关工艺参数由现场一次仪表测量并转化成电信号，馈送至总控制室由二次仪表显示和计算机记录处理。位于总控制室的控制装置对现场设备实施异地操作。整个现场仪器和设备的运行状况及工艺流程，都在总控制室的模拟盘上实时显示[33]。计算机系统实时采集、记录现场仪表的数据，并可以图形、曲线方式显示。

(4) 影响脱硫效率的因素

影响 SO_2 脱除效率的主要因素包括反应器入口的烟气温度、烟气相对湿度、吸收剂量及氨投加量。

1) 反应器入口的烟气温度对脱硫效率的影响。

反应器入口的烟气温度对 SO_2 脱除效率影响显著。随烟气温度的下降，SO_2 脱除效率上升，当烟气温度下降至约 60℃时，SO_2 脱除效率上升曲线趋于平缓，若烟气温度再降低，对 SO_2 脱除效率的影响甚微。

2) 烟气相对湿度对脱硫效率的影响。

SO_2 的脱除效率随烟气含水量的增加而提高，这是因为烟气中的水分子受电子束激发，产生 · OH 和 HO_2 · 自由基，对 SO_2 的氧化起着主要作用。当烟气的湿度接近露点时，SO_2 脱除效率迅速提高。但当烟气结露后，过高的含水量并不能使 SO_2 的脱除效率继续提高。

3) 吸收剂量对脱硫效率的影响。

SO_2 的脱除效率受吸收剂量的影响，是因为电子束同烟气中主要成分如 N_2、O_2、CO_2 等作用，产生了大量 · OH、 · O、HO_2 · 自由基。这些自由基能有效氧化 SO_2，起到有效脱除 SO_2 的作用。实验表明，随着电子束投加剂量的增加，SO_2 的脱除效率上升，但上升的速率逐渐减慢。当电子束投加剂量增高至一定值时，SO_2 的脱除效率几乎停止上升，表现为 SO_2 脱除效率随电子束投加剂量的上升曲线逐渐饱和，此时的电子束投加剂量值为 15kGy 左右。

4) 氨投加量对脱硫效率的影响。

SO_2 的脱除效率受氨投加量的影响显著，随着氨的投加量增加，SO_2 的脱除效率增加，但过量氨的投加不但可使尾气中氨浓度增大，而且将降低氮氧化物的脱除效率[34]。

(5) 主要经济技术指标

电子束烟气处理系统能耗见表 2-16。电子束脱硫系统投资情况见表 2-17。

表 2-16　电子束烟气处理系统能耗

机组功率/MW	电子束功率/kW	辅助系统功率/kW	电子束系统总功率/kW	占电厂总功率的比例/%
100	700	1200	1900	−1.90
300	2100	3000	5100	−1.70
600	4200	4900	9100	−1.15

表 2-17 电子束脱硫系统投资情况

机组功率/MW	电子束脱硫系统投资/万元	占电厂总投资的比例/%
100	8200	16
300	18400	12
600	34300	11

(6) 工艺特点

工艺特点：①电子束透过力、贯穿力强，经屏蔽后可在反应室内集中供给高能量辐照烟气，反应速率快、时间短；②在同一反应室内同时脱硫与脱硝；③为干法过程，无废水排放；④生成的副产品可作农用氮肥，无固体废弃物；⑤对烟气条件的变化适应性强；⑥实现了自动控制，操作较简便[35]。

(7) 发展现状与趋势

日本Ebara公司和日本原子能研究所于1970年开始了电子束辐照烟气脱硫技术的研究与探索。美国马萨诸塞州的艾佛莱特研究实验室也在70年代独立开展了电子束脱硫技术的研究工作。在以后的二十多年里，先后有德国、波兰、俄罗斯、中国、美国等国家的研究人员从事基础研究，并取得了相应的研究成果。表2-18列出各国开展实验研究所建立的实验装置。为获得电子束技术处理燃煤烟气的基本参数，1981年，日本原子能研究所建立了一个烟气处理量为0.9Nm³/h的小型实验室研究装置，通过配置混合气体模拟燃煤烟气进行实验研究。对 NO_x 和 SO_2 脱除进行了多级(三级)辐照实验，发现多级辐照可以改善 NO_x 脱除效率，对 SO_2 脱除效率无明显影响；1998年，在该装置上利用模拟褐煤燃烧产生的含高浓度 SO_2 烟气进行了基础研究工作，实验中 SO_2 浓度高达4800ppm，在10.3kGy的辐照剂量、烟气温度为70℃时，SO_2 脱除率达到97%，NO_x 脱除率达到88%。

表 2-18 主要研究装置

项目	日本 Ebara 公司	日本原子能研究所	东京大学	德国卡尔斯鲁厄大学	上海原子核研究所	波兰核化学技术研究所
年份	1970年	1972年	1974年	1984年	1987年	1989年
烟气流量	20L/h	60Nm³/h	1000Nm³/h	1000Nm³/h	25Nm³/h	400Nm³/h
电子加速器功率	1.2kW	15kW	100W	22kW	30kW	5.4kW
SO_2 初始浓度	1000ppm	900ppm	900ppm	1000ppm	1000～1600ppm	1200ppm
NO_x 初始浓度	—	80ppm	—	400ppm	200～300ppm	400ppm
氨化学计量	—	—	—	化学当量	化学当量	化学当量
反应温度/℃	100	90～120	70～120	75～170	50～120	60～150

我国的研究始于20世纪80年代。1987年，上海原子核研究所建立了一套电子束动态处理模拟工业烟气脱硫脱硝系统的实验装置。装置包含辐照处理室、烟气配气室、NO气体制备室以及在线红外测试系统和副产物收集系统等。利用该实验系统，上海原子核研究所的研究人员对吸收剂量、反应温度、烟气湿度、烟气在反应器中的停留时间等因

素做了较细致研究，取得了较好的实验结果。在进行多年的实验工作后，各国又开始了工业试验，具有代表性的工业试验装置如表 2-19 所示。中国工程物理研究院环保工程研究中心于 1995 年开始研究开发电子束辐照烟气脱硫技术，1999 年底在四川绵阳科学城热电厂建成工业中试装置。其最大烟气处理量为 12000Nm^3/h。通过投加纯 SO_2 和 NO 气体调节烟气中的 SO_2 和 NO_x 浓度，通过电厂除尘器前和除尘器后气体的混合调节烟气中的含尘浓度，实现对烟气工况的模拟。装置主要由以下五部分构成：①烟气调节系统；②加速器辐照处理系统；③氨投加装置；④副产物收集装置；⑤测量控制系统。在 4～7.5kGy 的辐照剂量下，装置的脱硫效率达到了 90%以上，出口氨浓度低于 50ppm，同时获得了副产物硫酸铵和硝酸铵。

表 2-19　工业试验装置

	日本 Ebara 公司某装置	德国卡尔斯鲁厄大学某装置	波兰核化学技术研究所某装置	日本 Ebara 公司某装置	中国工程物理研究院某装置
年份	1984 年	1985 年	1992 年	1992 年	1999 年
地点	印第安纳波利斯	卡尔斯鲁厄	卡文琴	名古屋	四川绵阳科学城
烟气流量/(Nm^3/h)	8000～24000	10000～20000	20000	12000	3000～12000
电子加速器功率及电压	160kW 2×800kV	180kW 260～300kV	50kW 500～700kV	3×36kW 800kV	45kW 800kV
SO_2 初始浓度/ppm	1000	50～500	200～600	800～1000	400～3000
NO_x 初始浓度/ppm	400	300～500	250	150～300	200～800
氨化学计量	化学当量	化学当量	化学当量	化学当量	化学当量
反应温度/℃	65～149	70～100	60～120	65	55～75

截至 2006 年，世界范围内已建立了不同规模的装置三十余座(典型工业示范装置见表 2-20)。

表 2-20　典型工业示范装置

	中国成都某装置	波兰坡莫扎尼某装置	日本新名古屋某装置
投运时间	1998 年	2001 年	1999 年
燃料	煤	煤	原油
处理烟气量/(Nm^3/h)	300000	270000	620000
SO_2 浓度	1800ppm	400ppm	1500ppm
NO_x 浓度	400ppm	340ppm	160ppm
SO_2 脱除效率(设计值)	80%	90%	—
NO_x 脱除效率(设计值)	10%	80%	—
电子加速器功率及电压	2×320kW，800kV	4×320kW，700kV	4×300kW，800kV

世界上第一套工业示范装置由中日合作于 1997 年 6 月在华能成都热电厂建成投运，

1998年5月通过了国家计划委员会委托国家电力公司组织的技术鉴定和项目验收。该装置烟气处理量300000Nm^3/h，实际脱硫效率为80%，脱硝效率为18%，高于该工艺装置的脱硝设计值10%[23]。装置单位建设投资约1000元/kW，每吨SO_2脱除费用约1000元。该装置的大部分建设资金由日本Ebara公司提供。由波兰核化学技术研究所提供技术，在国际原子能机构(International Atomic Energy Agency，IAEA)的资助下，2001年2月在波兰什切青市(Szczecin)坡莫扎尼(Pomorzany)电厂建成了一座烟气处理量为270000Nm^3/h的燃煤烟气电子束脱硫工业示范装置，其主要目的是脱除NO_x。装置使用700kV、320kW的电子加速器四台，分两路进行处理，采用单侧两级方式对烟气进行电子束辐照。1999年，日本Ebara公司开始在中部电力公司新名古屋热电厂燃烧重油的一号机组(220MW)建设烟气处理量为620000Nm^3/h的电子束脱硫装置，该装置使用6台电子能量0.8MeV、功率600kW的电子加速器。在国际原子能机构的帮助下，乌克兰在Donbassenergo电力公司的Slavyanskaya电站建设烟气处理量为100000Nm^3/h的工业示范装置。该装置使用俄罗斯科学院布德克核物理研究所制造的ELV-6型直流高压电子加速器，电子能量0.9MeV，束流功率150kW。为研究液滴异相反应对能量利用效率的改善，采用氨气和氨水两种方式投加氨。装置采用文丘里水除尘器冷却烟气和收集副产物。

2.3.3.2 脉冲电晕放电烟气脱硫脱硝技术

脉冲电晕放电(pulse corona discharge)烟气脱硫脱硝工艺是二十世纪八十年代发展起来的新技术[36]。它是利用高电压(＞10kV)窄脉冲(＜1μs)电晕放电过程中产生的等离子体处理烟气。该方法可在一个干式过程中同时脱硫脱硝除尘，副产物是硫酸铵、硝酸铵，可作为复合肥料的原材料被利用。在设备投资和运行费用方面也具有较大优势，是目前最具应用前景的烟气治理技术之一。

(1) 技术原理

脉冲电晕放电脱硫脱硝的基本原理和电子束辐照脱硫脱硝的基本一致，都是利用高能电子使烟气中的H_2O、O_2等分子被激活、电离或裂解，产生强氧化性的自由基，然后，这些自由基对SO_2和NO_x进行等离子体催化氧化，分别生成SO_3和NO_2或相应的酸；在有添加剂的情况下，生成相应的盐而沉降下来。它们的差异在于高能电子的来源不同，电子束方法是通过阴极电子发射和外电场加速而获得，而脉冲电晕放电方法是由电晕放电自身产生的。脉冲电晕放电脱硫脱硝有着突出的优点，它能在单一的过程内同时脱除SO_2和NO_x；高能电子由电晕放电自身产生，不需昂贵的电子枪，也不需辐射屏蔽；它只要对现有的静电除尘器进行适当的改造就可以实现，并可能集脱硫脱硝和飞灰收集的功能于一体；它的终产品可用作肥料，不产生二次污染；在超窄脉冲作用时间内，电子获得了加速，而对不产生自由基的惯性大的离子没有加速，因此该方法在节能方面有很大的潜力；它对电站锅炉的安全运行没有影响[37]。图2-20显示了脉冲放电等离子体脱硫和脱硝的主要反应途径。

(2) 工艺流程

脉冲电晕法是利用烟气中高压脉冲电晕放电产生的高能活性粒子，将烟气中的SO_2和NO_x氧化为高价态的硫氧化物和氮氧化物，最终与水蒸气和注入反应器的氨反应生成

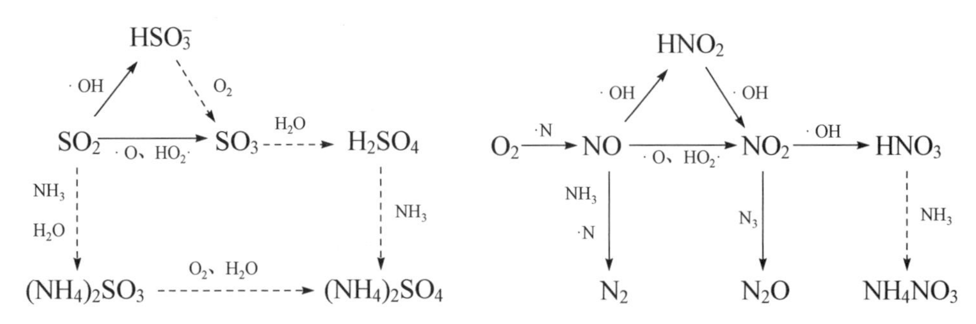

图 2-20　脉冲放电等离子体脱硫和脱硝的主要反应途径

→代表自由基反应，其他为热化学反应

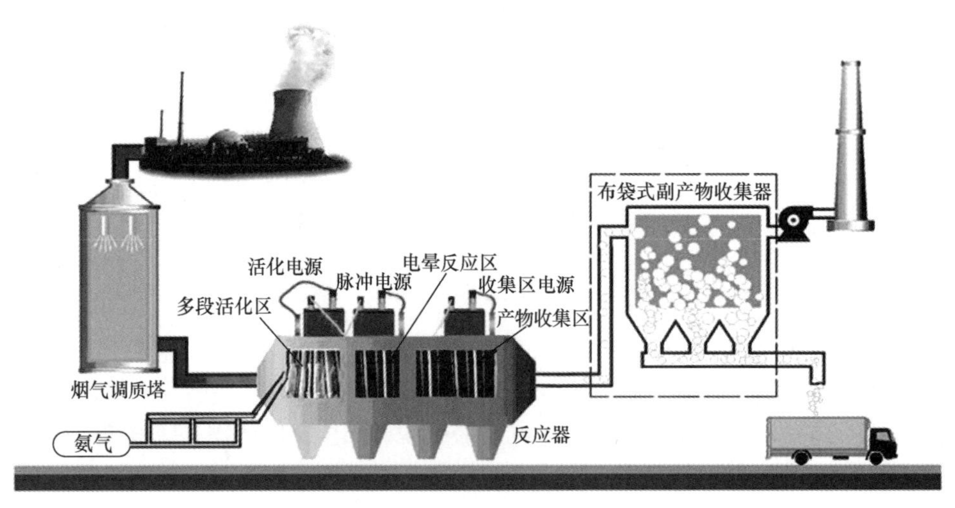

图 2-21　脉冲放电等离子体烟气脱硫脱硝工艺流程示意图

硫酸铵和硝酸铵，属干法脱硫技术。其工艺流程如图 2-21 所示，烟气进入烟气调质塔，调节烟气的温湿度，然后进入脉冲电晕反应器，脉冲高压施加于反应器中的放电极，在放电极和接地极之间产生强烈的电晕放电，产生 5～20eV 高能电子、大量的带电离子、自由基、原子和各种激发态原子、分子等活性物质，如 · OH 自由基、氧原子、O_3 等，在添加氨的条件下，将烟气中的 SO_2 和 NO_x 氧化为硫酸铵和硝酸铵，最后硫酸铵和硝酸铵被产物收集器收集，处理后的烟气经烟囱排放。

(3) 主要设备

1) 脉冲电源。

脉冲电源系统是实现脉冲电晕脱硫脱硝技术产业化的关键之一。正是通过它对反应器放电提供了高能自由电子。流光电晕放电脱硫脱硝技术要求在有载条件下脉冲电源系统提供较陡上升前沿(数十纳秒级)的脉冲电流电压波形。脉冲宽度应依据反应器放电空间的情况(极间距及流光速度)而定，以避免二次流光通过反应空间造成能量浪费。同时，系统要具有一定的轻便灵活的特点，特别要求系统能长期(3000h 或 6000h)有效连续工作，以适应电厂运行的要求。对实验室研究而言，数百瓦乃至数千瓦的功率要求使得电源系统较易实现，而对一个 30 万 kW 发电机组而言，要采用电晕放电技术有效地脱硫脱硝，需要脉冲电源功率系统提供约 3600kW 的平均功率。这将带来一系列的问题，如系统热效应、高功率开关预期寿命等[38]。

重复频率的高压脉冲电源可分为三类：调制器式电源、Tesla 变压器(空心变压器)谐振充电式电源和磁压缩式电源。调制器技术较为成熟，但采用了铁芯材料使脉冲前沿受限制，无法得到快的上升时间。Tesla 变压器可以得到较快的脉冲前沿，由于脉冲形成开关使用吹气火花隙，寿命需进一步提高。脉冲磁压缩技术是一种先进的技术，它采用坡莫合金、铁氧体、金属玻璃等磁性材料作铁芯，其中金属玻璃性能最好，但价格较高，处理工艺复杂。高压窄脉冲电源原理图见图 2-22。

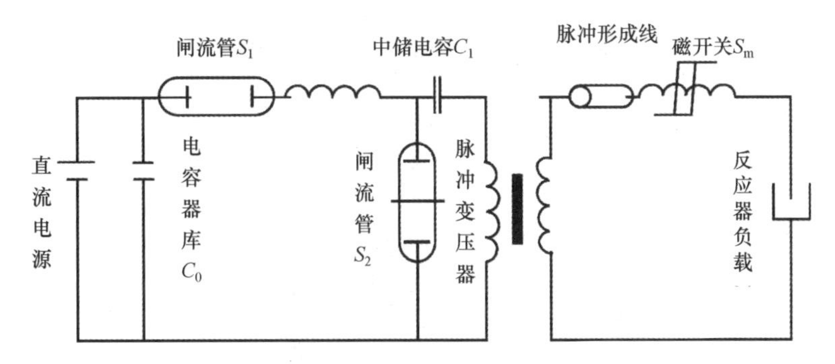

图 2-22　高压窄脉冲电源原理图

2) 反应系统[39]。

常用反应器不仅包括传统的线-板式反应器、线-桶式反应器，还包括固定床反应器[图 2-23(a)]、脉冲电晕反应器[图 2-23(b)]和非平衡等离子体反应器[图 2-23(c)]。对线-板式反应器，其静态电容 $C_p=1/4\ln(D/a)$(D 为线-板距，a 为电晕线直径)，而其等效电感 $L_p=1/8(1+\ln 2\pi(D/a))$。对线-桶式反应器，其静态电容 $C_p=1/\ln(D/a)$，而其等效电感 $L_p=2\mu\ln D/a$(D 为线-桶距，a 为电晕线直径，μ 为磁导率)。

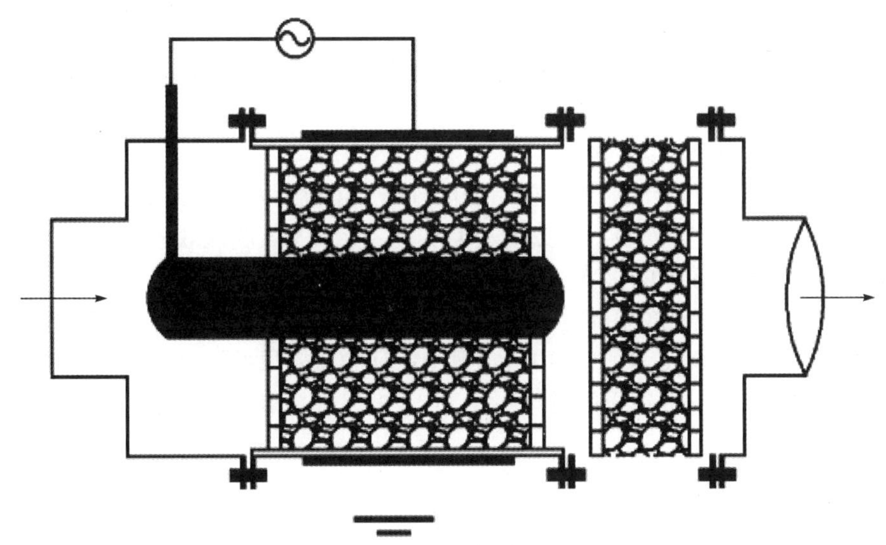

(a) 固定床反应器

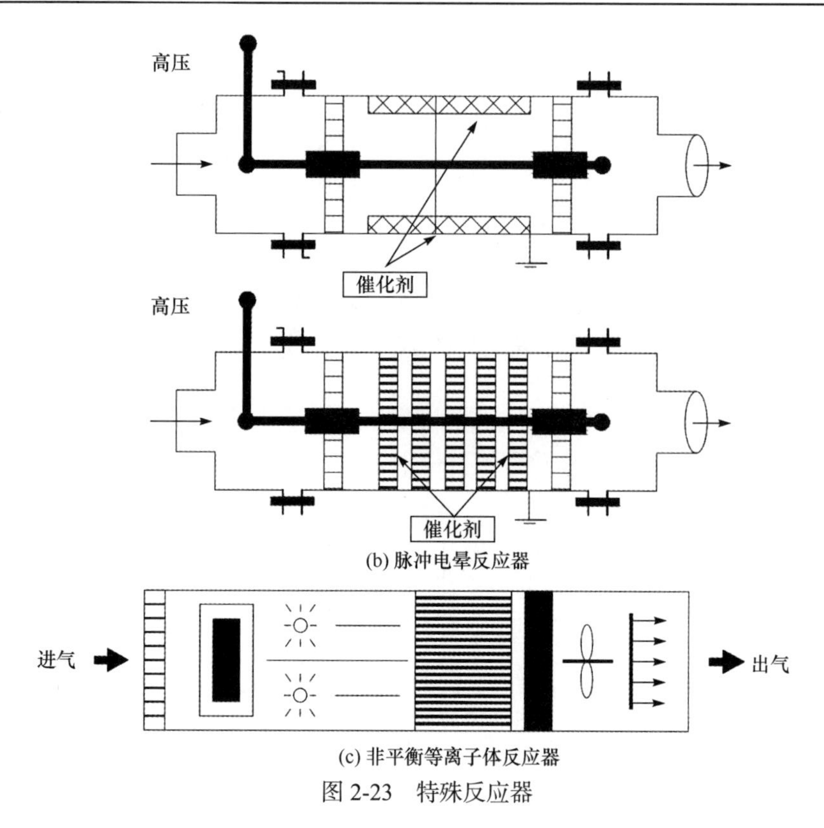

(b) 脉冲电晕反应器

(c) 非平衡等离子体反应器

图 2-23 特殊反应器

(4) 脱硫的影响因素[40]

1) 烟气流量对脱硫效果的影响。

SO_2 脱除率随烟气量的增加而减少。烟气量增加，烟气在反应器中的停留时间减少，SO_2 分子和自由基之间相互碰撞的概率减少，导致 SO_2 被氧化的分子数减少，脱硫效率降低。

2) 烟气温度对脱硫效果的影响。

温度升高，SO_2 脱除率降低，原因是温度对脱硫反应及产物成分有影响。温度升高，对脱硫不利。

3) 初始浓度对脱硫效果的影响。

在注入功率一定的条件下，SO_2 初始浓度升高，SO_2 脱除率下降。SO_2 初始浓度升高，烟气中 SO_2 分子增加，但是自由基数量基本不变，导致 SO_2 脱硫效率降低。

4) 氨硫比对脱硫效果的影响。

在相同条件下，脱硫效率随着加氨量的增加而提高。因此，考虑到脱硫效果和氨的作用两方面因素，在实际应用过程中，加氨量保证脱硫效果的同时，适当地减少氨的注入量，一般 NH_3 和 SO_2 的物质的量比不高于 2∶1 以提高氨的脱硫作用和减少尾气中氨的排放量。

5) 放电能量对脱硫效果的影响。

脱硫效率随单位烟气量注入功率的增加而提高。能量增加，脉冲电晕放电产生的自由基等活性物种增加，氧化 SO_2 分子数增加，导致脱硫效率增加。

(5) 脱硫工艺特点

脱硫工艺特点：①装置简单、运行成本低、有害污染物清除彻底、不产生二次污染等；②适用性广，可用于燃煤电厂、化工、冶金、建材等行业产生的 SO_2 和 NO_x 气体的脱除。

(6) 脱硫存在的问题

1) 余氨的问题。

当注入过多的 NH_3 时，未反应完全的 NH_3 会随经处理的烟气排入大气，造成二次污染。所以在工业应用中，在保证脱除率的同时，适当控制注入的 NH_3 量是非常必要的，也可以在反应器后加装 H_2O 的喷淋装置来吸收余氨。

2) 温度和湿度的调节。

湿度和温度都是影响脉冲电晕脱硫脱硝效果的重要因素。目前国内外的研究大多利用喷雾冷却塔来降温增湿以取得理想的脱硫脱硝效率。但在真实情况下，烟气中的水蒸气都是过饱和的，喷雾冷却塔很大程度上只起到了降温的作用。并且在喷雾降温后经处理的烟气可能会由于达不到超过露点 10～15℃的温度而难以通过排气筒排空，因此可能还需在反应器后加装再热器，使烟气升温达到所需温度，但这样无疑会增加整个装置的成本。同时，真实烟气中水蒸气的过饱和也会极大地影响脱 SO_2 和 NO_x 的效率，所以如何来控制真实烟气中的温度和湿度至关重要。

3) 高压电源与反应器的匹配。

目前要进一步提高脉冲电晕放电的脱除效率，有效降低能耗，保证系统长期稳定运行，需通过优化高压电源与反应器之间的匹配来实现。工业应用中的反应器一般选择线-板式，对反应器的结构进行合理的优化有利于能量的注入和等离子体的空间分布，这不仅能提高脱除率，而且有利于高压电源与其匹配。

(7) 发展现状与趋势

1986 年 Masuda 和 Mizuno 根据电子束辐照烟气脱硫脱硝的特点，提出了用高压脉冲电源代替电子加速器的脉冲放电等离子体烟气脱硫脱硝技术。而后，日本、美国、意大利、韩国、加拿大、俄罗斯等国都进行了大量的研究工作，我国从 80 年代后期开始对脉冲电晕放电等离子体技术的研究，取得了不少的研究成果。近几年，韩国、中国等国的研究者积极进行该技术的工业化应用开发，已建有数万标准立方米烟气处理量的工业中试装置，并在脉冲电源、工艺流程、添加剂等研究方面取得了很大进步。中国工程物理研究院环保工程研究中心及大连理工大学完成了 200kW 的脉冲电源研制，完成 40000～50000Nm^3/h 工艺优化实验，在关键设备、降低能耗和提高脱硫脱硝效率等方面取得了可喜的进展，使该技术已经具备产业化的条件，并开展了 50MW 机组以上脱硫脱硝装置的技术经济分析和市场调研，得出该技术具有较好的竞争力和市场前景的结论。

2.3.3.3 微生物脱硫技术

应用微生物脱硫的研究是伴随着利用微生物选矿的研究而开始的。1947 年，Colmer 和 Hinkle 发现并证实化能自养细菌能够促进氧化并溶解煤炭中的黄铁矿，这被认为是生物湿法冶金研究的开始。生物脱硫又称生物催化脱硫，生物脱硫是利用微生物或它所含的酶催化含硫化合物(H_2S、有机硫)将其所含的硫积放出来(转化为 S^0 或单质 S)的过程。微生物脱硫相比化学或物理方法脱硫具有投资少、运行成本低、能耗少、可有效减少环境污染等优点[41]。

(1) 技术原理

微生物脱硫主要包含以下两个反应：

$$2SO_2+O_2+2H_2O \xrightarrow{\text{铁离子微生物}} 2H_2SO_4 \tag{2-62}$$

$$Fe_2(SO_4)_3+2H_2O+SO_2 \xrightarrow{\text{微生物}} 2FeSO_4+2H_2SO_4 \tag{2-63}$$

烟气中的 SO_2 一方面以物理吸附、化学反应的形式转变为 H_2SO_4，另一方面在微生物的作用下促使反应(2-62)加快，吸收液中的微生物使 Fe^{3+}和 Fe^{2+}相互转化，使反应(2-63)迅速发生。Fe^{3+}是较强的氧化剂，其浓度越高，脱硫的速度就越快，同时反应生成的 Fe^{2+}又可作为营养源被微生物利用生成 Fe^{3+}，再次加快 SO_2 的吸收[42]。

(2) 工艺流程

用含有脱硫菌的溶液作循环吸收液，以粉煤灰中 Fe_2O_3 被离子化后产生的铁离子作催化剂和反应介质，建立两个生化反应器，其中一个为吸收塔，用含有微生物的吸收液作喷淋水，与进入反应器内的烟道气发生生化反应。另一个为三层滤料生物滤池，在粒状填料表面，微生物经驯化、培育和挂膜后形成一层生物膜，与吸收塔出来的气水混合物进一步发生反应，使烟气中剩余的 SO_2 很快被脱除，同时生物滤膜对循环吸收液起净化作用，防止喷淋水堵塞喷嘴。其工艺流程图如图 2-24 所示[43]。

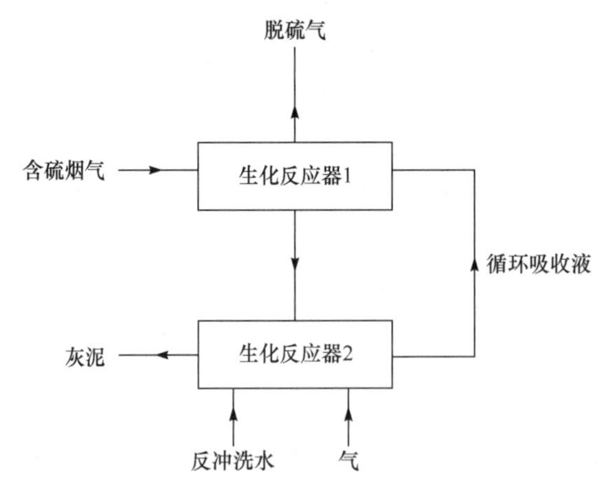

图 2-24　微生物烟气脱硫工艺流程

(3) 脱硫菌种的筛选

硫是自然界存在的重要元素之一，也是构成生物有机体必不可少的元素。微生物参与硫素循环的各个过程，起着重要的作用[44]。

1) 硫酸盐还原菌。

微生物对无机硫化物的还原作用，目前研究认为有两种方式。一种是同化型硫酸盐还原作用，这是由微生物把硫酸盐变成还原态的硫化物，然后再固定到蛋白质等成分中

(主要以巯基形式存在)的还原方式；另一种是异化型硫酸盐还原作用，是在厌氧条件下，将硫酸盐还原成硫化氢的过程，主要是由脱硫弧菌属(*Desulfovibrio*)、脱硫肠状菌(*Desulfotomaculum*)等一些异养型或混合营养型的硫酸盐还原菌进行的。由此可见，具有脱硫能力的微生物菌种多、来源丰富、代谢途径多样。大多数硫酸盐还原菌是中温型的，最佳生长温度在30～37℃，少数是高温型的，最佳生长温度在40～70℃，多数硫酸盐还原菌可在pH 4.5～9.5的范围内生长，而最适pH在7.1～7.6，硫酸盐还原菌是严格的厌氧菌，其生长环境的氧化还原电位一般应保持在–100mV以下。

2) 硫酸盐氧化菌。

无机硫的氧化作用是微生物氧化硫化氢、元素硫等无机物生成硫酸的过程。目前国内外报道的可用于脱硫的微生物多数是好氧化能自养菌，均以CO_2作碳源，以Fe^{3+}及不同硫化物、单质硫作能源。主要包含的菌属有硫杆菌属、细小螺旋菌属、假单胞菌属、埃希菌属、红球菌属、芽孢杆菌属、硫化叶菌属、硫球菌属、甲烷杆菌属。其中假单胞菌属、埃希菌属、红球菌属和芽孢杆菌属是以有机硫作能源，只能脱除有机硫，且适宜在中性偏碱性环境中生存。其他菌属则能将烟气中的无机硫、煤炭中的无机硫和有机硫转变成气态SO_2，被吸收液吸收后转化为H_2SO_4，使吸收液的酸度下降。同时高温烟气与吸收液接触发生气液传质，水温升高到30～44℃。因此假单胞菌属、埃希菌属、红球菌属、芽孢杆菌属及排硫硫杆菌在吸收液中培育时，生长速度慢、繁殖能力差/代谢活力弱、脱硫效率低。而硫化叶菌属、硫球菌属生长繁殖所需要的酸度低，吸收液能满足它们的要求，所以通过培育、驯化后构造物内的微生物可使其适应30～44℃的环境，从而能应用于微生物脱硫中。从能源、酸度、温度、需氧类型等方面综合考虑可筛选出适于微生物脱硫的菌种，其生理特征见表2-21。

表2-21 适于烟气脱硫的微生物的生理特征

微生物	能源	生长温度/℃	pH值	营养类型
氧化亚铁硫杆菌 (*Thiobacillus ferrooxidans*)	Fe^{2+}，S^0，硫化物	2～40	1.2～5.0	兼性自养
氧化硫杆菌 (*Thiobacillus thiooxidans*)	S^0，硫化物	2～40	2.0～3.0	自养
脱氮硫杆菌 (*Thiobacillus denitrificans*)	NO_3^-，氧化硫化物	2～40	1.1～5.0	自养

(4) 菌种的驯化[45]

1) 液体驯化。

将菌液、硫化物和氮磷营养液按要求的比例倒入三口烧瓶中。同时充分搅拌曝气，以保证液相具有足够的溶解氧供生物利用。在逐渐提高硫化物浓度的条件下使微生物逐步适应并经多代传种，最后获得具有较高耐受能力和脱硫能力的菌株。

2) 气体驯化。

将需驯化的细菌接种于有少量无菌水的带棉塞的无菌三角瓶中，放在磁力搅拌器上搅拌，持续通入SO_2气体几分钟，使能耐受SO_2的细菌分离出来，然后倒平板，待长出菌落后再重复上述步骤，延长通 SO_2 的时间，并逐步提高培养基的 pH 值，使细菌能逐步适应酸性环境。用此方法直至培养出合适的细菌。

(5) 工艺特点

该工艺的优点：不需要高温、高压、催化剂，均为常温常压下操作，操作费用低，设备要求简单，营养要求低(利用自养微生物)，无二次污染。缺点：没有比较成熟的工艺，菌种驯化时间较长[46]。

(6) 发展现状与趋势

就目前国内外状况看，该技术还处在初始研究阶段。其主要原因是受到微生物基础研究以及工艺与设备的研究滞后的限制。未来微生物治理技术的发展将集中在以下三个方面：高效功能菌的选育；微生物对污染物代谢途径的控制研究；复合微生物技术的研究[47]。

2.3.3.4　离子液体脱硫技术

1914 年，Walden 等合成了最早的室温离子液体硝酸乙基铵[$(EtNH_3)NO_3$]，其熔点为 12℃，由浓硝酸和乙胺反应制得，但是因为其在空气中极不稳定而容易发生爆炸，无法进行生产和应用，因此人们并未对其做进一步的深入研究。离子液体(ionic liquids，ILs)是指全部由离子组成的液体，因为其在室温或接近室温下呈液态，人们通常将其称为室温离子液体(room-temperature ionic liquid)、室温熔融盐(room-temperature molten salt)、液态有机盐(liquid organic salt)等。离子液体和固态物质相比，是液态的，具有一定的流动性；和传统的液态物质相比，是离子，因此离子液体往往展现出独特的物理化学性质及特有的功能[48]。

(1) 技术原理

离子液体脱硫机理分为物理吸收和化学吸收，即以离子液体作为吸收剂与含 SO_2 的气体混合物接触，使离子液体选择性吸收 SO_2，以达到分离和脱除 SO_2 的目的。目前已知的能够脱除 SO_2 的离子液体种类很多，按阳离子不同可分为胍类、醇胺类、咪唑类和己内酰胺类等。合成后的离子液体可直接用于吸收 SO_2，也可负载在硅胶和膜等介质上使用。SO_2 气体在各种离子液体中的溶解度、吸收条件和吸收机理等数据[49]见表 2-22。

表 2-22　SO_2 气体在各种离子液体中的性质

离子液体	吸收条件	纯 SO_2 在 ILs 中的溶解度/(mol SO_2/mol)	模拟烟气 SO_2 在 ILs 中的溶解度/(mol SO_2/mol)	纯 SO_2 的净吸收量/(mol SO_2/mol)	吸收性质
[TMGL]lactate	101.3kPa，40℃	1.7①	0.978②	无具体数字	物理或化学
[TMG]BF_4	100kPa，20℃	1.27	0.064③	1.26	物理
[BMIM]BF_4	100kPa，20℃	1.50	0.005②	1.49	物理
[BMIM]BTA	100kPa，20℃	1.33	0.007②	1.33	物理
[TMG]BTA	100kPa，20℃	1.18	0.061②	1.16	物理
[$TMGHB_2$]BTA	100kPa，20℃	1.60	0.080②	1.59	物理
[TMGHPO]BF_4	100kPa，20℃	1.60	0.151②	1.59	物理

续表

离子液体	吸收条件	纯 SO_2 在 ILs 中的溶解度/(mol SO_2/mol)	模拟烟气 SO_2 在 ILs 中的溶解度/(mol SO_2/mol)	纯 SO_2 的净吸收量/(mol SO_2/mol)	吸收性质
[TMGHPO2]BF_4	100kPa，20℃	2.01	0.200②	2.00	物理
PTMGA	101.3kPa，50℃	1.15	—	0.8	物理或化学
P(TMGA-*co*-MBA)	101.3kPa，50℃	1.35	—	0.83	物理或化学
[HMIM][Tf_2N]	143kPa，25℃	1.60	—	1.60	物理
[HMPY][Tf_2N]	110kPa，25℃	1.09	—	1.09	物理
[MIM][ace]	—	1.84	—	1.82④	—
2-羟基氨基乳酸	101.3kPa，25℃	0.98	—	0.93⑤	物理或化学
[BMIM]Ac	99.9kPa，25℃	1.92	—	1.47	化学
[BMIM][$MeSO_4$]	100.1kPa，25℃	2.11	—	1.85	化学
SO_2BOLs	—	3	—	3	化学
TMGL-SiO_2	100kPa，30℃	1.98	0.42⑥	1.73	—
二元酸胺类	101.3kPa，25℃	2.5	—	1.9⑦	—
[CPL][TBAB]	100.3kPa，25℃	1.84	—	1.84	—

注：“纯 SO_2 的净吸收量”指离子液体一次循环吸收与解吸后可分离出的 SO_2 的量；

① P=120kPa，T=40℃；

② SO_2 的摩尔分数为 8%，所以 SO_2 的分压为 8.1kPa；

③ SO_2 的摩尔分数为 10%，所以 SO_2 的分压为 10kPa；

④ 文献报道 SO_2 的解吸率大于 99%，所以净吸收量为 1.82mol SO_2/mol；

⑤ SO_2 的 4 次解吸率为 97.9%、95.8%、93.4%、91.3%，所以平均解吸率为 94.6%，净吸收量为 0.93mol SO_2/mol；

⑥ P=100kPa，T=20℃，SO_2 的体积分数为 0.2%，所以 SO_2 的分压为 0.2kPa；

⑦ 解吸率大于 95%，所以净吸收量为 1.9mol SO_2/mol ILs

不同种类的离子液体的吸收机理如下。

1) 胺类离子液体吸收 SO_2。

胺类离子液体略显碱性，而 SO_2 是酸性气体，胺类离子液体利用酸碱中和反应吸收 SO_2 气体。但是氮硫键不稳定，在温度升高情况下，易断裂释放出 SO_2 气体，使离子液体再生。胺类离子液体吸收 SO_2 的反应式为

$$\left[\begin{matrix} R_1 \\ R_2-NH \\ R_3 \end{matrix}\right]^+ \left[R-\overset{\overset{O}{\|}}{C}-O\right]^- \underset{-SO_2}{\overset{+SO_2}{\rightleftharpoons}} \left[\begin{matrix} R_1 \\ R_2-N-\overset{\overset{O}{\|}}{S}-O \\ R_3 \end{matrix}\right] + R-\overset{\overset{O}{\|}}{C}-OH \tag{2-64}$$

2) 胍类离子液体吸收 SO_2。

胍类离子液体是针对 SO_2 微观分子结构的特性而设计出来的一类离子液体，其离子液体吸收 SO_2 的反应式为

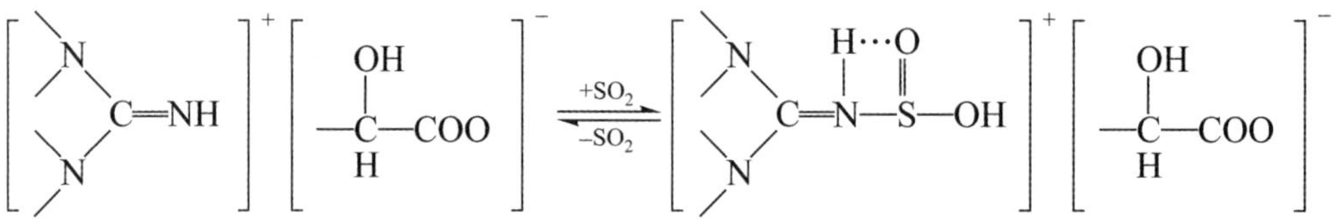

$$\left[\begin{array}{c}\diagdown \\ N \\ \diagup\quad\diagdown \\ C{=}NH \\ \diagdown\quad\diagup \\ N \\ \diagup\end{array}\right]^{+}\left[\begin{array}{c}OH \\ | \\ -C-COO \\ H\end{array}\right]^{-} \underset{-SO_2}{\overset{+SO_2}{\rightleftharpoons}} \left[\begin{array}{c}\diagdown \qquad H\cdots O \\ N \qquad | \qquad \| \\ \diagup\quad\diagdown \\ C{=}N-S-OH \\ \diagdown\quad\diagup \\ N \\ \diagup\end{array}\right]^{+}\left[\begin{array}{c}OH \\ | \\ -C-COO \\ H\end{array}\right]^{-} \tag{2-65}$$

3) 咪唑类离子液体吸收 SO_2。

该类离子液体主要以简单的物理吸附方式吸收 SO_2 和 CO_2 等酸性气体。由于咪唑类离子液体吸收 SO_2 属于物理吸附，受外部环境影响较大，当环境温度升高时，吸附量迅速下降，因此，咪唑类离子液体在烟气脱硫中应用的研究较少。

(2) 技术特点

目前成熟的湿法脱硫技术有：钙法脱硫技术、氨法脱硫技术、钠法脱硫技术等。虽然这些技术能解决一定的脱硫问题，但或多或少存在一些问题。例如，钙法脱硫技术中，使用的石灰石脱硫会产生大量的副产品石膏，易出现结垢、堵塞等问题，并且产生的石膏品位低，没有回收利用的价值，从而形成二次污染；氨法脱硫技术中，使用的氨水本身就具有挥发性，在吸收过程中，不免会有氨以气态形式进入大气造成资源浪费和二次污染；钠法脱硫技术中，长时间运行后，系统中的 Na_2SO_4 结晶易堵塞管道，而且在处理吸收后的富液时会产生大量的废水。研究发现，离子液体具有很多优良的性质[50]：①离子液体无味，几乎没有蒸气压，不易挥发，因此可用在高真空体系中，在化学实验过程中也不会产生对大气造成污染的有害气体；②液体状态温度范围宽，从低于或接近室温到 300℃，有较好的化学稳定性及较宽的电化学稳定电位窗口；③通过阴阳离子的设计可调节其对有机物、无机物及聚合物的溶解性，并且其酸度可调至超强酸；④可与其他溶剂形成两相或多相体系，其密度大，易于和其他溶剂分相，适合作反应的介质、催化剂；⑤具有较高的导电性能，由于离子液体全部由离子组成，具有良好的导电性能，可用于很多物质的电化学研究的电解液，实现了室温条件下的电解；⑥具有较强的催化活性，在有机合成反应中，离子液体既可作为溶剂，也可作为催化剂，并且可重复使用。

(3) 发展现状与趋势[51]

我国在离子液体的研究方面起步总体较晚，但现在也已经引起了众多科研院所和大学研究机构的重视，同时陆续得到国家自然科学基金等的资助。2004 年 2 月在兰州举行了国内首届国际离子液体研讨会，据统计，2000～2004 年中国在离子液体研究方面发表文章的数量排在世界第二。离子液体的优越性能已经引起其他领域科学家的关注，但是离子液体合成过程中费用高的问题始终未能得到解决，廉价且效果明显的离子液体的工业化一直是研究的难题之一。需要对从合成方法到分离提纯的每一个过程考虑降低成本的可能性，如合成过程中可以采用复配的方式加入其他廉价的无机或有机化合物，这就需要开展离子液体多元相行为的研究，还可以借助新的介质如分离膜开发新的合成方法[52]。

离子液体用于脱硫虽可以避免传统的液胺类脱硫剂易挥发、易损耗的不足，但是离子液体的高黏度以及湿法脱硫的固有缺点，使得其不能大规模应用，所以有人提出将离子液体制成聚合物用于烟气脱硫。张正敏等[53]采用 1,1,3,3-四甲基胍和丙烯酸通过酸碱中和反应合成TMGA离子液体，然后加入引发剂，通过自由基聚合反应合成了聚丙烯酸四甲基胍(PTMGA)离子聚合物，见式(2-66)。研究发现，PTMGA对N_2、CO_2、氮和氢气混合气、O_2等气体均无明显的吸附，但对SO_2则表现出快而强烈的吸附。吸附达到平衡后，聚合物可以在90℃真空条件下进行解吸。

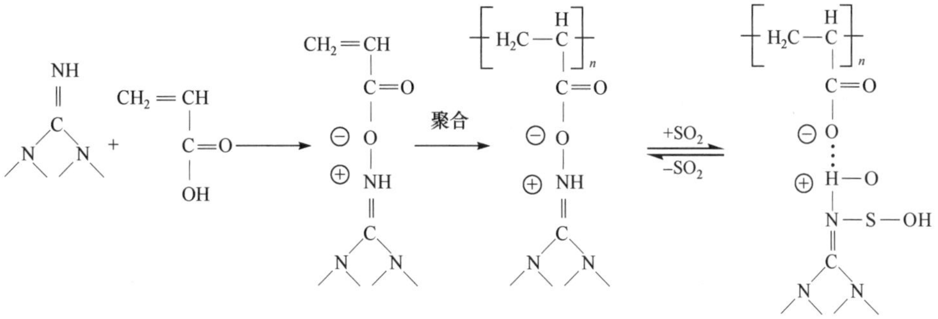

$$\text{TMG} + CH_2{=}CH{-}COOH \longrightarrow CH_2{=}CH{-}C({=}O){-}O^{\ominus}\cdots{}^{\oplus}NH{=}C(N(CH_3)_2)_2 \xrightarrow{\text{聚合}} {-}[H_2C{-}CH]_n{-}\;C({=}O){-}O^{\ominus}\cdots{}^{\oplus}NH{=}C(N(CH_3)_2)_2 \underset{-SO_2}{\overset{+SO_2}{\rightleftharpoons}} {-}[H_2C{-}CH]_n{-}\;C({=}O){-}O^{\ominus}\cdots H{-}O{-}S({-}OH){-}N^{\oplus}{=}C(N(CH_3)_2)_2 \tag{2-66}$$

2.4 典型工程案例

2.4.1 案例1——石灰石/石灰-石膏法脱硫工程

2.4.1.1 工程概况

某燃煤火电项目包括2台300MW发电机组。其锅炉将燃烧无烟煤，在启/停过程和低负荷时带燃油支持。扣除励磁和大轴驱动的负荷后，在发电机出线端子测量，每台发电机应有300MW的毛发电能力。而且每台机组应设计成68.5%的负荷率(6000h/a)。

2.4.1.2 入口烟气参数

FGD入口烟气参数见表2-23。

表2-23 FGD入口烟气参数

锅炉BMCR(锅炉最大连续蒸发量)工况烟气成分(设计煤，标准状态，实际O_2)			
项目	单位	干基	湿基
CO_2体积分数	%	13.17	12.49
O_2体积分数	%	6.80	6.45
N_2体积分数	%	79.28	75.17
SO_2体积分数	%	0.75	0.71
H_2O体积分数	%	0	5.18
锅炉BMCR工况烟气参数			
项目	单位	设计煤	备注
引风机出口烟气量	Nm^3/s	1027052	干基，α=1.447
	Nm^3/s	1083195	湿基，α=1.447

续表

锅炉 BMCR 工况烟气参数				
项目	单位	设计煤		备注
引风机出口烟气温度	℃	117		
引风机出口烟气压力	Pa	待定		BMCR 工况
不同负荷时的引风机出口烟气量和温度				
项目	单位	脱除工况(RO)	75%RO	65%RO
引风机出口干烟气量	Nm^3/h	951935	731748	639511
引风机出口湿烟气量	Nm^3/h	1003973	771748.5	674470
引风机出口烟气温度	℃	115	112	111
锅炉 BMCR 工况烟气中污染物成分(标准状态，干基，6%O_2)				
项目	单位	设计煤		
SO_2	mg/Nm^3	2505		
烟尘(引风机出口)	mg/Nm^3	100		

2.4.1.3 石灰石参数

石灰石参数见表 2-24。

表 2-24 石灰石参数

项目	单位	数值
$CaCO_3$ 质量分数	%	92
MgO 质量分数	%	0.19～2
Fe_2O_3 质量分数	%	0.1～1.2
SiO_2 质量分数	%	0.16～0.6
Al_2O_3 质量分数	%	0.14～2.0
邦德功指数(Bond work index)	kW · h/Mt	10 (估计)
密度	kg/m^3	2400～2600
粒径	mm	0～20 或更大

2.4.1.4 系统性能

(1) FGD 出口 SO_2 排放浓度

FGD 出口 SO_2 浓度不超过允许最大排放浓度 251mg/Nm^3(干基，6%O_2)。在所有运行测试点或当负荷改变时，都满足这一要求。

(2) FGD 装置出口烟尘浓度

额定工况下，FGD 出口烟尘浓度不超过允许最大排放浓度 50mg/Nm^3(干基，6%O_2)。

烟尘浓度包括飞灰、钙盐类以及其他惰性物质(这些物质悬浮在烟气中，标准状态下以固态或液态形式存在)，不包括游离态水。

(3) 脱硫运行效率

FGD 的脱硫效率不小于 90%。

(4) 除雾器出口烟气挟带的水滴含量

正常运行工况下，除雾器出口烟气挟带的水滴含量低于 150mg/Nm^3(干基)。

(5) 石灰石耗量、工艺水耗量、电耗、压缩空气耗量

在确保 SO_2 脱除率条件下，FGD 装置在 RO、75%RO 工况下的石灰石耗量、工艺水耗量、所有设备实际电耗(6.6kV 馈线处的功率)、压缩空气耗量见表 2-25。

表 2-25　石灰石耗量、工艺水耗量、电耗、压缩空气耗量

项目		单位	RO	75%RO
石灰石耗量		t/h	7.2	5.4
化学计量比 $CaCO_3$/去除的 SO_2		mol/mol	1.03	1.03
工艺水耗量	工业水	m^3/h	20	20
	水库水	m^3/h	90	63
	合计	m^3/h	110	83
电耗		kW · h/h	4500	4200
压缩空气耗量	仪用压缩空气	Nm^3/min	2	2
	杂用压缩空气	Nm^3/min	0	0

2.4.1.5　系统组成

(1) SO_2 吸收系统

SO_2 吸收系统是脱硫装置的核心系统，待处理的烟气进入吸收塔与喷淋的石灰石浆液接触，去除烟气中的 SO_2。在吸收塔后设有除雾器，除去出口烟气中的雾珠；吸收塔浆液循环泵为吸收塔提供大流量的吸收剂，保证气液两相充分接触，提高 SO_2 的吸收效率。生成石膏的过程中采取强制氧化，设置氧化风机将浆液中未氧化的 HSO_3^- 和 SO_3^{2-} 氧化成 SO_4^{2-}。在氧化浆池内设有搅拌装置，以保证混合均匀，防止浆液沉淀；氧化后生成的石膏通过吸收塔循环泵或石膏排出泵排出，进入后续的石膏脱水抛弃系统。

(2) 烟气系统

烟气系统将未脱硫的烟气引入脱硫装置，将脱硫后的洁净烟气送入烟囱。进入脱硫装置的烟气通过 FGD 入口的增压风机实现流量控制。从吸收塔出来的净烟气直接从烟囱排放。烟气系统的压降通过脱硫装置增压风机克服。在脱硫系统的进出口及旁路烟道上均设有双百叶窗式挡板门。脱硫装置投运时，FGD 进、出口挡板门打开，烟气通过脱硫装置。脱硫装置发生故障或检修时，FGD 进、出口挡板门关闭，烟气可通过旁路烟道进入烟囱，不会影响锅炉和发电机组的运行。

(3) 吸收剂供应与制备系统

吸收剂供应与制备系统为2×300MW机组脱硫装置公用系统，用以将0～30mm的石灰石块磨制成脱硫所需要的石灰石浆液，输送进入吸收塔内。石灰石由船运至码头，由卡车运至厂区内的石灰石堆场。乙方的工作范围从石灰石堆场开始，包括堆场。堆场的石灰石经料斗、破碎机、给料机，由斗提机送至石灰石储仓储存。再由称重给料机输送至湿式球磨机内磨浆，石灰石浆液经旋流器分离后，大颗粒物料再循环，溢流物料存储于石灰石浆池中，再泵送至吸收塔补充与SO_2反应消耗了的吸收剂。

(4) 石膏脱水及抛弃系统

来自吸收塔的石膏浆液经吸收塔循环泵或石膏排出泵进入石膏旋流器，浓缩后的浆液再经过真空皮带脱水机脱水，脱水的同时对石膏进行冲洗，以满足石膏综合利用的品质要求，脱水后石膏含水量小于10%(质量分数)，进入石膏库储存。滤出液返回石灰石制浆系统或者进入吸收塔以维持吸收塔内的液面平衡。旋流器上清液返回吸收塔。一部分滤出液作为脱硫废水收集后排入灰浆池，与灰渣一起排入灰场。事故工况时，经石膏旋流器浓缩的石膏浆液排入灰浆池，与灰渣一起排入灰场。

(5) FGD供水及排放系统

脱硫装置的水源为工业水和水库水，FGD系统主要耗水项目为：①石灰石制浆和吸收塔氧化浆池液位调整；②增压风机、氧化风机和其他设备的冷却水及密封水；③脱硫场地冲洗；④吸收塔除雾器冲洗；⑤吸收塔进口烟道事故冷却。排放系统主要用于收集事故时吸收塔排放的浆液，运行时各设备冲洗水、管道冲洗水、吸收塔区域冲洗水及其他区域冲洗水，并返回吸收塔。设备冷却水循环使用。

2.4.2　案例2——氧化镁法烟气脱硫

2.4.2.1　工程概述

某电厂二期2×225MW($3^{\#}$和$4^{\#}$)机组氧化镁法烟气脱硫工程，最突出的特点是脱硫副产物亚硫酸镁可煅烧为氧化镁和SO_2富气。其中，SO_2富气可制成重要的工业原料硫酸，氧化镁可作为脱硫剂在脱硫系统内重复使用，从而大大提高了脱硫剂的利用率，使得脱硫剂的补充量仅为常规用量的10%～15%。同时，也避免了因抛弃脱硫副产物带来的二次污染。氧化镁-亚硫酸镁-硫酸-氧化镁的工艺模式，符合国家提倡的循环经济政策。

2.4.2.2　煤质资料

煤成分见表2-26。

表2-26　煤成分数据

特性指标	单位	设计煤种	校核煤种
收到基碳(C_{ar})	%	56.56	51.14
收到基氢(H_{ar})	%	2.73	2.49
收到基氧(O_{ar})	%	2.45	1.73

续表

特性指标	单位	设计煤种	校核煤种
收到基氮(N_{ar})	%	0.80	0.89
收到基全硫($S_{t,ar}$)	%	1.32	1.82
全水分(M_t)	%	7.1	8.5
收到基灰分(A_{ar})	%	29.04	33.43
空气干燥基水分(M_{ad})	%	1.32	1.89
干燥无灰基挥发分(V_{daf})	%	19.61	15.47
收到基低位发热量($Q_{net,ar}$)	MJ/kg	21.43	19.52
哈氏可磨性指数(HGI)	—	75	70
灰变形温度(DT)	℃	1300	1260
灰软化温度(ST)	℃	1350	1310
灰熔化温度(FT)	℃	1420	1370

2.4.2.3 烟气脱硫系统入口烟气参数

烟气脱硫系统入口参数见表2-27。

表2-27 烟气脱硫系统入口参数

项目	锅炉BMCR工况/(mg/Nm^3)
SO_2	3027
烟尘	196
SO_3	88
HCl	57
HF	21

2.4.2.4 烟气脱硫系统组成

烟气脱硫系统主要由脱硫剂氢氧化镁浆液制备系统、烟气系统、烟气预处理系统、SO_2吸收系统、排空系统、脱硫副产物浆液输送和脱水系统、工艺水系统、废水处理系统、杂用和仪用压缩空气系统等组成。

(1) 脱硫剂制备与供给系统

脱硫剂制备与供给系统为公用系统。200目氧化镁粉从矿山由汽车运输直接送到厂内，通过气力输送系统将氧化镁粉送至一个氧化镁粉仓，在粉仓下部分出两个出口，氧化镁粉经过混合罐混合后进入氢氧化镁浆液罐，脱硫剂在制浆罐内按一定比例加水并搅拌配制成一定浓度的氢氧化镁脱硫剂浆液，而后再由供给泵送入主吸收塔。两台炉设一个粉仓及对应的熟化罐和制浆罐。

氧化镁粉仓设计有除尘通风系统，氧化镁粉仓的容量按两台锅炉在机组燃用校核煤种时 BMCR 工况运行 5 天(每天按 24h 计)的脱硫剂耗量设计。氧化镁混合罐、氢氧化镁供给罐内各设一台搅拌器，其设计和布置能保证浆液浓度均匀并可防止浆液沉降结块。

(2) 烟气系统

从锅炉引风机后的总烟道上引出的烟气通过吸收塔前烟气预处理装置进行降温、除尘、除杂后(并配有相应的监测系统)汇入吸收塔，在吸收塔内脱硫净化，经除雾器除去水雾后通过烟道、烟囱排入大气。在烟道上设置旁路挡板门，当锅炉启动、进入 FGD 的烟气超温和 FGD 装置因故障停运时，烟气通过旁路挡板经烟囱排放。该工程无增压风机，采用改造锅炉引风机的方法来克服脱硫系统阻力。不设气-气换热器，烟气以湿态排放。

(3) SO_2 吸收系统

脱硫剂氢氧化镁浆液通过循环泵从吸收塔浆池送至塔内喷淋系统，与烟气接触发生化学反应吸收烟气中的 SO_2，主要生成亚硫酸镁。吸收塔浆液排出泵将脱硫副产物浆液从吸收塔送到脱硫副产物脱水系统。

该工程的最大特点之一是设置了预处理装置。设置预处理装置的主要目的是去除烟气中的烟尘、气体杂质和降低烟气温度，从而提高脱硫副产品的品质，保证副产品的综合利用。整个系统可适应锅炉负荷的变化。脱硫后的烟气夹带的液滴由吸收塔出口的除雾器收集，从而使净烟气的液滴含量不超过保证值。

SO_2 吸收系统包括预处理装置、主吸收塔、吸收塔浆液循环及搅拌装置、脱硫废液排出装置、烟气除雾及辅助的放空、排空设施等。该工程共设两座吸收塔，吸收塔塔内件及除雾器均采用进口产品。除雾器安装在吸收塔出口水平烟道上。每个吸收塔对应两台循环泵，循环泵按照单元制设置(每台循环泵对应一层喷嘴)。吸收塔液气比小于石灰石/石灰-石膏法相应液气比的 1/2。

(4) 排空系统

FGD 岛内设置一个两台炉公用的事故浆液池，事故浆液池的容量可满足一个吸收塔检修排空和其他浆液排空的要求。事故储浆系统能在 10h 内将一个吸收塔放空，也能在 10h 内将浆液再送回到吸收塔。每个吸收塔对应一个排水坑及相应的搅拌器和泵。制浆区和脱水区各设一个排水坑及相应的搅拌器和泵。

(5) 脱硫副产物浆液输送和脱水系统

吸收塔内的脱硫浆液通过浆液排出泵送入离心脱水机，经离心脱水机浓缩后的脱硫副产物输送至热空气干燥旋风筒，干燥旋风筒出口处含水量约 10%的副产品利用皮带送至副产物储存室。该工程设一套脱硫副产物脱水系统，由三台离心脱水机和输送皮带组成，每台离心脱水机的容量为对应一台机组 BMCR 工况下燃用设计煤种时副产品的产出量。设置两台热空气干燥旋风筒。副产品脱水系统可灵活接收两个脱硫塔排出的浆液，离心排稀浆液可灵活返回脱硫塔。管路的管材耐磨耐腐蚀。

热空气干燥旋风筒的原理是：接收从离心机出口含表液 25%～30%的亚硫酸镁混合物，鼓入从锅炉空预器引出的少量热空气，对亚硫酸镁混合物进行干燥，使亚硫酸镁混合物含表液量降低到约 10%。

(6) 工艺水及废水处理系统

从电厂循环水供水系统引接至脱硫工艺水箱，为脱硫工艺系统提供工艺用水，用于制备浆液和设备冲洗及烟气降温蒸发耗水等。废水处理系统采用中和→反应→沉淀→过滤的处理工艺。

(7) 压缩空气系统

压缩空气系统气源由单独设立的脱硫空压机站提供。系统包括完成功能需要的全部设备、阀门和管道。

2.4.2.5 运行效果

氧化镁法脱硫工程如期竣工并一次性顺利通过 168h 试运行。脱硫效率大于 95%，最高达 99%。脱硫系统运行稳定，厂用电率小于 1%，同时脱硫副产品的品质合格。

2.4.3 案例 3——新型催化法脱硫

2.4.3.1 工程概况

新型催化法硫酸尾气深度治理核心技术是四川大学在国家自然科学基金、四川省科技支撑计划等多项科技计划项目支持下的自主研发成果，并与中国化学工程第六建设有限公司合作开展工程性示范研究，最终完成了工程化应用。该技术是在非钒系低温催化剂的作用下，SO_2 氧化成 SO_3，从而生产稀硫酸，实现 SO_2 减排并回收利用硫资源。该技术与硫酸生产能够有机结合，是实现硫酸装置尾气达标排放的有效手段。2016 年 9 月，某钛业股份有限公司 30 万 t/a 硫酸尾气新型催化法脱硫项目建成投运。

2.4.3.2 工艺流程

新型催化法硫酸尾气处理工艺流程见图 2-25。

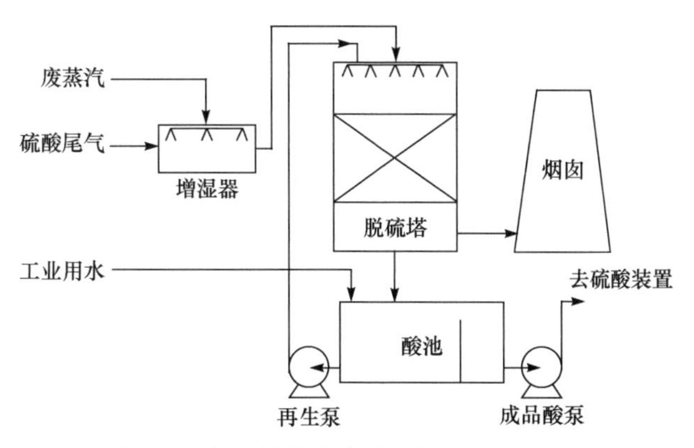

图 2-25 新型催化法硫酸尾气处理工艺流程

尾气处理系统进气经过增湿管段添加蒸汽进行增湿，随后进入脱硫塔；进气中的 SO_2 经催化剂固定床催化氧化成三氧化硫生产稀硫酸，并储存在催化剂载体的微孔中；脱硫后的气体经烟囱排放。当催化剂载体内的硫酸达到饱和后，进行再生。再生采用梯级循环方式，通过用不同浓度的稀酸进行分级淋洗，最终将床层内的硫酸转移到再生液中，脱硫剂的活性得到恢复。脱硫剂静置沥干一段时间后即可再次投入使用。同时，获得的较高浓度稀酸经膜过滤后返回硫酸系统作为补充水加以利用。

2.4.3.3 设计参数及运行效果

该项目于 2016 年 9 月建成投运，尾气处理装置主要技术指标值见表 2-28。处理后烟气污染物排放数据低于《硫酸工业污染物排放标准》(GB 26132—2010)规定的大气污染物特别排放限值(SO_2＜200mg/m^3，硫酸雾＜5mg/m^3)，其中 SO_2 接近 0，硫酸雾低于 5mg/m^3。脱硫产生的稀硫酸进入硫铵生产工段，完全回收利用，实现零排放，无二次污染。

表 2-28　尾气处理装置主要技术指标值

指标	参数值
烟气处理量	8.5×10^4Nm^3/h
进口烟气中 SO_2 浓度	1500mg/Nm^3
进口烟气中硫酸雾浓度	≤500mg/Nm^3
烟气温度	60～80℃
脱硫效率	＞95%，最高可达 99%

参 考 文 献

[1] 肖文德, 吴志泉. SO_2 脱除与回收[M]. 北京: 化学工业出版社, 2001.
[2] 蒋文举. 烟气脱硫脱硝技术手册[M]. 北京: 化学工业出版社, 2006.
[3] 刘玉香. SO_2 的危害及其流行病学与毒理学研究[J]. 生态毒理学报, 2007, 2(2): 225-231.
[4] 刘彬. 酸雨的形成、危害及防治对策[J]. 环境科学与技术, 2001, 4: 21-23.
[5] 雷仲存. 工业脱硫技术[M]. 北京: 化学工业出版社, 2001.
[6] 沈迪新, 杨晓葵. 中、日、美三国烟气脱硫技术的发展和现状[J]. 环境科学进展, 1993, 1(3): 12-26.
[7] 张海燕, 许星. 国外烟气脱硫技术的发展与我国的现状[J]. 有色金属设计, 2003, 30(1): 38-42.
[8] 张秀云, 郑继成. 国内外烟气脱硫技术综述[J]. 电站系统工程, 2010, 26(4): 1-3.
[9] 隋建才, 杜云贵, 刘艺, 等. 我国烟气脱硫技术现状与建议[J]. 能源与技术, 2008, 29(5): 277-280.
[10] 陈行林. 湿法烟气脱硫废水处理技术探讨[J]. 电力系统, 2020 (10): 18-19.
[11] 李文鼎, 高惠华, 蔡文丰. 石灰石-石膏湿法脱硫吸收塔结垢分析及预防措施[J]. 发电技术, 2019, 41(1): 51-55.
[12] 张威, 顿磊, 曹晓润, 等. 石灰石-石膏法、钠钙双碱法烟气脱硫工艺比较[J]. 河南建材, 2020, (7): 25-26.
[13] 温高, 武福才, 张树峰, 等. 碱式硫酸铝解吸脱硫法抑制亚硫酸根氧化的试验[J].热力发电, 2015, 44(7): 101-106.
[14] 王亚. 烟气氨酸法脱硫技术在锌冶炼中的应用[J]. 科学技术, 2018, (4): 73-74.
[15] 徐海波, 高东宇, 王东鹏, 等. 海水烟气脱硫恢复系统的实验室模拟评价[J]. 中国海洋大学学报, 2020, 50(3): 67-72.

[16] 刘维平. 氧化镁湿法脱硫废水处理技术研究[J]. 中国资源综合利用, 2018, 36(10): 59-61.
[17] 蔡晋, 张缦, 王中伟, 等. 石灰石/石灰-石膏法烟气脱硫技术[J]. 洁净煤技术, 2020, 26(3): 90-98.
[18] Irving W B, Clinton H H, Luis A J, et al. Process for separating sulfur oxides from gas streams[P]: US, 3911084. 1975-10-07.
[19] Dahlstrom D A, Cornell C F. Sulfur dioxide scrubbing process[P]: US, 3873532. 1975-03-25.
[20] Claerbout P F, Harvey S J, Butler R S, et al. Regeneration and use of SO_2 gas scrubber liquid in dual alkali system[P]: US, 4740362. 1988-04-26.
[21] 邵志超, 高泽磊, 官欣, 等. 氧化镁湿法脱硫技术在冶炼环集烟气治理中的应用[J]. 硫酸工业, 2019, (2): 36-39.
[22] 王海波, 钟宏, 王帅, 等. 烟气脱硫技术研究进展[J]. 应用化工, 2013, (10): 1899-1902, 1909.
[23] 金平, 王昊辰, 李磊, 等. 烟气脱硫技术现状及展望[J]. 当代化工, 2019, (1): 119-121, 126.
[24] 刘勇军, 尹华强, 裴伟征, 等. 炭法烟气脱硫技术现状与趋势[J]. 环境污染治理技术与设备, 2003, (9): 50-54.
[25] 唐强, 曹子栋, 王盛, 等. 活性炭吸附法脱硫实验研究和工业性应用[J]. 现代化工, 2003, (3): 37-40.
[26] 王芙蓉, 关建郁. 吸附法烟气脱硫[J]. 环境污染治理技术与设备, 2003, (3): 72-76.
[27] Ma S C, Yao J J, Gao L, et al. Experimental study on removals of SO_2 and NO_x using adsorption of activated carbon/microwave desorption[J]. Journal of the Air & Waste Management Association, 2012, 9(62): 1012-1021.
[28] 王建伟, 曹子栋, 张智刚. 活性炭吸附法烟气脱硫关键参数的研究[J]. 锅炉技术, 2004, (5): 67-70, 78.
[29] 郜德荣, 张化一. 电子束烟气脱硫技术再评价[J]. 中国电力, 2001, 34(1): 68-73.
[30] 杨睿戆, 吴彦, 任志凌, 等. 电子束氨法烟气脱硫工艺[J]. 化工环保, 2004, (S1): 245-247.
[31] 杨睿戆, 吴彦, 任志凌, 等. 电子束氨法烟气脱硫技术工艺研究[J]. 环境污染治理技术与设备, 2004, (11): 82-84.
[32] Park J H, Ahn J W, Kim K H, et al. Historic and futuristic review of electron beam technology for the treatment of SO_2 and NO_x in flue gas[J]. Chemical Engineering Journal, 2019, 355: 351-366.
[33] Chmielewski A G, Licki J, Pawelec A, et al. Operational experience of the industrial plant for electron beam flue gas treatment[J]. Radiation Physics and Chemistry, 2004, 1(71): 441-444.
[34] Kikuchi R, Pelovski Y. Low-dose irradiation by electron beam for the treatment of high-SO_x flue gas on a semi-pilot scale—Consideration of by-product quality and approach to clean technology[J]. Process Safety and Environmental Protection, 2008, 2(87): 135-143.
[35] 陈亚非, 张奇兴. 电子束烟气脱硫若干问题探[J]. 中国电力, 2000, (7): 78-80.
[36] 严国奇, 潘理黎, 黄小华. 脉冲电晕放电烟气脱硫脱硝技术[J]. 环境技术, 2005, (3): 6-10.
[37] 李芳, 王文春, 刘东平, 等. 脉冲电晕放电脱硫产物研究[J]. 环境科学, 1999, (3): 3-5.
[38] 曹玮, 骆仲泱, 徐飞, 等. 脉冲电晕放电协同烟气脱硫脱硝试验研究[J]. 环境科学学报, 2008, 12: 2487-2492.
[39] 赵君科, 王保健, 任先文, 等. 脉冲电晕等离子体烟气脱硫脱硝中试装置[J]. 环境工程, 2001, (6): 43-45, 5.
[40] 李杰, 吴彦, 王宁会, 等. 脉冲电晕放电烟气脱硫的影响因素[J]. 环境科学, 2001, 22(5): 38-41.
[41] 王玮, 屠传经. 微生物烟气脱硫技术的展望[J]. 环境污染与防治, 1997, 19(2): 28-30, 41.
[42] 李华, 张世华. 微生物法烟气脱硫的基础研究[J]. 煤炭转化, 2005, 28(3): 47-51.
[43] Bunker H J. A review of the physiology and biochemistry of the sulphur bacteria[M]. London: HM Stationery Office, 1936.
[44] Butlin K R, Adams M E, Thomas M. The isolation and cultivation of sulphate-reducing bacteria[J].

Journal of General and Applied Microbiology, 1949, 3: 46-59.

[45] Middleton A G, Lawrence A W. Kinetics of microbial sulfate reduction[J]. Journal of Water Pollution Control Federation, 1977, 49: 1659-1670.

[46] 石慧芳，陈春涛. 微生物烟气脱硫技术及其研究方向[J]. 郑州轻工业学院学报，2002，17(2): 100-104.

[47] 廖嘉玲，苏士军. 微生物烟气脱硫技术研究进展[J]. 四川环境, 2006, 25(1): 79-84.

[48] 李建隆，梁昌娟. 离子液体脱除 SO_2 技术的研究进展[J]. 化工进展, 2011, 3(2): 417-425.

[49] 廖发明，郭家秀. 离子液体在烟气脱硫中的应用研究[J]. 发电设备, 2011, 25(4): 283-287.

[50] 王晨星，任树行. 离子液体水溶液吸收模拟烟气中 SO_2[J]. 化工学报, 2015, 66(S1): 222-228.

[51] Wu W Z, Han B X, Gao H X, et al. Desulfurization of flue gas: SO_2 absorption by an ionic liquid[J]. Angewandte Chemie International Edition, 2004, 18(43): 2415-2417.

[52] Xie M Y, Li P P, Guo H F, et al. Ternary system of Fe-based ionic liquid, ethanol and water for wet flue gas desulfurization[J]. Chinese Journal of Chemical Engineering, 2012, 1(20): 140-145.

[53] 张正敏，安东. 离子聚合物和负载化离子液的制备及其 SO_2 吸收/吸附性能[C]. 中国科协第 143 次青年科学家论坛——离子液体与绿色化学 2007 年论文集. 北京：中国科学技术协会, 2007: 72-75.

3 烟气脱硝原理与技术

3.1 概　　述

3.1.1 氮氧化物的来源

NO_x 是造成大气污染的主要污染源之一，也是“十二五”和“十三五”期间减排的主要污染物之一。NO_x 包括 NO，NO_2，N_2O_5，N_2O_3，NO_3，N_2O_4 等，污染大气的主要是 NO 和 NO_2。排放的 NO_x 会给自然环境和人类生产、活动带来严重的危害，包括对人体的致毒作用、对植物的损害作用、形成酸雨或酸雾、与碳氢化合物形成光化学烟雾、破坏臭氧层等[1]。随着 NO_x 污染不断加剧，特别是北京、上海、广州等一些大城市 NO_x 污染超标，局部地区甚至出现了光化学烟雾，对经济的发展和人们的生活产生了严重的影响。

大气中 NO_x 的来源主要有两个方面。一方面是由自然界中的固氮菌、雷电引起的森林或草原火灾、大气中氮的氧化及土壤中微生物的硝化作用等自然过程产生，每年约生成 500Mt；另一方面是由人类活动产生，每年全球的产生量多于 500Mt。NO_x 的人为源主要来自生产生活中所使用的煤、石油、天然气等化石燃料的燃烧(如汽车、飞机及内燃机的燃烧过程)，也来自硝酸及使用硝酸等的生产过程，氮肥厂、有机中间体厂、炸药厂、有色及黑色金属冶炼厂等部分生产工艺过程等，也是电力、化学、国防等工业及锅炉和内燃机等设备所排放气体中的有毒物质之一。在人为产生的 NO_x 中，由炉窑、机动车和柴油机等燃料高温燃烧产生的占 90%以上，其次是硝酸生产、硝化过程、炸药生产和金属表面硝酸处理等过程。从燃烧系统中排出的 NO_x，95%以上是 NO，其余主要为 NO_2。美国 1999 年统计数据显示[2]，人为活动导致的 NO_x 排放中，约 55.5%来自交通运输，约 39.5%来自固定燃烧源，约 3.7%来自工业过程，约 13%来自其他排放源[2-4]。

固定源排放的 NO_x 主要由燃煤过程产生，煤中氮的含量和氮化合物的存在形式因煤的种类不同而相差很大，不同产地的同类型的煤含氮量也有很大差异。一般来说，煤中的氮含量一般在 0.3%～3.5%，主要来源于形成煤的植物中的蛋白质、氨基酸、生物碱、叶绿素、纤维素等含氮成分。煤中有机氮原子均存在于煤的芳香环结构中，而且主要存在形态为吡啶氮、吡咯氮和少量季铵氮。吡咯氮是煤中氮的主要形式，占总量的 50%～80%，其含量随煤阶的增高而减少。吡啶氮含量 0%～20%，且随煤阶的增高而增加。季铵氮含量在 0%～13%，不受煤阶的影响。煤中氮的化学结合形式不同，其在燃烧时分解特性也存在明显差异，直接决定了 NO_x 氧化-还原反应过程和最终的 NO_x 生成量。

移动源 NO_x 主要来源于机动车尾气，移动源排放的氮氧化物已成为中国少数大城市主要空气污染物。公安部交通管理局发布的数据显示，从我国汽车的保有量方面来看，截至 2019 年年底，全国机动车保有量达 2.6 亿辆，相比 2018 年年底增加 2122 万辆，同比增长 8.8%。其中汽车保有量超过 300 万辆的城市有北京、成都、重庆、苏州、上海等，北京汽车保有量最多，达到 593.4 万辆，其次是成都。中心城区大气污染物中氮氧化物的贡献率达到了 74%。机动车拥有量快速增长，引起的移动源 NO_x 污染已有可能代替煤烟型污染，危害日益严重，因此对机动车的排污管理势在必行。

3.1.2　氮氧化物的生成机理

控制 NO_x 污染应从如何降低燃烧过程中 NO_x 的生成量和从烟气中去除 NO_x 两方面入手。各国研究人员经过几十年的开发研究，已取得了较大进展。燃烧过程中生成的 NO_x 可分为三类[5,6]：热力型(thermal) NO_x、瞬时型或快速型(prompt) NO_x 和燃料型(fuel) NO_x。热力型 NO_x 是燃烧过程中空气中 N_2 在高温下氧化而生成的。快速型 NO_x 是由空气中 N_2 与燃料中的碳氢基团反应生成的。燃烧烟气中 NO_x 主要为 NO 和 NO_2，其中 NO 占 NO_x 总量的 90%以上。燃料型 NO_x 是燃料中氮的化合物(如杂环氮化物)在燃烧过程中氧化而成。

3.1.2.1　热力型 NO_x

热力型 NO_x 的生成机理最早是由苏联科学家泽尔道维奇(Zeldovich)提出，因此，它又称为泽尔道维奇机理。按照这一机理，空气中的 N_2 在高温下氧化，是通过一组不分支的链式反应进行的：

$$N_2 + O \rightleftharpoons N + NO \tag{3-1}$$

$$N_2 + O \rightleftharpoons N_2 + O \tag{3-2}$$

1971 年费尼莫尔(Fenimore)发现在富燃料火焰中有下列反应：

$$N + OH \rightleftharpoons NO + H \tag{3-3}$$

上面三个反应式被认为是热力型 NO_x 生成的反应机理，其中第一个反应式需要高的活化能，是控制步骤。由于原子氧(O)和氮分子(N_2)反应的活化能很大，反应较难发生；而原子氧和燃料中可燃成分反应的活化能很小，它们之间的反应更容易进行。所以，在火焰中不会生成大量的 NO，NO 的生成反应基本上在燃料燃烧完之后才进行，即 NO 是在火焰的下游区域生成的。

如图 3-1 所示，温度对热力型 NO_x 的生成量影响十分明显。当燃烧温度低于 1600℃时，热力型 NO_x 生成量极少，当温度高于 1600℃时，反应逐渐明显。随着温度的升高，NO_x 的生成量急剧增加。在实际燃烧过程中，由于燃烧室内的温度分布不均匀，如果有局部的高温区，则在这些区域会产生较多的 NO_x，它可能会对整个燃烧室内的 NO_x 生成起关键性的作用。因此，在实际过程中应尽量避免局部高温区的生成。

过剩空气系数对热力型 NO_x 生成的影响也十分明显。热力型 NO_x 生成量与氧气浓度的平方根成正比，即氧浓度增大，在较高的温度下氧分子分解所得的氧原子浓度增加，使热力型 NO_x 生成量也增加。实际操作中过剩空气系数增加一方面增加了氧浓度，另一方面会使火焰温度降低。从总的趋势来看，随着过剩空气系数的增加，NO_x 生成量先增加，到一个峰值后会下降。图 3-2 示出了 NO_x 生成量随过剩空气系数的变化规律。

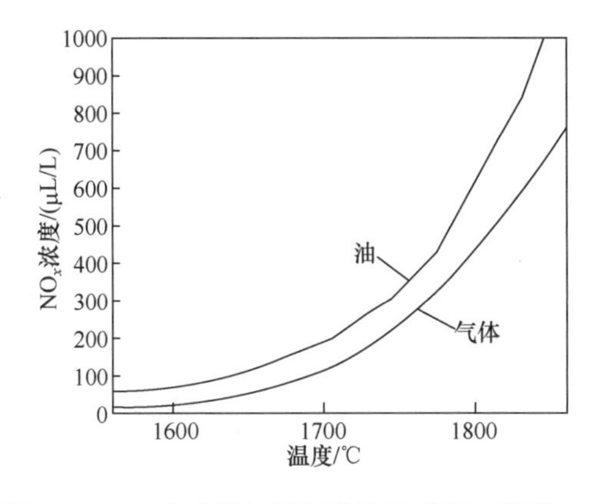

图 3-1 NO_x生成量与温度的关系(停留时间为 5s)

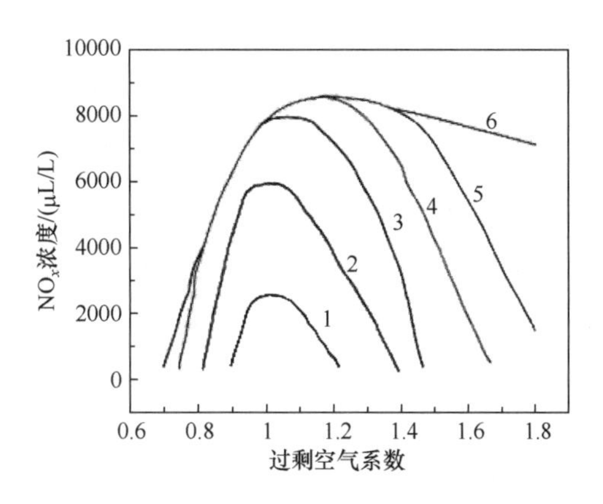

图 3-2 NO_x生成量与过剩空气系数的关系

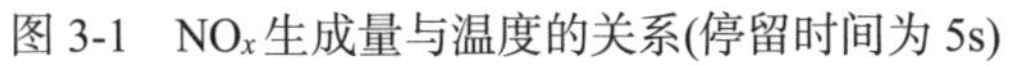
1-t=0.01s；2-t=0.1s；3-t=1s；4-t=10s；5-t=100s；6-t=∞

气体在高温区的停留时间对 NO_x生成也将产生较大影响。图 3-3 为不同温度和停留时间下 NO_x生成量。从图中可以看出，在停留时间较短时，NO_x浓度随着停留时间的延长而增大；但当停留时间达到一定值后，停留时间的增加对 NO_x浓度不再产生影响。

由上述热力型 NO_x的生成机理和影响因素可知控制生成量的方法主要有：①降低燃烧温度；②降低氧气浓度；③使燃烧在远离理论空气比的条件下进行；④缩短在高温区的停留时间。

3.1.2.2 快速型 NO_x

快速型 NO_x是费尼莫尔(Fenimore)在 1971 年的实验中发现的。碳氢燃料在富燃料燃烧时，反应区附近会快速生成 NO_x。它是燃料燃烧时产生的烃基团(—CHR_2、—CH_2R、—CH_3)撞击燃烧空气中的 N_2生成 HCN、CN，再与火焰中产生的大量 ·O、·OH 反应生成 HCO，HCO 又被进一步氧化为 NO。此外，火焰中 HCN 浓度很高时存在大量氨化合物(NH_4^+)，这些氨化合物与氧原子等快速反应生成 NO。其反应途径如图 3-4 所示。

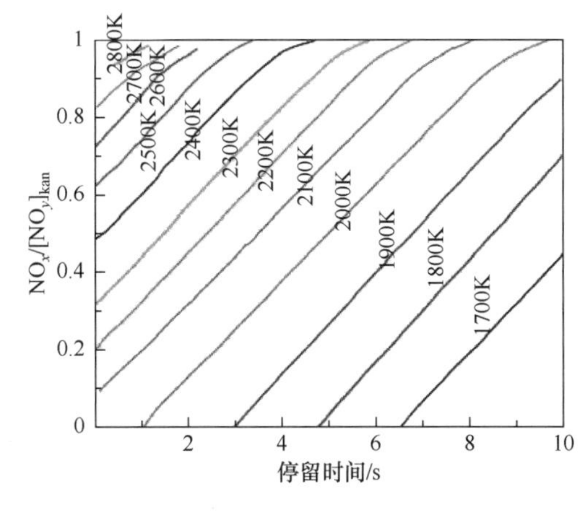

图 3-3 不同温度和停留时间下 NO_x生成量

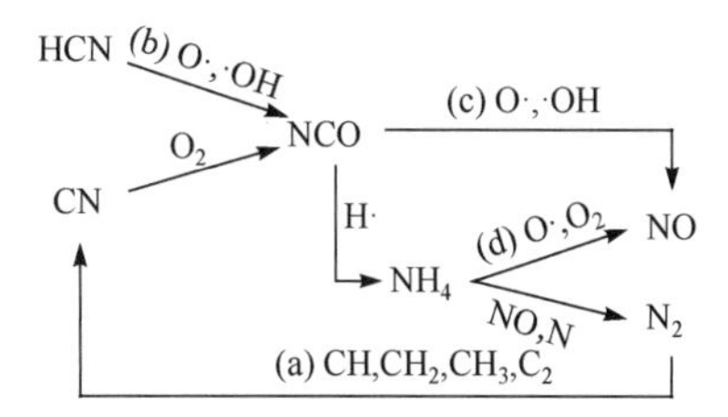

图 3-4 快速型 NO_x反应途径

快速型 NO_x在 CH_x类原子团较多、氧气浓度相对较低的富燃料燃烧时产生，多发生在内燃机燃烧过程中。快速型 NO_x 的生成对温度依赖性很弱。对于燃煤锅炉，快速型 NO_x 与燃料型及热力型 NO_x 相比，其生成量要少得多，一般占总 NO_x 的 5%以下。通常情况下，在不含氮的碳氢燃料低温燃烧时，需重点考虑快速型 NO_x。

3.1.2.3　燃料型 NO_x

燃料型 NO_x 的生成量与燃料含氮量有关，表 3-1 列出了各种燃料的含氮量。

表 3-1　各种燃料的含氮量

燃料种类	N 占比/%	燃料种类	N 占比/%
原油	0.05～0.4	煤(褐煤/无烟煤)	0.4～2.9
减压残渣(沥青)	0.2～0.4	石油焦炭	1.3～3.0
C 重油	0.18～0.21	奥里乳化油	0.6～0.8
A 重油	0.013～0.015	油母页岩	0.43～0.58
汽油	0.012～0.013	油母页油	0.4～1.2
煤油	＜0.0001	沥青砂	0.4 左右

燃料型 NO_x 的生成机理非常复杂。在一般燃烧条件下，燃料中的氮有机化合物首先被热分解成氰(HCN)、氨(NH_3)、CN 或热解焦油等中间产物，它们随挥发分一起从燃料中析出，称为挥发分 N，其生成的 NO_x 占燃料型 NO 的 60%～80%。挥发分 N 析出后仍残留在焦炭中的氮化合物，称为焦炭 N。图 3-5 是煤中的氮转化为挥发分 N 和焦炭 N 的示意图。

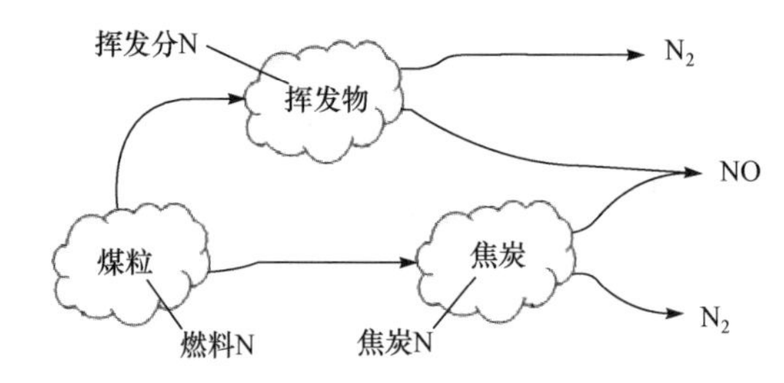

图 3-5　燃烧过程中煤中的氮转化为挥发分 N 和焦炭 N 的示意图

挥发分 N 中最主要的化合物是 HCN 和 NH_3。HCN 的氧化途径如图 3-6 所示。

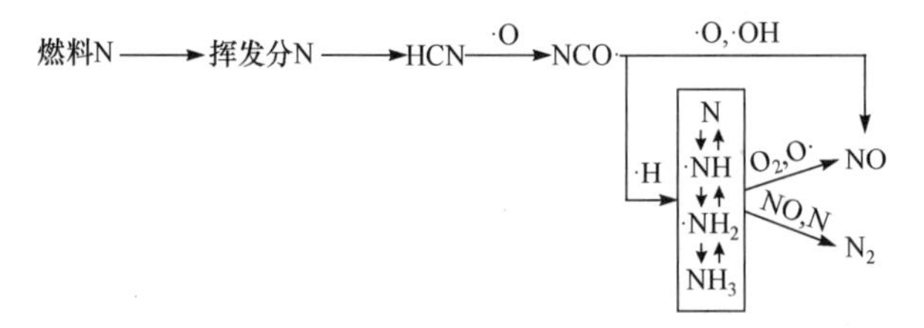

图 3-6　挥发分 N 中 HCN 的氧化途径

挥发分 N 中 NH_3 的氧化途径见图 3-7。

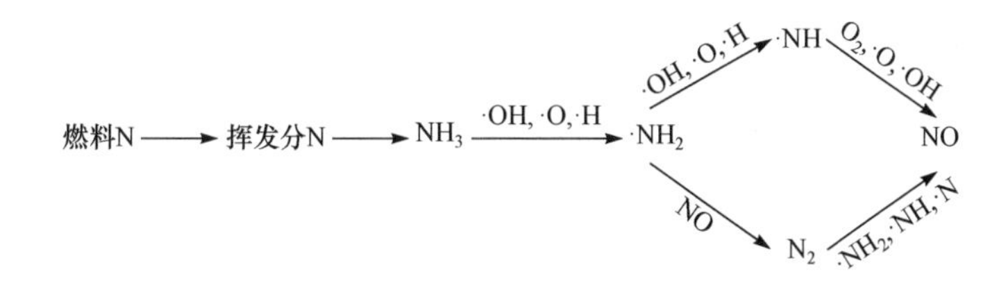

图 3-7 挥发分 N 中 NH_3 的氧化途径

由焦炭 N 生成的 NO_x 占燃料型 NO_x 的 20%～40%。焦炭 N 的析出比较复杂，与其在焦炭中 N-C、N-H 之间的结合状态有关[7]。有人认为焦炭 N 是通过焦炭表面多相氧化反应直接生成 NO_x，也有人认为焦炭 N 和挥发分 N 一样，首先以 HCN 和 CN 形式析出，然后和 NO_x 的生成途径一样氧化成 NO_x。但研究表明，在氧化性气氛中，随着过剩空气系数的增加，NO_x 生成量迅速增加，明显超过焦炭 NO_x。

燃料中含氮化合物在氧化性条件下生成 NO_x，遇到还原性气氛如缺氧状态时，NO_x 会还原成分子氮。随着燃烧条件的改变，最初生成的 NO_x 有可能被破坏。因此，NO_x 的排放浓度最终取决于 NO 的生成反应和还原反应的综合结果。图 3-8 为 NO_x 破坏的主要途径。

在还原性气氛中，NO 通过 CH_i 或 C 还原(途径 a)，与氨类(NH_i)或氮原子(N)反应生成分子氮(N_2)(途径 b)，通过 NCO(途径 c)和 NH_i 还可将 NO 还原成 N_2O。通过 CH_i 和 C 将 NO 还原的过程称为 NO 再燃烧或分级燃烧。由此发展出的将燃料喷入含有 NO 燃烧产物的燃料分级燃烧技术，可有效控制 NO_x 的生成。图 3-9 为分级还原 NO_x 的反应过程。

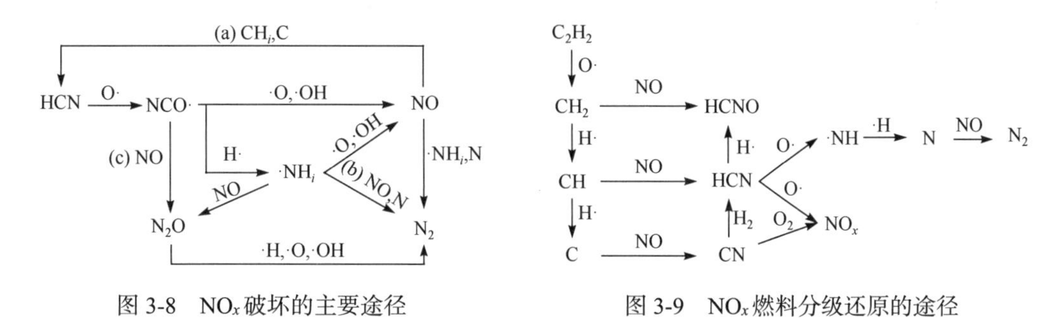

图 3-8 NO_x 破坏的主要途径

图 3-9 NO_x 燃料分级还原的途径

将燃烧过程中产生的 NO 的浓度与燃料中氮全部转化成 NO 时的浓度之比定义为燃料型 NO_x 的转化率 CR，CR 与燃烧温度及过剩空气系数之间的关系见图 3-10。

3.1.2.4 NO_x 三种形成机制的贡献

燃烧过程多种因素影响 NO_x 的生成量，三种机制对形成 NO_x 的贡献随燃烧条件不同而不同。图 3-11 大致给出了燃烧过程中三种机制对 NO_x 排放的贡献。

不同燃料燃烧时三种机制形成的 NO_x 量也不同[8-10]。当燃料中氮含量超过总质量的 0.1%时，化学结合在燃料中的氮转化成 NO_x 的量就越来越占主要地位。煤、重油和其他高氮燃料，如煤基燃料和页岩油，“燃料” NO_x 的形成是主要的。煤燃烧时 75%～90% 的 NO_x 来自“燃料” NO_x。图 3-12 列出一些主要“燃料” NO_x 来源的相对比较值。这只是粗略的对比，而确切的对比则要取决于燃料的组成、锅炉类型和运行条件等因素。

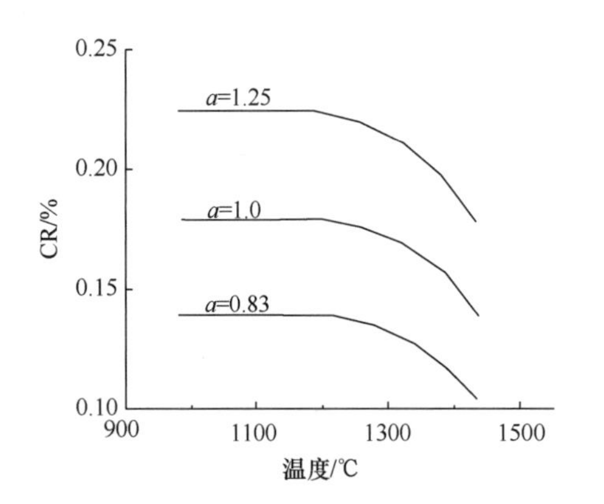

图 3-10　NO_x转化率与燃烧温度及过剩空气系数的关系

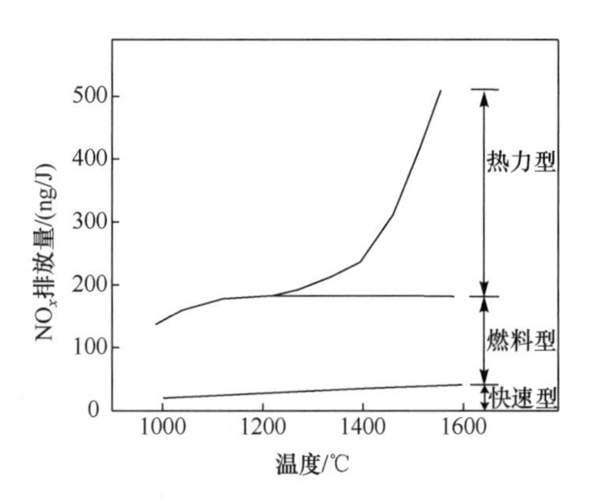

图 3-11　燃烧过程中三种机制对 NO_x 排放的贡献

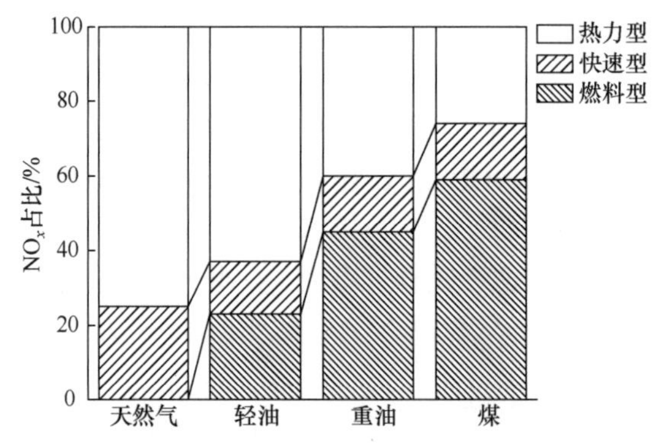

图 3-12　NO_x 不同来源的对比(无降低 NO_x 措施)

3.2　烟气脱硝发展历程与现状

3.2.1　燃烧过程中 NO_x 控制技术

3.2.1.1　低 NO_x 燃烧技术

纵观低 NO_x 燃烧技术的发展过程，大致可将其划分为三代。

第一代，低 NO_x 燃烧技术的基本特征是不要求对燃烧系统做大的改动，只是对燃烧装置的运行方式或部分运行方式做调整或改进。其燃烧技术主要有：①低过量空气系数运行；②降低助燃空气预热温度；③浓氮燃烧技术；④炉膛的烟气再循环；⑤部分燃烧器退出运行。

第二代，低 NO_x 燃烧技术的特征是把助燃空气分级送入燃烧装置，降低着火区(也称一次区)的氧浓度，相应降低了火焰峰值温度。燃烧区的氧浓度对各种类型的 NO_x 生成都有很大影响。当过量空气系数 $a<1$，燃烧区处于“贫氧燃烧”状态时，对于抑制在该区中 NO_x 的生成量有明显效果。根据这一原理，把供给燃烧区的空气量减少到全部燃烧所需空气量的 70%左右，既降低了燃烧区的氧浓度，也降低了燃烧区的温度水平。因此，第一级燃烧区的主要作用就是抑制 NO_x 的生成并将燃烧过程推迟。燃烧所需的其余空气则通过燃

烧器上面的燃尽风喷口送入炉膛与第一级所产生的烟气混合，完成整个燃烧过程。

第三代，低 NO_x 燃烧技术的特征是空气和燃料都是分级送入炉膛，燃料分级送入可在主燃烧器下游形成一个富集 NH_3，C_mH_n 和 HCN 的低氧还原区，燃烧产物通过此区时，已生成的 NO_x 部分被还原为 N_2。采用此技术时，炉内形成三个区域，即一次区、还原区和燃尽区。在一次区内，主燃料在稀相条件下燃烧，还原燃料投入后，形成缺氧的还原区，在高温(大于 1200℃)和还原气氛下析出的 NH_3，C_mH_n 和 HCN 等原子团与来自一次区已生成的 NO_x 反应，生成 N_2。燃尽风投入后，形成燃尽区，实现燃料完全燃烧。这种方法与其他先进的手段结合，可使 NO_x 排放量下降 80%左右，是目前在发达国家颇受青睐的方法。

我国低燃烧技术开始于 20 世纪 70 年代，主要有低氮燃烧器技术、空气分级燃烧技术、燃料分级燃烧技术等。低氮燃烧技术工艺相对简单、经济，但不能满足较高的排放标准。

(1) 低氮燃烧器技术

采用低氮燃烧器技术，只需用低氮燃烧器替换原来的燃烧器，燃烧系统和炉膛结构不需要更改，是在原有炉子上最容易实现、最经济的降低 NO_x 排放的技术。但单靠这种技术无法满足更严格的排放标准，所以该技术常与其他控制技术联合使用。目前国内新建的及在用火电机组大多采用该技术，对现有机组也开始进行技术改造。北京市政府在 2000 年发布的第五阶段控制大气污染措施的通告中，明确要求全市火电厂的煤粉锅炉配备低氮燃烧器，目前已全部安装，测试结果表明，最高可降低 30%～40%的氮氧化物排放。山东省于 2014 年也发布了地方标准[《煤粉锅炉低氮燃烧技术性能规范》(DB37/T 2583—2014)]，大力促进煤粉锅炉低氮燃烧技术的规范化和标准化，以减少燃煤锅炉氮氧化物排放，有效改善大气环境质量。

(2) 空气分级燃烧技术

空气分级燃烧技术是将燃烧所需的空气分级送入炉内，使燃料在炉内分级分段燃烧。该技术通过降低锅炉主燃烧区的氧气浓度，使其 $a<1$，火焰中心的燃烧速度和温度降低，从而减少主燃烧区的生成量。

强耦合式燃尽风系统和分离式燃尽风系统是空气垂直分级的燃烧技术，它们分别通过与现有燃烧系统端部出风口相毗邻和隔一段距离设置燃尽风口，把燃烧需要的一部分空气送入炉膛，实现二次燃烧。该技术可减排 20%～50%，但需要对现供风系统和炉膛进行部分改造。目前，我国已立项攻关这两种技术。

(3) 再燃技术

再燃技术是将锅炉炉膛分成三个区域：主燃区、再燃区和燃尽区。主燃区消耗全部燃料的 70%～90%，采用常规的低过剩空气系数($a\leqslant1.2$)燃烧生成 NO_x；与主燃区相邻的再燃区，只供给 10%～30%的燃料，而不供给空气，从而形成很强的还原性气氛(a 为 0.8～0.9)，使在主燃区中生成的 NO_x 在再燃区被还原成 N_2，燃尽区只供给燃尽风，在正常的过剩空气(a=1.1)条件下，使未燃烧的 CO 和飞灰中的炭燃烧完全。为了减少未完全燃烧的损失，通常采用天然气或平均粒径小于 43μm 的超细煤粉作为再燃燃料。采用超细煤粉作为再燃燃料的技术称为再燃技术。我国气体和液体燃料较为缺乏，一般选择超细煤粉作为再燃燃料，脱除率一般为 40%，最高达 50%。采用此技术，需要对原燃烧和制粉系统及炉子做较大改造。

3.2.1.2 循环流化床燃烧技术

循环流化床燃烧技术采用沸腾状燃烧方式，具有燃烧效率高、燃料适应性好、污染物排放量低等特点。我国自二十世纪八十年代开始进行循环流化床技术研究，通过自主研发和技术引进，目前已全面掌握了该清洁燃煤技术。

目前我国循环流化床锅炉容量覆盖 35～1000t/h 的锅炉。首台国产 135MW 循环流化床于 2004 年投运，至今已有十余台在运行，国产化循环流化床在 150MW 容量以下已经实现了产业化。首台国产 200MW 循环流化床也于 2006 年投运。首台国产 300MW 循环流化床机组于 2006 年 6 月初通过 168h 试运行。首台国产 330MW 循环流化床工程于 2006 年 5 月启动，并于 2008 年初投运。科技部 863 计划支持研发的国产世界单机容量最大的 600MW 超临界循环流化床示范电站在“十一五”期间实现了示范工程试车。目前我国循环流化床总安装容量达 5000 万 kW，居世界第一，相当于我国 2004 年全国总装机容量的 12%。加上近年即将投运的循环床，总装机容量将达到 55GW，占 2004 年我国燃煤机组总装机容量的 17%，已为我国燃煤电站降低 NO_x 排放量 12%。

3.2.1.3 整体煤气化联合循环洁净煤发电技术

整体煤气化联合循环(integrated gasification combined cycle，IGCC)洁净煤发电技术是将煤气化与联合循环发电相结合的一种技术。其主要过程是将煤炭气化，产生低热值的合成气，经净化后进入燃气轮机做功。该技术将固体燃料转化成清洁的气体燃料，既具有联合循环的优点——高效率，又解决了燃煤所带来的环境问题，具有燃料适应性广、热效率高、对环境污染小、废物利用的条件好、多联产和节水等优点，因此成为全世界范围内最具发展前景的一种洁净煤发电技术。

1992 年我国开始 IGCC 示范项目的可行性研究，1999 年国家计委批准在山东烟台电厂建设 300MW 示范电站，项目于 2003 年 12 月启动，是“十一五”期间烟台市重点建设项目。在我国已经建立的 IGCC 示范电站有：天津 250MW IGCC 电站、杭州半山电站 200MW IGCC 项目、东莞 IGCC 项目等。

3.2.1.4 无氮技术

(1) 化学链燃烧技术

化学链燃烧(chemical-looping combustion)技术是一种新型的无火焰燃烧技术，燃料不直接与空气接触燃烧，而是通过载氧体在两个反应器(空气反应器、燃料反应器)之间的循环交替反应来实现燃烧过程，反应不产生燃料型 NO_x。由于无火焰的气固反应温度远远低于常规燃烧温度，因而可控制热力型 NO_x 的生成。目前采用的载氧体主要有 Fe 和 Ni，对应的金属氧化物为 Fe_2O_3 和 NiO。这种根除 NO_x 的生成的燃烧技术是解决烟气污染问题的一个重大突破。

(2) O_2/CO_2 燃烧技术

O_2/CO_2 燃烧技术于 1981 年提出，该技术预先将空气中的 N_2 分离，使煤在纯 O_2 或

O_2/循环烟气或 O_2/CO_2 气氛下燃烧。O_2/CO_2 气氛的高比热性导致火焰传播速度减慢，使得 O_2/CO_2 气氛下比相同氧含量的 O_2/N_2 气氛下的火焰温度低，而随着 NO_x 在 CO_2 再循环过程中大量分解，O_2/CO_2 气氛下 NO_x 的排放不到常规空气燃烧的 1/3。

3.2.2 烟气脱硝技术

目前，国内市场上针对烟气脱硝主要采用三种技术：选择性催化还原(SCR)技术、选择性非催化还原(SNCR)技术和前两种技术的结合(SNCR-SCR)。

3.2.2.1 SCR 技术

SCR 技术早在 20 世纪 70 年代即在日本实现产业化，在日本、美国、欧洲等得到广泛应用，目前我国已配备烟气脱硝工艺的电厂中 SCR 工艺占 96%。SCR 技术原理是氨气被稀释到空气或蒸汽中后在催化剂表面与 NO_x 反应生成氮气和水。该法的优点是反应温度较低(320～400℃)、净化率高(85%以上)、工艺设备紧凑、运行可靠、还原后的氮气放空无二次污染。其缺点则在于投资运行成本较高、易产生催化剂中毒或活性显著降低、氨逃逸造成二次污染等。催化剂是影响 SCR 技术中 NO_x 脱除效率的重要因素，是脱硝项目成功的关键。同时，从经济上讲，催化剂的初投资成本占项目总投资的 30%～50%，催化剂的使用寿命决定着 SCR 系统的运行成本。SCR 催化剂发展主要经历了四个阶段。

(1) 贵金属催化剂

Pt、Ph 和 Pd 等贵金属类催化剂，在 20 世纪 70 年代前期就已经作为排放控制类催化剂而成为 SCR 反应中最早使用的催化剂。贵金属催化剂对 NH_3 氧化具有很高的催化活性，但在选择催化还原过程中会导致还原剂大量消耗而增加运行成本。贵金属催化剂造价昂贵，易发生硫中毒，其研究目标是进一步提高低温活性，提高抗硫性能和选择性[11-13]。目前，贵金属催化剂仅应用于低温条件下以及天然气燃烧后尾气中 NO_x 的脱除。在这类催化剂中，Pt 的研究相对深入，其反应过程为 NO 在 Pt 活性位上脱氧，然后碳氢化合物将 PtO_2 还原。优点是具有较高的效率，缺点是有效温度区间较窄。

(2) 金属氧化物催化剂

金属氧化物催化剂主要包括 V_2O_5、WO_3、Fe_2O_3、CuO、CrO_x、MnO_x、MgO、MoO_3 和 NiO 等金属氧化物或其联合作用的混合物[14-17]，如水滑石中提取出来的 Co-Mg-Al、Cu-Mg-Al 和 Cu-Co-Mg-Al 等。通常以 TiO_2、Al_2O_3、ZrO_2、SiO_2 等作为载体，提供大的比表面积的微孔结构，促进活性组分的分散。当采用这一类催化剂时，通常以氨或尿素作为还原剂。目前，工程应用上使用最多的是钒基类催化剂。这类催化剂包括 V_2O_5-WO_3/TiO_2、V_2O_5-MoO_3/TiO_2、V_2O_5-WO_3-MoO_3/TiO_2 等，其中尤以 V_2O_5-WO_3/TiO_2 研究以及应用最多。V_2O_5 作为主要的活性组分，其担载量通常不超过 1%(质量分数)。这是由于 V_2O_5 也可同时将 SO_2 氧化成 SO_3，这对 SCR 反应很不利，因此，钒的担载量不能过大。锐钛矿结构的 TiO_2 作为载体主要是因为钒的氧化物在 TiO_2 表面有很好的分散性；SO_2 氧化生成的 SO_3 与 TiO_2 发生的反应很弱且可逆；TiO_2 表面生成的硫酸盐的稳定性要比在其他氧化物如 Al_2O_3 和 ZrO_2 表面要差。WO_3 含量很大，大约占 10%(质量分数)，主要作用是增加催化剂的活性和增加热稳定性。MoO_3 提高催化剂活性的同时可防止烟气中 As 引起的催化剂中毒。

(3) 碳基催化剂

碳基催化剂是碳基载体(活性炭、碳纳米管、活性碳纤维、蜂窝状活性炭)担载不同金属氧化物(V_2O_5、MnO_x、CeO_2、CuO、Fe_2O_3)所制的一类催化剂[18-22]。AC 是一个复杂的载体，表面含有丰富的含氧、氮等官能团，对其进行不同的处理，可改变表面官能团的种类和数量，进而影响其与活性组分的相互作用。研究表明，CuO/AC、Fe_2O_3/AC、Cr_2O_3/AC、Ce/AC 等催化剂均可表现出良好的低温 NH_3-SCR 性能，尤其是 Fe_2O_3/AC，当负载量为 10%(质量分数)时，140～340℃的 NO 转化率可达 100%。对 AC 进行酸改性后可进一步提高催化剂的活性，研究表明，浓硝酸预氧化处理后，AC 表面会产生较多的含氧官能团，对催化剂活性有很大提高。Mn_2O_3/ACF 催化剂在 100℃下 NO_x 转化率可达 63%，150℃下则上升至 92%。在低温下，碳材料自身也可作为还原剂，所以表现出较高的 NO_x 选择还原性能，但在高温条件下其活性还有待于提高；并且当 H_2O 和 SO_2 存在时，脱硝活性会受到严重影响，这也是其实际应用受限的原因。

(4) 分子筛催化剂

沸石分子筛催化剂最早作为 SCR 反应的催化剂，主要应用于具有较高温度的燃气电厂和内燃机的 SCR 系统中。SCR 过程中应用的沸石类催化剂主要是采用离子交换方法制成的金属离子交换沸石。所采用的沸石类型主要包括 Y-沸石、ZSM 系列、MFI 和发光沸石(MOR)、Beta 系列、CHA 系列等[12]，特别是 Cu-CHA，国外学者对其的研究工作较多。可用于离子交换的金属元素主要包括 Mn、Cu、Co、Pd、V、Ir、Fe 和 Ce 等[13]。此类催化剂的特点是选择性还原 NO_x 具有高的催化活性，并且活性温度范围比较宽，在选择催化还原 NO_x 技术中也备受关注。离子交换的分子筛催化剂分子筛的孔结构、硅铝比以及金属离子的性质和交换率对其催化剂还原 NO_x 的活性有显著的影响。近年来关于 Cu-SSZ-13 和 Cu-SSZ-39 催化剂的研究比较多，在使用 NH_3 还原 NO_x 实验中取得了很好的催化效果。虽然分子筛 SCR 催化剂具有优异的催化活性，但是硫中毒是制约目前分子筛 SCR 催化剂应用于固定源烟气脱硝的一个重要技术壁垒。

3.2.2.2 SNCR 技术

SNCR 技术最初由美国 Exxon 公司发明并于 1974 年在日本成功投入工业应用。迄今为止，全世界约有 300 套 SNCR 装置应用于电站锅炉、工业锅炉、市政垃圾焚烧炉和其他燃烧装置[20]。该方法原理是在高温(900～1100℃)和没有催化剂的情况下，向烟气中喷入尿素等含有 NH_4^+ 的还原剂，选择性地将烟气中的 NO_x 还原为 N_2 和 H_2O，脱硝效率为 25%～50%。

温度控制是氨作为 SNCR 技术还原剂的关键。NO 被氧化的反应主要发生在 950℃左右，当温度低于 900℃时，反应不完全，氨逃逸率高，造成新的污染；而当温度高于 1100℃时 NH_3 与 O_2 可能发生副反应，生成一部分 NO。目前 SNCR 技术发展趋势之一是用尿素 $[(NH_2)_2CO]$ 作为还原剂。SNCR 技术具有以下优点：系统简单、占地少、投资小、运行费用低、反应中不会导致 SO_2 氧化、不易造成堵塞或腐蚀、无系统压力损失等[21]。应用实践表明，目前 SNCR 技术应用中还存在以下问题：NO_x 脱除效率较低；不同锅炉型式和负荷状态的温度窗口选择和控制较困难；还原剂耗量大；氨逃逸量较大，易于造成新的环境污染；如运行控制不当，用尿素作还原剂时还可能造成较多的 CO 和 N_2O 排放。

目前，SNCR 技术主要有三种：①美国 Exxon 公司的 Thermal de-NO_x工艺，该工艺在反应过程中喷入氨(NH_3)，反应温度为 870～1200℃，用于燃油和燃煤电站锅炉取得了较好脱氮效果。②美国燃烧技术公司的 NO_x-OUT 技术，该技术在反应过程中喷入尿素，反应温度为 900～1000℃，尿素溶液可直接喷入锅炉炉膛，如同时喷入石灰水还可进行脱硫，该技术目前在美国和欧洲已得到商业应用。③Emcoter 公司的二级 de-NO_x技术，该技术在反应过程中喷入尿素和甲醇，该系统的第 1 套反应装置已经安装于巴斯尔城市垃圾焚烧炉上。

3.2.2.3　SNCR-SCR 混合烟气脱硝技术

SNCR-SCR 混合烟气脱硝技术是结合了 SNCR 经济、SCR 高效的特点而发展起来的一种新型技术。20 世纪 70 年代该工艺在日本的一座燃油装置上成功进行试验。混合工艺反应前段为高温段(900～1100℃)，用 SNCR 法，后段为低温段(320～400℃)，用 SCR 法，后段加装少量催化剂；还原剂可使用氨或尿素，喷射位通常位于一次过热器或二次过热器后端；SO_2 氧化较 SCR 法低，NH_3 逃逸体积分数为 5×10^{-6}～10×10^{-6}。SNCR-SCR 混合烟气脱硝技术脱硝效率为 40%～70%。

与 SNCR 和 SCR 工艺相比而言，这种混合工艺具有以下优点：脱硝效率高、催化剂用量少、反应塔体积小、空间适应性强、脱硝系统阻力小、SO_2/SO_3 氧化率较低、对下游设备腐蚀相对较小、省去 SCR 旁路、催化剂的回收处理量少等。

3.2.3　其他方法

3.2.3.1　湿法烟气脱硝技术

(1) 稀硝酸吸收法

该法利用 NO 和 NO_2 在硝酸中的溶解度比在水中溶解度大来净化含有 NO_x 的废气。随着硝酸浓度的增加，其吸收效率显著提高，考虑到工业实际应用及成本等因素，实际操作中所用的硝酸浓度一般控制在 15%～20%范围内。除浓度外，稀硝酸吸收 NO_x 效率还与吸收温度和压力有关，低温高压有利于 NO_x 吸收，实际操作中的温度一般控制在 10～20℃。

(2) 碱性溶液吸收法

该法采用 NaOH、KOH、Na_2CO_3、$NH_3\cdot H_2O$ 等碱性溶液作为吸收剂对 NO_x 进行化学吸收。为进一步提高吸收效率，又开发了氨-碱溶液两级吸收技术：首先，氨与 NO_x 和水蒸气进行完全气相反应，生成硝酸铵和亚硝酸铵白烟雾；然后，用碱性溶液进一步吸收未反应的 NO_x，生成硝酸盐和亚硝酸盐。吸收液经多次循环，碱液耗尽之后，将含有硝酸盐和亚硝酸盐的溶液浓缩结晶，可作肥料使用。

(3) 氧化还原吸收法

氧化还原吸收法是将 NO 氧化为 NO_2 后用碱液进行吸收。常用的气相氧化剂有 O_2、O_3、Cl_2、ClO_2 等；液相氧化剂有 HNO_3、$KMnO_4$、$NaClO_2$、H_2O_2、Na_2CrO_4 等。还原吸收法是用液相还原剂将 NO_x 还原为 N_2。常用的还原剂有亚硫酸盐、硫化物、硫代硫酸盐、尿素水溶液等。亚硫酸铵具有较强的还原能力，可以将 NO_x 还原为无害的 N_2，特别适用于同时生产硫酸、硝酸的化工厂。

(4) 络合吸收法

络合吸收法是20世纪80年代发展起来的一种可以同时脱硫脱硝的新方法，在美国、日本等国得到了较深入研究。烟气中NO_x的主要成分NO(占90%)在水中的溶解度很低，大大增加了气-液传递阻力，络合吸收法是利用液相络合吸附剂直接与NO反应，增大NO在水中的溶解度，从而使NO易于从气相转入液相。该法特别适用于处理主要含NO的燃煤烟气。湿法在实验装置上对NO_x的脱除率可达90%，但在工业装置上则很难达到。此法具有工艺过程简单、投资较少、可供应用的吸收剂多、可回收利用废气中的NO_x等诸多优点，但也存在脱硝效率低、能耗高、吸收废气后的溶液难以处理、容易造成二次污染及吸收剂、氧化剂及络合物的费用较高等问题，对于NO_x浓度较高的废气不宜采用。

3.2.3.2 电子束法

电子束法(electron beam method)是20世纪70年代发展起来的一种可同时脱硫脱硝的技术，脱硫率可达90%以上，脱硝率可达80%以上。其基本原理是：电子束中的高能电子或放电产生的高能电子与烟气中的气体分子碰撞产生活性自由基(·O、·O_3、·OH、HO_2·等)，将NO_x氧化，再与通入烟气中的NH_3(吸收剂)反应，生成NH_4NO_3等固体颗粒物，在反应器出口收集硝酸铵，烟气则直接排空。该法由于具有系统简单、操作方便、过程易于控制、处理后不产生废水废渣等优点，发展前景非常广阔。

3.2.3.3 PPCP技术

脉冲电晕等离子化学处理(pulse corona induced plasma chemical process，PPCP)法烟气脱硫脱硝技术是20世纪80年代提出的一种脱硝技术，通过在直流高电压上叠加脉冲电压形成超高压脉冲放电，需处理的烟气在极短时间内被瞬间激活，自由能猛增成为活化分子，化学键断裂，生成新的单一原子气体或单质固体微粒，从而实现烟气的净化。该技术具有显著的脱硫、脱氮效果，去除率均可达到80%以上，还可同时脱除烟气中的重金属，除尘效果也优于直流电晕方式的传统静电除尘技术，有望成为一种脱硫、脱氮、除尘一体化的新工艺，已成为国内外研究热点，目前正处于工业性试验阶段。

3.2.3.4 微生物法

微生物法是一种较新的氮氧化物污染控制技术，其原理是在有外加碳源的情况下，适宜的脱氮菌利用NO_x作为氮源，将其还原成N_2，其中，NO_2先溶于水中形成NO_3及NO_2，再被生物还原为N_2，而NO则是被吸附在微生物表面后直接还原为N_2。微生物法目前还处于实验阶段，如何保持反硝化菌的厌氧生长环境和有机碳源的有效添加以及工程放大等问题都亟待解决。

3.2.3.5 吸附法

吸附法是利用多孔性固体吸附剂净化废气中NO_x的技术。根据再生方式的不同，吸附法可分为变温吸附法和变压吸附法。常用的吸附剂有分子筛、活性炭、硅胶及含NH_3

泥煤等，其中分子筛是最受关注的吸附剂。国外已有采用吸附法的工业装置用于处理硝酸尾气，可将 NO_x 浓度由 1500～3000ppm 降低到 50ppm。吸附法的优点是：去除率高、无须消耗化学物质、设备简单、操作方便。缺点是：吸附剂吸附容量小、需再生处理、设备费用较高、能耗较大。

3.2.3.6 光催化氧化法

光催化氧化法是一项新型空气净化技术，具有反应条件温和、能耗低、二次污染少等优点。其基本原理是 TiO_2 受光辐射后产生空穴，夺取 NO_x 体系中电子后使其被活化、氧化，最终生成 NO_3^-。温度、NO_x 初始浓度对光催化氧化法净化效果影响较大，此外反应过程中有害中间产物的控制也是该法需要着重关注的问题。

3.3 氮氧化物控制技术分类

我国氮氧化物排放量的 90%来自煤炭消耗，因此控制大气污染最紧迫的任务就是燃煤氮氧化物的控制。目前，控制 NO_x 污染的技术可分为三类：燃烧前控制技术、燃烧中控制技术和燃烧后控制技术。

对于燃煤氮氧化物的控制主要有三种方法：①燃料脱氮；②改进燃烧方式和生产工艺，即燃烧中脱氮；③烟气脱硝即燃烧后氮氧化物控制技术。前两种方法是减少燃烧过程中氮氧化物的生成量，第三种方法则是对燃烧后烟气中的氮氧化物进行治理。燃料脱氮技术至今尚未很好开发，有待今后深入研究。目前常用的 NO_x 控制技术方法见图 3-13。

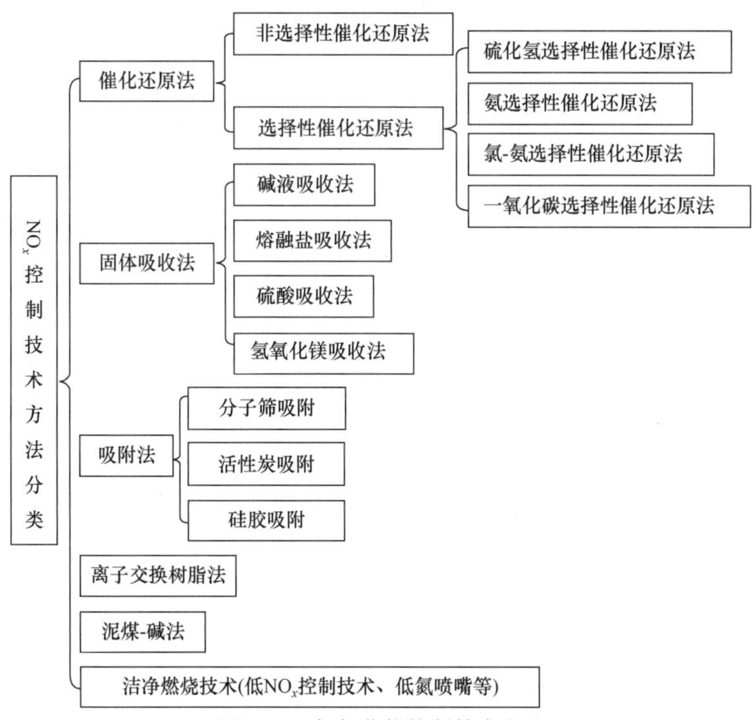

图 3-13 氮氧化物控制技术方法

3.3.1 燃烧前控制技术

燃烧前控制技术主要是指降低燃料中的含氮量，如利用洗煤、选煤、混煤等方法减少煤中的含氮量，以降低燃料型 NO_x。

3.3.2 燃烧中控制技术

根据 NO_x 的形成机理，氮氧化物燃烧控制技术主要有低氧燃烧法、二段燃烧法、烟气再循环法等。其中最主要的是低 NO_x 燃烧技术，通过改进燃烧措施，调整燃烧要素来抑制 NO_x 的生成。

低 NO_x 燃烧技术的特点是工艺成熟，投资和运行费用低，在对 NO_x 排放要求非常严格的国家(如德国和日本)，均是先采用低 NO_x 燃烧器减少一半以上的 NO_x 后再进行烟气脱硝，以降低脱硝装置入口的 NO_x 浓度，减少投资和运行费用[22]。进入 20 世纪 90 年代，一些锅炉供货商又对其开发的低 NO_x 燃烧器做了大量改进和优化，使其日臻完善[23-27]。

3.3.3 燃烧后控制技术

从烟气中去除氮氧化物是控制大气污染措施中最重要的方法。而烟气脱硝技术，或称烟气 NO_x 净化技术，就是运用非燃烧方法把已经生成的 NO_x 还原为 N_2，从而降低 NO_x 排放量。

其根据目的不同可分为不同的方法。根据反应介质状态的不同，进一步分为液相反应法、气相反应法、微波技术、微生物法、电化学法等。气相反应法又包括三类：一是电子束辐照法和脉冲电晕等离子体法；二是选择性催化还原法、选择性非催化还原法和炽热碳还原法；三是低温常压等离子体分解法等。第一类是利用高能电子产生的自由基将 NO 氧化为 NO_2，再与 H_2O 和 NH_3 作用生成 NH_4NO_3，并加以回收利用，可同时脱硫脱硝；第二类是在催化或非催化条件下，用 NH_3、C 等还原剂将 NO_x 还原为无害的 N_2；第三类则是利用超高压窄脉冲电晕放电产生的高能活性粒子撞击 NO_x 分子，使其化学键断裂分解为 O_2 和 N_2 的方法。以上方法中，脉冲电晕等离子体法和低温常压等离子体分解法分别处于中试和小试阶段，但它们的应用前景较好。

按照操作特点可分为干法、湿法和干-湿结合法三大类，其中干法又可分为选择性催化还原法、吸附法、高能电子活化氧化法；湿法又可分为水吸收法、络合吸收法、稀硝酸吸收法、氨吸收法、亚硫酸铵法、弱酸性尿素吸收法等；干-湿结合法是催化氧化和相应的湿法结合而成的一种脱硝方法。

根据净化原理，从烟气中脱除氮氧化物的方法还可分为六类：催化还原法、吸附法和固体吸收法等，见图 3-13。

液体吸收 NO_x 的方法较多，应用也较广。吸收液可以用水、碱溶液、稀硝酸、浓硫酸。由于 NO_x 极难溶于水或碱溶液，因而湿法脱硝效率一般不很高，但是，采用氧化、还原或络合吸收的方法可以提高 NO 的净化效果。湿法具有工艺及设备简单、投资少、能回收利用 NO_x 等优点，缺点是净化效率不高。

用分子筛、活性炭、活性焦、天然沸石、硅胶及泥煤等吸附剂可以吸附脱除 NO_x，其中有些吸附剂如硅胶、分子筛、活性炭及活性焦等，兼有催化的性能，能将废气中的 NO_x 催化氧化为 NO_2。脱附出来的 NO_2 可用水或碱吸收得以回收。吸附法脱硝效率高，且能回收 NO_x，但因吸附容量小、吸附剂用量多、设备庞大、再生频繁等原因，应用受到较大限制。

3.3.4 同时脱硫脱硝技术

近年来，各国都开展了烟气同时脱硫脱硝技术的研究开发工作，有的还得到了工业应用[28-39]。在 SO_2/NO_x 的联合脱除技术中，一类是利用吸附剂同时脱除 SO_2 和 NO_x；还有一类是对现有的烟气脱硫系统进行改造增加脱氮功能。

氧化铜工艺的原理是利用 CuO 作为吸附剂，与 SO_2 反应并氧化为 $CuSO_4$，而 $CuSO_4$ 又可作为 NO_x 和 NH_3 进行催化还原反应的催化剂，吸附饱和后经甲烷再生，释放出 SO_2 气体。20 世纪 70 年代，Shell 公司开发了固定床反应器体系，并在日本一燃油锅炉上进行了试验；1980 年，该工艺又在美国进行了 0.5MW 的小试；目前，美国匹兹堡能源技术中心正开发流化床反应器体系，小试已达到脱氮、脱硫率 90%左右，并估计投资费约为 133 美元/kW。脱除 NO_x/SO_2 技术类似干法可再生工艺，其吸附剂为 Al_2O_3，SO_2 和 NO_x 在 120℃的流化床中与吸附剂反应生成复杂的 S-N 化合物，反应产物在 620℃下加热释放 NO_2，又用甲烷和蒸汽处理释放出 SO_2 和 H_2S 而得以再生。该工艺小试已在 Toronto 电厂进行(5MW)，脱氮率可达 70%～90%，脱硫率达 90%，115MW 的工程示范在美国能源部的清洁煤计划的第三阶段中已经完成。

炉内和烟道喷吸收剂也可同时脱除 SO_2 和 NO_x。Natec 资源公司开发的烟道喷 $NaHCO_3$ 工艺已在五个燃煤锅炉安装了示范装置，结果表明，当用静电除尘器作为除尘器，脱硫率可达 90%，脱氮率为 25%。美国燃烧技术公司开发的同步脱硫脱硝技术在炉膛温度达到 1000℃时喷入石灰和尿素水溶液，可达到 60%～90%的脱硫率和 50%～80%的脱氮率，目前已完成中试。

对烟气脱硫(FGD)设备进行改造以满足控制 NO_x 排放要求的联合脱除工艺是近年来开发的热点。美国 Dravo 石灰公司于 1991 年在迈阿密的 Fort 电站进行了 1.5MW 规模的小试，检验在湿式脱硫系统中通过在脱硫液中加入金属螯合剂脱除 NO_x 的可行性，结果表明系统脱氮率可达 60%。贝纳特尔公司则是在湿式系统中加入磷氧化物，将 NO_x 氧化成 NO_2，并形成复杂的 S-N 化合物而达到脱氮目的，目前已建立了示范工程。美国阿贡国家实验室在 20MW 燃高硫煤锅炉上进行了喷雾干燥法联合脱硫脱氮的示范试验，通过在石灰水溶液中加入一定量的 NaOH，并调节工艺运行温度达到脱氮的目的，结果表明，脱氮率可达 50%，而脱硫率略有下降。据初步估计，脱氮后的运行费比常规设备干燥脱硫高 20%。湿式 FGD 加金属螯合物工艺的缺点主要是在反应中螯合物有损失，其循环利用困难，造成运行费用很高。

电子束辐射脱硫技术是一种脱硫新工艺，经过 20 多年的研究开发，已从小试、中试和工业示范逐步走向工业化。其主要特点是：干法处理过程，不产生废水废渣，能同时脱硫脱硝，并可达到 90%以上的脱硫率和 80%以上的脱硝率，系统简单，操作方便，过程易于控制，对于不同含硫量的烟气和烟气量的变化有较好的适应性和负荷跟踪性；副产品为硫铵和硝铵混合物，可用作化肥；脱硫成本低于常规方法。

脉冲电晕放电脱硫脱硝的基本原理和电子束辐射脱硫脱硝原理基本一致，都是利用高能电子使烟气中的 H_2O、O_2 等分子激活、电离或裂解，产生强氧化性的自由基，然后，这些自由基对 SO_2 和 NO_x 进行等离子体催化氧化，分别生成 SO_3 和 NO_2 或相应的酸，在有添加剂的情况下，生成相应的盐而沉降下来。该法不需昂贵的电子枪，也不需辐射屏蔽，只要对现有的静电除尘器进行适当的改造就可以实现，并可能集脱硫脱硝和飞灰收集的功能于一体；它的终产品可用作肥料，不产生二次污染；在节能方面有很大的潜力，并对电站锅炉的安全运行没有影响。正因为这样，自该技术被提出后，日本、意大利、美国等工业国家相继对它进行研究，在意大利还进行了规模较大的工业性试验。近几年来，该技术在中国也得到了较全面的研究。

活性炭吸附脱硫工艺是指在活性炭吸附脱硫系统中加入氨，在烟气中有氧和水蒸气的条件下同时脱除 SO_2 和 NO_x，其脱硫率可达 95%，脱硝率为 50%～80%。

WSA-SNO_x 技术是湿式洗涤并脱除 NO_x(wet scrubbing additive for NO_x removal)技术，烟气先经过 SCR 反应器，在催化剂作用下 NO_x 被氨气还原成 N_2，随后烟气进入转换器，SO_2 被催化氧化为 SO_3，冷凝后得到硫酸，进一步浓缩为可销售的浓硫酸(＞90%)。该技术除消耗氨气外，不消耗其他化学药品，不产生废水、废弃物等二次污染，不产生采用石灰石脱硫所产生的 CO_2。该工艺具有较低的运行和维护要求，有较高的可靠性。缺点是能耗较大，投资费用高，而且浓硫酸的储存及运输困难。

氯酸氧化工艺又称 Tri-NO_x-NO_x Sorb 工艺，是采用湿式洗涤系统，在一套设备中同时脱除烟气中的 SO_2 及 NO_x，采用氧化剂 $HClO_3$ 来氧化 NO 和 SO_2 及有毒金属，采用 Na_2S 及 NaOH 作为吸收剂，吸收残余的碱性气体。该工艺的特点是：对入口烟气浓度的限制范围不严格；操作温度低，可在常温下进行；对 NO_x、SO_2 及有毒金属有较高的脱除率；适用性强；并且没有催化剂中毒、失活或随使用时间的增长催化能力下降等问题。该工艺脱除效率达 95%以上。

SNRB 技术把所有的 SO_2、NO_x 和颗粒物的处理都集中在高温集尘室中，在省煤器后喷入钙基吸收剂脱除 SO_2，在布袋除尘器的滤袋中悬浮有 SCR 催化剂并在气体进布袋除尘器前喷入 NH_3 以去除 NO_x，布袋除尘器位于省煤器和换热器之间以保证反应温度。SNRB 工艺由于将三种污染物的清除集中在一个设备上，从而减少了占地面积和降低了成本。由于该工艺是在进入选择性脱硝催化剂之前除去 SO_2 和颗粒物，因而减少脱硝催化剂层的堵塞、磨损和中毒。SNRB 工艺要求的烟气温度范围为 300～500℃，装置布置在空气预热器前的烟道里。当脱硫后的烟气进入空气预热器时，就消除了在预热器中发生酸腐蚀的可能性，因此可以进一步降低排烟温度，增加锅炉的热效率。SNRB 工艺的缺点是需要采用特殊的耐高温陶瓷纤维编织的过滤袋，增加了成本。

喷雾干燥同时脱硫脱硝工艺利用与喷雾干燥脱硫技术相同的设备，而且也使用石灰作为主要的吸收剂。但是，这一烟气净化系统的一个重要特征是，存在一个“温度窗口”，即在这个温度范围内，通过加入 NaOH 等化学物质可以同时脱除 SO_2 和 NO_x。因此，这一工艺必须控制设备出口的温度为 90～102℃。

3.4 烟气脱硝技术原理

NO_x 的脱除，从化学反应来看，总是氧化和还原反应这两个方面，利用氧化反应的有 NO+臭氧或高锰酸钾 $\longrightarrow NO_2$，然后再用水吸收 NO_2。另外 NO_2 溶于水，实质上也是氧化反应，其反应式为

$$2NO_2 + H_2O \longrightarrow HNO_3 + HNO_2 \tag{3-4}$$

HNO_2 不稳定，受热立即分解：

$$3HNO_2 \longrightarrow HNO_3 + 2NO + H_2O \tag{3-5}$$

因此，实际上是

$$3NO_2 + H_2O(热) \longrightarrow 2HNO_3 + NO \tag{3-6}$$

有足够 O_2 存在时，NO 会再次被氧化成 NO_2，因此，

$$2H_2O + 4NO_2 + O_2 \longrightarrow 4HNO_3 \tag{3-7}$$

用碳酸钠、氢氧化钠、石灰乳可吸收二氧化氮，例如，

$$2NO_2 + Na_2CO_3 \longrightarrow NaNO_2 + NaNO_3 + CO_2\uparrow \tag{3-8}$$

NO 和 NO_2 均可在还原剂作用下，还原为 N_2。这些还原剂为 CH_4、NH_3、CO、H_2 等，常用的是 CH_4 和 NH_3。用 CH_4 时发生如下反应：

$$CH_4 + 4NO \longrightarrow CO_2 + 2H_2O + 2N_2 \tag{3-9}$$

$$CH_4 + 4NO_2 \longrightarrow 4NO + CO_2 + 2H_2O \tag{3-10}$$

以上反应在铂、铑为催化剂时进行，是净化硝酸生产过程尾气中 NO_x 的主要反应。

用 NH_3 时，反应如下：

$$2NH_3 + 5NO_2 \longrightarrow 7NO + 3H_2O \tag{3-11}$$

$$4NH_3 + 6NO \longrightarrow 5N_2 + 6H_2O \tag{3-12}$$

以上反应在有铂催化剂存在时进行，是处理发电厂烟气中 NO_x 的常用方法之一。

3.5 烟气 NO_x 控制技术

3.5.1 吸收法

吸收法的原理是利用液体对气体的选择性吸收，使低浓度的气体在液相中富集。其中，吸收法具有系统简单、操作温度低等特点，主要包括碱液吸收法、酸吸收法、氧化吸收法、还原吸收法和络合吸收法等[1]。

3.5.1.1 碱液吸收法

烟气中 NO 几乎不与水或碱液反应，且对其具有较低溶解度，所以在常压下以水或碱液吸收 NO 的效率较低。NO 不能单独被碱液吸收，而由一个分子 NO 和一个分子 NO_2 所形成的 N_2O_3 比 NO_2 更易为碱液吸收。在烟气中 $NO/NO_2 \geqslant 1$ 时，被吸收的氮氧化物中的 90%以上是以 N_2O_3 的形态被碱液吸收的。一般碱液吸收法只适用于 NO_2 浓度超过 50% 的含氮废气。其中，碱液可包括钠、钾、铵等离子的氢氧化物或其他弱酸盐溶液。

目前，碱液吸收法被广泛应用于我国常压法、全低压法硝酸的尾气处理以及其他场合的含氮废气治理，并可将其氮组分回收为亚硝酸盐或硝酸盐，产生一定的经济效益。然而，此方法在我国的应用水平较低，且对气相中 NO/NO_2 物质的量比的要求苛刻，同时其吸收效率低，使处理后的污染物浓度仍较高(10%～80%或以上)，无法满足日益严格的环保要求。

(1) 碳酸钠或氢氧化钠水溶液吸收氮氧化物

碳酸钠或氢氧化钠水溶液吸收氮氧化物的基本化学反应如下。

$$NO+NO_2 \longrightarrow N_2O_3 \tag{3-13}$$

$$N_2O_3+H_2O \longrightarrow 2HNO_2 \tag{3-14}$$

$$2HNO_2+Na_2CO_3 \longrightarrow 2NaNO_2+H_2O+CO_2 \tag{3-15}$$

总反应是

$$N_2O_3+Na_2CO_3 \longrightarrow 2NaNO_2+CO_2 \tag{3-16}$$

$$2NO_2+H_2O \longrightarrow HNO_3+HNO_2 \tag{3-17}$$

$$2HNO_3+Na_2CO_3 \longrightarrow 2NaNO_3+H_2O+CO_2 \tag{3-18}$$

反应(3-15)和反应(3-18)的总反应是

$$HNO_2+HNO_3+Na_2CO_3 \longrightarrow NaNO_2+NaNO_3+CO_2+H_2O \tag{3-19}$$

与 NaOH 水溶液的反应是

$$N_2O_3+2NaOH \longrightarrow 2NaNO_2+H_2O+189kJ \tag{3-20}$$

$$NO_2+2NaOH \longrightarrow 2NaNO_2+NaNO_3+H_2O+232kJ \tag{3-21}$$

反应条件对吸收的影响[2]包括：①NO 氧化度对吸收的影响。NO 不能单独被碳酸钠或氢氧化钠水溶液吸收，当气体中 $NO/NO_2=1$(即 $\alpha_{NO}=0.5$)时，吸收速度最快。②压力对吸收的影响。碱液吸收氮氧化物的速度随着压力的提高而增加。虽然加压提高了氮氧化物被碱液吸收的速度，但是在生产实际中并不用压缩尾气提高压力来提高碱吸收速度的办法，这样做在运行上不经济。③温度对吸收的影响。化学反应速率随着温度的增加而加快，碱溶液的黏度随温度的上升而下降，黏度的降低使液膜阻力减小，有利于吸收速度增加。另外温度增加，气体黏度上升，又增加了气膜阻力，同时减少了 NO_x 在水中的溶解度。因此温度对吸收速度的影响，是各种因素综合作用的结果。④溶液碱度对吸收的影响。在用单一 NaOH 溶液吸收气体中低浓度 NO_x 的试验中，吸收速度随碱度的降低而增加，直至中性为止。这是因为随着碱度的降低，溶液黏度下降，液膜阻力减少。但在实际中，为了母液后加工的经济性，其中($NaNO_2$+$NaNO_3$)的含量都在 350～420g/L，上述影响因素已起不到主导作用。

(2) 氢氧化钙水溶液吸收氮氧化物

氢氧化钙水溶液吸收氮氧化物的基本化学反应如下：

$$N_2O_3+Ca(OH)_2 \longrightarrow Ca(NO_2)_2+H_2O \tag{3-22}$$

$$4NO_2+2Ca(OH)_2 \longrightarrow Ca(NO_2)_2+Ca(NO_3)_2+2H_2O \tag{3-23}$$

反应条件对吸收的影响包括：①NO 氧化度对吸收的影响。根据试验数据[3]，用 $Ca(OH)_2$ 水溶液吸收氮氧化物时，N_2O_3 或 NO_2 的吸收速度几乎相等。因此，从净化气体中的氮氧化物来看 NO 的氧化度只要达到不小于 50%即可。②溶液组分对吸收的影响。氢氧化钙溶液吸收 NO_x 的速度随着循环吸收液中盐浓度的增加而降低。③其他因素对吸收的影响。气体压力提高，NO_x 分压增加，石灰乳吸收 NO_x 的速度会增加。在试验条件下可做对比，石灰乳吸收 NO_x 的最大吸收度是在气体压力约 0.3MPa 时。一般情况下循环吸收液的温度控制在 40～50℃，以减少碱式盐的生成。不同型式的吸收设备，对吸收速度有明显影响。

3.5.1.2　酸吸收法

由于 NO 对硝酸的溶解度远远大于对水及碱液的，所以可用硝酸来处理含氮废气，同时硝酸还具有强氧化性，可使 NO 转化为 NO_2，进而提升系统吸收效率。此外，浓硫酸也可对氮进行充分吸收，但最终却生成易水解的亚硝酸硫酸($NOHSO_4$)。对于酸吸收法，尚需采用加压处理，且其酸液循环量较大，能耗较高。研究表明杂多酸可有效吸收 SO_2 和氮，并分别获得 98%以上和 40%左右的脱除效率，同时其作用机理主要是利用自身结构中的金属离子与烟气中 SO_2 和氮构建一个自催化氧化还原体系，其中杂多酸系列中的钼硅酸和钼磷酸等都可以应用于脱硫脱硝。杂多酸中的 Mo 为六价(最高价态)，极易被还原成低价的 Mo(Ⅴ)、Mo(Ⅳ)和 Mo(Ⅲ)，这些低价 Mo 反过来也极易被氧化为高价态[4]。目前，杂多酸的典型形式主要有 $H_4SiMo_{12}O_{40}$、$H_3PMo_{12}O_{40}$ 和 $H_4SiW_{12}O_{40}$ 等，其中 $H_4SiMo_{12}O_{40}$ 的价格最为低廉，且无毒无害[5]。钼硅酸溶液能有效吸收 SO_2 废气，使黄色杂多酸盐变为蓝色，使 SO_2 氧化成 H_2SO_4；而蓝色钼蓝溶液则能使 NO_x 还原成 N_2，自身氧化成黄色的杂多酸。在吸收过程中，杂多酸仅起着电子传递作用，通过 Mo 和 V(Ⅵ)的变价来实现同时脱硫脱硝。杂多酸是多酸及其盐的还原产物。研究表明，钼硅酸可以脱除烟气中 98%以上的 SO_2 以及 40%左右的 NO_x[6]，组成杂多酸的钼元素是我国的丰产元素，储量丰富，价格低，产品易得，特别是在实际反应中可直接采用未经杂质分离的钼硅酸浸取液(含有 Si、P、As、Ca、Fe、Zn、W 杂质)，成本更低。同时，反应产物无污染，回收后可作为化肥。这些与以前的脱硫脱氮的方法相比，距离高效、低廉、不造成二次污染的目标更近了一步。

3.5.1.3 氧化吸收法

鉴于 NO_2 在碱液中的溶解性，可考虑先将烟气中 NO 氧化为 NO_2，再进行碱液吸收。研究表明，对于烟气中氮组分，液相吸收其等分子量的 NO 和 NO_2 比单独吸收相同量的 NO_2 具有更高的吸收速率，这是因为前者将生成 N_2O_3，其可与 H_2O 瞬间反应生成水溶性很强的 HNO_2。因此，在上述氧化过程中，需将 NO_2/NO 物质的量比控制为 1～1.3，但当烟气中 NO 浓度较低时，此过程进行比较缓慢，而需对其采取催化氧化或强氧化剂直接氧化等手段。

氧化吸收法是直接向烟气中注入强氧化剂将 NO 氧化，常见的氧化剂有 O_3、Cl_2、ClO 和 H_2O_2。20 世纪 90 年代，中佛罗里达大学[7]进行了一系列关于 H_2O_2 氧化 NO 的实验室研究，并完成中试。Haywood 和 Cooperd 等对气相化学氧化脱除燃煤烟气中 NO 的经济性进行了研究，认为对于已经建有 SO_2 吸收装置的电厂，该技术比 SCR 技术更经济[40]。

(1) 臭氧氧化吸收法

臭氧氧化吸收法以臭氧为氧化剂将烟气中不易溶于水的 NO 氧化成 NO_2 或更高价的氮氧化物，然后以相应的吸收液(水、碱溶液、酸溶液或金属络合物溶液等)对烟气进行喷淋洗涤，使气相中的氮氧化物转移到液相中，实现烟气的脱硝处理。主要的反应如下：

$$NO+O_3 \longrightarrow NO_2+O_2 \tag{3-24}$$

$$2NO+O_3 \longrightarrow N_2O_5 \tag{3-25}$$

$$3NO_2+H_2O \longrightarrow 2HNO_3+NO \tag{3-26}$$

$$N_2O_5+H_2O \longrightarrow 2HNO_3 \tag{3-27}$$

$$NO+NO_2+2NaOH \longrightarrow 2NaNO_2+H_2O \tag{3-28}$$

全套臭氧氧化脱硝工艺系统简单，容易在原有脱硫塔基础上改造并实现脱硫脱硝同时进行；脱硝率高；根据烟气中氮氧化物的实时监测，可实现氧化剂(臭氧)投加量的精确控制，使系统的运行效率不受锅炉运行状态影响；系统运行温度低，可实现低温脱硝处理；系统运行效率不受锅炉运行状态影响，大大减少脱硝系统的停机检修时间；臭氧的氧化能力也能实现对烟气中其他有害成分(如汞)的氧化脱除，能满足越来越严格的环保要求，适应的温度范围广；对 NO 的选择性好，利用率高；来源方便，易于原位生成；容易分解，不易引起二次污染。然而，由于臭氧的制备需要在高压下进行，所以具有较高的能耗及制备成本。目前，该技术开始在国内石化行业应用。其脱硝效率一般大于 85%，可达 90%以上；NO 排放浓度可达 20mg/m^3 以下；100 万 m^3/h 工程投资为 5000 万元左右；运行成本一般低于 16 元/kg NO。该技术成熟、稳定，运行简单，脱硝效率高，且可以运用于温度较低的烟气脱硝中，以及燃煤电站锅炉烟气深度脱硝[8]。

某石油催化裂化气烟气脱硝工程[8]采用臭氧氧化+碱液喷淋吸收脱硝技术。此脱硝装置于 2012 年 10 月完成试运行，是世界上最大型的臭氧氧化脱硝项目，工艺流程图见图 3-14，主要工艺原理如下：烟气经除尘后，与通入的臭氧反应，生成 NO_2、N_2O_5，在吸收塔内，热烟气与喷淋碱液接触发生化学吸收反应。

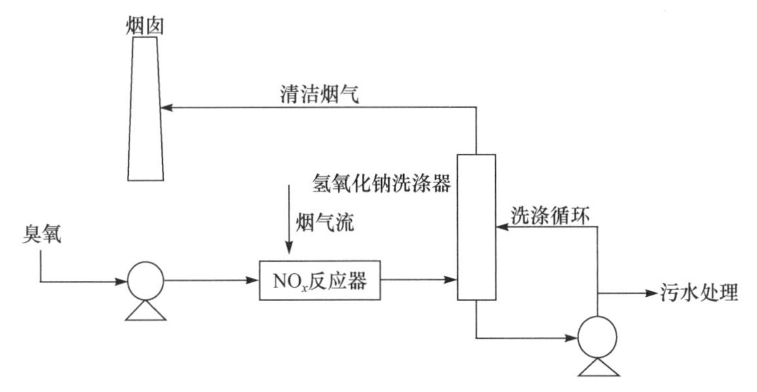

图 3-14　石油催化裂化气烟气脱硝工程项目工艺流程图

烟气来源：石油催化裂化气；烟气流量：50 万 Nm^3/h；所用臭氧设备量：5 台 55kg/h 空气源臭氧发生器，见图 3-15；喷淋液液气比：>7。近一个月的监控结果显示，入口 NO_x(含 NO 及 NO_2)平均浓度为 194mg/m^3，出口 NO_x 平均浓度为 23mg/m^3，完全达到国家烟气排放标准，其平均脱硝效率达到 88%。

图 3-15　5 台 55kg/h 空气源臭氧发生器全貌照片

(2) $NaClO_2$ 氧化吸收法

1978 年，Sada 等[28]在平板式气液界面的搅拌釜中进行了 $NaClO_2$ 脱硫、脱硝以及同时脱硫脱硝方面的研究。$NaClO_2$ 溶液的脱硝实验结果表明，$NaClO_2$ 的氧化性能会随吸收液 pH 值的降低而提高，但生成的 NO 在 pH 较低时易从溶液中解吸，需要 ·OH 来固定。25℃以下脱硝反应处于快速反应区，当 NO 体积分数超过 0.5%时，NO 反应级数为二级；当 ClO_2^- 浓度大于 0.8kmol/m^3 时，$NaClO_2$ 反应级数为一级；吸收速率常数随 NaOH 浓度的变化呈指数规律变化。反应式如下：

$$4NO + 3ClO_2^- + 4\cdot OH \longrightarrow 4NO_3^- + 3Cl^- + 2H_2O \tag{3-29}$$

20 世纪 90 年代，许多学者认为液面物质传质系数对吸收速率具有很大影响，因此采用了不同的吸收设备来强化气液间的混合，进行对比试验。Chan[29]利用填充柱，在室温和接近 1 个标准大气压的条件下用水和 $NaClO_2$ 溶液分别洗涤 NO、SO_2 气体。结果表明，$NaClO_2$ 溶液对 NO 的脱除效率远远大于水。刘凤等通过自行设计的小型鼓泡反应器进行了烟气同时脱硫脱硝的试验研究，结果表明：烟气中 NO 和 SO_2 均可与 $NaClO_2$ 发生氧化反应，且主要产物分别以硝酸盐和硫酸盐形式存在，同时在优化试验条件下，$NaClO_2$ 氧化吸收法可分别获得 100%及 95.2%的脱硫和脱硝效率。Brogren 等[30]在填充柱内进行

了 $NaClO_2$ 溶液吸收 NO 的动力学研究，结果表明，在 pH 值为 8～11 范围内，$NaClO_2$ 与 NO 的反应级数分别为 0.6～0.9、1.3～1.8。NO_x 主要水解产物为 N_2O_3 和 N_2O_4。NO 和 NO_2 的最高脱除效率可达到 84%和 77%。

(3) $HClO_3$ 氧化吸收法

$HClO_3$ 氧化吸收法是采用含有氯酸的强氧化剂氧化吸收 SO_2 和 NO，该过程在氧化塔中进行；后续工艺采用 NaOH 和 Na_2S 来吸收残余的酸性气体，吸收过程在碱式吸收塔中完成。该工艺实现了在一套装备中对烟气同时脱硫脱硝，脱除效率可达 95%以上，并且与利用催化氧化原理的技术相比没有催化剂中毒、失活等问题[12]。该工艺适用性强，对入口烟气的限制范围不高，在常温、吸收剂浓度较低时也可进行氧化吸收。但存在氯酸吸收剂价格高、对设备腐蚀性强、产生的废酸造成二次污染等问题。氯酸氧化 NO 的反应机理如下[31]：

$$NO+2HClO_3 \longrightarrow NO_2+2ClO_2+H_2O \tag{3-30}$$

$$5NO+2ClO_2+H_2O \longrightarrow 2HCl+5NO_2 \tag{3-31}$$

$$5NO_2+ClO_2+3H_2O \longrightarrow HCl+5HNO_3 \tag{3-32}$$

3.5.1.4　还原吸收法

还原吸收法包括气相(或液相)还原和液相吸收，其中对于氨-碱溶液吸收法，首先是将 NH_3 送入烟气进行气相还原，随后再将烟气引入碱溶液进行吸收，以使未反应的 NO 与碱液生成硝酸盐或亚硝酸盐，并加以回收，用作农肥。对于液相还原吸收法，则是利用液相还原剂将 NO 还原为 N_2，其中常用还原剂包括亚硫酸盐、硫代硫酸盐、硫化物、尿素水溶液等，然而液相还原剂与 NO 反应并不生成 N_2，而是 N_2O，且该反应的速率缓慢，所以应预先将 NO 氧化为 NO_2 或 N_2O_3，同时随着 NO 氧化程度的增加，此方法的最终吸收效率逐渐提高。Lee 等[15]通过投加添加剂对尿素法一步脱硫脱硝进行了研究，结果表明：添加剂的加入可起到催化、缓冲促效作用，并使系统脱硫和脱硝效率分别达到 95%及 40%～60%，且其自身特性在反应前后保持不变。

(1) 尿素

尿素因价廉易得、便于运输、化学稳定性好、反应产物简单等特点而广泛应用于湿法脱硫和 SCR 等工艺的研究中。尿素脱硫脱硝的研究最早起源于俄罗斯门捷列夫化学工艺学院，之后在兹米约夫电站还建设了工业装置[32-33]。Lasalle 等[34]对尿素在酸性介质下脱硝反应动力学进行了研究。贾琪等[35]采用理论分析和实验两种方法对酸性尿素水溶液处理导弹氧化剂废水 NO 展开了研究，探索了最佳处理条件，确定了较为合理的处理工艺，并讨论了 NO_2 转化率与尿素溶液浓度的关系。王树江等研究了尿素水溶液对二氧化碳气体中氮氧化物的去除。曹忠宇和王军等对酸性尿素溶液作吸收液还原吸收处理间歇性、高浓度氮氧化物废气做了研究。傅超平[36]为了改善反应效率，通过投加添加剂的方式对尿素法烟气同时脱硫脱硝进行了研究，发现加乙二胺和磷酸铵添加剂可提高尿素湿法烟气同时脱硫脱硝吸收反应效率，并进行了相关动力学、吸收特性分析。但尿素单独作吸收剂来处理烟气中的氮氧化物难以取得较高的脱除效率。

某 30t/h 燃煤工业锅炉湿法同时脱硫脱硝工程于 2010 年 10 月完工并投入运行。主要工艺原理：以尿素/碱/添加剂组合成的复合吸收剂，在吸收塔中与烟气接触反应，使烟气中的 SO_2、NO_x 等污染物同时净化，脱硫生成硫酸(钙、镁、钠)盐，脱硝生成无害的氮气，含硫酸盐的吸收尾气液经预处理后进入污水处理系统，处理至达标排放。以尿素/添加剂为复合吸收剂净化烟气后，吸收尾液含硫酸铵，可进行蒸发浓缩结晶回收资源。此技术结构简单、体积小、防堵塞，且多级吸收传质效率高[37]。

设计参数处理烟气量：90000m^3/h；烟气温度：130℃；进口 SO_2 浓度为 1200mg/m^3；进口 NO_x 浓度为 350mg/m^3；出口 SO_2 浓度小于 300mg/m^3；出口 NO_x 浓度小于 200mg/m^3。实际运行结果 SO_2 净化效率大于 95%，出口浓度小于 100mg/m^3；NO_x 净化效率大于 50%，出口浓度小于 170mg/m^3。

(2) 亚硫酸铵

亚硫酸铵为无色晶体，在空气中易被氧化为硫酸铵，受热易分解，还有发生爆炸的危险，所以不适合于一般的工业应用。而在氨法脱硫工艺系统中，不但氨水能吸收一部分 NO_x 生成硝酸铵和亚硝酸铵，且脱硫产生的$(NH_4)_2SO_3$ 对 NO_x 也有一定的还原吸收能力，从而提高了氨水的脱硝效率[18]。硫酸铵吸收 NO_x 的化学反应为

$$2NO+2(NH_4)_2SO_3 \longrightarrow 2(NH_4)_2SO_4+N_2\uparrow \tag{3-33}$$

$$2NO_2+4(NH_4)_2SO_3 \longrightarrow 4(NH_4)_2SO_4+N_2\uparrow \tag{3-34}$$

3.5.1.5 络合吸收法

由于烟气中 NO_x 的 95%是以 NO 形式存在，NO 在水和碱液中的溶解度都很低，在湿式吸收过程中，溶解难度较大。湿式络合法利用液相络合剂直接同 NO 反应，增大 NO 在水中的溶解性，从而使 NO 易于从气相转入液相，对于处理主要含有 NO 的燃煤烟气具有特别意义。此外，络合剂可以作为添加剂直接加入石灰石膏法烟气脱硫的浆液中，在原有的脱硫设备上稍加改造，可实现同时脱除 SO_2 和 NO_x，节省高额的固定投资，因此具有一定的应用前景。目前研究较多的 NO 络合吸收剂有 $FeSO_4$、EDTA-Fe(Ⅱ)、$Fe(CyS)_2$ 等。

(1) 硫酸亚铁法

$FeSO_4$ 与 NO 之间的吸收与解吸反应如下：

$$FeSO_4 + NO \rightleftharpoons Fe(NO)SO_4 \tag{3-35}$$

$FeSO_4$ 吸收 NO 的反应是一个放热反应。低温有利于吸收，加热则发生解吸。吸收液一般含有 20%的 $FeSO_4$ 和 0.5%～1.0%的 H_2SO_4。在 $FeSO_4$-H_2SO_4-H_2O 三元系中对 NO 溶解度的研究结果表明，$FeSO_4$ 溶液吸收 NO 的最大可能量为 $FeSO_4$：NO=1：1(物质的量比)。加入少量 H_2SO_4 能防止 Fe^{2+} 氧化和 $FeSO_4$ 的水解作用，因为 Fe^{2+} 在酸性溶液中比较稳定。pH 值升高，并且当尾气中 O_2 浓度大于 3.0%时，Fe^{2+} 易被氧化成 Fe^{3+}；pH 值大于 5.5 时，Fe^{2+} 开始沉淀出 $Fe(OH)_2$。解吸出的浓度达 85%～90%的 NO 气体可用于硝酸

生产，再生出的 $FeSO_4$ 可循环使用。

(2) Fe(Ⅱ)EDTA 络合法

研究发现一些金属络合物，如 Fe(Ⅱ)EDTA(EDTA，乙二胺四乙酸)可与溶解的 NO_x 迅速发生反应，促进 NO 的吸收。国外也对 Fe(Ⅱ)EDTA 络合吸收 NO 进行了深入研究。用 Fe^{2+} 螯合物 EDTA-Fe(Ⅱ)(乙二胺四乙酸亚铁)吸收 NO 的反应如下：

$$\text{EDTA-Fe(II)} + \text{NO} \rightleftharpoons \text{EDTA-Fe(II)(NO)} \tag{3-36}$$

EDTA-Fe(Ⅱ)吸收 NO 以后，可以用蒸汽解吸的方法回收高浓度 NO，同时使吸收液再生。将含有 NO 和 SO_2 的烟气通过含有 Fe(Ⅱ)EDTA 螯合物的溶液，燃煤烟气中的 NO 与 Fe(Ⅱ)EDTA 反应形成亚硝酰亚铁螯合物，配位的 NO 能够和溶解的 SO_2 和 O_2 反应生成 N_2、N_2O、连二硫酸盐、硫酸盐、各种 N-S 化合物和铁(Ⅱ)螯合物。1993 年，在美国能源部资助下，Benson 等[41]在 Dravo 公司进行了 Fe(Ⅱ)EDTA 同时脱硫脱硝中试研究。吸收剂为质量分数 6%的氧化镁增强石灰，脱硝率大于 60%，脱硫率为 99%。Fe(Ⅱ)EDTA 作为一种常用试剂，具有价格低廉的优势，但添加剂中 Fe^{2+} 容易被水中的溶解氧或化合物 Fe(Ⅱ)EDTA · NO 中分解出来的官能团氧化而失去活性。实际操作过程中需向溶液中加入抗氧剂或还原剂，抑制铁离子氧化。同时络合剂需要不断再生才能循环使用，其再生速率慢，反应过程中要损失和生成难处理的副产物，影响了工业推广应用。

(3) 半胱氨酸亚铁络合法

研究发现，含有 · SH 类亚铁络合物的抗氧化性能很好，对 NO 也有很好的吸收速率，用含有 · SH 的亚铁络合物作为吸收液，可解决 Fe(Ⅱ)EDTA 络合吸收剂中二价铁氧化失活问题。与传统的亚铁络合吸收剂相比，该法具有以下优势：在碱性条件下，吸收剂中 Fe^{2+} 不容易被氧化。而且半胱氨酸等本身就是一种还原剂，能够快速地将氧化形成的 Fe^{3+} 还原为 Fe^{2+}；半胱氨酸还可以将 NO 直接还原为 N_2/N_2O，可以有效抑制 HSO_3^- 还原 Fe^{3+} 和 NO 时 $S_2O_6^{2-}$ 以及其他 N-S 化合物的形成，因此可以持续高效地吸收 NO，开辟了一条烟气脱硝的新途径。含· SH 亚铁络合物中研究较多的为半胱氨酸亚铁溶液。在中性或碱性条件下，半胱氨酸亚铁主要以 $Fe(CyS)_2$ 络合物形式存在。$Fe(CyS)_2$ 与 NO 发生复杂的化学反应，主要形成二亚硝酰络合物，随后半胱氨酸被氧化成胱氨酸，而吸收的 NO 被还原成无害的 N_2。脱除 NO 后生成的胱氨酸，能被烟气中的 SO_2 快速还原成半胱氨酸。再生的半胱氨酸又可用于烟气的 NO 吸收，因此，半胱氨酸亚铁络合法不仅能脱除烟气中的 NO，而且能同时脱除 SO_2，并且胱氨酸被还原成半胱氨酸，使脱硫脱硝反应得以循环进行。过程中脱硝效率受 pH 和 $Fe(CyS)_2$ 浓度影响。

液相络合吸收法目前仍存在的主要问题是回收 NO_x 必须选用不使 Fe(Ⅱ)氧化的惰性气体将 NO_x 吹出；Fe(Ⅱ)总会不可避免地氧化为 Fe(Ⅲ)，用电解还原法和铁粉还原法再生 Fe(Ⅱ)均使工艺流程复杂和经济费用增加。此外，络合反应的速度也有待进一步提高。

(4) 钴络合物法

钴络合物是一种具有优势的脱硝吸收剂。二价和三价的钴络合物均可络合 NO，不存在亚铁络合物被氧化为铁络合物后就不能络合 NO 的情况。龙湘犁等[38]曾利用

$Co(NH_3)_6^{2+}$在氨法脱硫的基础上进行脱除NO的试验研究。先向$Co(NH_3)_6^{2+}$溶液中加入I^-，再经紫外光催化，可实现$Co(NH_3)_6^{2+}$的还原再生，并且能长期保持溶液脱除NO的能力。$Co(NH_3)_6^{2+}/I^-$溶液还能同时脱除气体中的SO_2，达到100%脱除率，实现高效同时脱硫、脱硝。该法的优点在于钴能作为催化剂使用，在总反应过程中不被消耗，降低了经济成本，并且可同时脱硫、脱硝，副产物是氨肥，可变废为宝。但目前研究的$Co(NH_3)_6^{2+}$再生方法均不是很完美的，且同时脱硫、脱硝时，SO_3^{2-}易与Co^{2+}和Co^{3+}形成沉淀，以致不能长时间保持较高的脱硝效率。

3.5.2　吸附法

3.5.2.1　活性炭吸附

活性炭具有较大的比表面积，对低浓度NO_x有较高的吸附能力，相对很多吸附材料而言，具有吸附速率快和吸附容量大的优点，其吸附量超过分子筛和硅胶。采用活性炭吸附用于处理NO_x有较多的研究和应用。采用活性炭吸附法净化NO_x具有工艺简单，净化效率较高，无须消耗化学物质，设备简单，操作方便，且能同时脱除SO_2等优点。但由于吸附剂容量有限，需要的吸附剂量大，所以设备庞大，且由于大多数烟气中有氧存在，300℃以上活性炭有自燃的可能，给吸附和再生造成相当大的困难，所以吸附法的工业广泛应用受到一定限制。

(1) 技术原理

活性炭净化有机废气是利用活性炭的微孔结构产生的引力作用，将分布在气相中的NO_x分子团吸附在孔表面，以达到净化气体的目的，净化后的气体通过烟囱达标排放。活性炭微孔被有机溶剂充满后活性炭便失去了吸附效率，此时活性炭必须进行再生或更换。

(2) 工艺流程

按吸附剂是否需要移动把吸附装置分为流化床和固定床。它们的工艺流程见图3-16、图3-17。烟气经过吸脱附塔时氮氧化物被吸附分离而使烟气得到净化。因为吸附剂的吸附容量是有限的，所以过一段时间必须对吸附剂进行再生。

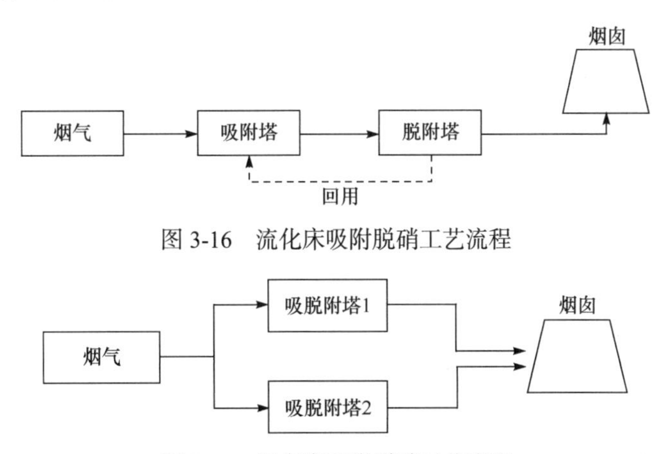

图3-16　流化床吸附脱硝工艺流程

图3-17　固定床吸附脱硝工艺流程

(3) 活性炭吸附影响因素[39]

1) 活性炭孔结构。吸附剂内孔的大小和分布对吸附性能影响很大。孔径太大，比表面积小，吸附性能差；孔径太小，则不利于吸附质扩散，并对直径较大的分子起屏蔽作用。

2) 比表面积。吸附剂的粒径越小，或是微孔越发达，其比表面积越大。吸附的比表面积越大，则吸附容量越高。

3) 表面化学性质。吸附剂在制造过程中会形成一定量的不均匀表面氧化物，其成分和数量随原料和活化工艺不同而异。表面氧化物成为选择性吸附中心，使吸附剂具有类似化学吸附的能力。

4) 原料。活性炭的原料主要是煤、木屑等，除此之外还有果壳、生活污泥等。王川等[40]比较两种活性炭吸附剂在不同气氛条件下 NO_x 的常温吸附性能。通过比较吸附穿透曲线和吸附容量，发现椰壳活性炭的吸附性能强于煤质活性炭。

5) 制作方法。活性炭在制作工艺上有物理法和化学法两种，化学法主要以磷酸为活化剂，由秸秆筛选、干燥、磷酸溶液配制、捏和、炭-活化、回收、漂洗、离心脱水、干燥与粉碎等工序组成。两种方法的工序不同，炭化活化温度、时间不同，也会造成活性炭吸附性能的差异。

6) 温度。当温度升高时，NO_x 吸附生成的含氮基团可以分解为相应的脱附产物。由于 NO_2 与 NO 的脱附温度为 150℃左右，吸附温度超过 150℃时，活性炭的 NO_x 吸附性能逐渐丧失。

7) H_2O。当反应气中加入 H_2O 时，由于生成的 HNO_3 与 HNO_2 参与了吸附反应，NO_2 的吸附与还原量增加。所以适量的水分可以提高活性炭吸附效率。

8) 再生次数。任何再生设备的效率都不可能达到 100%，所以再生必然还有部分微孔被堵塞，多次再生后其再生效率会逐渐降低，从而影响吸附剂的继续使用。

(4) 技术特点[42-45]

技术优点如下。

1) 活性炭材料本身具有非极性、疏水性、较高的化学稳定性和热稳定性，可进行活化和改性，还具有催化能力、负载性能和还原性能以及独特的孔隙结构和表面化学特性。

2) 在近常温条件下可以实现联合脱除 SO_2、NO_x 和粉尘的一体化，SO_2 脱除率可达到 98%以上，NO_x 脱除率可超过 80%。同时吸收塔出口烟气粉尘含量 20mg/m^3。

3) SO_2 的脱除率很高，且能除去废气中的碳氢化合物。

4) 吸附剂可循环使用，处理的烟气排放前不需要加热，投资省、工艺简单、操作方便、可对废气中的 NO_x 进行回收利用、占地面积小。

技术缺点如下。

1) 活性炭价格目前相对较高，强度低，在吸附、再生、重复使用过程中损耗率较高；挥发分较低，不利于脱硝。

2) 吸附剂吸附容量有限，常须在低气速(0.3～1.2m/s)下运行，因而吸附器体积较大；活性炭易被烟气中的 O_2 氧化导致损耗；长期使用后，活性炭会产生磨损，并会因微孔堵塞而丧失活性，从而需要再生处理。

3) 耗费大量吸收剂。

4) 设备庞大，占地面积广。

(5) 发展现状与趋势

活性炭是一种具有优异综合吸附性能的含碳物质，近年来在环保领域越来越多的国家已将活性炭净化作为解决大气、水源污染的主要手段[46-48]。我国活性炭工业发展迅速，平均年增长率达 15%，出口量已超过美国和日本，居世界首位[4]。目前我国活性炭应用领域主要集中在医药、食品、军工等部门，在环保方面的应用尚不广泛。因此大力开发和发展活性炭在环保方面的应用技术具有非常重要的现实意义。西南化工研究设计院利用变温吸附脱硝技术为国内某厂建立了一套两塔流程变温吸附工业装置。实际运行时处理的废气含 NO_x(约 1000mg/m^3)及少量 SO_2，变温吸附处理后，净化气中的 NO_x 和 SO_2 都可控制在 1mg/m^3 以下，净化气作为后续工段原料气。

3.5.2.2 活性焦吸附

活性焦和活性炭都是碳基类吸附材料，其脱硫脱硝原理基本相同。当烟气通过吸附剂时，利用活性焦微孔结构产生的引力作用，将分布在气相中的 NO_x 分子进行吸附，以达到净化气体的目的，净化后的气体通过烟囱达标排放[47-50]。活性焦吸附法是德国 BF(Bergbau-Forschung)公司在 1967 年最先提出的，日本的三井矿山株式会社根据日本环境标准分别于 1981 年和 1983 年对处理烟气量为 1000m^3/h 的同时脱硫脱硝的工业装置进行改进和调整，达到了长期、稳定的高效运转效果。

与活性炭相比，活性焦是一种表面积相对较小，但综合强度(耐压、耐磨损、耐冲击)比活性炭大的炭质吸附材料，有利于工业应用，可减少吸附、再生和重复使用中的损耗，因此，活性焦的经济性强于活性炭[5]。日本三井矿山九州研究所对炭质吸附材料的脱硝动力学研究结果表明，比表面积大的活性炭脱硝活性并不比比表面小的活性焦高，并进一步指出炭质材料中挥发分含量的高低对脱硝的催化活性有明显的影响，活性焦比表面积小，但其挥发分含量高，因此脱硝效果好。由于其高的脱硝性能，在现有的焚烧炉设备上加入活性焦，长期运转可达到 60%的脱硝率，脱硫率可以达到 80%[50]。在日本和德国，活性焦除大量应用在燃煤电厂的烟气处理上外，已经广泛应用在焚烧炉燃城市垃圾和医疗垃圾废气[47]、石油精炼气、加热炉废气等的处理上。所以，在脱硫脱硝的工业应用中，作为吸附材料的活性焦具有更好的应用前景。

3.5.3 催化法

3.5.3.1 选择性非催化还原脱硝

选择性非催化还原(SNCR)脱硝技术是在没有催化剂存在的条件下，利用还原剂将烟气中的 NO_x 还原为无害的氮气和水的一种脱硝方法。该方法首先将含 NH_3 的还原剂喷入炉膛温度为 800～1000℃的区域。在高温下，还原剂迅速热分解成 NH_3，并与烟气中的 NO_x 发生还原反应生成 N_2 和水。该方法以炉膛为反应器，可通过对锅炉进行改造实现，因此投资相对较低，施工期短。SNCR 技术在 20 世纪 70 年代中期最先工业应用于日本的一些燃油、燃气电厂烟气脱硝，80 年代末，欧洲的燃煤电厂也开始应用。目前世界上燃煤电厂 SNCR 系统的总装机容量在 2GW 以上。SNCR 脱硝效率可达 75%，但实际应用中，考虑到 NH_3 损耗和 NH_3 泄漏等问题，SNCR 设计效率为 30%～50%。根据报道，当 SNCR 与低 NO_x 燃烧技术结合时，其效率可达 65%。

(1) 技术原理

SNCR 过程化学相对简单。在蒸发器中，氨基还原剂[如氨气(NH_3)]和尿素[$CO(NH_2)_2$]先被蒸发，而后通过喷嘴喷入炉膛中。在合适的温度下，尿素或氨分解为活化的 NH_2· 和 NH_3 激发分子。通过一系列反应后，激发了的 NH_3 与烟气中的 NO_x 接触并反应，将 NO_x 还原为 N_2 和 H_2O。该过程可用以下化学反应式表示。反应式中用 NO 表示 NO_x，其原因为烟气中 90%～95%NO_x 是以 NO 的形式存在。

$$4NH_3 + 4NO + O_2 \longrightarrow 4N_2 + 6H_2O \tag{3-37}$$

$$2CO(NH_2)_2 + 4NO + O_2 \longrightarrow 4N_2 + 2CO_2 + 4H_2O \tag{3-38}$$

反应过程可能发生副反应，副反应主要产物为 N_2O。N_2O 是一种温室气体，同时它对臭氧层也能起到破坏作用。尿素 SNCR 系统中，近 30%的 NO_x 能被转换为 N_2O，较 NH_3-SCR 产生的 N_2O 多。氨气必须注入最适宜的温度区(930～1090℃)内，以保证上述两个反应为主要反应。当温度超过 930～1090℃，氨气容易直接被氧气氧化，导致被还原的 NO_x 减少。另外，当温度低于此温度时，则氨反应不完全，过量的氨溢出而形成硫酸铵，易造成空气预热器堵塞，并有腐蚀危险。

(2) 工艺流程

SNCR 脱氮是利用喷入系统的还原剂氨或尿素将烟气中的 NO_x 还原为氮气分子(N_2)和水蒸气(H_2O)。图 3-18 为 SNCR 工艺流程示意图。炉膛壁面上安装有还原剂喷嘴，还原剂通过喷嘴喷入烟气中，并与烟气混合，反应后的烟气流出锅炉。整个系统由还原剂储槽、还原剂喷入装置和控制仪表构成。氨是以气态形式喷入炉膛，而尿素是以液态喷入，两者在设计和运行上均有差别。尿素相对氨而言，储存更安全且能更好地在烟气中

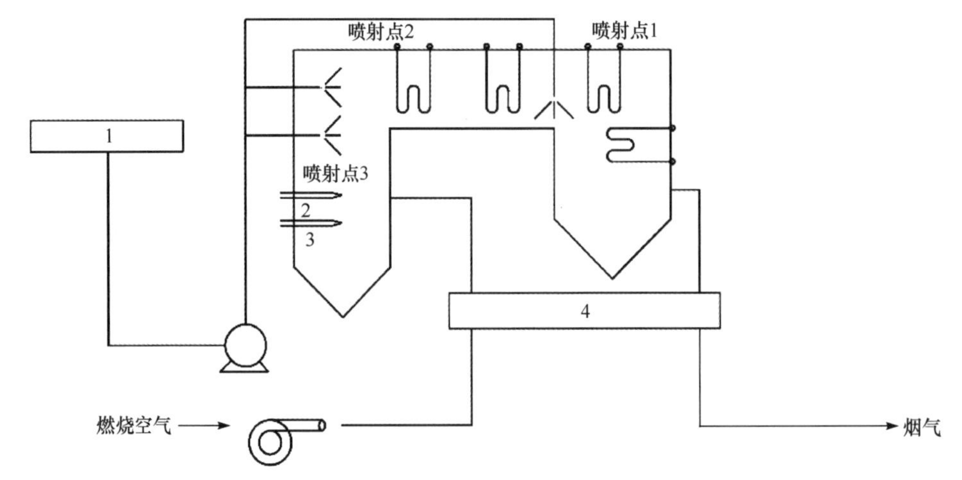

图 3-18　SNCR 工艺流程示意图

1-氨或尿素储槽；2-燃烧器；3-锅炉；4-空气加热器

分散，对于大型锅炉，尿素 SNCR 应用更普遍。当氨气与 NO_x 反应不完全时，未反应完全的 NH_3 将从 SNCR 系统逸出。反应不完全的原因主要来自两个方面，第一，反应的温度低，影响了氨气与 NO_x 的反应；第二，可能是喷入的还原剂与烟气混合不均匀。因此，还原剂喷入系统必须将还原剂喷入到锅炉内有效的部位，以保证氨气与 NO_x 混合均匀。

(3) 影响因素

NO 的还原效率决定烟气脱硝的效率。SNCR 系统中，影响 NO_x 还原效率的设计和运行参数主要包括反应温度、在最佳温度区域的停留时间、还原剂和烟气的混合程度、NO_x 排放浓度、还原剂和 NO_x 的物质的量比和氨泄漏量等。

1) 反应温度。

NO_x 的还原反应发生在一特定的温度范围内。温度过低，反应速率慢，氨反应不完全而造成泄漏。温度过高，还原剂被氧化而生成其他的 NO_x，同时也降低了还原剂的利用率。以氨为还原剂时，最佳操作温度范围为 870～1100℃。图 3-19 示出了一个以氨为还原剂 SNCR 工艺的中试装置的 NO_x 脱除曲线。

以尿素为还原剂时，最佳操作温度范围为 900～1150℃，添加剂能加宽有效的温度窗口。图 3-20 为尿素和 NH_3-SNCR 在不同锅炉温度下的脱硝效率。图 3-21 列出了一个规模为 285MW 的燃烧煤粉的固体排渣锅炉在满负荷下的炉膛上部区域处温度正面分布图，从图中可见最佳温度窗口为炉膛上部的再热器处，NH_3 从此位置喷入，可以保证有较高的脱硝效率。

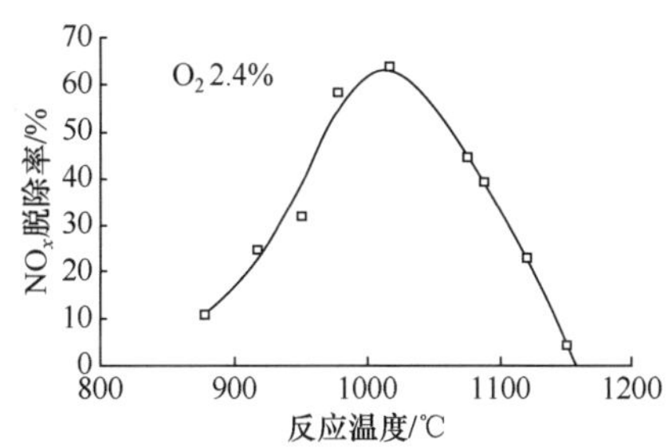

图 3-19 反应温度与 NO_x 脱除率的关系

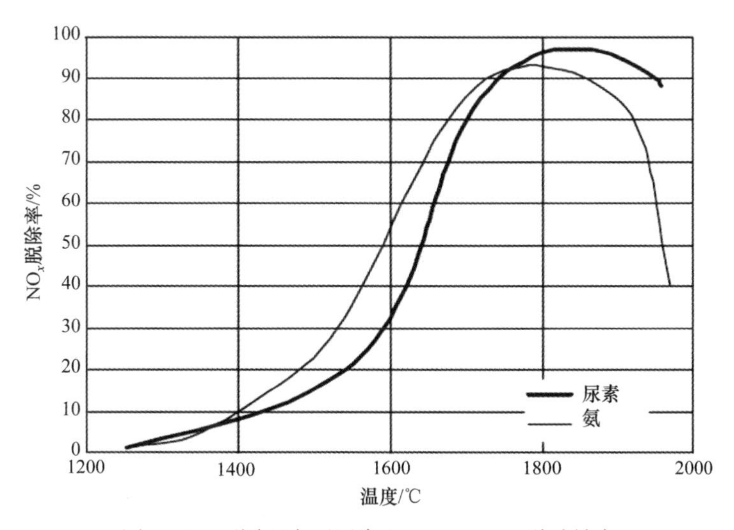

图 3-20 不同温度下尿素和 NH_3-SNCR 脱硝效率

2) 停留时间。

停留时间是指反应物在反应器中停留的总时间。在此时间内，尿素与烟气的混合、水的蒸发、尿素的分解和 NO_x 的还原等步骤必须完成。增加停留时间，化学反应进行得

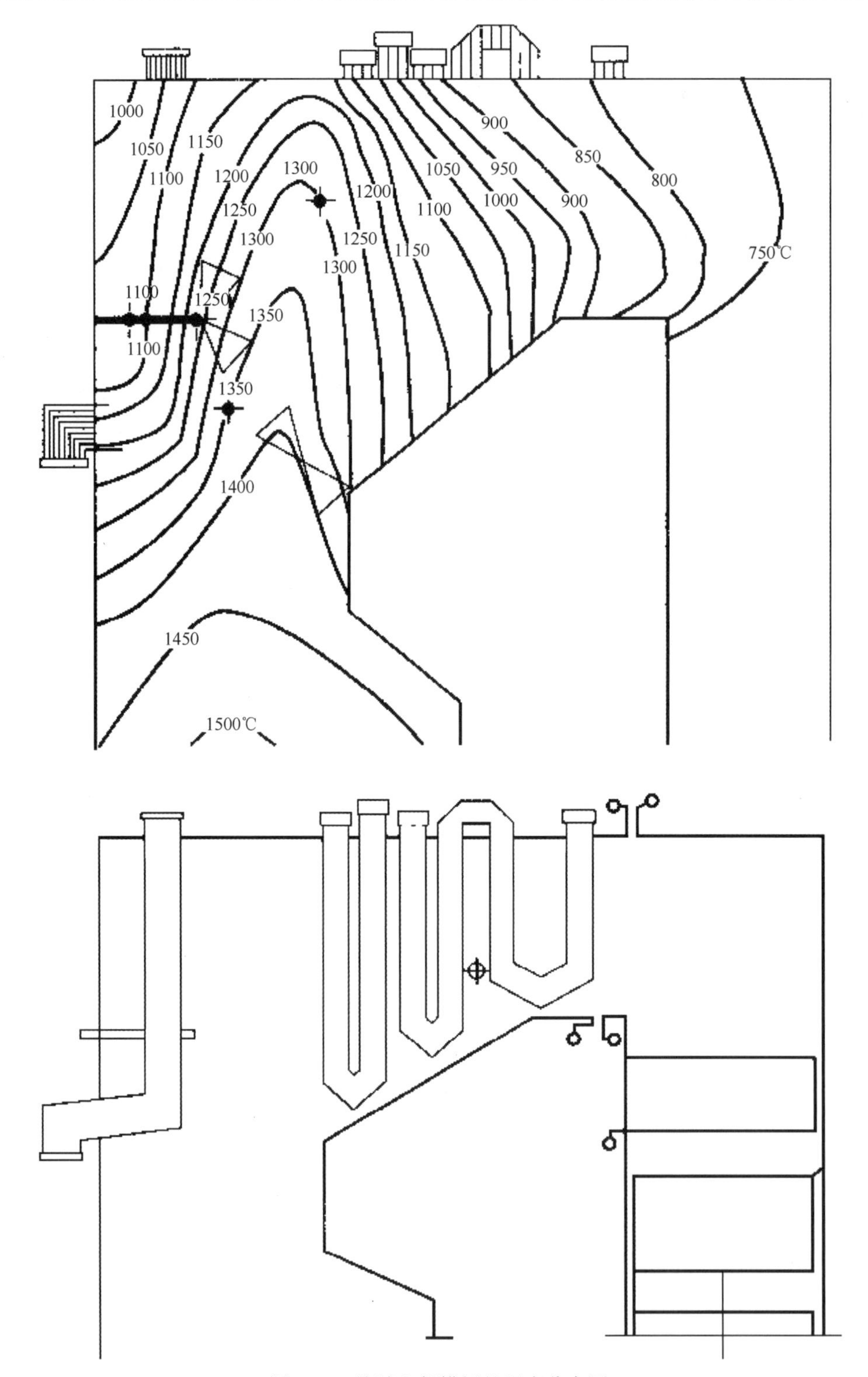

图 3-21　炉膛上部模拟的温度分布图

较完全，NO_x的脱除效率提高。当温度较低时，为达到相同的NO_x脱除效率，需要较长的停留时间。SNCR系统中，停留时间一般为0.001～10s。图3-22为以尿素为还原剂，不同温度下停留时间与脱硝效率的关系。停留时间的长短取决于锅炉气路的尺寸和烟气流经锅炉气路的气速。这些设计参数取决于如何使锅炉在最优化的条件下操作，而不是SNCR系统在最优化的条件下操作。锅炉停留时间是在满足蒸汽再生要求的同时，为防止锅炉水管的腐蚀，烟气保持一定的流速。因此，实际操作的停留时间并不是最优的SNCR停留时间。

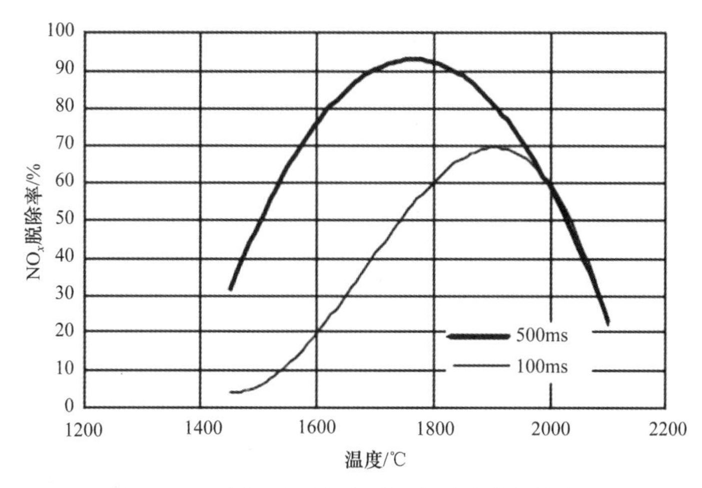

图3-22　不同温度下停留时间与脱硝效率的关系

3) 混合程度。

要发生还原反应，还原剂必须与烟气分散和混合均匀。由于氨很容易挥发，分散发生得很快。混合程度取决于锅炉的形状和气流通过锅炉的方式。在大锅炉中还原剂的分散与烟气的混合比在小锅炉内困难。还原剂的混合由喷入系统完成。喷嘴可控制喷射角度、速度和方向，将还原剂喷成液滴。建立烟气和还原剂混合的数学模型可优化喷入系统的设计。为使氨或尿素溶液均匀分散，还原剂被特殊设计的喷嘴雾化为小液滴。喷嘴可控制液滴的粒径和粒径分布。蒸发时间和喷射的路线是液滴粒径的函数。大液滴动量大，能渗透到更远的烟气中。但大液滴挥发时间长，需要增加停留时间较长。混合不均匀将导致脱硝效率下降，增加喷入液滴的动量、增多喷嘴的数量、增加喷入区的数量和对喷嘴进行优化设计可提高还原剂和烟气的混合程度。

4) NH_3/NO_x物质的量比(化学计量比)。

由化学反应方程式可知，脱除1mol NO_x需要消耗1mol氨(或与其相当的还原剂)。还原剂的利用效率可通过还原剂的喷入量与NO_x的脱除效率进行计算。化学计量比为脱除1mol NO_x所需氨的物质的量。由于受反应速率的影响，要达到100%的脱除效率，实际所需的化学计量比相比理论计量比要大些。未反应的氨将与系统中的SO_3反应生成硫酸铵而在空气预热器上沉积，导致空气预热器堵塞和腐蚀。SNCR工艺一般要求氨的逸出量不超过5×10^{-6}或更低。当SNCR工艺的化学计量比低于1.05时，氨的利用率达到95%以上。还原剂在锅炉高温(1100℃)区域，可发生氨的分解反应，反应方程式如下：

$$4NH_3+3O_2 \longrightarrow 2N_2+6H_2O \tag{3-39}$$

5) 添加剂对 SNCR 的影响。

1995 年，研究者在中试规模的燃烧装置上研究了添加甲烷对 NH_3-SNCR 的影响。在注入烟气前，天然气要与氨气预先充分混合。每摩尔氨气中加入 0.5mol 甲烷时，最佳操作温度从 1030℃下降到 916℃，但最大的 NO_x 脱除率从 68%下降到 60%。当甲烷与氨的比为 1∶1 时，最大的 NO_x 效率又有所下降。此外，其他含氮物质(如铵盐、羟胺、蛋白质、环状含氮化合物、有机铵盐等)也可用来还原 NO_x。有的还原剂所需的还原温度比尿素的低，如吡啶在 760℃左右也很有效。

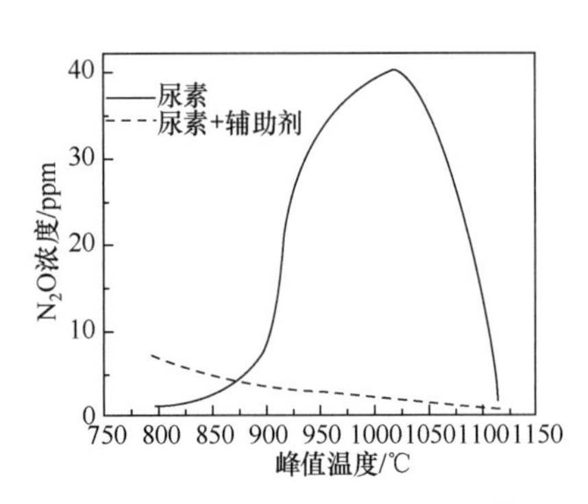

图 3-23　辅助剂对 SNCR 系统温度和 N_2O 生成的影响

在尿素中添加有机烃类，可增加燃气中的烃基浓度，从而增强对 NO_x 的还原，还可使操作温度降低 20℃左右。此类尿素还原 NO_x 的强化剂包括乙醇、糖类、有机酸等。酚也可改进 NO_x 的还原，自身又可在燃烧过程中裂解，这对有酚排放的企业可以达到以废治废的目的。在 SNCR 系统中，注入甲醇作为添加剂，可降低 NH_3 的逸出量，减少过程中 $(NH_4)_2SO_4$ 等腐蚀性固体在空气预热器等上的沉积。1993 年，进行了中试实验，实验结果如图 3-23 所示，辅助剂在保证尿素 SNCR 系统中 NO_x 脱除效率的同时，能抑制 N_2O 的生成。如果仅使用尿素时，在 983℃下生成 N_2O 的最大浓度可达 40ppm；当加入辅助剂时，在 763℃时 N_2O 的浓度就能明显地降低到 8ppm。

6) SNCR 过程中 N_2O 的生成。

SNCR 工艺通常会产生 N_2O。N_2O 在大气中很稳定，滞留时间长达 20～100 年。N_2O 不仅是一种温室气体，还对臭氧层具有破坏作用。N_2O 的生成量与 SNCR 过程所采用的还原剂、喷入还原剂的量以及喷入温度有关。

以氨、尿素和氰尿酸为还原剂 SNCR 工艺脱除 NO_x，发生的主要化学反应途径如图 3-24 所示。从图的右边可看出以尿素为还原剂时，NCO 与 NO 反应可生成 N_2O。用氨作还原剂时可能生成 N_2O，但尿素 SNCR 比氨 SNCR 产生的 N_2O 浓度高：

$$2NH_3+2O_2 \longrightarrow N_2O+3H_2O \tag{3-40}$$

实验结果表明，N_2O 的生成量随 NO_x 脱除效率的增加而增加，如图 3-25 所示。在 NO_x 脱除率为 50%时，N_2O 的生成量大约为 20ppm。这个结果同时表明，在 SNCR 脱硝过程中，有 10%～25%转化为 N_2O。

3.5.3.2　选择性催化还原脱硝

选择性催化还原(SCR)是指在氧气和非均相催化剂存在条件下，用还原剂 NH_3 将烟气中的 NO 还原为无害的氮气和水的工艺[49-57]。与 SNCR 相同，这种工艺之所以称作选择性，是因为还原剂 NH_3 优先与烟气中的 NO_x 反应，而不是被烟气中的 O_2 氧化。烟气

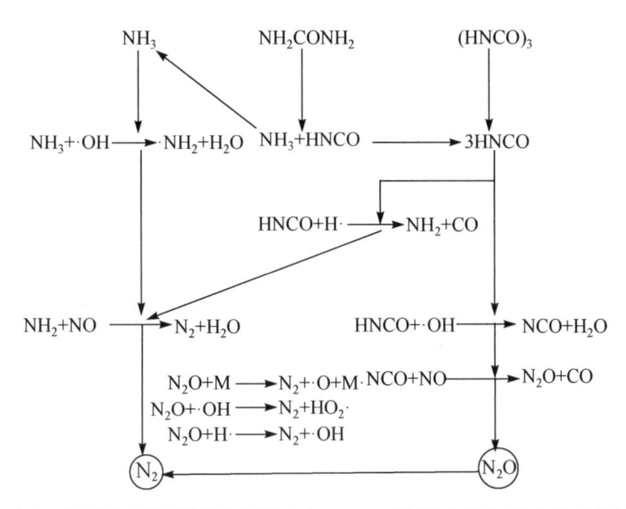

图 3-24 氨、尿素和氰尿酸为还原剂时 SNCR 脱硝过程中发生的主要化学反应

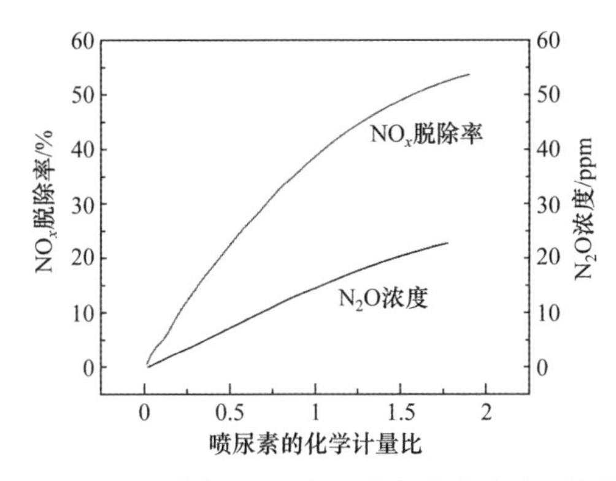

图 3-25 NO_x脱除、N_2O的生成与化学计量比的关系

中O_2的存在能促进反应，是反应系统中不可缺少的部分。选择性催化还原烟气脱硝技术是 20 世纪 70 年代由日本研究开发的，目前已广泛应用于日本、欧洲和美国等的燃煤电厂的烟气净化中[58]。该技术既能单独使用，也能与其他氮氧化物控制技术(如低氮氧化物燃烧技术、SNCR 技术)联合使用[59,60]。SCR 技术脱硝效率高，理论上可接近 100%。商业燃煤、燃气和燃油锅炉烟气 SCR 脱硝系统，设计脱硝效率可大于 90%。由于维持这种高效率费用高，实际 SCR 系统的操作效率在 70%～90%。

(1) 技术原理

工业中，燃煤燃气 SCR 脱硝的还原剂主要是氨气。液氨或氨水由蒸发器蒸发后喷入系统中。在催化剂的作用下，氨气将烟气中的NO_x还原为氮气和水[49-53]。其化学反应方程式为

$$4NH_3 + 4NO + O_2 \xrightarrow{\text{催化剂}} 4N_2 + 6H_2O \tag{3-41}$$

$$4NH_3 + 2NO_2 + O_2 \xrightarrow{\text{催化剂}} 3N_2 + 6H_2O \tag{3-42}$$

由于燃烧的烟气中约 95%的NO_x是以 NO 的形态存在，因而反应(3-41)占主导地位，

该反应表明，脱除 1mol 的 NO_x 需要消耗 1mol 的 NH_3。催化剂在反应中起到降低反应活化能和加快反应速率的作用。在气固催化反应过程中，催化剂的活性位吸附的氨与气相中的 NO_x 发生反应，生成 N_2 和水。氮同位素实验表明，反应产物 N_2 分子中一个原子 N 来自 NH_3，另一个原子 N 来自 NO。氧气的存在有利于 NO 的还原。除上面反应外，同时也有可能发生氨的氧化反应：

$$2NH_3 + 2O_2 \longrightarrow N_2O + 3H_2O \tag{3-43}$$

$$4NH_3 + 3O_2 \longrightarrow 2N_2 + 6H_2O \tag{3-44}$$

在较低温度时，选择性催化还原反应占主导地位，且随温度升高有利于 NO_x 的还原。但进一步提高反应温度，氧化反应变得更为重要，使得 NO_x 脱除效率降低。当反应条件改变时，就有可能发生以下副反应。

温度＞350℃(450℃以上开始激烈反应)：

$$4NH_3+5O_2 \longrightarrow 4NO+6H_2O \tag{3-45}$$

$$2NH_3 \longrightarrow N_2+3H_2 \tag{3-46}$$

温度＜300℃：

$$4NH_3 + 3O_2 \longrightarrow 2N_2 + 6H_2O \tag{3-47}$$

因此，控制好反应条件，可选择性地使脱硝反应向着理想的方向进行，同时最大限度地节约还原剂消耗。

(2) 工艺流程

1) 布置方式。

依据 SCR 脱硝反应器相对的安装位置，SCR 系统有高粉尘布置、低粉尘布置和尾部布置三种方式。

i) 高粉尘布置方式(图 3-26)：SCR 反应器布置在锅炉省煤器和空气预热器之间，此时烟气温度在 300～400℃范围内，是大多数金属氧化物催化剂的最佳反应温度，烟气不需加热即可获得较高的 NO_x 净化效果。但催化剂处于高尘烟气中，条件恶劣，寿命会受下列因素影响：飞灰中 K、Na、Ca、Si、As 会使催化剂污染或中毒；飞灰磨损反应器并使催化剂堵塞；若烟气温度过高会使催化剂烧结。

ii) 低粉尘布置方式(图 3-27)：SCR 反应器布置在省煤器后的高温电除尘器和空气预热器之间，该布置方式可防止烟气中的飞灰对催化剂的污染和对反应器的磨损与堵塞。其缺点是大部分电除尘器在 300～400℃的高温下无法正常运行。

iii) 尾部布置方式(图 3-28)：SCR 反应器布置在除尘器和烟气脱硫系统之后，催化剂不受飞灰和 SO_3 等的污染，但由于烟气温度较低，仅为 50～60℃，一般需要气-气换热器或采用加设燃油或燃天然气的燃烧器将烟温提高到催化剂的活性温度，势必增加能源消耗和运行费用。布置方式的选择主要依赖于所用催化剂的活性温度窗口。现有电厂 SCR 装置中，高粉尘布置方式居多。

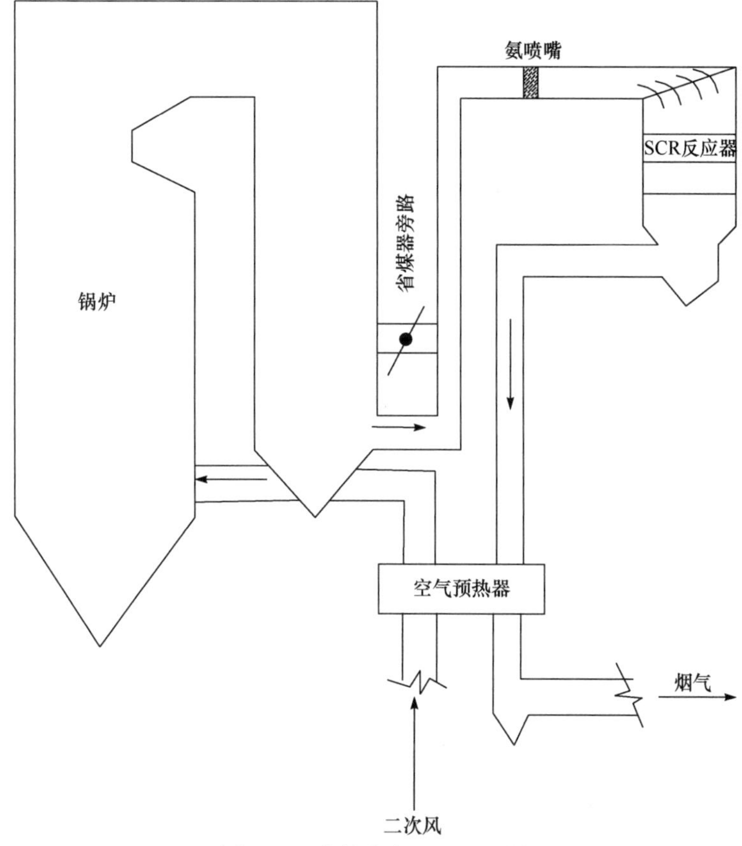

图 3-26　高粉尘布置 SCR 系统

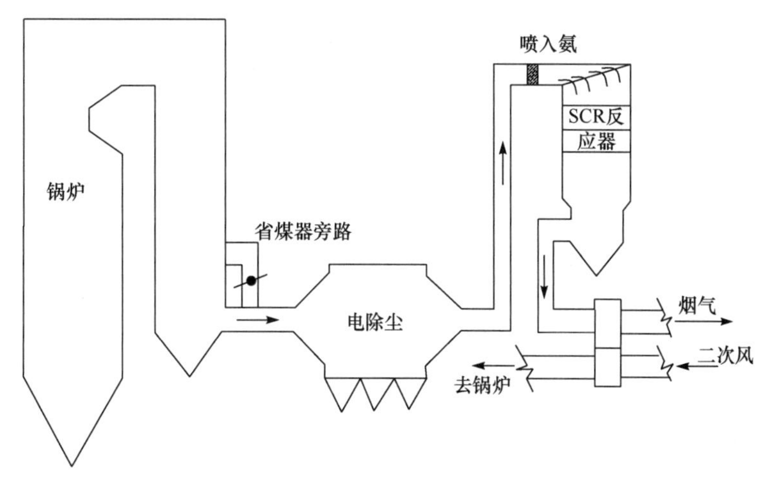

图 3-27　低粉尘布置 SCR 系统

2) 系统组成。

对大多数金属氧化物 SCR 催化剂，其催化反应的最佳温度在 250～450℃。为使烟气温度符合这一范围，反应器一般置于锅炉省煤器与空气预热器之间，即采用高粉尘布置方式。一个完整的 SCR 系统需要有反应器、催化剂单元、氨储存和注入系统。由于气

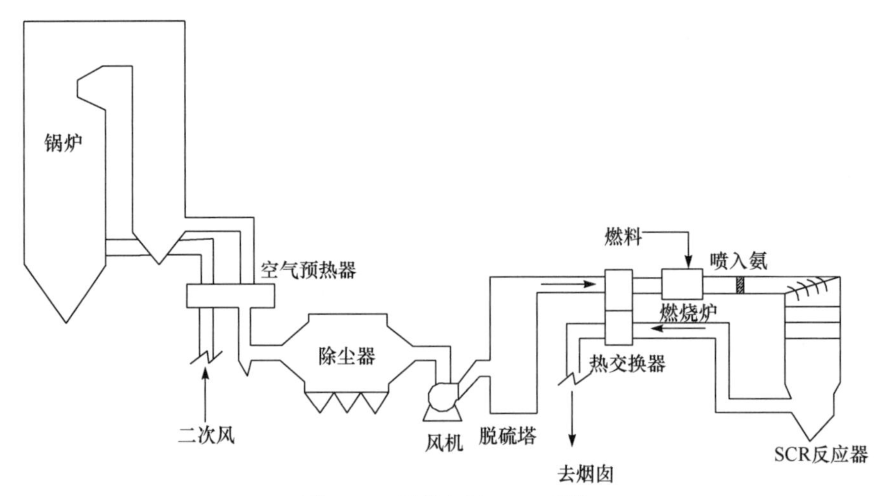

图 3-28　尾部布置 SCR 系统

体通过 SCR 反应器产生压降，所以可能需要增加锅炉中风机的容量或外加风机。液氨由槽车运送到液氨储存罐，液氨储槽输出的液氨在雾化后与空气混合，通过喷氨格栅的喷嘴喷入反应室。达到反应温度且与氨气充分混合的废气流经 SCR 反应器的催化层时，氨气与 NO_x 发生催化氧化还原反应，将 NO_x 还原为无害的 N_2 和 H_2O。其系统图如图 3-29 所示。实际应用中 SCR 系统 NO_x 的还原率在 60%～90%。压降和空速是设计 SCR 系统必须考虑的两个重要因素。催化反应器的压降与催化剂的几何形状有关，一般在 500～700Pa。

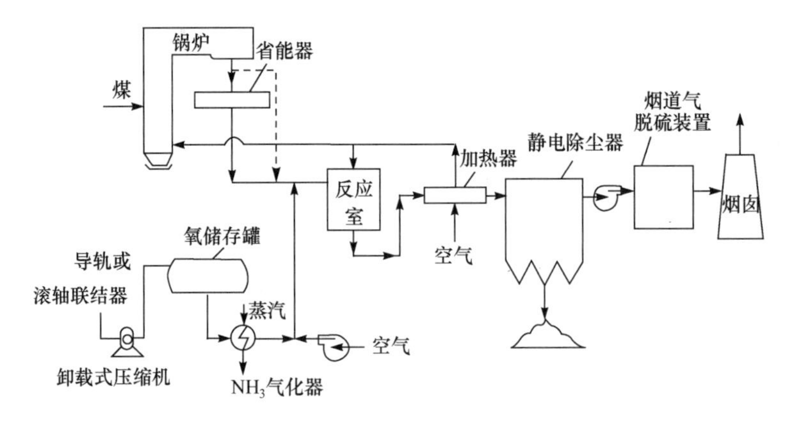

图 3-29　NO_x 选择性催化还原工艺布置图

3) 还原剂。

液氨和氨水均能作为 SCR 反应的还原剂。液氨几乎是 100%的纯氨，它在大气压下是气体，因此必须在加压条件下进行运输或储存。SCR 系统中用作还原剂的氨，常以 29.4%氨水进行运输和储存。与液氨相比，用氨水进行运输和储存不存在安全问题，但要求储存用的容器较大。当使用 29.4%的氨水作为还原剂时，为提供足够大的氨蒸气压，SCR 系统需要蒸发器。还原剂消耗的费用影响 SCR 的运行费用。

4) 其他问题。

对于 SCR 工艺来说，需要关心的问题之一是反应器下游产生固态的硫酸铵和液态的硫酸氢铵。由于 SCR 系统存在一些未反应的 NH_3 和由含硫燃料燃烧产生的 SO_3，因而不可避免生成硫酸铵等物质，其反应如下：

$$SO_2+\frac{1}{2}O_2\longrightarrow SO_3 \tag{3-48}$$

$$2NH_3+SO_3+H_2O\longrightarrow(NH_4)_2SO_4 \tag{3-49}$$

$$NH_3+SO_3+H_2O\longrightarrow NH_4HSO_4 \tag{3-50}$$

$$SO_3+H_2O\longrightarrow H_2SO_4 \tag{3-51}$$

这些硫酸铵和硫酸氢铵是非常细的颗粒，在温度降低到 230℃以下时会凝结黏附，可沉积在催化剂及其下游的空气预热器、烟道和风机上，造成催化剂孔隙堵塞失活和空气预热器等的腐蚀。为了防止这一现象的发生，SCR 反应的温度一般要高于 300℃。同时随着催化剂的使用时间增加，活性逐渐下降，残留在尾气中的 NH_3 慢慢增加。根据日本和欧洲装置的运行经验，剩余在烟气中的 NH_3 含量不应超过 5ppm。SCR 反应器和空气预热器前边采用静电除尘器，燃烧高硫分油的操作和燃煤设备上，空气预热器的问题是最为严重的。对于那些允许燃煤锅炉产生的全部颗粒物都通过空气预热器的系统，空气预热器的堵塞不是很大的问题。

(3) 催化剂

1) 催化剂的化学组成。

可用于 SCR 系统的催化剂主要有贵金属催化剂、碱金属氧化物催化剂和分子筛催化剂三种类型。

典型的贵金属催化剂是 Pt 或 Pd 作为活性组分，其操作温度在 175～290℃，属于低温催化剂。20 世纪 70 年代，贵金属催化剂最先被用于 SCR 脱硝系统。这种催化剂还原 NO_x 的活性很好，但选择性不高，NH_3 容易直接被空气中的氧所氧化。由于这些原因，传统的 SCR 系统中贵金属催化剂很快被金属氧化物催化剂所代替。一些贵金属在相对较低的温度下，还原 NO_x 和氧化 CO 的活性高。目前，贵金属催化剂主要用于低温催化和天然气锅炉。

商业 SCR 催化剂，其活性组分为五氧化二钒，载体为锐钛矿型的二氧化钛，三氧化钨或三氧化钼作助催化剂[41,55-60]。20 世纪 60 年代，人们发现钒具有 SCR 催化反应的活性。其后，人们发现负载在锐钛矿上的五氧化二钒具有很好的 SCR 催化反应活性和稳定性。商业催化剂中，为防止 SO_2 被氧化为 SO_3，活性组分 V_2O_5 的负载量很低，一般小于 1%。WO_3 作为助催化剂，主要用来提高催化剂的活性和稳定性，其负载量为 9%左右。MoO_3 也能用作助催化剂，若采用 MoO_3 作助催化剂，其负载量一般为 6%左右。在商业 V_2O_5-WO_3/TiO_2 和 V_2O_5-MoO_3/TiO_2 上，研究人员一致认为表面钒物种是催化反应的活性位。实际上 V_2O_5/TiO_2 也有较好的 SCR 催化反应活性和选择性，其活性优于 WO_3/TiO_2 和 MoO_3/TiO_2。但是，V_2O_5-WO_3/TiO_2 和 V_2O_5-MoO_3/TiO_2 的活性和选择性均比 V_2O_5/TiO_2 高。不同含量的 V_2O_5-WO_3/TiO_2 催化剂催化脱硝性能如图 3-30 所示。从图中可以看出，催化剂的活性随钒的负载量增加而增加。同时，WO_3 的加入能提高催化剂的活性。

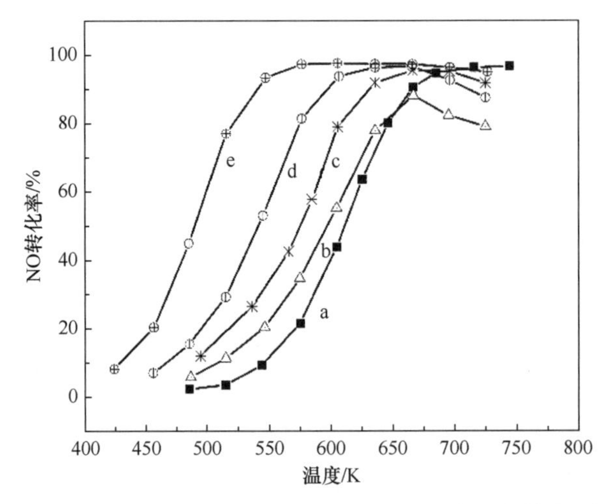

图 3-30　不同含量和组成的催化剂在不同温度下的催化活性

a-WO_3(9%)/TiO_2；b-V_2O_5(0.78%)/TiO_2；c-V_2O_5(1.4%)/TiO_2；d-V_2O_5(0.78%)-WO_3(9%)/TiO_2；e-V_2O_5(1.4%)-WO_3(9%)/TiO_2；实验条件：催化剂质量 160mg[(60±100)目]，压力 101.325kPa，流量 60Nm^3/min；气体组成：800ppm NH_3、800ppm NO、1% O_2、平衡气为 He

选用锐钛矿型的二氧化钛作为 SCR 催化剂的载体，其主要原因有两点[61, 62]：①燃煤烟气中一般存在 SO_2，在 V_2O_5 催化作用下，它能被烟气中氧气氧化成 SO_3，从而进一步与喷入系统的氨发生反应生成硫酸盐。与其他氧化物载体相比，如 Al_2O_3、ZrO_2，TiO_2 抗硫化能力强，且硫化过程可逆。因此，以二氧化钛为载体的商业 SCR 催化剂在反应中仅被 SO_2 部分硫化，且研究发现，部分硫化后，催化剂酸性增强而使催化剂活性增强。②与其他载体相比，负载在锐钛矿型 TiO_2 上的 V_2O_5 催化剂是活性很好的氧化型催化剂。其主要原因可能为 TiO_2 能很好地分散表面的钒物种和 TiO_2 的半导体特性。由于 V_2O_5/TiO_2(锐钛矿型)是一个很不稳定的体系，V_2O_5 的引入加剧了二氧化钛由锐钛矿型向金红石型的转变，同时使催化剂更容易烧结而损失比表面积。WO_3 或 MoO_3 的加入能抑制这个转变。同时，WO_3 和 MoO_3 能抑制烟气中 SO_2 被氧化为 SO_3，这主要是由于 WO_3 和 MoO_3 均为酸性氧化物，能竞争 TiO_2 表面上碱性位的吸附而抑制 SO_3 的吸附。

此外，分子筛催化剂也能用于 SCR 反应，由于其操作温度高，主要用于燃气锅炉。在高温下，过渡金属离子(如铁离子)交换的分子筛具有很高的 SCR 催化活性。由于金属氧化物催化剂在高温下不稳定，可通过提高分子筛的 Si/Al 比来提高催化剂的水热稳定性。

2) 催化剂的几何外形和催化反应器。

为适应不同颗粒物浓度的要求，反应器和催化剂的构型也因应用条件而异。小球状、圆柱状或环状的 SCR 催化剂，主要应用于燃烧天然气锅炉，采用的反应器是一个固定式填充床。但是，用于燃油或燃煤锅炉的 SCR 设备必须能承受烟道气流中颗粒物(飞灰)的冲刷。对于这类应用，最好使用平行流道的催化剂。平行流道意味着烟气直接通过开口的通道，并平行接触催化剂表面。气体中的颗粒物被气流带走，NO_x 靠紊流迁移和扩散，到达催化剂表面。

平行流道式催化剂有蜂窝型、平板型、波纹型三种类型。催化剂可以是均相材料，也可以由活性物质涂覆在金属或陶瓷载体的表面上组成。平行流道式催化剂一般制成一个集束式单元结构。常用的催化剂形状是蜂窝状，它不仅强度好，而且容易清理。蜂窝式催化剂单体形状如图 3-31 所示，其断面尺寸一般为 150mm×150mm；长度为 400～1000mm，几个单元可以叠合成一个组合体装入反应器中(图 3-32)，反应器中一般装填三层催化剂。

图 3-31　蜂窝式催化剂单体形状

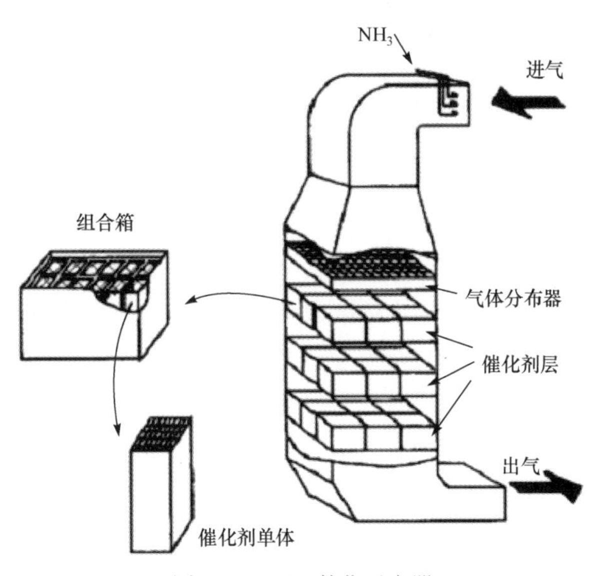

图 3-32　SCR 催化反应器

(4) 影响因素

NO 还原反应速率决定烟气脱硝效率。与 SNCR 系统类似，反应温度、停留时间、还原剂与烟气的混合程度、还原剂与 NO_x 的化学计量比、逸出的 NO_x 和 NH_3 浓度等设计和运行因素影响 SCR 系统脱硝效率。由于 SCR 系统中使用了催化剂，除了上述影响因素外，还需要考虑催化剂活性、选择性、稳定性和催化剂床层压降。

1) 反应温度。

催化剂的应用设计是 SCR 工艺的重要环节，而采用何种催化剂又与 SCR 反应器的布置方式密切相关。常压下，一般将脱硝催化剂按使用温度区分为三类：高温催化剂(345～

590℃)、中温催化剂(260～380℃)和低温催化剂(80～300℃)。可运用于电厂锅炉烟气脱硝装置中的 SCR 催化剂材料种类、配方很多，不同的催化剂，其适宜的反应温度各异。

目前，国内外 SCR 工艺系统大多采用 V_2O_5-$MoO_3(WO_3)/TiO_2$ 高温催化剂，且尽可能控制反应温度在 350～380℃。如果反应温度太低，催化剂的活性降低，脱硝效率下降，不仅达不到脱硝的效果，而且将发生形成铵盐的副反应，导致催化剂失效和后续设备黏堵、腐蚀；如果反应温度太高，NH_3 容易被直接分解和氧化，在增加氨消耗的同时还使生成的 NO 量增加，甚至引起催化剂材料相变，导致催化剂的活性成分烧结。

NO_x 的还原反应需要在一定的温度范围内进行。在 SCR 系统中，由于使用了催化剂，NO_x 还原反应所需的温度较 SNCR 系统低。当温度低于 SCR 系统所需温度时，NO_x 的反应速率降低，氨逸出量增大；当温度高于 SCR 系统所需温度时，生成的 N_2O 量增大，同时造成催化剂烧结和失活。SCR 系统最佳的操作温度取决于催化剂的组成和烟气的组成。对金属氧化物催化剂[V_2O_5-$WO_3(MoO_3)/TiO_2$]而言，其最佳的操作温度为 250～427℃。

2) 停留时间和空速。

一般而言，反应物在反应器中停留时间越长，脱硝效率越高。反应温度对所需停留时间有影响，当操作温度与最佳反应温度接近时，所需的停留时间降低。停留时间经常用空速来表示，空速越大，停留时间越短。对一定流量的烟气，当增加催化剂的用量时，空速降低，NO_x 的去除效率提高。反应温度为 310℃，NH_3/NO 的化学计量比为 1 的条件下，反应气与催化剂的接触时间与 NO_x 脱除率的关系如图 3-33 所示。由图可知，SCR 系统最佳的停留时间为 200ms。当停留时间较短，反应气体与催化剂的接触时间增大，有利于反应气在催化剂微孔内的扩散、吸附、反应和产物气的解吸、扩散，NO_x 脱除率提高。但当停留时间过长时，NH_3 氧化反应开始发生而使 NO_x 的脱除率下降。增加催化剂用量可降低空速，但相应的费用也会增大。空速是根据 SCR 反应器的布置、脱硝效率、烟气温度、允许的氨逃逸量以及粉尘浓度来确定的。对于常用的高粉尘布置流程，欧洲经济委员会推荐空速为 2500～3500h^{-1}。

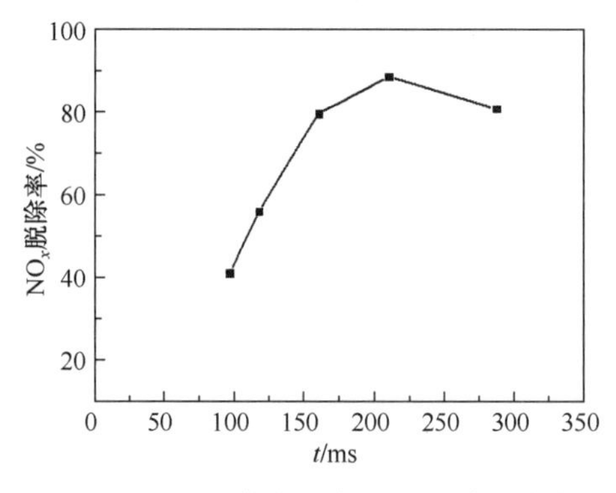

图 3-33　SCR 催化反应器 NO_x 转化曲线

3) NH_3/NO 物质的量比(化学计量比)。

烟气中 NO_x 约 95%为 NO，理论上，1mol NO 需要消耗 1mol NH_3。根据化学反应平衡原理，NH_3 量不足会导致 NO_x 的脱除效率降低，但在工程实践中，NH_3 过量又会带来

NH_3对环境的二次污染，所以在实际设计过程中，恰当的NH_3/NO_x物质的量比应根据原烟气中NO_x含量、要求的脱硝效率和氨逃逸量具体计算出来。

动力学研究表明，当操作化学计量比小于1时，NO_x的脱除率与NH_3的浓度呈正线性关系；当化学计量比大于或等于1时，NO_x的脱除率与NH_3的浓度基本没有关系。Ftora等的实验结果表明，当反应物化学计量比大约为1.0时能达到95%以上的NO_x脱除率，并能使氨的逸出浓度维持在5ppm以内，如图3-34所示。然而，随着催化剂在使用过程中活性的降低，氨的逸出量也在慢慢增加。为减少$(NH_3)_2SO_4$对空气预热器和下游管道的腐蚀和堵塞，一般需将氨的排放浓度控制在2ppm以下，这时实际操作的化学计量比一般小于或等于1。

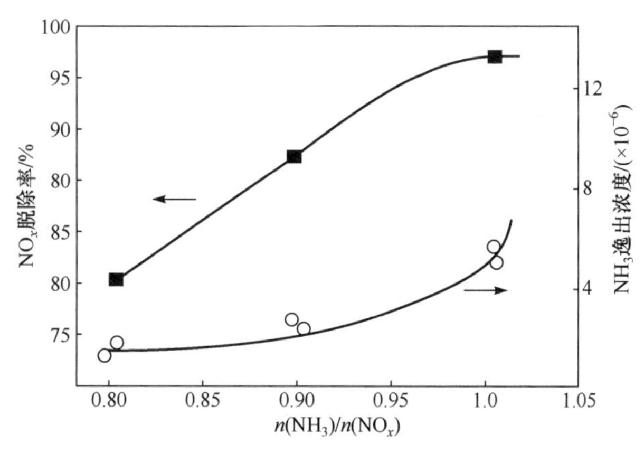

图3-34　化学计量比与脱硝效率和NH_3逸出浓度的关系

4) 催化剂的型式。

催化剂是SCR工艺系统中的重要组成部分。催化剂的选择不仅仅要考虑反应温度，还要考虑烟气特性、SCR装置的压降、布置的合理性等因素。当前流行的催化剂有蜂窝式、波纹式和平板式等。平板式催化剂一般是以不锈钢金属网格负载含有活性成分的催化材料压制而成；蜂窝式催化剂是把载体和活性成分混合物整体挤压成型；波纹式催化剂是外形如起伏的波纹，形成许多小孔。当前，各种型式的脱硝催化剂活性成分大多由V_2O_5和MoO_3、WO_3构成，其性能参数的比较见表3-2。

表3-2　各种型式催化剂性能参数比较

性能参数	平板式催化剂	蜂窝式催化剂	波纹式催化剂
催化剂活性	中	高	高
氧化率	高	高	低
压力损失	中	高	低
抗腐蚀性	高	一般	一般
抗中毒性	低	低	高
堵塞可能性	低	中	中
耐热性	中	中	中

3.5.3.3　SNCR-SCR 联合脱硝法

SNCR-SCR 联合脱硝技术并非 SCR 工艺与 SNCR 工艺的简单组合，它是结合了 SCR 技术高效、SNCR 技术投资省的特点而发展起来的一种新型工艺。Brain 等研究提出，SCR-SNCR 联合技术可以达到 90%的 NO_x 去除率，并且 NH_3 的泄漏率仅为 0.0003%。

(1) 工艺原理

SNCR-SCR 联合脱硝工艺具有两个反应区，通过布置在锅炉炉腔上的喷射系统，首先将还原剂喷入第一个反应区——炉膛，在高温下，还原剂与烟气中 NO_x 发生非催化还原反应，实现初步脱氮。然后，未反应完的还原剂进入混合工艺的第二个反应区——反应器，进一步脱氮。混合 SNCR-SCR 工艺最主要的改进就是省去了 SCR 设置在烟道里的复杂 AIG(氨气喷射格栅)系统，并减少了催化剂的用量。

(2) 工艺特点

1) 脱硝效率高。

单一的 SNCR 工艺脱硝效率最低，一般在 40%以下，而混合 SNCR-SCR 工艺可获得与 SCR 工艺一样高的脱硝率(80%以上)，见图 3-35。由图 3-35 可以看出，混合脱硝工艺中，混合 SNCR-SCR 工艺 SNCR 阶段脱硝效率较单一的 SNCR 工艺高，SNCR 阶段脱硝效率为 55%，而要求总脱硝效率为 75%时，SCR 阶段的催化剂用量可节省大约 60%；当要求总脱硝效率为 65%时，SCR 阶段催化剂的用量可以节省大约 70%。

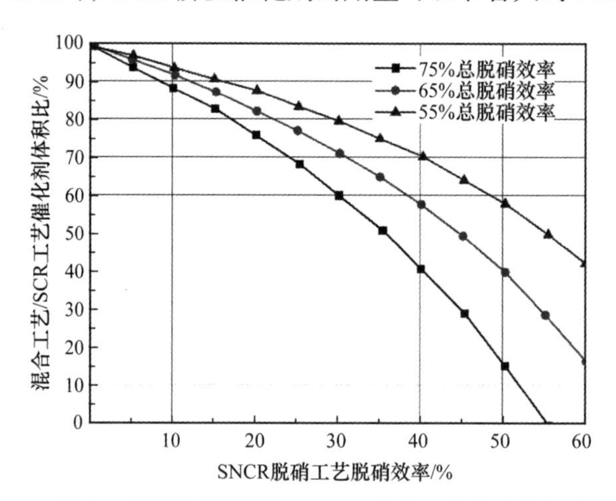

图 3-35　混合工艺催化剂用量与 SNCR 脱销工艺脱硝效率关系曲线

2) 催化剂用量小。

SCR 工艺中使用了脱硝催化剂，虽然大大降低了反应温度，提高了脱硝效率，但是由于催化剂价格高，一般占整个 SCR 工艺总投资的 1/3 左右，并且由于硫中毒、颗粒物污染等需要定期更换，运行费用很高。混合工艺由于其前部 SNCR 工艺的初步脱硝，降低了对催化剂的依赖。与 SCR 工艺相比，混合工艺的催化剂用量大大减少。

3) 反应塔体积小，空间适应性强。

混合工艺因为催化剂用量少，在一些工程中可以通过直接对锅炉烟道、扩展烟道、省煤器或空气预热器等进行改造来布置 SCR 反应器，大大缩短了反应器上游烟道长度。

因此，与单一的 SCR 工艺相比，混合工艺无须复杂的钢结构，节省投资，受场地的限制小。

4) 脱硝系统阻力小。

混合工艺的催化剂用量少、反应器小及其前部烟道短，与传统 SCR 工艺相比，系统压降将大大减小，从而减少了引风机改造的工作量，降低了运行费用。

5) 降低腐蚀危害。

当煤炭含硫量高时，燃烧后会产生较高浓度的 SO_2 及 SO_3，SCR 催化剂的使用，虽然有助于提高脱硝效率，但也存在增强 SO_2 向 SO_3 转化的副作用。烟气中 SO_3 含量增加，使得烟气的酸露点温度增加，SO_3 与烟气中的水分形成硫酸雾，当温度较低时，硫酸雾凝结成硫酸附着在下游设备上造成腐蚀；而且 SO_3 还会与氨反应形成黏结性很强的 NH_4HSO_4，在烟气温度较低时，堵塞催化剂、沾污受热面。由于混合工艺减少了催化剂的用量，这一问题得到一定程度的遏制。

6) 省去 SCR 旁路。

频繁启停、长期低负荷运行或超负荷运行的机组，都可能造成排烟温度超出催化剂的适用范围，从而缩短催化剂寿命。因此，SCR 工艺一般需要设置旁路系统，以避免烟温过高或过低对催化剂造成的损害。但旁路的设置又增加了初投资，并对系统控制和场地面积等提出了更高的要求。混合工艺的催化剂用量大大降低，因此可以不设置旁路系统。这样一来，不但减少了初投资，而且还降低了系统控制的复杂程度和对场地的要求。

7) 催化剂的回收处理量减少。

目前，脱硝系统所用催化剂的寿命一般为 2～3 年。催化剂所用材料中的 V_2O_5 有剧毒，大量废弃的催化剂会造成二次污染，必须进行无害化处理。混合 SNCR-SCR 工艺催化剂用量小，因此可大大减少催化剂的处理量。

8) 简化还原剂喷射系统。

为了达到高效脱硝的目的，要求喷入的氨与烟气中的 NO_x 有良好的接触，以及在催化反应器前获得分布均匀的流场、浓度场和温度场。为此，单一的 SCR 工艺必须设置静态混合器、AIG 及其复杂的控制系统，并加长烟道以保证 AIG 与 SCR 反应器之间有足够远的距离。而混合工艺的还原剂喷射系统布置在锅炉炉墙上，与下游的 SCR 反应器距离很远，因此无须再加装 AIG 和静态混合器，也无须加长烟道，就可以在催化反应器入口获得良好的反应条件。

9) 提高 SNCR 阶段的脱硝效率。

单纯的 SNCR 工艺为了满足对氨逃逸量的限制，要求还原剂的喷入点必须严格选择在位于适宜反应的温度区域内。在混合工艺中，SNCR 阶段泄漏的氨是作为 SCR 反应还原剂来设计的，因此，SNCR 阶段可以无须考虑氨逃逸的问题。相对于独立的 SNCR 工艺，混合工艺氨喷射系统可布置在适宜的反应温度区域稍前的位置，从而延长了还原剂的停留时间。而在 SNCR 过程中未完全反应的氨在下游 SCR 反应器中被进一步利用。混合工艺的这种安排，有助于提高 SNCR 阶段的脱硝效率。目前，混合脱硝工艺 SNCR 阶段的脱硝效率可达到 55%以上。

10) 方便地使用尿素作为脱硝还原剂。

液氨在运输和使用过程中存在诸多不安全因素，如液氨储罐漏损、氨气泄漏引起爆炸等，因此在更多的 SCR 工艺设计中开始寻求其他安全的替代还原剂。近年研究用尿素代替 NH_3 作还原剂，使得操作系统更加安全可靠，且不必担心因 NH_3 泄漏造成新的污染，尿素制氨系统成为 SCR 工艺的一个主要发展方向。例如，北京高碑店电厂以及石景山电厂都采用尿素热解制氨系统。然而，由于该系统需要复杂和庞大的尿素热解装置，投资费用很大。混合工艺可以省去热解装置，通过直接将尿素溶液喷入炉膛，利用锅炉的高温，将尿素溶液分解为氨，既方便又安全。

11) 减少 N_2O 的生成。

N_2O 是一种破坏臭氧层的物质。SCR 工艺中，由于催化剂的作用，在烟气中的 NO 被脱除的同时，N_2O 会增加，这是 SCR 工艺无法避免但也是难以解决的问题。混合工艺由于催化剂用量小，因此，生成的 N_2O 较 SCR 工艺少。

12) 降低由煤种引起催化剂大量失效的压力。

目前，火电厂脱硝广泛采用 SCR 工艺的日本及欧洲一些国家，虽然对煤种质量严格控制，但是在脱硝工艺的运行中，也曾出现由于燃用煤种不当造成的催化剂失效事故，造成严重的经济损失和社会影响。而采用混合工艺，由于脱硝任务由两个区域承担，且催化剂用量小，煤种的不良影响将被限制在一定范围内。尤其是像我国煤炭质量不稳定，燃煤的灰分普遍非常高(通常为 15%～50%，欧洲、日本等通常为 5%～7%)的火电厂，采用混合工艺，有利于减轻大量更换催化剂的压力。

13) 有利于达标排放的“分步到位”。

混合工艺两个脱硝区域的设立可以分步实施。在排放标准较低的情况下，可以先只采用单一的 SNCR 工艺，随着环保标准的提高，再加装催化反应器。而混合工艺的紧缩型 SCR 反应器，占地面积和工程量均较小，利用其前部 SNCR 逃逸氨作为脱硝还原剂，可以方便地过渡到混合工艺，将脱硝效率提高到新标准的水平。

(3) 发展现状与趋势

由于 SNCR-SCR 联合脱硝工艺的上述特点，其特别适合于发展中国家的 NO_x 排放控制。首先，发展中国家的经济实力相对薄弱，SCR 工艺高昂的建设费和运行费对这些国家无疑是一个沉重的负担，阻碍了烟气脱硝技术的大规模实施。其次，发展中国家的大气污染物排放标准有一个逐渐提高的过程，而 SNCR-SCR 工艺由于 SNCR 脱硝区和 SCR 脱硝区可以分步建设，在排放标准较低的时期，可以只配置 SNCR 部分，待排放标准提高后再建 SCR 部分。我国目前正在大力加强对大气污染物的排放控制，烟气脱硝问题已经提上议事日程。根据国家要求以及企业的具体情况，采取技术上和经济上合理的工艺，是企业决策者面临的重要课题。SCR、SNCR 和 SNCR-SCR 工艺都是当前世界上公认的成熟技术，其中，在 SCR 和 SNCR 基础上改进形成的 SNCR-SCR 工艺，具有投资和运行费用省、安全高效且可分步到位等突出优点，因此特别适合我国高灰煤、经济实力相对薄弱的国情。另外，由于 SCR 工艺较高的投资以及由较高的 SO_2/SO_3 转化率所引起的下游设备腐蚀等问题，国际上一些研究机构已经开始对现有的烟气脱硝工艺重新进行评估，以寻求高效且更为经济的烟气脱硝技术，混合 SNCR-SCR 工艺是一个备受关注的亮点。

3.5.3.4 NO_x的催化直接分解

(1) 技术原理

直接分解去除 NO_x 是一种比较有吸引力的烟气脱硝技术。

$$2NO \longrightarrow N_2+O_2,\quad \Delta_f G^{\ominus}=-173\text{kJ/mol} \tag{3-52}$$

这种分解反应在热力学上是可行的，且温度不超过 823℃。反应过程中不需要添加其他试剂，反应过程不会产生有害物质，反应安全性高。但是分解法去除 NO_x 在动力学上要求有很高的活化能(364kJ/mol)，反应速率慢，因此需要使用催化剂来加速反应进程。通过催化剂的使用，可以有效地降低反应所需要的活化能，不需要添加还原剂，这是最希望得到的结果。

利用催化剂将 NO_x 直接分解为 N_2 和 O_2 的方法，具有不产生二次污染、不消耗还原剂、经济性好、工艺简单等优点而受到人们的广泛关注。近几十年来，人们对 NO_x 直接分解催化剂进行了大量研究，尤其是随着近年来催化新材料及其制备新技术的出现，该领域取得了令人瞩目的进展。

(2) 催化剂

目前对于该种方法催化剂的研究主要有：贵金属、金属氧化物和钙钛矿及类钙钛矿型复合氧化物以及最近取得可喜进展的金属离子交换分子筛等。

1) 贵金属。

贵金属是最早用于对 NO_x 进行催化分解的催化剂。该类催化剂主要包括负载型的 Pt、Pd、Rh、Au、Ir、Pt-Rh 和 Pt-Pd 等单金属或合金，载体包括 Al_2O_3、SiO_2、TiO_2、ZrO_2 和 ZnO 等。一般来说，贵金属以 Pt 和 Pd 为佳，载体以 γ-Al_2O_3 性能最好。贵金属催化分解 NO 的反应机理是 NO 分子首先吸附在贵金属表面的活性位上并分解为氮原子和氧原子，然后分别形成 N_2 分子和 O_2 分子并脱附从而释放出活性位。

$$NO+* \longrightarrow NO* \tag{3-53}$$

$$NO*+* \xrightarrow{Pt} N*+O* \tag{3-54}$$

$$2N* \longrightarrow N_2+2* \tag{3-55}$$

$$2O* \longrightarrow O_2+2* \tag{3-56}$$

催化剂活性的高低取决于氧分子脱附提供活性位的难易程度，而分子氧脱附的难易程度完全取决于温度的高低，低于 500℃脱附就难以进行，未能脱附的氧原子会逐渐覆盖贵金属表面活性位，造成失活。研究表明，在温度为 700～1200℃时，NO 在 Pt/Al_2O_3 上的分解速率方程为

$$r=\frac{\mathrm{d}[NO]}{\mathrm{d}t}=\frac{NK[NO]}{1+ak[O_2]} \tag{3-57}$$

式中：N 表示阿伏伽德罗常数；K 表示 NO 的吸附速率常数；k 表示 O_2 的吸附平衡常数；

a 表示转换因子。由方程可知，反应速率对 NO 为一级，O_2 的存在对 NO 的分解反应起阻抑作用。此方程不仅适用于 Pt 催化剂，还适用于包括氧化物在内的其他 NO 分解催化剂。

Pt 和 Pd 是被人们最早研究的 NO 催化分解催化剂。金属态 Pt 是反应的主要活性位，NO 经催化作用分解成吸附态的氮原子和氧原子，然后 N_2 和 O_2 分子脱附释放出活性中心。Iwamoto 等[63]研究了 H^+，Na^+，K^+，Mg^{2+}，Ca^{2+}，Cr^{3+}，Fe^{2+}，Co^{3+}，Ni^{2+}，Cu^{2+}，Zn^{2+}，Ag^+等离子交换的 ZSM-5 分子筛催化剂对 NO 的分解活性，发现铜离子交换的分子筛催化 NO 直接分解具有较高的活性。该机理认为 Cu^+是反应活性位，Cu^{2+}与 Cu^+的可逆氧化还原促进了 NO 的分解和活性位的再生。氧原子吸附在表面将 Cu^+氧化成 Cu^{2+}，致使催化剂逐渐失活；通过升温脱附，Cu^{2+}还原为 Cu^+，催化剂得到再生。气体含有微量氧以及 H_2O 和 SO_2 气体都会严重抑制以上几种催化剂的活性。而 $La_{0.7}Ba_{0.3}Mn_{0.6}Cu_{0.2}In_{0.2}O_3$ 催化剂在有 H_2O、O_2 和 SO_2 的条件下可保持较高的 NO 分解率。

2) 金属氧化物。

大量研究表明[60-63]，很多金属氧化物特别是过渡金属氧化物都对 NO 具有一定的催化分解活性，其反应机理和反应动力学方程与贵金属一致，因此，金属氧化物催化活性的高低也取决于 O_2 的解吸步骤。金属氧化物上 NO 分解的活性中心为其表面的氧缺陷，其催化能力与晶格中金属原子与氧原子之间化学键的强度有很大关系。各国学者在金属氧化物催化分解 NO_x 的性能和机理方面做了大量的研究工作[59-64]，取得了一系列成果，证明了金属氧化物是一种有价值的 NO_x 分解催化剂，发现了大量新型金属氧化物，如 Co_3O_4，Er_2O_3/Bi_2O_3，Cr_2O_3，Ni_2O_3 以及 Fe-Mn-M(M=Ti，Zr，Ce，Ni，Co，Cu)的混合氧化物等，它们对 NO_x 的吸附或分解都有一定的活性。各国学者在金属氧化物催化分解 NO_x 的反应机理和动力学方面也进行了深入研究，达成了共识。但是，该种催化剂几乎都存在明显的氧阻抑现象，而且易于结块，不利于与反应物接触，从而影响其催化性能。对于氧阻抑现象，大量研究都表明是 NO_x 分解脱附的氧占据了 NO_x 吸附活性位造成的，然而也有一些金属氧化物的氧阻抑现象不那么明显，如 Co_3O_4 和 Ni_2O_3，而且一些助剂的添加能够扮演抗氧阻抑剂的角色，Ag 就能利用其自身与氧的亲和性把氧拉出催化剂的吸附活性位来降低氧阻抑的强度。因此，寻找更多的性能优异、本身对氧不敏感的金属氧化物催化剂，或寻找高效廉价的抗氧阻抑添加助剂和催化剂改性方法，以提高该种催化剂的催化性能和使用寿命，满足工业化应用的要求，这些将是该领域今后科研的发展方向。

3) 钙钛矿及类钙钛矿型复合氧化物。

钙钛矿型复合氧化物是结构与钙钛矿 $CaTiO_3$ 相同的一大类化合物，常以通式 ABO_3 表示；类钙钛矿型复合氧化物以 A_2BO_4 通式表示。钙钛矿及类钙钛矿型复合氧化物具有独特的物理化学性质：一方面，该类催化剂对 NO_x 处理反应的活性较高，最有希望取代贵金属；另一方面，它们具有确定的结构，不仅其组成、元素、原子价等可以在很宽的范围内改变，而且还能在很大程度上通过调变 A、B 离子的价态来控制阳离子的氧化还原性能及缺陷的种类和浓度，有利于认识催化作用的本质。近年来，在钙钛矿及类钙钛矿型复合氧化物催化剂上的 NO_x 消除反应是催化法处理 NO_x 的研究热点之一。

一般认为，钙钛矿及类钙钛矿型复合氧化物具有与贵金属相似的催化分解 NO_x 的机理，但是它比较容易脱附氧，在高温下稳定性好。NO 在贵金属上的分解速率方程也同样适用于钙钛矿及类钙钛矿型复合氧化物，反应速率也是正比于 NO 的吸附浓度，而且在氧气存在下反应受到抑制。早期研究认为 NO 在钙钛矿型复合氧化物上的分解反应是“活化催化过程”，遵循包含晶格氧的顺序机理。朱君江等[62]提出 NO 在(类)钙钛矿型催化剂上的分解是以 NO_2 为中间产物进行的，NO_2 主要是通过催化剂表面上吸附态的 NO 和 O 原子反应形成的[$NO(a)+O(a) \longrightarrow NO_2(a)$]，而 O_2 的形成则是经 NO_2 的循环解离实现[$2NO_2(g) \longrightarrow 2NO(g)+O_2(g)$]，可认为 NO 的分解是以一个循环的方式进行。其机理如图 3-36 所示。

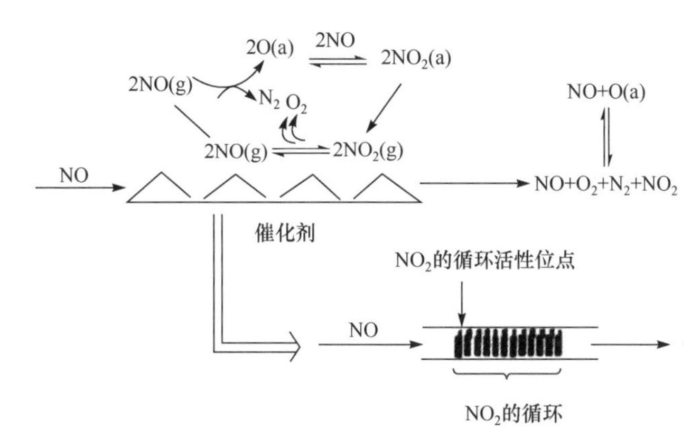

图 3-36 (类)钙钛矿上 NO 分解的循环机理图

4) 分子筛。

离子交换的 ZSM-5 型分子筛催化剂是近年来最活跃的研究对象，特别是铜离子交换的 ZSM-5 型分子筛是迄今为止发现的 NO 低温分解活性最好的催化剂。NO 在 Cu-ZSM-5 分子筛上催化分解的机理目前尚无定论，存在许多观点。但是比较一致的观点是认为反应过程中 Cu-ZSM-5 表面存在两种价态 Cu^{2+}和 Cu^+，它们之间在反应过程中通过氧化还原作用相互转化，如 Iwamoto 等[63]提出的机理认为 Cu^+为活性中心，以 NO_2 为中间产物，通过 Cu^{2+}和 Cu^+的可逆氧化还原过程促进 NO 的分解反应，Spoto 等[64]认为 Cu^+吸附两个 NO 形成的 Cu^+-$(NO)_2$ 是最初的活性位，然后 Cu^+-$(NO)_2$ 分解出 N_2O 后形成的 Cu^{2+}-O 是真正的活性位，N_2O 再经过分解转化成 N_2 和 O_2。Iwamoto 和 Spoto 提出的基于 Cu^{2+}和 Cu^+相互转化的机理如图 3-37、图 3-38 所示。

Aylor 等[65]先将 Cu-ZSM-5 用 CO 还原，使催化剂上大多数铜以 Cu^+存在，然后室温下将其暴露于 NO 中，先发现了 Cu^+-(NO)和 Cu^+-$(NO)_2$，但是随后这些物种消失，继而出现 Cu^{2+}-(NO)和 $Cu^{2+}(O^-)$-(NO)，他认为 NO 主要以 Cu^+-(NO)和 $Cu^{2+}(O^-)$-(NO)的形式存在，他还发现温度高于 400℃时 NO 分解成 N_2 和 N_2O，在 500℃时 NO 全部分解成 N_2，提出了经过生成 N_2O 步骤的 NO 分解反应机理。但是，也有学者认为不存在 Cu^{2+}和 Cu^+的转化，Kucherov 等[66]提出两个 NO 吸附在单个 Cu^{2+}中心上形成双亚硝基吸附物种后再分解为 N_2、O_2 的机理，认为反应中不存在 Cu^+氧化为 Cu^{2+}的过程；他们还发现去除多余

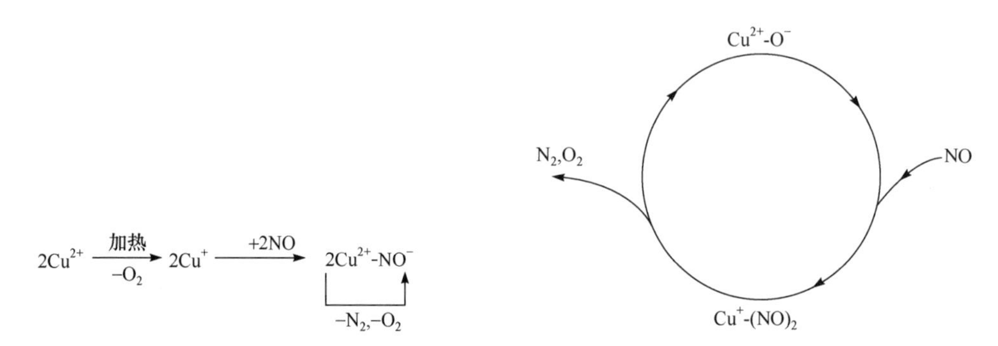

图 3-37　Iwamoto 提出的 NO 在 Cu-ZSM-5 上的分解机理

图 3-38　Spoto 提出的 NO 在 Cu-ZSM-5 上的分解机理

的 Al 并且将 H-ZSM-5 的质子完全交换能够极大地提高 Cu^{2+}四面体结构在湿空气中的热稳定性，离子交换的种类显著影响其稳定性，添加 Mg^{2+}作为助剂得到了最高的稳定性。方书农等[67]认为 Cu-ZSM-5 中的 NO 分解活性位是一种不饱和且铜氧距离较短的铜氧配位。关乃佳[68]对 Cu-ZSM-5 堇青石整体式催化剂分解 NO 的研究表明，铜在该催化剂中主要以 Cu^{2+}的形式存在，未发现 NO 在 Cu^{+}上的特征吸收峰；由 Cu^{2+}的 NO 吸附物种衍生的 Cu^{2+}(O)-(NO)是与活性密切相关的物种。Yokomichi 等[69]提出了两种可能的催化模式，这两种催化模式具有不同的反应路径，因此，其对应的活性物种也不相同，分别为 Cu^{+}或 $Cu^{+}[Al(OH)_4]^{-}$。

第一种催化模式：

$$Cu^{+}+NO \longrightarrow Cu^{+}\text{-}NO \longrightarrow Cu^{+}\text{-}N+O \tag{3-58}$$

$$Cu^{+}+2NO \longrightarrow Cu^{+}+2N+O_2 \longrightarrow Cu^{+}+N_2+O_2 \tag{3-59}$$

第二种催化模式：

$$Cu^{+}[Al(OH)_4]^{-}+NO \longrightarrow Cu^{+}[Al(OH)_4]^{-}\text{-}NO \tag{3-60}$$

$$Cu^{+}[Al(OH)_4]^{-}+NO \longrightarrow Cu^{+}[Al(OH)_4]^{-}\text{-}O+N \tag{3-61}$$

$$Cu^{+}[Al(OH)_4]^{-}+NO \longrightarrow Cu^{+}[Al(OH)_4]^{-}+N_2+O \tag{3-62}$$

$$Cu^{+}[Al(OH)_4]^{-}+NO \longrightarrow Cu^{+}[Al(OH)_4]^{-}+N_2+O_2 \tag{3-63}$$

Konduru 等[70]认为 NO 分解的活性物种为 Cu^{+}-(NO)、Cu^{2+}-O^{-}和 Cu^{2+}-(NO_3^-)，其中 Cu^{+}-(NO)是导致 NO 分裂的前体。Broclawik 等[71]指出吸附在 Cu^{+}上的 NO 的活化程度要远高于吸附在 Cu^{2+}上的 NO，他们认为 Cu^{+}位点会失电子给 NO 的 π 反键轨道从而导致化学键弱化，使 Cu-ZSM-5 具有 NO_x 分解活性。有关 Cu-ZSM-5 催化分解 NO 机理方面的研究成果还有很多，观点也不尽相同，这里不再一一列出。Valyon 等[72]提出了 NO 在 Cu-ZSM-5 上分解的动力学方程：

$$r=\frac{kP_{NO}}{1+K\sqrt{P_{O_2}}} \tag{3-64}$$

从该式中可以看出，反应速率对 NO 为一级，O_2的存在对 NO 的分解反应有阻抑作用。但是韩一帆等[73]发现反应体系内氧含量少于10%时对反应并不产生明显的阻抑作用，认为该式有待进一步探讨。总的来说，Cu-ZSM-5 分解 NO 的机理和动力学研究涉及很多方面，比较复杂。各国学者虽做了大量的研究，但迄今分歧仍然很多，有待进一步深入研究。

5) 杂多化合物。

杂多酸(heteropolyacid，HPA)及其相关的化合物(HPC)是 NO_x催化分解领域中一种比较新颖的催化剂。HPA 是由杂原子(P、Si、Fe、Co 等)和多原子(Mo、W、V、Nb、Ta 等)按一定结构通过氧原子配位桥联的含氧多酸，是一种酸碱性和氧化还原性兼具的双功能绿色催化剂。关于 HPC 吸附分解 NO_x的机理，目前认识上还没有统一，有几种不同的推断[73-77]。Yang 等[74,75]认为，磷钨酸($H_3PW_{12}O_{40}\cdot 6H_2O$，HPW)分子中 Keggin 结构的阴离子$(PW_{12}O_{40})^{3-}$由 $H_5O_2^+$连接形成了一个体心立方结构。在 50～230℃，低 NO 浓度条件下(如燃烧尾气)，水分子连接能够很容易地被 NO 连接取代，形成 $H_3PW_{12}O_{40}\cdot 3NO$，从而吸附 NO。他们根据 IR 谱图、TPD 数据和 NO^+的文献资料来判断，NO 饱和的 HPW 中 NO 是一种离子形式的质子化的 NO，即$(NOH)^+$。Yang 等提出的 HPW 吸附分解 NO 的机理用下面两个反应表示。

吸附：
$$H_3PW_{12}O_{40}\cdot 6H_2O + NO + O_2 \xrightarrow{150℃} H_3PW_{12}O_{40}\cdot 3NO + H_2O \tag{3-65}$$

分解：
$$H_3PW_{12}O_{40}\cdot 3NO \xrightarrow{\text{快速}\ \Delta H_2O} H_3PW_{12}O_{40}\cdot 6H_2O + N_2 \tag{3-66}$$

6) 水滑石类材料。

水滑石类材料包括水滑石和类水滑石。水滑石(hydrotalcite，HT)又称阴离子黏土，是一类具有层状结构的复合金属氢氧化物，由带正电荷的金属氢氧化物层和层间平衡阴离子构成。自然界中存在的水滑石是镁、铝的羟基碳酸化合物，其理想的化学组成为$Mg_6Al_2(OH)_{16}CO_3\cdot 4H_2O$。后来人们把水滑石中的 Mg^{2+}、Al^{3+}用其他同价离子同晶取代，合成了各种类型的类水滑石化合物(hydrotalcite like compounds，HTLcs)，它们在结构上与天然水滑石相同。类水滑石化合物具有独特的双层结构，即水镁石层和中间层，通过对 Brucite 层中阳离子的同晶置换和对中间层采用不同的填隙阴离子可形成种类非常多的水滑石类催化剂。因此，类水滑石化合物在化学和结构上表现出来的既具有离子交换性能，还具有孔径可调变的择形吸附催化性能的特殊性质，使其成为催化领域具有巨大应用潜力的新材料。Dandl 等[77]提出了 N_2O 在水滑石类催化剂上分解的反应机理，认为反应分三步进行(Z 代表活性位)。

N_2O 与催化活性位的反应和氧的吸附：

$$N_2O + Z = N_2 + OZ \tag{3-67}$$

分子氧的自发解吸：

$$2OZ \rightleftharpoons O_2 + 2Z \tag{3-68}$$

吸附氧与 N_2O 的反应：

$$OZ + N_2O \Longrightarrow N_2 + O_2 + Z \tag{3-69}$$

反应(3-67)和反应(3-69)是不可逆的，原因是生成的氮分子具有高稳定性，反应(3-68)则是可逆反应。

3.5.3.5　电子束辐射工艺

电子束辐射工艺(electron beam process，EBP)始于 20 世纪 70 年代的日本，经过几十年的发展，开始从实验研究走向工业应用。近年来德国、日本、美国、波兰、俄罗斯和中国等诸多国家的研究人员致力于该项技术的研究开发，在日本、中国、波兰先后建立了工业示范装置，目前世界上已经建成处理各种烟气的实验研究和工业示范装置三十余座。该工艺的主要特点是：干法处理过程不产生废水废渣；可同时脱除二氧化硫和氮氧化物；方法简单，操作方便，过程易于控制；副产物硫酸铵和硝酸铵可作为肥料，实现了污染物的综合利用和硫氮资源的自然生态循环。

(1) 技术原理

随着 EBP 技术的逐渐成熟，对其机理的研究也不断深入。研究并掌握 EBP 技术的反应机理对于优化工艺参数，指导工程设计，降低运行成本，增强 EBP 技术同其他烟气脱硝技术的竞争力具有重大意义。图 3-39 为电子束氨法脱硫和脱硝的主要反应途径。

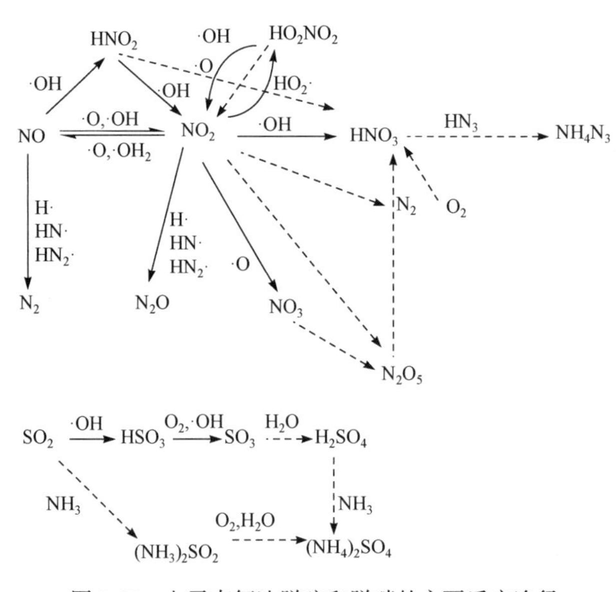

图 3-39　电子束氨法脱硫和脱硝的主要反应途径

在电子束处理烟气过程中，烟气成分中的气体分子由轻核原子组成，电子与物质的作用主要通过同原子的核外电子发生作用损失能量，使烟气中的气体分子发生电离和激发，这是电子在烟气中损失能量的主要方式。Matzing 等[78]的研究表明，烟气接受电子束的辐照后，有 99%以上的电子能量通常被烟气中的 N_2、O_2、水蒸气和 CO_2 等主要成分吸收。电子与烟气中主要成分作用，直接产生或通过电离分解过程产生的 · OH、· N、· O 和 · H 等自由基，能有效氧化 SO_2 和 NO_x。其中 · OH 自由基是目前发现的氧化性最强的活性基团，其氧化电位达 2.8eV。它是氧化 SO_2 和 NO_x 生成硫酸、硝酸的物质，也是引发形成气溶胶所必需的，所以 · OH 自由基对烟气中同时消除 SO_2 和 NO_x 起到重要作用。

1) SO_2 脱除。

SO_2 脱除大致涉及两种反应类型：辐射诱导反应和热化学反应，热化学反应是脱除 SO_2 的主要途径，其贡献占 SO_2 总脱除率的 70%～90%。

氧化 SO_2 的自由基主要为 · OH、 · O、HO_2 · ，其中 SO_2 与 · OH 自由基的反应是最主要的反应。 · OH、 · O、HO_2 · 自由基与 SO_2 发生的反应可表示为

$$SO_2 + \cdot OH \xrightarrow{H_2O\ \ O_2} H_2SO_4 \tag{3-70}$$

$$SO_2 + \cdot O \longrightarrow SO_3 \xrightarrow{H_2O} H_2SO_4 \tag{3-71}$$

$$SO_2 + HO_2\cdot \longrightarrow HSO_4^- \longrightarrow H_2SO_4 \tag{3-72}$$

由以上反应可知，有效消除 SO_2，取决于反应器中 · OH、 · O、HO_2 · 自由基产生的数量。· OH、· O 主要由 H_2O、O_2 受到辐射激发产生，所以烟气湿度增大有利于 · OH、· O 等自由基的形成并增加液相反应速率，促进气溶胶的成核、生长。

辐射诱导非均相反应(发生在气相和气溶胶间)主要发生在反应器、管道和副产物收集器中，适量的灰尘利于气溶胶的形成(灰尘颗粒为气溶胶的形成提供晶核)。在此过程中，SO_2 生成 $(NH_4)_2SO_4$ 有两个途径：先氧化再成盐与先成盐再氧化，用反应式表示为

$$SO_2 \xrightarrow{\cdot OH、O_2} SO_3 \xrightarrow{H_2O} H_2SO_4 \xrightarrow{NH_3} (NH_4)_2SO_4 \tag{3-73}$$

$$SO_2 \xrightarrow{H_2O} H_2SO_3 \xrightarrow{NH_3} (NH_4)_2SO_3 \xrightarrow{O_2} (NH_4)_2SO_4 \tag{3-74}$$

先成盐再氧化过程中，SO_2 的脱除率不仅受辐射剂量的影响，而且受烟气相对湿度的影响较大。研究表明，先成盐再氧化生成硫酸盐的贡献较大。

在 EBP 过程中同时存在着一种与电子束辐照无关的气态氨和二氧化硫之间的热化学反应，用反应式表示为

$$NH_3(g) + SO_2(g) \longrightarrow NH_3 \cdot SO_2(g) \tag{3-75}$$

$$NH_3 \cdot SO_2(g) + NH_3(g) \longrightarrow (NH_3)_2 \cdot SO_2(s) \tag{3-76}$$

$$(NH_3)_2 \cdot SO_2(s) + 1/2O_2(g) \longrightarrow NH_4 \cdot SO_3 \cdot NH_2(s) \tag{3-77}$$

$$NH_4 \cdot SO_3 \cdot NH_2(s) + H_2O(g) \longrightarrow (NH_4)_2 \cdot SO_4(s) \tag{3-78}$$

2) NO_x 脱除。

烟气中 NO_x 的主要成分为 NO 和 NO_2，NO/NO_2 物质的量比远大于 1。NO_x 脱除属于纯辐射化学过程，可由以下反应表示：

$$NO + HO_2\cdot = NO_2 + \cdot OH \tag{3-79}$$

$$NO + O_3 = NO_2 + O_2 \tag{3-80}$$

$$NO + \cdot O + M = NO_2\cdot + M \tag{3-81}$$

$$NO + \cdot OH + M = HNO_2 + M \tag{3-82}$$

$$HNO_2 + \cdot OH = NO_2 + H_2O \tag{3-83}$$

$$NH_3 + \cdot OH = \cdot NH_2 + H_2O \tag{3-84}$$

$$NO + \cdot N = N_2 + \cdot O \tag{3-85}$$

$$NO + \cdot NH_2 = N_2 + H_2O \tag{3-86}$$

$$NO_2 + \cdot H = NO + \cdot OH \tag{3-87}$$

$$NO_2 + \cdot OH + M = HNO_3 + M \tag{3-88}$$

$$NO_2 + \cdot O = NO + O_2 \tag{3-89}$$

$$NO_2 + NH_2 = N_2O + H_2O \tag{3-90}$$

$$\cdot N + O_2 = \cdot O + NO \tag{3-91}$$

$$NO_2 + \cdot N = N_2O + \cdot O \tag{3-92}$$

$$NO^+ + 2H_2O = HNO_2 + H_3O^+ \tag{3-93}$$

(2) 影响脱硝率的主要因素

影响脱硝率的主要因素包括吸收剂量(NH_3 的投加化学计量比)、反应器入口烟气相对湿度、氮氧化物初始浓度和 SO_2 初始浓度。NO_x脱除率随辐射剂量和烟气相对湿度提高而增大。电子束辐射产生的大量 · OH、· O、HO_2 · 、· N 自由基对氧化还原 NO 起到重要作用。一方面，NO 通过与 HO_2 · 、· HSO_4、· O_3 及 · OH 反应被氧化成 NO_2，其中 NO 被氧化为 NO_2 主要是通过 O_3 起作用；自由基 · O、· OH 等对 NO 的氧化占少部分。NO_2 易与 · OH 反应，最终生成 HNO_3。另一方面，N、—NH_2 等能将 NO 还原成 N_2。同时，N_2 受电子束激发产生的 · N 自由基在反应中对 NO_x 也有还原作用，将 NO_x 还原成 N_2 和 N_2O。还原和氧化共同作用的结果使 NO_x 的脱除与辐射剂量表现为非线性，且最终达到饱和。此外，少量 NH_3 与 · OH 作用生成—NH_2，—NH_2 能还原 NO_x 生成 N_2 和 N_2O。所以多加入氨气，能提高 NO_x 的脱除效果。另一个重要的现象是：当 SO_2 初始浓度较高时，能促进 NO_x 脱除。因为 SO_2 与 · OH 自由基反应生成的 HO_2 · 能有效氧化 NO。

同二氧化硫相比较，氮氧化物的脱除率受氨投加量的影响要弱得多，主要原因在于热化学反应对氮氧化物的脱除贡献很小。此外，氮氧化物脱除率还与电子束的投加方式有关，多级辐照投加可以明显提高氮氧化物脱除率。同单级辐照相比较，两级辐照对 NO_x 脱除率提高的作用明显。实验表明，两级辐照使 NO_x 脱除效率提高约 10%，节约能量约 20%。但三级辐照对 NO_x 脱除效率提高的贡献相对较小。

电子束辐照技术的主要技术经济指标和发展现状及趋势在本书第 2 章已经进行了详细介绍，在此不再赘述。

3.5.3.6　脉冲电晕法

脉冲电晕法是二十世纪八十年代日本学者 Masuda 研究电子束法过程中提出来的[79]，属于干法脱硝。工作原理类似于电子束脱硝。该技术利用高压脉冲电源产生的高能电子激活燃煤烟气中的二氧化硫(SO_2)和氮氧化物(NO_x)，加入氨作为吸附剂，生成硫酸铵[$(NH_4)_2SO_4$]和硝酸铵(NH_4NO_3)肥料。该技术成本较低，无二次污染，可同时脱硫脱硝，形成的副产物可回收利用，有较好的应用前景。到目前为止，日本、美国、意大利、韩国、加拿大、俄罗斯等国都进行了大量的研究工作。我国从八十年代后期开始也进行了大量的研究，取得了不少研究成果。

3.5.3.7　其他方法

(1) NO_x储存-还原法

NO_x储存还原(NO_x storage and reduction，NSR)简称 NSR 催化剂体系，是用于解决稀燃(即富氧)条件下的 NO_x 催化还原技术。在这种处理方式中也不需要添加额外的还原剂。

1) NSR 的反应原理。

将三效催化剂(TWC)和 NO_x 吸附材料结合起来，当发动机在稀燃阶段运行时将 NO_x 储存起来，当尾气中的氧浓度降低到计量点或者富燃条件时，吸附的 NO_x 释放出来，在 TWC 的催化作用下被尾气中的还原剂还原为环境友好的 N_2。NSR 催化剂体系通常使用贵金属作为催化活性组分，使用碱或碱土金属氧化物作为储存组分。通常典型的 NSR 催化剂体系都是 Pt 和 Ba 负载在 γ-Al_2O_3 载体上，通常记为 Pt/Ba/Al_2O_3。Pt/Ba/Al_2O_3 作用机理可分为两部分：在稀燃条件下，NO 在 Pt 金属催化剂活性位表面被氧化成 NO_2 或者 NO_3^-，然后在碱性组分的协同作用下被以硝酸盐的形式吸附储存在 Ba 与 Al_2O_3 上[80]。当吸附储存达到饱和的时候，系统切换到富燃状态，此时丰富的 CO、HC 和 H_2 等作为还原剂，在贵金属催化剂活性位将硝酸盐分解释放出来的 NO_2 还原成 N_2，同时 NSR 催化剂体系得到再生。

2) NSR 催化剂。

研究表明，在 NSR 催化剂体系中加入 Co 能有效增加促使 NO 氧化为 NO_2 的活性位的数目，极大地提高了 NO_x 的存储性能。在 NSR 催化剂体系中，储存剂的性能和三效催化剂的性能都很重要。NSR 催化剂随着贵金属和贵金属混合物组分的不同而表现出不同的氧化活性。Salasc 等[81]比较了 Pt/BaO/Al_2O_3 和 Pd/BaO/Al_2O_3 催化剂在含有 NO、O_2、C_3H_6 和 N_2 的混合气中对 NO_x 的存储能力以及 NO 的还原活性。他们发现 Pt 基催化剂比 Pd 基催化剂具有高得多的 NO 氧化活性，在相同的实验条件下，含 Pt 催化剂对 NO 到 NO_2 的最大转化率为 20%，而 Pd 催化剂对 NO 几乎没有作用。Huang 等[82]制备出 Pt、Rh 和 Pd 分别负载在 Ca/Al_2O_3 上的样品，NO 氧化结果表明，Rh 的氧化活性最好，其次是 Pt，Pd 的氧化活性最差，这是由于 Rh 基催化剂能生成较多的 NO_2 而具有最好的储存能力。但是贵金属 Rh 的昂贵价格依然让人望而却步，因此目前用于 NSR 催化剂的活性金属组分为 Pt。在 NSR 催化剂体系中使用具有碱性的碱金属和碱土金属作为储存剂，且储存组分的碱性与 NO_x 的捕获能力有着直接的联系，其碱性越强，捕获 NO_x 的能力就越强。Iwachido 等[83]基于对 NSR 催化剂储存反应化学平衡常数的计算，认为 K 能够比其他碱金属和碱土金属更有效地储存 NO_x。并且含 K 的 NSR 催化剂和含 Ba 的 NSR 催化剂在 800℃的计量比气氛条件下经过 32h 老化后，在大于 350℃的高温区，K 吸附剂对 NO 转化率高于 Ba 吸附剂。350℃时，储存能力的顺序为 K＞Ba＞Sr≥Na＞Ca＞Li≥Mg。对于 NSR 的载体研究表明，室温下富氧气氛中比较 NO/NO_2 在 SiO_2、TiO_2-ZrO_2 和 Al_2O_3 上的吸附，SiO_2 的吸附能力最差，NO 在 TiO_2-ZrO_2 和 Al_2O_3 上的吸附量是 SiO_2 上的 10～

15 倍。但是载体对于催化性能的影响是有限的。

通常使用的汽油、柴油这些燃料都含有一定量的硫，在燃烧之后势必会转化为 SO_2 气体。Dawody 等[84]就曾经试图将 WO_3、MoO_3、V_2O_5、Ga_2O_3 等金属氧化物添加到 $Pt/BaO/Al_2O_3$ 催化剂中，以提高它的抗硫性能，但是没有成功。研究人员发现，添加 TiO_2 或 Li_2O 到 Al_2O_3 载体上，能够提高催化剂对于 SO_x 的耐受力。而且使用 Pt、Rh 合金也能提高催化剂在 SO_2 暴露的条件下的表现性能。还有一个影响 NSR 催化剂性能的原因是对于高温的耐受性。在高温下，Pt 会出现烧结和转化成氧化物，从而导致催化活性位大量减少。最近有研究指出，在 NSR 催化剂中加入 Fe 的化合物能有效地提升它的热稳定。在未来的研究中除了要研究储存和还原阶段的机理问题，还要将注意力多放在两者之间的关系上。同时还要解决好抗硫和抗老化的问题，以解决日益严重的烟气中 NO_x 的污染问题。

(2) 光催化氧化法

光催化氧化技术是近几年发展起来的一项空气净化技术，具有反应条件温和、能耗低、二次污染少等优点。它有着诱人的前景，但此项技术尚未成熟。二氧化钛光催化材料是当前最有应用潜力的一种光催化剂，其特点是能隙较大，产生光生电子和空穴的电势电位高，有很强的氧化性和还原性，不发生光腐蚀，耐酸碱性好，化学性质稳定，对生物无毒性。利用 TiO_2 半导体的光催化效应脱除 NO_x 的机理是 TiO_2 受到超过其带隙能的光照射时，价带上的电子被激发，超过禁带进入导带，同时在价带上产生相应的空穴。电子与空穴迁移到粒子表面的不同位置，空穴本身具有很强的得电子能力，可夺取 NO_x 体系中的电子，使其被活化而氧化。电子与水及空气中的氧反应生成氧化能力更强的 OH^- 及 O_2^- 等，是将 NO_x 最终氧化生成 NO_3^- 的最主要氧化剂。TiO_2 氧化脱除 NO_x 的效率受初始浓度影响较大，对低浓度 NO_x 的脱除效率可以高达 90%，但对高浓度 NO_x 的脱除效率则不理想。今后的研究应通过探索不同因素对光催化效率的影响及催化作用机理，全面地了解这一反应体系。同时，也必须注意解决如何提高 TiO_2 对高浓度 NO_x 的脱除效率，减少有害中间产物的形成等重要问题。

(3) 炽热炭法

利用活性炭、焦炭等碳质固体还原废气中的 NO_x 属于非催化非选择性还原法。与选择性催化法相比，其优点是不需要价格昂贵的催化剂，因而不存在催化剂中毒所引起的问题，并且炭价格较便宜、来源广。

该过程的化学反应如下：

$$C+2NO \longrightarrow CO_2+N_2 \tag{3-94}$$

$$C+NO \longrightarrow CO+1/2N_2 \tag{3-95}$$

$$C+NO_2 \longrightarrow CO_2+1/2N_2 \tag{3-96}$$

$$C+1/2NO_2 \longrightarrow CO+1/4N_2 \tag{3-97}$$

当尾气中存在 O_2 时，O_2 与碳反应生成 CO，CO 也能还原 NO_x：

$$C+1/2O_2 \longrightarrow CO \tag{3-98}$$

$$CO+NO \longrightarrow 1/2N_2+CO_2 \tag{3-99}$$

$$CO+NO_2 \longrightarrow 1/2N_2+CO_2+1/2O_2 \tag{3-100}$$

动力学研究表明，O_2与 C 的反应先于 NO 与 C 的反应，所以烟气中O_2的存在使炭耗量增大。不少人试图控制O_2与碳的反应，或用催化剂改变 NO 和O_2与碳的反应活性顺序，但至今没有取得令人满意的结果。虽然烟气中O_2含量高时，碳质固体消耗较大，但O_2和NO_x与碳的反应都是放热反应，消耗定量的碳所放出的热量与普通燃烧过程基本相同，这部分反应热量可以回收利用。

国内某大学相关试验结果表明，在温度为 650～850℃时，NO_x能够被果核炭、无烟煤、焦炭等碳质固体还原，还原率在 99%左右。由于NO_2在 350℃以上开始分解为 NO 和O_2，在 450～600℃时已基本分解完毕，因此当反应温度在 600℃以上，NO_x主要以 NO 形式与碳反应。在较低温度下，气体线速度对脱硝效率影响显著。在相同温度下，NO_x的还原率随气速增加而下降，但温度在 700℃以上时，在 6.38～21.25cm/s 范围内气速对还原率影响不大。当用烟煤作还原剂时，反应初期的还原效率较低，其原因是所用烟煤中含氮高达 1%，氮化物分解，与O_2结合成NO_x。当烟煤再继续反应并变为“焦炭”后，氮化物已分解完，还原率很高。O_2与碳反应的产物是CO_2和 CO，烟气中O_2含量高时会使排气中二次污染物 CO 量增加。计算表明，烟气中O_2含量为 3%、NO_x为 5000ppm、反应温度 700℃时，将固体炭预热到反应温度后，不需外热就可维持系统的反应温度。

(4) 微生物法

1) 微生物净化NO_x的原理。

用微生物净化NO_x的思路是建立在用微生物净化有机废气、臭气以及用微生物进行废水反硝化脱氮获得成功的基础上，主要利用反硝化细菌的生命活动脱除废气中的NO_x。在反硝化过程中，NO_x通过反硝化细菌的同化反硝化作用(合成代谢)还原成有机氮化物，成为菌体的一部分；或通过异化反硝化作用(分解代谢)最终转化为N_2。由于反硝化细菌是一种兼性厌氧菌，以NO_x作为电子受体进行厌氧呼吸，所以其不像好氧呼吸那样释放出更多的 ATP，相应合成的细胞物质量也较少，在生物反硝化过程中，以异化反硝化为主。因此，生物净化NO_x也主要是利用反硝化细菌的异化反硝化作用。

微生物处理NO_x与微生物处理有机挥发物及臭气有较大的不同。由于NO_x是无机气体，其构成不含有碳元素，因此微生物净化NO_x是适合的脱氮菌在有外加碳源的情况下，利用NO_x作为氮源，将NO_x还原成无害的N_2，而脱氮菌本身获得生长繁殖。

生物法净化NO_x废气一般包括两个过程：NO_x由气相转移到液相或固体表面的液膜中的传质过程；NO_x在液相或固相表面被微生物净化的生化反应过程。过程速率的快慢与NO_x的种类有关。由于 NO 和NO_2溶解于水的能力差异较大，其净化机理也有所不同。

i) NO 的生化还原。NO 不与水发生化学反应，仅能溶解一部分，其主要净化途径有两条：一是 NO 溶解于水；二是被微生物菌体及固相载体表面吸附，然后在反硝化菌中氧化氮还原酶的作用下还原为 N_2：

$$NO^- \xrightarrow{+e,氧化氮还原酶} N_2 + O \tag{3-101}$$

ii) NO_2的生化还原。NO_2与水发生化学反应：

$$2NO_2+H_2O \longrightarrow HNO_3+HNO_2 \tag{3-102}$$

$$3HNO_2 \longrightarrow HNO_3+2NO+H_2O \tag{3-103}$$

NO_2在水中转化为NO_3^-、NO_2^-和 NO，然后通过以下生化反应过程还原为 N_2：

$$NO_3^- \xrightarrow{+e,硝酸盐还原酶} NO_2^- \xrightarrow{+e,亚硝酸盐还原酶} NO \xrightarrow{+e,氧化氮还原酶} N_2 \tag{3-104}$$

2) 脱氮菌及其培养。

表 3-3 列出的异养脱氮菌可能适用于净化废气中的 NO_x。表中所列的异养脱氮菌，有些是专性好氧菌，有些是兼性厌氧菌，它们在好氧、厌氧或缺氧条件下，利用有机基质进行脱氮。

表 3-3　异养脱氮菌

种属名	中文名	种属名	中文名
Achromobacter	无色杆菌属	*Micrococcus*	微球菌属
Alcaligenes	产碱杆菌属	*Maraxella*	莫拉氏菌属
Bacillus	芽孢杆菌属	*Propionibacterium*	丙酸杆菌属
Chromobacterium	色杆菌属	*Pseudomonas*	假单胞菌属
Corynebacterium	棒状杆菌属	*Spirillum*	螺菌属
Halobacterium	盐杆菌属	*Xanthomonas*	黄单胞菌属
Hyphomicrobium	生丝微菌属		

另有少数专性和兼性自养菌也能还原氮氧化物，如硫杆菌属(*Thiobacillus*)中的脱氮硫杆菌(*T. denitrificans*)，可利用无机基质(如 H_2、H_2S 等)作为氢供体，在厌氧条件下，利用 NO_x 作为氢受体使处于还原价位的含硫化合物氧化。各种脱氮菌的最初培养一般都是用含硝酸盐、有机碳基质的培养基在厌氧或缺氧，并保证合适的温度和酸碱度的条件下培养 3 周至 1 个月，然后用于下一步的挂膜或用 NO_x 进行驯化。

3) 研究概况。

在废气的生物处理中，微生物的存在形式可分为悬浮生长系统和附着生长系统两种。悬浮生长系统即微生物及其营养物配料存在于液相中，气体中的污染物通过与悬浮液接触后转移到液相中而被微生物所净化，其形式有喷淋塔、鼓泡塔等生物洗涤器。附着生长系统中的微生物附着生长在固体介质上，气体中的污染物通过介质构成的固定床层时被吸收、吸附，最终被微生物净化，其形式有土壤、堆肥等材料构成的生物滤床。

i) 悬浮生长系统。Lee 等[15]用自氧型脱氮硫杆菌在厌氧条件下，用硫代硫酸盐作为唯一的能源、CO_2为碳源、硝酸盐为最终电子受体、NH_4^+为还原的氮的来源，在培养基中进行培养，控制培养液的温度为30℃和pH值为7.0。此外，脱氮硫杆菌培养在460nm、光密度为1和1mL培养液中含约$5×10^8$个细胞条件下，采用无菌操作，将细胞从培养基中离心分离后，分散悬浮在含硝酸盐的培养液中，再将含0.48% NO、5% CO_2和起平衡作用的N_2的混合气体，以10.5～16.2L/h(对应NO的流量为2.0～3.1mmol/h)的流量通过悬浮液，同时进行机械搅动，搅拌速度为500～900r/min。

驯化结束后，通入含4800ppm NO的混合气体，测得NO的出口浓度降至100～200ppm，且出口流量越大，NO的出口浓度就越高。实验中发现，随着NO的去除，培养液中硫代硫酸根及NH_4^+浓度逐渐减小，同时光密度及生物量相应增加，这表明脱氮硫杆菌的生长以硫代硫酸盐作为能源而以NO作为最终电子受体。NO被$S_2O_3^{2-}$还原的化学方程式为

$$2S_2O_3^{2-}+10NO \longrightarrow 4SO_4^{2-}+5N_2\uparrow \tag{3-105}$$

此后，Lee等[15]又用异养型脱氮副球菌、脱氮假单胞菌进行了实验，实验结果类似。

ii) 附着生长系统。含NO_x废气在增湿后进入生物滤床，通过滤层时，污染物NO从气相中转移到生物膜表面并被微生物净化。爱达荷州国家工程实验室的研究人员开发了用脱氮菌还原烟气中NO的工艺[77]。将含NO(100～400ppm)的烟气通过一个直径102mm、高915mm的塔，塔中固定有堆肥，其上生长着绿脓假单胞菌，堆肥可作为细菌的营养源，每隔3～4天向堆肥床层中滴加蔗糖溶液(辅助食物)；烟气在塔中停留时间约为1min，测得当NO进口浓度为250ppm时，NO的净化率达99%。塔中的最适温度为30～45℃，其pH值为6.5～8.5。

以上介绍的用生物法净化废气中NO_x的研究工作都是针对NO_x中不易溶于水的NO。这些实验表明，适宜的脱氮菌在有碳源且合适的环境条件下，可把NO作为最终的电子受体而将其还原为N_2。悬浮生长系统及附着生长系统在净化NO_x方面各具优缺点，前者微生物的环境条件易于控制，但NO_x中的NO占有较大的比例，而NO又不易溶于水，使得NO的净化率不太高。

3.6 典型工程案例

3.6.1 案例1——电厂烟气脱硝

3.6.1.1 工程概况

福建漳州某电厂设计装机容量为6×600MW。三大主机为三菱公司产品，锅炉设备为三菱重工神户造船厂设计制造的MO-SSRR型超临界直流锅炉。锅炉后设置两台双室五电场静电除尘器，其除尘效率为99%。脱硝采用炉内脱硝和烟气脱硝相结合的方法。炉内脱硝采用三菱MACT炉内低NO_x燃烧系统，排放NO_x浓度在180ppm左右。烟气脱硝采用日立公司的选择性催化还原(SCR)烟气脱硝技术，该系统为我国600MW机组安装的第一台烟气脱硝处理装置。

3.6.1.2　工艺流程

SCR 烟气脱硝系统为高粉尘布置，SCR 反应器设置于空气预热器前。其工艺流程见图 3-40。液氨从液氨槽车由加料压缩机送入液氨储槽，再经过蒸发槽蒸发为氨气。氨气通过氨缓冲槽和输送管道进入锅炉区，通过一种特殊的喷雾装置和烟气均匀分布混合后，由分布导阀进入 SCR 反应器内部，在催化剂层上发生反应。脱硝后烟气经过空气预热器热回收后进入静电除尘器。每套锅炉配有一套 SCR 反应器，每两台锅炉共用一套液氨储存和供应系统。

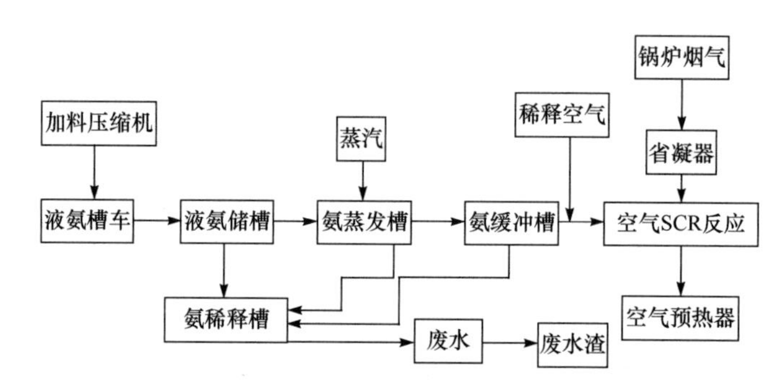

图 3-40　福建漳州某电厂烟气脱硝系统工艺流程

3.6.1.3　设计参数

福建漳州某电厂烟气脱硝设计参数见表 3-4。

表 3-4　烟气脱硝设计参数

项目		单位	参数
进口	燃料		煤(或煤/油=0.5)
	催化剂类型		日立板式催化剂
	烟气流量	Nm^3/h	1779000
	烟气温度	℃	370～420
	O_2(体积分数，干基)	%	3.3
	H_2O(体积分数，湿基)	%	8.5
	NO_x(体积分数，干基)	ppm	150
	SO_2(体积分数，干基)	ppm	700
	烟尘浓度	g/Nm^3	19
出口 NO_x(体积分数，干基)		ppm	＜50
出口 NH_3(体积分数，干基)		ppm	5
NH_3/NO_x 物质的量比			0.77
催化剂床层压降		mmH_2O^*	26
脱硝效率		%	66.7

$^*1mmH_2O = 9.80665Pa$

3.6.1.4 烟气脱硝系统组成

该电厂烟气脱硝 SCR 系统包括液氨储存及供应系统和脱硝反应系统两部分。

(1) 脱硝反应系统

脱硝反应系统由催化反应器、氨喷雾系统、空气供应系统组成。SCR 反应器位于锅炉省煤器出口烟气管线的下游，氨气均匀混合后通过分布导阀和烟气共同进入反应器入口。烟气经过烟气脱硝过程后经空气预热器热回收进入静电除尘器。反应器采用固定床平行通道形式，反应器为自立钢结构。触媒底部安装气密装置，防止未处理过的烟气泄漏。SCR 系统所采用的触媒形式为平板式，烟气平行流过催化剂。该电厂烟气脱硝催化剂床层由三层催化剂组成，反应器内装填 380m^3 催化剂。

氨和空气在混合器和管路内充分混合后，导入氨气分配总管内。氨/空气喷雾系统含供应箱、喷雾管格子和喷嘴等。每一个供应箱安装一个节流阀及节流孔板，可使氨/空气混合物在喷雾管格子达到均匀分布。每台机组的烟气脱硝反应系统的控制都在本机组的 DCS 系统上实现。SCR 烟气脱硝控制系统利用固定的 NH_3/NO_x 物质的量比来提供所需要的氨气流量，进口 NO_x 浓度与烟气流量的乘积产生 NO_x 流量信号，此信号乘上所需 NH_3/NO_x 物质的量比就是基本氨气流量信号。氨气流量可依温度和压力修正系数进行修正。稀释空气利用风门来手动操作，空气流一旦调整后就不需随锅炉负荷而调整。氨气和空气流设计稀释比最大为 5%。稀释空气由送风机出口管路引出。

(2) 液氨储存及供应系统

液氨储存和供应系统包括液氨卸料压缩机、液氨储槽、液氨蒸发槽、氨气缓冲槽及氨气稀释槽、废水泵、废水池等。液氨的供应由液氨槽车运送，利用液氨卸料压缩机将液氨由槽车输入液氨储槽内，储槽输出的液氨于液氨蒸发槽内蒸发为氨气，经氨气缓冲槽送达脱硝系统。氨气系统紧急排放的氨气则排放至氨气稀释槽中，经水的吸收排入废水池，再经由废水泵送至废水处理厂处理。其中卸料压缩机为往复式压缩机，压缩机抽取液氨储槽中的氨气，经压缩后将槽车的液氨推挤入液氨槽车中。

六台机组脱硝共设计三个储槽，一个液氨储槽的存储容量为 122m^3。一个液氨储槽可供应一套 SCR 机组脱硝反应所需氨气一周。储槽上安装有超流阀、逆止阀、紧急关断阀和安全阀，用于储槽液氨泄漏保护。储槽四周安装有工业水喷淋管线及喷嘴，当储槽槽体温度过高时自动淋水装置启动，对槽体自动喷淋减温。液氨蒸发槽为螺旋管式。管内为液氨，管外为温水浴，以蒸汽直接喷入水中加热至 40℃，再以温水将液氨汽化，并加热至常温。蒸气流量由蒸发槽本身水浴温度调节。在氨气出口管线上装有温度检测器，当温度低于 10℃时切断液氨进料，使氨气进入缓冲槽维持适当温度及压力。蒸发槽也装有安全阀，可防止设备压力异常高。从蒸发槽蒸发的氨气流进入氨气缓冲槽，通过调压阀减压到 1.8kg/cm^2，再通过氨气输送管线送到锅炉侧的脱硝系统。氨气稀释槽为容积 6m^3 的立式水槽。液氨系统各排放处所排出的氨气由管线汇集后从稀释槽底部进入，通过分散管将氨气分散入稀释槽水中，利用大量水来吸收安全阀排放的氨气。

液氨储存及供应系统周边设有六套氨气检测器，以检测氨气的泄漏，并显示大气中氨的浓度。当检测器测得大气中氨浓度过高时，在机组控制室会发出警报，操作人员采取必要的措施，以防止氨气泄漏的异常情况发生。液氨储存和供应系统的排放管路为一个封闭系统，氨气经由氨气稀释槽吸收成氨废水后排放至废水池，再经由废水泵送至废水处理站。液氨储存及供应系统保持系统的严密性，防止氨气的泄漏和氨气与空气混合造成的爆炸是最关键的安全问题。基于此方面的考虑，本系统的卸料压缩机、液氨储槽、氨气温水槽、氨气缓冲槽等都备有氮气吹扫管线。在液氨卸料之前通过氮气吹扫管线对以上设备分别进行严格的系统严密性检查和氮气吹扫，防止氨气泄漏和与系统中残余的空气混合造成危险。

3.6.1.5　净化效果

设计 NO_x 入口浓度为 308mg/m^3，出口浓度为 185mg/m^3，脱硝效率不小于 40%。实测脱硝效率在 44%～46%，实际 NO_x 排放浓度在 120～160mg/m^3。

3.6.2　案例 2——锅炉 SCR 脱硝

3.6.2.1　工程概况

北京某电厂 2 台机组单机发电容量为 200MW，各配 2 台 HG410/9.8YW15 型锅炉。某公司对其进行了 SCR 脱硝工程的方案设计。

3.6.2.2　工艺流程

该电厂 2 台锅炉配 1 台 200MW 发电机组，SCR 脱硝设计为 1 台锅炉对应 1 台 SCR 反应器，2 台锅炉合用 1 套氨系统。全烟气脱硝。脱硝后烟气经烟道流向空气预热器。锅炉排出的烟气经上级省煤器后，全部进入 SCR 反应器，然后进入上级空气预热器、下级省煤器、下级空气预热器等，最后通过烟气脱硫系统后经烟囱排入大气，脱硝率为 90%以上。工艺流程见图 3-41。

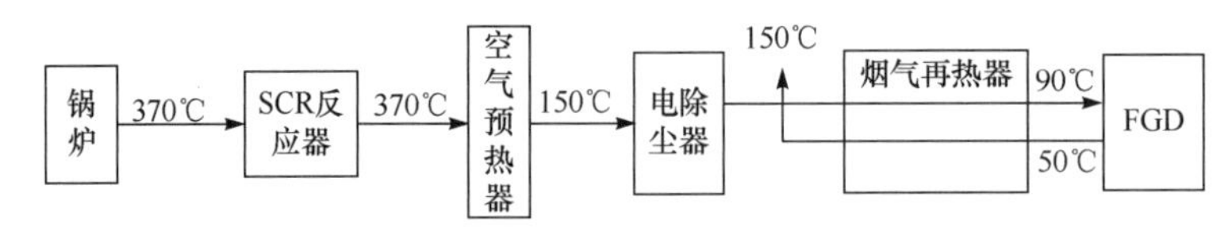

图 3-41　北京某电厂锅炉 SCR 脱硝工艺流程示意图

3.6.2.3　系统组成

SCR 脱硝系统由液氨装卸和供应系统、SCR 反应器系统、烟气系统和脱硝公用系统等组成。

(1) 液氨装卸和供应系统

SCR 脱硝工艺所需液氨采用工业级别。液氨经汽车或火车运输进入厂区，经液氨装卸系统进入氨存储罐。4 套脱硝装置合用 2 套液氨装卸系统(互为备用)。其主要包括液氨卸料压缩机、氨油分离器、液氨储槽、液氨蒸发槽、氨气缓冲槽及氨气稀释槽、废水泵、废水池等。氨存储罐中现有的液氨经氨油分离器分离后进入液氨卸料压缩机升压，通过二级氨油分离器，在氨气化器中通过蒸汽加热而气化，然后压入氨罐车。在氨气作用下，专用氨罐车中的液氨经过液氨操作台进入氨存储罐，由于故障或泄漏等原因排出的氨气，可在氨稀释槽中得到吸收、稀释。4套脱硝系统合用2个液氨存储罐，每罐容量为25t，可满足7天的液氨用量。氨存储罐上安装有超流阀、逆止阀、紧急关闭阀及安全阀等控制阀体。在其周围装有工业水喷淋管线和喷嘴，存储罐温度过高时淋水装置自动启动减温。

液氨供应系统共设置4套，对应4套脱硝装置，并互为备用。主要包括液氨输送泵、液氨蒸发罐、液氨缓冲罐、氨气泄漏检测装置和管道吹扫氮气系统等。氨存储罐中的液氨经液氨输送泵进入液氨蒸发罐，在蒸汽和温水加热下气化后进入液氨缓冲罐，再经管道进入氨气稀释器，与稀释空气混合后，经管道输送到SCR反应器前的氨气母管，再经喷射管道通过喷嘴喷入反应器。液氨蒸发罐也装有安全阀。液氨系统排出的氨气汇集后从氨稀释罐底部进入，通过分散管将氨气分散送入稀释罐中，利用大量的水来吸收安全阀排出的氨气。液氨存储及供应系统四周设有氨气监测器，当大气中氨气浓度过高时，机组控制室发出警报，以指示氨泄漏异常事故发生。液氨存储及供应系统的排放管路为一封闭系统，氨气经稀释槽吸收成氨废水后排到废水池，再由废水泵送到废水处理厂。需保持液氨存储及供应系统的严密性。为防止氨气泄漏及氨与空气混合造成爆炸，系统的卸料压缩机、液氨储罐、氨气温水槽、液氨缓冲罐等都备有吹扫管线。

(2) SCR反应器系统

SCR反应器系统是SCR脱硝的核心，主要由催化剂、反应器(钢结构)、氨喷射网以及有关辅助设施组成，工程中共配置4套SCR反应器系统，其设计参数见表3-5。

表3-5 SCR反应器系统设计参数

项目	数值	项目	数值
烟气流量/(m^3/h)	475000	反应器入口 N_2 体积分数/%	73.6
反应器入口 NO_x 体积分数/%	300	反应器入口 H_2O 体积分数/%	6.45
反应器入口 SO_2 体积分数/%	540	反应器入口粉尘质量分数/%	–0.09
反应器入口 SO_3 体积分数/%	11.2	入口烟气温度/℃	≥325
反应器入口 O_2 体积分数/%	7.03	氨/NO_x 化学计量比	0.9～1
反应器入口 CO_2 体积分数/%	11.96	脱硝效率	≥80

催化剂安装在反应器中。该电厂采用板式催化剂，每套系统安装一层，催化剂设计参数见表3-6。反应器采用底部支撑方式，布置在锅炉尾部烟道后。烟气在反应器内停留时间约1s，在进入催化剂床层前，烟气与氨喷射网喷出的氨均匀混合，然后流经催化剂床层，在催化剂作用下，NO_x 被还原成氮气和水。为防止催化剂床层堵塞，在反应器内设置吹扫装置，同时还设有其他辅助装置。

表 3-6　催化剂设计参数

项目	数值	项目	数值
催化剂类型	DNX-940	催化剂板厚度/mm	0.75
催化剂总体积/m^3	65.15	催化剂模块尺寸/mm	1122×946×1875
催化剂装填层数	1	比表面积/(m^2/m^3)	740
催化剂模块数	50	催化剂板间距/mm	4.7

(3)烟气系统

烟气系统包括整个脱硝系统的烟道和设备。由于 SCR 脱硝技术要求特定的反应温度，在锅炉启停时，SCR 反应器入口一般达不到设计温度，同时为防止反应器检修和催化剂更换时影响锅炉的运行，烟气脱硝系统需要设置旁路管道、烟气旁路挡板、省煤器旁路循环加热管、各管道上的挡板以及反应器入口处的导向板等。在脱硝系统引入和引出烟道上均设有挡板门(脱硝反应器进、出口挡板)，在反应器旁路烟道上设有脱硝装置旁路挡板。当脱硝装置运行时，旁路烟道上的挡板门关闭，脱硝装置进、出口挡板门全部打开，烟气流过脱硝反应器。在脱硝反应器发生故障或检修时，脱硝反应器进出口挡板门全关，旁路烟道上的挡板门打开，烟气通过旁路烟道进入下级省煤器，不会影响锅炉和发电机组的运行。锅炉启停或低负荷时，进入 SCR 反应器的烟气温度较低，对此从上级省煤器出口引部分烟气送至反应器入口烟道来提高烟温。脱硝反应器的压降较低，原有引风机可满足脱硝要求。氨稀释空气来自送风机出口，送风机同样可满足脱硝要求。

(4) 脱硝公用系统

SCR 脱硝工艺的公用系统主要包括：供水系统、压缩空气系统和蒸汽系统等。供水包括工业供水及生活、消防和其他杂用水。工业用水主要是吸收及稀释挥发氨，作为事故用水，用水量不大；消防用水主要用于氨存储区的喷淋，用水量也不大。压缩空气系统按 1 套设置，关键设备空气压缩机及干燥器 100%备用。蒸汽系统按 2 套设置，并且互为备用。蒸汽由电厂引来(压力、温度要求不高)，主要有两种用途：一是制氨气化器作为液氨气化的热源；二是作为反应器部件吹灰用气。

(5) SCR 脱硝主要设备和材料

SCR 脱硝主要设备和材料见表 3-7。

表 3-7　SCR 脱硝主要设备和材料

项目	数值	规范
反应器/台	4	立式，碳钢和不锈钢制作，内预留安装备用催化剂层空间
催化剂用量/m^3	360	板式催化剂
烟气入口挡板门/套	4	双面叶型，安装于反应器入口管道
SCR 旁路挡板门/套	4	全开全闭型，安装于 SCR 旁路烟道
烟气出口挡板门/套	4	双面叶型，安装于反应器出口管道
氨喷射喷嘴网/套	4	安装于 SCR 反应器入口管道

续表

项目	数值	规范
氨装卸设备/套	2	二级氨油分离，气氨压力输送
氨供给设备/套	2	供给量 174kg/h，储槽为圆筒形，25t×2 台，压缩空气输送

3.6.3 案例 3——低氮燃烧器+SNCR 脱硝工艺的 NO_x减排工艺

3.6.3.1 低氮燃烧器的应用

某电厂 1#、2#机组分别于 1995 年和 2001 年投产，现装机容量为 2×12.5MW，年耗煤量约 80 万 t。1#、2#锅炉是上海锅炉厂生产的超高压中间再热自然循环锅炉。该锅炉采用平衡通风，Ⅱ型露天布置，四角切圆燃烧，固态排渣方式，钢筋混凝土构架。锅炉设计燃用烟煤。2004 年开始实施的《火电厂大气污染物排放标准》(GB 13223—2003)及广东省大气污染物排放限值都提高了 NO_x 的标准。该电厂决定采用低 NO_x 燃烧技术加终端 SNCR 工艺控制 NO_x 的排放。针对 2#炉的情况，制定了低 NO_x 燃烧改造方案，在 2006 年底的大修期间实施改造。燃烧改造采用了低 NO_x 燃烧器、配风优化、低氧燃烧和 SOFA 四项技术来降低 NO_x 排放。

为了检验改造效果，对 1#、2#炉在相同工况下的 NO_x 排放浓度进行比较，改造后的 NO_x 排放基本能够控制在 500mg/m^3 以下，结果见表 3-8。

表 3-8 改造前后烟气参数对比

项目名称	单位	改造前		改造后	
		1#	2#	1#	2#
负荷	MW	123	123	121.5	120.6
投运磨煤机	—	A	A、B	A	A、B
A 侧排烟实测 O_2 体积分数	%	6.46	6.38	5.48	5.43
B 侧排烟实测 O_2 体积分数	%	6.12	5.86	5.15	4.91
A 侧排烟实测 NO_x 浓度	ppm	310	299	241	252
B 侧排烟实测 NO_x 浓度	ppm	316	320	236	253
实际 O_2 下平均 NO_x 浓度	mg/m^3	642	634	489	518
NO_x 浓度(6% O_2)	mg/m^3	654	640	468	490

3.6.3.2 烟气 SNCR 脱硝工艺

鉴于低 NO_x 燃烧技术的脱硝率低，该电厂在燃烧器改造的基础上，采用 SNCR 技术对烟气进行脱硝处理。在 SNCR 技术设计和应用中，影响脱硝效果的主要因素包括：温度范围、合适的温度范围内可以停留的时间、反应剂和烟气混合的程度、喷入的反应剂

与未控制的 NO_x 的物质的量比等。为了准确掌握锅炉的特性及保证脱硝率，针对锅炉进行了烟气排放特性、炉内温度场、燃烧调整及锅炉效率的测试，表 3-9 给出了 SNCR 系统的主要设计参数。

表 3-9　SNCR 系统的主要设计参数

序号	项目	单位	说明
1	SNCR 投运时锅炉负荷	MW	90～125
2	脱硝率	%	≥30
3	氨逸逃浓度	ppm	≤10
4	还原剂		尿素
5	储存尿素溶液浓度	%	50
6	喷射方式		气力雾化
7	雾化介质		过热蒸汽

SNCR 系统主要包括尿素存储系统、尿素溶液配制系统、尿素溶液储存系统、炉前喷射系统和控制系统，如图 3-42 所示。尿素储存、溶液配制泵送等公用系统按两台锅炉设计，炉前喷射系统先在 2#炉上实施。

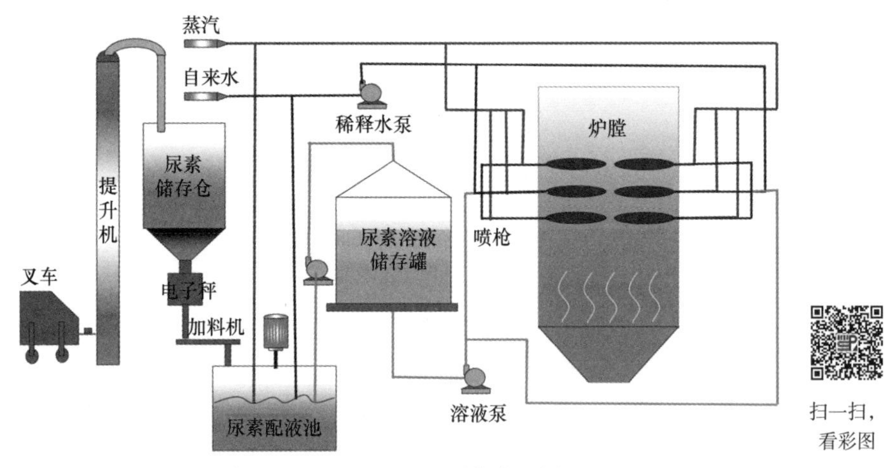

图 3-42　电厂 SNCR 系统流程图

(1) 还原剂

SNCR 系统采用尿素作还原剂。尿素具有运输存储简单安全、货源易得等优点。纯净的尿素无色无味，为针状或棱柱状晶体，含氮量 46.6%。

尿素$(NH_2)_2CO$ 喷入炉内后，与 NO 的反应机理如下：

$$(NH_2)_2CO \longrightarrow NH_3+HNCO \tag{3-106}$$

$$NH_3+\cdot OH \longrightarrow \cdot NH_2+H_2O \tag{3-107}$$

$$\cdot NH_2+NO \longrightarrow N_2+H_2O \tag{3-108}$$

$$HNCO+\cdot H \longrightarrow \cdot NH_2+CO \tag{3-109}$$

$$CO+O_2 \longrightarrow CO_2 \tag{3-110}$$

总反应方程式为

$$2(NH_2)_2CO+2NO+2O_2 \longrightarrow 3N_2+2CO_2+4H_2O \tag{3-111}$$

(2) 稀释水

喷入炉膛的尿素是溶液状的，作为溶剂的水应是达到软化水质量标准的纯水，根据水质报告，自来水可作为溶解尿素的溶剂。

(3) 雾化介质

为了加强还原剂与炉内烟气的混合以达到有效还原 NO 的目的，尿素溶液采用气力雾化方式雾化后喷入炉膛。雾化介质源采用厂用蒸汽。

(4) 尿素站

尿素存储系统、尿素溶液配制系统和尿素溶液储存系统集中布置，共同组成尿素供应站(以下简称尿素站)。尿素站占地约 $235m^2$。它的主要设备包括：1 个干尿素储仓、1 个计量仓、1 台螺旋输送机、1 个配液池、2 个尿素溶液储罐、2 个尿素溶液输送泵和 2 个水加压泵。在尿素站内，完成尿素储存、尿素溶液配制的任务，泵送到炉前喷射系统。

(5) 炉前喷射系统

炉前喷射系统由三层喷射层组成，每层由 14 个喷射器组成。三层喷射层布置在炉膛燃烧区域上部和炉膛出口处，以适应锅炉负荷变化引起的炉膛烟气温度变化，使尿素溶液在最佳反应温度窗口喷入炉膛。每层喷射层都设有总阀门控制本喷射层是否投运，不投运的喷射枪则由气动推进器带动退出炉膛以避免高温受热。各喷射层的尿素管道和雾化蒸汽管道上均设有调节阀门，控制喷射层的流量。

(6) 控制系统

自控系统采用独立的控制系统，系统单独设置 1 台工程师站(兼操作员站)，预留 OPC 通信接口与电厂 DCS 通信；并配置打印机、UPS 等设备。控制器采用美国 Rockwell 公司的 Controllogix 系列 PLC 作为控制核心，操作软件采用 Rockwell 公司 Rsview SE。仪表均选用性能价格比较高的产品。控制系统分为手动和自动两种运行模式，其中手动运行为最高级别。系统设有必要的报表、查询和报警等功能。

3.6.3.3 实施效果

该 SNCR 项目是广东省第一家采用选择性非催化还原技术进行烟气脱硝的火电厂。目前该项目已基本完成调试工作并进行了示范工程调试。热态调试的初步结果表明脱硝率可达 50%。氨逃逸小于设计值。图 3-43 给出了锅炉在不同负荷下热态调试的脱硝效果，能够将 NO_x 排放控制在 $300mg/m^3$ 以下，估计年减排氮氧化物约 1000t。

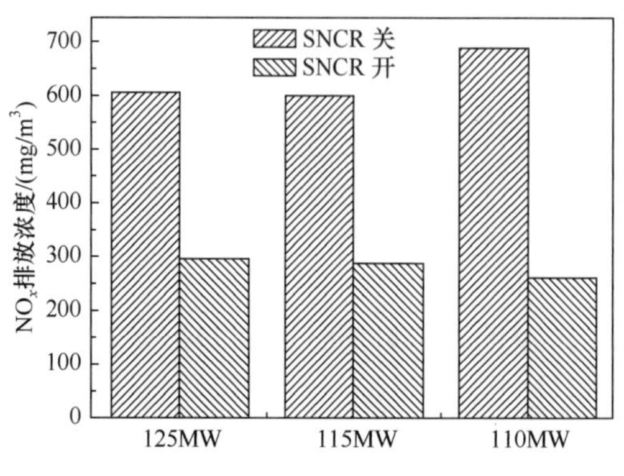

图 3-43　热态调试的脱硝效果

3.6.4　案例 4——SNCR 脱硝工程

江山某水泥有限公司有 2 条 2500t/d 生产线，2012 年 8 月完成脱硝技改，是浙江省首批配套 SNCR 脱硝装置的水泥企业。该项目直接引用国外技术，总投资约 600 万元，年运行费用 373.5 万元，折合每吨熟料约 5 元。该套装置安装后实现连续稳定运行，说明在水泥行业采用 SNCR 工艺脱硝是可行的。该脱硝系统具体技术参数见表 3-10。

表 3-10　SNCR 脱硝系统相关数据

项目	数据
烟气量/(m^3/h)	256000
分解炉炉型	DD
NO_x初始浓度/(mg/m^3)	520～680
NO_x排放浓度/(mg/m^3)	＜300
脱硝效率/%	42.3～55.9
氨逸逃浓度/(mg/m^3)	＜8
氨水喷入量/(kg/h)	300～450
氨水储罐/m^3	47(Φ2917mm×7000mm)
软化水罐/m^3	2
卸氨泵/台	1
氨水泵/台	1
软水泵/台	1
喷枪/支	6(2 层×3 支)

许多水泥企业担心 SNCR 系统会对水泥煅烧工艺、分解炉炉温及系统能耗等带来负面影响。例如，SNCR 系统采用的是常温溶液(20%～25%氨水溶液)作为还原剂，分解炉内温度都在 800℃以上，预热器出口温度在 320～360℃，还原剂喷入时带入的大量水分的蒸发会导致水泥窑系统煤耗增加。其实 SNCR 脱硝过程是放热反应，还原剂的喷入不会对分解炉炉温带来较大的影响。

目前国内水泥企业尚无采用 SCR 脱硝工艺的，在国外也仅意大利和德国有 3 条线配套 SCR 脱硝工艺。意大利 Monselice 水泥厂是一条 2000t/d 生产线，配套的 SCR 脱硝工程于 2006 年投运，是全世界第 2 条配套 SCR 脱硝装置的水泥生产线。该套脱硝装置运行参数见表 3-11。

表 3-11　SCR 脱硝系统运行参数

烟气量/(m^3/h)	130000
SCR 布置形式	高粉尘布置
反应温度/℃	330～340
NO_x 初始浓度/(mg/m^3)	1200～1400
NO_x 排放浓度/(mg/m^3)	200
脱硝效率/%	＞83.3
氨逃逸浓度/(mg/m^3)	5

Monselice 水泥厂 SCR 装置的运行，说明了 SCR 工艺在水泥行业也具有可行性。对比表 3-10 和表 3-11 不难看出，SCR 脱硝效率远高于 SNCR，氨逃逸浓度也小于 SNCR。但同时，SCR 总投资也高出 SNCR 很多，现在一般公认 SCR 系统的总投资是 SNCR 的 2～3 倍，占地面积也大于 SNCR。水泥企业在选择脱硝工艺时要综合 NO_x 初始浓度、脱硝效率要求、场地实际情况来选择性价比较高的工艺。

参 考 文 献

[1] 王广盛, 赵显坤, 桂永亮. 工业锅炉 NO_x 污染及防治[J]. 石油化工环境保护, 2003, 26(2): 52-54.
[2] 马广大. 大气污染控制工程[M]. 北京: 中国电力出版社, 2008: 3-4.
[3] 李萍, 曾令可, 王慧, 等. 陶瓷窑炉氮氧化物排放控制技术可行性探讨[J]. 中国陶瓷工业, 2015, 22(3): 35-42.
[4] 李萍, 曾令可, 王慧, 等. 氮氧化物排放控制技术分类[J]. 中国陶瓷工业, 2015, 22(2): 25-33.
[5] 陈彦广, 王志, 郭占成. 燃煤过程 NO_x 抑制与脱除技术的现状与进展[J]. 过程工程学报, 2007, 7(3): 632-638.
[6] 杜维鲁, 朱法华. 燃煤产生的 NO_x 控制技术[J]. 中国环保产业, 2007 (12): 42-45.
[7] 高正平, 沈来宏, 肖军. 基于NiO 载氧体的煤化学链燃烧实验[J]. 化工学报, 2008, 59(5): 1242-1250.
[8] Kiga T, Takano S, Kimura N, et al. Characteristics of pulverized-coal combustion in the system of oxygen/recycled flue gas combustion[J]. Energy Conversion and Management, 1997, 38(2): 129-134.
[9] Okazaki K, Ando T. NO_x reduction mechanism in coal combustion with recycled CO_2[J]. Energy, 1997, 22(2/3): 207-215.
[10] 石中喜, 张金柱. 国产 600MV 超临界燃煤机组全负荷脱硝改造技术分析[J]. 华电技术, 2017, 39(9): 54-57.
[11] Nikolopoulos A A, Stergioula E S, Efthimiadis E A, et al. Selective catalytic reduction of NO by propene in excess oxygen on Pt-and Rh-supported alumina catalysts[J]. Catalysis Today, 1999, 54(3): 439-450.
[12] Forzatti P. Present status and perspectives in de-NO_x SCR catalysis[J]. Applied Catalysis A: General, 2001, 222: 221-236.

[13] Cheimlarz L, Kuśtrowski P, Rafalska-Łasocha A, et al. Catalytic activity of Co-Mg-Al, Cu-Mg-Al and Cu-Co-Mg-Al mixed oxides derived from hydrotalcites in SCR of NO with ammonia[J]. Applied Catalysis B: Environmental, 2002, 35: 195-210.
[14] Finocchio E, Baldi M, Buscaa G, et al. A study of the abatement of VOC over V_2O_5-WO_3-TiO_2 and alternative SCR catalysts[J]. Catalysis Today, 2000, 59: 261-268.
[15] Choo S T, Lee Y G, Nam S I, et al. Characteristics of V_2O_5 supported on sulfated TiO_2 for selective catalytic reduction of NO by NH_3[J]. Applied Catalysis A: General, 2000, 200: 177-188.
[16] Seyedeyn-Azad F, Zhang D K. Selective catalytic reduction of nitric oxide over Cu and Co ion-exchanged ZSM-5 zeolite: the effect of SiO_2/Al_2O_3 ratio and cation loading[J]. Catalysis Today, 2001, 68: 161-171.
[17] Wang X, Chen H Y, Sachtler W M H. Selective reduction of NO_x with hydrocarbons over Co/MFI prepared by sublimation of $CoBr_2$ and other methods[J]. Applied Catalysis B: Environmental, 2001, 29: 47-60.
[18] Yokoyama C, Misono M. Selective reduction of nitrogen monoxide by propene over cerium-doped zeolites[J]. Catalysis Today, 1999, 22: 59-72.
[19] 贺福, 王茂章. 碳纤维及其复合材料[M]. 北京: 科学出版社, 1995: 113-149.
[20] 张鹏宇, 杨巧云, 许绿丝, 等. 活性炭纤维低温吸附氧化 NO 的试验研究[J]. 电力环境保护, 2004, 20: 25-28.
[21] 高尚愚, 左宋林, 周建斌. 几种活性炭的常规性质及空隙性质的研究[J]. 林产化学与工业, 1999, 19: 17-22.
[22] Hulicova D, Oya A. The polymer blend technique as a method for designing fine carbon materials[J]. Carbon, 2003, 41: 1443-1450.
[23] 孙坚荣. 超临界燃煤机组烟气脱硝技术的应用比较[J]. 上海电力学院学报, 2009, 25(5): 478-490.
[24] 宋闯, 王刚, 李涛, 等. 燃煤烟气脱硝技术研究进展[J]. 环境保护与循环经济, 2010, (1): 63-65.
[25] 朱江涛, 王晓晖, 田正斌. SNCR 脱硝技术在大型煤粉炉中应用探讨[J]. 能源研究与信息, 2006, 22(1): 18-21.
[26] 李群. 电厂烟气脱硝技术分析[J]. 华电技术, 2008, 30(9): 1-3.
[27] 秦艳, 李军东. 烟气脱硝技术现状及进展[J]. 硫磷设计与粉体工程, 2021, (2): 37-42.
[28] Sada E, Kumazawa H, Kudo I, et al. Absorption of NO in aqueous mixed solutions of $NaClO_2$ and NaOH[J]. Chemical Engineering Science, 1978, 33(3): 315-318.
[29] Chan K F. Experimental investigation and computer simulation of nitrous oxide(x) and sulfur oxide(x) absorption in a continuous-flow packed column[D]. Windsor: University of Windsor, Canada, 1991.
[30] Brogren C, Karlsson T H, Bjerle I. Absorption of NO in an Aqueous Solution of $NaClO_2$[J]. Chemical Engineering & Technology, 1998, 21(1): 61-70.
[31] 马双, 赵毅, 郑福玲. 液相催化氧化脱除烟道中 SO_2 和 NO_x 的研究[J]. 中国环境科学, 2001, 21(1): 33-37.
[32] 安玉斌. 二十一世纪中国能源发展的总趋势[J]. 能源工程, 1999, (1): 1-4.
[33] 陈理. 国外烟气脱硫脱硝技术开发近况[J]. 化工环保, 1997, 17(3): 145-150.
[34] Lasalle A, Roizard C, Midoux N, et al. Removal of nitrogen oxides (NO_x) from flue gases using the urea acidic process: Kinetics of the chemical reaction of nitrous acid with urea[J]. Industrial & Engineering Chemistry Research, 1992, 31(3): 777-780.
[35] 贾琪, 王煊军, 樊秉安. 酸性尿素水溶液处理导弹氧化剂废水中氮氧化物[J]. 安全与环境学报, 2002, 2(3): 48-50.
[36] 傅超平. 尿素添加剂湿法烟气同时脱硫脱气研究[D]. 广州: 华南理工大学, 2000.

[37] 黄艺. 尿素湿法联合脱硫脱硝技术研究[D]. 杭州: 浙江大学, 2006.
[38] 龙湘犁, 肖文德, 袁渭康. 氨溶液脱除 NO 研究[J]. 中国环境科学, 2002, 22(6): 511-514.
[39] 姚刚, 黄广宇. 烟气脱硝活性炭的研究进展[J]. 化工时刊, 2014, 28(8): 42-47.
[40] 王川, 唐晓龙. 活性炭上 NO 和 SO_2 的常温吸附特性研究[J]. 煤炭转化, 2012, 35(3): 64-67.
[41] Amirnazmi A, Benson J E, Boudart M. Oxygen inhibition in the decomposition of NO on metal oxides and platinum[J]. Journal of Catalysis, 1973, 30: 55-65.
[42] 赵由才, 徐迪民, 陈绍伟, 等. 钼硅酸化学吸收同时去除气流中的 SO_2 和 NO_x[J]. 同济大学学报, 1995, 23(4): 403-407.
[43] 马双忱, 赵毅, 陈传敏. 采用杂多酸化合物溶液同时脱硫脱氮的实验研究[J]. 环境污染治理技术与设备, 2002, 3(3): 47-50.
[44] Haywood J M, Cooper C D. The economic feasibility of using hydrogen peroxide for the enhanced oxidation and removal of nitrogen oxides from coal-fired power plant flue gases[J]. Journal of the Air & Waste Management Association, 1998, 48 (3): 238-246.
[45] 科技部, 环境保护部. 大气污染防治先进技术汇编[M]. 2014.
[46] 段丽. 活性炭吸附法联合脱硫脱硝技术分析[J]. 云南电力技术, 2009, 37(4): 58-59.
[47] 罗永刚, 杨亚平. 活性炭联合脱硫脱硝工艺[J]. 热能动力工程, 2001, 16: 444-448.
[48] 陶宝库, 王德荣. 固体吸附/再生法同时脱硫脱硝的技术[J]. 辽宁城乡环境科技, 18(6): 8-13.
[49] 陈进生. 火电厂烟气脱硝技术——选择性催化还原法[M]. 北京: 中国电力出版社, 2008.
[50] 贺泓, 刘福东, 余运波, 等. 环境友好的选择性催化还原氮氧化物催化剂[J]. 中国科学: 化学, 2012, 42(4)446-468.
[51] 许佩瑶, 康玺. 燃煤锅炉烟气中 NO_x 脱除机理研究进展[J]. 环境科学与技术, 2007, 30(7): 109-114.
[52] 高凤, 杨嘉谟. 燃煤烟气脱硝技术的应用与进展[J]. 环境保护科学, 2007, 33(3): 11-13.
[53] 程慧, 解永刚, 朱国荣. 火电厂烟气脱硝技术发展趋势[J]. 浙江电力, 2005 (2): 38-50.
[54] 侯建鹏, 徐国胜, 赵瑞琴, 等. 固定源氮氧化物脱除技术的研究与应用[A]//中国环境科学学会. 中国环境科学学会学术年会优秀论文集(下卷). 北京: 中国环境科学出版社, 2006: 2549-2552.
[55] 刘致强, 董睿敏. 烟气脱硝技术发展综述[J]. 西部煤化工, 2014(2): 68-78.
[56] Kamata H, Takahashi K, Odenbrand C I. Kinetics of the selective reduction of NO with NH_3 over a V_2O_5 $(WO_3)/TiO_2$ commercial SCR catalyst[J]. Journal of Catalysis, 1999, 185(1): 106-113.
[57] Zhang R, Liu N, Lei Z, et al. Selective transformation of various nitrogen-containing exhaust gases toward N_2 over zeolite catalysts[J]. Chemical Reviews, 2016, 116(6): 3658-3721.
[58] 朱世勇. 环境与工业气体净化技术[M]. 北京: 化学工业出版社, 2005.
[59] 阿托罗申科. 硝酸工业[M]. 北京: 高等教育出版社, 1956.
[60] Belanger R, Molfat J B. The sorption and reduction of nitrogen oxides by 12-tungstophosphoric acid and its ammonium salt[J]. Catalysis Today, 1998, 40: 297-306.
[61] 赵震, 杨向光, 吴越. 稀土-碱土-过渡金属类钙钛石(A_2BO_4)复合氧化物催化剂的固态物化性质及对 NO_x 消除反应的催化性能[J]. 中国稀土学报, 2003, 021(2): 35-39.
[62] 朱君江, 肖德海, 李静, 等. (类)钙钛石型催化剂上 NO 分解反应机理[J]. 科学通报, 2004, 49(23): 2501-2503.
[63] Iwamoto M, Yahiro H. Novel catalytic decomposition and reduction of NO[J]. Catalysis Today, 1994, 22(1): 5-18.
[64] Spoto G, Zecchina A, Bordiga S, et al. Cu(I)-ZSM-5 zeolites prepared by reaction of H-ZSM-5 with gaseous CuCl: Spectroscopic characterization and reactivity towards carbon monoxide and nitric oxide[J]. Applied Catalysis B Environmental, 1994, 3(2): 151-172.
[65] Aylor A W, Larsen S C, Reimer J A, et al. An infrared study of NO decomposition over Cu-ZSM-5[J].

1995, 157(2): 592-602.

[66] Kucherov A V, Shigapov A N, Ivanov A A, et al. Stability of the square-planar Cu^{2+} sites in ZSM-5: Effect of preparation, heat treatment, and modification[J]. Journal of Catalysis, 1999, 186(2): 334-344.

[67] 方书农，伏义路. Cu-ZSM-5 分子筛中铜的精细结构和 NO 催化分解[J]. 催化学报，1995，16(3): 213-216.

[68] 关乃佳. Cu-ZSM-5/堇青石械催化剂上 NO 的吸附态及分解反应机理[J]. 催化学报，2001，22(3): 245-249.

[69] Yokomichi Y, Ohtsuka H, Tabata T, et al. Theoretical study of NO decomposition on Cu-ZSM-5 catalyst models[J]. Catalysis Today, 1995, 23: 431-437.

[70] Konduru M V, Chuang S C. Dynamics of NO and N_2O decomposition over Cu-ZSM-5 under transient reducing and oxidizing conditions[J]. Journal of Catalysis, 2000, 196: 271-286.

[71] Broclawik E, Datka J, Gil B, et al. Why Cu^+ in ZSM-5 framework is active in $DeNO_x$ reaction-quantum chemical calculations and IR studies[J]. Catalysis Today, 2002, 75: 353-357.

[72] Valyon W J, Hall K. Studies of the surface species formed from nitric oxide on copper zeolites[J]. Journal of Physic Chemistry C, 1993, 97, 1204-1212.

[73] 韩一帆，郭杨龙，汪仁. 一氧化氮分解催化剂的研究进展[J]. 工业催化, 1996, 4: 3-8.

[74] Chen N, Yang R T, Chen J P, et al. Delaminated Fe_2O_3-pillared clay: Its preparation, characterization, and activities for selective catalytic reduction of NO by NH_3[J]. Journal of Catalysis, 1995, 157: 76-86.

[75] Yang T R, Chen N. A new approach to decomposition of nitrous oxide using sorbent/catalyst without reducing gas: Use of heteropoly compounds[J]. Industrial & Engineering Chemistry Research, 1994, 33: 825-831.

[76] 刘洁翔，候忠德，谢鲜梅. 类水滑石化合物的合成及催化应用[J]. 太原理工大学学报，2000，(6): 28-32.

[77] Dandl H, Emig G. Mechanistic approach for the kinetics of the decomposition of nitrous oxide over calcined hydrotalcites[J]. Applied Catalysis A, General, 1998, 168: 261-268.

[78] Paur H, Matzing H, Baumann W, et al. Process for destroying chlorinated aromatic compounds[P]: US, 6222089 B1. 2001.

[79] Masuda H, Fukuda K. Ordered metal nanohole arrays made by a two-step replication of honeycomb structures of anodic alumina[J]. Science, 1995, 268(5216): 1466-1468.

[80] Kaneko A, Honji H, Kawatate K, et al. A note on internal wavetrains and the associated undulation of the sea surface observed upstream of seamounts[J]. Journal of the Oceanographical Society of Japan, 1986, 42(1): 75-82.

[81] Bourane A, Dulaurent O, Salasc S, et al. Heats of adsorption of linear NO species on a Pt/Al_2O_3 catalyst using *in situ* infrared spectroscopy under adsorption equilibrium[J]. Journal of Catalysis, 2001, 204(1): 77-88.

[82] Huang H Y, Long R Q, Yang R T. A highly sulfur resistant $Pt-Rh/TiO_2/Al_2O_3$ storage catalyst for NO_x reduction under lean-rich cycles[J]. Applied Catalysis B: Environmental, 2001, 33(2): 127-136.

[83] Iwachido T, Shibuya K, Tei K. An application of ^1H NMR to the determination of the stoichiometry of crown ether complexes (ML_n (n=1, 2): M=Li, Na, K, Rb, Cs, Ca, Sr, and Ba; L=12-crown-4, 15-crown-5, and 18-crown-6)[J]. Guangzhou Chemistry, 2014, (3): 307-310.

[84] Dawody J, Skoglundh M, Fridell E. The effect of metal oxide additives (WO_3, MoO_3, V_2O_5, Ga_2O_3) on the oxidation of NO and SO_2 over Pt/Al_2O_3 and $Pt/BaO/Al_2O_3$ catalysts[J]. Journal of Molecular Catalysis A, Chemical, 2004, 209(1-2): 215-225.

4 烟气脱碳原理与技术

4.1 概　　述

4.1.1 温室效应

法国物理学家 Fourier 于 1824 年提出温室效应(greenhouse effect)的概念[1-3]。假如阳光下有一幢玻璃房子，阳光中可见光的能量透过玻璃到达房子内部，并被里面的物体所吸收使其温度升高。这些物体同时也以辐射的形式放出热量，但由于其温度比太阳低得多，不能像太阳那样释放出能量较高的可见光，只产生能量低的红外辐射，而且红外线不像可见光那样容易透过玻璃天棚，大部分被反射回来，所以能量就在房子里积聚，使室内温度升高。这种现象就是温室效应。

太阳辐射是地球最重要的能量来源，太阳照射到地球表面时，其中大气、云层和地面将太阳辐射的 31%直接反向散射到太空中去，剩下的 69%的太阳辐射经过大气、海洋、地面复杂的吸收、运输和转化过程，最后还要以辐射的形式将能量发放到太空中(图 4-1)。由于地球-大气系统所处的温度为−73～27℃，其辐射能量的波长主要集中在 4～120μm。大气中的一些微量气体(水汽、CO_2 等)能够吸收来自地面、大气和云层的部分红外辐射，并向外发射红外辐射。由于这些微量气体发射的红外辐射是朝着各个方向的，其中部分辐射返回地面，因而将能量阻隔在低层大气当中，使地面温度升高。这种机制作用称为天然温室效应(natural greenhouse effect)[1]。天然温室效应为人类和大多数动植物提供了合适的生存温度。

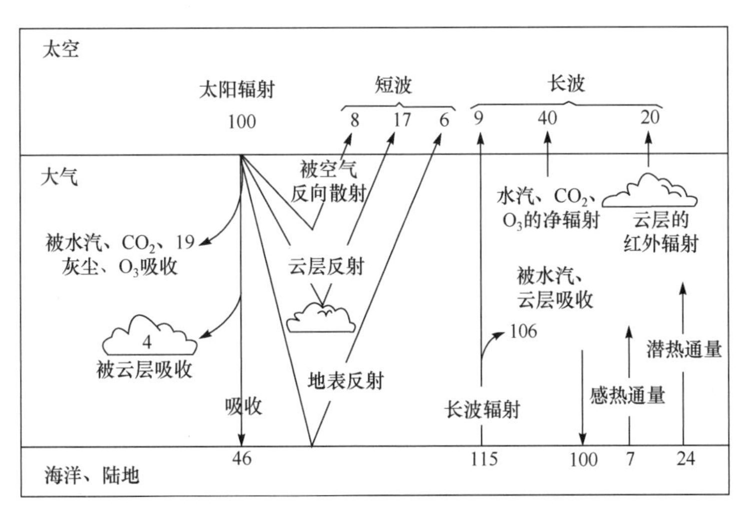

图 4-1　地球-大气系统总辐射平衡(%)

1849 年爱尔兰科学家 Tyndall[4]证实 CO_2 有温室效应。他制造了分光光度计，用来测量各种气体对辐射的吸收。他的实验表明，氧气、氮气、氢气等气体对太阳光线和红外辐射没有吸收作用，但是 CO_2、甲烷、氧化亚氮和水汽则对红外辐射有强大的吸收作用，是这些气体造成了温室效应。所以人们把这些能够产生温室效应的气体称为温室气体。温室气体能够吸收红外辐射是由于其分子能够发生振动-转动跃迁或纯转动跃迁，跃迁频率位于 1～100μm 的红外区。只有能够产生振荡偶极矩的分子才能发生振动-转动跃迁，同核双原子分子不能产生振荡偶极矩，所以大气中的氮气和氧气不能吸收地面的红外辐射。大气中的温室气体除了水汽、CO_2 以外，主要还有 CH_4、NO_2 和 N_2O 等。图 4-2 是大气中各种温室气体对太阳辐射和地面长波辐射的总吸收图。水汽和 CO_2 是重要的温室气体，其中水汽在 6μm 附近有一个强烈的吸收峰，且对于 18μm 以上的地面长波辐射几乎能够全部吸收。CO_2 在 15μm 附近有一个较强的吸收峰，且在 2.7μm 和 4.3μm 附近有较强的吸收峰。对于在地面长波辐射主要集中的 8～12μm 波段，水汽和 CO_2 的吸收很小。由于地球-大气系统向外的长波辐射主要集中在 8～12μm，因而该波段被形象地称为“大气窗口”。在“大气窗口”强烈吸收的温室气体有 O_3、氯氟化碳(CFCs)等，而 N_2O、CH_4 等在其波段附近也有较强的吸收峰，因而这些气体浓度的升高对温室效应增强十分有效。

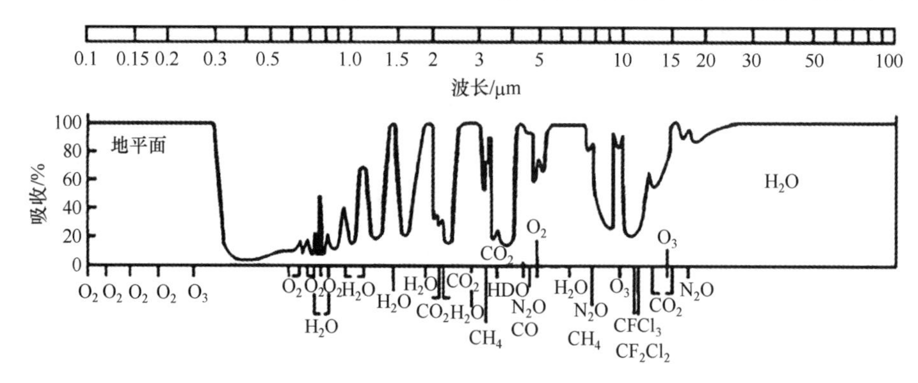

图 4-2　大气中的温室气体对太阳辐射和地球长波辐射的总吸收

《京都议定书》附件 A 给出了人类排放的温室气体主要有 6 种，即二氧化碳(CO_2)、甲烷(CH_4)、氧化亚氮(N_2O)、氢氟碳化物(HFCs)、全氟化碳(PFCs)和六氟化硫(SF_6)。其中对气候变化影响最大的是 CO_2。它产生的增温效应占所有温室气体总增温效应的 63%，在大气中的存留期最长可达 200 年。判断一种物质是不是大气中的重要温室气体，主要从三个方面考虑。一是该气体必须要有足够宽的红外吸收带，在大气中的浓度足够高，能够显著吸收红外辐射；二是该气体如果在 8～12μm 的大气辐射窗口有吸收，对温室效应的增强最有效；三是该种气体在大气中的寿命长。例如，大气中每增加一分子的 CFC-12，相当于增加约 10^4 分子的 CO_2，主要是因为 CFC-12 的强吸收峰位于大气窗口，其红外吸收量与浓度成正比，而 CO_2 的红外吸收量与浓度的对数值成正比。

工业革命以后，由于人类活动和生产的日益加强，大量资源的开采和化石燃料的燃烧，排放大量的 CO_2、CH_4 和 O_3 等温室气体，且人工合成的 CFCs 等化合物也是具有较强增温效应的温室气体，这些温室气体在大气中的浓度急剧升高，导致了增强的温室效应(enhanced greenhouse effect)。增强的温室效应使得地球表面的温度升高，也就是气候产生变暖的趋势。

4.1.2 全球变暖

气候的变化是由大气层顶部接收的太阳辐射与地球上大气圈、水圈、生物圈及大陆冰盖的共同作用的结果，其中太阳对地球辐射量的变化是全球气候变化的主要因素。1979在日内瓦召开了第一次世界气候大会(FWCC)，这是气候学发展史上的一个里程碑，揭开了全球气候变暖研究的序幕。这次会议对人类活动可能会造成全球变暖提出了警告，并且首次正式指出当大气中的 CO_2 浓度加倍时，全球的平均温度可能会上升 1.5～4.5℃。在会议的倡导下，世界气候计划(WCP)被建立了，其包括 4 个子计划：世界气候研究计划(WCRP)、世界气候应用计划(WCAP)、世界气候影响研究计划(WCIP)及世界气候资料计划(WCDP)。WCRP 是其中最活跃的一个分支，但是参加 WCRP 等组织的科学家发现，自己经常面临一种十分尴尬的局面：一方面科学上证明人类活动造成的温室效应的加剧继续使气候变暖，由于全球气候变暖，冰、雪融化致使海平面上升，生物多样性受到威胁，全球气候的格局也可能发生改变；另一方面由于参加这些科学计划的科学家都只能代表本人，他们无权对温室气体的减排、能源结构的变化作出任何承诺。在这样的背景下，1988 年世界气象组织(WMO)和联合国环境规划署(UNEP)联合建立了政府间气候变化专门委员会(Intergovernmental Panel on Climate Change，IPCC)。并在 1990 年、1996 年、2001 年、2007 年及 2014 年发表了 5 份评估报告，1992 年发表了补充报告[5-10]。图 4-3 是1850～2012 年陆地和海洋每年平均温度变化曲线。IPCC 发布的报告指出，过去 100 年全球平均温度上升了 0.6℃，如果不采取措施，今后 100 年地球平均气温将上升 1.4～5.8℃。

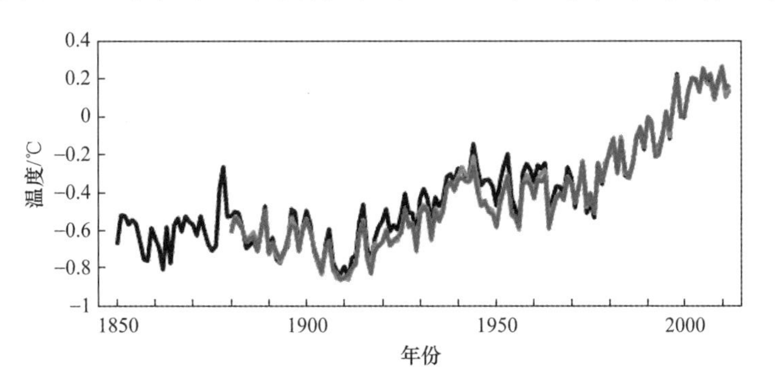

扫一扫，
看彩图

图 4-3 1850～2012 年全球陆地和海洋每年平均温度变化曲线

图片来自 IPCC 第五次 AR5 评估报告，不同颜色表示不同的数据集：黑色数据来自 HadCRUT4(4.1.1.0 版)，蓝色数据来自 NASA GISS，橙色数据来自 NCDC MLOST(3.5.2 版本)

CO_2 的产生与人类的许多工业活动密不可分。图 4-4 是 1850～2010 年全球人为活动(包括化石燃料燃烧、林业和土地利用、水泥生产等)产生的 CO_2 排放量，由于人类活动的增多，大气中的 CO_2 含量急剧增长，CO_2 已经成为主要的温室气体控制对象。发达国家是温室气体的主要排放者，最早进行工业化革命的发达国家排放 CO_2 已有一百余年。因此，1995 年于柏林召开的《联合国气候变化框架公约》缔约方第 1 次大会上，就定下了“强化工业化国家义务，不给发展中国家增添新的责任”这一基调，发达国家承诺并实施具体减排温室气体指标，这次会议也就成为遏制全球变暖的关键。1997 年 12 月在日本京都举行的《联合国气候变化框架公约》缔约方第 3 次大会上，为了避免人类遭受气候变暖的威胁，将大气中的温室气体含量稳定在一个适当的水平，大会签订了具有法律约束力的《京都议定书》，首次为发达国家设立强制减排目标，这也是人类史上最早的具有法律约束力的减排文件。在 2008～2012 年的《京都议定书》第一承诺期内，发达国家的温室气体排放量应在 1990 年的基础上平均减少 5.2%。2012 年在卡塔尔多哈举行的《联合国气候变化框架公约》缔约方第 18 次会议通过了《京都议定书》第二承诺期修正案，即《多哈修正案》，为相关发达国家设定了 2013～2020 年的温室气体量化减排指标。2020 年 10 月 31 日，尼日利亚正式批准《多哈修正案》，是 192 个签署国中第 144 个批准该修正案的国家，使《多哈修正案》正式生效。中国于 1998 年 5 月签署并于 2002 年 8 月核准了该议定书。2013 年 11 月，在《联合国气候变化框架公约》第 19 次缔约方会议暨《京都议定书》第 9 次缔约方会议上，由国家发展改革委、财政部、农业部等 9 部门历时两年多联合编制完成的中国《国家适应气候变化战略》正式对外发布。这是中国第一部专门针对适应气候变化方面的战略规划。

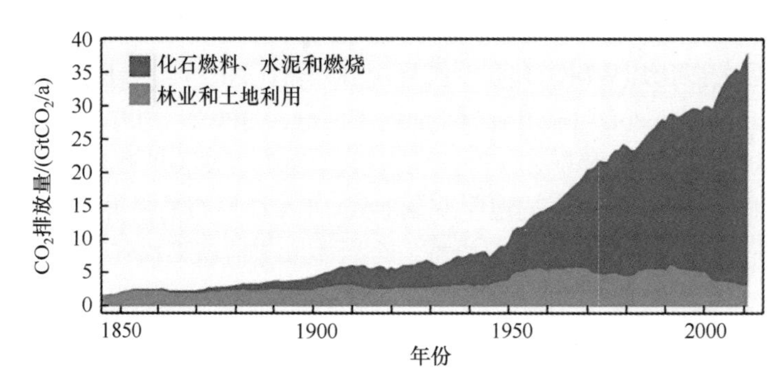

图 4-4　1850～2010 年全球人为活动产生的 CO_2 排放量变化曲线

图片来自 IPCC 第五次 AR5 评估报告

全球气温升高使冰川消融，海平面升高。图 4-5 是近 100 多年来全球平均海平面高度变化曲线，1900～2010 年全球平均海平面上升 0.19m。海平面上升会引起海岸滩涂湿地、红树林和珊瑚礁等生态群丧失，海岸侵蚀，海水入侵沿海地下淡水层，沿海土地盐渍化，造成海岸、河口、海湾自然生态环境失衡。海平面上升会淹没大量海岛城市，侵占陆地。全球气温升高会改变气候的分布格局，引起各地的降水量发生变化，导致各地发生旱涝、洪灾、暴雨等极端自然灾害事件。全球气温升高影响和破坏了生物链、食物链，引起物种的变化，破坏了生态系统平衡。气温升高所融化的冰山，正是我们赖以生存的淡水最主要的来源。在气温平衡正常时，冰山的冰雪循环系统即冰山夏天融化，流向山下，流入地下，给平原地区积累淡水，并起到过滤作用；冬天水分以水蒸气的形式回到山上，通过大量降雪重新积累冰雪，也是过滤过程。整个循环过程使得淡水有了稳定平衡保障。全球变暖使得冰山冰雪的积累速度远没有融化速度快，甚至有些冰山已不再积累，这就断绝了当地的饮用淡水。

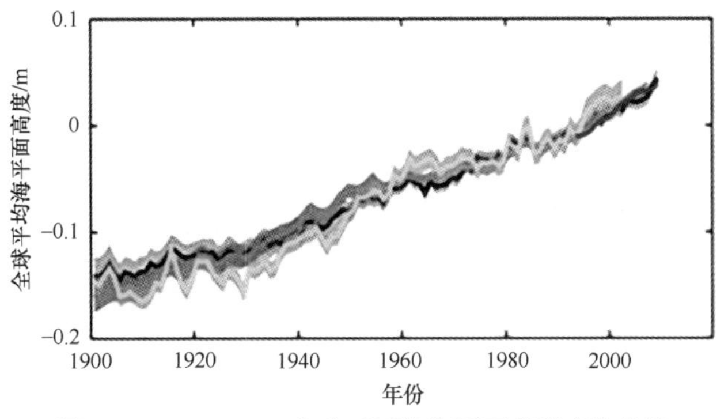

图 4-5 1900～2010 年全球平均海平面高度变化曲线
数据来自 IPCC 第五次 AR5 评估报告，不同颜色表示不同的数据集①

4.1.3 中国的能源利用与温室气体排放

改革开放以来，中国经济的年平均增长速率超过 9%。在经济增长诸多因素中，能源起着举足轻重的作用，国家在制定发展规划时给予能源以头等重要的地位。我国的能源消费总量和 CO_2 排放总量均居世界第二位。以煤为主的能源消费结构是 CO_2 排放量居高不下的重要原因。中国能源消费结构中，煤占能源消费总量的 70%左右，石油占 20%左右，天然气占 3%左右(表 4-1)。这种格局在今后相当长的时间内不会有多大变化。从能源消费的 CO_2 排放强度看，我国为 2.1tCO_2/t 标准煤左右(表 4-2)，比世界平均值高 23%，能源消费的 CO_2 排放强度居世界首位。

表 4-1 我国能源消费结构

年份	电热当量计算法							发电煤耗计算法						
	能源消费总量/(万 t 标准煤)	占能源消费总量的比重/%						能源消费总量/(万 t 标准煤)	占能源消费总量的比重/%					
		煤炭	石油	天然气	一次电力及其他能源				煤炭	石油	天然气	一次电力及其他能源		
					合计	水电	核电					合计	水电	核电
1990	95384	79.0	17.2	2.1	1.7	1.7	—	98703	76.2	16.6	2.1	5.1	5.1	—
1995	123471	77.0	18.6	1.9	2.5	2.4	0.1	131176	74.6	17.5	1.8	6.1	5.7	0.4
2000	140993	71.5	22.9	2.3	3.3	1.9	0.1	146964	68.5	22.0	2.2	7.3	5.7	0.4
2001	148264	71.5	22.2	2.5	3.8	2.3	0.1	155547	68.0	21.2	2.4	8.4	6.7	0.4
2002	161935	71.8	22.0	2.4	3.8	2.2	0.2	169577	68.5	21.0	2.3	8.2	6.3	0.5

① 黑色：Church J A, White N J. 2011. Sea-level rise from the late 19th to the early 21st century. Surveys in Geophysics, 32: 585-602.

黄色：Jevrejeva S, Moore J C, Grinsted A, et al. 2008. Recent global sea level acceleration started over 200 years ago? . Geophysical Research Letters, 35: L08715.

绿色：Ray R D, Douglas B C. 2011. Experiments in reconstructing twentieth-century sea levels. Progress in Oceanography, 91: 496-515.

红色：Nerem R S, Chambers D P, Choe C, et al. 2010. Estimating mean sea level change from the TOPEX and Jason altimeter missions. Marine Geodesy, 33: 435-446.

不确定性用阴影表示。

续表

年份	电热当量计算法							发电煤耗计算法						
	能源消费总量/(万t标准煤)	占能源消费总量的比重/%						能源消费总量/(万t标准煤)	占能源消费总量的比重/%					
		煤炭	石油	天然气	一次电力及其他能源				煤炭	石油	天然气	一次电力及其他能源		
					合计	水电	核电					合计	水电	核电
2003	189269	73.2	20.9	2.4	3.5	1.8	0.3	197083	70.2	20.1	2.3	7.4	5.3	0.8
2004	220738	73.2	20.8	2.4	3.6	2.0	0.3	230281	70.2	19.9	2.3	7.6	5.5	0.8
2005	250835	75.4	18.6	2.5	3.5	1.9	0.3	261369	72.4	17.8	2.4	7.4	5.4	0.7
2006	275134	75.5	18.2	2.8	3.5	1.9	0.2	286467	72.4	17.5	2.7	7.4	5.4	0.7
2007	299271	75.6	17.6	3.1	3.7	2.0	0.3	311442	72.5	17.0	3.0	7.5	5.4	0.7
2008	306455	75.0	17.4	3.5	4.1	2.3	0.3	320611	71.5	16.7	3.4	8.4	6.1	0.7
2009	321336	74.9	17.2	3.7	4.2	2.4	0.3	336126	71.6	16.4	3.5	8.5	6.0	0.7
2010	343601	72.7	18.3	4.2	4.8	2.6	0.3	360648	69.2	17.4	4.0	9.4	6.4	0.7
2011	370163	73.4	17.6	4.8	4.2	2.3	0.3	387043	70.2	16.8	4.6	8.4	5.7	0.7
2012	381515	72.2	17.9	5.6	4.8	2.8	0.3	402138	68.5	17.0	4.8	9.7	6.8	0.8
2013	394794	71.3	18.0	6.0	5.1	2.9	0.3	416913	67.4	17.1	5.3	10.2	6.9	0.8
2014	402649	70.0	18.4	6.2	5.6	3.3	0.4	428334	65.8	17.3	5.6	11.3	7.7	1.0
2015	406312	68.1	19.7	6.6	6.0	3.4	0.5	434113	63.8	18.4	5.8	12.0	8.0	1.2
2016	410984	66.8	20.1	7.4	6.5	3.5	0.6	441492	62.2	18.7	6.1	13.0	8.2	1.5
2017	423108	65.3	20.4	8.3	6.9	3.5	0.7	455827	60.6	18.9	6.9	13.6	7.9	1.6
2018	435649	63.9	20.4	8.7	7.4	3.5	0.8	471925	59.0	18.9	7.6	14.5	7.8	1.9
2019	447597	62.8	20.7	2.4	7.8	3.6	1.0	487488	57.7	19.0	8.0	15.3	8.0	2.1

资料来源：《中国能源统计年鉴 2020》

表 4-2　单位能源碳排放强度

指标	单位	2005 年	2006 年	2007 年	2008 年	2009 年	2010 年	2011 年	2012 年
能源消耗总量	万 t 标准煤	235997	258676	280508	291448	306647	324939	348002	361760
能源相关的碳排放	10^6t CO_2	5126	5645	6076	6214	6511	6825	7361	7469
单位能源碳排放	tCO_2/t 标准煤	2.17	2.18	2.17	2.13	2.12	2.10	2.12	2.06

资料来源：《中国低碳发展报告 2014》

中国作为目前经济发展最迅速的发展中国家，能源广泛应用于工业、交通运输业、建筑业以及居民生活等各个领域，分行业能源消耗量见表 4-3。快速的工业化和城市化进程，驱动了基础设施建设的规模与速度，致使对工业产品的需求不断增加。由于主要工业品产量持续翻番，中国已成为名副其实的工业生产大国，主要工业产品产量均居世界前列。

表 4-3 分行业能源消费量(万 t 标准煤)

行业	2018 年	2017 年	2016 年
消费总量	471925	448529	435818
农、林、牧、渔业	8781	8931	8544
工业	311151	294488	290255
建筑业	8685	8554	7991
交通运输、仓储和邮政业	43617	42190	39651
批发和零售业、住宿和餐饮业	12994	12475	12015
其他	26262	24268	23154
居民生活	60436	57620	54208

资料来源：历年中国统计年鉴

快速发展的中国工业，导致工业部门能源消费量持续增长。2019 年工业部门能源消费量超过了 31.15 亿 t 标准煤(发电煤耗计算法)，占全国能源消费总量的 69.60%。

20 世纪 90 年代以来，中国通过实施各项节能政策和技术措施，取得了显著的节能效果。一些高效节能技术的普及率大幅度提高。大型设备和先进节能技术的普及和推广应用，促进了这些行业单位产品能源消费量不同程度下降，使得终端能源利用效率显著提高。能源节约不仅对国民经济增长的贡献明显增大，也对减缓温室气体的排放做出了贡献。然而，与国民经济发展需要和国际先进水平相比，中国无论是单位 GDP 能源强度、主要耗能产品单位能耗、主要耗能设备能源利用效率等均有不同程度的差距，节能和提高能源效率的潜力仍然很大。从现在到 2020 年工业部门的 CO_2 排放量呈持续增长趋势，是中国减缓碳排放的重点领域。在未来几年中，持续地推广应用技术先进、节能减排效果好、节能减排潜力大、碳减排成本低、推广普及空间大、具有持续竞争力的碳减排技术和低成本的 CO_2 捕集和封存技术是中国工业部门减缓碳排放的重要途径。

中国正处于城市化进程中，随着城市化率的提高，建筑部门无论是建筑面积还是能源消费都维持较快的增长速度。根据《中国能源统计年鉴 2020》，2019 年中国建筑部门能源消费量由 2010 年 5.55 亿 t 标准煤增加到 9.14 亿 t 标准煤，能源消费结构将逐渐向电力与燃气倾斜[11]。同时，由于社会经济发展及人民生活水平提高，终端消费中家电比例上升。因此，建筑部门将是中国未来潜在的节能减排重点领域。

经济增长和收入增长是中国交通运输业客货运周转量增长的主要驱动因素。受宏观经济发展、城市化进程等多方面复杂因素的影响，中国民用汽车保有量在过去几年迅速提高。由于中国货运与客运能源主要以柴油和汽油为主，因此两者的消耗量占中国交通运输业总耗能量的 80%以上。另外，中国私人小汽车的迅猛发展也是中国交通运输部门能源消费快速增长的主要原因。

因此，应用技术经济评价方法，识别中国交通运输和建筑部门、工业部门从现在到 2030 年关键的 CO_2 减排技术，分析这些技术的减排成本和潜力，探讨实施这些减排技术的投资和政策需求，对这些行业和部门确定优先减排技术领域，对支持有关政府部门制定和完善有利于减排技术实施和推广的激励政策，促进 2030 年减排目标的实现均具有重要意义。

4.1.4　CO_2减排

随着对全球气候变化可能危害的不断深入认识，许多科学家、环境保护组织、各国政府和某些行业已在尝试降低大气中温室气体的水平，控制温室气体特别是CO_2的排放量，人类可采取的措施是减少化石燃料的消耗，或者改进现有技术的能源利用效率。但是，化石燃料转化的热能和电能与当今社会生活密不可分，所以任何试图限制或减少能量消耗的决策都将面临困难。目前普遍认为可能控制CO_2排放的措施主要包括四类：提高能源利用效率、发展可再生能源、提高碳汇和发展碳捕集、利用与封存(CCUS)技术[12-14]。

4.1.4.1　提高能源利用效率

人类生产生活与能源息息相关，而中国能源结构以煤为主，从减排的角度而言，控制燃煤CO_2的排放是关键的一步[15]。首先，选煤技术是实现煤炭高效、洁净利用的首选方案，它主要利用物理、物理-化学等方法除去煤炭中的灰分和杂质，如煤矸石和黄铁矿等。通过选煤达到节煤，同时提高燃煤的燃烧效率即可达到减少CO_2排放的目的。目前发达国家煤炭的入选率已经达到90%以上，但是我国煤炭的入选率不到40%，因此选煤技术在我国有很大的发展潜力。其次，洁净燃煤技术(如循环流化床锅炉)、煤炭转化技术(如煤炭气化和液化、电力行业中煤电的整体煤气化联合循环技术等)都是不错的提高能源利用率及转化率同时实现CO_2减排的方法。此外，将旧的工业锅炉改造成循环流化床锅炉可以提高锅炉热效率，节省煤耗，实现减排。

用天然气替代固体燃料有利于减少CO_2的排放。在能量等值的基础上，天然气的CO_2排放量仅为固体燃料相应排放量的55%。由于采用更高效的燃气涡轮发电机，天然气在发电领域替代固体燃料还可进一步将每千瓦时的CO_2排放量减少到煤炭或褐煤发电的35%～40%。用天然气替代石油作为运输燃料也有利于减少CO_2的排放，现在的技术可使CO_2排放量减少15%，如果大多数市场转而利用天然气的特殊性能(高辛烷值)，则CO_2排放量可减少25%。

4.1.4.2　发展可再生能源

化石能源不可再生，迟早要枯竭。可再生能源资源丰富，可循环使用，又无污染，必将取代化石能源成为能源供应的主体。世界能源结构早就由以煤为主的时代转变为石油、天然气为主的时代，油气和电力等清洁化石能源在一次能源中的比例达70%，而我国仍停留在以煤为主的时代，煤在一次能源中占60%以上。大量煤炭的直接燃烧引起了严重的环境污染。用清洁能源替代煤炭，调整能源结构是近期的重要任务。可再生能源对此可做出贡献。

4.1.4.3　提高碳汇

碳汇是指从大气中清除温室气体、气溶胶或温室气体前体的任何过程、活动或机制。其中一条重要的途径是通过生物碳的产生和传递过程实现的，称为生物碳汇，主要包括森林碳汇、湿地碳汇和水生生物碳汇[16-25]。生物体所产生和持有的碳称为生物碳，其主体是颗粒有机碳和溶解有机碳，这两类碳的来源基本上都是通过初级生产过程实现的。

(1) 森林碳汇

全球气候变暖已是国际社会公认的全球性环境问题，由此而导致的各种自然灾害频繁发生，并严重影响着社会经济的发展，对此国际社会高度重视，采取各种措施积极应对全球气候变暖的趋势。森林作为陆地生态系统主体，具有碳源和碳汇的双重作用，特别是森林碳汇功能不仅在缓解气候变暖趋势方面具有重要作用，而且森林碳汇抵消 CO_2 排放已成为国际气候公约的重要内容，并受到世界各国政府和科学家的广泛关注。积极发展林业碳汇活动，不仅可以改善我国的生态状况，还因为造林增加了碳吸收，从而扩大了我国未来的排碳权空间，为能源、加工业、交通运输和旅游业发展创造了条件[26-28]。

(2) 湿地碳汇

湿地生态系统土壤碳储量占全球土壤总储量的 1/3。湿地生态系统因其营养贫乏、气温低以及水淹等条件而致植物分解率低，大量碳以泥炭有机质的形式不断堆积，从而成为陆地生态系统主要的土壤碳库。然而，湿地生态系统的碳平衡对气候变化极为敏感，当气温升高或降水减少时，湿地有可能由碳吸收者转变为碳释放者。并且当土地利用方式发生变化，湿地遭到破坏时，不仅其固碳功能减弱，甚至原有土壤碳也会被迅速氧化分解而成为碳释放源。

植物功能性状决定着湿地生态系统土壤碳的输入输出。在不同的生物群落中，环境因子的选择使植物形成在特定温、光、水等条件下的功能性状，这些性状往往直接或间接控制着土壤碳汇。当土壤因子(营养、水、氧或 pH)限制植物生长时，控制碳汇的植物性状通常包括：生长率低、C/N 高、根/茎比高、新陈代谢次级产物多、寿命(个体或器官)长、枯落物残留时间长[29]。

(3) 水生生物碳汇

海水中的浮游植物是随波逐流的单细胞藻类，是海洋中最主要的初级生产者，在全球尺度上影响着海洋碳循环，它们只占地球生物圈初级生产者生物量的 0.2%，却提供了地球近 50%的初级生产量[30]。它们生长迅速，支撑了海洋中从浮游动物到鲸鱼的庞杂食物链，为人类提供了一个生物多样性的世界和巨大的食物来源。浮游植物通过光合作用，吸收 CO_2、释放氧气，从根本上改变着人类的生存环境。在当今全球 CO_2 含量升高的情况下，浮游植物及其相关过程对碳汇的作用是显著的[31]。究其原因主要是浮游植物具有三个特征：一是在地球生态系统分布广泛和数量巨大，是海洋生物碳库的主要组成部分；二是浮游植物通过光合作用直接利用 CO_2，将其转变为有机物；三是浮游植物是海水中最大量的颗粒物，从海洋能学和动力学的角度改变全球气候，进而影响碳汇。

4.1.4.4 发展 CCUS 技术

CCUS 技术是将 CO_2 从电厂等工业或其他排放源分离，经捕集、压缩并运输到特定地点加以利用或注入储层封存以实现被捕集的 CO_2 与大气长期分离的技术[32]。

在应对气候变化的大背景下，人们从 CO_2 驱油的工程实践中得到启发，如果将化石燃料燃烧产生的 CO_2 永久封存起来，使其与大气隔绝，就能在短时间内大量减少温室气体排放。对于燃料的燃烧过程，如电厂中的燃烧过程，可以采用分离技术在燃烧后捕获

CO_2，或者在燃烧前对燃料进行脱碳。为了把捕获的 CO_2 运输到距 CO_2 源较远的合适封存地点，需要采取运输步骤。为了便于运输和封存，捕获的 CO_2 通常由捕获设备进行高浓度压缩。潜在的封存方法包括注入地下地质构造中、注入深海，或者通过工业流程将其凝固在无机碳酸盐之中。某些工业流程也可在生产产品的过程中利用和存储少量被捕获的 CO_2。特定的 CCUS 系统组成部分的技术成熟性有很大不同。一些技术已被广泛投入成熟的市场，主要是石油和天然气工业，另一些技术则还处于研究、开发或示范阶段[33]。

(1) CO_2 捕集

CO_2 捕集指将 CO_2 从大型排放源如水泥厂、钢铁厂等由于化石燃料的燃烧产生的烟气中分离、纯化并增压的过程。目前 CO_2 燃烧捕集技术可分为：燃烧前脱碳技术、燃烧后脱碳技术、富氧燃烧技术以及化学链燃烧技术。

燃烧前脱碳是指在化石原料燃烧前，将化学能从原料中的碳转移出来，然后采用合适的方法将碳与挟带其能量的其他物质分离，从而达到脱碳的目的。目前燃烧前脱碳系统最典型的应用为整体煤气化联合循环(IGCC)发电系统。其工艺流程简述如下：首先加入燃料于气化炉气化，得到以 H_2 和 CO 为主要成分的合成气，然后再通过蒸汽转化反应，此时 CO_2 和 H_2 成为合成气主要成分，经过以上过程燃料中的化学能被转移到 H_2 中，H_2 进入燃气轮机燃烧室中燃烧，同时分离合成气中 CO_2 继而完成系统的燃烧前脱碳过程，进而形成准零排放系统。燃烧前脱碳合成气具有压力高和杂质少等优点，但也有分压高和捕捉 CO_2 浓度高等问题。

燃烧后脱碳是指在如燃气轮机或电厂锅炉等燃烧设备后，采用适当的方法将烟气中的 CO_2 脱除的过程。燃烧后脱碳工艺主要应用于传统燃煤电厂。该工艺主要流程如下：化石燃料经燃烧产生的烟气经除尘、脱硫、脱硝处理后，利用膜分离法、化学吸收法、低温蒸馏法等吸收烟气中 CO_2，吸收的 CO_2 经加压、脱水后送去输送和封存。该法具有系统原理简单，适用范围广，对现有燃煤电厂继承性好等优点。但是由于其较大的烟气体积流量造成设备的投资和运行成本较高，同时烟气中 CO_2 的浓度低、分压小，所以脱碳过程的能耗较大，因此较高的 CO_2 的捕集成本制约了该法的发展。

富氧燃烧技术是指利用空分所得的高纯度氧气和部分再循环烟气混合后与燃料进行燃烧，并通过调整烟气的流量来控制燃烧温度，同时参与循环的烟气代替以往空气中的 N_2 来挟带热量，从而保障燃煤锅炉的传热和热效率。因此，富氧燃烧技术具有排烟中 CO_2 浓度高(质量浓度可达 95%以上)的特点，因此显著地降低了捕集 CO_2 的能耗，同时又能综合控制燃煤污染物排放等，有着巨大的开发潜力。富氧燃烧技术主要是针对现有燃煤电厂特点而发展起来的，但是大型的富氧燃烧技术目前仍处于实验研究阶段。

化学链燃烧颠覆了传统空气燃烧的基本理念，该技术不使用空气中的氧气，而是通过载氧体(通常为金属氧化物)在氧化反应器和还原反应器之间的循环交替反应来利用燃料的化学能，是一种具有 CO_2 内分离性质的新型燃烧技术。其中在还原反应器中发生的反应相当于空分过程，即金属与分离出的氧气反应生成金属氧化物，从而实现了氧气的分离过程；而在氧化反应器中，燃料与从金属氧化物中释放的氧气进行燃烧反应，从而替代了燃料和氧气之间的直接反应；同时金属氧化物在两个反应器中的平均停留时间与反应器间的循环速率决定了反应器的温度和热量平衡，进而控制整个反应进行的速率。

化学链燃烧技术将原本剧烈的难以控制的燃烧反应用两步隔离的还原反应和氧化反应替代，同时由于未引入空气，也就省去了额外引入空分系统等设备及所需能耗，还避免了燃烧产生的 CO_2 被稀释，烟气经脱水处理后即得纯净的 CO_2。

CO_2 捕集作为 CCUS 技术中重要的一环，主要面临着成本高的难题，据政府间气候变化专门委员会统计，捕集成本占总封存成本的 82%～91%。降低 CO_2 捕集成本决定着整个 CCUS 技术在经济上的竞争力。

(2) CO_2 运输

CO_2 运输是指通过各种输送手段将经捕捉处理后的 CO_2 输运至存储或资源化利用目的地。常用输送方式有管道运输、罐车运输和船舶运输三类，这三类方式各有优缺点，都存在一定的适用范围[34]。

管道运输是大规模、长距离输送 CO_2 最经济的方法。管道运输以超临界输送最为常见，超临界输送时管内 CO_2 压力一般维持在 8MPa 以上。目前，美国有超过 5000km 的 CO_2 运输管道，每年输送 CO_2 约 50Mt，其中大部分用于 CO_2 驱油项目(CO_2-EOR)。罐车运输一般指铁路罐车运输和公路罐车运输。公路罐车运输适用于短距离、小容量输送；而铁路罐车运输适用于长距离、大容量输送。在实际应用中，两者相互配合共同完成输送任务。船舶运输的运输量和火车运输相当，比汽车槽车运输量大，然而船舶运输有其特定的使用条件，如在长距离跨洋运输时，用轮船运输 CO_2 在经济性上将会很有吸引力。尽管罐车和轮船运输具有操作灵活、适应性强等优点，但也存在间断性供应、蒸发泄漏、输送成本较高等缺点。

因此，CO_2 运输方案的选择必须综合考虑运输量、运输距离、运输设备的压力和温度条件、市场需求和市场价格、沿线交通载体(铁路、公路、海洋、河流)布局等因素。

(3) CO_2 封存

目前，大规模处理 CO_2 的方法(图 4-6)主要有地质封存、海洋封存和 CO_2 矿化封存三种方法[13, 35-49]。

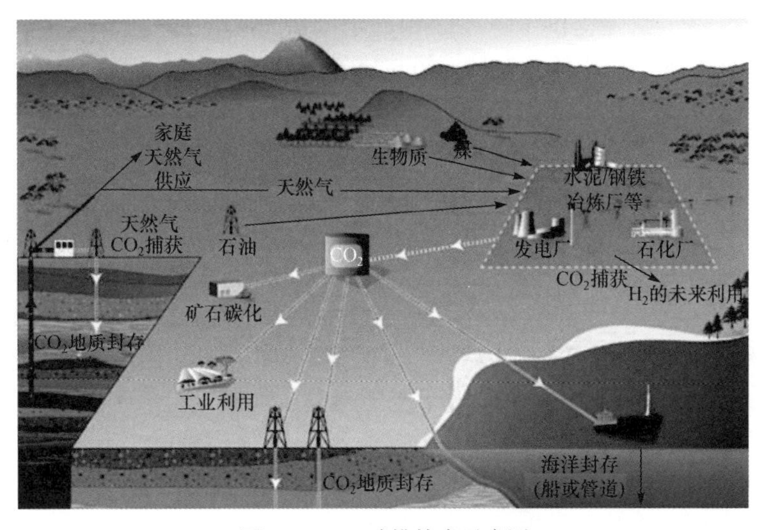

图 4-6 CO_2 减排技术示意图

1) 地质封存。

目前CO_2地质封存以利用盆地深部咸水层、枯竭的油气田和废弃的煤层三种地质结构为主，其中具有最大埋存CO_2容量的是深部咸水层，占总地质封存储量的90%以上。CO_2地质封存主要机制分为物理封存和化学封存：物理封存机制就是在地层构造压力、地下水动力、流体密度差、盖层岩石孔隙毛细压力及矿物(煤层)吸附等共同作用下，将超临界CO_2捕获于储层顶部孔隙中；化学封存机制就是指在一定温度和压力下，注入的超临界CO_2流体与储层中岩石矿物、地下水溶液发生缓慢化学反应生成碳酸氢根离子(HCO_3^-)(碳酸盐岩储层)或碳酸盐矿物(碎屑岩储层)，从而使CO_2以固体的形式固定下来。一般来讲，较为理想的CO_2地质封存应该是物理封存机制和化学封存机制共同作用，这样才有利于最大限度发挥其封存和固碳容量。

深部咸水层的水一般不能作为饮用水(含水层的矿化度一般大于10g/L)，且分布广泛，封存潜力巨大，我国拥有丰富的地下咸水层存储空间，据李小春等估算，我国咸水层CO_2封存量达144×10^9t(144Gt)，约占我国总地质封存容量的75%，因此深部咸水层是理想的CO_2埋存地质体。深部咸水层封存即将注入的CO_2溶解于咸水中后与周围岩石矿物发生化学反应，从而达到永久封存的目的。但该封存方法要求深部咸水层有低渗透率的盖层，以确保该方法的长期稳定性与安全性[49, 50]。挪威国家石油公司在北海Sleipner用咸水层存储CO_2的工程是世界上第一个完全为了对CO_2进行地质封存而实施的具有商业规模的工程，该项目自1996年10月建成以来，每年向咸水层充注约100万t CO_2，迄今为止已累计封存超过12×10^6t(12Mt)的CO_2。近年来CO_2地质封存联合深部咸水开采技术(CO_2-EWR)得到了越来越多的关注与研究。该技术是将CO_2注入深部咸水层或者卤水层，驱替高附加值液体矿产资源(如锂盐、钾盐、溴素等)或开采深部水资源，同时实现CO_2深度减排和长期封存的一种新的CCUS过程。

枯竭的油气田由于具有良好的圈闭构造，因此从地质条件上来讲十分适合封存CO_2。前期油气勘探和随后开采过程中积累了丰富的关于油气田的地质资料，这也为后期油气田封存CO_2的研究与应用提供了坚实的保障，因此用枯竭的油气田封存CO_2具有很大的潜力。目前，在工业上应用较多的是把超临界状态CO_2注入难以继续开采的油气田中，高压CO_2驱动原油向生产井流动，迫使残余油气溢出，由此增加石油的采收率，工业上称为注入CO_2提高采收率(CO_2-EOR)技术。这是一种成熟且应用广泛的技术，在美国自CO_2-EOR技术从1970年开始用于强化采油以来，现在已有70多个用CO_2-EOR技术作业点正在作业，每年利用CO_2约25Mt，并且实际应用中长期封存的安全性良好。该技术最有吸引力的地方是将CO_2埋存与驱油相结合，实现社会效益与经济效益的双赢。

迄今为止，国内有大量的因技术原因或经济原因废弃的煤层，居于其中的大面积废弃巷道硐室和采空垮落区提供了巨大的CO_2封存空间；此外，由于煤层的表面有大量孔隙，当把CO_2注入煤层后，CO_2以分子状态被吸附于煤层表面，在采取适当的封堵措施和调整封存压力后，即可获得理想的CO_2封存容量。研究表明，煤层对CO_2的吸附能力是CH_4的2倍，根据这一特性，当CO_2被注入煤层时，可以在封存CO_2的同时替换吸附于煤层的CH_4，使CH_4转变为游离状态，因此大大提高了煤层气的产出率，从而提高煤层气的产量，工业上称为注入CO_2提高煤层甲烷采收率(CO_2-ECBM)技术。该技术不仅

达到了封存 CO_2 的目的，同时也显著地增加了整个封存过程的经济效益。

由此看来，CO_2 地质封存已经从最开始的纯环保投入封存向能够产生更多经济效益的 CO_2-EWR、CO_2-EOR、CO_2-ECBM 等技术方向快速前进，这有效地促进了剩余油、气资源的挖潜开采，提高油气田和煤田的整体采收率。此举既增加了化石能源的有效开采量，延长现有非可再生能源的使用年限，为新能源的开发和利用提供时间和空间，促进能源的可持续发展，同时又能封存一部分 CO_2。然而这些能产生一定经济效益的方式的总封存容量终究有限，并不是所有的油气田或煤田都适用。

CO_2 地质封存技术是一把“双刃剑”，其在有效缓解气候变化带来的环境灾害的同时，也可能诱发新的地质环境灾害问题，主要包括：①引起浅层地表垂向差异变形。如阿尔及利亚 In Salah 的 CCS 项目采用的对 Krechba 气田 CO_2 封存场地地表变形监测结果显示，CO_2 注入井上方附近地表正在以每年 5mm 的速度向上抬升，与附近天然气田因地层压力衰竭导致的地面沉降形成鲜明的对比[51]。②注入 CO_2 诱发断层活化和地震事件[52, 53]。美国丹佛市附近的落基山兵工厂曾经因向地层深部注入大量流体而引发了 5.3 级的地震。③CO_2 逃逸污染淡水含水层。Little 和 Jackson 的实验表明，当 CO_2 泄漏到地下淡水含水层中时，可使淡水含水层局部水质污染程度加重 10 倍以上[54]。④CO_2 泄漏富集危害人类健康和局部生态系统。研究表明，少量的 CO_2 气体对人体无害，但当空气中 CO_2 浓度超过 2%时就可能引起人体中枢神经系统衰弱，在浓度超过 30%时则会在短时间内导致人和动物呼吸困难甚至窒息。由此看来，CO_2 地质封存仍然需要更加广泛、深入、科学、系统的研究。

2) 海洋封存。

海洋是地球最大的 CO_2 天然储库，人类活动产生的 CO_2 已有 30%左右被海洋吸收，大气中急剧增加的 CO_2 已经显著改变世界范围内表层海水化学，因此海洋在全球碳循环中扮演了至关重要的角色。自 Marchetti[55]在 1977 年提出 CO_2 海洋封存设想，将收集的 CO_2 直接注入深海，让其在高压低温条件下自动形成稳定的固体冰状水合物，以实现长期隔离，此想法得到了众多的探讨与深入的研究。海洋封存 CO_2 被认为是加速海洋自然吸收的过程，被认为是一个可行的和有效的方案。目前 CO_2 的海洋封存主要有两种方案：一种是通过船舶或专用管道将 CO_2 输运至封存地，并注入深超过 1000m 的海底中，使其自然溶解；另一种是将 CO_2 注入 3000m 深的海洋，利用 CO_2 的密度大于海水的特性，由此在海底形成液态的 CO_2 “湖”或固态的 CO_2 水化物，从而大大延长了 CO_2 分解到环境中所需的时间，降低了大气中 CO_2 的浓度[56-58]。

虽然海洋处理 CO_2 的潜力巨大，但是随着大量 CO_2 的注入会显著降低注入区附近的 pH 值，从而影响海洋的生态环境。对海洋表层浮游生物的观察表明，水体中 CO_2 浓度的增加将降低生物的生长、繁殖、钙化速率以及活跃性，增加生物的死亡率。对深海生物的观察表明，水体中 CO_2 浓度的增加将导致深海生态系统变迁，生物种群的繁殖和生长都将发生改变，且注入点附近或 CO_2 湖泊内的生物会立即死亡。而关于在辽阔的海洋中 CO_2 直接注入海洋后，由于海洋生态系统的复杂性和测试方法的局限性，无法准确估测大规模注入 CO_2 对海洋生态系统的影响。纵然深海埋存在理论上潜力巨大，但在技术可行性和对海洋生物的影响上还需要更进一步的研究。

3) CO_2矿化封存。

CO_2矿化封存主要是利用碱土金属化合物与之生成可以在自然界稳定存在的碳酸盐。与其他两种封存方式相比，CO_2矿物封存有如下优点：一是CO_2矿化封存是化学封存过程，并且产物碳酸盐具有良好的热稳定性，因此CO_2矿物封存是目前最环保、安全、稳定的CO_2固定方式；二是由于矿化反应是放热反应，可以节省整个封存过程的能源消耗以提升经济性；三是CO_2矿物封存原料价格低廉、储量巨大、来源丰富，具有良好的经济效益与大规模固定的潜力[59]。

目前，国内外主要研究采用大宗含钙镁的天然矿石[60]，如镁橄榄石、硅灰石等固定CO_2，通常天然矿物的矿化反应速率较慢，为强化反应，可以采用高温热活化及酸碱活化等方法预处理矿物，提高其矿化反应活性，但是能耗高、成本高。此外大宗含钙镁工业固废，如煤飞灰[16]、磷石膏、钢渣[61]等由于具有较高的反应活性与反应速率，固废来源地靠近CO_2产生地等优势受到关注，但其都面临着矿化反应产物碳酸钙和碳酸镁附加值低等问题[12, 62-65]。

自1990年Seifritz[66]首次提出利用天然碱性矿石矿化封存CO_2以来，大量学者已经提出多种矿化工艺路线，其中大致可分为直接路线和间接路线。直接路线就是指原料经过一步矿化反应直接得到矿化产物的过程；而间接路线则是指原料中钙镁离子首先被媒质浸出，随后进行矿化反应得到很纯的碳酸盐并回收得到很纯的媒质以循环利用，并且浸出与矿化反应过程均可得到良好的优化。

直接路线主要有干法碳酸化和湿法碳酸化之分。干法碳酸化首先由Lackner等[67]提出，即在一定条件下气体CO_2与矿石直接发生气固反应生成固体碳酸盐。此路线简单、直接、高效，但常温常压下矿化反应速率很慢，虽然升高温度可以提高反应速率，但对反应平衡不利，因此干法矿化的研究已基本很少。湿法碳酸化首先由O’Connor等[23]提出，其主要反应如下：①CO_2溶于水形成微酸性环境，同时形成HCO_3^-作为主要的矿化反应离子；②在H^+的促进下，Ca^{2+}/Mg^{2+}从矿石中逐步析出；③析出的Ca^{2+}/Mg^{2+}与HCO_3^-反应生成碳酸盐沉淀。由于直接湿法矿物碳酸化工艺极大地提升了反应速率，并且无须考虑分离、回收引入的媒介，因此直接湿法矿物碳酸化固定CO_2工艺过程被看作未来最有应用前景的CO_2矿物封存技术之一，许多研究者进行了深入广泛的研究，并取得了巨大的进展[68, 69]。

Huijgen等[18]对天然硅灰石在温度25～225℃、CO_2压力0.1～4MPa条件下的矿化行为及反应机理进行了深入的研究，他们认为矿化反应主要是在水溶液中通过两步进行，即从$CaSiO_3$晶体点阵中溶出钙以及$CaCO_3$晶体的成核与生长；矿化反应存在优化的反应温度(150～200℃)，当低于该温度时，总的反应速率主要受钙的浸出速度控制，而高于此温度时，由于HCO_3^-的活度降低，$CaCO_3$晶体的成核与生长可能是速度控制步骤。在实验范围内，获得的优化反应条件为：硅灰石粒度<38μm，反应温度200℃，CO_2分压2MPa，反应15min硅酸钙的转化率达到70%。Tai等[70]系统研究了在CO_2超临界条件下工艺参数对天然硅灰石矿化CO_2的影响，他们添加$NaHCO_3$作为助剂，在CO_2压力8.6MPa、温度110℃下反应6h，硅灰石的CO_2矿化率达到90%。Santos等[71]用合成的高

比表面积的硅凝胶-硅灰石在常温常压条件下矿化CO_2，在40min内反应转化率达到80%。Daval等[72]考察了水溶液酸碱度对硅灰石矿化CO_2反应的影响，发现在水溶液中矿化时硅灰石的溶出是反应过程的速率控制步骤，且矿化产物SiO_2对整个反应过程的速率影响都很小，在酸性溶液中另一种矿化产物方解石对矿化反应的影响也很小，但是在中性水溶液中产物方解石对硅灰石的进一步溶出具有钝化作用，他们认为这是由于不同溶液条件下形成的方解石微观结构不同。Hangx等[73]在水热条件(温度200～300℃，CO_2分压0.4～15MPa)下对天然钙长石进行矿化，经过7～21天后也没有发现有碳酸盐生成。Munz等[74]采用管式反应器，研究了在温度100～250℃、CO_2压力为2～12MPa下富含钙长石的斜长石的矿化，他们发现经过72～168h也只有11%～30%的钙长石溶解，且溶解的钙只有少部分转化成碳酸钙沉淀。

对于间接工艺路线来说，媒质的筛选成为其深入开发的关键，首先筛选的媒质要有利于钙、镁离子浸出，此外在碳酸化反应过程中媒质回收及循环利用的难易程度也直接影响此工艺的开发进展。目前研究较多的媒质主要有盐酸、乙酸、氢氧化钠、熔盐等。但是这些工艺路线均或多或少面临着媒质的再生回收过程能耗高，矿物原料中杂质含量要求严格，媒质本身的腐蚀性强，并且回收率低，产物分离困难等问题。

4.2 CO_2捕集分离的方法

CO_2的捕集分离方法一般分为从工业气体中捕集分离和从大气中捕集分离两方面。从工业气体中分离尤其是从化工或化石燃料燃烧排放气体中捕集分离CO_2的研究相对较多，其分离方法按原理可分为吸收法、吸附法和膜分离法等[75-77]。

4.2.1 吸收法

该方法主要用于合成氨装置的脱碳工序。对合成氨工业前面工序产生的CO_2气体，在进入合成塔前必须除去，否则将影响合成过程并造成催化剂中毒。根据过程机理，合成氨工业脱碳工艺可分为物理吸收、化学吸收和物理化学吸收三类。在这个过程中，原子、分子和离子会溶解在液相中。该过程与吸附过程是不同的，对于吸收过程来说，分子从液体表面扩散到内部，而吸附过程只发生在表面。吸收是化工行业中一种常见的过程，可用于处理含有SO_2、H_2S、NO_x等气体的工业废气[78, 79]。

4.2.1.1 物理吸收法

物理吸收将CO_2溶解在吸收液中，通过改变CO_2和吸收液间的压力和温度达到吸收和解吸CO_2的目的，CO_2不与吸收剂发生化学反应。溶液吸收CO_2的能力随压力的增大和温度的下降而增加；反之，提高系统温度、降低系统压力可使饱和的吸收液脱附再生。

常用的吸收剂有甲醇、聚乙二醇、乙醇、丙烯酸酯、吡咯烷酮、噻吩烷、水等。为减少溶液耗损和防止溶剂蒸气外泄而造成二次污染，尽量选用高沸点溶剂。常用物理吸收方法主要有以下几种。

(1) 低温甲醇洗法

低温甲醇洗法又称冷甲醇法、Rectisol 法[80]，是林德和鲁奇两家德国公司于 20 世纪 50 年代联合开发的，1954 年于南非实现工业化。低于 0℃时，甲醇对 CO_2 的溶解度是水的 5～15 倍，室温下为 5 倍。所以，甲醇是选择性吸收原料气中 H_2S、COS、CO_2 等极性气体的优良溶剂，利用低温下甲醇的优良特性可以脱除 H_2S、CO_2、硫的有机化合物、氰化物及一些轻烃物质。工业上已经用于甲醇合成气、合成氨、城市煤气的脱碳脱硫[81]。目前低温甲醇洗流程是典型的 7 塔 16 段流程。图 4-7 是某 Texaco 水煤浆工艺 4MPa 气化后的低温甲醇洗净化流程。

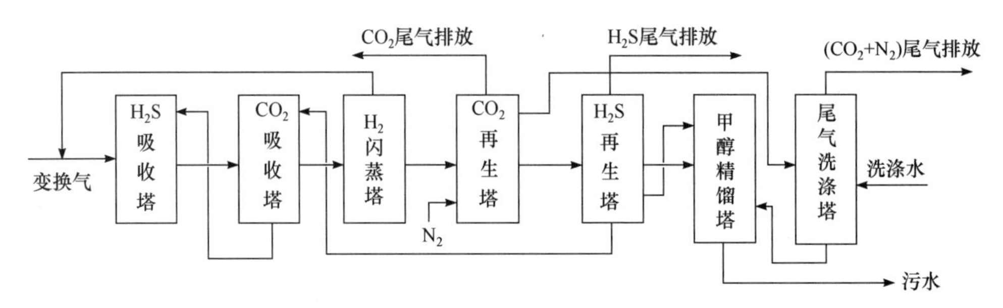

图 4-7　低温甲醇洗法吸收 CO_2 工艺流程

来自耐硫变换的工艺气经冷却后分离其中的甲醇水溶液，然后依次进入 H_2S 吸收塔和 CO_2 吸收塔，脱除其中的 HCN、NH_3、H_2S、CO_2 等组分，出 CO_2 吸收塔的合成气换热后送入下游工序。

CO_2 吸收塔底部富含 CO_2 的甲醇引出后分为两部分，一部分进入 H_2S 吸收塔吸收 H_2S，另一部分去 H_2 闪蒸塔上塔闪蒸出 H_2、CO_2，闪蒸后的甲醇进入 CO_2 再生塔，经减压闪蒸和氮气汽提后送入 H_2S 再生塔，汽提出来的(CO_2+N_2)经回收冷量后送入尾气洗涤塔，经脱盐水洗涤后放空。

在 H_2S 再生塔内，甲醇被变换气再沸器提供的热量再生后，大部分经冷却后送入 CO_2 吸收塔的顶部用来吸收工艺气中的 CO_2、H_2S，塔顶出来的含 H_2S 的气体在没有达到进硫回收装置要求的浓度前回到 H_2S 再生塔继续浓缩，达到要求的浓度后引出；小部分甲醇送入甲醇精馏塔进行精馏，以保持循环甲醇中较低的水含量。甲醇精馏塔底部的含少量甲醇的废水送污水处理装置处理。

该法具有吸收能力强、净化度高、溶剂循环量小、再生能耗低、吸收剂价格低廉和流程简单等优点。缺点是毒性强、设备材质要求高、保冷要求高。

(2) Seloxol 工艺

聚乙二醇二甲醚法首先是由美国 Allied Chemical 化学公司于 1965 年开发的，称为 Selexol 工艺，使用多组分的聚乙二醇二甲醚(NHD)的混合溶剂。聚乙二醇二甲醚是多乙二醇二甲醚的聚合物，根据广义酸碱理论，在聚乙二醇二甲醚溶剂的分子结构中，醚基团中的氧为硬碱性中心，而—CH_3 和 CH_3CH_2—基团为软酸部分，因此该溶剂对硬酸性气体(如 H_2S、CO_2)和软碱性气体(如硫醇、CS_2 和 COS)均有一定的溶解性。NHD 溶剂对 H_2S、CO_2 以及羰基硫等酸性气体具有选择性吸收能力，表 4-4～表 4-6 是具体的溶解度。

从表 4-4 中可以看出，NDH 溶液能够将原料气中的 H_2S 脱除至微量，大量的 CO_2 也可以被脱除，而且有效合成气 H_2 和 CO 的损失量较小。表 4-5、表 4-6 显示，CO_2 在 NHD 溶剂中的溶解度与温度、压力有关。压力一定时，降低温度可以增加 CO_2 在 NHD 溶剂中的溶解度；温度一定时，增加压力可以提高 CO_2 在 NHD 溶剂中的溶解度，所以 NHD 法在实际过程中采用低温高压的操作方法。

表 4-4　不同气体在 NHD 溶剂中的相对溶解度

组分	H_2	CO	CH_4	CO_2	COS	H_2S	CH_3SH	CS_2	H_2O
相对溶解度(m^3 气体/m^3 NHD)	1.3	2.8	6.7	100	233	893	2270	2400	73000

表 4-5　不同温度下 CO_2 在 NDH 溶剂中的溶解度(P=0.5MPa)

温度/℃	−10	−5	5	20	40
平衡溶解度(m^3 CO_2/m^3 溶剂)	37	28	21	16	10.5

表 4-6　不同压力下 CO_2 在 NDH 溶剂中的平衡溶解度(T=5℃)

CO_2 分压/MPa	0.2	0.4	0.6	0.8	1.0
平衡溶解度(m^3 CO_2/m^3 溶剂)	10.1	21.1	33.4	46.2	60.2

该工艺于 1967 年实现工业化，现已广泛用于天然气、合成气、煤气等的脱硫和脱 CO_2。Seloxol 工艺流程图如图 4-8 所示。

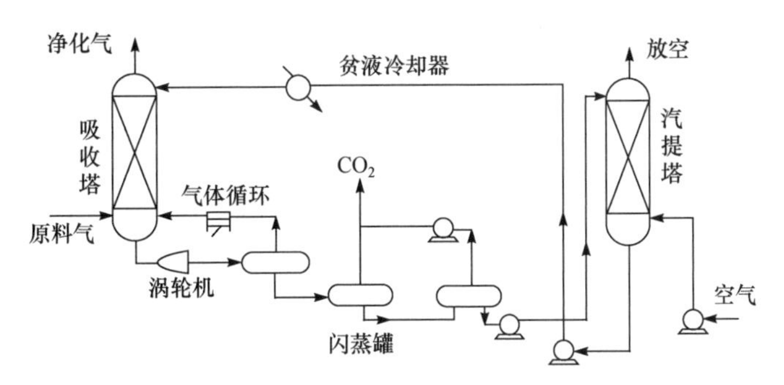

图 4-8　Seloxol 法脱除 CO_2 工艺流程图

吸收塔底部的富液经涡轮机回收能量后进入循环闪蒸罐，释放出溶解度较小的气体 H_2、N_2、CH_4、CO，这些气体经压缩后返回吸收塔底部。循环闪蒸罐中的溶液进一步经过常压闪蒸罐释放出约 70%的 CO_2 气体。溶液进入空气汽提塔前需先进行真空闪蒸，以尽量排出最后可回收的少量 CO_2 气体，同时释放杂质气体。脱除并回收 CO_2 后，在汽提塔中溶液与塔底进入的空气逆流接触进行汽提再生，汽提塔底的再生溶液冷却后返回吸收塔顶部循环使用，空气与汽提出的 CO_2 一起排入大气。

该工艺尤其适用于处理由气化和转化装置来的合成气，如天然气和煤气为原料的大

型氨厂的脱 CO_2，乙酸厂 CO 中脱 CO_2 等。该工艺的缺点是：CO_2 回收率低，不能满足全部 NH_3 转化为尿素的需要。

(3) 碳酸丙烯酯法(又称 Fluor 工艺)

该法于 1960 年由 Kohl 和 Backingham 共同开发，1961 年投入工业化利用，由 Fluor 公司取得专利，适用于合成气的脱碳。碳酸丙烯酯(PC)作为吸收剂，其溶解度与甲醇类似，对 CO_2、H_2S、有机硫有较大的溶解能力。净化后，CO_2 含量小于 1%，最低可达到 0.2%。在国内，此技术于 70 年代由南京化工研究院等单位开发，1978 年第一套碳酸丙烯酯脱碳工业装置投产，具有代表性的工业装置是山东明水化肥厂 2.7MPa 脱碳装置。其已应用于上百个合成氨厂和天然气净化厂，是我国应用最多的脱 CO_2 方法之一，但是回收率和纯度不够理想。溶剂碳酸丙烯酯稳定、无毒，价格便宜，但具有腐蚀性，能耗较高。

图 4-9 是碳酸丙烯酯法吸收 CO_2 的一种工艺流程图。温度约为 55℃的原料气由吸收塔底部加入，在吸收塔内于 2.7MPa 下用 35℃的碳酸丙烯酯进行吸收，出塔净化器中含 CO_2 约 1%，富液引入后面的闪蒸器和解吸塔中进行解吸回收再生，然后再循环使用。

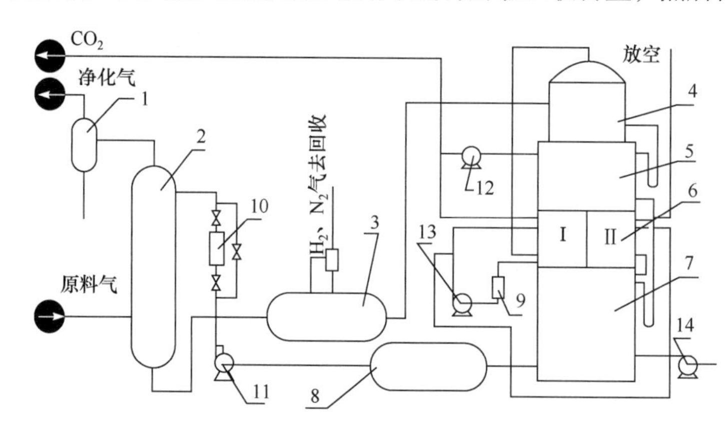

图 4-9　碳酸丙烯酯法吸收 CO_2 工艺流程

1-气液分离器；2-吸收塔；3-闪蒸器；4-常压解吸塔；5-真空解吸塔；6-回收塔；7-汽提塔；8-PC 储槽；9-烯液储槽；10-过滤器；11-溶剂泵；12-真空泵；13-烯液泵；14-鼓风机

(4) Purisol 法

Purisol 法以 *N*-甲基吡咯烷酮(NMP)为溶剂。我国已引进 Lurgi 公司以重油为原料生产甲醇时合成气的净化工艺，净化后 CO_2 的含量可达 0.1%，H_2S 为 10^{-6} 级。

采用物理吸收法时，烟气中的其他成分，如水和颗粒物，会加快吸收溶液的降解、结垢而堵塞系统，因此，需及时滤除吸收液中的杂质。据有关评价，物理吸收法的选择性较低，分离效果不理想，回收率低。优点是能耗低，溶剂可用闪蒸再生，一般在常温下操作，仅适合于高浓度 CO_2 废气，而对中低浓度和高温的 CO_2 废气，其吸收速率远不如化学吸收法。

4.2.1.2　化学吸收法

化学吸收法无论是在脱硫还是脱碳工艺中都占有重要的地位。烟气和吸收液在吸收塔内发生化学反应，CO_2 被吸收至溶剂中，贫液变为富液，富液进入解吸塔中加热分解出 CO_2，从而达到分离回收的目的。

由于 CO_2 为酸性气体，所以需要选用呈碱性的化学吸收液。常用的吸收液主要有碳酸盐溶液、碳酸钾系列和醇胺系列。

(1) 醇胺溶液法

有机胺吸收 CO_2，主要是由于胺类分子中含有氮原子，胺在水溶液中离解，使溶液变为碱性，易和 CO_2 等酸性气体发生反应，从而达到脱除和回收 CO_2 的目的。吸收反应为

$$RNH_2 + CO_2 \longrightarrow RNH_2^+COO^- \tag{4-1}$$

$$RNH_2 + RNH_2^+COO^- \longrightarrow RNHCOO^- + RNH_3^+ \tag{4-2}$$

该法一般在 38℃以下形成盐，CO_2 被吸收；高于 110℃时，CO_2 被解吸。

醇胺脱碳工艺的吸收剂主要有一乙醇胺(MEA)、*N*-甲基二乙醇胺(MDEA)、二乙醇胺(DEA)、三乙醇胺、二异丙醇胺(DIPA)法等。MEA 是伯胺，是一种有机强碱，对酸性气体(H_2S 和 CO_2)具有吸收速度快、吸收能力强、残留 CO_2 少、投资省等优点，但也存在再生能耗高、MEA 降解损耗大及设备腐蚀严重等缺点，适合于低压混合气中 CO_2 的脱除。MDEA 是其中性能较好的醇胺类物质，溶液碱性较弱，适合于中、高压混合气中 CO_2 的脱除。TEA 溶液碱性很弱，与 CO_2 反应很慢，且溶剂较贵，一般不用。

1) MEA 法。

MEA 法由联碳公司(Union Carbide)开发，以 MEA 为吸收剂，是最早工业化的方法之一。早期的烟道气净化装置都以 MEA 为溶剂，其特点是化学反应活性好，吸收 CO_2 速度快。相对于其他醇胺而言，当醇胺溶液的质量浓度相同时 MEA 的摩尔浓度最高。MEA 的缺点是容易发泡及降解变质。在净化过程中 MEA 和原料气中的 CO_2 会发生副反应而生成难以再生降解的噁唑烷酮等降解产物，导致部分溶剂丧失脱碳能力。同时，MEA 的再生温度较高，再生塔底温度一般在 121℃以上，导致再生系统腐蚀严重，在高酸性气负荷下则更甚。因此，MEA 溶液的质量分数一般采用 15%，最高也不超过 20%；且酸气负荷也仅取 0.3mol 酸气/mol 醇胺左右。

考虑到腐蚀的问题，在早期的 MEA 装置中使用的 MEA 溶液其含量不能超过 20%，但在 20 世纪 70 年代初，联碳公司开发了称为 Amine Guard 的防腐剂，允许 MEA 含量升至 30%左右。该公司在新装置上继续优化过程设计和操作条件，进一步提高工艺效率和降低能耗。目前 MEA 法已逐渐过时，许多 MEA 装置已改用更加有效的吸收剂(如活化 MDEA 溶液)或者采用其他工艺进行改造(如热钾碱溶液法中的无毒 G-V 工艺等)。

2) 活化 MDEA 法。

该工艺是由德国巴斯夫公司开发，于 20 世纪 70 年代初相继在美国、德国实现了工业化，图 4-10 是其工艺流程图。吸收剂是加入少量活化剂的 MDEA 溶液。MDEA 是一种叔胺，化学性质稳定、无毒、不降解，与 CO_2 反应的生成物要比 MEA 生成的碳酸盐弱得多，分解时不需要太多的热量，可以在低温下操作。MDEA 不会与 CO_2 反应生成氨基甲酸盐或者其他的腐蚀性降解产物。MDEA 吸收 CO_2 的反应如下：

$$R_2CH_3N + H_2O + CO_2 \longrightarrow R_2CH_3NH^+ + HCO_3^- \tag{4-3}$$

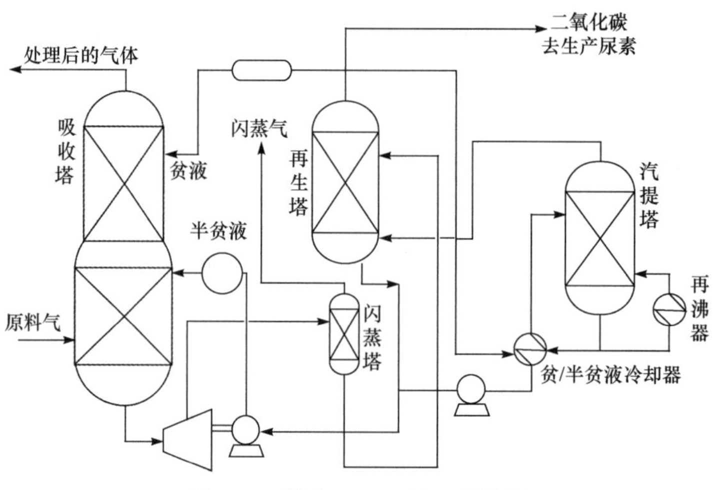

图 4-10　活化 MDEA 法工艺流程

活化 MDEA 法的主要设备有吸收塔、再生塔、闪蒸塔和汽提塔。为了提高净化度和 CO_2 回收率，采用两段吸收和两段闪蒸再生的串接流程。原料气经加压后进入吸收塔的下段，用二次闪蒸再生后得到的半贫液吸收大部分 CO_2。半净化气进入吸收塔上段，用来自汽提塔的贫液进行深度吸收，脱除残余的 CO_2。高压段闪蒸释放的能量由汽轮机回收，驱动半贫液泵。高压段闪蒸气除含有 CO_2 外，还含有相当量的 H_2 和 N_2，可返回吸收塔回收利用。高压段闪蒸液靠自身压力进入低压段进行再次降压闪蒸，释放出大部分的 CO_2。得到的半贫液大部分返回吸收塔下段，少部分与贫液热交换后送入汽提塔进一步再生。汽提塔低压段作为脱气介质使用。汽提塔的贫液经换热与冷却后返回吸收塔上部。

MDEA 对 CO_2 的吸收能力更大，与传统方法相比，MDEA 法溶液循环可减少 30%～40%，再生能耗可减少一半以上，气体净化度为 50～100μL/L，CO_2 的回收率为 99%。为加快 MDEA 与 CO_2 的反应速率，可在 50%左右的 MDEA 溶液中加入 2%～5%的活化剂，如二乙二醇等。

该法自问世以来，受到了广泛关注，称为现代低能耗脱碳法。21 世纪 80 年代末至 90 年代初，南京化工研究院、华东理工大学、四川省化学工业研究设计院先后推出具有各自特色的活化 MDEA 脱碳工艺。该工艺由于具有吸收能力大、反应速率快、适应范围广、再生能耗低、净化度高、溶液基本无腐蚀性、大部分设备及填料可用碳钢制作、操作简化等优点，因此，在较短的时间里被国内 20 多家中小型合成氨厂广泛采用。但是它也存在溶液降解和腐蚀，溶液气泡，MDEA 溶剂损失等问题。

3) 三乙醇胺法(NXT 法)。

该技术中的吸收剂采用活性胺水溶液，利用酸性气体在加压条件下可以和活性胺水溶液发生化学反应，通过压力的减小将酸性气体解吸，溶剂得到再生，主要吸收反应如下：

$$(C_2H_5)_3N + H_2O + CO_2 \longrightarrow (C_2H_5)_3NH^+ + HCO_3^- \tag{4-4}$$

为了使 NXT 法中吸收剂的吸收与解吸速率加快，向吸收剂中添加少量活化剂可以增加反应速率，添加了活化剂的溶液兼具物理吸收和化学吸收的特点。图 4-11 是 NXT 法的工艺流程图。

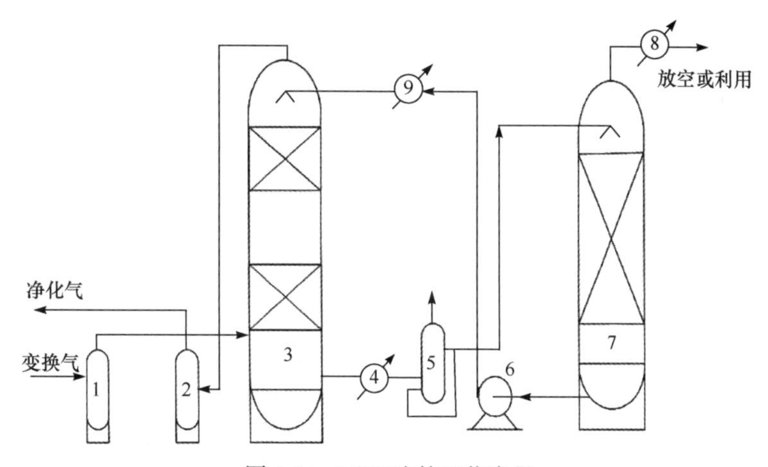

图 4-11　NXT 法的工艺流程

1-变换气分离器；2-净化气分离器；3-吸收塔；4-加热器(第二水加热器)；5-闪蒸槽；6-循环泵；7-解吸塔；8-再生气冷却器；9-溶液水冷器

操作压力控制在 0.8～1.3MPa，变换气(压力为 1.3MPa)CO_2 含量为 28%，从塔底进入吸收塔，和来自解吸塔的三乙醇胺溶液(温度为 40～60℃)进行物理化学吸收，脱除上升气体中所含的 CO_2。塔顶气体经净化气分离器分离(温度为 55～65℃)后去后续工段，塔底富液加热后送往闪蒸槽进行闪蒸，闪蒸液在常压状态下送往解吸塔继续闪蒸再生。经进一步闪蒸后，气体放空、闪蒸的溶液由泵增压后重新返回吸收塔作为吸收剂循环使用。

(2) 热钾碱溶液法

热钾碱溶液法是工业化最早的一类方法，也是目前全球采用最多的脱碳方法。它是利用热(90～110℃)的高浓度碳酸钾水溶液在加压下吸收 CO_2，生成碳酸氢钾，然后在减压下解吸 CO_2，重新生成碳酸钾，因而可以循环使用。采用钾盐是因为钾盐的溶解度比钠盐大得多。热钾碱溶液法吸收 CO_2 的主要化学反应如下：

$$K_2CO_3 + H_2O + CO_2 \longrightarrow 2KHCO_3 \tag{4-5}$$

$$K_2CO_3 + H_2S \longrightarrow KHCO_3 + KHS \tag{4-6}$$

$$2KHCO_3 \longrightarrow K_2CO_3 + H_2O + CO_2 \tag{4-7}$$

采用热钾碱法的优点是吸收与再生温度基本相同，使生产流程简化；提高了碳酸钾浓度，增加了吸收能力；吸收反应速率更快。为了加快 CO_2 的吸收和解吸速率，可在溶液中加入活化剂，如三氧化二砷、硼酸或磷酸、哌嗪、有机胺类等物质。同时加入缓蚀剂，降低溶液对设备的腐蚀。最早在热钾碱溶液中添加的活化剂是三氧化二砷(简称 G-V 法)，其活化效果很好，但有剧毒，排污处理与劳动保护困难，后来逐渐被有机胺类替代，如氨基乙酸(无毒 G-V 法)、乙二醇胺(苯菲尔法)、二乙醇三胺、空间位阻胺等，这些物质的氨基基团参与吸收反应，改变了反应历程，大大提高了反应速率。

1) 无毒 G-V 法。

该法由 Davy Powergas 公司开发，于 20 世纪 50 年代实现工业化，活化剂为氨基乙酸(又称甘氨酸，NH_2CH_2COOH)。图 4-12 是低能耗无毒 G-V 法的工艺流程图，低能耗无毒 G-V 技术增加一低压汽提塔，所消耗的热量不比物理吸收过程多，CO_2的回收纯度可达 99%左右。高压汽提塔底出来的溶液直接流入低压汽提塔底减压闪蒸(高、低压汽提塔之间的压差约为 0.1MPa)，能产生维持低压汽提塔正常运转的汽提蒸汽。闪蒸蒸汽具有的热量便是该项技术所节约的再沸器供热量。低能耗无毒 G-V 技术已被多家新厂和老厂采用。例如，我国南京日产 1000t 合成氨装置的改造，意大利 Terni 公司一合成氨厂(MEA 作吸收剂)的改造，均采用低能耗无毒 G-V 技术。

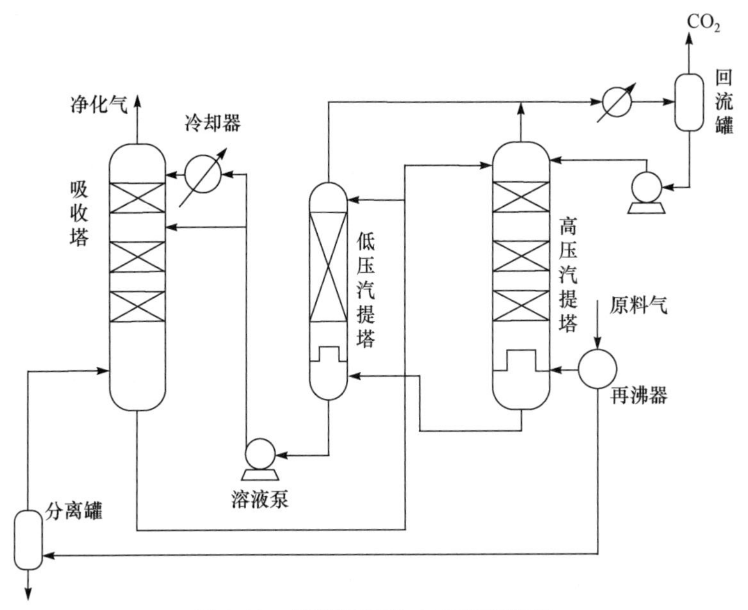

图 4-12　低能耗无毒 G-V 工艺流程

2) 苯菲尔(Benfield)法。

该法是原始的热钾碱溶液法的商业名称，是由 Bension 和 Field 于 20 世纪 50 年代为美国矿务局发明的。后来又添加了活化剂二乙醇胺(DEA)以加快 CO_2 的吸收速度，加钒以防腐蚀。由于吸收液价格低廉，吸收容量大，便于操作管理，溶液再生容易，特别是在中压(2.0～3.0MPa)下吸收及有低位能的废蒸汽可利用的情况下，其经济效益尤佳。因此，该法在以天然气和石脑油为原料，采用蒸汽转化法生产合成氨的工厂中广泛采用，目前世界上已有数百套苯菲尔工艺装置在运行。在经历了不断革新、改造后，苯菲尔法的新工艺主要有低能耗苯菲尔工艺和变压苯菲尔工艺。

低能耗苯菲尔工艺(改良苯菲尔工艺)是在原苯菲尔工艺基础上改进的。主要通过引入蒸汽喷射器和蒸汽压缩机，富含 CO_2 的溶液闪蒸出的蒸汽再增压送回再生塔作汽提剂，以减少塔底再沸器的外部供热量。该法分为两段吸收、一段再生。贫液、半贫液的转化度相同，只是温度不同。从再生塔底引出的贫液至闪蒸槽，用四级蒸汽喷射器和一级蒸汽压缩机抽出闪蒸汽，进入再生塔底部，节省一部分再沸器的热量。这种工艺的再生能耗比Kellogg公司推荐的四级喷射器工艺节省11%。目前Benfield工艺改造多采用此方案。

变压苯菲尔(PSB)工艺则采用三段吸收、三段再生(包括高、低压闪蒸再生和汽提再生)。工艺流程与MDEA工艺相似。如图4-13所示，吸收塔的下段采用半贫液，中段采用热贫液，上段采用冷贫液，所以吸收效率较高，出口CO_2含量可降至500μL/L，这是二段吸收工艺难以达到的指标。从吸收塔出来的富液经水力涡轮回收能量后进入一个闪蒸再生塔，该塔分为上下两段，上段为高压段，下段为低压段，溶液从上塔经减压阀流到下塔，在上塔用下塔和再生塔来的热气体自下而上进行汽提，下塔底流出的半贫液和再生塔出来的贫液换热，解吸出的气体经压缩机升压后进入上塔；闪蒸再生塔出来的半贫液一部分去吸收塔下段，另一部分进入再生塔，利用再沸器加热进一步再生成贫液，再生塔顶部出来的水蒸气和CO_2返回闪蒸再生塔上段，作为汽提气。

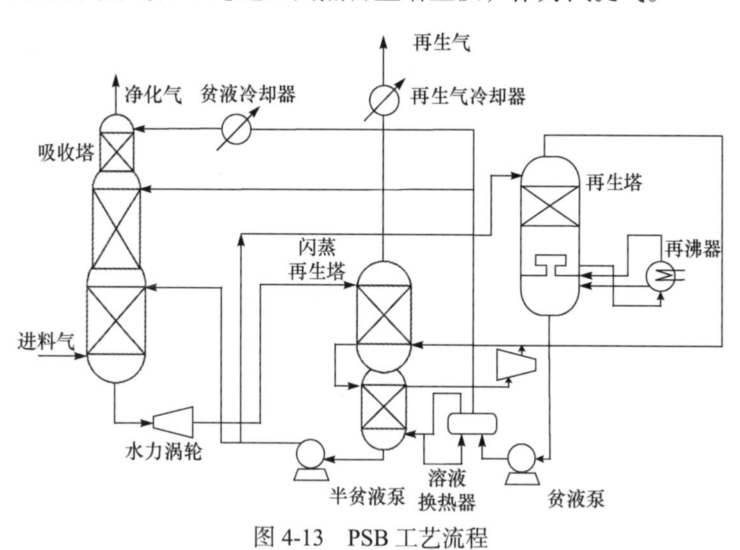

图4-13 PSB工艺流程

该法的主要优点是吸收塔出口CO_2含量可降至500μL/L，同时可利用贫液的低位发热量进一步再生半贫液，因此可以减少溶液再沸器所需的热量。据文献报道，溶液再沸器的热负荷为35.6～41.8MJ/kmol CO_2。

3) 催化热钾碱法(Cata Carb法)。

该法由Eickmeyer & Associates公司开发，20世纪60年代工业化，采用一定比例的双活化剂：二乙烯三胺(DETA)、烷基醇胺(如DEA)。DETA是一种非积累的有毒物，它在溶液中含量少、分压低、不易挥发。净化气中CO_2含量为50μL/L左右，能耗与操作费用都不高。

4) 空间位阻胺工艺。

该工艺是由美国Exxon公司开发的具有特殊应用的酸性气体脱除工艺，其吸收液是以空间位阻胺作活化剂的热钾碱溶液，1984年工业化，其投资、能耗、操作费用都低于MDEA法，溶剂稳定，气体净化度小于50μL/L。采用空间位阻胺的Exxon Flexsorb工艺系统是一个二级吸收塔/二级再生塔组成的系统。如图 4-14 所示，从再生塔上段出来的热半贫液回流到吸收塔的下段，同时再生塔底部出来的贫液冷却返回吸收塔的顶部。与一般胺活化剂相比，空间位阻胺既可提高吸收能力又可提高传质速率。如果采用被空间位阻胺活化的溶液代替热钾碱法装置中的其他溶液，可使吸收塔的吸收能力增加 5%～10%，如果进行有关的设备改造，则可使其吸收能力提高 20%。

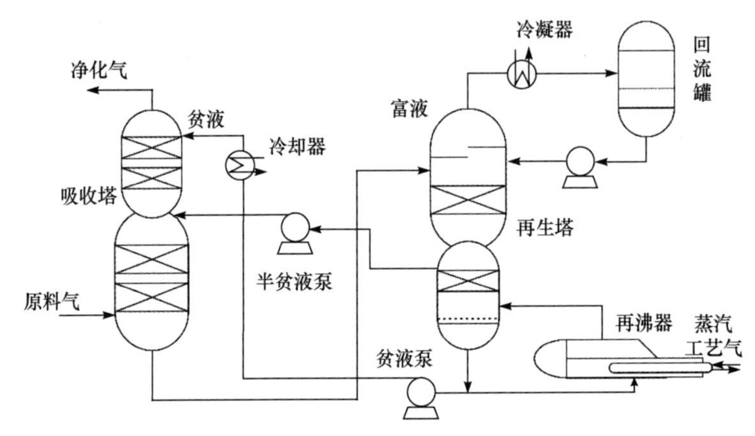

图 4-14 空间位阻胺工艺流程

(3) 联合法工艺

用两种不同方法交替使用联合组成一个系统，可以发挥各自的长处，在某些情况下，可比采用其中任何一个单独方法要节省操作费用。联合法有多种多样的选择。但通常总以粗脱除与细脱除方法相配合。有文献报道，采用 G-V 法先脱除大量的 CO_2，再用 MEA 法做最后的净化更为经济。后来又有文献提出苯菲尔溶液-DEA 联合法与 HiPure 法等。

1) 苯菲尔溶液-DEA 联合法。

该工艺流程如图 4-15 所示，吸收塔下段用苯菲尔溶液吸收，上段用 DEA 溶液吸收。用温度较高的苯菲尔溶液预热 DEA 溶液，然后进入两段再生塔，用同一股蒸汽汽提再生苯菲尔溶液与 DEA 溶液，这种联合进一步降低了能耗。大量的 CO_2 由苯菲尔溶液吸收，而这种溶液即便在高酸气负荷下也不会引起腐蚀问题。由于进入上段的 CO_2 含量已不高，用 DEA 吸收可提高净化度，且不致引起腐蚀和起泡现象。由于 DEA 溶液作保证，苯菲尔溶液的再生度较低，也可节省再生能量。在投资费用基本相同的情况下，该联合法与二段苯菲尔法相比，操作费用可节约 10%左右。

2) HiPure 法。

该法于 20 世纪 70 年代开发成功，其流程图见图 4-16。吸收塔与再生塔均分为两级，在其中循环的是两种不同的溶剂，以较高的吸收效率达到较高的净化度(CO_2 含量可降为几 μL/L)。工艺气首先在一级吸收塔与苯菲尔溶液逆流接触，而后在二级吸收塔与不同组成与温度的第二种溶液接触，对苯菲尔溶液的吸收要求因第二种溶液的存在而被放宽。两种溶液的再生分别在两级再生塔内顺序进行。这种方法的投资费用增加 5%～10%，但比正常设计的苯菲尔装置节省再生能耗 22%左右，国外已有工厂投入运转。HiPure 工艺可用于需进一步提高净化度的现有苯菲尔装置的改造上。

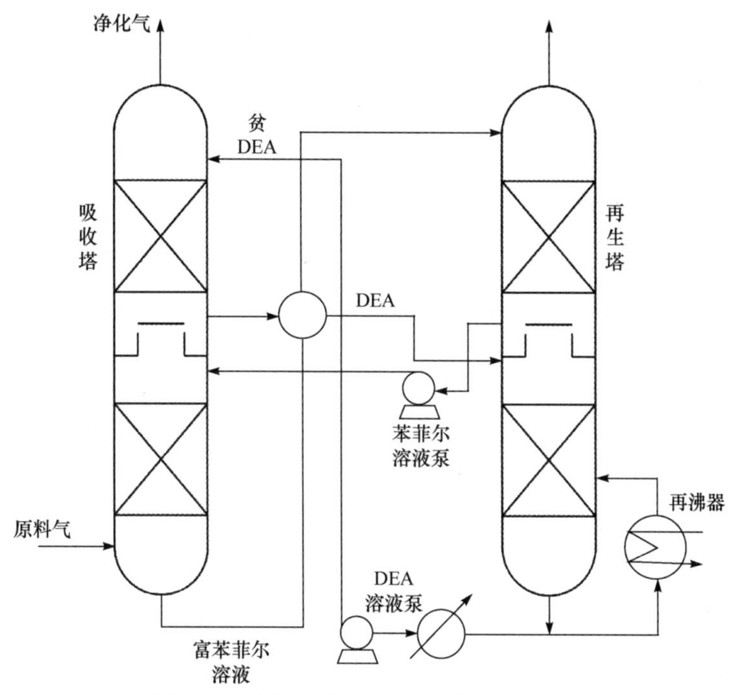

图 4-15 苯菲尔溶液-DEA 联合法工艺流程

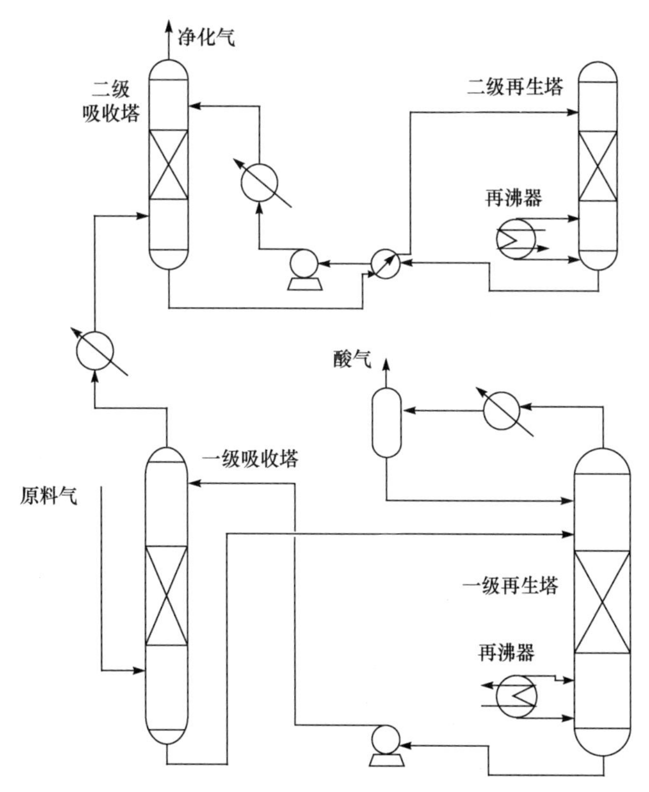

图 4-16 HiPure 法工艺流程图

(4) Sulfinol 法

Sulfinol 法利用环丁砜-乙醇胺作为吸收剂，吸收效果比烷基醇胺吸收法更进一步。在乙醇胺溶液中掺入部分环丁砜(1，2-二氧化硫环戊烷)，不仅能够提高吸收 CO_2 的能力，而且大大降低了吸收剂对设备腐蚀和解吸 CO_2 所需的蒸汽量。与单一的乙醇胺法相比，CO_2 吸收能力增大一倍，而蒸汽消耗仅为原来的 1/3。此法已广泛用于天然气、炼厂气和合成氨的脱 CO_2、脱 H_2S，蒸汽消耗量比热钾碱法低，缺点是吸收剂价格高，在吸收过程中会降解。

(5) 氨水法

氨水吸收 CO_2 是一个古老的方法，国内广泛采用的是碳酸氢铵新工艺。化肥生产中常用氨水吸收 CO_2 生产碳酸铵。用氨水溶液在常温下吸收 CO_2，可使 CO_2 含量达到 0.2%以下，既脱除了 CO_2，又生成了碳酸氢铵。其主要反应为

$$2NH_3+H_2O+CO_2 \longrightarrow (NH_4)_2CO_3 \tag{4-8}$$

$$(NH_4)_2CO_3+CO_2+H_2O \longrightarrow 2NH_4HCO_3 \tag{4-9}$$

用氨水也可以吸收烟道气中的 CO_2。脱除效率和吸收容量均优于 MEA 法，拖出率达 99%。此法生成的各种盐可作为混肥，不仅脱除了 CO_2，所得的化肥还可将 CO_2 固定到土地和植物有机体内。

4.2.1.3 物理化学吸收法

物理化学吸收法也称 Amisol 法，以甲醇和 MEA 或 DEA、ADIP 等为吸收剂，属物理化学吸收法。Lurgi 公司于 20 世纪 60 年代实现工业化。此法的优点是吸收能力强，净化气中 CO_2 的含量为 5μL/L；易再生，再生温度低，节省冷量，溶剂价格低，腐蚀小，可以利用低品位废热，但有毒，主要用于以煤、重油为原料制合成气的净化。

液相吸收法各有优缺点。在选择时根据生产原料、加工方法、副产气 CO_2 的用途、吸收速率、吸收容量、吸收剂成本、适用的工况条件、操作难易、腐蚀性、吸收解吸循环稳定性及热耗、能耗等因素综合考虑。尤其是能耗，高能耗分离法意味着高排放 CO_2，这种方法无减排意义。通常大型天然气合成氨厂用节能型 Benfield、Selexol 和 MDEA 法，我国以煤为原料的中型氨厂利用改良热钾碱法、碳酸丙烯酯法和 MEDA 法。

4.2.2 吸附法

吸附法是利用固体吸附剂的吸附、解吸来分离 CO_2 的方法。根据吸附质与吸附剂表面分子结合力的差异，吸附可分为物理吸附和化学吸附。根据吸附操作的方式，吸附分离又可以分为：变温吸附(TSA)、变压吸附(PSA)[82]。

变温吸附就是在较低温度下进行吸附，在较高温度下使吸附的组分解吸出来。由于吸附材料的热传导率比较低，升温和冷却的时间就比较长，所以变温吸附的吸附床尺度比较大，还需要有加热和冷却设备，投资相对比较高。除此之外，吸附剂受到周期性的加热和冷却，使用寿命缩短。因此变温吸附只适用于原料气中杂质组分含量低而要求较高产品回收率的场合。变压吸附就是在高压下进行吸附，在较低的压力下使吸附组分解

吸出来。其具体原理、操作过程等在下一部分着重讲解。

不管采用何种吸附方式，首要的是吸附剂。表 4-7 列出了一些商业工艺常用的吸附剂[83]。

表 4-7 商业工艺所使用的吸附剂

分离内容	吸附剂
气体分离	
正构烷烃/异构烷烃、芳香族	沸石
N_2/O_2	沸石
O_2/N_2	碳分子筛
CO、CH_4、CO_2、N_2、Ar、NH_3/H_2	沸石+活性炭床层
烃类/排出蒸气	活性炭
H_2O/乙醇	沸石(3A)
色谱分析分离	无机物和聚合物树脂
气体净化	
H_2O/含烯烃的裂解气、天然气	二氧化硅、氧化铝、沸石(3A)
CO_2/C_2H_4、天然气等	沸石、碳分子筛
烃类、氯代有机物/排出蒸气	活性炭、硅沸石
硫化合物/天然气、液化石油气	沸石、活性氧化铝
SO_2/排出蒸气	沸石、活性炭
气味/空气	硅沸石、其他
室内污染物、挥发性有机物	活性炭、硅沸石、树脂
容器排出气体/空气或氮	活性炭、硅沸石
Hg/氯-碱电池排出物	沸石

碳基吸附剂、活性氧化铝、沸石类对 CO_2 的吸附过程属于物理吸附，温度升高，CO_2 的吸附能明显下降。常用的吸附剂有活性炭和分子筛(如 4A 和 13X)。在一定条件下，它们拥有相对较高的吸附容量，如活性炭[84]、13X 和 4A[85]在 27℃、20.4atm(1atm = 1.01325×10^5Pa)条件下对 CO_2 的吸附容量分别为 8.2mol/kg、5.2mol/kg、4.8mol/kg。

介孔分子筛的出现对 CO_2 的分离研究有很大的促进作用。用 PEI 负载在 MCM-41 介孔分子筛上，其 CO_2 最大吸附容量可以达到 5.6mol/kg，是 MCM-41 分子筛吸附容量的 30 倍，是纯 PEI 吸附容量的 2.3 倍。当吸附温度达到 75℃时对氮气基本不吸附，CO_2/N_2 分离因子＞1000，但是脱附时间较长[86, 87]。用 EDA 负载 SBA-15，在 22℃、1atm 下 CO_2 吸附量为 1.95mol/kg，其在 110℃才能脱附完全。TEA 负载在 SBA-15 上，在常温下其分离因子最高可达 21.44[87-90]。

烟道气 CO_2 温度高(140～600℃)，使用常规吸附剂分离必须对烟道气降温，这就给发电厂减少 13%～37%净发电量损失。因此，必须开发高温吸附剂。有人提出一全新的高温吸附剂，用 Li_2ZrO_3 吸附 CO_2，CO_2 的理论吸附量为 6.523mmol/g，在 450～680℃，实际可达 5.682mmol/g，而且经过 18 次循环后吸附量下降 1.1%[91]。

金属氧化物与 CO_2 反应可实现 CO_2 的分离，以钙基和锂基吸附剂为研究重点[92, 93]。若采用 CaO 吸收，其理论吸附量为 78.6%(质量分数)，但必须克服吸收后体积变大、微孔堵塞、CO_2 难以扩散到内部等缺点。另外，再生温度高达 800～900℃，CaO 易烧结，影响吸附能力。Abanades 等[94]以氧化钙为吸收剂，在流化床内对高温烟气中的 CO_2 经过 11 次吸附循环后，氧化钙的转化率由原来的 70%降低至 20%。Barker 研究了粒径为 10μm 的氧化钙颗粒对 CO_2 的吸收情况。结果表明，经过 25 次循环吸收后，氧化钙对 CO_2 的吸收量由最初的 59%(质量分数)降低至 8%(质量分数)，主要是因为在氧化钙颗粒的固体表面上覆盖了一层 22nm 厚的碳酸钙，阻碍了 CO_2 的继续吸收。

为克服吸附容量下降的问题，可对沉淀 $CaCO_3$ 进行改性和使用负载型 $CaO/Ca_{12}Al_4O_{18}$ 来提高孔隙率和抗腐蚀性能。在 700℃，在 50 次循环中其吸附量均可达到 40%(质量分数)以上。利用包硅改性纳米 $CaCO_3$ 使分解温度下降 200℃，分解的 CaO 吸附容量在 600℃具有最大吸附容量，有较好的稳定性。因此开发用于电厂脱碳的 CaO 吸附剂是研究重点之一。

变压吸附的概念最早由 Skarstrom 和 Montgareuil 在两份专利中提出，当时称为等温吸附或无热吸附。20 世纪 60 年代世界能源发生危机，第一套从富氢工业气中回收高纯氢的四床变压吸附技术首次实现了工业化。我国变压吸附技术起步较晚。20 世纪 80 年代，西南化工研究设计院中期开发成功第一套从富含 CO_2 气体中分离提纯 CO_2 的工艺。目前该类型装置已建成 20 多套，所采用的气源有：合成氨变换气、石灰窑气、甲醇裂解气、发酵气等。

通过操作压力的来回调节就可实现变压吸附技术对气体的吸附分离与吸附剂的再生，其能耗低、再生速度快，属于低能耗气体分离技术。近些年，随着工艺过程控制技术的发展、各种优良高效吸附剂的开发、仪表控制及工程实施的发展，变压吸附技术已经成为具有竞争力的一种回收 CO_2 的技术。

4.2.2.1　变压吸附法原理

变压吸附分离的基本原理是利用吸附剂对不同气体在吸附量、吸附速率、吸附力等方面的差异以及吸附剂的吸附容量随压力变化而变化的特性，在加压时完成混合气体的吸附分离，在减压条件下完成吸附剂的再生，从而实现气体分离及吸附剂循环再生的目的[95]。

吸附平衡是动态平衡，其表示方法有三种：吸附等温线、吸附等压线、吸附等量线。最常用的为吸附等温线，即当温度一定时，吸附量与分压力(浓度)之间的关系曲线。图 4-17 为相同温度 T 下，A 和 B 两组分气体的吸附等温线，A 和 B 分别为强吸附组分和弱吸附组分。在一定压力下，将含有 A 和 B 组分的混合气流过吸附剂床层，吸附开始。当吸附床层被饱和后，降低床层内的吸附压力，使吸附床内所吸附的吸附质解离出来。假定强吸附组分 A 在高压和低压下的吸附量分别为 $P_{A,H}$ 和 $P_{A,L}$，而弱吸附组分 B 在高

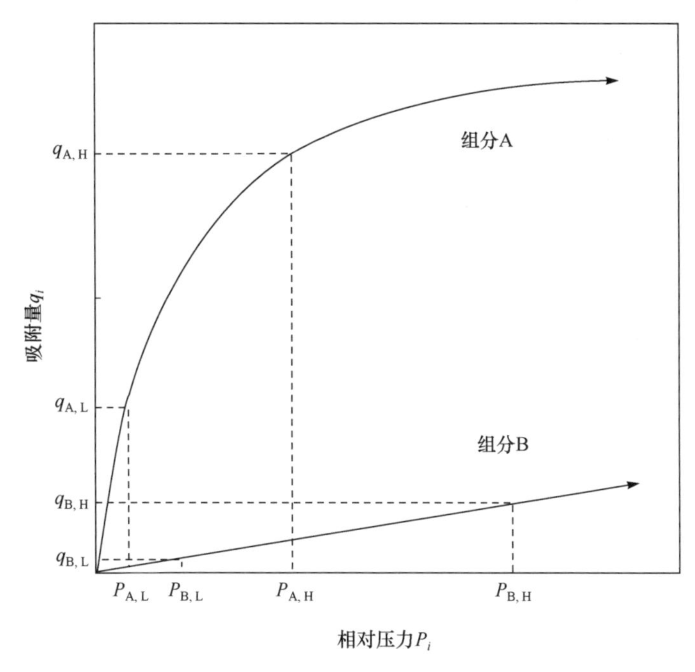

图 4-17　变压吸附法分离原理

压和低压下的吸附量分别为 $P_{B,H}$ 和 $P_{B,L}$。当压力由高压降低到低压时，强吸附组分 A 的解吸量为 $\nabla q_A = q_{A,H} - q_{A,L}$，而弱吸附组分 B 的解吸量为 $\nabla q_B = q_{B,H} - q_{B,L}$，$\nabla q_A$ 远大于 ∇q_B。因此，在吸附床层中富集得到组分 A，在穿透气流中得到组分 B，从而实现混合气的分离。

在通常的变压吸附过程中，采用的吸附剂为分子筛、活性炭、硅胶、活性氧化铝、碳分子筛等，或采用这几种吸附剂的不同组合。不论采用何种吸附剂，对混合气体中 CO_2 组分的吸附能力均比其他组分强。各气体组分在吸附剂上的吸附强弱顺序为：CO_2＞CO＞CH_4＞N_2＞H_2。这主要是由 CO_2 本身的分子空间结构、分子极性等固有性质决定的[96, 97]。同时还需要注意，要有效分离和回收 CO_2 产品气，必须预先除去比 CO_2 吸附力更强的组分(如水、各种硫化物、NO_x、NH_3 等)。因为这些组分在吸附过程中会与 CO_2 一起存留在吸附剂上，降压时可能会随 CO_2 一起脱附，污染 CO_2 产品，也可能会继续留在吸附剂上使吸附剂产生中毒而失去原有的活性。

变压吸附分离有三种作用机理：位阻效应、动力学效应和平衡效应。位阻效应主要适应于沸石和分子筛的筛分效应。由于晶体结构中特殊的孔径尺寸，位阻分离是沸石和分子筛的特有机理。其两大代表应用是用 3A 沸石进行干燥和用 5A 沸石从烃类中分离正构烷烃。这一类型的分离一般看作平衡分离。对于动力学分离，需要吸附剂的孔径恰好在两种被分离分子的动力学直径之间。动力学分离虽然应用比较少，但具有很大的潜在应用领域。当平衡分离不可行时可以考虑动力学分离，如空气分离，动力学分离可以弥补平衡分离的不足。运用沸石的变压吸附进行空气分离而得到氧气产品，就是基于沸石优先吸附氮气。空气中氮气含量为 78%，如果用一种优先吸附氧气的吸附剂，那么空分工作只用 1/4 的工作量就可以完成与沸石相同的分离量。氧气在碳分子筛中的扩散速率是氮气的 30 倍，因而使用碳分子筛分离空气中的氮气是经济可行的方法。将甲烷从 CO_2 中分离出来同样可以通过碳分子筛的动力学分离实现。

对于平衡分离，吸附剂设计/选择的起点是从被吸附组分的基本物性开始，如极化性、磁性、磁化系数、永久偶极矩和四极矩。如果目标分子具有很高的极化性和磁化系数，却没有极性，那么具有较大表面积的碳是一种很好的选择。如果目标分子具有高偶极矩和高极化性，那么具有高表面极性的吸附剂就比较理想，如活性氧化铝、硅胶和沸石。如果目标分子具有很高的四极矩，吸附剂表面需要有很高的电场梯度。以上讨论的仅适用于目标分子和吸附剂吸附位之间的结合能。目标分子同时也受到微孔表面上其他原子的影响，这种影响虽然不大，但也很重要。

4.2.2.2　变压吸附步骤

吸附床吸附饱和后需要再生，因此对单一的吸附床，变压吸附操作都是间歇式的。为了使吸附床的吸附和再生能够交替进行，实现工业生产上的连续化，通常采用多个吸附床。

变压吸附分离法的基本步骤如下。

(1) 升压过程

吸附床经过解吸和再生后压力比较低，此时通入其他吸附塔出口气，使吸附床内的压力上升至预定的吸附压力，此时吸附床内杂质的吸附量没有发生变化。

(2) 吸附过程

在固定的操作压力下，原料气连续流入吸附床，从吸附床尾部得到产品气。随着吸附的进行，吸附床内积累的杂质也越来越多，当达到吸附床的最大吸附能力时，立即停止原料气的输入，终止吸附过程。此时，杂质并未穿透吸附床，在吸附床的尾端还存有部分“新鲜”的吸附剂。

(3) 均压过程

均压的概念最早由 Marsh 等在 1964 年提出。目前在商业制造过程中所使用的均压过程由 Berlin 和 Wagner 的专利所公布。均压的目的是保存高压吸附床中气体含有的机械能，利用均压可以节省能量。按照不同的均压方向，可分为顺向均压和逆向均压。

(4) 放空过程

均压步骤完成后，放空吸附床，被吸附的部分气体被解吸出来。如果解吸气污染环境或存在经济价值，可将解吸气收集起来，否则排放。按照不同的放空方向，放空过程又分为顺向放空和逆向放空。

(5) 再生过程

根据实验测定的吸附等温线，即使在常压下，吸附床中仍然会有一部分杂质残留，为了尽可能解吸这部分杂质，需要进一步对吸附床再生处理。

在变压吸附过程中，常采用以下再生方法：①降压。降压是指降低吸附床的总压。吸附床在较高的压力下完成吸附，在较低的压力下完成解吸。这个方法虽然简单，但被吸附组分的解吸不充分，吸附剂再生度不高。②抽真空。吸附床降到大气压后，为了进一步减小吸附组分的分压，可采用抽真空的方式使吸附剂得到更好的再生。但这种方法需要增设真空泵，增加了动力消耗。③冲洗。弱吸附气体组分通过需要再生的吸附床时能够降低吸附组分的分压，从而达到吸附床的再生。吸附床的再生程度取决于冲洗气的用量和冲洗气的纯度。④置换。用一种吸附能力较强的气体置换出原先被吸附的组分。

这种方法常用于从吸附相获得产品的场合。在变压吸附过程中，无论采用何种再生方式，都需要根据混合气体中各组分的性质、吸附材料的特性、产品气的要求以及操作条件来选择合适的再生方式。工业上，再生方式通常是几种方法的综合。需要注意的是，采用任何一种再生方法，哪怕是几种方法的综合，再生后的吸附床内残留的吸附质量也不会为零，因此只能尽可能降低吸附床内的杂质残留量。

4.2.2.3 变压吸附分离技术特点

变压吸附分离技术的特点如下：①变压吸附分离技术是一种低能耗的分离技术。其操作压力一般在 0.1～2.5MPa，操作压力范围较大。对于变换气、煤层气、氨厂弛放气等存在压力的气源，无须经过加压步骤就可满足变压吸附所需的压力需求。②可获得高纯度的产品气,如通过变压吸附技术就可以得到浓度为98.0%～99.999%的高纯度氢气。③经过一步或两步简单的操作即可实现气体的分离，能够分离组成复杂的各种气源，而且对硫化物、水、烃类、氨等杂质的承受能力较强。④自动化程度高，操作方便，除真空泵和压缩机外，整套装置无须其他运转设备。⑤吸附剂使用寿命长，一般在 8 年以上，且装置运行中无吸附剂损失。

变压吸附技术与低温液化分离法相比，具备能耗低、投资少、操作步骤简单等优点。变压吸附技术与膜分离法相比拥有产品纯度高、技术成熟等优点。随着变压吸附水平不断提高、设计更为完善，自动化程度更高和监测监控技术的发展，变压吸附装置的操作更安全。

4.2.3 膜分离法

研究表明，膜法气体分离与其他分离方法相比，具有无相变、能耗低、一次性投资较少、设备紧凑、占地面积小、操作简单、易于操作、维修保养容易且元件结构简单、无二次污染、便于扩充气体处理容量等优点，是应用前景良好的 CO_2 气体分离方法[46, 98-107]。目前 CO_2 膜分离技术已经开始在实际中(如天然气净化等)得到一定的应用，但从整体上来说仍处在发展阶段，许多技术仍需完善。高性能 CO_2 分离膜的缺乏仍是制约该技术进一步发展的重要因素之一。因此现在许多科研机构和公司都在致力于开发新的高性能 CO_2 分离膜。

4.2.3.1 膜分离 CO_2 的原理及其工艺流程

膜分离法是利用某些聚合材料如醋酸纤维、聚酰亚胺、聚砜等制成的薄膜对不同气体的渗透率的不同来分离气体的。膜分离的驱动力是压差，当膜两边存在压差时，渗透率高的气体组分以很高的速率透过薄膜，形成渗透气流，渗透率低的气体则绝大部分在薄膜进气侧形成残留气流。两股气流分别引出，从而达到分离的目的。

膜法分离 CO_2 的原理是：依靠 CO_2 气体与薄膜材料之间的化学或物理作用，使得 CO_2

快速溶解并穿过薄膜，从而使该组分在膜原料侧浓度低，而在膜的另一侧 CO_2 达到富集。由于受到膜选择性的限制，该法仅适用于 CO_2 浓度较高的混合气。

一套完整的 CO_2 膜分离系统应包括四个主要组成部分：压缩气源系统、过滤净化处理系统、膜分离系统、取样计量系统。压缩气源系统包括空气压缩机，用于将含 CO_2 的废气压缩以提供膜分离系统所需的推动力；过滤净化处理系统包括油水分离器、超精密件过滤器和预热控制系统，油水分离器及超精密件过滤器用于废气的预处理，除去废气中的微小颗粒、油、冷凝液等，预热控制系统由温控仪和管状电加热器组成，调节控制温度，使膜组件在最适宜的条件下工作；膜分离系统是整个工艺的核心，是气体分离的主要场所，其关键是选用合适的膜组件及膜材料；取样计量系统由纯度控制阀和流量计组成，通过调节纯度控制阀和流量计，可以控制渗透气及尾气的浓度和流量。

4.2.3.2 膜材料

膜分离过程的核心是膜材料。用于 CO_2 分离的膜材料主要有有机膜和无机膜。

(1) 有机膜

目前较有使用价值的 CO_2 分离膜大部分是由高分子材料制成的有机膜，研究较多的膜材料有聚砜、聚酰亚胺、聚硅氧烷、含氟聚乙烯、聚乙烯、纤维素、聚酰胺、聚醚等。有机膜分离系数高，但气体透过量低，使用温度低(30～60℃)；无机膜具有耐热、耐酸和耐烃类腐蚀的性能，气体渗透率比有机膜大，但分离系数小。气体分离效果的好坏应由膜的选择性、渗透速率和寿命综合评价。随着环保工业的发展，人们对膜材料的研究越来越重视。

1) 聚砜。

聚砜(PS)膜是一种力学性能优良、耐热性好、耐微生物降解、价廉易得的膜材料。由聚砜制成的膜具有膜薄、内层孔隙率高且微孔规则等特点，因而常用来作为气体分离膜的基本材料。例如，美国 Monsanto 公司开发的 Prism 分离器采用聚砜非对称中空纤维膜，并采用硅橡胶涂覆，以消除聚砜中空纤维皮层的微孔，将其用于从合成氨弛放气、炼厂气中回收氢气，H_2 和 N_2 的分离系数可达 30～60。但是，目前尚未有聚砜膜用于烟道气 CO_2 分离的报道。一些研究者通过调整聚砜制模液配方，降低了制模液的湿度敏感性，用相转化法制备聚砜支撑膜，并消除针对孔和其他缺陷，显著地提高了聚砜支撑膜的性能稳定性和完整性。研究表明，在聚砜的分子结构上引入其他基团，可以制成性能更好、应用范围更广的膜材料，聚砜在今后一段时间内还将是重要的气体分离膜材料。

2) 聚酰亚胺。

聚酰亚胺(PI)具有良好的强度和化学稳定性，耐高温。由于 PI 玻璃态聚合物的主链对不同分子的筛分作用，PI 膜对 CO_2/CH_4、CO_2/N_2、CO_2/O_2 具有很高的分离性能，但 PI 作为膜材料的最大缺陷是 CO_2 的透过性差，所以人们通过合成新的 PI 和化学改性来改善 PI 的链结构，阻止 PI 内部链段的紧密堆砌，减弱或消除链之间的相互吸引力以增加 CO_2 的溶解性，以期提高 CO_2 的透过性和分离性。

3) 有机硅膜材料。

有机硅膜材料的研究和开发一直是一个热点，聚二甲基硅烷从结构上看属半无机、半有机结构的高分子，具有许多独特性能，是目前发现的气体渗透性能较好的高分子膜材料之一。美国、日本已经成功用它及其改性材料制成富氧膜用于CO_2的分离。

4) 聚乙胺。

玻璃状高分子由于具有刚直的主链结构，与橡胶状的高分子相比，气体渗透性差，在扩散过程中，因为表现出大的选择性，气体分离能力提高。其中，以聚乙胺为代表的芳香族复合环状高分子膜，对气体分子的扩散选择性极大，特别是由于聚乙胺高分子的主链结构兼有电子提供和接受部分，根据高分子链间电子的移动和相互作用，形成了独特的柱管结构。其结果是，气体沿着分子活动直径在分子筛的结构中分离，特别是对于分子直径不同的CO_2/N_2、CO_2/CH_4的分离有效。王志等[106]研制出一种对CO_2具有促进传递作用的新型膜材料——聚乙烯胺，该膜的分离水平较高，分离效果好，有利于进行工业化的开发应用。国外Kim等制得分离CO_2的高渗透选择性的复合膜，经测试，此膜具有高的CO_2/N_2选择渗透性，也有工业化发展的可能[108]。

5) 纤维素膜材料。

郝继华等[107]应用醋酸纤维素(CA)-丙酮-甲醇三组分制膜体系，制备了CA非对称气体分离膜。这种膜可以最大限度地实现膜材料的气体分离功能，对CO_2/CH_4有一定的分离效果。20世纪80年代，国外Way等开始研究离子交换膜用于CO_2的分离，获得了较好的分离效果，且其由于静电作用，使用寿命较长，被认为适合CO_2在低分压下的分离[109]。国内丁晓莉等[100]的研究也证明，这种方法很适合特定环境中低浓度CO_2的分离去除。朱宝库等[105]研究的疏水性聚丙烯中空纤维微孔膜(HFPPM)接触器分离CO_2/N_2混合气中CO_2的技术，应该是目前膜分离CO_2效果较好的，HFPPM膜接触器分离CO_2/N_2混合气具有较快的分离速度和较高的分辨率，在CO_2/N_2混合气中，CO_2的脱除率可达95%～99.5%，其腔流程中CO_2的脱除率可比壳流程高30%以上。可以预测，通过同时采用透气性较好的HFPPM、腔流程、高性能吸收剂以及多级吸收的膜接触器，能够得到一种高效分离混合气中CO_2的新方法。

(2) 无机膜

目前来看，已大规模用于工业实践的气体分离膜装置主要采用高分子膜，但其材质限制了这类膜在高温、高腐蚀性环境中的应用。近年来，随着无机膜的发展，无机膜用于气体分离过程也呈现出良好的发展前景。黄肖容等[99]利用γ-氧化铝膜、梯度硅藻土膜来分离CO_2/N_2混合气，分离效果好，分离系数高，但渗透通量小。当CO_2浓度高时不利于CO_2分子在硅藻土膜上的亲和吸附，因分离系数较小，虽有大的渗透通量，其分离效果并不理想。郑彤等[110]应用合成的Y型沸石分子筛膜，在常温下，用N_2/CO_2(各50%)的二元混合气体对膜进行渗透测试，Y型分子筛膜对极性气体具有选择性吸附，从而使得CO_2/N_2的实际分离系数达到10.87。虽然CO_2的纯度低，但分离效果较为明显。碳分离膜是由含碳的有机原料经热解或炭化制备得到的，因此碳分离膜是无机膜和有机膜的交叉，也是膜科学与碳材料的交叉。另外，碳分离膜具有一些独特的性能，如高分离能力、高稳定性、可调变的孔径等，所以今后还应在如何开发和提高碳分离膜的性能上加大研究的力度。对于烟道气，正在开发无机膜，如Pd膜，可以从燃气中分离H_2而浓缩CO_2。

使用膜法处理大量含 CO_2 的废气时，无论使用哪类薄膜，除要对 CO_2 具有高选择性外，CO_2 的透过率也要越高越好，只是排放气中主要成分氮气及 CO_2 的分子大小十分相近，高选择性及高透过率不易同时达到。除选择性及透过率外，使用薄膜时还需考虑膜寿命、保养及更换成本等。高分子薄膜材料的选择及制备是决定其能否应用于 CO_2 回收的关键之一。但高效膜分离材料由于品种缺乏，尚未推广到更多的领域，所以不断研究和发展气体膜分离技术(包括膜材料、膜组件及其优化、膜技术等)已成为世界各国在高新技术领域中竞争的热点。

4.2.3.3　膜材料的改性

采用膜法分离 CO_2 气体时，对膜材料的要求比较高，既要求对 CO_2 有较高的分离系数，又要求对 CO_2 有较高的选择性，同时还要求该膜材料具有良好的机械强度、化学和热稳定性。而往往单一膜材料不能同时满足要求，因此，常需要在基膜上引入其他基团进行改性。

通常对聚砜膜的改性采用的是活化涂覆聚二甲基硅氧烷(PDMS)。由聚二甲基硅氧烷交联聚合形成的硅橡胶具有良好的透气性，其分子链高度卷曲，非常柔软，并具有螺旋结构，分子间作用力非常微弱，这使得透过组分在膜中间的扩散速率很快，有利于获得高渗透速率的膜。硅橡胶的气体渗透性高于普通橡胶 30～40 倍。由于聚二甲基硅氧烷在交联固化过程中产生小分子乙醇，高气体渗透性使得产生的乙醇可以及时逸出，从而使得硅橡胶可以深层交联固化。硅橡胶还具有良好的热稳定性、化学稳定性、耐溶剂性、无毒、易于成膜等优点。

研究表明，在聚酰亚胺膜上引入—$C(CF_3)_2$—基团可以改善膜分离 CO_2 的性能[106]：若 PI 的二酐中含有—$C(CF_3)_2$—基团，则该聚合物具有较高的 CO_2 分离系数；若 PI 的二胺中也含有—$C(CF_3)_2$—基团，则该聚合物也表现出较高的分离系数，但是分离系数提高较小；PI 的二胺和二酐中同时含有—$C(CF_3)_2$—基团，该聚合物不仅具有很高的分离系数，而且拥有很高的透气速率。此外，由于有机硅高分子化合物具有很高的透过系数和较低的分离系数，而聚酰亚胺则相反，有人设法将两者结合起来得到综合性能优良的高分子化合物。二酐部分含有 Si 原子的 PI，其透过分离性能更接近于聚酰亚胺，二胺部分含有 Si 原子的 PI，更接近于有机硅聚合物的透气行为，其原因有待研究。

对于有机硅材料而言，常用的是 PDMS。由于 PDMS 分子链间的内聚能密度小，用 PDMS 制成的中空纤维膜厚度最薄也只能达到 10μm。目前的研究重点是通过改变 PDMS 侧基或用 $SiCH_2$—取代骨架中的—SiO—来改性，以增加高分子链间的内聚能，达到提高选择性的目的[111]。

4.2.3.4　国内外酸性气体 CO_2 分离膜的研究

除气体分离膜法外，还有一种膜分离方法，即气体吸收膜法，它是利用了一种特殊的新型膜结构(又称液膜)。这种液膜在分离膜中充满吸收液，集膜分离和化学吸收于一身，能克服分离膜选择性低的缺点。国外从 20 世纪 60 年代末开始研究高分子固定化液膜，如多孔醋酸纤维素支撑液膜。用固定化液膜促进运输 CO_2 已经有很多报道。1967 年就开始用固定化液膜从 O_2 中促进运输，在固定化液膜运输 CO_2 的过程中，多以碳酸根(CO_3^{2-})和碳酸氢根(HCO_3^-)作为反应载体，用 CO_3^{2-}/HCO_3^- 溶液的液膜，能非常有效地从 CO_2、N_2、O_2 混合气体中除去 CO_2，膜渗透系数为：$1.605\times10^{-10}cm^3/(cm^2\cdot s\cdot Pa)$，$CO_2/O_2$(25℃)的分离系数高达 1500。如果在液膜中加入催化剂，如亚砷酸钠，则 CO_2/O_2 的分离系数可增加至 4100。CO_3^{2-}/HCO_3^- 高分子固定化液膜分离 CO_2 技术可以除去载人飞船密封舱中 1%～65%的 CO_2，已被成功地应用于空间技术。但由于水分蒸发，高分子固定化液膜的分离性能会发生变化，并且固定化液膜在高压下的稳定性较差，因此这方面的改进仍在继续。

限制固定化液膜应用的主要缺点是溶液的挥发性。围绕这个问题，离子交换膜应运而生。20 世纪 80 年代初，国外开始研究离子交换膜用于 CO_2 的分离。研究表明，CO_3^{2-} 阴离子交换膜对于从混合气中分离 CO_2 是尤其有效的，单质子化乙二胺阳离子交换膜也被用于分离 CO_2[112]。用全氟磺酸离子交换膜作为固载体对 CO_2/CH_4 分离体系进行研究，CO_2 的渗透速率达到 $5.7\times10^{-8}cm^2/s$，分离系数达到 551[109]。CO_2 还可通过由等离子体接枝聚合制备的各种离子交换膜促进运输，用胺作为 CO_2 的运输载体[113]。这类膜的突出优点是，能获得很高浓度的传输载体，且由于静电作用，载体不易流失，有较长的使用寿命。因此离子交换膜具有除去载人飞船密封舱中 1%～95%的 CO_2 的实际可能性。显然，离子交换膜用于 CO_2 的分离，水的存在是必不可少的，但由于抽真空分离时，膜中的水分会在真空下蒸发，从而降低膜的 CO_2 渗透速率，因此，膜的水保留及稳定性问题还有待于进一步研究。

促进运输膜用于酸性气体分离的一个早期尝试是固定在无孔透气性材料上的活性熔融盐[114]。这些盐不易挥发，因此解决了早期水相促进运输膜挥发性的问题。包括 F^- 和 CH_3COO^- 的低熔点含水盐膜对酸性气体具有良好的选择性，酸性气体和含水盐发生可逆反应，而其他气体在含水盐里的溶解度和渗透性很低。这种含水盐形成的膜对 CO_2/H_2 和 CO_2/CH_4 的选择性分别为 30～360 和 140～800。后来又将含水盐扩展到聚电解质、含水盐的聚合体类似物[115]。聚电解质是具有高离子含量的聚合物，高离子含量使得聚电解质膜具有优异的选择渗透性能。聚电解质聚(乙烯基苄基三甲基氟化铵)(PVBTAF)膜的选择渗透性能与进料和吹扫气的相对湿度有很大关系，这可能是由于 PVBTAF 膜是高度水溶性的。CO_2、H_2/CH_4 的渗透性都随相对湿度增加而增加，这可能是由于在高的湿度下由吸附水引起的 PVBTAF 膜结构膨胀。由于随着湿度的升高，H_2、CH_4 的渗透性增长比 CO_2 快，因此 CO_2/H_2、CO_2/CH_4 的选择性随湿度升高而下降。因此，找到最佳相对湿度是至关重要的。在已报道的膜中，PVBTAF 合成膜的 CO_2/H_2 选择性是最高的(87)，CO_2 的渗透系数为 $4.50\times10^{-9}cm^3/(cm^2\cdot s\cdot Pa)$。在聚电解质 PVBTAF 膜里，含水 F^- 和 CO_2 发生可逆反应，因此，F^- 浓度的增加会导致 CO_2 的渗透性增加。含水盐的氟化物和 PVBTAF 结合使得 CO_2 在膜里的溶解性增加，因而渗透性增加。基于以上原因，可将聚电解质 PVBTAF 和包括特定有机盐和无机盐的氟化物共混来提高聚电解质膜的渗透性[116]。当 CO_2/H_2、CO_2/CH_4 的选择性可比较时，PVBTAF-4CsF(4mol CsF/mol 聚电解质重复单元)复合膜的 CO_2 渗透性是 PVBTAF 复合膜的 4 倍多，最佳盐含量约为 4mol CsF/mol 聚电解质重复单元，膜性能和气体蒸发的相对湿度有很大关系，最佳相对湿度范围是30%～50%。

2003年，名为“用于酸性气体分离的固定载体复合膜制备方法”的专利，公开了一种用于分离酸性气体的固定载体复合膜制备方法[117]。该方法是在基膜表层上涂覆含有酸性气体的起促进传递作用的聚合物薄膜，过程包括对基膜的清洗、涂覆聚合物溶液的制备、涂覆及交联。其特征是，以*N*-乙烯基吡咯烷酮和丙烯酰胺单体为原料，加入引发剂，于45～55℃聚合10h以上，制得*N*-乙烯基-*γ*-氨基丁酸盐和丙烯酸盐的共聚物，去杂纯化，配制含量为1%～10%的涂覆聚合膜溶液并涂覆于基膜表层，在二价金属盐溶液中交联。该发明所制备的复合膜对 CO_2/CH_4 的分离因子≥300，CO_2 的渗透系数≥$7.501\times10^{-8}cm^3/(cm^2\cdot s\cdot Pa)$。过程无污染、无毒，该复合膜用于酸性气体的分离与富集。有研究者采用离子交换膜分离低分压 $CO_2/N_2/O_2$ 混合标准气体中 CO_2 气体，以离子交换膜为基础，进行预处理和化学改性，研究不同预处理条件、化学改性方法及低压电场的电压对离子交换膜的 CO_2 分离效率的影响[118]。以聚丙烯中空纤维膜研究了气体膜从空气中脱除 CO_2 的技术，探讨不同操作参数(吸收液浓度、吸收液速率、气体流速)对分离过程总传质系数的影响[119]。研究甲基硅橡胶和纤维素膜对 CO_2/CH_4 的选择透气性能，讨论沸石作为填料所引起的分子筛作用的气体渗透过程[120]。以碳氟高分子聚合物为膜材料，通过辐射接枝技术，得到含氟羧酸(PFCM)，并分别用EDA、TEA、TEDA三种活性载体，对PFCM进行改性，得到了具有优先渗透酸性组分特征的酸性气体促传质膜[121]。

膜分离在脱除酸性气体的应用中处于两难境地。对单级膜系统，无论是通过渗透气流还是截留气流得到产品，都不能同时实现产品的高纯度和高回收率。因而对不纯的副产物有必要考虑合适用途，或采用复杂的处理装置，如将渗透气流压缩后重新返回膜分离系统，以实现高度分离。由一般的原料天然气生产管道级燃气，要求产品中的 CO_2 含量低于2%，同时截留气中的 CO_2 达到90%以上，这至少需要三级膜分离装置，而且每级产生的渗透气流都必须压缩。运行成本限制了其实际应用，只有少数情况才使用该技术。尽管存在经济方面的限制，膜技术仍然在酸性气体脱除中逐渐得以应用。膜技术得以成功实施，要求低纯度的副产物也可以具有合适用途。举例来说，处理含20% CO_2 的天然气生产管道级燃气，同时产生中等热品质的副产物燃料，可用作动力热源。另外一个实例是，膜装置生产高纯 CO_2 渗透气流，可以注入油库内以提高原油的分离度，而副产物则采用常规的胺法脱臭进一步处理。

4.2.3.5　膜组件

气体分离膜在具体应用时，必须将其装配成各种膜组件。气体分离膜组件常见的有平板式、卷式和中空纤维式三种。平板式膜组件的主要优点是制造方便，且平板式膜的渗透选择性皮层可以制得非对称中空纤维膜的皮层厚度的1/3～1/2，但它的主要缺点是膜的装填密度太低。卷式膜组件的膜装填密度介于平板式和中空纤维式膜组件之间。而中空纤维式膜组件的主要优点是膜的装填密度很高，直径小，在单位体积的组件内能提供更多的膜面积。其应用时无需支撑体，具有自支撑能力，组件组装较为容易，缺点是气体通过中空纤维膜时造成的压力很大。对于在相同的膜组件体积内可容纳的膜面积，中空纤维式膜组件最大，卷式膜组件次之，平板式膜组件最小，因此进行气体分离时通常采用中空纤维式膜组件。

4.2.3.6 发展前景

气体膜分离是一项高效、节能、环保的新兴技术，能有效脱除工业气体中的酸性组分。此外，膜分离系统的适变能力强，可通过调节膜面积和工艺参数来适应处理量变化的要求。按我国目前膜法技术的水平，已有可能研制大型的 CO_2 膜分离装置。其发展前景主要有以下几个方面：①制备高渗透性、高选择性的酸性气体分离膜材料、膜及其组件是今后研究的重点。探索能和 CO_2 发生可逆反应而与其他气体不反应，并且对其他气体的渗透性很低的膜材料；在膜材料中添加有机或无机化合物制备共混杂化材料；膜材料的选择和制备从扩散选择性向溶解选择性方向发展。②寻求新的成膜技术，制备具有理想形态结构的膜材料。由于气体的渗透量和膜的厚度成反比，所以超薄无缺陷膜的制备工艺成为研究的重点；超细中空纤维膜的研究与生产也是热点之一；要求膜具有更好的耐溶胀、耐腐蚀、耐塑化性能。③开发新的膜分离过程，以求能耗更低、效率更高。发展促进运输膜在酸性气体富集、回收分离工艺中的应用。④将气体膜分离技术与其他分离过程相结合，发展新一代集成分离技术，代表着未来气体膜分离技术的发展方向。例如，天然气净化需脱除其中的 CO_2、硫化氢和水蒸气等组分，采用固体脱硫、膜法脱水、脱 CO_2 集成工艺，可充分发挥各自的技术优势，互相促进，达到分离净化的目的。其优点是处理后的天然气压降损失小，无环境污染和防火问题，可降低投资费用。再如采用膜法-分子筛吸附法集成脱水工艺，可有效延长分子筛的使用寿命，提高气体回收率，缩小装置规模。各种集成技术的研究和开发，将为膜分离技术在分离酸性气体的工业应用中开拓更广阔的天地。

4.2.4 空气分离/烟气再循环法

4.2.4.1 概述

减少电力生产过程中 CO_2 排放、实现 CO_2 分离的前提是获取高 CO_2 浓度的烟气，而常规燃煤电站锅炉排烟中 CO_2 的浓度一般为 14%～16%，直接从此烟气中分离回收低浓度的 CO_2 将使电站效率降低 7%～29%，发电成本增加 1.2～1.5 倍[122]。因此，提高烟气中 CO_2 的浓度将会大大降低分离回收 CO_2 的成本。空气分离/烟气再循环技术(又称 O_2/CO_2 燃烧技术)正是在这一前提下提出的，该方法是利用空气分离获得的 O_2 和部分循环烟气的混合物来代替空气与燃料组织燃烧，从而提高排烟中 CO_2 的浓度。通过循环烟气来调节燃烧温度，同时循环烟气又替代空气中的氮气来挟带热量以保证锅炉的传热和热效率。与传统燃烧方式不同，O_2/CO_2 燃烧技术具有以下特点：①在 O_2/CO_2 气氛下，为了获得与空气气氛相似的绝热火焰温度，气氛中氧浓度需高达 30%，同时为保证燃烧，烟气中 O_2 过量系数为 3%～5%；②高浓度 CO_2 和 H_2O 的存在使得混合气体具有较高的比热容和辐射特性，锅炉的辐射换热与空气气氛燃烧有较大差异；另外，CO_2 与 N_2 摩尔质量的差异也使得烟气的密度大大增加；③O_2/CO_2 燃烧过程中，大比例的烟气循环使得锅炉的排烟量降低 80%左右，锅炉排烟热损失大大降低；④与空气气氛相比，O_2/CO_2 燃烧技术中烟气的多次循环使得炉内存在着较高的 SO_2 浓度，更适于炉内高温脱硫；同时烟气多次循环使得 NO_x 排放量大大降低[123-126]。

O_2/CO_2 燃烧技术是由 Horne 和 Steinburg 于 1981 年首先提出的[127]，美国阿贡国家实验室(ANL)的研究证明，只需将常规锅炉进行适当的改造就可以采用此技术[128]。美国能源部资助 ANL 进行 O_2/CO_2 燃烧技术的研究。该项技术主要由三个基本步骤组成：空气压缩分离、燃烧和电力产生、烟气压缩和缩水等。由于在制氧的过程中绝大部分氮气已被分离掉，所以其燃烧产物中 CO_2 的含量将达到 95%左右，不必分离即可将大部分的烟气直接液化回收处理，少部分烟气再循环，与 O_2 按一定的比例送入炉膛，进行与常规燃烧方式类似的燃烧过程。在液化处理以 CO_2 为主的烟气时，SO_2 同时也被液化回收，可省去烟气脱硫设备；在 O_2/CO_2 气氛下，NO_x 的生成将会减少，如果再结合低 NO_x 燃烧技术，则有可能不用或少用脱氮设备；有可能在燃烧和传热等方面做进一步的最优化，由此带来的经济效益有可能部分地抵消回收 CO_2 所增加的费用。采用 O_2/CO_2 燃烧技术减少了烟气量，简化了烟气处理系统，电厂占地面积与常规电厂相当，而采用 MEA 工艺回收 CO_2 的电厂占地面积要增加大约 50%。分离和捕集 CO_2 所需费用使发电成本增加的幅度与采用的发电方式和燃用的燃料有关。对不同的化石燃料，O_2/CO_2 燃烧技术的经济性也不相同。对碳/氢(C/H)比值较低的燃料，如天然气中氢的燃烧也需要耗氧，制备这部分额外的氧与回收 CO_2 无关，相对于 CO_2 的回收量来说，O_2 用量较 C/H 比值很高的煤相对要多。因此，从经济上讲，O_2/CO_2 燃烧技术的燃烧方式更适合于煤的燃烧。O_2/CO_2 燃烧技术处理 CO_2 的投资主要用于空气分离工厂和烟气压缩、脱水系统，投资偿还、操作费用、维修费用和能耗费用等都要增加。美国麻省理工学院能源研究室对从燃煤的火电厂排气中回收 CO_2 的方法进行了比较，所需能量是按某一 CO_2 回收百分数和把 CO_2 压缩至 150MPa 来估计的。刘彦丰等[129]和 Riemer 等[130]也对火电厂 CO_2 分离回收的各种方法进行了技术经济性比较。采用 O_2/CO_2 燃烧技术所需能量最少，为煤燃烧能量的 26%～31%，其余的技术大多在 50%以上；O_2/CO_2 燃烧技术使火电厂的热效率从 35%(不除 CO_2 场合)下降至 24%～26%，使电能生产成本增加 80%，其他方法将使热效率下降更多，更多地增加电能生产成本。O_2/CO_2 燃烧技术的研究是国际能源署控制温室气体排放研究与开发计划的主要项目之一，其实验的主要研究工作在加拿大政府的能源技术研究中心开展，在 0.3MW 煤粉燃烧试验炉上进行了实验研究、数值模拟计算和工业示范性研究。此外，美国、英国、日本、荷兰等国家和我国的浙江大学、华中科技大学、华北电力大学等都在进行积极的研究。

4.2.4.2　技术特点

O_2/CO_2 燃烧技术按烟气再循环的方式不同又可分为干法再循环(烟气脱水后循环)和湿法再循环(烟气不脱水循环)，采用干法的缺点是设备投资和运行费用都高，因此湿法再循环更有前景。从系统的安全角度考虑，采用 CO_2 气体作为一次风挟带煤粉，大部分 O_2 与其余的 CO_2 混合后作为二次风送入燃烧室，少部分 O_2 供燃烧初期耗氧在适当的位置送入。从循环烟气中冷凝分离水蒸气后，用二缩三乙二醇($C_6H_{14}O_4$)作为溶剂吸收 CO_2，吸收 CO_2 后的溶剂加热解吸 CO_2，获得浓缩的 CO_2，而溶剂再循环使用，此法回收的 CO_2

可用于第 3 次采油。

(1) 燃烧特性

国外对 O_2/CO_2 气氛下煤粉燃烧特性的研究主要集中在煤粉着火温度、火焰传播速度、燃烧速率、着火稳定性及燃尽率等方面。在 O_2/CO_2 气氛下煤粉燃烧受环境气氛的影响较大，与空气气氛相比，O_2/CO_2 气氛下煤粉燃烧火焰不稳定且颜色发黑，未燃尽碳含量较高；同时发现，火焰的传播速度明显低于 O_2/N_2、O_2/Ar 气氛下，提高 O_2 浓度可使其有所改善，主要原因在于高比热容的 CO_2 使得煤粉着火延迟[131]。Nozaki 等[132]在 Ishikawajima-Harima 重工业有限公司的 1.2MW 煤粉燃烧试验台上的试验以及 Zheng 等[133]采用 FACT 软件的计算也都证明了这一点。Liu 等[134]在 20kW 的下行火焰燃烧器试验台上的研究发现，在 $30\%O_2/70\%CO_2$ 的气氛燃烧时才可获得相对较高的碳燃尽率以及与空气气氛下相当的燃烧温度。在 O_2/CO_2 气氛下，高浓度 CO_2 的存在加速了煤焦颗粒的气化反应，Várhegyi 等[135]通过热重分析发现，煤焦与 O_2 的反应机理并未因高浓度 CO_2 的存在而受到影响，其负面效应主要在于使得煤焦反应速率下降。Shaddix 等[136]通过模型计算，与 O_2/CO_2 气氛下煤粉燃烧试验结果对比，发现当模型考虑焦炭与 CO_2 的反应时，其计算结果才与试验完全吻合。刘彦丰对静止环境中单颗粒碳燃烧模型的计算发现，在温度低于 1750K 时，$21\%O_2/79\%CO_2$ 气氛下的燃烧速率低于空气气氛下的燃烧速率[62]；刘彦通过热重分析得出 O_2/CO_2 条件下煤的着火及燃尽温度明显降低、燃烧特性指数提高，其认为 O_2/CO_2 气氛可改善燃烧过程、优化燃烧特性等[137]。毛玉如的研究也证明了在 O_2/CO_2 气氛下煤能够稳定燃烧，但燃烧效率略低于相同 O_2 浓度的 O_2/N_2 气氛下的燃烧效率[138]。不同的研究者都认为，由于 CO_2 具有较高的比热容，仅用 CO_2 取代 N_2 会使得燃烧温度及稳定性大大下降，提高送风含氧量可使其得到明显改善。

(2) SO_2 排放特性

O_2/CO_2 燃烧技术中高 CO_2 浓度下的钙基吸收剂脱硫机理仍未明确是 $CaCO_3$ 直接与 SO_2 反应脱硫，或是 $CaCO_3$ 分解后再与 SO_3 反应脱硫，还是 $CaCO_3$ 边分解边与 SO_2 反应而脱硫。Liu 等用高 CO_2 浓度下石灰石直接脱硫来解释脱硫效率提高，实验和模型研究也证实了他们的设想[134]。王宏等利用孔隙结构分析及 X 射线衍射实验研究了 O_2/CO_2 方式下钙基吸收剂在脱硫过程中微观结构的变化，发现不同浓度的 CO_2 对孔隙结构的影响完全不同[139]。王宏等在卧式管状电加热炉上进行 O_2/CO_2 方式下钙基吸收剂的脱硫实验时也发现，在煅烧过程中，低浓度 CO_2 催化钙基吸收剂烧结，高浓度 CO_2 下钙基吸收剂、孔容积随煅烧时间变化不大；在脱硫过程中，高浓度 CO_2 使钙基吸收剂的分解与脱硫伴随进行，不易烧结，而且改善了脱硫产物 $CaCO_3$ 对孔的堵塞，随脱硫时间增加，存在一最优的孔隙结构；1000℃以下，钙基吸收剂的孔隙结构是影响脱硫效率的主要原因，由于提高温度改善了高浓度 CO_2 气氛下钙基吸收剂煅烧后的孔隙结构，高温下高浓度 CO_2 气氛比空气气氛更有利于炉内喷钙脱硫。

(3) NO_x 排放特性

低 NO_x 排放特性是 O_2/CO_2 新型燃烧技术的一大特点。在 O_2/CO_2 气氛下，燃煤 NO_x 的排放大大降低，为空气气氛下燃煤 NO_x 排放量的 1/4～1/3。在 O_2/CO_2 气氛下，NO_x 排放较低的主要原因在于：①避免由于 N_2 存在而引起的热力 NO_x 及快速 NO_x 的生成；

②高浓度的 CO_2 气氛下生成较高含量的 CO，使得 NO 及循环 NO_x 在焦炭表面发生 NO/CO/炭还原反应；③还原性物质再燃、燃料 N 与循环 NO_x 的相互作用以及碳氢物质的还原使得 NO_x 的排放进一步降低。Okazaki 等在小型试验台上考查了 O_2/CO_2 气氛下 NO_x 的排放特性，认为 NO_x 排放较低的主要机理在于循环 NO_x 的还原，在烟气循环比高达 80%的情况下约有 50%的循环 NO_x 被还原[140]。Hu 等[141]在循环烟气比为 0～0.4 的情况下，也发现循环 NO_x 的还原效率与燃料的当量比(U)及烟气的循环比相关，在燃料当量比＞1.4 时，高于 60%的循环 NO 得到还原，主要是由于在富燃料区煤热解产生大量的碳氢自由基、CO 等还原性组分的均相反应以及煤焦非均相反应将 NO 还原为 N_2、HCN、NH_3；提高循环比，循环 NO 的还原效率增加。另外，Hu 等[142]还研究了煤质特性对 NO_x 还原的影响，发现燃料 N 向挥发分物质的相对析出率以及挥发分 N 与焦炭 N 之比对 NO_x 的释放至关重要。还发现 NO_x 在贫燃料区随着燃料化学当量比增加而增加，在 U＞0.8 后急剧下降，其峰值浓度在 U=0.8 时的 20%O_2/80%CO_2 气氛下约 143mg/m^3，远低于纯氧燃烧时的 1292mg/m^3、空气气氛下的 287/m^3，但在 U＞1.4 后 O_2/CO_2 气氛下几乎降到同一水平，与 O_2 浓度不再相关；NO_x 释放指数(单位为 mg N/g 燃煤)在贫燃料区及富燃料区均一直下降。温度对 O_2/CO_2 气氛下 NO_x 的排放有着重要的影响，王宏研究发现，在 O_2/CO_2 气氛下，700～900℃是 NO_x 的生成随温度变化最敏感的区域。Croiset[143]和 Liu[144]等也发现由于提高送风 O_2 浓度而导致燃烧温度增加，加速了 NO_x 生成的均相及非均相反应，使得 NO 的释放速率加快。Hu 等[141]的研究指出，当温度从 850℃升至 1300℃时，NO_x 排放峰值浓度在 N_2 气氛下增加 50%～70%，在 CO_2 气氛下增加了 30%～50%；温度对循环 NO 的还原没有明显的影响，提高温度虽然加速了燃料 N 向 NO 的转化，但也加快了挥发分的析出，使得燃烧的初始阶段具有较高的挥发分浓度，促使 NO 的还原，同时在高温下也加快了煤焦对 NO 的还原。HCN 的释放随着温度的升高而加快，另外在富燃料区还检测到一种含氮的高分子物质，在高温下也加快了其向 HCN 及 NH_3 的分解。Liu 等[144]在 20kW 燃烧试验台上也发现在 O_2/CO_2 气氛下 N 转化率小于空气气氛条件下，当采用 O_2 分级燃烧时可使燃料 N 的转化率从无分级时的 22.6%下降到 7.5%；循环 NO_x 的浓度对其还原效率似乎没影响。

(4) 超细颗粒物排放特性及痕量元素迁移规律

燃煤过程中大部分超细颗粒物的形成是由于难熔氧化物的气化再生。在煤焦燃烧着的颗粒周围，还原气体的存在使得氧化物发生气化[如 $SiO_2(s)+CO(g)=\!=\!=SiO(g)+CO_2(g)$]，一氧化物从煤焦颗粒周围扩散后遇氧重新生成其氧化物的颗粒物固体[145,146]。Krishnamoorthy 等[147]考查了环境气氛(如 CO_2 浓度)对燃烧颗粒内 CO/CO_2 之比的影响，CO_2 浓度增加将引起燃烧颗粒内 CO/CO_2 比显著降低，还原性气氛的加强将最终造成难熔氧化物的气化及超细颗粒物的生成加剧。Zheng 等[133]利用 FACT 软件对煤粉在 O_2/CO_2 混合物及空气中燃烧时，痕量元素的分布及迁移状况做了分析，发现环境气氛对 Hg、Cd、As、Se 释放总量及其气相化合物的形态没有影响。但与传统空气燃烧相比，在 O_2/CO_2 燃烧方式下，由于烟气的多次循环有可能致使炉内气相中存在着较高的 Hg、Cd、As、Se 化合物浓度。关于 O_2/CO_2 煤粉燃烧下超细颗粒物及痕量元素的生成和排放，目前报道甚少，研究极不充分。由于燃烧方式的不同、燃烧介质的差异，在 O_2/CO_2 气氛下超细颗粒物及痕量元素的行为机理可能有别于常规空气气氛燃烧。因此，这方面的研究工作有待进一步深入。

4.2.4.3 尚待解决的问题

O_2/CO_2 燃烧技术的主要挑战是锅炉火焰和热传输的特征以及防止空气泄漏进入炉内等问题。目前，许多现有锅炉没有设计防止漏气装置，需要更新所有锅炉可能是困难的。用氧气代替空气燃烧，这可能需要重新设计锅炉，它具有更高火焰温度、改进总热循环效率等新问题。在循环烟气中 CO_2 的比热容较空气高且水蒸气的含量也高，使燃烧推迟，需要对燃烧器进行改性研究。燃烧器的工作特性对燃烧、火焰稳定性、传热、温度均匀性、热点位置、耐火材料寿命等都至关重要。国内外已进行的试验大多数是在排烟温度很高，无尾部受热面时的试验状况，而电站锅炉采用 O_2/CO_2 燃烧技术后，其热效率随富氧量的增加可以提高多少、锅炉内辐射换热与对流换热会发生什么变化、由此带来的锅炉改造方向是什么、锅炉的安全经济运行、燃烧机理和水蒸气对材料的腐蚀等问题都有待深入研究。虽然空气压缩和分离在当今工业发展中是很普通的方法，但电站锅炉要应用 O_2/CO_2 燃烧技术，需要研制大型的空气分离设备使之适应电站锅炉容量。空气分离产生的大量副产品氮气还需要找到合适的处理利用途径。

4.3 CO_2 资源化利用

CO_2 常温常压下是一种无色、无味、无毒和不助燃的气体，水溶液呈弱酸性，密度约为空气的 1.5 倍，在空气中的体积分数为 0.03%～0.04%，CO_2 的临界温度为 31℃，临界压力为 7.376MPa。压力在 0.518MPa 以上时 CO_2 会以无色、无味的液体形式存在，在减低压力时液体 CO_2 闪蒸成固体和气体，呈固态时称为干冰。一般情况下，CO_2 性质稳定，不易发生化学反应，但在高温及催化剂的作用下可与其他物质发生有机合成反应、配位反应和还原反应等。

CO_2 是人类工业活动的必然产物，对其进行捕集和封存在经济上是纯耗费的行为，如能加以资源化利用，则可创造额外的环境和经济效益。当 CO_2 成为一种资源时，CO_2 的减排成本将会降低，困扰 CO_2 减排的经济性难题将会迎刃而解。

目前，对 CO_2 的利用研究主要集中在化学利用和物理利用两个方面，化学利用是在化工生产中直接消耗大量 CO_2，对减少 CO_2 排放量起到了举足轻重的作用，是 CO_2 循环利用最主要的方式；物理利用是对 CO_2 进行间接利用，并不消耗 CO_2[77, 148, 149]。

4.3.1 CO_2 的物理利用

CO_2 的物理应用是指在应用过程中，不改变 CO_2 的化学性质，CO_2 只作为一种介质或助剂，如 CO_2 超临界流体用作溶剂萃取咖啡因；替代氯氟烃用作制冷剂；其由于具有惰性气体性质，可用于气体保护焊接等。

4.3.1.1 CO_2 超临界流体用作溶剂

近年来，超临界流体技术在食品、医药、香料及化妆品等领域中，对生物材料的有效成分的萃取、分离和纯化方面得到迅猛发展。它是利用流体处于临界状态时具有很强的溶解能力，且密度接近液体，黏度与气体相似，扩散系数为液体的 10～100 倍的性质来萃取分离某物质的一种方法，具有安全、纯净、能保持生物物质活性和提取率高等优点。CO_2 的温度和压力高于临界值(T_c=31.3℃，P=7.376MPa)时称为超临界 CO_2，其无色、无毒、无味、不易燃烧爆炸，具有独特的物理化学性质和低廉价格，所以 CO_2 是首选的超临界流体。CO_2 用作溶剂的用途包括萃取、物质精制、清洗、物质形态控制、废油废料处理回收等，在多领域得到了广泛利用。以萃取咖啡因为例，德国 HAGAG 公司最早在 1978 年实现工业化，咖啡因是一种中枢神经药物，咖啡中咖啡因的质量分数为 0.6%～3.0%，超临界 CO_2 萃取技术可用于提取咖啡因，萃取过程如下：将咖啡豆倒入萃取釜中，然后通入超临界 CO_2 流体进行萃取，萃取物质通过分离装置后，咖啡因被水洗脱，CO_2 继续循环。传统的溶剂萃取技术存在溶剂残留、提取率低等缺点，超临界 CO_2 萃取技术具有反应条件温和、对设备要求低等优点，使产品的纯度大大增加。

4.3.1.2 CO_2 用作制冷剂

氯氟烃(CFC)类制冷剂对臭氧层有破坏作用，而 CO_2 的利用受到越来越多的关注。CO_2 作为制冷剂是利用液体和固体 CO_2 升华成气体过程中吸热而达到制冷作用的，具有对臭氧层无破坏、安全无毒、不需要回收、有利于减小装置体积等优点。CO_2 作为制冷剂用于食品冷藏保鲜在 20 世纪 90 年代就有利用，冰的熔化潜热为 333.56kJ/kg，干冰的升华潜热为 509.34kJ/kg，约是冰的 1.5 倍，所以干冰的制冷效果大大优于冰。与传统的机械冷藏相比，CO_2 冷冻保鲜不仅不会使食品失水、风干、气化，可保证鱼类、肉类、奶类的长期保鲜和低温运输，还节能省电。当食品解冻时，其湿度、味道、营养价值及外观仍保持不变。

20 世纪 90 年代初，挪威 NTH-SINTEF 开发了采用 CO_2 跨临界制冷循环的汽车空调样机，并获得国际专利。其研究的 CO_2 汽车空调中采用跨临界制冷循环方式，避免了亚临界循环条件下热源温度过高而导致系统性能下降的缺点，而且流体在超临界条件下的特殊热物理性质使它在流动和换热方面都具有无与伦比的优势，充分利用了 CO_2 饱和压力高、热力性能良好及单位容积制冷量较大等优点，使系统具有性能较好、结构紧凑等优点，具有良好的环保性能。

4.3.1.3 CO_2 气体保护电弧焊接技术

CO_2 气体保护电弧焊接技术自 20 世纪 50 年代诞生以来，至今已发展成为一种重要的焊接方法。它是利用 CO_2 常温下不活泼的性质将其作为保护气体的熔化极电弧焊接。工作时，用 CO_2 气体保护焊丝，持续不断以恒定的速度，自动从焊枪进至工件表面，完成焊接过程，以避免熔融金属氧化。CO_2 气体保护电弧焊成本低，尤其适合于薄件的焊接，具有一般熔化极气体保护焊的优点，如生产率高、明弧、无渣、节能等；此外，抗锈能力强，焊缝含氢量低。与传统的焊条电弧焊相比，CO_2 气体保护焊辅助时间是焊条电弧焊的 50%，CO_2 气体保护焊坡口截面比焊条电弧焊减小 50%，即熔敷金属量减少 1/2，功效是焊条电弧焊的 2.02～3.88 倍。从 20 世纪 80 年代中期到 90 年代初，我国发展大型

金属结构企业的 CO_2 气体保护电弧焊接技术，改变了金属结构制造企业的装备水平、制造能力，提高了产品质量和生产效率。但相比美国、日本和欧洲等发达国家及地区的焊接金属结构件比例仍较低，发达国家 CO_2 气体保护焊消耗的焊接金属材料质量约占全部焊接材料总质量的 50%，而我国仅为 20%，我国应积极推广 CO_2 气体保护电弧焊接技术在工程中的应用。

4.3.1.4 CO_2 用于烟丝膨化

烟丝膨化率是烟丝膨化的一个重要指标，液体 CO_2 可用于烟丝膨化处理工艺的浸渍部分，即将烟丝装入浸罐内用液态 CO_2 浸泡，浸渍后的烟丝随之在热气流中加热，使烟丝中的 CO_2 快速挥发，使烟丝膨胀。CO_2 烟丝膨化是目前国际上最先进的烟丝处理工艺之一，一方面可以节省原材料，降低烟丝中的焦油和尼古丁的含量，提高香烟的等级，还可以节约烟丝 5%～6%。另一方面对环境友好，因为它代替了传统的破坏臭氧层的氟利昂。膨化 1 箱香烟需 CO_2 30kg 左右，我国目前的烟草生产规模为 4000 多万箱，照此推算，若所有烟厂都采用 CO_2 替代氟利昂作膨化剂，则该行业每年所需 CO_2 可达 120×10^4t 以上，既可以为 CO_2 的利用提供出路，又可以减小氟利昂对臭氧层的破坏。

4.3.1.5 CO_2 的其他物理用途

CO_2 的物理用途还有许多，如 CO_2 用于汽水、啤酒、可乐等碳酸型饮料的生产中作添加剂，赋予饮料特殊口味，提高保存性。随着国外碳酸饮料在中国市场的投产和国内碳酸饮料需求的扩大，CO_2 在饮料的利用方面也占据主要消费市场。CO_2 用在农业方面可作为人工降雨剂来解决或缓解干旱问题；用作气肥可促进农作物生长、提高产量、改良品种；还可作为保鲜剂对果蔬进行自然降氧以抑制果蔬生物呼吸，防止病菌发生，达到气调保鲜的效果；谷物经 CO_2 熏过之后，可以消灭害虫。CO_2 还可用于医用局部麻醉、大型铸钢防泡剂、油田驱油剂、洗涤技术和灭火剂等。

4.3.2 CO_2 的化学利用

CO_2 的化学利用是以 CO_2 形式或其还原形态参与化学反应，约有占总利用量 40%的气体用于生产化学品，如 CO_2 与氨气合成尿素、合成碳酸二甲酯等。

4.3.2.1 合成碳酸二甲酯

碳酸二甲酯(DMC)含有羰基、甲氧基等丰富的基团，可以用来合成氨基甲酸酯类、二氨基脲和农药、医药中间体苯甲醚等化工产品，是一种用途广泛的新型环保绿色化工原料和溶剂。CO_2 作为原料合成 DMC 的方法分为间接合成法和直接合成法两种。间接合成法由 CO_2 先合成中间物，再和甲醇进行反应生成 DMC，目前间接合成法有碳酸酯交换法和尿素醇解法两种。直接合成法由 CO_2 和甲醇直接合成 DMC，比间接合成法具有生产过程简化、生产成本显著降低等优点，是 DMC 生产的一条新途径。在直接法合成 DMC 工艺中，CO_2 是相对稳定的小分子化合物，因此核心问题在于 CO_2 活化，实现工业化的关键是研制高活性的新型催化剂提高 DMC 的产率。Fang 等经过对催化剂的筛选，发现碱金属碳酸盐均可作催化剂，其中以 K_2CO_3 最佳，但碱土金属盐(如 $MgCO_3$)毫无活性，K_3PO_4 也是有效的催化剂，而 K_2HPO_4 催化活性较低[150]。Wang 等[150]的研究表明，在催化 CO_2 和甲醇合成 DMC 的过程中，氧化锆表现出良好的催化活性。但此方法仅在实验室中应用，工业规模化程度小。

世界上 DMC 的年生产能力约为 $30×10^4$t，主要产地集中在美国、西欧、中国和日本，其中美国的通用电气塑料公司的年生产能力约为 $6×10^4$t，位居榜首。新思界产业研究中心发布的《2021—2025 年中国碳酸二甲酯行业市场深度调研及发展前景预测报告》显示，目前国内 DMC 产能已经超过 100 万 t/a，而且有逐步增长的趋势。铜陵金泰、山东石大胜华、山东海科新源以及宁波浙铁大风化工等多家企业都实现每年万吨级规模以上 DMC 生产。2019 年山东石大胜华 DMC 实际产量达到 12.5 万 t，其中工业级 DMC 为 10.2 万 t，电池级 DMC 为 2.3 万 t，无论产量还是产品品质均居行业龙头地位。铜陵金泰实现工业级 DMC 产量 7.8 万 t，电池级 DMC 产量 0.5 万 t。

4.3.2.2　生产尿素

尿素是一种植物肥料，也是一种有机化工原料，以尿素为基础，可利用 CO_2 生产 DMC 等重要化学品。全球尿素生产每年消耗的 CO_2 约 $7000×10^4$t。尿素的生产方法为：CO_2 和 NH_3 作用生成氨基甲酸铵，然后脱水生成尿素。未反应的 CO_2 和 NH_3 用水吸收生成氨基甲酸铵或碳酸铵水溶液返回合成系统循环利用。每吨尿素消耗 CO_2 约 0.785t，反应液经两段分解及真空蒸发浓缩，使尿素的质量分数达 99.7%，再经造粒得成品尿素。尿素的生产工艺主要分为水溶液全循环法、CO_2 汽提法和氨汽提法。采用 CO_2 汽提法的尿素装置，具有工艺流程短、设备少、生产稳定、消耗低等优点。近年来，在我国新建的尿素装置和大型尿素装置的改造中，大都采用了新型的 CO_2 汽提法工艺。从 20 世纪 80 年代开始，意大利斯纳姆公司、荷兰斯塔米卡邦公司等都一直致力于尿素转化率的提高和生产工艺技术改进方面。2005 年斯塔米卡邦公司用 CO_2 汽提工艺设计的尿素 2000+TM 技术，单线日生产能力可达 3250t。中国从 20 世纪 70 年代引进了 17 套 CO_2 汽提法大型尿素装置，后经不断扩改建和工艺改造，现有尿素生产企业 200 多个。现在我国已是世界尿素三大供应国之一，2020 年我国生产的尿素为 6634 万 t，居第一位。

4.3.2.3　处理污水

印染、金属加工、炼油和乙烯生产等排放的污水呈碱性，CO_2 是弱酸性气体，微溶于水，利用此性质可处理碱性废水，控制 pH 值。用含 CO_2 的烟道气处理纸浆废液，不仅可使废液得到中和，而且还可以从每吨废液中回收 200～300kg 硫酸盐木质素。还可用 CO_2 作交换树脂的再生剂，同时再生阴、阳两种离子交换树脂，使经处理的水部分脱盐，即 CARIX 工艺。以处理乙烯裂解加氢废水为例，乙烯裂解加氢工段废水处理中和系统在硫酸法的工艺上，引入从乙二醇单元来的 CO_2 注入中和池中和碱性废水，其他设备流程不变，CO_2 在废水处理中的利用有效地解决了原来使用的硫酸中和法费用高、调节精度不高的问题，具有生产操作简单易行、安全可靠、平稳、易于控制、pH 值探头寿命延长等优点，实现了加氢工段污水池的 pH 值技术指标的稳定，经处理后排放水达到《污水综合排放标准》(GB 8978—1996)一级标准的要求。

4.3.2.4　其他化学用途

CO_2的化学用途还有很多，如CO_2和NH_3在不同的反应条件下除了能生产尿素之外，还能生产纯碱和碳酸氢铵用于工业上，碳酸氢铵还可用在农业方面作基肥或追肥施于小麦、水稻等各种农作物中，是除尿素之外使用最广泛的一种氮肥。CO_2与环氧化合物合成环状碳酸酯，环状碳酸酯被广泛用于纺织、印染、高分子合成以及电化学方面。在锌类、双金属和胺类等催化剂的作用下，CO_2能与环氧乙烷、环氧丙烷等进行共聚或缩聚，生成具有特殊性能的高聚物。用CO_2与H_2和CH_4能分别重整制合成气，以CO_2为原料可生产碳酸盐类、白炭黑和硼砂等化工产品。

4.3.3　CO_2利用现状与趋势

世界CO_2的利用以直接利用为主，由CO_2生产的化工产品，除尿素、纯碱、碳酸氢铵、碳酸钾等外，以CO_2为原料合成的有机和高分子化学品很少[151]。

日本计划用10年时间建立以CO_2为原料的工业体系。美国现有90套回收和生产CO_2的装置，总生产能力约8×10^{10}t/a，主要为回收合成氨厂、石化厂、乙醇厂、天然气加工厂等排放的CO_2。其应用如下：46.8%用于食品冷冻、冷藏、研磨和惰化，9.6%用于碳酸盐等生产，4.9%用于焊接，11.0%用于油井、气井，19.5%用于饮料，8.2%用于灭火剂、气雾剂等其他方面。

CO_2的化学利用是当前CO_2利用研究的重要方向之一。例如以CO_2为原料，使用过渡金属络合物催化剂，CO_2与H_2反应可以合成甲醇、乙醇、甲酸及其酯等；CO_2与烯烃反应可以合成乙醇、丙酸和内酯等。国外关于CO_2合成的高分子品种也日益增多，例如，在锌类、双金属、卟啉铝络合物、胺类等催化剂体系下，CO_2可以与环氧乙烷、环氧丙烷、二胺等化合物进行共聚或缩聚，生成有特殊性能的高聚物。可见，以CO_2为原料合成有机和高分子化合物大有可为，一些产品可望很快实现工业化生产。

国内目前CO_2的生产能力为6×10^9t/a以上，国内市场需求量在5×10^4t/a左右，预计今后几年平均年增长速率为15%～20%。我国CO_2的市场需求在各省区差别较大。沿海城市一般在$(4\sim6)\times10^4$t/a，广东省市场需求量约5×10^4t/a，其中饮料、啤酒占53%；焊接占13%；冷冻占12%；烟草为10%；其他为12%。用作饮料添加剂的CO_2必须经过提纯净化。我国科研部门采用了气化、提馏、吸附三种分离单元组合的新工艺对CO_2进行提纯净化。该工艺已达世界先进水平。

我国研制的以酶为催化剂，利用太阳能吸收CO_2的绿色光合作用的研究，取得了突破性进展。现有研究表明，在塑料大棚内用管道施入CO_2，蔬菜产量可提高5倍，成熟期提前2～5d，产量和质量大为提高。CO_2气调保鲜是注入高浓度CO_2，降低O_2含量，以抑制果蔬中微生物呼吸，防止病菌发生。在高压下，CO_2可渗入地层死角和边沿，增加残油的流动性，并使其向油井移动且喷出地面，得以强化回收石油。超临界CO_2可以在短时间内从污染水中萃取出有机氯化物，采用这一方法测定环境污染程度。CO_2还可用作水处理的离子交换再生剂；用作烟丝膨化剂；用作焊接保护气；以CO_2为原料合成化工产品等。化工利用CO_2资源化的量与使用化石燃料所排放的CO_2量之间有着数量级的差距，不能奢望通过CO_2催化转化来实现CO_2作为温室气体减排，但是，作为大量存在的、廉价的碳资源的有效利用方法之一，CO_2的催化转化无疑具有环境、资源和经济效益等多重意义。

参考文献

[1] 唐孝炎. 大气环境化学[M]. 北京: 高等教育出版社, 1990.

[2] Mitchell J F. The “greenhouse” effect and climate change[J]. Reviews of Geophysics, 1989, 27(1): 115-39.

[3] Fourier J. Remarques générales sur les températures du globe terrestre et des espaces planétaires[C]. Annales de Chemie et de Physique, 1824.

[4] Tyndall J. On the absorption and radiation of heat by gases and vapours, and on the physical connexion of radiation, absorption and conduction[J]. The London Edinburgh and Dublin Philosophical Magazine and Journal of Sciences, 1861, 22(146): 169-94.

[5] IPCC. Climate Change 1990: The IPCC Scientific Assessment[M]. Cambridge: Cambridge University Press, 1990.

[6] IPCC. Climate Change 1995: The Science of Climate Change[M]. Cambridge: Cambridge University Press, 1995.

[7] IPCC. Climate Change 1992: The Supplementary Report to the IPCC Scientific Assessment[M]. Cambridge: Cambridge University Press, 1992.

[8] IPCC. Climate Change 2014: Climate Change 2014 Synthesis of Report[M]. Cambridge: Cambridge University Press, 2014.

[9] IPCC. Climate Change 2007: The Physical Science Basis. Contribution of Working Group I to the Fourth Assessment Report of the Intergovernmental Panel on Climate Change[M]. Cambridge: Cambridge University Press, 2007.

[10] IPCC. Climate Change 2001: The Scientific Basis. Contribution of Working Group I to the Third Assessment Report of the Intergovernmental Panel on Climate Change[M]. Cambridge: Cambridge University Press, 2001.

[11] 国家统计局. 中国能源统计年鉴[M]. 北京: 中国统计出版社, 2020.

[12] 谢和平, 谢凌志, 王昱飞, 等. 全球二氧化碳减排不应是 CCS, 应是 CCU[J]. 四川大学学报: 工程科学版, 2012, 44(4): 1-5.

[13] 江怀友, 沈平平, 王乃举, 等. 世界二氧化碳减排政策与储层地质埋存展望[J]. 中外能源, 2007, 12(5): 7-13.

[14] 张阿玲, 方栋. 温室气体CO_2的控制和回收利用[M]. 北京: 中国环境科学出版社, 1996.

[15] 胡秀莲, 刘强, 姜克隽. 中国减缓部门碳排放的技术潜力分析[J]. 中外能源, 2007, 12(4): 1-8.

[16] Montes-Hernandez G, Pérez-López R, Renard F, et al. Mineral sequestration of CO_2 by aqueous carbonation of coal combustion fly-ash[J]. Journal of hazardous Materials, 2009, 161(2-3): 1347-1354.

[17] Lal R. Carbon sequestration[J]. Philosophical Transactions of the Royal Society B: Biological Sciences, 2008, 363(1492): 815-830.

[18] Huijgen W J, Witkamp G J, Comans R N. Mechanisms of aqueous wollastonite carbonation as a possible CO_2 sequestration process[J]. Chemical Engineering Science, 2006, 61(13): 4242-4251.

[19] Maroto-Valer M M, Fauth D, Kuchta M, et al. Activation of magnesium rich minerals as carbonation feedstock materials for CO_2 sequestration[J]. Fuel Processing Technology, 2005, 86(14-15): 1627-1645.

[20] Huijgen W J, Witkamp G J, Comans R N. Mineral CO_2 sequestration by steel slag carbonation[J]. Environmental Science & Technology, 2005, 39(24): 9676-9682.

[21] Huijgen W J J, Comans R N J. Carbon dioxide sequestration by mineral carbonation[R]. Energy Research Centre of the Netherlands ECN, 2003.

[22] Nguyen D N. Carbon dioxide geological sequestration: Technical and economic reviews[C]. SPE/EPA/DOE Exploration and Production Environmental Conference, 2003.

[23] O'Connor W K, Dahlin D C, Rush G, et al. Carbon dioxide sequestration by direct mineral carbonation: Process mineralogy of feed and products[J]. Mining, Metallurgy & Exploration, 2002, 19(2): 95-101.

[24] Gomes V G, Yee K W. Pressure swing adsorption for carbon dioxide sequestration from exhaust gases[J]. Separation and Purification Technology, 2002, 28(2): 161-171.

[25] O'Connor W K, Dahlin D C, Nilsen D N, et al. Carbon dioxide sequestration by direct mineral carbonation with carbonic acid[R]. Albany Research Center (ARC), Albany, OR, 2000.

[26] 张维成, 田佳, 王冬梅, 等. 基于全球气候变化谈判的森林碳汇研究[J]. 林业调查规划, 2007, 32(5): 18-22.

[27] 武来成, 陶丹, 张思维, 等. 林业碳汇的发展趋势[J]. 江西林业科技, 2007(5): 45-47.

[28] 王雪红. 林业碳汇项目及其在中国发展潜力浅析[J]. 世界林业研究, 2003, 16(4): 7-12.

[29] Sun Z, Liu J. Development in study of wetland litter decomposition and its responses to global change[J]. Acta Ecol Sin, 2007, 27(4): 1606-1618.

[30] Dewar W K, Bingham R J, Iverson R, et al. Does the marine biosphere mix the ocean?[J]. Journal of Marine Research, 2006, 64(4): 541-561.

[31] Roehm C L, Roulet N T. Seasonal contribution of CO_2 fluxes in the annual C budget of a northern bog[J]. Global Biogeochemical Cycles, 2003, 17(1): 1029.

[32] Davison J, Freund P, Smith A. Putting carbon back into the ground[R]. IEA Greenhouse Gas R & D Programme, 2001: 28.

[33] Metz B, Davidson O, de Coninck H. Carbon Dioxide Capture and Storage: Special Report of the Intergovernmental Panel on Climate Change[M]. Cambridge: Cambridge University Press, 2005.

[34] 喻西崇, 李志军, 郑晓鹏, 等. CO_2地面处理, 液化和运输技术[J]. 天然气工业, 2008, 28(8): 99-101.

[35] 于德龙, 吴明, 赵玲, 等. 碳捕捉与封存技术研究[J]. 当代化工, 2014, 43(4): 544-546, 579.

[36] 李琦, 魏亚妮. 二氧化碳地质封存联合深部咸水开采技术进展[J]. 科技导报, 2013, 31(27): 65-70.

[37] 臧雅琼, 高振记, 钟伟. CO_2 地质封存国内外研究概况与应用[J]. 环境工程技术学报, 2012, 2(6): 503-507.

[38] 秦长文, 肖钢, 王建丰, 等. CO_2地质封存技术及中国南方近海 CO_2封存的前景[J]. 海洋地质前沿, 2012, 28(9): 40-45.

[39] 黄定国, 杨小林, 余永强, 等. CO_2地质封存技术进展与废弃矿井采空区封存 CO_2[J]. 洁净煤技术, 2011, 17(5): 93-96.

[40] 崔振东, 刘大安, 曾荣树, 等. CO_2 地质封存工程的潜在地质环境灾害风险及防范措施[J]. 地质论评, 2011, 57(5): 700-706.

[41] 崔振东, 刘大安, 曾荣树, 等. 中国 CO_2 地质封存与可持续发展[J]. 中国人口 · 资源与环境, 2010, 20(3): 9-13.

[42] 张二勇, 李旭峰, 何锦, 等. 地下咸水层封存 CO_2的关键技术研究[J]. 地下水, 2009, 31(3): 15-19.

[43] 任相坤, 崔永君, 步学朋, 等. 煤化工过程中的CO_2排放及CCS技术的研究现状分析[J]. 神华科技, 2009, 7(2): 68-72.

[44] 李洛丹, 刘妮, 刘道平. 二氧化碳海洋封存的研究进展[J]. 能源与环境, 2008(6): 11-12.

[45] 张军. 二氧化碳封存技术及研究现状[J]. 能源与环境, 2007(2): 33-35.

[46] 黄斌, 刘练波, 许世森. 二氧化碳的捕获和封存技术进展[J]. 中国电力, 2007, 40(3): 14-17.
[47] 罗二辉, 胡永乐, 李昭. CO_2地质埋存技术与应用[J]. 新疆石油天然气, 2013, 9(3): 14-21.
[48] 任韶然, 张莉, 张亮. CO_2 地质埋存: 国外示范工程及其对中国的启示[J]. 中国石油大学学报(自然科学版), 2010, 34(1): 93-98.
[49] 李小春, 方志明. 中国 CO_2 地质埋存关联技术的现状[J]. 岩土力学, 2007(10): 2229-2233.
[50] 李小春, 刘延锋, 白冰, 等. 中国深部咸水含水层 CO_2 储存优先区域选择[J]. 岩石力学与工程学报, 2006, 25(5): 963-968.
[51] Rutqvist J, Vasco D W, Myer L. Coupled reservoir-geomechanical analysis of CO_2 injection and ground deformations at In Salah, Algeria[J]. International Journal of Greenhouse Gas Control, 2010, 4(2): 225-230.
[52] Hsieh P A, Bredehoeft J D. A reservoir analysis of the Denver earthquakes: A case of induced seismicity[J]. Journal of Geophysical Research: Solid Earth, 1981, 86(B2): 903-920.
[53] Wesson R L, Nicholson C. Earthquake hazard associated with deep well injection; a report to the US Environmental Protection Agency[R]. US Geological Survey, 1987.
[54] Little M G, Jackson R B. Potential impacts of leakage from deep CO_2 geosequestration on overlying freshwater aquifers[J]. Environmental Science & Technology, 2010, 44(23): 9225-32.
[55] Marchetti C. On geoengineering and the CO_2 problem[J]. Climatic Change, 1977, 1(1): 59-68.
[56] Herzog H, Golomb D, Zemba S. Feasibility, modeling and economics of sequestering power plant CO_2 emissions in the deep ocean[J]. Environmental Progress, 1991, 10(1): 64-74.
[57] Tamburri M N, Peltzer E T, Friederich G E, et al. A field study of the effects of CO_2 ocean disposal on mobile deep-sea animals[J]. Marine Chemistry, 2000, 72(2-4): 95-101.
[58] Audigane P, Gaus I, Czernichowski-Lauriol I, et al. Two-dimensional reactive transport modeling of CO_2 injection in a saline aquifer at the Sleipner site, North Sea[J]. American Journal of Science, 2007, 307(7): 974-1008.
[59] Kakizawa M, Yamasaki A, Yanagisawa Y. A new CO_2 disposal process via artificial weathering of calcium silicate accelerated by acetic acid[J]. Energy, 2001, 26(4): 341-354.
[60] Wang C, Yue H, Li C, et al. Mineralization of CO_2 using natural K-feldspar and industrial solid waste to produce soluble potassium[J]. Industrial & Engineering Chemistry Research, 2014, 53(19): 7971-7978.
[61] Bao W, Li H, Zhang Y. Selective leaching of steelmaking slag for indirect CO_2 mineral sequestration[J]. Industrial & Engineering Chemistry Research, 2010, 49(5): 2055-2063.
[62] 刘彦丰, 阎维平, 宋之平. 炭/碳粒在 CO_2/O_2 气氛中燃烧速率的研究[J]. 工程热物理学报, 1999(6): 769-772.
[63] 包炜军, 李会泉, 张懿. 温室气体 CO_2 矿物碳酸化固定研究进展[J]. 化工学报, 2007, 58(1): 1-9.
[64] 唐海燕, 孙绍恒, 孟文佳, 等. CO_2矿物碳酸化的研究进展[J]. 中国冶金, 2013, 23(1): 2-8.
[65] 徐俊, 郑楚光. CO_2 矿物碳酸化隔离实验初探[C]. 中国工程热物理学会第十一届年会燃烧学学术会议, 2007.
[66] Seifritz W. CO_2 disposal by means of silicates[J]. Nature, 1990, 345(6275): 486.
[67] Lackner K S, Butt D P, Wendt C H. Progress on binding CO_2 in mineral substrates[J]. Energy Conversion and Management, 1997, 38: S259-S264.
[68] Lackner K S. Carbonate chemistry for sequestering fossil carbon[J]. Annual Review of Energy and the Environment, 2002, 27(1): 193-232.
[69] Lackner K, Butt D, Wendt C, et al. Mineral carbonates as carbon dioxide sinks. Los Alamos National Laboratory[R]. LA-UR-98-4530, 1998.
[70] Tai C Y, Chen W R, Shih S M. Factors affecting wollastonite carbonation under CO_2 supercritical

conditions[J]. AIChE Journal, 2006, 52(1): 292-299.

[71] Santos A, Toledo-Fernandez J A, Mendoza-Serna R, et al. Chemically active silica aerogel–wollastonite composites for CO_2 fixation by carbonation reactions[J]. Industrial & Engineering Chemistry Research, 2007, 46(1): 103-107.

[72] Daval D, Martinez I, Corvisier J, et al. Carbonation of Ca-bearing silicates, the case of wollastonite: Experimental investigations and kinetic modeling[J]. Chemical Geology, 2009, 265(1-2): 63-78.

[73] Hangx S J, Spiers C J. Reaction of plagioclase feldspars with CO_2 under hydrothermal conditions[J]. Chemical Geology, 2009, 265(1-2): 88-98.

[74] Munz I A, Brandvoll Ø, Haug T, et al. Mechanisms and rates of plagioclase carbonation reactions[J]. Geochimica et Cosmochimica Acta, 2012, 77: 27-51.

[75] 李新春, 孙永斌. 二氧化碳捕集现状和展望[J]. 能源技术经济, 2010, 22(4): 21-26.

[76] Granite E J, O'Brien T. Review of novel methods for carbon dioxide separation from flue and fuel gases[J]. Fuel Processing Technology, 2005, 86(14-15): 1423-1434.

[77] 吴克明, 黄松荣. 温室气体 CO_2 的分离回收及其资源化[J]. 武汉科技大学学报: 自然科学版, 2001, 24(4): 365-369.

[78] 唐俊丽. 合成氨工艺脱碳方法评述[J]. 化学工程师, 2011(12): 34-36.

[79] 曲平, 俞裕国. 合成氨装置脱硫工艺发展与评述[J]. 大氮肥, 1997, 20(2): 97-102.

[80] 吴珍珍. 低温甲醇洗工艺流程模拟与分析[D]. 上海: 华东理工大学, 2013.

[81] 李雅静. 某厂煤制甲醇低温甲醇洗工艺的模拟与改造[D]. 大连: 大连理工大学, 2013.

[82] 梁国仑. 吸附技术在特种气体制造中的应用[J]. 化工科技动态, 1992, 8(11): 14-18.

[83] 梁肃臣. 常用吸附剂的基础性能及应用[J]. 低温与特气, 1995(4): 55-60.

[84] Foeth F, Andersson M, Bosch H, et al. Separation of dilute CO_2-CH_4 mixtures by adsorption on activated carbon[J]. Separation Science and Technology, 1994, 29(1): 93-118.

[85] Siriwardane R V, Shen M S, Fisher E P, et al. Adsorption of CO_2 on molecular sieves and activated carbon[J]. Energy & Fuels, 2001, 15(2): 279-284.

[86] Pei Y, Jiang Z, Yuan L. Facile synthesis of MCM-41/MgO for highly efficient adsorption of organic dye[J]. Colloids and Surfaces A: Physicochemical and Engineering Aspects, 2019, 581: 123816.

[87] Xu X, Song C, Andresen J M, et al. Preparation and characterization of novel CO_2 "molecular basket" adsorbents based on polymer-modified mesoporous molecular sieve MCM-41[J]. Microporous and Mesoporous Materials, 2003, 62(1-2): 29-45.

[88] Liu X, Zhou L, Fu X, et al. Adsorption and regeneration study of the mesoporous adsorbent SBA-15 adapted to the capture/separation of CO_2 and CH_4[J]. Chemical Engineering Science, 2007, 62(4): 1101-1110.

[89] Zhang Y, Bo X, Nsabimana A, et al. Fabrication of 2D ordered mesoporous carbon nitride and its use as electrochemical sensing platform for H_2O_2, nitrobenzene, and NADH detection[J]. Biosensors and Bioelectronics, 2014, 53: 250-256.

[90] Zheng F, Tran D N, Busche B J, et al. Ethylenediamine-modified SBA-15 as regenerable CO_2 sorbent[J]. Industrial & Engineering Chemistry Research, 2005, 44(9): 3099-3105.

[91] Nakagawa K, Ohashi T. A novel method of CO_2 capture from high temperature gases[J]. Journal of the Electrochemical Society, 1998, 145(4): 1344.

[92] Melbiah J B, Nithya D, Mohan D. Surface modification of polyacrylonitrile ultrafiltration membranes using amphiphilic Pluronic F127/$CaCO_3$ nanoparticles for oil/water emulsion separation[J]. Colloids and Surfaces A: Physicochemical and Engineering Aspects, 2017, 516: 147-160.

[93] Barker R. The reversibility of the reaction $CaCO_3 \rightleftarrows CaO+CO_2$[J]. Journal of applied Chemistry and

Biotechnology, 1973, 23(10): 733-742.

[94] Abanades J C, Anthony E J, Lu D Y, et al. Capture of CO_2 from combustion gases in a fluidized bed of CaO[J]. AIChE Journal, 2004, 50(7): 1614-1622.

[95] Na B K, Lee H, Koo K K, et al. Effect of rinse and recycle methods on the pressure swing adsorption process to recover CO_2 from power plant flue gas using activated carbon[J]. Industrial & Engineering Chemistry Research, 2002, 41(22): 5498-5503.

[96] Buss E. Gravimetric measurement of binary gas adsorption equilibria of methane-carbon dioxide mixtures on activated carbon[J]. Gas Separation & Purification, 1995, 9(3): 189-197.

[97] Cheng H C, Hill F B. Recovery and Purification of Light Gases by Pressure Swing Adsorption[M]. Washington: ACS Publications, 1983.

[98] 任建新. 膜分离技术及其应用[M]. 北京: 化学工业出版社, 2003.

[99] 黄肖容, 隋贤栋, 张学斌. 用梯度硅藻土膜分离 CO_2/N_2 混合气[J]. 天然气化工(C1 化学与化工), 2002, 27(1): 9-13, 36.

[100] 丁晓莉, 张潮, 张玉忠, 等. PEBAX 2533/PSf 中空纤维复合膜制备及阻力性能[J]. 高等学校化学学报, 2012, 33(11): 2591-2596.

[101] 秦向东, 温铁军. 脱除与浓缩二氧化碳的膜分离技术[J]. 膜科学与技术, 1998, 18(6): 7-13.

[102] 王学松. 二氧化碳膜分离技术及其开发现状[J]. 化学世界, 1992(1): 1-7.

[103] 王学松, 郑领英. 膜技术[M]. 2 版. 北京: 化学工业出版社, 2013.

[104] 马骏. 膜接触器分离混合气中二氧化碳的研究[D]. 南京: 南京理工大学, 2004.

[105] 朱宝库, 陈炜, 王建黎, 等. 膜接触器分离混合气中二氧化碳的研究[J]. 环境科学, 2003(5): 34-38.

[106] 甄寒菲, 王志. 用于分离 CO_2 的高分子膜[J]. 高分子材料科学与工程, 1999, 15(6): 29-31.

[107] 郝继华, 王世昌. 致密皮层非对称气体分离膜的制备[J]. 高分子学报, 1997, 1(5): 559-564.

[108] Kim J H, Ha S Y, Nam S Y, et al. Selective permeation of CO_2 through pore-filled polyacrylonitrile membrane with poly(ethylene glycol)[J]. Journal of Membrane Science, 2001, 186(1): 97-107.

[109] Way J D, Noble R D, Reed D L, et al. Facilitated transport of CO_2 in ion exchange membranes[J]. AIChE Journal, 1987, 33(3): 480-487.

[110] 郑彤, 李邦民, 王金渠. 多孔陶瓷载体上 Y 型分子筛膜的气体渗透性能[J]. 化工装备技术, 2003, 24(4): 14-16.

[111] 朱长乐. 膜技术在气体分离中的研究和应用 (连载): 1. 气体分离膜和膜材料[J]. 浙江化工, 1995, 26(2): 3-6.

[112] LeBlanc Jr O H, Ward W J, Matson S L, et al. Facilitated transport in ion-exchange membranes[J]. Journal of Membrane Science, 1980, 6: 339-343.

[113] Kimura S G, Ward III W J, Matson S L. Facilitated separation of a select gas through an ion exchange membrane[P]: US4318714. 1982.

[114] Pez G P, Carlin R T, Laciak D V, et al. Method for gas separation[P]: US4761164. 1988-02-08.

[115] Quinn R, Laciak D. Polyelectrolyte membranes for acid gas separations[J]. Journal of Membrane Science, 1997, 131(1-2): 49-60.

[116] Quinn R, Laciak D, Pez G. Polyelectrolyte-salt blend membranes for acid gas separations[J]. Journal of Membrane Science, 1997, 131(1-2): 61-69.

[117] 王志, 王世昌, 张颖, 等. 用于酸性气体分离的固定载体复合膜制备方法[P]: 02158530. X. 2003-06-18.

[118] 陈一民, 谢凯, 盘毅, 等. 低压电场驱动下膜分离 CO_2 的研究[J]. 国防科技大学学报, 2000, 22(4): 38-40.

[119] 刘涛, 史季芬, 徐静年, 等. 中空纤维膜气体溶剂的吸收分离过程[J]. 过程工程学报, 1999(1):

11-16.

[120] 施孝通, 刘永成, 陈珊妹. CO_2/CH_4 分离膜及沸石填料影响渗透过程的研究[J]. 功能高分子学报, 1994, 7(4): 387-393.

[121] 薛为岚, 曾作祥. 天然气净化膜及膜内气体传质机理研究[J]. 高校化学工程学报, 1999, 13(5): 408-414.

[122] 王晓亮, 吴家桦, 赵庆. 燃煤电站 CO_2 捕集技术研究现状及前景展望[J]. 东方电气评论, 2011(2): 1-9.

[123] 于岩, 阎维平, 刘彦丰, 等. O_2/CO_2气氛下 O_2, CO 对 NO 排放特性影响的实验研究[J]. 华北电力大学学报(自然科学版), 2004, 31(002): 28-31.

[124] 于岩, 阎维平, 刘彦丰, 等. 空气分离/烟气再循环技术中 NO_x 排放特性及机理分析[J]. 热力发电, 2003, 32(010): 47-49.

[125] 阎维平. 温室气体的排放以及烟气再循环煤粉燃烧技术的研究[J]. 中国电力, 1997, 30(6): 59-62.

[126] 周泽兴. 火电厂排放 CO_2 的分离回收和固定技术的研究开发现状[J]. 环境科学进展, 1993(1): 56-73.

[127] Horn F L, Steinberg M. Control of carbon dioxide emissions from a power plant (and use in enhanced oil recovery)[J]. Fuel, 1982, 61(5): 415-422.

[128] Wolsky A M, Daniels E J, Jody B J. Recovering CO_2 from large- and medium-size stationary combustors[J]. Journal of the Air & Waste Management Association, 1991, 41(4): 449-454.

[129] 刘彦丰, 阎维平. 控制和减缓电力生产过程中CO_2排放的技术[J]. 华北电力大学学报, 2000, 27(2): 36-41.

[130] Riemer P W, Ormerod W G. International perspectives and the results of carbon dioxide capture disposal and utilisation studies[J]. Energy Conversion and Management, 1995, 36(6-9): 813-818.

[131] Várhegyi G, Szabó P, Jakab E, et al. Mathematical modeling of char reactivity in Ar-O_2 and CO_2-O_2 mixtures[J]. Energy & Fuels, 1996, 10(6): 1208-1214.

[132] Nozaki T, Takano S I, Kiga T, et al. Analysis of the flame formed during oxidation of pulverized coal by an O_2/CO_2 mixture[J]. Energy, 1997, 22(2-3): 199-205.

[133] Zheng L, Furimsky E. Assessment of coal combustion in O_2+CO_2 by equilibrium calculations[J]. Fuel Processing Technology, 2003, 81(1): 23-34.

[134] Liu H, Zailani R, Gibbs B M. Comparisons of pulverized coal combustion in air and in mixtures of O_2/CO_2[J]. Fuel, 2005, 84(7): 833-840.

[135] Várhegyi G, Till F. Comparison of temperature-programmed char combustion in CO_2-O_2 and Ar-O_2 mixtures at elevated pressure[J]. Energy & Fuels, 1999, 13(2): 539-540.

[136] Shaddix C, Murphy J. Coal char combustion reactivity in oxy-fuel applications[C]. Twentieth Pittsburgh Coal Conference, 2003.

[137] 刘彦, 周俊虎, 方磊, 等. O_2/CO_2 气氛煤粉燃烧及固硫特性研究[J]. 中国电机工程学报, 2004, 24(8): 224-228.

[138] 毛玉如, 方梦祥, 王勤辉, 等. O_2/CO_2 气氛下循环流化床煤燃烧污染物排放的试验研究[J]. 动力工程, 2004, 24(3): 411-415.

[139] 王宏, 董学文, 邱建荣, 等. 燃煤在 O_2/CO_2方式下 NO_x生成特性的研究[J]. 燃料化学学报, 2001, 29(5): 458-462.

[140] Okazaki K, Ando T. NO_x reduction mechanism in coal combustion with recycled CO_2[J]. Energy, 1997, 22(2-3): 207-215.

[141] Hu Y, Kobayashi N, Hasatani M. Effects of coal properties on recycled-NO_x reduction in coal combustion with O_2/recycled flue gas[J]. Energy Conversion and Management, 2003, 44(14): 2331-2340.

[142] Hu Y, Kobayashi N, Hasatani M. The reduction of recycled-NO_x in coal combustion with O_2/recycled flue gas under low recycling ratio[J]. Fuel, 2001, 80(13): 1851-1855.

[143] Croiset E, Thambimuthu K V. NO_x and SO_2 emissions from O_2/CO_2 recycle coal combustion[J]. Fuel, 2001, 80(14): 2117-2121.

[144] Liu H, Zailani R, Gibbs B M. Pulverized coal combustion in air and in O_2/CO_2 mixtures with NO_x recycle[J]. Fuel, 2005, 84(16): 2109-2115.

[145] Quann R, Neville M, Sarofim A. A laboratory study of the effect of coal selection on the amount and composition of combustion generated submicron particles[J]. Combustion Science and Technology, 1990, 74(1-6): 245-265.

[146] Quann R, Sarofim A. Vaporization of refractory oxides during pulverized coal combustion[C]. Symposium (International) on Combustion, 1982.

[147] Krishnamoorthy G, Veranth J M. Computational modeling of CO/CO_2 ratio inside single char particles during pulverized coal combustion[J]. Energy & Fuels, 2003, 17(5): 1367-1371.

[148] 杨烽, 王睿. 温室气体 CO_2 资源化催化转化研究进展[J]. 煤炭学报, 2013, 38(6): 1060-1071.

[149] 魏伟, 孙予罕, 闻霞, 等. 二氧化碳资源化利用的机遇与挑战[J]. 化工进展, 2011, 30(1): 216-224.

[150] Wang H, Wang M, Zhao N, et al. CaO-ZrO_2 solid solution: a highly stable catalyst for the synthesis of dimethyl carbonate from propylene carbonate and methanol[J]. Catalysis Letters, 2005, 105(3-4): 253-257.

[151] 靳治良, 钱玲, 吕功煊. 二氧化碳化学——现状及展望[J]. 化学进展, 2010, 22(6): 1102.

5 烟气脱汞原理与技术

5.1 概 述

5.1.1 烟气中汞的来源

汞(Hg)是一种具有高神经毒性的全球性重金属污染物，由于其特殊的挥发性、持久性和生物富集性，一旦释放进入环境中，能够以不同形态在空气、水体、土壤和生物圈之间进行全球生物地球化学循环。图 5-1 展示了全球汞循环模型。大气作为汞迁移转化和扩散传输的重要媒介和通道，在汞的全球循环过程中起着重要作用。汞在大气环境中存在的主要化学形式有单质汞(Hg^0)、二价汞(Hg^{2+})和颗粒态汞(Hg^p)，其中单质汞所占的比例最大，占总量的 90%以上。单质汞的反应性弱，溶解性低，能在大气中存在相当长的时间(0.5～1.5 年)，参与全球大气循环，进行大范围长距离运输；二价汞包括二价无机汞化合物和甲基汞、二甲基汞，具有较强水溶性，极易通过干湿沉降进入地表系统；而颗粒态汞在大气中存在时间短，浓度低，也易沉降，进而进入土壤或水体当中[1, 2]。

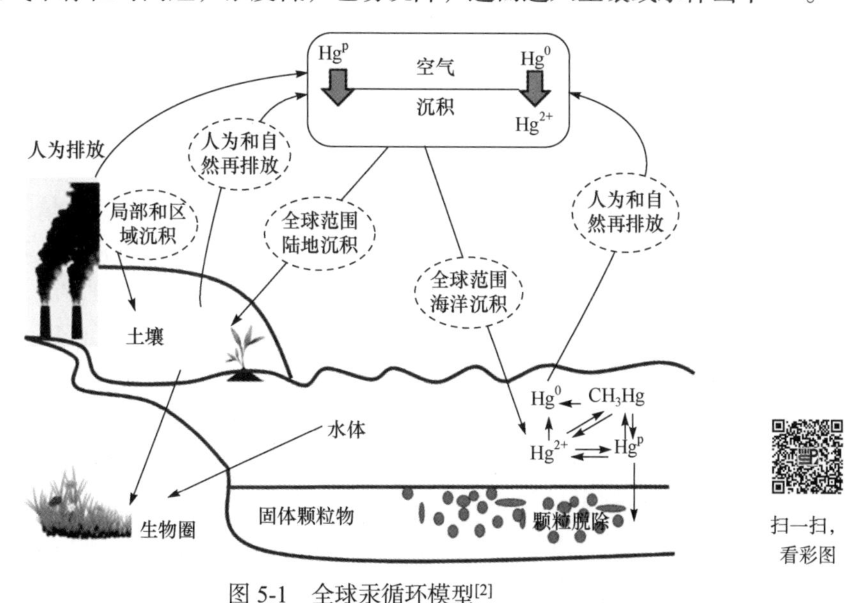

图 5-1 全球汞循环模型[2]

自然和人为活动均可导致汞排放，但当前环境中绝大部分汞都是通过人类活动排放到大气中的。据估算，全球的汞排放量约 2000t/a，若不加以控制，到 2050 年将增至 3400t/a。以煤为燃料的火力发电和垃圾焚烧排放的汞，占排放总量的 2/3。我国是全球大气汞排放量最多的国家之一，占全球大气汞排放总量的 33%左右，其中燃煤烟气和有色金属冶炼烟气是我国最主要的两个人为汞排放源。据估算，我国每年向大气排放汞总量为 500～700t，其中非煤大气汞排放量约为 393t，大大超过了燃煤烟气汞的排放量，其中 84%来自有色金属冶炼。

5.1.1.1 燃煤烟气

世界范围内煤中汞含量一般在 0.012～33.000mg/kg，平均汞含量约为 0.13mg/kg。我国煤中汞的平均含量为 0.22mg/kg。不同煤种汞含量分布不同。表 5-1 中列出了我国不同煤种汞的含量。各种煤汞含量由高到低依次为瘦煤＞褐煤＞焦煤＞无烟煤＞气煤＞长焰煤。从地域上来看，我国煤中汞含量分布也不均匀，新疆、河北、黑龙江等煤中汞含量较低，西南如贵州、云南汞含量增加，呈现出自北向南汞含量增加的趋势。煤中汞主要与煤中的无机矿物质结合，FeS_2 和 HgS 是煤中主要的汞结合物。其中可交换态汞占总汞的 0.9%～2.4%，硫化物结合态汞占总量的 40%～78.3%，有机结合态汞占 0.3%～1.5%，残渣态汞占 1.78%～5.9%。在燃烧中随着矿物质的分解，煤中汞以气态单质的形式释放出来，而且汞与矿物质的结合不会影响最初的燃烧转化机理。汞的存在形式也直接关系到燃煤烟气中汞污染控制方法的选择和脱除的效率，而烟气中汞的形态分布与煤种、燃烧方式、烟气温度、烟气组成等因素相关[3-5]。

表 5-1 我国不同煤种汞的含量(μg/g)

项目	无烟煤	瘦煤	焦煤	气煤	长焰煤	褐煤
干基	0.184	0.729	0.268	0.144	0.072	0.383
灰分基	0.569	3.080	0.867	0.532	0.318	2.289

注：数据摘自文献[4]

煤炭燃烧产生的污染物种类，根据煤种、净度、燃烧工况等具体情况确定，主要污染物有 SO_2、NO_x、烟尘、CO 以及砷、汞、铜、铅、铬等重金属和卤化物等。然而，汞的环境影响和脱除效率与其在烟气中的存在形式密切相关。基于目前的分析手段，将燃煤过程中汞的存在形式分为三种：第一种是气态零价汞，又称气态元素汞或气态单质汞，表示为 Hg^0；第二种是气态二价汞，又称气态氧化汞，以 $HgCl_2$ 为主，表示为 Hg^{2+}；第三种是颗粒吸附汞(不区分价态)，表示为 Hg^p。不同形态的汞都有独特的物理和化学性质，导致其排放、传播和沉积特性不同。Hg^0 的化学性质不活泼、水溶性相当低、挥发性强，难以被捕获，当其被排入大气后，会停留很长时间，湿法烟气脱硫(wet flue gas desulfurization，WFGD)基本上起不到作用，而且随着大气运动，输运到远离排放源的区域，形成全球性污染。Hg^0 是最难控制的汞形态之一，最后经过一系列物理和化学变化过程沉降在陆地和水体，是全球性污染物。Hg^{2+}具有水溶性，可以溶于湿法脱硫设备的石膏浆液中，而氧化态汞较容易吸附到颗粒物上，使其在大气中的停留周期较短，因此大部分氧化态汞可由湿式除尘或脱硫设施进行同步去除或通过吸附剂进行吸附去除，小部分氧化态汞排到大气后，很快沉降在排放源附近。大部分 Hg^p 可以随颗粒物的捕获而在除尘设备中被除去[4-11]。

不同煤种燃烧后的烟气中，汞的形态分布不同，一般煤燃烧中汞有 20%～50%是以 Hg^0 形式排放，50%～80%是以氧化态汞形式排放。褐煤燃烧后 Hg^0 的含量高达 80%，烟煤约为 20%。图 5-2 显示了煤在燃烧过程中汞的转移规律。大量研究表明，当温度达到 600℃时，煤炭中 90%以上的汞可被释放。一般认为在燃烧温度下，煤中的汞几乎全部以气态单质汞 Hg^0 的形式释放到烟气中。气态单质汞 Hg^0 是汞的热力学稳定形式，而大部分含汞的化合物是热力学不稳定的，它们在一定条件下将分解为气态单质汞 Hg^0。随着烟气温度降低到 477～627℃，烟气中的汞将进一步发生变化。部分 Hg^0 会和烟气中的氧化性物质(如 Cl、O 等)发生均相氧化反应生成气态氧化汞 Hg^{2+}，主要以 $HgCl_2$(g)和 HgO(g)形式存在，这是煤燃烧烟气中汞转化的主要机制。在这个氧化过程中，烟气中其他的成分(如 NO_x、SO_2、CO 等)以及固相成分(如飞灰中 Ca、Fe、Cu 等矿物)会起到催化或者抑制作用。当温度进一步下降到 127～327℃时，Hg 会在飞灰和未燃尽碳的作用下发生异相催化氧化反应，并且飞灰中的未燃尽碳、粉尘等物质对气态汞通过物理吸附、化学吸附和化学反应等途径被飞灰吸收，转化为颗粒态汞。颗粒态汞主要有 $HgCl_2$、HgO、$HgSO_4$ 和 HgS 等。在实际工况条件下，影响燃煤电厂烟气中汞的形态分布的因素非常多，包括煤种、锅炉运行状态、空气污染物控制设备、烟气停留时间等，尤其是煤种的影响最为显著。这主要是由于煤种决定了烟气中汞和酸性气体(如 HCl、SO_2 和 NO_x)的浓度、未燃尽碳和飞灰组成。汞与这些成分之间会发生复杂反应，当烟气通过各类空气污染物脱除设备时，几种存在形式的汞之间还会发生明显的相互转化[4, 5,13-15]。

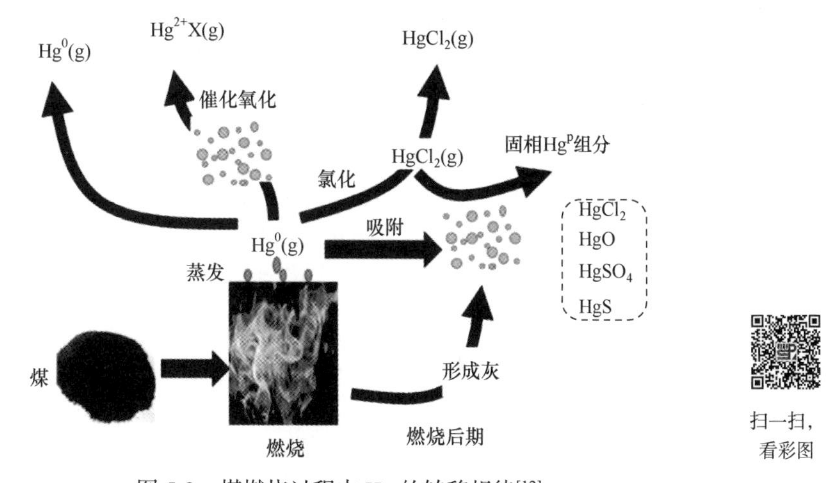

图 5-2 煤燃烧过程中 Hg 的转移规律[12]

氯化汞的生成：

$$Hg^0(g)+HCl(g)/Cl_2(g) \longrightarrow HgCl_2 \quad (5\text{-}1)$$

这个反应通常被认为是冷却烟气中汞迁移转化的主要机理之一。研究表明[4, 16-18]，Hg^0 可以与烟气中的氧气(O_2)、氯化氢(HCl)气体、氯气(Cl_2)发生快速反应，生成氧化汞(HgO)和氯化汞($HgCl_2$)。尽管 HCl(g)可以氧化 $Hg^0(g)$，但是汞-氯系统中 Cl_2 的活性更大。在煤燃烧过程中氯元素主要以 HCl(g)形式蒸发，当温度下降到一定范围(430～475℃)时，则发生了以下反应：

$$4HCl(g)+O_2(g)\xrightarrow{\text{催化剂}}2Cl_2(g)+2H_2O(g) \tag{5-2}$$

汞在 $Hg^0(g)$和 $Hg^{2+}(g)$之间的分布主要依赖于煤和烟气中 HCl(g) 和其他污染物浓度。烟气中的 $SO_2(g)$会影响汞在烟气中的分布，但它不直接和汞发生反应，而是通过抑制氯化物的形成

$$Cl_2(g)+H_2O(g)+SO_2(g)\rightleftharpoons 2HCl(g)+SO_3(g) \tag{5-3}$$

或减少飞灰的催化活性的方式影响汞在烟气中的分布。研究表明[4]，烟气中硫元素含量越大，硫化物对汞的形态分布影响越大，Hg^0 作为稳定相的温度范围越宽而硫酸汞($HgSO_4$)作为稳定相的温度范围越窄。如果烟气中硫元素和氯元素同时存在，硫/氯比较低时，硫元素基本上不能影响烟气中汞的形态分布，提高硫/氯比会抑制 $HgCl_2$ 的形成，Hg^0 作为稳定相的温度范围增宽。这是因为高硫/氯比将抑制 $Cl_2(g)$ 的形成，从而抑制了 $HgCl_2(g)$ 的形成。当温度低于硫酸露点时，烟气中 $SO_3(g)$ 和 $H_2O(g)$ 反应生成的 $H_2SO_4(g)$ 在灰粒表面凝结，使得汞组分可能以 $HgSO_4(l)$ 形式吸附。O_2 和/或 NO_2 与 Hg^0 之间的反应，由于有限的化学动力和烟气在烟道中停留时间较短而抑制了这类均相反应的发生[4]。然而，烟气中存在无机物和含碳灰粒时，O_2 的存在会促进碳和飞灰对 Hg(g) 的吸附，NO_2 在温度低于 200℃时抑制了飞灰和碳对 $Hg^0(g)$的吸附，但能促进 $Hg^{2+}(g)$的形成。飞灰和某些灰成分(Fe 和 Al)可以促进 $Hg^0(g)$转化为 $Hg^{2+}(g)$。因此，烟气中的氧化物和氮化物以及飞灰表面上的氧化物、催化剂都是控制 $Hg^0(g)$转化为 $Hg^{2+}(g)$和 Hg^p 的重要因素。$Hg^0(g)$和烟气中无机矿物质与含碳灰粒之间发生的反应，特别是在气体-颗粒表面，是烟气中汞迁移特性的一个重要方面。飞灰颗粒表面的活性化学组分和氧化催化剂都可以将 $Hg^0(g)$氧化为 $Hg^{2+}(g)$并通过物理吸附和/或化学吸附吸附在飞灰颗粒表面。

$Hg^{2+}(g)$和 $Hg^{2+}(s)$的还原可能也是烟气中汞迁移转化机理之一。HgO(s,g)被烟气中的 SO_2 和 CO 还原，发生以下的反应：

$$HgO(s,g)+SO_2(g)\longrightarrow Hg^0(g)+SO_3(g) \tag{5-4}$$

$$HgO(s)+CO(g)\longrightarrow Hg^0(g)+CO_2(g) \tag{5-5}$$

$HgCl_2(g)$可以在炽热的铁表面发生反应被还原：

$$3HgCl_2(g)+2Fe(s)\longrightarrow 3Hg^0(g)+2FeCl_3(s) \tag{5-6}$$

5.1.1.2　有色金属冶炼烟气

当前的有色重金属矿石多以硫化矿为主，矿物中的汞主要以 Hg—C 键或 Hg—S 键的形式存在。不同汞的化合物具有不同的热解温度，Hg_2Cl_2 的热解温度峰值在 175℃左右，$HgSO_4$ 的热解温度峰值在 450～540℃。大部分汞化合物的热解温度在 600℃以下。表 5-2 列举了中国部分矿山精矿汞浓度的检测结果，说明中国精矿的汞浓度存在明显差异。研究表明，中国锌精矿汞浓度分布在 0.07～2534.06μg/g，变化范围非常大。精矿汞

浓度是影响有色金属冶炼行业汞输入量及排放量的重要因素。我国某地区的锌精矿含汞量在 233.07～499.91g/t，这是该地区锌冶炼中烟气汞的含量非常高的原因。西北铅锌冶炼厂消耗的锌精矿的平均汞浓度为 200～300μg/g，部分精矿汞浓度达到了 1500μg/g，而葫芦岛锌厂消耗锌精矿的汞浓度高达 1000μg/g。与燃煤烟气相比，有色金属冶炼烟气具有汞浓度高、二氧化硫浓度高、生产周期波动大等特点。在有色金属冶炼中，其烟气汞排放是我国大气汞污染的主要原因，在近些年才被高度重视[19-22]。

表 5-2 中国部分矿山精矿汞浓度的检测结果(μg/g)

矿山	精矿类型	汞浓度	矿山	精矿类型	汞浓度
水口山矿	锌精矿	150～151	泗水矿	锌精矿	189～193
罗平矿	锌精矿	102～104	大理矿	锌精矿	12～14
锡铁矿	锌精矿	30	天水矿	锌精矿	60
天水矿	铅精矿	210	桃林矿	铅锌精矿	50
凡口矿	铅锌精矿	57	黄沙坪矿	铅锌精矿	40
天宝山矿	锌精矿	38	岫岩矿	锌精矿	63

注：数据摘自文献[26]

在进行有色金属冶炼汞排放量估算时常采用排放清单法，并且主要关注冶炼过程的大气汞排放。排放清单的估算方法主要有两种：基于产品的排放因子法和基于原料的排放因子法，而应用最多的是基于产品的排放因子法。早期的研究者根据 Nriagu[23]、Pacyna[24]、蒋靖坤[25]等的排放清单估计了有色金属冶炼中汞的排放量。Niriagu 给出了铅冶炼的大气汞排放因子为 2.0～4.0g/t 精铅，锌冶炼的大气汞排放因子为 8.0～45.0g/t 精锌。Pacyna 建议亚洲地区锌冶炼的大气汞排放因子为 20.0g/t，铅冶炼的大气汞排放因子为 3.0g/t，铜冶炼的大气汞排放因子为 10.0g/t。蒋靖坤所给出的排放因子主要是在调研中国锌、铅和铜精矿汞浓度的基础上计算得到，即铅冶炼的大气汞排放因子为 43.6g/t 精铅，锌冶炼的大气汞排放因子为 13.8～156.4g/t 精锌，铜冶炼的大气汞排放因子为 9.6g/t 精锌。然而，这套排放因子没有考虑大气污染控制设备对汞的脱除效果。由于我国有色金属冶炼行业具有规模不大、企业众多、工艺复杂、布局较为分散、原料成分差异大、重金属污染物的排放环节多、污染物形态不同、对环境污染程度不同等特点，因此目前有色金属冶炼中汞的排放情况存在很大的不确定性。

有色金属冶炼烟气汞排放主要集中在铅、锌、铜等金属冶炼过程。有研究人员以 2012 年为基准估算了我国有色金属冶炼中汞的排放量，2012 年锌、铅和铜冶炼基准年大气汞排放(包括金属生产和副产物再利用过程)的最佳估计值分别为 97t、45t 和 5.5t。在此基础上，沿用以往研究基于工艺过程的大气汞排放因子模型，建立精矿消费量、大气污染控制设施等相关参数的未来情景，从而预测行业排放趋势和减排潜力。2020 年大气汞的排放量将比 2012 年降低 24.5%。其中，锌冶炼和铅冶炼大气汞排放量分别减少了 13.0%和 65.4%，而铜冶炼则增加了 95.0%。与 2012 年相比，2030 年大气汞的排放量将减少 51.4%～74.6%。一般有色金属冶炼工序包括干燥、焙烧/熔炼、浸出/吹炼和精炼四个工序。干燥器的温度一般在 110～140℃，仅 Hg^0、Hg_2Cl_2 等易挥发的汞化合物容易释放到烟气中，因此，干燥工段主要产生颗粒物，汞释放率相对较低，一般安装除尘器进行除尘。除尘器捕集到的尘主要是精矿颗粒，一般送入焙烧/熔炼炉。焙烧/熔炼、吹炼以及火法精炼工段温度往往在 800℃以上，在这个温度下，矿物中大部分的汞化合物处于热不稳定状态，这些化合物很容易裂解生成 Hg^0。其中，焙烧/熔炼是大气污染物的主要释放点，也是有色金属冶炼过程中第一个烟气汞高温释放点，汞的释放效率为 98.3%～99.4%。研究显示，焙烧浸出湿法炼锌过程汞的释放率为 99.9%，竖罐炼锌过程汞的释放率为 99.7%。因此，在一定程度上，该工段的污染控制设备安装类型，决定了冶炼过程大气汞的排放特征及汞在冶炼行业的流向。大部分冶炼厂采用除尘+净化+制酸的方式控制烟气中的颗粒物和 SO_2 的排放。在浸出工序，污染物主要以浸出渣或金属渣的形式排出冶炼系统。吹炼/蒸馏环节主要排放颗粒物、SO_2 等大气污染物，往往进行除尘和脱硫[1, 21, 26, 27]。

在有色金属冶炼过程中，干燥、焙烧/熔炼、吹炼及精炼工序均存在加热过程，都有可能存在汞的释放。吴清茹[26]引入汞释放率来表征各个工段入炉原料中的汞释放到烟气的比例，其计算式为

$$\gamma = \frac{C_{\text{flue}} \times M_{\text{flue}}}{\sum_{\text{m}} C_{\text{input},m} \times M_{\text{input},m} \times 10^3} = 1 - \frac{C_{\text{sludge/product}} \times M_{\text{sludge/product}}}{\sum_{\text{m}} C_{\text{input},m} \times M_{\text{input},m} \times 10^3} \tag{5-7}$$

式中：C_{flue} 和 M_{flue} 分别表示指定工段炉体出口烟气汞浓度和烟气量，μg/m³ 和 km³/d；C_{input} 和 M_{input} 分别表示指定工段入炉原料的汞浓度和消耗量，μg/m³ 和 t/d；m 表示入炉原料类型；$C_{\text{sludge/product}}$ 表示炉渣或产品汞浓度，μg/g；$M_{\text{sludge/product}}$ 表示炉渣或产品产量，t/d。

对于锌冶炼，焙烧/熔炼工段汞的释放率为 98.3%～99.8%。对于铅冶炼，焙烧/熔炼工段汞的释放率为 98.7%左右，吹炼工段汞释放率为 60.1%～65.7%。对于铜冶炼，焙烧/熔炼工段汞释放率为 98.5%左右，吹炼工段汞释放率为 60.1%～89.1%，精炼工段为 25.7%～49.5%。

在汞随烟气进入烟道并最终排入大气的过程中，烟气温度不断降低，烟气中的汞进一步发生复杂的物理反应和化学反应。研究人员[26]对某铅厂烟道气中的汞进行检测，发现在余热锅炉、静电除尘后，汞的形态主要是 Hg^{2+}、Hg^0 和 Hg^p；制酸后只检测到 Hg^{2+} 和 Hg^0。在余热锅炉后烟气中检测到 Hg^{2+}为 12136.8μg/m³，Hg^0 为 1323.4μg/m³，Hg^p 为 525.2μg/m³；静电除尘后，Hg^{2+}为 10868.6μg/m³，Hg^0 为 1625.8μg/m³，Hg^p 为 267.0μg/m³；制酸后，Hg^{2+}为 39.7μg/m³，Hg^0 为 10.9μg/m³。

汞排放特征测试主要关注污染控制设备脱汞率、冶炼过程的大气汞排放因子及冶炼过程汞的归宿。研究者[28]根据现场测试和质量衡算的方法得到冶炼过程不同污染控制设备的脱汞效率，烟气净化冲洗塔为 4%～22%、电除雾为 10%～20%、专门脱汞设备为 87%～92%、双转双吸制酸系统为 35%～62%。冶炼过程采用布袋除尘，其脱汞效率分布在 0.02%～56.1%，平均脱汞率为 38.3%。有色金属冶炼厂的烟气污染控制设备有协同脱汞的作用，其大气汞排放因子由于冶炼工艺的不同而不同。据估算[29]，无静电除汞的湿法炼锌工艺大气汞排放因子是(31～22)g Hg/t Zn，有静电除汞的湿法炼锌工艺大气汞排放因子是(5.7±4.0)g Hg/t Zn，竖罐炼锌工艺汞排放因子是(34～71)g Hg/t Zn，鼓风炉熔炼

工艺排放因子是(122～122)g Hg/t Zn，土法炼锌工艺排放因子是(75～115)g Hg/t Zn。Feng等[30]利用物料衡算法研究土法炼锌大气汞排放因子时发现，氧化矿土法炼锌的汞排放因子平均为79g Hg/t Zn，硫化矿土法炼锌的汞排放因子平均为155g Hg/t Zn，都远大于利用排放清单中所沿用的发展中国家锌冶炼汞排放因子25g Hg/t Zn。然而，我国有色金属冶炼厂分布广泛、工艺复杂、烟气污染控制设备类型多样、生产原材料差别大，这些问题给我国有色金属的冶炼汞污染控制工作的开展带来严重影响。吴清茹[26]通过中国244家有色金属冶炼厂基础信息并结合中国有色金属工业协会数据，得到了中国锌、铅和铜冶炼工艺类型的比例。对于锌冶炼工艺，焙烧浸出湿法炼锌、竖罐炼锌、全湿法炼锌、铅锌密闭鼓风炉熔炼法(ISP工艺)炼铅锌、电炉炼锌和土法炼锌的使用比例分别为84.6%、4.4%、4.3%、3.8%、1.5%和1.4%。铅冶炼工艺包括熔池炼铅、烧结机炼铅、土法炼铅(烧结锅或烧结盘)和ISP炼锌铅，它们的使用比例分别为50.4%、28.9%、18.8%和1.9%。铜冶炼工艺包括熔池炼铜、闪速炼铜、密闭鼓风炉炼铜、电炉/反射炉炼铜和焙烧-浸出-电解炼铜五种工艺，其比例分别为62.1%、31.0%、5.8%、0.8%和0.3%。因此，必须注重治理我国有色金属冶炼烟气汞排放，制定完善的控制技术，研发适合有色金属冶炼烟气汞控制新技术、新工艺，为汞污染问题的有效解决奠定坚实基础。然而，冶炼烟气除汞技术广泛多样，只有结合自身生产条件，才能做到既保证除汞效率，又经济可靠。

5.1.2 汞的环境影响

造成环境污染的汞的来源分为自然排放和人为排放两大类。我国汞的主要供应源是汞矿开采，由于技术水平较低、环保措施不足等原因，在开采过程中对汞矿周边地区造成了较为严重的汞污染。在我国的吉林、陕西、湖北、辽宁和重庆等地环境汞污染现象较为严重。污染来源有汞电解法生产烧碱、含汞矿石和金矿的开采冶炼、燃煤、医院、电池制造、仪器仪表生产、垃圾焚烧、氯碱工业等行业或部门。它们通过排放废水、废渣、废气等方式将汞及其化合物排放到自然环境中，造成周边地区空气、水体、土壤、植物等的污染，再通过多种途径进入人体，对人体的各个系统造成了严重的危害，尤其是神经系统方面的危害。

5.1.3 汞的控制标准

随着我国现代化和工业化的发展，人民生活水平日益提高，但同时引起的环境污染问题日益严重，越来越受到社会的关注。大气污染是极为重要的方面，其中汞污染防治已经成为国内外关注的重大民生问题。我国出台的《重金属污染综合防治“十二五”规划》、《节能减排“十二五”规划》、《汞污染防治技术政策》等一系列文件中已明确将汞列为主要的重金属污染物，需要对其进行重点监控和排放限值控制。为了持续改善我国的大气环境质量，国家和各地方政府以及一些行业相继出台了一系列标准，其中涉及汞污染物的排放限值，具体如表5-3所示。《火电厂大气污染物排放标准》(GB 13223—2011)规定汞污染排放限值低于0.030mg/m^3。该标准目前被认为是具有启示性的，多家电厂测试表明，燃煤电厂烟气汞排放浓度均远低于该排放限值，尤其是协同控制的超低排放系统。2011年开始，美国已经开始对其国内燃煤电厂排放的汞进行控制。在联合国环境规划署的呼吁下，2013 年 10 月 1 日，包括中国在内的 92 个国家和地区签署了《关于汞的水俣公约》(以下简称《水俣公约》)，共同控制全球汞污染。《水俣公约》将燃煤电厂、燃煤工业锅炉、有色金属生产当中使用的冶炼和焙烧工艺、废物焚烧设施以及水泥熟料生产设施等五个排放源列为重点管控源。参照美国燃煤电厂汞排放限值，即烟气总汞排放浓度为 0.015mg/m^3 排放要求，我国作为重要的国际汞公约(《水俣公约》)协议签约国和汞排放大国，面临更高的减排要求，如上海市地方标准《大气污染物综合排放标准》(DB 31/933—2015)规定汞污染排放限值为 0.010mg/m^3。因此，燃煤电厂汞排放控制将面临巨大的环境压力。针对目前我国有色冶炼行业中大气汞排放主要集中在铜铅锌重金属冶炼领域，我国已经出台了相关的行业标准，其中在《铜、镍、钴工业污染物排放标准》(GB 25467—2010)中明确指出烟气中汞的排放标准为 0.012mg/m^3，在《铅、锌工业污染物排放标准》(GB 25466—2010)中明确指出烟气中汞的排放标准为 0.05mg/m^3。

表 5-3　部分排放标准中汞及其化合物排放限值

排放标准	排放限值	
	在用设备	新建设备
《锅炉大气污染物排放标准》(GB 13271—2014)	0.05mg/m^3	0.05mg/m^3
《锅炉大气污染物排放标准》(山东省地方标准)(DB 37/2374—2018)	0.05mg/m^3	0.05mg/m^3
《火电厂大气污染物排放标准》(GB 13223—2011)	0.03mg/m^3	0.03mg/m^3
《火电厂大气污染物排放标准》(天津市地方标准)(DB 12/810—2018)	0.03mg/m^3	0.03mg/m^3
《火电厂大气污染物排放标准》(山东省地方标准)(DB 37/664—2019)	0.03mg/m^3	0.03mg/m^3
《燃煤电厂烟气汞污染物排放标准》(新疆维吾尔自治区地方标准)(DB 65/T 3909—2016)	0.03mg/m^3	0.02mg/m^3
《大气污染物综合排放标准》(上海市地方标准)(DB 31/933—2015)	0.01mg/m^3	0.01mg/m^3
《水泥工业大气污染物排放标准》(GB 4915—2013)	0.05mg/m^3	0.05mg/m^3
《锅炉大气污染物排放标准》(北京市地方标准)(DB 11/139—2015)	0.5μg/m^3	0.5μg/m^3
《铅、锌工业污染物排放标准》(GB 25466—2010)	0.05mg/m^3	0.05mg/m^3
《锡、锑、汞工业污染物排放标准》(GB 30770—2014)	0.015mg/m^3	0.01mg/m^3
《铜、镍、钴工业污染物排放标准》(GB 25467—2010)	0.012mg/m^3	0.012mg/m^3
《生活垃圾焚烧大气污染物排放标准》(上海市地方标准)(DB 31/768—2013)	—	0.05mg/m^3
《无机化学工业污染物排放标准》(GB 31573—2015)	0.015mg/m^3	0.01mg/m^3
《工业炉窑大气污染物排放标准》(江苏省地方标准)(DB 32/3728—2020)	—	金属熔炼：0.05mg/m^3 其他：0.01mg/m^3

续表

排放标准		排放限值	
		在用设备	新建设备
《工业炉窑大气污染物排放标准》(GB 9078—1996)	一级标准	金属熔炼：0.05mg/m^3 其他：0.008mg/m^3	禁排
	二级标准	金属熔炼：3.0mg/m^3 其他：0.01mg/m^3	金属熔炼：1.0mg/m^3 其他：0.01mg/m^3
	三级标准	金属熔炼：5.0mg/m^3 其他：0.02mg/m^3	金属熔炼：3.0mg/m^3 其他：0.01mg/m^3

5.2 烟气脱汞发展历程与现状

5.2.1 国外烟气脱汞发展历程与现状

美国是最早进行工业汞排放监测与控制的国家之一。研究表明，在1990年未采用汞控制技术之前，人为汞的排放量达到220t，而采用汞控制技术之后，人为汞的排放量在1999年降至120t，目前美国最大的人为汞排放源仍然是燃煤电厂。因此，对燃煤电厂的汞排放进行控制是实现人为汞控制的重要环节。1999年，经过十年的研究，美国国家环境保护局认为有必要对燃煤电厂的汞排放进行控制和处理，计划在2007年汞控制率达到90%，然而政府废除了该项计划。2005年，美国制定了《清洁空气汞法规》(Clean Air Mercury Rule)，计划2010年汞控制率达到20%，并且可以通过排放权进行交易，2018年汞控制率达到70%[31]。此法规对汞控制要求比较宽松，导致美国20多个州决定制定更为严格的地方政策来控制本州燃煤电厂的汞排放，并且对《清洁空气汞法规》进行诉讼。2008年，美国联邦上诉法院判决撤销《清洁空气汞法规》，并责成国家环境保护局制定更为严格的汞控制法规，要求针对燃煤电厂汞排放控制标准的制定必须采用“最大可实现控制技术”，即以汞排放最少的12%的电厂的总平均值为基础来制定控制标准。随后美国国家环境保护局对新源排放标准进行修订，规定了自2004年1月30日以后新建的燃煤电站锅炉汞排放限值。具体数值如表5-4所示。

表5-4 美国新建燃煤电厂汞排放限值

煤种		排放限值/[kg/(TW·h)]
烟煤		9(约为0.007mg/m^3)
次烟煤	降水量＞635mm/a	30(约为0.020mg/m^3)
	降水量≤635mm/a	44(0.035mg/m^3)
褐煤		80(0.060mg/m^3)
煤矸石		7.3(0.006mg/m^3)

注：排放限值取12个月滚动平均值

2011 年美国国家环境保护局首次对外发布了汞及其有毒有害气体排放标准的征求意见稿，根据反馈意见，大部分支持此项标准。2011 年 12 月，美国国家环境保护局最终发布了《汞及其有毒有害气体排放限制标准》，并于 2012 年 4 月 16 日起正式执行，这是美国第一个针对燃煤电厂出台的全国性的大气污染控制法规[32]。

2015 年 3 月 19 日欧盟环保局网站刊登题为《空气与汞——减少汞排放，改善人类健康》的专题报道，提出欧洲最主要的汞排放源是燃煤，大约 50%的汞排放来自燃煤装置。截至 2017 年，欧盟共出台 2 次指令实施大型燃烧装置大气污染物排放限值，控制燃煤电厂污染排放，但是均未对燃煤相关的汞排放进行直接规制，仅推荐了汞的排放控制技术，主要是利用常规烟气净化装置(如 SCR、脱硫、电除尘、布袋除尘等装置)的协同除汞能力。

德国的《大型燃烧装置法》在 2004 年针对燃煤电厂汞排放制订了排放限值，规定尾气总汞排放不得超过 30μg/m^3。2013 年德国进一步严格了此项标准，规定限值为 10μg/m^3，该标准对于新建设施自颁布起生效，对于已有设施自 2019 年开始生效。

5.2.2　国内烟气脱汞发展历程与现状

我国使用汞的历史悠久，早在公元前 6 世纪前就已经开始使用辰砂(HgS)作为炼金术和制作颜料的原料，同时我国也是全球范围内大气汞污染最为严重的地区之一。联合国环境规划署等机构的报告指出，2005 年中国人为源大气汞排放量为 825.2t，占全球汞排放总量的 42.8%。在我国的大气汞排放源中，燃煤电厂是重要的人为汞排放源。因此，对燃煤电厂中烟气进行脱汞是减少汞排放的重要环节。

我国对汞污染及其防治工作研究起步较晚，但在全球限制汞排放和消费的大环境之下，我国日益重视汞排放问题，先后制定了一系列政策，努力推动汞减排工作。中国于 1997 年 1 月 1 日实施了大气污染物综合排放标准，将汞及其化合物最高排放浓度限制在 0.015mg/m^3；2009 年颁布的《国务院办公厅转发环境保护部等部门关于加强重金属污染防治工作指导意见的通知》中将汞污染防治列为重点工作；2011 年国务院通过了《重金属污染综合防治“十二五”规划》，将汞列入五种主要重金属，并且对其总量进行控制；2011 年 4 月，环境保护部颁布了《2011 年全国污染防治工作要点》，指出在全国范围内开展汞污染排放源调查，对重点行业和典型区域的汞污染源进行监测和评估，开展燃煤电厂大气汞污染控制试点。2011 年 7 月，环境保护部出台了《火电厂大气污染物排放标准》(GB 13223—2011)，首次规定了燃煤电厂汞及其化合物排放浓度限值为 0.03mg/m^3。2013 年 10 月，联合国环境规划署在日本熊本市主办“汞条约外交会议”，包括中国在内的几十个国家和地区的代表共同签署了《水俣公约》，明确指出缔约国到 2020 年禁止汞产品的生产、进口和出口。2017 年 8 月 16 日，《水俣公约》正式对中国生效。燃煤电厂是《水俣公约》排放条款附录 D 中五个重点大气汞排放源之首[33]。随着人们环保意识的不断提高，有必要严格控制燃煤电厂的汞排放量，引进和研发汞排放控制技术，大力打造适用于我国燃煤电厂的高效、经济、安全的脱汞技术，这对控制我国汞污染甚至全球范围的大气汞污染都具有深远的意义。

针对目前我国有色冶炼行业中大气汞排放主要集中在铜铅锌重金属冶炼领域，根据有色冶炼工艺特点和烟气排放特点，汞控制往往结合冶炼工艺进行。

5.3 烟气中汞控制技术分类

由于汞的赋存方式不同，减少汞进入环境中的方式也不同。对于燃煤中汞的控制，根据燃煤中汞的赋存方式和烟气排放特征，可将控制汞排放按照控制过程和控制技术进行分类。根据有色金属冶炼过程冶炼工艺导致汞排放特性不同，可利用其他污染物处理设备进行脱汞，也可以利用专门脱汞设备进行脱汞。因此，对于有色金属冶炼过程汞排放控制，可以按照金属冶炼工艺进行分类。

5.3.1 燃煤汞排放控制——控制过程

按照控制过程，汞排放控制主要分为燃烧前脱汞、燃烧中脱汞和燃烧后脱汞。

(1) 燃烧前脱汞

燃烧前脱汞是指在燃烧之前对煤进行预处理以降低煤中汞的含量，主要是通过洗煤和型煤加工等手段来脱除煤炭中的汞，缺点是处理成本高且需要对处理过程中产生的含汞废水做进一步处理。

洗煤是减少汞排放最简单有效的方法。它是通过物理洗煤脱除黄铁矿的方法控制汞。物理洗煤是运用各种成分的物理性质的不同而进行的，主要是运用相对密度和表面物理化学特性进行分离。这是因为煤的相对密度是1.23～1.70，比其他成分的相对密度要小，煤是疏水性的，而大部分杂质成分表面是亲水性的。煤中的汞与灰分、黄铁矿等成分结合在一起，在洗选煤的过程中可以被除去从而减少煤中汞的含量。例如浮选法，就是建立在煤粉中有机物与无机物的密度不同以及它们的有机亲和性不同的基础上，当煤粉浆液中加入有机浮选剂进行浮选时，有机物主要成为浮选物而无机物成为浮选废渣。汞以及其他重金属大量地富集在浮选废渣中，从而起到了部分除去煤中汞的作用。浮选法可以获得 21%～37%的汞去除率。另外，还可以通过热解、气化等手段释放煤炭中的汞，从而实现脱汞净化的目的。有研究者采用双螺旋给煤机高温反应器的台架实验，发现当分解温度超过400℃时汞排放数量明显减少，这是因为外螺旋逆流供给 CaO 以吸附煤分解烟气中的汞。

型煤是以粉煤为主要原料，按照具体用途所要求的配比、机械强度和形状大小，经机械加工压制成型，具有一定强度、尺寸及形状各异的煤成品。常见的有煤球、煤砖、煤棒、蜂窝煤等。型煤分工业用和民用两大类。工业型煤有化工用型煤、蒸汽机车用煤、冶金用型煤(又称型焦)。民用型煤又称生活用煤，以蜂窝煤为主。型煤生产工艺有无黏结剂成型、有黏结剂成型、热压成型三种。我国常用黏结剂低压成型来生产工业型煤。黏结剂多为石灰、石油沥青、焦油沥青或纸浆废液等，其用量一般为5%～10%。型煤一般由点火层、引火层和煤本体三部分组成，各层原料的配方不同。在型煤配料中，挥发分控制在20%～25%的范围内，并添加适量焦末和石灰，使煤内部具有良好的微孔结构，为可燃气体的均匀析出创造条件。石灰是脱除汞常用的吸附剂，因此在型煤燃烧过程中可以减少气相汞的排放。

(2) 燃烧中脱汞

燃烧中脱汞是指通过改变煤燃烧方式或喷入添加剂抑制燃烧过程中煤中的汞向烟气迁移转化。根据 NO_x 生成机理，影响 NO_x 生成量的因素主要有火焰温度、燃烧器区段氧浓度、燃烧产物在高温区停留时间和煤的特性，而减少 NO_x 生成的途径主要有两个方面：降低火焰温度，防止局部高温；降低过量空气系数和氧浓度，使煤粉在缺氧的条件下燃烧。低氮燃烧和循环流化床燃烧技术是常用的降低 NO_x 生成的技术。这两种技术改变了燃烧方式，使煤中汞转化迁移受到抑制，被未燃煤粉、灰分等所吸附，从而抑制了一部分汞的排放。

喷入添加剂是指向燃煤中或炉膛内喷入氧化剂(如卤素)或吸附剂(如钙基、炭基粉末)，从而实现汞的脱除。在炉膛中喷入氧化剂 HCl/Cl_2 后，单质汞快速地与氧化剂发生反应，生成氯化汞[34, 35]：

$$Hg^0(g) + Cl_2(g) \longrightarrow HgCl_2(g) \tag{5-8}$$

$$2Hg^0(g) + 4HCl(g) + O_2 \longrightarrow 2HgCl_2(g) + 2H_2O(g) \tag{5-9}$$

O_2 与单质汞发生以下反应生成氧化汞：

$$Hg^0(g) + O_2(g) \longrightarrow HgO(g) \tag{5-10}$$

当喷入吸附剂时，汞元素直接与吸附剂通过物理吸附或/和化学吸附吸附在吸附剂表面，形成颗粒态汞 Hg^p。例如，CaO(s)主要是通过减少灰粒表面积或改变飞灰矿物学和形态学特性影响烟气中汞元素分布特性，从而实现脱除汞的目的[4]。CaO 对汞吸附，一方面是加入的 CaO 与 HCl(g)和 $Cl_2(g)$反应，降低了 HCl(g)和 $Cl_2(g)$的浓度，从而抑制了它们与 $Hg^0(g)$的氯化反应，载有 CaO 吸附剂颗粒的烟气可能发生如下反应：

$$CaO(s) + 2HCl(g) \longrightarrow CaCl_2(s) + H_2O(g) \tag{5-11}$$

$$2CaO(s) + 2Cl_2(g) \longrightarrow 2CaCl_2(s) + O_2(g) \tag{5-12}$$

$$2CaO(s) + 2HgCl_2(g) \longrightarrow 2CaCl_2(s) + O_2(g) + 2Hg^0(g) \tag{5-13}$$

另一方面，烟气中的 $SO_2(g)$能够通过与 CaO 吸附剂之间的反应促进钙基吸附剂对单质汞吸附，反应如下：

$$CaO(s) + SO_2(g) + O_2(g) \longrightarrow CaSO_4(s) + O(g) \tag{5-14}$$

$$O(g) + Hg^0(g) \longrightarrow HgO(s) \tag{5-15}$$

$$CaO(s) + SO_2(g) + O_2(g) + Hg^0(g) \longrightarrow CaSO_4(s) + HgO(g) \tag{5-16}$$

$$CaO(s) + SO_2(g) \longrightarrow CaSO_3(s) \tag{5-17}$$

钙基吸附剂在吸附 $Hg^0(g)$时与 $SO_2(g)$之间首先发生反应，生成 $CaSO_4(s)$，释放出 O(g)，在 CaO 吸附剂孔隙结构中产生更多吸附活性区域，吸附在 CaO 吸附剂表面和孔内的 $Hg^0(g)$迅速被 O(g)氧化。所以 $SO_2(g)$促进了 $Hg^0(g)$的氧化过程，形成了汞的氧化物

HgO(s)。

由于烟气中 SO_2(g)的含量远远大于 HCl(g)和 Cl_2(g)，因此喷入钙基吸附剂可以很好地脱除煤中汞。但是生成的 $CaSO_4$(s)和 $CaSO_3$(s)沉积在吸附剂表面，逐步将吸附剂活性区域与气相中的 Hg^0(g)隔离，阻止了 Hg^0(g)向吸附活性区域进一步扩散，从而抑制了吸附过程的进行[36]。

(3) 燃烧后脱汞

燃烧后脱汞是燃煤烟气中汞控制的主要技术，包括两大类。一类是在烟气处理设备末端添加脱汞设备，在脱汞设备中利用吸附材料吸附汞进而达到去除汞的目的。另一类是利用现有烟气处理设备及其改进设备如除尘系统、脱硫系统和脱硝系统，在对其他污染物进行处理的同时实现对汞的协同控制。由于汞的协同控制方法无须添加新设备，处理成本较低，该种方法具有良好的应用前景。因此，从降低污染控制设备投资和运行成本角度考虑，利用催化剂和各种氧化剂将烟气中气态汞转化为氧化态汞，实现多污染物一体化脱除已成为燃烧后脱汞的研究热点。

除尘系统中，静电除尘器通过产生离子场脱除带电飞灰颗粒，减少飞灰排放。由于烟气中汞大部分以 Hg^0(g)形式存在，静电除尘器对汞排放控制能力有限，平均脱汞效率为 20%左右。布袋除尘器利用致密织物捕获飞灰颗粒，沉积的灰块可以减少烟气中的 Hg^0(g)和 Hg^{2+}(g)，平均脱汞效率可到 30%左右[37]。

烟气脱硫系统主要用于烟气脱硫，同时可以脱除烟气中大部分 Hg^p 和 Hg^{2+}，其化学模型如图 5-3 所示[6, 8-10, 38, 39]。因为烟气中 Hg^{2+}具有水溶性，在脱硫过程中溶于脱硫液而得到脱除。脱硫剂为 $NH_3 \cdot H_2O$、NaOH、Na_2CO_3、$Ca(OH)_2$ 或 $CaCO_3$ 的湿式脱硫系统可以脱除烟气中 81.1%～92.6%的 Hg^{2+}(g)，对于 Hg^0 的捕捉效果不显著(13.2%～18.2%)。烟气中飞灰、HCl、SO_2、NO_x 等影响 Hg^0 转化为 Hg^{2+}的转化率，从而影响了脱硫系统对汞的脱除能力。假如利用 SCR 催化剂或专用催化剂将 Hg^0 转化为 Hg^{2+}，则脱汞效率大大提

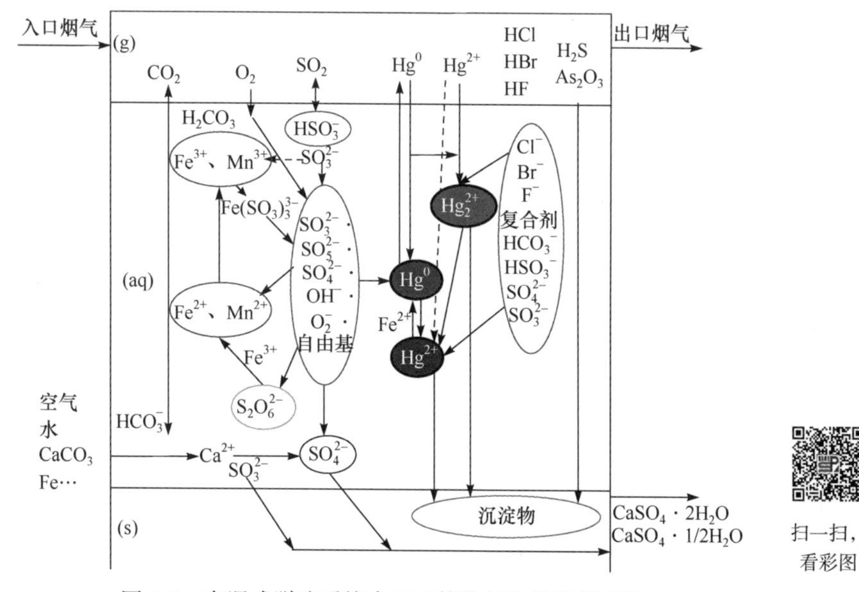

图 5-3 在湿式脱硫系统中 Hg^0 催化氧化化学模型[9]

高。研究发现，SCR 单元和湿式脱硫洗涤塔结合能使烟气脱汞效率增加到 80%。湿式脱硫系统中若脱硫液中含 S^{2-}、HS^-等离子，溶于脱硫液中的 Hg^{2+}还可通过如下反应形成不溶于水的 HgS 而得到固定，使总汞脱除效率增加：

$$HS^- + Hg^{2+} \longrightarrow HgS\downarrow + H^+ \tag{5-18}$$

$$S^{2-} + Hg^{2+} \longrightarrow HgS\downarrow \tag{5-19}$$

如果吸收液中 SO_3^{2-} 和 HSO_3^- 浓度高，由于它们具有还原性，可能发生以下反应：

$$Hg^{2+} + SO_3^{2-} \longrightarrow HgSO_3 \tag{5-20}$$

$$Hg^{2+} + HSO_3^- \longrightarrow HgSO_3 + H^+ \tag{5-21}$$

$$HgSO_3 + H_2O \longrightarrow Hg^0_{vap} + SO_4^{2-} + 2H^+ \tag{5-22}$$

如果脱硫液中含有金属离子如铁、锰、镍等离子，其也可能与 Hg^{2+}发生以下反应：

$$2M^{2+} + Hg^{2+} \longrightarrow Hg^0 + 2M^{3+} \tag{5-23}$$

这两种反应的存在降低了总汞的脱除效率。

在烟道喷入固体吸附剂，通过吸附剂对汞的吸附而达到脱汞的目的。用活性炭吸附烟气中的汞是常用的方法。一种是在颗粒脱除装置前喷入粉末状活性炭，吸附结束后由其下游的颗粒脱除装置除去，如静电除尘器或布袋除尘器。另一种是烟气通过活性炭吸附床。该吸附床一般安装在脱硫装置和除尘器的后面，作为烟气排放大气的最后一个清洁装置。活性炭颗粒太小将引起较大的压降，但在一定的条件下可以达到较好的汞脱除效率。活性炭吸附汞是一个多元化过程，包括吸附、凝结、扩散和化学反应等过程，并与吸附剂本身的物理性质(如颗粒粒径、孔径、比表面积等)、温度、烟气成分、停留时间、汞浓度、C/Hg 比等因素相关。研究发现，C/Hg 比为 5000：1，在静电出口温度(106℃)处喷入活性炭，停留时间为 0.75～1.5s，获得的汞脱除率为 48%。适当增加 C/Hg 比，汞脱除率可以达到 90%以上甚至可达到 99%。然而，烟气中 SO_2 浓度增加时，活性炭对 Hg^0 和 Hg^{2+}的捕获率都降低，NO_x 也会降低活性炭对 Hg^0(g)的捕获。其他一些吸附剂也常用来吸附汞。例如，$Ca(OH)_2$ 可以脱除约 95%的 $HgCl_2$(g)，但是 $Ca(OH)_2$ 的汞排放控制能力取决于烟气温度和 $HgCl_2$(g)的初始浓度。在高温下沸石分子筛四面体结构被破坏，汞原子或离子会取代，从而捕获汞，但是它对汞具有选择性吸附作用[40, 41]。

SCR 脱硝系统主要用于控制烟气脱除 NO_x 的排放。经过长期实践发现，商业中常用的 V_2O_5-WO_3/MoO_3-TiO_2 SCR 催化剂可以催化氧化 Hg^0，氧化率可达 6%～73%。但是 SCR 催化剂对 HCl 依赖性强，抗氨性差。有人通过掺杂金属和氯化物改性 SCR 催化剂来提高 Hg^0 的催化氧化率。掺杂 Cu 可明显提高 Hg^0 氧化率，这是因为 Cu/SCR 催化剂存在以下氧化还原循环：$V^{4+}+Cu^{2+} \rightleftharpoons V^{5+}+Cu^+$，增强了 Hg^0 的氧化性能。然而温度由 280℃升到 360℃时，Hg^0 氧化率由 79%骤降为 32.1%。350℃时在 HCl 浓度为 13.1mg/m^3 的条件下，1% Fe/SCR 催化剂比 SCR 催化剂的 Hg^0 氧化率高 60%左右。在改性催化剂 Mn/SCR 上掺杂一定量 Mo 后，其 Hg^0 氧化率提高 30%，原因是 Mo 掺杂有助于分散 SCR 催化剂中结晶态的锰氧化物，缓解颗粒烧结凝聚程度，增强催化剂表面的抵抗性能。烟气各组分作为与 Hg^0 同相反应的物质，也是影响改性 SCR 催化剂 Hg^0 氧化率的重要因素。在 4.60mg/m^3 HCl 条件下，Mn-Mo/SCR 的 Hg^0 氧化率可达 77%。SO_2 与 Hg^0、HCl 存在催化剂表面活性位点的竞争吸附，1143mg/m^3 SO_2 使 Mo-Mn/SCR 催化剂的 Hg^0 氧化率降低了 5%。脱硝反应加入的 NH_3 会消耗烟气中的 NO 和 O_2 以及催化剂表面的活性氧，对 Hg^0 催化氧化有较大的抑制作用。NH_3 浓度较高时，增大 HCl 浓度对 Cu/SCR 催化剂的 Hg^0 催化氧化几乎无作用。759mg/m^3 NH_3 可使 Ce/SCR 催化剂的 Hg^0 氧化率降低 20%左右。氧气促进 SCR 催化剂对 Hg^0 的氧化而水蒸气抑制了 Hg^0 的催化氧化。图 5-4 展示了烟气各成分对 Fe-MnO_x/TiO_2 脱硝催化剂去除 Hg^0 的作用机制。研究发现，低温有利于 Hg^0 的去除。由于吸氧能力提高，HCl 对 Hg^0 去除率的促进作用比 Fe-MnO_x/TiO_2 强。NH_3 对 Hg^0 去除的抑制作用同样被削弱，因为 Fe-MnO_x/TiO_2 的转化率越高，反硝化反应过程中 NH_3 的消耗量就越大。此外，O_2、NO 和 H_2O 对 Fe-MnO_x/TiO_2 脱硝催化剂去除 Hg^0 表现出相似的影响[42-47]。

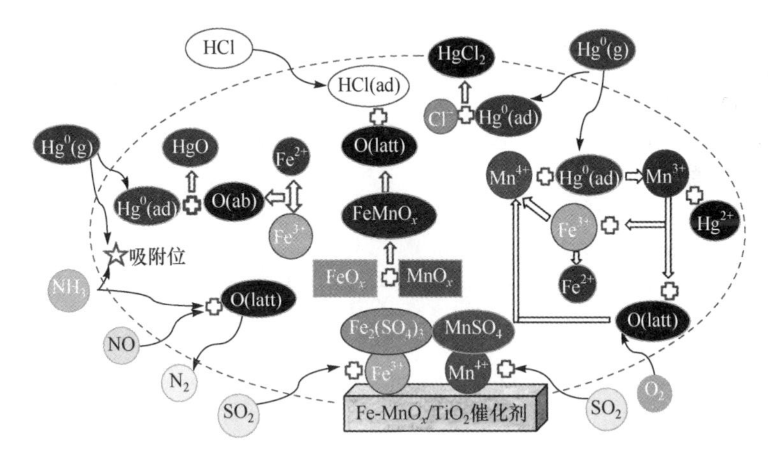

图 5-4 烟气各成分对 Fe-MnO_x/TiO_2 脱硝催化剂去除 Hg^0 的作用机制示意图[46]

5.3.2 燃煤汞排放控制——控制技术

汞排放控制技术主要包括吸收法、吸附法和催化法。

5.3.2.1 吸收法

吸收法是指通过特定的化学试剂与汞发生化学反应，生成新的含汞物质，达到去除汞的目的。目前，应用较多的方法主要有高锰酸钾氧化脱除汞技术、含氯氧化剂脱除汞技术、硫化钠法脱除汞技术等。

高锰酸钾，化学式为 $KMnO_4$，分子量为 158.03，是常用的氧化剂之一，有较强的氧化性，能与许多无机物和有机物发生反应。$KMnO_4$ 常温下即可与甘油(丙三醇)等有机物反应甚至燃烧；在酸性环境下氧化性更强，能氧化负价态的氯、溴、碘、硫等离子及二氧化硫等。$KMnO_4$ 广泛用于饮用水和废水中有机污染物的氧化处理。$KMnO_4$ 溶液作为吸收剂测定气相中的元素汞。虽然 $KMnO_4$ 很昂贵，但是去除低浓度汞的效率高。图 5-5

是 $KMnO_4$ 对不同浓度 Hg^0 的脱除效率曲线。$KMnO_4$ 也可以添加到湿式脱硫系统中，促进 Hg^0 转化为 Hg^{2+}，从而提高了湿式脱硫系统的汞脱除效率，如图 5-6 所示。研究表明，在未调节脱硫液 pH 值的条件下，添加 $KMnO_4$ 能使湿式脱硫系统的脱汞效率从 13.27% 提高到 28.26%，效果并不明显。其原因分析如下：$KMnO_4$ 在酸性条件下生成 Mn^{2+}，具有自催化作用；中性及碱性条件下生成 MnO_2，MnO_2 对 Hg^{2+} 有吸附作用，并且在强碱性条件下，羟基自由基参与氧化反应；在缺少强酸或强碱环境使用 $KMnO_4$，其氧化性得不到充分利用，进而造成脱汞效率提高不明显。因此，在使用 $KMnO_4$ 脱汞时，应将使用环境调制到强酸或强碱环境[39, 48]。

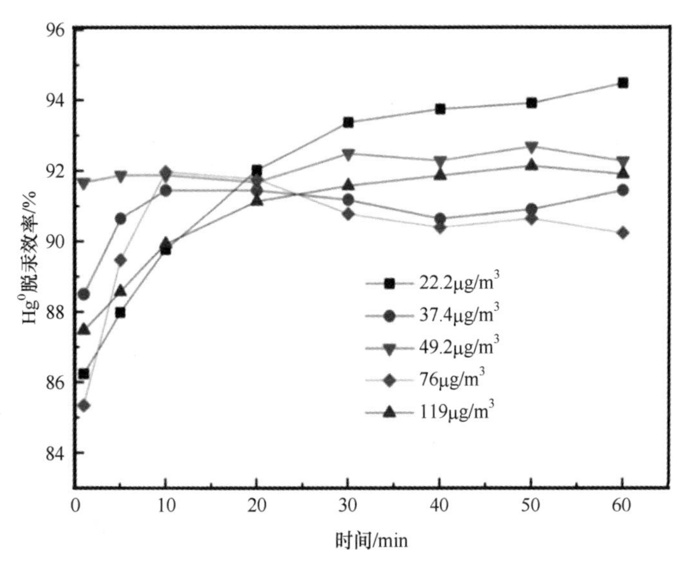

图 5-5　$KMnO_4$ 对不同浓度 Hg^0 的脱汞效率[48]

反应条件：气体流速 1L/min，pH 5.2，$KMnO_4$ 浓度 0.6mmol/L，溶液体积 1L，处理温度 55℃

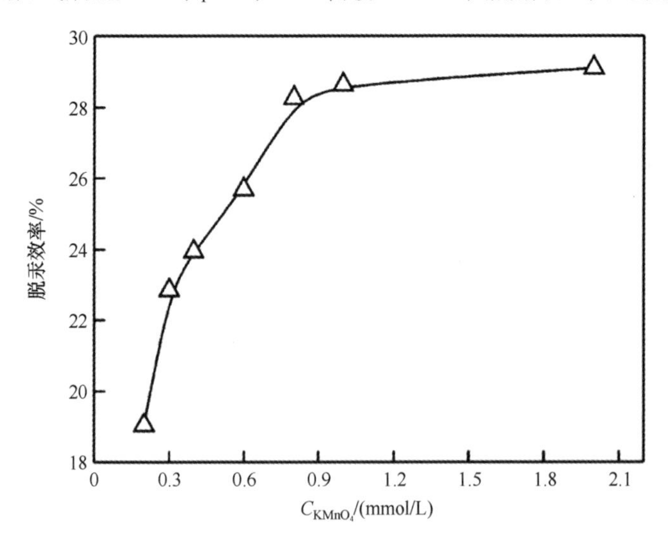

图 5-6　添加 $KMnO_4$ 时湿式脱硫系统的脱汞效率[39]

含氯氧化剂包括次氯酸、氯酸、高氯酸及其钠盐等，化学分子式依次为 $HClO$、$HClO_3$、$HClO_4$、$NaClO$、$NaClO_3$、$NaClO_4$。次氯酸是一种氯元素的含氧酸，结构式为 H—O—Cl，分子量为 52.457，其中氯元素的化合价为+1 价，是氯元素的最低价含氧酸，但其氧化性在氯元素的含氧酸中极强，是氯元素含氧酸中氧化性第二强的酸。次氯酸很不稳定，只存在于水溶液中。它是一种很弱的酸，比碳酸弱，和氢硫酸相当。在光照的条件下，次氯酸发生分解：

$$2HClO \xrightarrow{\text{光照}} 2HCl + O_2\uparrow \tag{5-24}$$

氯酸分子量为 84.459，氯的氧化态为+5 价，仅存在于溶液中，具有强酸性($pK_a \approx -1$)及强氧化性，在无机含氧酸中酸性最强。高氯酸分子量为 100.46，氯的氧化态为+7 价，也是强氧化剂，与有机物、还原剂、易燃物(如硫、磷等)接触或混合时有引起燃烧爆炸的危险。在室温下分解，加热则爆炸，产生氯化氢气体。因此，次氯酸和氯酸及其盐类溶液常用于烟气中 Hg^0 转化为 Hg^{2+}，提高汞在湿式脱硫系统中的脱除效率。研究表明，在 300℃下，40%的次氯酸钠和氯化钠溶液对含 2851mg/m^3 SO_2、268mg/m^3 NO、33μg/m^3 Hg^0 的混合气中的气相汞去除率达到 100%。

硫化钠为无机化合物，化学式为 Na_2S，分子量为 78.04，纯硫化钠为无色结晶粉末，吸潮性强，易溶于水。硫化钠水溶液在空气中会缓慢地氧化成硫代硫酸钠、亚硫酸钠、硫酸钠和多硫化钠。由于硫代硫酸钠的生成速度较快，所以氧化的主要产物是硫代硫酸钠。由于硫化钠本身会分解产生 S^0、S^{2-}，可以与 Hg^0、$HgCl_2$ 反应生成 HgS，固定被吸收的二价汞离子，使单质汞的重新生成得到抑制，从而提高了湿式脱硫系统对气态总汞的脱除效率。当有氧气或其他氧化剂存在时，硫化钠中的硫被氧化，产生 $S_2O_8^{2-}$、SO_3^{2-}、SO_4^{2-}。$S_2O_8^{2-}$ 与 SO_3^{2-} 能发生氧化还原反应，同时 $S_2O_8^{2-}$ 的高氧化性将 Hg^0 氧化为 Hg^{2+} 并生成更多的 SO_4^{2-}，Hg^{2+} 与 SO_4^{2-} 反应产生 $HgSO_4$ 沉淀，从而提高了湿式脱硫系统中汞的脱除效率。图 5-7 展示了添加 Na_2S 时湿式脱硫系统的脱汞效率[39]。

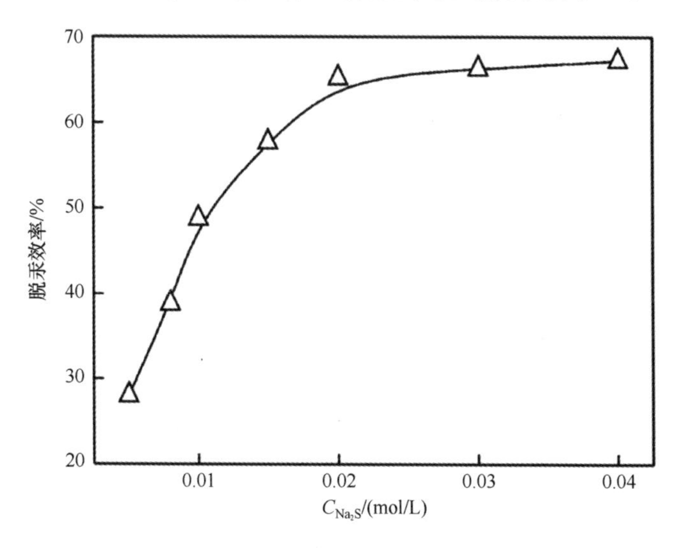

图 5-7　添加 Na_2S 时湿式脱硫系统的脱汞效率[39]

5.3.2.2　吸附法

吸附法是指利用活性炭或其他吸附剂的吸附作用，将汞吸附到吸附剂上而实现汞的脱除，包括物理吸附和化学吸附。对于脱除烟气中的微量汞，吸附法占据主导地位。活性炭喷射脱汞技术具有较高的汞去除率，是目前最成熟且有工业应用的脱汞技术。然而，活性炭价格昂贵，导致投资成本较大，运行成本偏高，同时喷入的活性炭增加了后续除尘设备的负荷以及含汞活性炭难以处理等问题，限制了该技术的大规模应用。为了解决成本偏高的问题，一方面，通过对活性炭进行改性，增加单位质量活性炭对汞的吸附能力，达到降低成本的效果；另一方面，用其他廉价的吸附材料替代活性炭，如钙基吸附剂。

活性炭改性是通过改善活性炭表面的官能团及其周边氛围的构造，使其成为特定吸附过程中的活性点。活性炭改性的方法很多，包括表面氧化、表面还原、负载金属改性等。脱汞活性炭进行化学改性的方法很多，如活性炭经硫化、氯化、溴化等处理后，由于硫、氯、碘与汞之间的反应能防止活性炭表面的汞再次蒸发逸出，从而提高了捕获汞的效率[40,49-54]。活性炭中的硫在活性炭表面与单质汞形成稳定的 HgS 而使硫化活性炭在高温下可表现出良好的汞脱除效率，这是因为硫化活性炭吸附汞发生了化学吸附。活性炭在经氯化物浸泡过程中，氯元素与碳元素会形成 Cl—C—Cl 基团，含氯基团对 Hg^0 有很强的化学吸附作用，生成$[HgCl]^+$和 $HgCl_2$，如果氯含量相对汞含量足够大，甚至可以进一步生成$[HgCl_4]^{2-}$，从而大大提高了汞的吸附能力。硝酸改性的活性炭同时增加活性炭表面含氧和含氮官能团的含量，单质汞 Hg^0 主要被氧化为 HgO 而去除。在脱汞反应中，羰基、酯基和酸酐等含氧官能团可能是活性吸附位点，反应后这些官能团被还原为羟基或者醛基。吡咯、吡啶等含氮官能团可能是活性催化位点。MnO_2 改性活性炭后，在活性炭表面分布的 MnO_2 有助于汞的吸附，这是因为汞和 MnO_2 能发生反应生成新的化合物 Hg_2MnO_2[55]：

$$2Hg^0 + MnO_2 \longrightarrow Hg_2MnO_2 \tag{5-25}$$

$FeCl_3$ 改性活性炭后脱汞效率提高，存在以下反应：

$$2FeCl_3 + Hg^0 \longrightarrow HgCl_2 + 2FeCl_2 \tag{5-26}$$

对于传统的钙基吸收剂[如 $Ca(OH)_2$]，它们具有较好的脱硫和 Hg^{2+}的吸附性能，但对烟气中 Hg^0 的脱除效率较低。$Ca(OH)_2$ 对单质汞的吸附主要是物理吸附，低温有利于对汞的吸附。图 5-8 展示了 $Ca(OH)_2$ 在不同温度对汞的吸附。当达到饱和状态时，温度从 40℃升高到 120℃，单位吸附量从 0.97μg/g 下降到 0.37μg/g，40℃时的吸附量是 120℃时的近 3 倍。温度升高对 $Ca(OH)_2$ 吸附汞不利。SO_2 和 HCl 均可以促进 $Ca(OH)_2$ 对汞的吸附，HCl 对汞的氧化能力强于 SO_2，促进作用更明显。研究表明，在钙基吸附剂中添加适量的氧化剂(如 H_2O_2、$KMnO_4$、NaClO、$NaClO_2$ 等，这些氧化剂的作用是促进 Hg^0 氧化为 Hg^{2+})，可以有效促进钙基吸附剂对 Hg^0 的氧化吸附作用，进而提高钙基吸附剂的脱汞效率。例如，$KMnO_4$ 改性后的 $Ca(OH)_2$ 可以将大部分的 Hg^0 氧化为 Hg^{2+}，在有 SO_2 或 HCl 存在的条件下可以脱除烟气中 50%以上的 Hg，改性后的吸附以化学吸附为主。图 5-9 展示了 $KMnO_4$ 改性 $Ca(OH)_2$ 在不同温度对汞的吸附。改性后 $Ca(OH)_2$ 饱和吸附量有了很大的提高，从原来的 0.76μg/g 增加到 5% $KMnO_4$ 改性时的 1.33μg/g。5% $KMnO_4$ 改性的吸附效果明显比 1% $KMnO_4$ 改性的好，说明 $KMnO_4$ 添加量越大，促进作用越明显[56]。

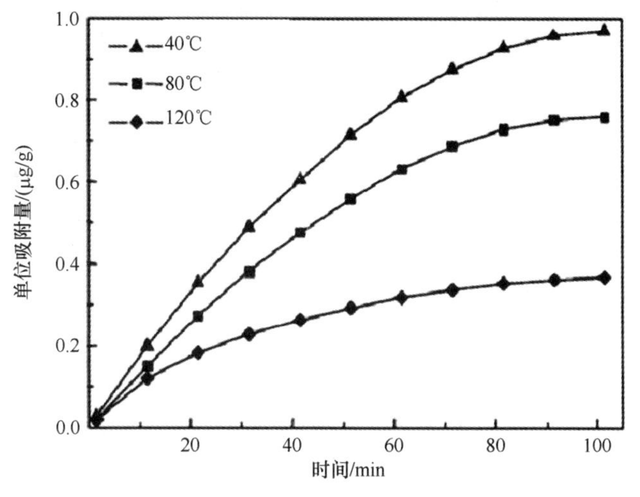

图 5-8 $Ca(OH)_2$ 在不同温度对汞的吸附[56]

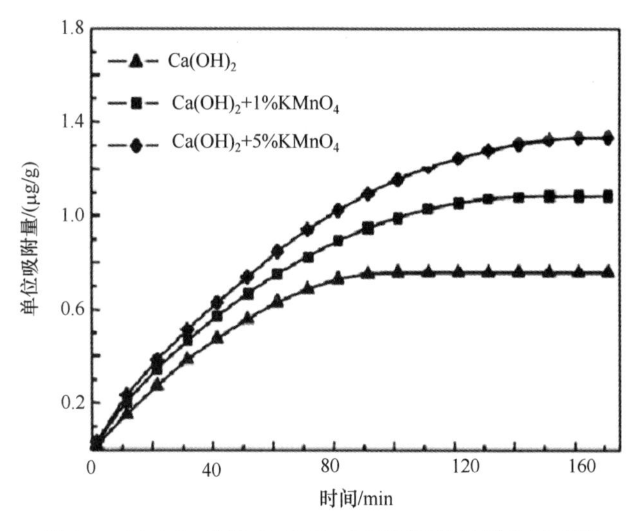

图 5-9 $KMnO_4$ 改性 $Ca(OH)_2$ 在不同温度对汞的吸附[56]

5.3.2.3 催化法

催化法是指借助于催化剂的作用，降低反应的活化能而有选择性地加速化学反应进程的方法。催化法脱汞主要包括光催化技术和 SCR 催化技术。

光催化技术是利用紫外光，在光催化剂的作用下，将难以去除的单质 Hg^0 变为更易去除的 Hg^{2+}。光催化氧化法具有较高的氧化能力且无二次污染，是一种很有前途的元素汞氧化技术。二氧化钛(TiO_2)可通过吸附和催化氧化作用，有效去除气相中的 Hg^0。虽然 TiO_2 光催化去除 Hg^0 已经得到了广泛的研究，但是 3.2eV 带隙能量使得纯 TiO_2 只能被紫外光(λ＜365nm)激发，这限制了 TiO_2 光催化剂的应用。对光催化剂进行改性，使其在可见光下的光催化作用更加实用，提高了光催化氧化效率。这些研究包括表面改性、金属或金属氧化物掺杂、阴离子非金属掺杂等。然而，金属掺杂的 TiO_2 经常出现热稳定性差和光腐蚀的情况。相比之下，掺杂非金属(C、N、S 等)的 TiO_2 具有红移吸收边，光催化活性向可见光区延伸。例如，碳掺杂具有相当大的潜在优势，这可能是由于碳不仅可以作为吸附剂或载体，而且还可以作为敏化剂和传递电子到半导体，触发非常活跃的自由基的形成，以提高半导体靶反应的光催化活性。铜氧化物(CuO)是一种 p 型半导体材料，具有阻止光生电子与空穴结合的作用，可降低带隙的能量。CuO 纳米颗粒掺杂碳负载 TiO_2 去光催化降解 Hg^0，发现 CuO/TiO_2@C 光催化剂对 Hg^0 氧化具有很高的催化效率，催化效率达到 64%以上，可能机理是：碳掺杂后，碳微球可以作为敏化剂，将电子转移到半导体中，触发非常活跃的自由基的形成，从而提高光催化效率[57]。

SCR 催化技术是在催化剂的作用下，在脱除 NO_x 的同时将单质 Hg^0 氧化成更易去除的 Hg^{2+}，从而达到烟气脱汞的目的[58-60]。研究表明，钒、钛、钨和钼等金属混合物组成 SCR 催化剂，在催化剂表面以钒为中心的活性点位可催化 Hg^0 发生氧化反应，生成的 Hg^{2+} 在烟气脱硫系统中被吸收。SCR 装置对烟气中的 Hg^0 具有协同脱除作用。研究发现，Hg^0 的氧化会受到烟气成分、催化剂组成、反应温度等多种因素在内的多重影响。另外，烟气中的 SO_2、NO_x、O_2、H_2O 等以及外加的还原剂 NH_3，均会影响单质汞的氧化过程，从而影响汞的脱除效率。一般认为，SCR 催化剂并没有在同一个区域内实现 NO_x 的还原和 Hg^0 的氧化。NO_x 的还原在 SCR 装置的入口附近实现。这是因为该区域 NH_3 浓度较高，大量的 NH_3 分子占据了 SCR 催化剂表面的活性点位，进而发生 NO_x 的还原反应。Hg^0 的氧化反应则会在 SCR 的后部区域发生。这是因为该区域大部分 NH_3 已被大量消耗，此时占据催化剂表面的则主要是烟气中存在的 HCl 或 Cl_2 等组分，氯元素参与 Hg^0 的氧化反应。研究人员通过相关试验在 SCR 催化剂上检测到 Cl_2，推断 Hg^0 的氧化也可能源自 Deacon 反应：

$$4HCl+O_2 \longrightarrow 2H_2O+2Cl_2 \tag{5-27}$$

Naik 等[61]认为 Hg^0 在含 V_2O_5 的 SCR 催化剂表面的氧化过程为：V_2O_5 表面吸附 HCl，随后与气态的 Hg^0 或吸附在 V_2O_5 表面的 Hg^0 发生反应。Sheng 等[62]认为 HCl 被吸附在 V_2O_5/TiO_2 表面产生活性氯，其可与邻近吸附态 Hg^0 发生反应，发生汞的形态转化。然而，大量的研究结果证实，HCl 和 Hg^0 均可在催化剂表面吸附，因此利用 Langmuir-Hinshelwood 机制解释 Hg^0 氧化机理更为合理，即吸附于催化剂表面的 Hg^0 和氧化剂物种发生反应，Hg^0 被氧化为 Hg^{2+}。Chen 等[44]研究了 CuO 修饰 V_2O_5-WO_3/TiO_2 SCR 催化剂对 Hg^0 的氧化，发现 Hg^0 首先吸附在催化剂表面，形成吸附态的 Hg^0(Hg^0_{ad})。$V^{4+}+Cu^{2+} \longrightarrow V^{5+}+Cu^{+}$ 的氧化还原反应循环进行，产生丰富的化学吸附态氧，Hg^0_{ad} 与化学吸附态氧反应生成 HgO，消耗的化学吸附态氧可由气相 O_2 补充。作用机制如图 5-10 所示。

5.3.3 有色冶炼过程汞排放控制——治理工艺

5.3.3.1 锌冶炼系统汞的分布和治理工艺

图 5-11 展示了锌冶炼工艺流程示意图。锌冶炼行业使用的锌精矿含汞在 50ppm 左

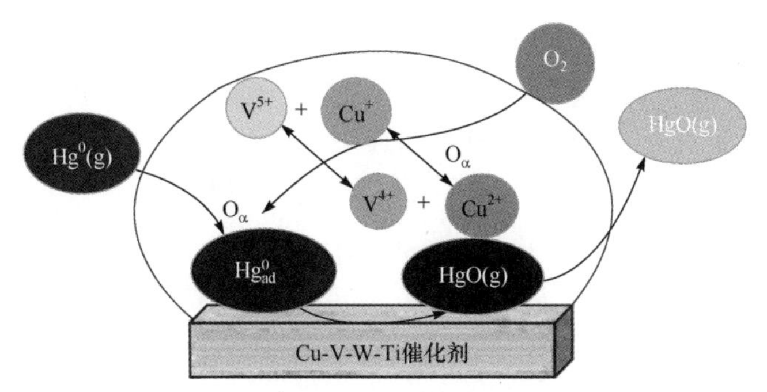

图 5-10　在 Cu-V-W-Ti 催化剂上的 Hg^0 氧化示意图[44]

O_α为化学吸附态氧

右，由于汞元素的易挥发性，大部分汞在焙烧过程中进入烟气，少部分汞滞留在焙砂中，而烟气中的汞元素约一半进烟气净化系统中的污酸和污酸渣中，污酸中的少量汞经处理后进渣中，随渣排出系统。剩余部分进入硫酸中，还有一部分汞随硫酸尾气排入大气。从汞在锌冶炼过程的分布看，汞主要在烟气系统中得到回收，现有主要汞治理工艺如下[19-21, 63, 64]。

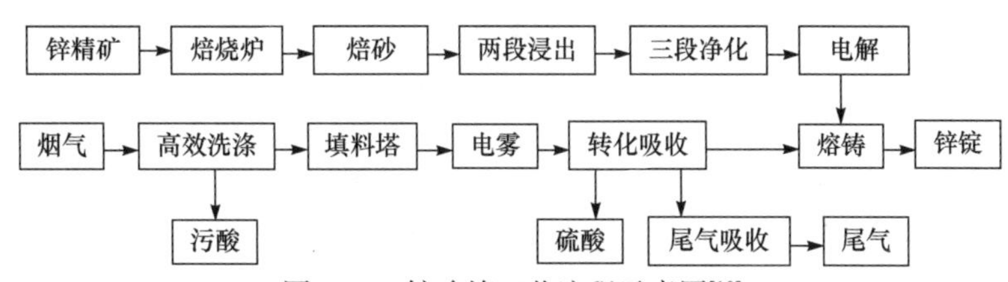

图 5-11　锌冶炼工艺流程示意图[19]

(1) 波立顿-氯化法

波立顿-氯化法是国内某企业从波立顿公司引进的技术，采用氯化物($HgCl_2$)溶液对烟气中汞回收，回收率达到了 99.9%。工艺流程图见图 5-12。其原理如下：该工艺是一个

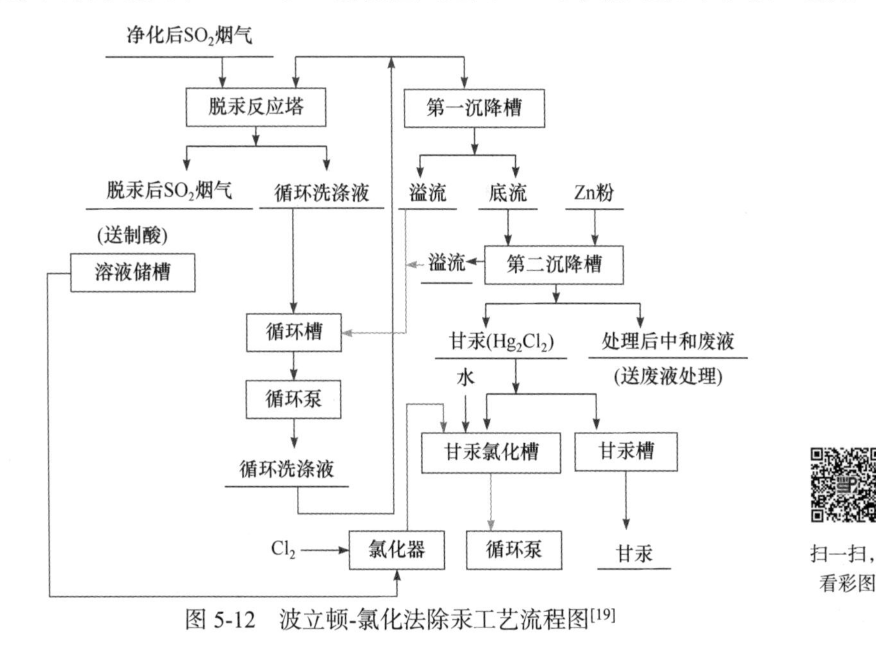

图 5-12　波立顿-氯化法除汞工艺流程图[19]

连续的气体洗涤过程，当二氧化硫烟气在脱汞反应塔被酸性氯化汞络合物酸性洗涤时，溶液中的 Hg^{2+}将与烟气中的金属汞蒸气发生快速完全的反应，生成不溶于水的氯化亚汞晶体，一部分氯化亚汞用氯气重新氯化制备成浓氯化汞溶液，进入洗涤液补充 Hg^{2+}损失，多余部分经沉淀处理后产出甘汞产品，其化学反应式如下：

$$HgCl_2+Hg^0 = Hg_2Cl_2\downarrow \tag{5-28}$$

$$Hg_2Cl_2+Cl_2 = 2HgCl_2 \tag{5-29}$$

该工艺适宜烟气中汞含量在 0～30mg/Nm^3 的情况，其原因是根据汞的蒸气压与温度关系可得，30℃时，对应的烟气中汞的饱和蒸气含汞为 30mg/m^3。也就是说，将烟气中汞含量控制在 30mg/m^3 以下时，汞就不会在净化设备和管道中冷凝。

(2) 硫化-氯化法

硫化-氯化法是瑞典玻利登公司研发的除汞工艺，其工艺流程见图 5-13。首先采用硫化法，在原有净化系统第一洗涤塔出口烟道处增设喷嘴，喷入硫化钠溶液，使烟气中部分汞与硫化钠溶液反应生成的硫化汞被洗涤酸带出系统。经硫化法处理后的烟气中汞浓度降到 30mg/m^3，汞蒸气分压低于净化系统出口时的饱和蒸气压，从而保证了在净化过程中没有汞冷凝，消除了汞对环境的污染。硫化法除汞过程中生成的不溶性硫化汞与洗涤下来的不溶性尘一起在沉淀槽中沉淀，并从底流排出。由于底流固相物含硫化汞较高，可作为生产汞的原料，所以过滤回收硫化汞，滤渣出售。烟气经硫化法初步处理后，仍有汞蒸气进入干吸、转化系统，造成成品酸污染。为保证成品酸中汞含量达到国家标准或更低，采用氯化法进行二次除汞。氯化法除汞在汞吸收塔内进行，塔顶部喷淋 $HgCl_2$ 溶液，逆流洗涤烟气，使其中的汞蒸气被氧化生成 Hg_2Cl_2 沉淀。其反应式为式(5-28)。

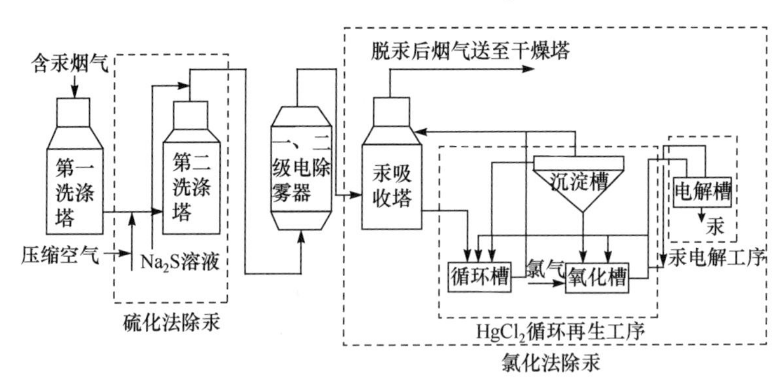

图 5-13　硫化-氯化法除汞工艺流程图[63]

反应生成的 Hg_2Cl_2 不再具有吸收汞的作用。为使溶液循环使用，在出塔液中通入 Cl_2 使 Hg_2Cl_2 被氧化，重新生成 $HgCl_2$，反应式为式(5-29)。

循环液中的 $HgCl_2$ 与 Hg_2Cl_2 应按一定比例存在。维持循环液中 $HgCl_2$ 适当浓度是除汞效率的保证，通常其浓度为 1.0～2.5kg/m^3。

该工艺技术成熟，能将成品酸中的汞含量控制到国家优等品硫酸标准要求。目前国内许多单位已成功使用，如株洲冶炼集团股份有限公司、葫芦岛锌业股份有限公司和西北铅锌冶炼厂等。

(3) 硫酸洗涤法

采用硫酸洗涤法处理含汞的焙烧烟气，可回收烟气中99%的汞。该法主要是在电除雾前和降温后增加硫酸喷淋洗涤塔，在装有填料的洗涤塔中用85%～93%的浓硫酸洗涤。由于洗涤的酸与汞蒸气反应生成的沉淀物沉于槽中，其主要反应如下：

$$2H_2SO_4+2Hg^0 \longrightarrow Hg_2SO_4+SO_2+2H_2O \tag{5-30}$$

沉淀物经水洗、过滤、蒸馏，该方法可避免因烟气含汞高而在电除雾等中析出汞珠。该法适宜回收较高浓度的汞，缺陷为腐蚀严重。

(4) 直接冷凝法

汞的蒸气压随温度变化非常显著，如在20℃和100℃时，汞的饱和蒸气压相差200多倍。有色金属冶炼烟气的温度较高，烟气中的汞几乎全部以Hg^0的形态存在。在烟气进入除尘装置前，通常需先将温度降低至设备要求的水平，因此可以在烟气降温过程中利用汞的蒸气压下降而对其进行冷凝去除。

直接冷凝法适合含汞特别高的锌精矿。冶炼烟气经电除尘器后，温度降到50～300℃，烟气汞浓度为300～500mg/m^3。先进入第一洗涤塔，吸取大部分尘埃并把温度降到58～60℃，再送入石墨气液间冷器，80%的汞蒸气在此冷凝成液汞和汞炱，烟气温度降到30℃以下，然后进入洗涤塔，进一步脱去液汞和汞炱后，送入制酸烟气系统，处理后烟气含汞量为50mg/m^3，净化率为80%～90%。

直接冷凝法除汞是通过特定冷凝器将烟气中的汞集中冷却，从而达到与烟气分离的目的。该法既可实现烟气汞的去除，又能将汞进行回收。但有色金属冶炼烟气量比较大，直接冷凝法的汞去除率偏低。若要提高除汞效率使烟气汞浓度达到排放标准，则需要通过大量增加能耗将烟气温度降至0℃以下。因此，该法一般作为烟气汞的预去除方法，不单独使用。

(5) 硫代硫酸盐法

硫代硫酸盐法是通过增设预干燥塔，向干燥酸中加入硫代硫酸盐(一般是硫代硫酸钠)，发生氧化还原反应，生成硫化汞沉淀，从而达到除汞的目的。$S_2O_8^{2-}$的高氧化性将Hg^0氧化为Hg^{2+}并生成更多的SO_4^{2-}，Hg^{2+}与SO_4^{2-}反应产生$HgSO_4$沉淀，或者

$$HS^- + Hg^{2+} \longrightarrow HgS\downarrow + H^+ \tag{5-31}$$

$$S^{2-} + Hg^{2+} \longrightarrow HgS\downarrow \tag{5-32}$$

对沉淀过滤回收，作为生产汞的原材料，此工艺可将成品酸中的汞质量分数降到0.00005%以下。

该工艺原理简单，但投资成本较大。需要注意的是：虽然该工艺除汞效率令人满意，但由于是在酸中直接加入硫代硫酸盐作氧化剂，在氧化除汞的同时，又向酸中引入新的杂质，所以使用的厂家越来越少。

(6) 碘络合-电解法

碘络合-电解法是国内某研究院所与某炼锌企业合作开发的，在20世纪80年代初进

行了应用，产出品位较高的粗汞，工艺流程图见图 5-14。碘络合-电解法原理是通过碘化钾溶液中的碘离子与烟气中汞蒸气络合反应，将烟气中所含绝大部分汞蒸气吸收，部分吸收液经脱除二氧化硫后送电解工序，在电解工序产出粗汞；同时碘再生，返回吸收工序。主要反应如下：

$$H_2SO_3+2Hg+8I^-+4H^+ = 2(HgI_4)^{2-}+S\downarrow+3H_2O \tag{5-33}$$

$$(HgI_4)^{2-} \xrightarrow{电解} Hg+I_2+2I^- \tag{5-34}$$

$$H_2SO_3+H_2O+I_2 = 2HI+H_2SO_4 \tag{5-35}$$

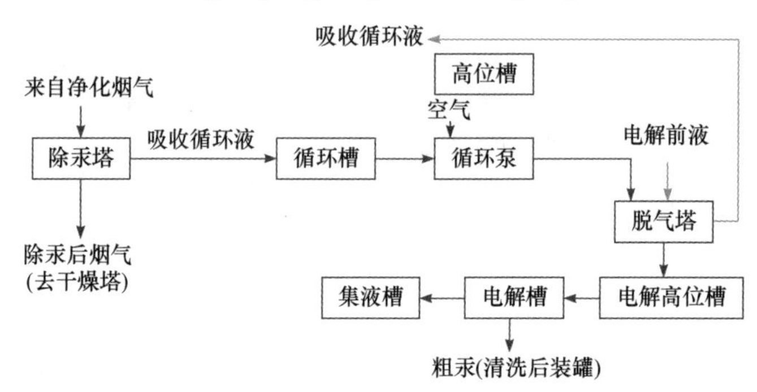

图 5-14 碘络合-电解法生产工艺流程[63]

对吸收循环的母液的处理是向其中加硝酸汞使碘汞反应生成碘化汞，碘化汞沉淀，经清洗后再作为对碘的补充返回循环系统，该过程主要反应如下：

$$3Hg+8HNO_3 = 3Hg(NO_3)_2+2NO\uparrow+4H_2O \tag{5-36}$$

$$K_2(HgI_4)+Hg(NO_3)_2 = 2HgI_2\downarrow+2KNO_3 \tag{5-37}$$

$$HgI_2+2I^- = (HgI_4)^{2-} \tag{5-38}$$

碘络合-电解法存在的主要问题是：除汞效率受吸收液碘离子浓度影响波动大，即当除汞液含汞大于 8g/Nm^3 时，除汞效率明显降低；成本和直收率低。另外，由于大量汞未进入碘化钾除汞塔前就在净化设备中冷凝下来，电除雾器及管道内有大量的冷凝汞析出，并且现场存在汞超标问题。因此，目前使用该工艺的冶炼厂很少。

5.3.3.2 铜冶炼系统汞的分布和治理工艺

铜的冶炼工艺一般分为火法和湿法两种，目前 80%的铜是通过火法冶炼生产的，其工艺路线示意图见图 5-15。铜冶炼过程中，所采用的原料铜精矿中有些含有微量的汞，在冶炼过程中，铜精矿中的汞在冶炼炉(熔炼炉、吹炼炉等)高温环境下(1200～1300℃)被氧化挥发成汞蒸气而进入冶炼烟气中，少部分的汞在冶炼烟气降温收尘系统中冷凝沉降下来进入烟灰。由于收尘系统出口送制酸烟气温度仍较高(300℃左右)，电除尘器对汞的脱除效果不明显，大部分的汞仍存在于收尘后的烟气中而进入冶炼烟气制酸系统净化工序。经绝热增湿洗涤，烟气温度由 300℃降至 45～65℃，包括汞在内的烟气中大部分矿尘被洗涤进入稀酸中，沉积在稀酸过滤后产出的铅滤饼中或溶解在废酸中，废酸中的汞在污酸污水处理站经硫化处理，形成硫化汞沉积在硫化滤饼(砷滤饼)中。因此，铜冶炼生产中汞的流向包括：副产物硫酸；经尾气制酸后废气或者直排的废气；电解车间产生的废水；电解车间浸出后的含汞废渣。通过对铜冶炼厂收尘过程中回收的炼铜烟灰、制酸过程中回收的铅滤饼、废酸处理过程中回收的砷滤饼等含汞开路产品中的汞进行分析统计，最后确定汞在铜冶炼过程中的走向是：进入烟灰中的汞占 20%～22%，进入铅滤饼的汞占 60%～61%，进入废酸后硫化工序沉积下来的汞占 18%～20%[21, 65, 66]。因此，针对汞的流向，徐磊和阮胜寿[66]提出了三种铜冶炼企业除汞方案。

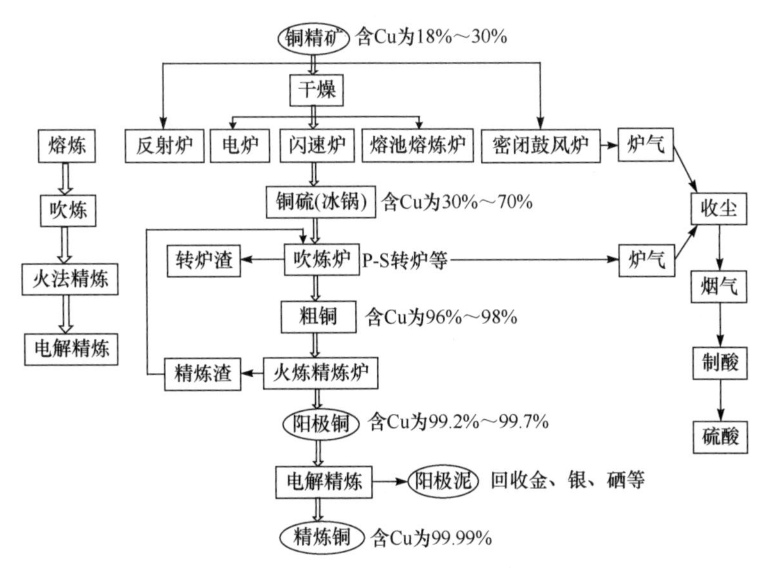

图 5-15　铜冶炼火法工艺路线示意图[65]

(1) 湿法碱液浸出脱汞法(前端脱汞)

本方案工艺流程为：铅滤饼经湿法酸性浸出后脱除铜、锌等易溶元素，浸出渣采用碱性浸出，汞进入浸出液，采用铝粉还原得到粗汞，主要工艺流程如图 5-16 所示。

湿法碱液浸出脱汞工艺的第一步常压常温浸出主要是利用加压浸出渣中的单质硫将铅滤饼中的单质汞转化成 HgS，经过 Na_2S 浸出将 HgS 转化成 $HgS \cdot Na_2S$ 络合物进入浸出液，然后通过铝粉置换工序，得粗汞外售或无害化处理。湿法除汞原理如下：

$$Hg+S \longrightarrow HgS \tag{5-39}$$

$$HgS+Na_2S \longrightarrow HgS \cdot Na_2S \tag{5-40}$$

$$8NaOH+2Al+3HgS \cdot Na_2S \longrightarrow 3Hg+6Na_2S+2NaAlO_2+4H_2O \tag{5-41}$$

该方案的优点在于铅滤饼进入火法工序前脱除了入炉物料中的大部分汞，避免含汞物料直接进入火法系统再次分散带来的危害；缺点在于在 Na_2S 湿法碱液浸出工艺中，部分 As、Sb 也会随同 Hg 一同进入浸出液中，浸出液回收汞较困难，且浸出液为碱性，必须经过酸化处理才能循环利用。

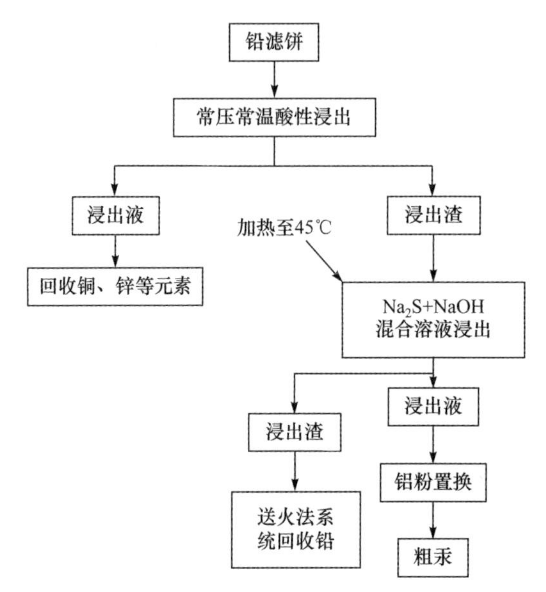

图 5-16　湿法碱液浸出脱汞工艺流程图[66]

(2) 火法脱汞工艺(前端脱汞)

针对原料中含汞高数量又较少的铅滤饼进行专门预脱汞处理，采用的工艺流程为：铅滤饼经电热回转窑蒸汞后，除汞铅滤饼与烟灰浸出渣混合配料送侧吹炉冶炼系统；回转窑蒸汞烟气经冷凝器冷凝后，回收汞炱，尾气经填料淋洗塔净化后通过排气筒排空。汞炱经碱浸除杂后，加入还原剂在回转窑中还原精炼，经冷凝器冷凝回收得到精汞，尾气经填料淋洗塔净化后经排气筒排空。如铅滤饼原料中同时含硒＞5%，回转窑蒸气冷凝得到硒汞炱，硒汞炱经碱液浸出后，浸出液 SO_2 还原得到粗硒，汞炱经回转窑精炼、冷凝、回收，得到精汞。

(3) 冶炼烟气脱汞

火法冶炼过程中汞主要以气态挥发物的形式被冶炼工艺烟气带走，经过余热锅炉、表面冷却器、布袋除尘器降温除尘后，出布袋烟气温度仍旧在 120℃左右，因此只有少量的汞进入冶炼二次烟尘，大部分的汞仍留在布袋除尘或电除尘后烟气中，所以在收尘系统布袋收尘器后添加 1 套脱汞吸收装置，将烟气中的汞去除后再送后续烟气处理系统。根据吸收剂的不同，主要有甘汞法(又称氯化法)和硫化-甘汞法(又称硫化-氯化法)两种工艺。

甘汞法在株洲冶炼集团股份有限公司锌冶炼制酸系统应用，主要工艺原理为

$$HgCl_2+Hg^0 \longrightarrow Hg_2Cl_2(\text{甘汞}) \quad (\text{吸收反应}) \tag{5-42}$$

$$Hg_2Cl_2+Cl_2 \longrightarrow 2HgCl_2 \quad (\text{再生反应}) \tag{5-43}$$

含汞烟气经回收余热降温及收尘系统除尘、除雾后，进入除汞反应塔，采用逆流喷淋，含汞烟气从塔底进入，经除汞循环液喷淋洗涤后由塔顶排出，烟气中的汞与洗涤液中脱汞剂($HgCl_2$)反应生成不溶于水的甘汞(Hg_2Cl_2)，生成的甘汞经两级沉降槽沉降分离后，部分作为产品从系统中开路，部分送入甘汞氯化槽经氯气氯化再生后作为循环母液。

甘汞法除汞工艺流程如图 5-17 所示。

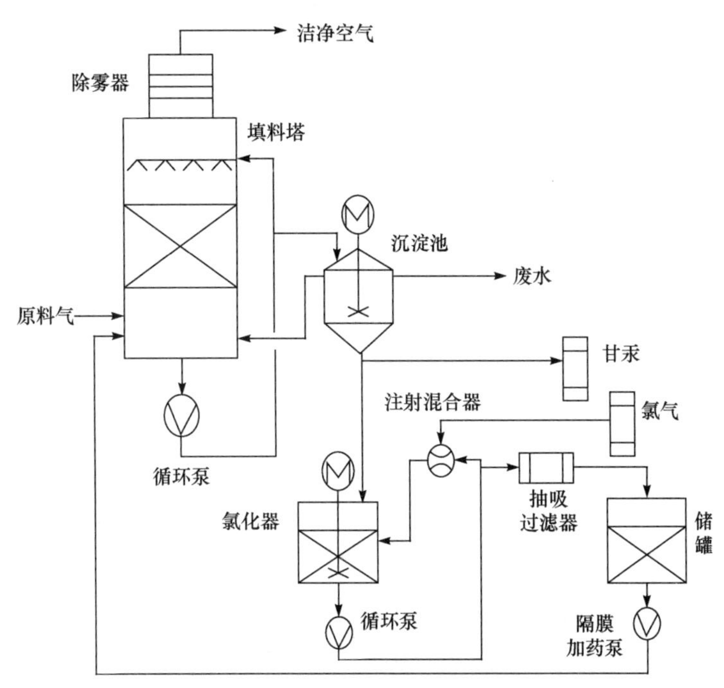

图 5-17 甘汞法除汞工艺流程[66]

西北铅锌冶炼厂制酸系统中应用了硫化-甘汞法除汞工艺[66]。其基本原理及工艺条件与甘汞法除汞工艺类似，在甘汞法除汞工艺前段增加了 1 套硫化除汞工序，其优点在于可以将出口烟气中的含汞量降至 1mg/m^3 以下。工艺流程图见图 5-13。

硫化钠脱汞原理为

$$Hg^0+S^{2-} \longrightarrow HgS \quad (吸收反应) \tag{5-44}$$

工艺第一阶段采用硫化钠脱汞，经硫化脱汞后，烟气含汞低于 30mg/m^3。硫化脱汞工序是将烟气中的单质汞转化成 HgS 不溶物，经过滤得汞渣。经硫化脱汞后的烟气经电除雾器脱除酸雾，进入氯化除汞系统(甘汞法除汞)，出口烟气含汞在 1mg/m^3 以下，在氯化除汞工序中 $HgCl_2$ 可循环再生，利用氯气氧化 Hg_2Cl_2，具体的工艺流程及工艺条件与甘汞法相同。

5.4 烟气中脱汞技术原理

5.4.1 氧化吸收法脱汞

氧化吸收法脱汞技术是指将含汞燃煤烟气与氧化剂液相接触，将不溶于水的单质汞氧化成易溶于水的二价汞，进而实现燃煤烟气脱汞的目的。根据氧化剂的种类大致可分为臭氧氧化脱除技术、高锰酸钾氧化脱除技术、含氯氧化剂脱除技术和过氧化氢氧化脱除技术。

1) 臭氧氧化脱除技术可能涉及的化学过程如下：

$$Hg^0 + O_3 \longrightarrow HgO + O_2 \tag{5-45}$$

$$Hg^0 + O \longrightarrow HgO \tag{5-46}$$

2) 高锰酸钾氧化脱除技术涉及的化学过程如下：

$$5Hg^0 + 2MnO_4^- + 16H^+ \longrightarrow 5Hg^{2+} + 2Mn^{2+} + 8H_2O(pH<3.5) \tag{5-47}$$

$$3Hg^0 + 2MnO_4^- + 8H^+ \longrightarrow 3Hg^{2+} + 2MnO_2\downarrow + 4H_2O(3.5<pH<7.0) \tag{5-48}$$

3) 含氯氧化剂脱除技术涉及的化学过程如下：

$$ClO^- + Hg^0 + 2H^+ \longrightarrow Cl^- + Hg^{2+} + H_2O \quad (\text{酸性溶液}) \tag{5-49}$$

$$ClO^- + Hg^0 + H_2O \longrightarrow Cl^- + Hg^{2+} + 2OH^- \quad (\text{中性溶液}) \tag{5-50}$$

4) 过氧化氢氧化脱除技术涉及的化学过程如下：

$$H_2O_2 + Hg^0 \longrightarrow HgO + H_2O \tag{5-51}$$

$$H_2O_2 + Fe^{2+} \longrightarrow Fe^{3+} + \cdot OH + OH^- \tag{5-52}$$

$$Hg^0 + 2\cdot OH + 2H^+ \longrightarrow Hg^{2+} + 2H_2O \tag{5-53}$$

5.4.2 吸附法脱汞

有关单质汞的反应机理，一般认为通过均相和非均相两种不同的途径进行。主要包括 Langmuir-Hinshelwood 机理、Eley-Rideal 机理和 Mars-Maessen 机理。

(1) Langmuir-Hinshelwood 机理

该机理适用于两种不同类的双分子间的吸附反应，吸附过程如下：

$$A(g) \longrightarrow A(ad) \tag{5-54}$$

$$B(g) \longrightarrow B(ad) \tag{5-55}$$

$$A(ad)+B(ad) \longrightarrow AB(ad) \tag{5-56}$$

$$AB(ad) \longrightarrow AB(g) \tag{5-57}$$

在此过程中，两种气态物质分别由气态转化为吸附态，并吸附在吸附剂表面，随后二者发生反应。该机理也有其局限性，单质汞在某些吸附剂上不能形成吸附或者吸附十分微弱，在此情况下，该机理不适用。

(2) Eley-Rideal 机理

该机理是氯化氢等气体先吸附在吸附剂表面，然后与气态单质汞发生反应，形成化合物，反应过程如下：

$$A(g) \longrightarrow A(ad) \tag{5-58}$$

$$A(ad)+B(g) \longrightarrow AB(g) \tag{5-59}$$

(3) Mars-Maessen 机理

该机理适用于某些卤素改性后的吸附剂对单质汞的吸附，具体反应过程如下：

$$A(g) \longrightarrow A(ad) \tag{5-60}$$

$$A(ad)+M_xO_y \longrightarrow AO(ad)+M_xO_{y-1} \tag{5-61}$$

$$M_xO_{y-1}+1/2O_2 \longrightarrow M_xO_y \tag{5-62}$$

$$AO(ad) \longrightarrow AO(g) \tag{5-63}$$

$$AO(ad)+M_xO_y \longrightarrow AM_xO_{y+1} \tag{5-64}$$

在该机理中，可以通过分别更改不同的反应条件来检测汞的氧化程度。

5.4.3 催化氧化法脱汞

单质汞在催化氧化系统中，其催化剂更容易发生反应速率更快的非均相反应，目前，单质汞在催化剂表面的非均相氧化过程主要有四种较为合理的理论解释，与吸附过程机理类似，主要包括 Deacon 机理、Eley-Rideal 机理、Langmuir-Hinshelwood 机理和 Mars-Maessen 机理[67]。

(1) Deacon 机理

该反应机理认为，在较高的烟气温度，且有氧气存在的情况下，烟气中的 HCl 会在催化剂的影响下氧化生成 Cl_2，生成的 Cl_2 能够和单质汞反应生成氧化态汞，具体反应如下：

$$4HCl(g)+O_2(g) \longrightarrow 2Cl_2(g)+2H_2O(g) \tag{5-65}$$

$$Hg^0+Cl_2 \longrightarrow HgCl_2 \tag{5-66}$$

氯气的产生是烟气中单质汞氧化的关键，铜基、铁基、锰基催化剂都适合作为该机理的催化剂。

(2) Eley-Rideal 机理

该机理中单质汞的吸附与氨气存在竞争吸附，吸附态的单质汞与气态氯化氢反应，具体反应过程如下：

$$A(g) \longrightarrow A(ad) \tag{5-67}$$

$$A(ad)+B(g) \longrightarrow AB(g) \tag{5-68}$$

其中：A 物种可能是单质汞也可能是氯化氢。

研究表明，钒基催化剂将单质汞氧化为氧化态汞的反应过程属于 Eley-Rideal 机理，氯化氢解离吸附在 V_2O_5 的活性位点上，化学吸附态的氯物种与单质汞反应生成中间产物 HgCl，最后 HgCl 与氯物种进一步反应生成 $HgCl_2$。

(3) Langmuir-Hinshelwood 机理

该机理是基于表面吸附的双分子反应模型，该机理认为单质汞与氯化氢等氧化剂组分首先吸附在催化剂表面，然后在催化剂表面发生反应，具体反应如下：

$$Hg^0(g) \longrightarrow Hg^0(ad) \tag{5-69}$$

$$X(g) \longrightarrow X(ad) \tag{5-70}$$

$$Hg^0(ad)+X(ad) \longrightarrow HgX(ad) \tag{5-71}$$

$$HgX(ad) \longrightarrow HgX(g) \tag{5-72}$$

其中：X 表示氧化剂组分，如 Cl_2、HCl 等。研究表明，钒基催化剂上的汞氧化过程属于该机理，气态的单质汞和 HCl 吸附在钒活性位上形成 $HgCl_2$ 和 V—OH，然后 V—OH 通过氧发生再氧化形成 V=O 和水。

(4) Mars-Maessen 机理

该机理认为单质汞先吸附在金属氧化物表面，然后被晶格氧化剂组分氧化，反应后金属氧化物表面产生的氧空位可由气相氧提供的氧原子进行补充或再生，从而使金属氧化物晶体结构得到还原。具体反应过程如下：

$$Hg^0(g) \longrightarrow Hg^0(ad) \tag{5-73}$$

$$Hg^0(ad)+M_xO_y \longrightarrow HgO(ad)+M_xO_{y-1} \tag{5-74}$$

$$2M_xO_{y-1}+O_2 \longrightarrow 2M_xO_y \tag{5-75}$$

$$HgO(ad) \longrightarrow HgO(g) \tag{5-76}$$

$$HgO(ad)+M_xO_y \longrightarrow HgM_xO_{y+1} \tag{5-77}$$

大多数的金属氧化物催化氧化反应遵循该机理。

5.5　烟气中脱汞技术

5.5.1　氧化吸收法脱汞技术

5.5.1.1　氧化吸收剂分类

常用的氧化剂有臭氧、高锰酸钾、含氯氧化剂(如次氯酸钠)、过氧化氢等。

(1) 臭氧

臭氧具有极强的氧化性和杀菌性能，是自然界最强的氧化剂之一，同时，臭氧反应后的产物是氧气，所以臭氧是高效的无二次污染的氧化剂。研究人员将臭氧作为氧化剂来氧化单质汞，发现当温度在 200℃，无 SO_2、NO_x 存在，O_3/Hg 比为 0.5 时，Hg^0 的氧化率在 80%，150℃时降到 70%。但有 NO 存在时，O_3/NO 比为 1.5 下，Hg^0 氧化率为 39.7% 而 NO 氧化率为 100%，这是因为 O_3 优先氧化 NO 并生成高价氮化物；O_3/NO 比为 2 时 Hg^0 氧化率为 95%；SO_2 对 O_3 氧化 NO 的影响很小。将 O_3 注入 $Ca(OH)_2$ 脱硫液时，若 O_3 足够，并不影响 NO 和 Hg^0 的氧化率。因此，O_3 与湿式脱硫系统结合可以提高汞的脱除效率[68, 69]。

(2) 高锰酸钾

高锰酸钾是一种常用的强氧化剂，能够与许多无机物和有机物发生反应，一般广泛用于众多医疗卫生消毒领域。高锰酸钾的水溶液对单质汞具有高效的吸收性能，因此可用于吸收低浓度汞。强酸或强碱下的去除率优于中性条件下，H_2SO_4有利于吸附在MnO_2上，强碱性水溶液中产生的·OH间接氧化Hg^0，汞浓度几乎不影响汞的去除率，但温度影响较大，高温不利于汞的去除。高锰酸钾常常被浸渍到活性炭或钙基吸附剂、SCR催化剂上增强Hg^0的氧化。它也可以直接添加到湿式脱硫系统中增强总汞的去除率[48, 70]。

(3) 含氯氧化剂

含氯氧化剂主要包括次氯酸盐、亚氯酸盐等，次氯酸根离子和亚氯酸根离子都具有强氧化性，能与许多物质发生氧化还原反应，可用于烟气脱汞。不同的氯氧化剂氧化反应可以提高汞的吸收率。在传统的湿式洗涤技术中添加氯氧化剂，可将Hg^0氧化成$HgCl_2$而洗涤除去。美国Argonne国家实验室采用NOxSorb(主要物质为氯酸，17.8% $HClO_3$和22.3% $NaClO_3$混合物)作为元素汞的新型氧化剂，气态Hg^0被氧化为Hg^{2+}被全部除去。日本研究者将液体螯合剂和次氯酸钠注入石灰浆液洗涤塔中，获得90%的脱汞效率。

(4) 过氧化氢

过氧化氢能够在一定的催化条件下产生具有强氧化性、高活性羟基自由基，可应用于烟气除汞。德国一家公司的MercOx技术就是将35%的过氧化氢水溶液喷入烟气中，零价汞被过氧化氢氧化成Hg^{2+}并滞留在溶液中。因此，过氧化氢常与其他技术结合来脱除烟气中的汞。例如H_2O_2/Fe^{3+}，过氧化氢(H_2O_2)还原Fe^{3+}能有效地诱导Hg^0氧化。$H_2O_2/NaClO_2$混合液用于氧化Hg^0和NO，然后氧化产物被随后的$Ca(OH)_2$溶液吸收，NO去除率可达87%，Hg^0的脱除率可达92%[71]。

5.5.1.2 氧化吸收法脱汞技术特点

(1) 臭氧氧化技术脱汞

臭氧氧化技术脱汞是指利用臭氧的强氧化性，将不溶于水的单质汞氧化为易溶于水的二价汞，然后在脱硫塔内对其进行洗涤脱除。产物可以利用，且不会造成二次污染。研究表明，当反应温度为150℃时，单质汞的氧化效率可达到89%。由于SO_2对O_3氧化NO和Hg^0没有很大影响，当用湿式脱硫系统同时脱硝脱汞时不需要对脱硫塔进行改造。O_3将Hg^0快速氧化为二价汞，将NO氧化为NO_2并转化为亚硝酸根和硝酸根离子，SO_2被石灰石转化为HSO_3^-/SO_3^-，再与NO_2反应产生HNO_3^-/NO_3^-自由基。这些自由基与烟气中O_2反应产生SO_4^{2-}并与Ca^{2+}结合生成$CaSO_4$。因此，湿式脱硫系统实现了脱硫脱硝脱汞。但该种技术仍存在部分不足，以臭氧为氧化剂，需要增设臭氧发生器和气格栅，反应时能耗高。臭氧气体不稳定，高温下容易分解，储存和运输困难，增加了投资和运行费用。美国劳伦斯伯克利国家实验室提出了用黄磷乳浊液代替臭氧作为氧化剂。当黄磷乳浊液喷淋烟气并与其逆流接触时，黄磷与烟气中的氧气反应产生O_3和氧原子(O)，二者可氧化烟气中的Hg^0并被湿法烟气脱硫系统中的石灰石浆液吸收，实现烟气脱汞。

Wang等[68]关于臭氧脱汞的研究表明，O_3在300℃下对汞仍有良好的氧化能力，其反应见式(5-45)和式(5-46)。

Calvert 等[72]则认为第一个反应在大气条件下是不可能发生的，而 Hg^0 和 O_3 的反应首先生成了亚稳定的 HgO_3 分子，HgO_3 分解后生成 HgO 和 O_2。他们提出了大气中汞与 O_3 的反应机理，如图 5-18 所示。

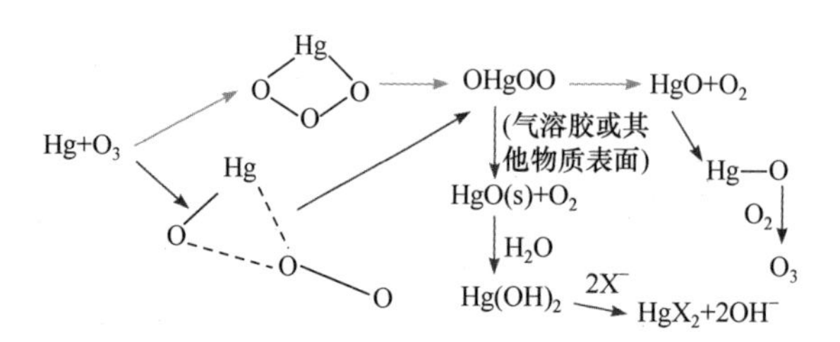

图 5-18　大气中汞与 O_3 反应机理图[72]
不同颜色代表不同反应路径

研究表明[69]，O_3 对 Hg^0 氧化效率随温度升高先增后降，在 150℃时效率最高，可达近 90%，而且随 $n(O_3)/n(Hg^0)$增大而升高，当 $n(O_3)/n(Hg^0)$超过 40000 后氧化效率几乎不再增加，如图 5-19 所示。SO_2 与汞氧化物(HgO)也能发生二次反应，形成 Hg_2SO_4，因此 SO_2 在一定程度上也能促进汞的氧化吸收。NO 和 Hg^0 都能被 O_3 和—OH 基团有效地氧化，在 NO 和 Hg^0 的竞争中，NO 处于优势地位。然而，Hg^0 能够被高价态氮氧化物如 NO_2、NO_3 等氧化，也能与硝酸及其他基团发生化合反应，从而促进 Hg^0 的吸收。当 SO_2、NO 和 Hg^0 三种污染物同时存在时，O_3 对 Hg^0 的氧化作用受到一定程度的抑制，但对 NO 的氧化效率与单独被 O_3 氧化时无明显差异。可能的化学反应如下：

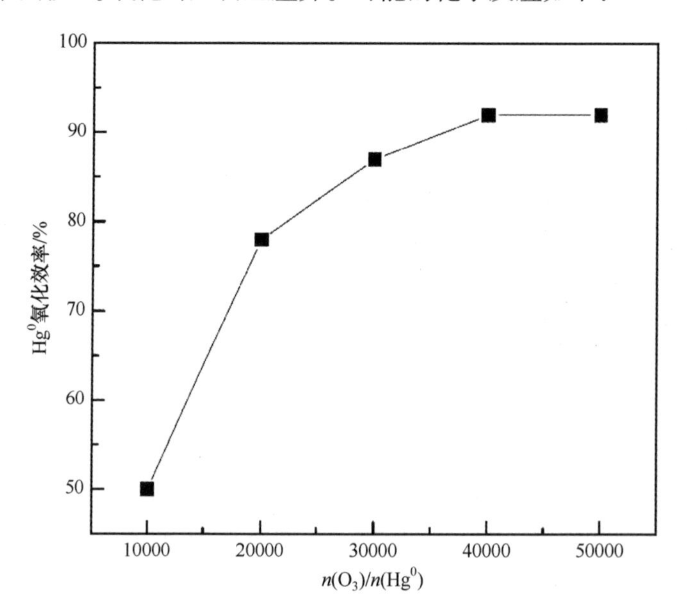

图 5-19　Hg^0 氧化效率与 $n(O_3)/n(Hg^0)$关系曲线图[69]

$$2HgO+SO_2 \longrightarrow Hg_2SO_4 \tag{5-78}$$

$$Hg^0+NO_2 \longrightarrow HgO+NO \tag{5-79}$$

$$Hg^0+NO_3 \longrightarrow HgO+NO_2 \tag{5-80}$$

$$Hg^0+4HNO_3 \longrightarrow Hg(NO_3)_2+2NO_2+2H_2O \tag{5-81}$$

$$HgO+H_2O \longrightarrow Hg(OH)_2 \tag{5-82}$$

$$Hg(OH)_2+2X^- \longrightarrow HgX_2+2OH^- \tag{5-83}$$

从微观化学来看，NO 和 Hg^0 与臭氧之间的反应是因为旧化学键的断裂与新化学键的生成。因此，实际工程中常常通过调质塔来调制烟气成分浓度与氧化剂比例，从而实现硫、硝、汞的高效协调控制。

(2) 高锰酸钾技术脱汞

高锰酸钾溶液常作为燃煤烟气采样过程中单质汞的吸收剂，用来收集燃煤烟气中低浓度的单质汞。近年来，有学者将高锰酸钾用于燃煤烟气多污染物协同脱除的氧化剂，其中包括单质汞的脱除。研究人员针对高锰酸钾溶液脱汞的机理和影响因素进行了研究，结果表明，高锰酸钾浓度、反应温度、pH 值、烟气成分及浓度等对单质汞的脱除具有较为明显的影响。增加 $KMnO_4$ 浓度，强酸或强碱条件下能显著提高 Hg^0 的去除率。温度低有利于 Hg^0 的去除，而反应温度升高不利于 Hg^0 去除率的提高。在不同 pH 值条件下，$KMnO_4$ 转移的电子数、反应速率和相应的标准电势不同，导致其脱汞机理不同[7, 73]。$KMnO_4$ 氧化还原反应及电势见表 5-5。

表 5-5 $KMnO_4$ 氧化还原反应及电势

半电池反应	标准电极电势 $\varphi^{\ominus}$/V	pH 范围
$MnO_4^- + 8H^+ + 5e^- \longrightarrow Mn^{2+} + 4H_2O$	1.51	pH＜3.5
$MnO_4^- + 4H^+ + 3e^- \longrightarrow MnO_2 + 2H_2O$	1.70	3.5＜pH＜12(酸性 pH)
$MnO_4^- + 2H_2O + 3e^- \longrightarrow MnO_2 + 4OH^-$	0.59	3.5＜pH＜12(碱性 pH)
$MnO_4^- + e^- \longrightarrow MnO_4^{2-}$	0.56	pH＞12

高锰酸钾溶液的脱汞机理实验表明[73]，在酸性条件下，H^+能够提高反应体系的氧化还原电势，$KMnO_4$ 被还原生成的 Mn^{2+}，而 Mn^{2+}具有自催化作用，通过生成中间氧化物如 Mn^{6+}、Mn^{3+}，进一步与 Hg^0 反应，促进单质汞的氧化；在中性和碱性条件下，生成的 MnO_2 对单质汞具有一定的吸附作用，而在强碱性条件下，$KMnO_4$ 氧化 OH^-为羟基自由基，从而引起羟基自由基对 Hg^0 的去除，提高单质汞的氧化效率。图 5-20 展示了反应温度和气体流量对 Hg^0 去除率的影响。

由于高锰酸钾的氧化性较强，因此以高锰酸钾作为吸收剂，对于烟气中的单质汞的去除能力较强，但该方法的成本较高，且还原产物存在二次污染、腐蚀烟道等问题，目前很少用于燃煤烟气汞污染控制领域。但是在实际工程中常常将 $KMnO_4$ 作为添加剂使用，促进活性炭或其他吸附剂或吸收剂脱除汞。

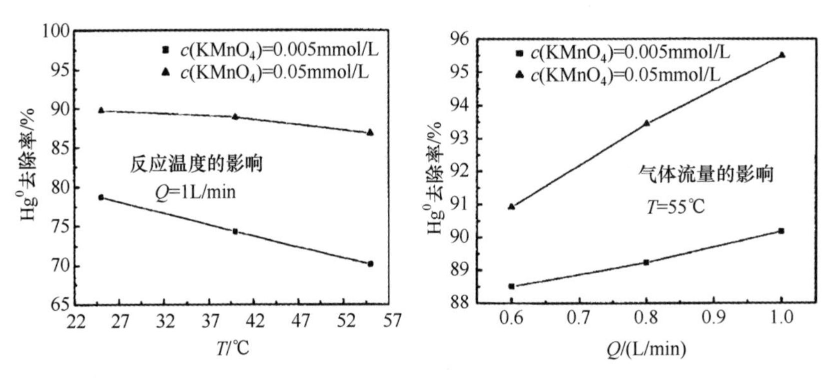

图 5-20　反应温度和气体流量对 Hg^0 去除率的影响[7]

(3) 含氯氧化剂技术脱汞

含氯氧化剂技术脱汞主要是利用次氯酸盐和亚氯酸盐的强氧化性对单质汞进行脱除。目前，常采用的含氯氧化剂为次氯酸钙、次氯酸钾、次氯酸钠、亚氯酸钠等。有学者对其作为吸收剂去除单质汞开展了大量的研究工作[16, 74]，结果表明，单质汞去除与反应温度、pH 值、烟气气体成分及浓度、氧化剂浓度等有关。酸性条件有利于单质汞的去除，碱性条件对单质汞的去除能力很低，几乎没有效果；烟气中的酸性气体(SO_2、CO_2)等能够与次氯酸钙、亚氯酸钠等反应生成一些含氯的活性物质，促进单质汞的氧化。具体有如下反应[75]：

$$2NO + ClO_2^- \longrightarrow 2NO_2 + Cl^- \tag{5-84}$$

$$NO + ClO_2^- \longrightarrow NO_2 + ClO^- \tag{5-85}$$

$$2NO_2^- + ClO_2^- \longrightarrow 2NO_3^- + Cl^- \tag{5-86}$$

$$2NO + ClO_2^- \longrightarrow 2NO_2 + Cl^- \tag{5-87}$$

$$2Hg^0 + ClO_2^- + 2H_2O \longrightarrow 2Hg^{2+} + 4OH^- + Cl^- \tag{5-88}$$

含氯氧化剂技术脱汞可在湿法烟气脱硫过程中实现，即通过将氧化剂溶液加入到脱硫浆液中或在脱硫塔内增加喷淋层，实现对单质汞的去除。该技术脱汞具有脱汞效率高、反应速率快、沉淀物少等优点，但是在脱汞过程中会引入其他离子从而造成设备结垢和腐蚀，影响系统稳定运行。并且以氯系物种为氧化剂，由于这些氧化剂不具有选择性，烟气中的二氧化硫也会消耗氧化剂，增加了成本；另外，为了提高脱汞效率，需增加试剂用量，从而导致运行费用增加，同时在脱除产物中有氯离子超标的危险，需要进一步处理，限制了其在工业上的应用。

(4) 过氧化氢技术脱汞

过氧化氢技术脱汞主要是利用过氧化氢产生的羟基自由基对单质汞进行去除。纯 H_2O_2 为淡蓝色的油状液体，常规使用质量分数为 30%的水溶液。以过氧化氢作为氧化剂，存在着试剂价格低、脱除产物无二次污染的优点，但单一的过氧化氢作为氧化剂对单质汞的去除率较低，可能无法满足排放标准。因此，为了增强过氧化氢的氧化能力，常采用与其他氧化剂复合或其他方法联用。目前，通常加入二价铁离子增加过氧化氢的氧化能力，即芬顿试剂。H_2O_2 在 Fe^{2+}的催化作用下分解生成具有强氧化性的羟基自由基(·OH)，单质汞被氧化，有效提高单质汞的去除率[36]。其涉及的反应如下：

$$Hg^0 + H_2O_2 = HgO + H_2O \tag{5-89}$$

$$2Fe^{3+} + H_2O_2 = 2Fe^{2+} + O_2 + 2H^+ \tag{5-90}$$

$$Fe^{2+} + H_2O_2 = Fe^{3+} + \cdot OH + OH^- \tag{5-91}$$

$$Hg^0 + 2\cdot OH = HgO + H_2O \tag{5-92}$$

芬顿试剂对单质汞的氧化能力主要与 pH 值有关，酸性条件有利于过氧化氢生成高活性的羟基自由基，提高体系对单质汞的氧化性能，在碱性条件下过氧化氢会生成水，使得体系对单质汞的氧化能力降低。芬顿试剂与常用的石灰石膏法湿式脱硫系统结合增强了总汞的脱除效率。其作用机理如图 5-21 所示。但酸性条件容易造成设备腐蚀，反应后的溶液需用碱液中和才能排放，增加了投资和运行费用。

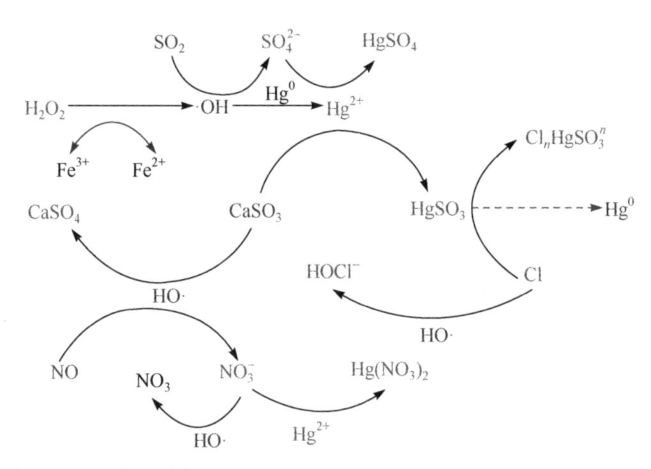

图 5-21　芬顿试剂/$CaSO_3$ 与 SO_2、NO_x、Hg 的作用机理示意图[36]

另外，研究发现 UV 和 H_2O_2 之间存在重要的协同效应，利用紫外线辐照过氧化氢也有利于对单质汞的去除。254nm 是 UV 的最佳波长，通过 H_2O_2、·OH、·O、O_3 的氧化和 UV 光致激发，Hg^0 被氧化为 Hg^{2+}。该方法对单质汞的去除与 pH 值、含氧量、紫外线波长及强度等有关，反应温度几乎不会影响单质汞的氧化。但该工艺还存在一些缺点，如能耗高、H_2O_2 用量大、设备易腐蚀等，使得该技术距离商业化应用还有一定差距，需进一步改进和优化。有研究将 UV 引入到芬顿体系中增强其氧化能力。该反应原理与芬顿法类似，起氧化作用的主要是羟基自由基。一般认为，产生羟基自由基的路径主要有两条：一是由 Fe^{2+}催化分解 H_2O_2 产生；二是由 UV 辐射催化 H_2O_2 产生。研究发现，UV、H_2O_2 和 Fe^{2+}具有明显的协同作用。锰、铜、钴、铈离子添加到 H_2O_2 中(图 5-22)，在紫外线照射下，也能产生大量羟基自由基，从而引起 Hg^0 的氧化[76-78]。

过氧化氢氧化技术的优点是价格低廉、环境友好、氧化速度快、操作简单易控制、氧化无选择性，可实现多污染物协同控制，是一种适宜工业应用的氧化剂。采用强化措施在增强过氧化氢氧化能力的同时也带来了一系列问题，如引入其他物质可能带来二次

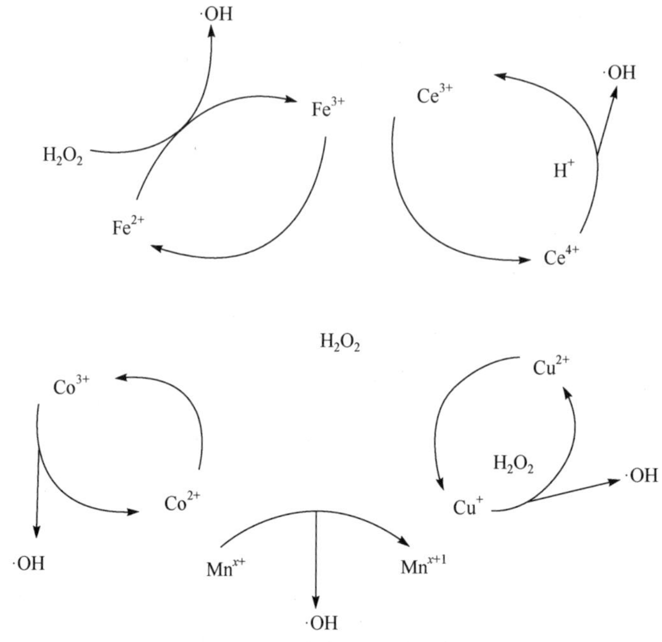

图 5-22　羟基自由基生成示意图[77]

污染、气化装置和紫外灯能耗偏高等。因此，需探索一些新型环保的辅助氧化剂，在增加过氧化氢对单质汞氧化能力的同时减少对设备的腐蚀。例如，非均相类芬顿法既保留了均相反应中反应速率快和氧化效率高的优点，又降低了溶液对 pH 的要求，催化剂容易回收利用，具有很大的研究前景。

5.5.2　吸附法脱汞技术

5.5.2.1　脱汞吸附剂种类

吸附剂脱汞主要是指通过物理吸附或化学吸附以及二者相结合的方式将气态单质汞转化为颗粒态汞进而被燃煤电厂除尘设备等除去。当前研究较多的脱汞吸附剂主要是炭基吸附剂、非炭基吸附剂(如飞灰改性吸附剂、钙基吸附剂、金属/金属氧化物吸附剂以及矿物类吸附剂等)。

(1) 炭基吸附剂

炭基吸附剂包括活性炭、活性炭纤维、碳/油焦吸附剂等。炭基吸附剂脱汞目前常用活性炭为吸附剂，活性炭是由木质、煤质和石油焦等含碳的原料经热解、活化加工制备而成，孔隙结构发达、比表面积较大、表面化学基团丰富、吸附能力较强。活性炭的吸附能力与活性炭的孔隙大小和结构有关。一般来说，颗粒越小，孔隙扩散速度越快，活性炭的吸附能力就越强。一般认为活性炭表面官能团的种类和数量在吸附和氧化汞的过程中具有重要作用，通过卤族元素掺杂、金属及其化合物改性以及低温等离子体技术处理等方式可增加活性炭表面的活性位点，从而提高对单质汞的去除能力。早期活性炭吸附剂除汞主要是用于垃圾焚烧炉的汞污染治理，且取得了很好的脱除效果。因此，活性炭也成为燃煤电厂烟气汞污染控制的研究热点。活性炭除汞效率较低且循环使用率也低，除汞成本较大。活性炭纤维是第三代炭基吸附剂，比表面积为活性炭的 2 倍甚至更高，孔隙多为微孔，吸附容量大，吸附速度快，对汞有较好的吸附效果，但再生循环使用性能较差。

(2) 非炭基吸附剂

有研究者致力于开发廉价高效的吸附剂来替代活性炭，如飞灰改性吸附剂、钙基吸附剂、金属/金属氧化物吸附剂以及矿物类吸附剂等非炭基改性吸附剂。

1) 飞灰改性吸附剂。

飞灰又称粉煤灰，是从煤燃烧后的烟气中收捕下来的细灰，粉煤灰是燃煤电厂排出的主要固体废物。我国火电厂粉煤灰的主要氧化物组成为：SiO_2、Al_2O_3、FeO、Fe_2O_3、CaO、TiO_2、MgO、K_2O、Na_2O、SO_3、MnO_2等，此外还有P_2O_5等。其中氧化硅、氧化钛来自黏土、页岩；氧化铁主要来自黄铁矿；氧化镁和氧化钙来自其相应的碳酸盐和硫酸盐。粉煤灰的元素组成(质量分数)为：O 47.83%，Si 11.48%～31.14%，Al 6.40%～22.91%，Fe 1.90%～18.51%，Ca 0.30%～25.10%，K 0.22%～3.10%，Mg 0.05%～1.92%，Ti 0.40%～1.80%，S 0.03%～4.75%，Na 0.05%～1.40%，P 0.00%～0.90%，Cl 0.00%～0.12%，其他 0.50%～29.12%。粉煤灰外观类似水泥，颜色在乳白色到灰黑色之间变化。粉煤灰的颜色是一项重要的质量指标，可以反映含碳量的多少和差异，在一定程度上也可以反映粉煤灰的细度，颜色越深，粉煤灰粒度越细，含碳量越高。粉煤灰颗粒呈多孔型蜂窝状，比表面积较大，具有较高的吸附活性，颗粒的粒径范围为 0.5～300μm，并且珠壁具有多孔结构，孔隙率高达 50%～80%，有很强的吸水性。飞灰本身的特性，包括未燃尽碳、粒径大小、比表面积、孔隙率、分形维数等都会对飞灰吸附烟气汞产生影响，而未燃尽碳被认为是飞灰吸附汞的一个非常重要的影响因素。在飞灰中，未燃尽碳一般在 2%～12%。飞灰中的矿物含量、比表面积也是飞灰对汞吸附的重要影响因素[79]。

2) 钙基吸附剂。

钙基吸附剂主要包括氧化钙、氢氧化钙、碳酸钙、硫酸钙等，其价格低廉、容易获取，但对单质汞的脱除效率较低。大量的研究表明，对钙基吸附剂进行改性，可以提高对汞的吸附能力，如MnO_x负载在$Ca(OH)_2$、$AgNO_3$改性后的$Ca(OH)_2$等。也有在钙基吸附剂中添加适量的氧化剂(如H_2O_2、$KMnO_4$、NaClO、$NaClO_2$等)，可以有效促进钙基吸附剂对Hg^0的氧化吸附作用，进而提高钙基吸附剂的脱汞及硫氮同时脱除性能。有研究者将飞灰与钙基进行复合，如飞灰和$Ca(OH)_2$复合，通过自身的微孔和表面结构对烟气中Hg^0进行物理吸附。

3) 金属/金属氧化物吸附剂。

金属/金属氧化物吸附剂，是利用特定的金属如金、钛能与汞形成合金的特性，吸附除去烟气中的汞。这种新形成的合金能够在提高温度的情况下进行可逆反应，从而实现汞的回收以及金属的循环利用，金属吸附率与汞的化学形态无关，这样元素汞的控制难题将得以解决。美国 Consol 用贵金属作为吸附剂循环利用，称为 Mercury-Re 过程。金属吸附剂除汞可以降低成本，很有发展潜力。有人利用TiO_2高温熔炼生成大表面积的凝聚团的特性，将其用于吸附汞蒸气，但效果并不明显，但通过低强度的紫外光照射后，Hg^0在TiO_2表面发生光催化氧化生成Hg^{2+}并与TiO_2结合为一体，显示出很好的汞脱除能力。也有人利用 Fe_2O_3 吸附烟气中的汞，发现存在以下反应：H_2S 与吸附活性氧反应生成硫单质，表面的单质硫再与汞反应生成 HgS 并沉积在 Fe_2O_3 上。这里的 Fe_2O_3 起到传输氧的作用。

4) 矿物类吸附剂。

一些矿物类物质，如沸石、高岭土、膨润土等对汞也具有一定的脱除能力，其本身的脱汞能力较低，可通过在其表面负载卤素、金属氧化物等方式增加其表面的活性位点，从而提高吸附剂对汞的吸附和氧化性能，增强吸附剂对汞的脱除效果，如 HCl 浸润沸石、Cu 负载沸石等。目前此类吸附剂脱汞的研究仅限于实验室阶段，但矿物类吸附剂具有价格低廉、易获取等特点，有替代活性炭吸附剂的趋势。

5.5.2.2　吸附法脱汞技术特点

(1) 活性炭喷射技术脱汞

烟道活性炭喷射(activated carbon injection，ACI)技术是当今最为成熟可行的主动汞污染控制技术，也是美国普遍采用的技术，随着新研制的活性炭对汞的吸附能力不断提高，这项技术有着广阔的应用前景。该技术的原理如图 5-23 所示，通过将活性炭喷入空气预热器后的尾部烟道中，使活性炭在流动过程中不断吸附烟气中的汞，将气态汞转化为固定在吸附剂上的颗粒汞，然后利用静电除尘器或者布袋除尘器等颗粒物排放控制装置将其脱除。对使用布袋除尘器的电厂来说，布袋上含活性炭的灰层更有利于汞的吸附和脱除。

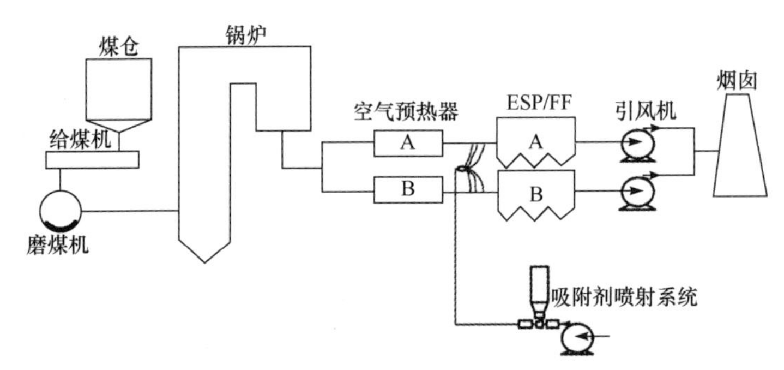

图 5-23　传统的 ACI 技术原理示意图

ESP-静电除尘器；FF-布袋除尘器

ACI 所用的活性炭可以是商用活性炭，如美国 Norit Americas 公司生产的标准活性炭 DARCO HG，也可以是经过溴化或氯化处理的改性活性炭。所喷入活性炭的量受烟气中汞含量、允许排放限值和活性炭的吸附性能等多方面的影响。美国已经对多家电厂进行了 ACI 技术性能的评价。为保证活性炭较高的吸附活性和利用率，活性炭的喷入点应考虑烟气温度，并保证与烟气充分混合。

尽管活性炭吸附剂在实际电厂应用中获得了很好的脱汞效果，但仍然存在一些问题：①由于其价格比较昂贵，即使使用喷入量较小的改性活性炭吸附剂依然具有较高的运行成本；②向烟气中喷入活性炭会增加飞灰中的碳含量，当飞灰中总碳含量(包括未燃尽碳含量和喷入的活性炭含量)超过 1%时，会影响飞灰的利用(作为混凝土中水泥的替代物)；

③在燃用褐煤或者烟气中 SO_3 浓度较高的电厂，ACI 技术的脱汞效果并不理想。

为了使喷射活性炭后的飞灰仍可用于烟气脱汞，目前的几种方法是：①通过改变过程变量(如采用 Mer-Cure^{TM} 过程，图 5-24)，实现使用较低的活性炭喷射率就能达到较高的脱除率；②几家吸附剂供应商提供特殊处理的活性炭，使飞灰吸附剂的混合物也能满足使用要求；③将活性炭的喷射点改在静电除尘器/布袋除尘器之后，另外再安装 1 个布袋除尘器脱除活性炭[TOXECON^{TM}(图 5-25)及 TOXECON Ⅱ^{TM}(图 5-26)形式]，这种方法的设备投资成本较高。活性炭吸附剂脱汞后，经过再生，可以返回喷射系统，从而达到活性炭吸附剂循环使用的目的，降低运行成本，同时可以回收汞资源，如图 5-27 所示。

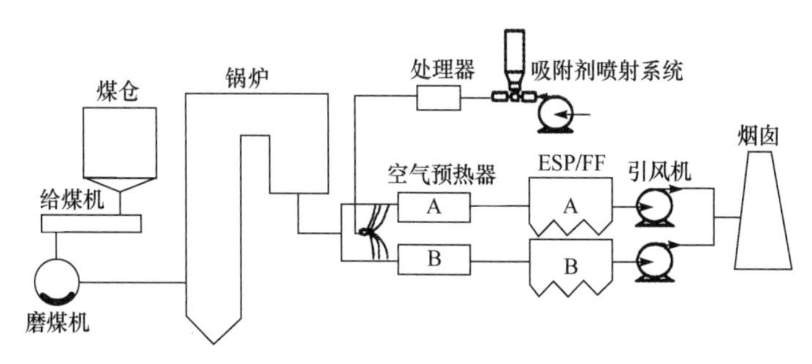

图 5-24 Mer-Cure^{TM} 技术原理示意图
ESP-静电除尘器；FF-布袋除尘器

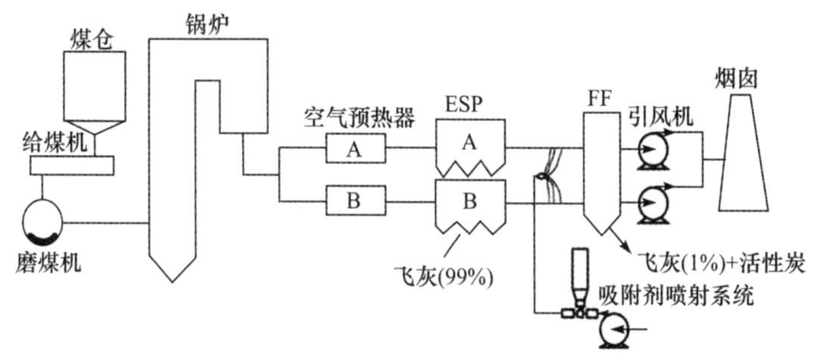

图 5-25 TOXECON^{TM} 技术原理示意图
ESP-静电除尘器；FF-布袋除尘器

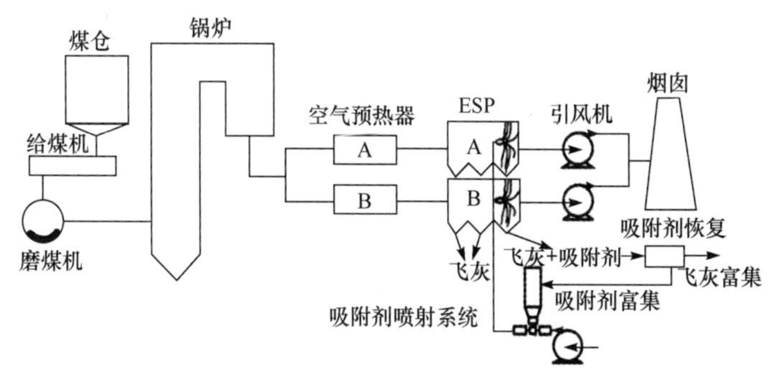

图 5-26 TOXECON Ⅱ^{TM} 技术原理示意图
ESP-静电除尘器

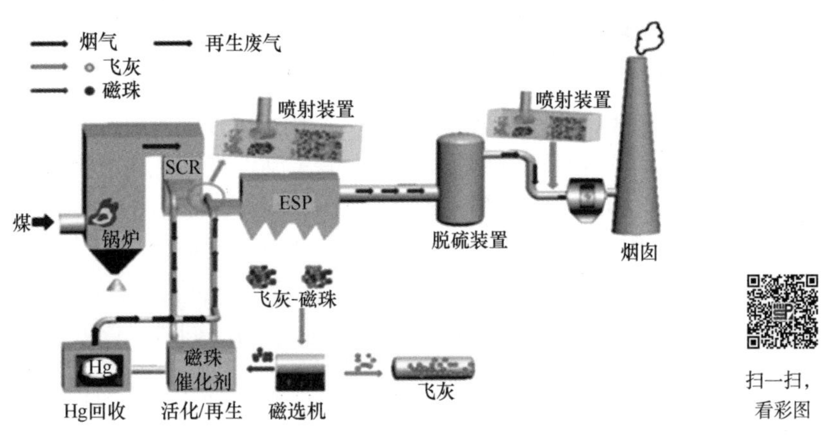

图 5-27　活性炭喷射脱汞-活性炭活化/再生原理示意图

ESP-静电除尘器

(2) 吸附床技术脱汞

活性炭吸附脱汞除了在除尘装置前喷入活性炭之外，也可采用活性炭吸附床。活性炭吸附床包括固定吸附床、移动吸附床以及流化吸附床。在固定吸附床中吸附剂被固定在吸附器的某些部位，气流通过吸附剂床层时，吸附剂保持静止不动；在移动吸附床中被处理的气体从塔底进入，向上通过吸附床流向塔顶，塔底设有支承格栅，有下流式移动填料塔和板式塔两种型式；在流化吸附床中吸附剂分置在筛孔板上，在高速气流的作用下，强烈搅动，上下浮沉。固定吸附床的技术原理和吸附床如图 5-28 所示，将活性炭

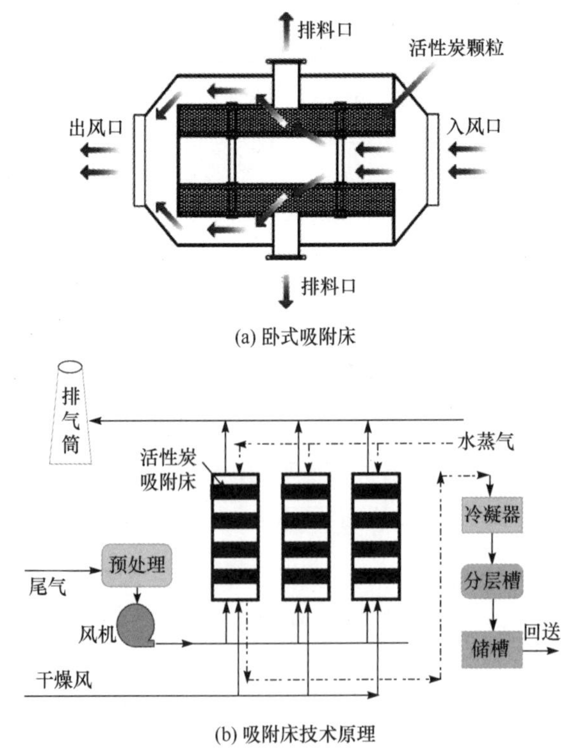

(a) 卧式吸附床

(b) 吸附床技术原理

图 5-28　固定吸附床及工艺原理示意图

放置在吸附床中，含汞烟气通过吸附床时被活性炭吸附，将气态单质汞转化为固定在吸附剂上的颗粒汞。活性炭吸附床一般置于脱硫装置和除尘器后，作为烟气排入大气的最后一个清洁装置，对单质汞的去除效果较好。

该技术所用活性炭与 ACI 技术所用活性炭相同，该技术在不同条件下吸附除汞的效率有明显差异，与活性炭粒径、烟气成分、反应温度、停留时间、汞浓度以及活性炭与汞比值等因素有关。

活性炭吸附脱汞常采用 ACI 技术，尽管吸附床技术对汞的去除率较高，吸附汞后的活性炭可再解吸重复利用，但活性炭吸附床技术在颗粒尺寸较小时会引起较大的压降，并且需要增加设备，占地和投资较大，成本较高，因此，工业化应用率较低。

5.5.3 催化氧化法脱汞技术

5.5.3.1 脱汞催化剂种类

湿法脱硫设备能有效脱除燃煤烟气中的氧化态汞，因此，在脱硫设备前增加汞的氧化能力能有效提高脱汞效率。为达到此目的，催化氧化脱汞受到越来越多研究者的关注，其核心在于催化剂的研究。目前，其大致可分为钒基、锰基、铜基等金属氧化物催化剂及光催化氧化催化剂如 TiO_2、BiOX 光催化剂[41-43, 80-82]。表 5-6 列出了几种催化剂除汞效率。

表 5-6 不同催化剂催化氧化 Hg^0 性能对比

催化剂	负载量(质量分数)/%	氧化效率/%
$CuCl_2/TiO_2$	1.5～6	60～100
CoO_x/TiO_2	0.5～15	10～90
Fe_2O_3/TiO_2	0.6～5	60～80
V_2O_5/TiO_2	1～10	69～100
MnO_x/TiO_2	10～20	90

(1) 钒基催化剂

钒基催化剂脱汞主要是目前商业应用的 V_2O_5-WO_3/TiO_2 和 V_2O_5-MoO_3/TiO_2，即 SCR 催化剂，该类催化剂除了用于 NO_x 选择性催化还原之外，对挥发性有机化合物、单质汞的氧化也具有一定的活性。该类催化剂主要安装在空气预热器和省煤器之间，但此处飞灰浓度较高，飞灰颗粒容易堵塞催化剂孔道从而加速催化剂失活。此外，钒基催化剂的活性成分 V_2O_5 具有毒性，且抗中毒性能较差，运行温度窗口窄，汞氧化效率对 HCl 依赖性较强[41]。这是因为钒基催化剂上汞的氧化通过以下路径进行：

$$2Hg^0 + 4HCl + O_2 \longrightarrow 2HgCl_2 + 2H_2O \tag{5-93}$$

V_2O_5 中存在 $V^{3+} \rightleftharpoons V^{5+}$，能够活化氧。HCl 可以吸附在 V_2O_5 活性位点上，与气相 Hg^0 或弱结合的 Hg^0 反应；Deacon 反应是通过 HCl 和 V_2O_5 反应生成 Cl_2，气态 Cl_2 可以与气态 Hg^0 反应生成 $HgCl_2$。也有人提出 HCl 与吸附的 HgO 反应生成挥发性 $HgCl_2$。有人将 CeO_2、MnO_x、FeO_x 或 CuO 修饰 V_2O_3-TiO_2，通过修饰金属氧化物与钒物种之间

的作用，增强氧的活化，从而提高 SCR 催化剂对 Hg^0 的氧化能力，提高 Hg^0 的脱除效率。也有将 Cl^-、ClO^- 等含氯化合物浸渍到 SCR 脱硝催化剂上，通过含氯化合物与 Hg^0 之间的作用提高 SCR 脱汞效率。有人提出了 CeO_2 改性 V_2O_5/TiO_2 催化剂同时去除 NO 和 Hg^0 的新见解：在催化剂对 Hg^0 氧化过程中，NO 通过 $Hg(NO_3)_2$ 的形式促进 Hg^0 氧化。由于在无盐酸的 SCR 气氛下 Hg^0 氧化，生成的 $Hg(NO_3)_2$ 无法从催化剂上脱附，阻塞了活性位点。而当烟气中存在 HCl 时，吸附的 $Hg(NO_3)_2$ 与 HCl 发生反应，形成挥发性的 $HgCl_2$，并脱附到烟气中气相，从而重新暴露活性位点，使催化剂恢复[41-43]。其反应原理见图 5-29。

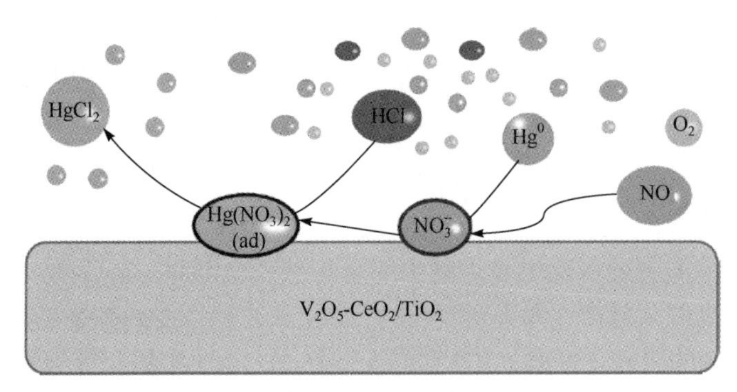

图 5-29　Hg^0 氧化的硝酸盐途径[43]

虽然 HCl 没有直接参与硝酸途径的 Hg^0 氧化反应，但它对 Hg^0 氧化反应具有重要的影响，在硝酸盐途径中起着不可或缺的作用，没有它，催化剂在硝酸盐途径中的循环就不能完成。

(2) 锰基催化剂

锰基催化剂具有活性高、制备方法简单、价格低廉且温度窗口较宽的优点。锰基催化剂被认为是单质汞氧化的最佳催化剂之一，锰基催化剂具有多种类型的不稳定氧，不稳定氧在催化反应中具有重要作用，因此许多学者对锰基催化剂进行了广泛研究。锰基氧化物具有氧化还原电位高、环境友好、成本低等优点，是一种高效的 Hg^0 脱除催化剂或吸附剂。MnO_x 存在 Mn^{4+}、Mn^{3+} 两种价态，Mn^{4+} 将 Hg^0 氧化为 Hg^{2+}，自身被还原为 Mn^{3+}。Hg^0 的吸附和氧化基本遵循 Mars-Maessen 和 Langmuir-Hinshelwood 机理。MnO_x 对 Hg^0 的脱除机理描述如下：气态 Hg^0 首先吸附在 MnO_x 表面，然后 Hg^0 被 Mn^{4+}/Mn^{3+} 氧化成 Hg^{2+}。氧化后的汞大部分会与 MnO_x 的表面氧结合而被 MnO_x 吸收。比表面积大有利于 Hg^0 的吸附，而催化氧化性能高有利于 Hg^0 的氧化，充足的表面氧有利于 Hg^{2+} 的结合。基本反应包括[83, 84]：

$$Hg^0(g) \longrightarrow Hg^0_{ad} \tag{5-94}$$

$$2Hg^0_{ad} + 4Mn^{4+} + O_2 \longrightarrow 2Hg^{2+} + 2O_{ad} + 4Mn^{3+} \tag{5-95}$$

MnO_2 具有很多晶相，包括 α、β、γ 相。研究表明，Hg^0 的去除能力依次为 β-MnO_2＜γ-MnO_2＜α-MnO_2。MnO_x 也经常被负载在载体上。第一类载体与 Hg^0 没有反应活性，如 Al_2O_3、TiO_2、CNTs、Ce-Zr 固溶体，但是它们能够改善 MnO_x 的分散性，从而增强了 Hg^0 的氧化。第二类包括催化载体，如活性炭、粉煤灰、SCR 催化剂、γ-Fe_2O_3。活性炭和粉煤灰对汞的吸附表现出良好的吸附性能，锰改性后汞以化学吸附态存在，极大地提高了汞的吸附性能。SCR 催化剂(V_2O_5-WO_3/TiO_2和 V_2O_5-MoO_3/TiO_2)本身对 Hg^0 就有催化氧化作用，添加 MnO_x 进一步增强了对 Hg^0 的去除性能。γ-Fe_2O_3 和其他过渡金属氧化物经常被用来作为 Hg^0 的吸附剂。当 MnO_x 负载在这些过渡金属氧化物上，它们之间的相互作用也促进了 Hg 的反应[83-85]。

研究表明，TiO_2 负载 MnO_x 可有效氧化单质汞，同时还可促进低温 SCR 反应，MnO_x/TiO_2 催化剂可实现 90%左右的汞去除率。烟气中少量的 O_2 及微量的 HCl 对吸附剂的脱汞有较强的促进作用。SO_2 对吸附剂的脱汞有较强的抑制作用，这是因为 SO_2 与 Hg^0 存在的竞争吸附作用以及脱汞反应中产生的硫酸盐覆盖活性位点表面，导致脱汞效率下降。但是，锰基催化剂也存在抗硫问题，为提高催化剂的抗硫性，目前，加入金属元素进行掺杂改性锰基催化剂是研究热点。研究表明，MnO_x 与 CeO_2 的组合具有很好的协同脱汞作用且抗硫性较好。在氧化还原条件下铈元素通过三价和四价的转变表现出很好的储氧释氧能力，且掺杂 CeO_2 很大程度上提高了催化剂的抗硫性，因而氧化铈是一种非常具有前景的脱汞催化剂[45, 85-87]。

(3) 铜基催化剂

铜基催化剂是一种常用的脱除汞的催化剂之一，如 $CuCl_2$/TiO_2、CuO/Al_2O_3、CuO/TiO_2、CuO-CeO_2/TiO_2 等，也有将氧化铜负载在活性炭、分子筛、硅胶等吸附剂上来增强汞的脱除效率。铜基催化剂也能有限去除单质汞，研究表明[88]，在没有 HCl 存在的条件下，$CuCl_2$/TiO_2 催化剂也能表现出较高的汞氧化效率和脱硝效率，这是因为表面存在的活性氯原子和 Cu^{2+}在 Hg^0 氧化过程中起作用，其机理如图 5-30 所示。对于 CuO/Al_2O_3[38]，氧化铝表面及内部负载纳米氧化铜颗粒，根据 Mars-Maessen 机理，氧化铜能够将单质汞催化氧化成为氧化汞，为非均相氧化机理，即被吸附的 Hg^0 与气相补充的晶格氧化剂(O)发生反应，从而实现脱汞，涉及的反应如下：

$$Hg(g) \longrightarrow Hg(ad) \tag{5-96}$$

$$Hg(ad)+2CuO \longrightarrow HgO(ad)+Cu_2O \tag{5-97}$$

$$Cu_2O+1/2O_2 \longrightarrow 2CuO \tag{5-98}$$

$$HgO(ad) \longrightarrow HgO(g) \tag{5-99}$$

$$HgO(ad)+CuO \longrightarrow HgCuO_2 \tag{5-100}$$

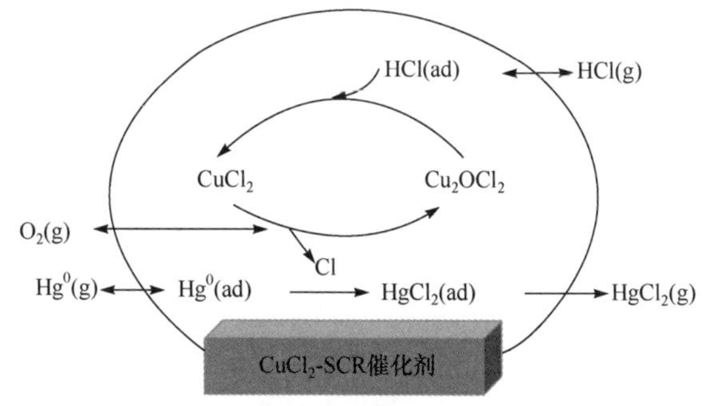

扫一扫，
看彩图

图 5-30 在 $CuCl_2$-SCR 催化剂上的 Hg^0 氧化示意图[88]

黑色表示反应物，蓝色表示催化剂，紫色代表氧化活性组分，不同颜色箭头表示不同反应路径

脱汞剂中活性组分与汞发生催化氧化反应，可能的产物有氧化汞、氧化亚铜及 $HgCuO_2$ 等。

相比传统的钒基催化剂，锰基、铜基等催化剂具有较好的单质汞氧化性能，克服了对烟气中氯化氢气体的依赖性。但这些研究大多处于实验室阶段，实际应用受到燃煤电厂现有污染物治理设备和烟气条件的限制，距离工业化应用尚有一段距离。因此，如何提高现有常规钒基催化剂的除汞效率仍然是目前的研究重点。

(4) 其他 SCR 催化剂

在 SCR 催化剂研究中，研究者发现具有钙钛矿结构的 $LaMnO_3$、$CeMnO_3$ 或 $La_{0.8}Ce_{0.2}MnO_3$ 脱硝催化剂在去除 NO_x 的同时对汞也有很好的去除效果，见图 5-31～图 5-33。同时还发现，在脱硝过程中，随着氧气浓度的增加，Hg^0 的去除率增加，NH_3/NO 也影响 Hg^0 的去除率，NH_3 抑制 Hg^0 的氧化，但是 NO 能部分抵消 NH_3 的抑制，这是因为 NO 被氧化为 NO_2，则抑制了 Hg^0 被氧化为 Hg^{2+}[89]。

研究者认为，$CeMnO_3$ 对 NO 和 Hg^0 的去除机理涉及以下反应：

$$2CeO_2 \longrightarrow Ce_2O_3 + O_{ad} \tag{5-101}$$

$$2MnO + O_{ad} \longrightarrow Mn_2O_3 \tag{5-102}$$

$$2NO + 2NH_3 + O_{ad} \longrightarrow 2N_2 + 3H_2O \tag{5-103}$$

$$2NO + 2NH_3 + 2MnO_2 \longrightarrow 2N_2 + 3H_2O + Mn_2O_3 \tag{5-104}$$

$$2NO + 2NH_3 + Mn_2O_3 \longrightarrow 2N_2 + 3H_2O + 2MnO \tag{5-105}$$

$$Hg_g^0 \longrightarrow Hg_{ad}^0 \tag{5-106}$$

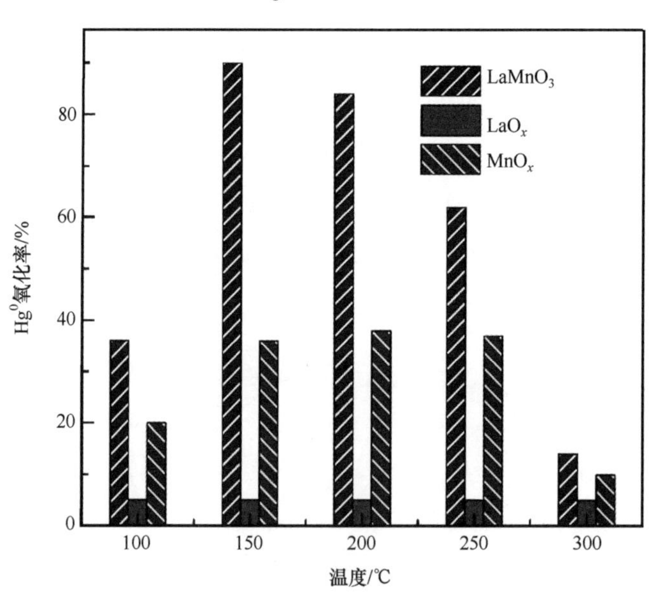

图 5-31　不同温度下 Hg^0 氧化率[89]

Hg^0 氧化反应条件：4% O_2；反应空速 30000h^{-1}

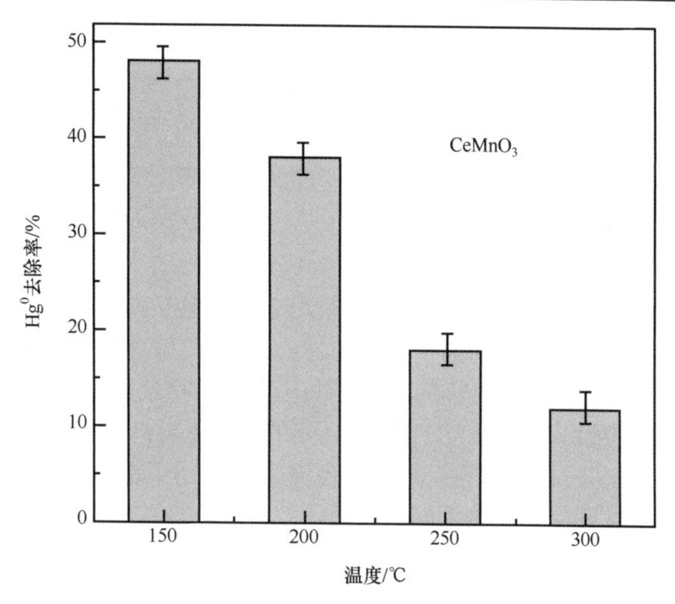

图 5-32 不同温度下 Hg^0 去除率[89]

反应气：N_2 中含 70μg/m³ Hg^0

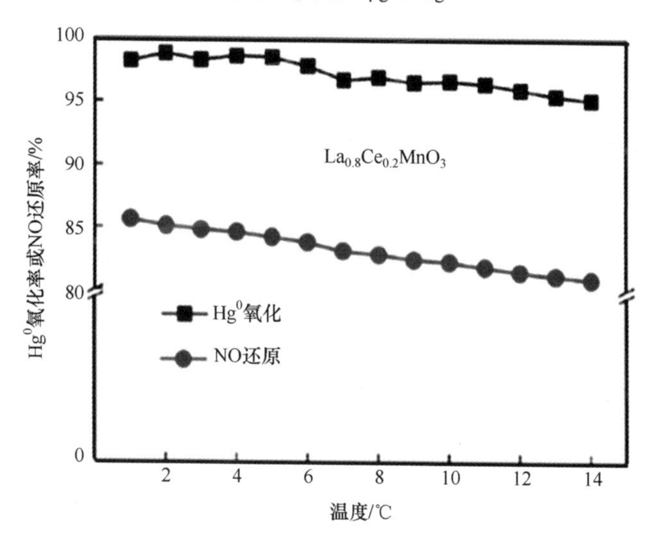

图 5-33 NO 还原和 Hg^0 氧化同时反应曲线图[89]

反应条件：50μg/m³ Hg^0，NO、NH_3 浓度为 500ppm，4% O_2；反应温度 200℃；反应空速 30000h⁻¹

$$Hg^0_{ad} + O_{ad} \longrightarrow HgO \tag{5-107}$$

$$Hg^0_{ad} + 2MnO_2 \longrightarrow HgO + Mn_2O_3 \tag{5-108}$$

$$Hg^0_{ad} + Mn_2O_3 \longrightarrow HgO + 2MnO \tag{5-109}$$

$$Hg^0_{ad} + 2NO + 2O_2 \longrightarrow Hg(NO_3)_2 \tag{5-110}$$

在 $La_{0.8}Ce_{0.2}O_x$ SCR 脱硝催化剂上 NO 和 Hg 去除也具有相似的反应机理[87]。

(5) TiO_2 光催化剂

TiO_2 是一种常用的非均相催化剂,其表面性质和光催化潜力已经得到广泛研究。TiO_2 有金红石、锐钛矿或板钛矿三种晶型。锐钛矿和金红石属于四方晶系，每个晶胞中分别包含 6 个和 12 个原子，空间群分别为 C_{4h}^{19} 和 D_{4h}^{14}，在两种结构中每个 Ti^{4+} 与 6 个 O^{2-} 阴离子配位，每个 O^{2-} 阴离子与 3 个 Ti^{4+} 阳离子配位。它们组成 TiO_6 八面体。而板钛矿属于斜方晶系，空间群为 D_{2h}^{15}。

金红石相 TiO_2 的禁带宽度为 3.0eV，但是由于表面电子-空穴结合速度较快，其几乎没有光催化活性。锐钛矿 TiO_2 的禁带较宽(3.2eV)，相当于波长为 387.5nm 的光能，光稳定性较好，与金红石相相比，具有小的电子有效质量，高的载流子迁移率，对氧的吸附能力较强，具有很高的光活性，所以作为处理各种污染的光催化剂和光电池材料有很好的应用前景。在紫外光照射下($320nm < \lambda < 400nm$)，在室温 TiO_2 可用于脱除空气中的气相零价汞。

纳米 TiO_2 光催化研究在环境领域的应用还处于实验室和理论探索阶段，未实现大规模的产业化，有以下因素制约了 TiO_2 的发展：①高的光生电子和空穴复合率导致了低的光量子效率；②TiO_2 的禁带较宽，只能用紫外光激发，不能有效催化效能。因此，提高 TiO_2 光催化性能的途径主要有贵金属表面沉积、外来离子掺杂、复合半导体等。

贵金属表面沉积常用的贵金属有 Au、Ag、Rh、Ru、Pd、Nb、Pt 等。在光催化剂表面沉积贵金属，可加速光生电子向金属的转移，减少催化剂表面电子的浓度，从而减少光生电子与空穴的复合，提高光催化降解效率。贵金属单质通常以原子簇的形式呈点状分布于催化剂表面，所占表面积极小。贵金属单质由于具有与 TiO_2 不同的费米能级，因此能成为光生电子的受体，同时形成的 Schottky 势垒也有助于抑制电子-空穴的复合。另外，贵金属的沉积还可以降低质子还原反应、溶解氧还原反应的超电压，这对于反应速率的加快更为有利。贵金属的沉积量(质量分数)通常在 0.1%～2%，如果沉积过多，沉积层形成连续膜，反而会促进电子与空穴的复合，导致光催化效率下降。图 5-34 是负载 Pt 后的 TiO_2 光催化剂发生光生电子在 Pt 上富集，光生空穴向 TiO_2 晶粒表面迁移，这样形成的微电池促进了光生电子与空穴的分离，提高了光催化效率。

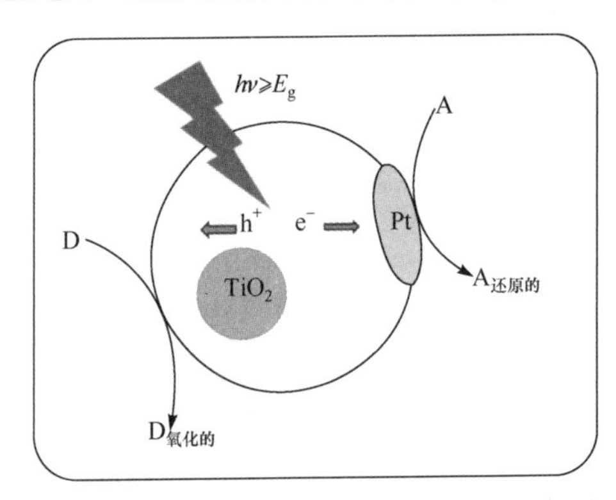

图 5-34　贵金属 Pt 沉积在 TiO_2 上的示意图

掺杂是提高 TiO_2 光催化活性的常用方法，金属离子掺杂可降低光催化材料的带隙能，在半导体晶格中引入能捕获光生电子和空穴的缺陷；或改变结晶度，促进吸收光谱发生红移，提高对紫外可见光的吸收能力和减小 TiO_2 晶粒粒径，还可净化导带电子，降低电子与空穴的复合等。将 Fe^{3+}/V^{5+} 共掺杂于 TiO_2 中，Fe^{3+}、V^{5+} 分别提供了空穴与电子的陷阱，有效提高了界面电荷传递速率，因此催化活性增进到原来的 3.5 倍。这是因为 Fe^{3+} 可形成氧空位，有利于 · OH 的形成。

有研究者[57]研究了 CuO/TiO_2@C 光催化剂光氧化 Hg^0，其作用机制如图 5-35 所示。在光激发下，TiO_2 对 Hg^0 光催化氧化具有活性。其主要原因是 TiO_2 产生了光激发电子和光激发空穴，可以将吸附在催化剂表面的水蒸气转化为 H^+ 和 OH^-。然后光激发 OH^- 变成了 · OH，这是一种强氧化剂。吸附在催化剂表面的 O_2 被光激发电子还原，形成超氧自由基 $\cdot O_2^-$ 。Hg^0 可以被 $\cdot O_2^-$ 和 · OH 氧化成 Hg^{2+}。可能的化学方程式如下：

$$CuO/TiO_2@C \xrightarrow{h\nu} CuO/TiO_2@C \quad (h^+ + e^-) \tag{5-111}$$

$$H_2O \rightleftharpoons H^+ + OH^* \tag{5-112}$$

$$OH_{ad}^- + h^+ \longrightarrow \cdot OH_{ad} \tag{5-113}$$

$$H_2O_{ad} + h^+ \longrightarrow \cdot OH_{ad} + H^+ \tag{5-114}$$

$$O_{2ad} + e^- \longrightarrow \cdot O_{2ad}^- \tag{5-115}$$

$$O_{2ad} + H^+ \longrightarrow \cdot HO_{2ad} \tag{5-116}$$

$$\cdot HO_{2ad} + e^- + H^+ \longrightarrow H_2O_{2ad} \tag{5-117}$$

$$H_2O_{2ad} + h\nu \longrightarrow 2 \cdot OH_{ad} \tag{5-118}$$

$$2Hg_{ad}^0 + \cdot O_{2ad}^- \longrightarrow 2HgO_{ad} \tag{5-119}$$

$$Hg_{ad}^0 + \cdot OH_{ad} + H^+ \longrightarrow Hg^+ + H_2O \tag{5-120}$$

$$Hg_{ad}^+ + \cdot OH_{ad} + H^+ \longrightarrow Hg^{2+} + H_2O \tag{5-121}$$

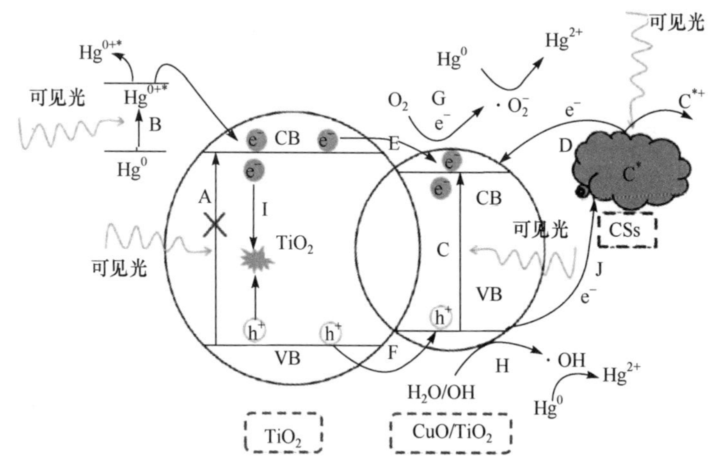

图 5-35 Hg^0 在 CuO/TiO_2@C 光催化剂上光氧化机理[57]

通过光催化氧化 Hg^0 的反应机理(图 5-35)，可以推断羟基自由基是光催化氧化 Hg^0 主要的活性物种。

(6) BiOX 光催化剂

有研究者[90]将 BiOX(X = Cl，Br，I)光催化剂用于脱除 Hg^0，结果表明，BiOI 的光催化氧化零价汞效果最好。在可见光下，BiOX 的光催化过程中，会产生大量的活性自由基，如$\cdot O_2^-$、$\cdot OH$ 和空穴(h^+)，这些自由基具有很强的氧化能力，将 Hg^0 氧化。BiOI 的吸收强度较 BiOCl 和 BiOBr 低，但其吸收区域较 BiOCl 和 BiOBr 大。BiOCl 的价带(VB)和导带(CB)是 3.48eV 和 0.20eV，BiOBr 的 VB 和 CB 是 3.04eV 和 0.33eV，BiOI 的 VB 和 CB 是 2.32eV 和 0.66eV，其中 BiOI 的带隙能是最小的，窄带间隙对于获取可见光，从而提高去除 Hg^0 的光催化性能具有重要意义。与带隙能为 3.28eV 的 BiOCl 不同，带隙能为 2.71eV 和 1.66eV 的 BiOBr 和 BiOI 很容易被可见光(420nm)激发，能量约为 2.95eV。因此，BiOBr 和 BiOI 的 CB 和 VB 中的电子-空穴对都将被光生。有人认为，BiOBr 有两个单独的价带(分别由 O 2p 轨道和 Br 4p 轨道构成)，而不是杂化的价带，它们在 UV 和可见光照射下反应，分别表现出复杂的反应活性。Bi 6p 轨道电位接近 $E^{\ominus}(O_2/\cdot O_2^-)$，而 Br 4p 轨道电位远低于 $E^{\ominus}(H_2O/\cdot OH)$。因此，如图 5-36 所示，在可见光照射下，光生电子 e^-由于带宽机制电势降低，可以与 O_2 生成少量的$\cdot O_2^-$，而光生空穴 $h^+_{Br\,4p}$ 不能氧化 H_2O 生成 $\cdot OH$。对于 BiOI，在可见光下，BiOI 的 VB 边缘可以上升到较低的电位边缘(−0.65eV)。由于 BiOI 的 CB 边缘电位大于氧的单电子还原电位[$E^{\ominus}(O_2/\cdot O_2^-)$]，因此 BiOI 的 CB 底部的光生电子可被吸附的 O_2 捕获，生成$\cdot O_2^-$。虽然 BiOBr 和 BiOI 中光生的 $h^+_{Br\,4p}$ 和 h^+的能量不足以与表面 H_2O 或 OH^-在 VB 中反应生成 $\cdot OH$，但形成的$\cdot O_2^-$物质可以进一步与 e^-反应生成 $\cdot OH$。此外，BiOI 的 VB 底部产生的 h^+由于具有很强的氧化能力，可以与溶液中的 I^-反应生成 I_2。

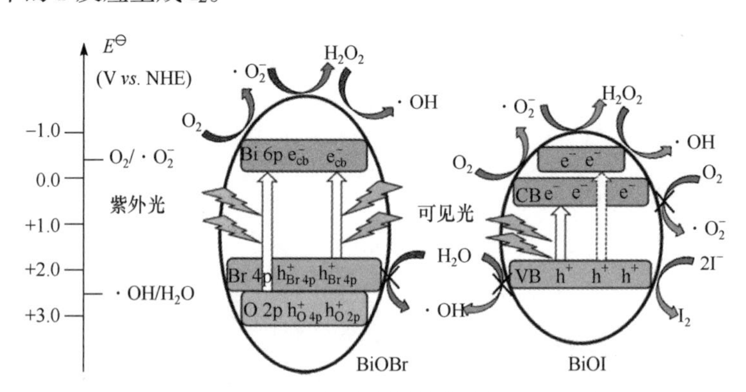

图 5-36　BiOX 光催化剂的能带结构示意图[90]

研究者[90,91]发现去除 Hg^0 的性能依次为 BiOI＞BiOBr＞BiOCl，如图 5-37 所示。与 BiOBr 相比，BiOI 在去除 Hg^0 方面表现出了优异的抗 SO_2 能力。在 BiOBr 反应体系中，h^+和$\cdot O_2^-$可以起到去除 Hg^0 的关键作用，而在 BiOI 光催化体系中，I_2 可能是去除较高浓度 Hg^0 的重要物质。因此，BiOI 光催化氧化汞的反应机理如下：①BiOI 可以产生 $\cdot OH$

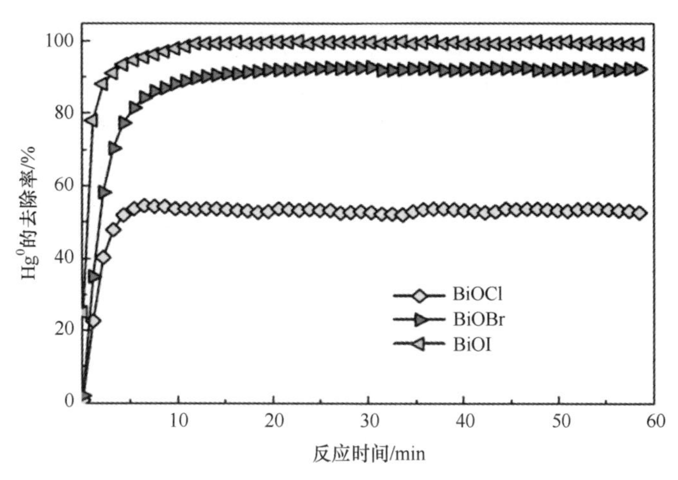

图 5-37 BiOX 对 Hg^0 的去除率与时间的关系图[90]

和 $\cdot O_2^-$ 催化氧化汞；②BiOI 在反应过程中分解产生碘蒸气(I_2)。其中 $\cdot$ OH、$\cdot O_2^-$ 和 I_2 都可以催化氧化零价汞，然后氧化汞被脱除过程中分解产生碘蒸气(I_2)。有人利用 pH 对碘酸氧铋($BiOIO_3$)光催化剂进行改性，结果表明 $BiOIO_3$ 光催化剂具有良好的脱汞能力，并且随着 pH 的变化，$BiOIO_3$ 的形貌也在改变，获得了良好的光催化氧化零价汞的效果。

5.5.3.2 催化氧化法脱汞技术特点

(1) 光催化氧化技术

光催化起源于 20 世纪 70 年代，是一种 n 型半导体作敏化剂的原位光敏氧化法，在紫外灯或者太阳能作为能量输入的情况下，光催化剂上能够产生电子和空穴，这些活性粒子可以通过扩散的方式迁移到催化剂表面，依靠其较强的氧化还原性质与催化剂表面的物质发生反应。光催化反应过程中，当半导体吸收能量大于或等于自身带隙能的入射光时，价带上的电子就会被激发，从而跃迁至导带，同时在价带上生成光生空穴，形成电子-空穴对。

半导体光催化反应一般包含如下三个过程，如图 5-38 所示：①在紫外或者可见光下，

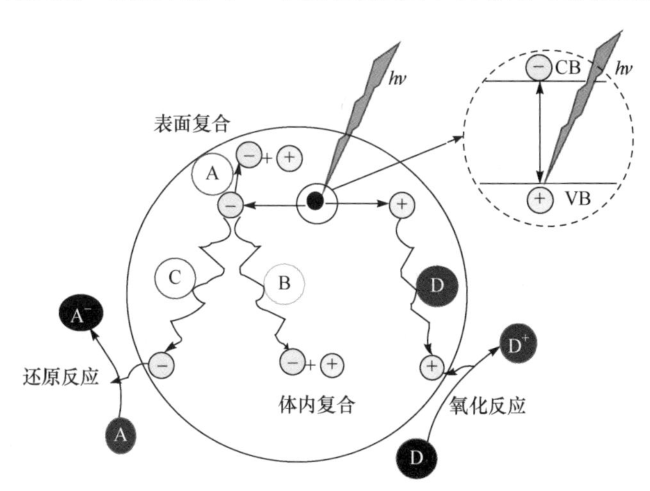

图 5-38 光催化反应示意图

催化剂产生光生电子-空穴对；②电子及空穴分别迁移扩散至催化剂的表面；③催化剂表面的电子或空穴通过与吸附在催化剂表面的电子受体或空穴受体相结合，最终参与特定的氧化或还原反应。但是，在②中，电子及空穴极易复合，也可能在迁移到催化剂表面后复合，从而影响光催化的效率与结果。光催化氧化是在特定波长的光波激发下，产生电子和空穴，通过与吸附在催化剂表面的 H_2O 分子以及 O_2 反应产生 $\cdot OH$ 和 $\cdot O_2^-$ 等氧化能力极强的自由基。

光催化氧化技术脱汞是半导体在光照条件下，电子从充满的价带被激发跃迁至空的导带，在价带上产生带正电的空穴，烟气中的 O_2、H_2O 被激发产生具有强氧化性的 $\cdot OH$、O_3 和 $\cdot O$，随后氧化 Hg^0 的一种技术[74, 92]。主要反应途径如下：

$$3O_2 \longrightarrow 2\cdot O + 2O_2 \longrightarrow 2O_3 \tag{5-122}$$

$$\cdot O + H_2O \longrightarrow H_2O_2 \longrightarrow 2\cdot OH \tag{5-123}$$

$$H_2O_2 + 2O_3 \longrightarrow 2\cdot OH + 3O_2 \tag{5-124}$$

$$Hg^0 \xrightarrow{\cdot OH} Hg^{2+} \tag{5-125}$$

$$Hg^0 \xrightarrow{\cdot O} Hg^{2+} \tag{5-126}$$

$$Hg^0 \xrightarrow{O_3} Hg^{2+} \tag{5-127}$$

光催化氧化技术的脱汞效率高、环境友好无污染、成本低，其具有其他传统烟气脱汞技术不可比拟的优点，已成为国内外研究热点。其中 TiO_2 是常用的光催化剂，从光催化氧化机理看，纳米 TiO_2 在紫外线的照射下产生自由电子，自由电子与吸附在 TiO_2 表面的氧分子发生反应生成具有强氧化性的超氧离子，从而氧化单质汞。研究发现[93]，O_2 对光催化脱汞反应起促进作用；无 O_2 条件下 SO_2、HCl、NO 均对 Hg^0 的脱除起抑制作用；O_2 存在时，SO_2、HCl 可与 TiO_2 表面所吸附的 O_2 协同作用促进 Hg^0 的脱除；因竞争性吸附及光催化还原作用，水蒸气对 Hg^0 的脱除起抑制作用。

目前，光催化氧化技术脱汞还处于实验室阶段，其实验原理如图 5-39 所示，其中，汞蒸气发生装置由恒温水浴锅、单质汞源(汞渗透管)、U 形石英管组成。汞渗透管是单

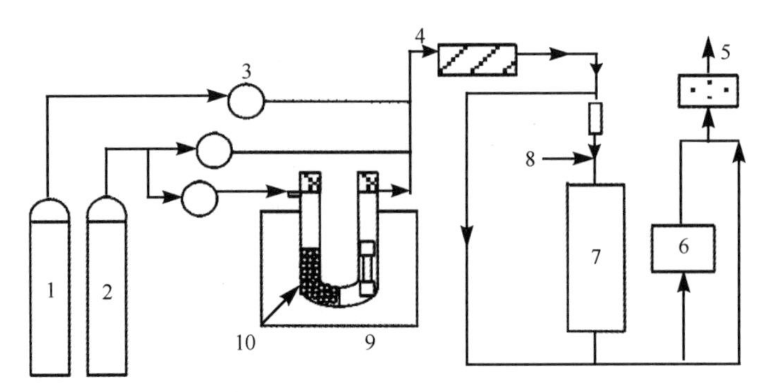

图 5-39　光催化氧化脱汞技术原理图

1，2-气体钢瓶；3-流量计；4-混合瓶；5-尾气处理；6-汞在线测定仪；7-反应器；8-水蒸气注入；9-恒温水浴锅；10-U 形石英管

质汞蒸气的发生源，主要是利用渗透管内气态和液态两相汞的动态平衡，汞蒸气在某一温度下以一定的渗透率渗透，再由恒定流量的载气挟带出来。在一定温度和恒定流量载气的条件下可形成浓度稳定的汞蒸气。

目前，光催化氧化脱汞还处于实验室研究阶段，其主要思路是将 TiO_2 负载在某种载体上，利用 TiO_2 的光催化氧化特性氧化单质汞，而载体能够将二价汞吸附，从而实现脱汞的目的。从应用前景看，如何降低成本，实现光催化材料的循环利用是今后研究的重点。

(2) SCR 催化氧化汞技术

近年来，SCR 体系具有高效选择性和经济可行性的特点，被广泛应用于燃煤厂氮氧化物的去除。典型的商业用 SCR 催化剂为 V_2O_5-WO_3/TiO_2 和 V_2O_5-MoO_3/TiO_2，其中 V_2O_5 不仅能催化还原氮氧化物，也能催化氧化单质汞，因此，SCR 催化氧化汞技术目前常与 SCR 脱硝装置连用，其同时脱硝脱汞技术原理见图 5-40，发生的化学反应过程如下：$4NO+4NH_3+O_2 = 4N_2+6H_2O$($NO_x$ 还原)以及 $2Hg^0+4HCl+O_2 = 2HgCl_2+2H_2O$($Hg^0$ 氧化)。使用商业 V_2O_5-WO_3/TiO_2，在低于 200℃下 Hg^0 氧化呈失活态，Mn 和 Ce 添加可有效促进 Hg^0 氧化向低温偏移，在反应温度 130～210℃、空速 7500h^{-1} 条件下 Hg^0 氧化效率可基本保持 100%。研究还发现，NH_3 对 Hg^0 氧化抑制效应表现出明显的温度选择性特征，在 230～300℃，氨抑制作用最高达到 34.56%[81]。图 5-41 展示了烟气脱硝协同脱汞工艺流程示意图。

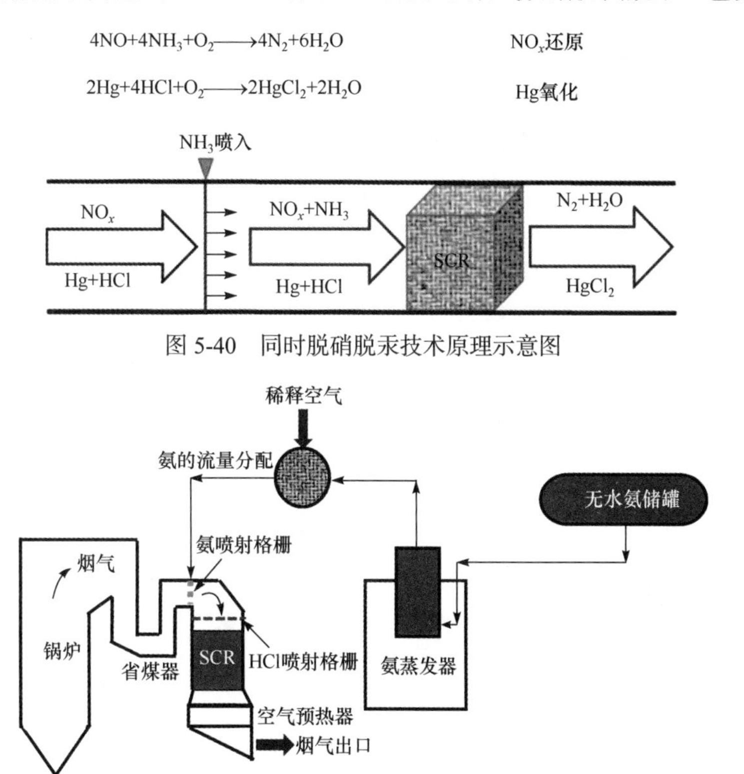

图 5-40 同时脱硝脱汞技术原理示意图

图 5-41 烟气脱硝协同脱汞工艺流程图

实际工程中，由于 SCR 对 Hg 的氧化本身就有一定效果，喷入卤素后可显著提高 Hg 的氧化。考虑到卤素的毒性和成本因素，常选用 HCl 作为脱汞添加剂。在 SCR 系统中，HCl 存在时，Hg 被氧化得到 $HgCl_2$，而同时进行的脱硝反应不受影响。生成的 $HgCl_2$ 是可溶性的，一部分可吸附在飞灰上被除去，大部分可在 FGD 中被除去。HCl 对 Hg^0 的氧化源于 300～400℃时金属氧化物催化剂作用下存在的 Deacon 过程：

$$4HCl(g)+O_2(g)\xrightleftharpoons{\text{催化剂}}2Cl_2(g)+2H_2O(g) \tag{5-128}$$

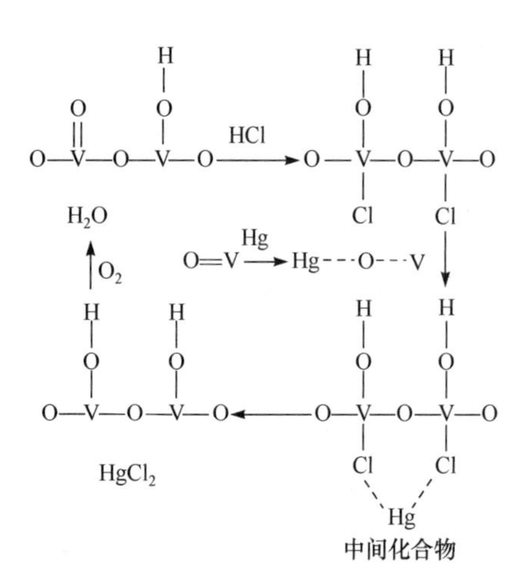

图 5-42　Hg 在 SCR 催化剂表面氧化的机理[94]

即将 HCl 氧化得到高活性的 Cl_2[35]。但是 Deacon 过程中 Cl_2 的平衡浓度低，且 Cl_2 和 Hg^0 的反应速率很慢，不足以解释清楚 SCR 过程中 HCl 对 Hg^0 的氧化过程。只有在 HCl、SO_2 和 NO_x 等烟气成分存在时，Hg^0 才会出现吸附现象。在 HCl 和 Hg^0 同时存在时，HCl 是 Hg^0 吸附和氧化必不可少的条件，二者之间竞争相同的吸附位。V_2O_5 是 Hg^0 吸附的主要活性位：$Hg(g)+O=V\longrightarrow Hg\text{---}O\text{---}V$，随着其含量增加，$Hg^0$ 吸附增加。V_2O_5 是 HCl 和 Hg^0 发生竞争吸附的活性位，而 Lewis 酸位对汞的氧化有利。也有人提出 Langmuir-Hinshelwood 机理模型(图 5-42)：HCl 和 Hg^0 吸附于钒活性位上，形成 $HgCl_2$ 和 V—OH，V—OH 再氧化生成 V═O 和 H_2O。V_2O_5 在 SCR 反应中很关键，是氨吸附活化的场所，因此解释了氨存在下 Hg^0 氧化被抑制的现象。

脱硫脱硝协同脱汞工艺流程如图 5-43 所示。有研究人员认为，用于氧化 Hg^0 而喷入的 HCl 与用于脱硝的 NH_3 之间存在竞争活性位的关系。SCR 促进 Hg^0 氧化的条件有：①提供足够 HCl；②足够的停留时间；③提供用于氧化 Hg^0 的催化剂表面积以对抗 SCR 脱硝反应的抑制。第三个条件意味着为了促进 Hg^0 的氧化，需要增加现有 SCR 催化剂的用量或开发新的 SCR 催化剂。研究人员[89]研究 $La_{0.8}Ce_{0.2}O_x$ 脱硝催化剂同时脱硫脱硝时，其在不同温度表现出不同 NO 去除率和 Hg^0 的氧化率，如图 5-44 所示。

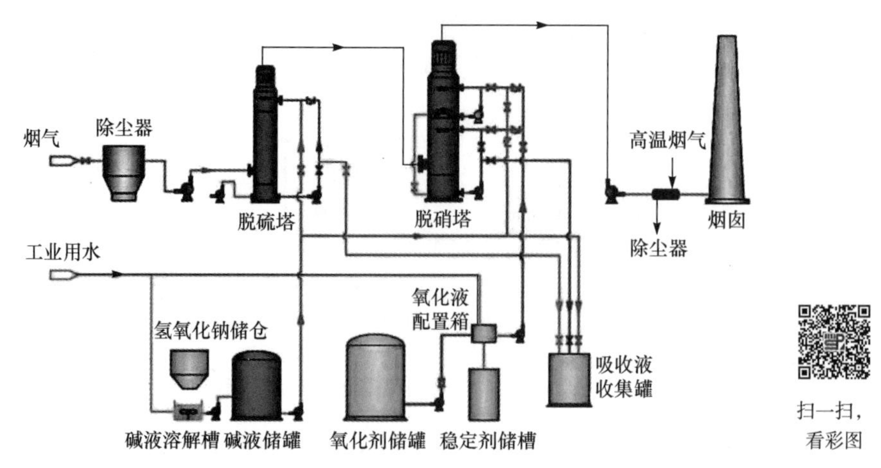

图 5-43　脱硫脱硝协同脱汞工艺流程示意图

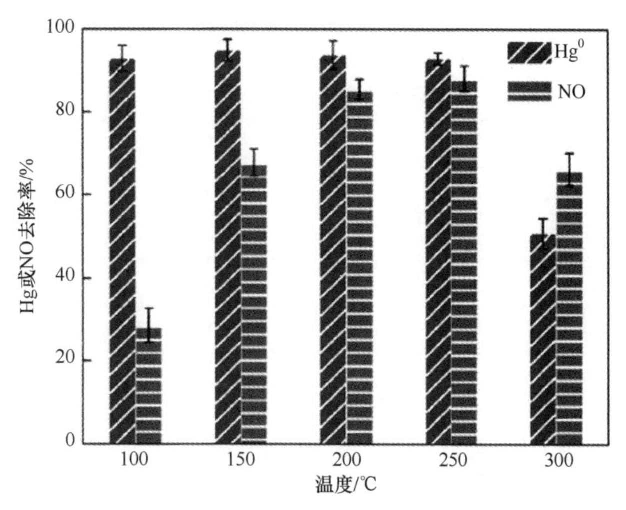

图 5-44 在 $La_{0.8}Ce_{0.2}O_x$ 上不同温度下 NO 还原和 Hg^0 氧化曲线图[89]

NO 还原反应条件：NO、NH_3 浓度为 500ppm，4% O_2；Hg^0 氧化反应条件：4% O_2；反应空速 $30000h^{-1}$

该技术的副反应是生成的 $HgCl_2$ 会在 NH_3 或 SO_2 的作用下被还原为零价汞，因此该技术的关键在于提高 Hg^0 氧化率的同时如何不提高 SO_2 的氧化率。利用 SCR 催化剂同步脱硝脱汞不需要在烟气处理系统中增加与脱汞有关的设备，也不需要考虑吸附剂处理等问题，其成本主要来源于消耗的 HCl。因此该技术在工程实施和成本上均具有优势。SCR 反应器对 Hg 的氧化有促进作用的原因是：①SCR 催化剂对 Hg 的氧化有催化作用；②改变了烟气的化学成分(喷入了 NH_3)；③烟气化学成分的改变引起了飞灰化学成分的改变；④SCR 反应器的存在增加了 Hg 在烟道中的停留时间。

5.5.4 协同脱汞技术

气体元素汞的性质不活泼，既不易吸附也不溶于水，因此较难被现有大气污染控制设备(air pollution control device，APCD)脱除。因此，所有电厂脱汞技术的思路都是促进元素汞向氧化态或颗粒态转化：①将元素汞转化为颗粒吸附态，再利用除尘器，如静电除尘器(electrostatic precipitator，ESP)、布袋除尘器(fabric filter，FF)等回收脱除；②将元素汞转化为氧化态，利用氧化汞的水溶性，在湿法烟气脱硫装置(wet flue gas desulfurization，WFGD)中脱除。

5.5.4.1 除尘器协同脱汞

目前，仅有少数发达国家针对电厂汞排放进行了较为全面的现场测量。美国环保署的信息收集部门选取了 80 多个具有代表性的电厂进行现场测试，测试结果见表 5-7。结果显示，静电除尘系统的脱汞率可达 36%；布袋除尘系统的效果最高可达 90%。同时发现，不同电厂除尘器的脱汞率差异很大。与静电除尘器相比，布袋除尘器可以更有效地捕集汞。这主要是由于在布袋除尘器内，烟气与滤料表面形成的滤饼层充分接触，滤饼层如同一个固定床反应器，可以促进汞的异相氧化和吸附；而热端静电除尘器在较高烟气温度下运行，不利于汞与飞灰之间的吸附和异相反应，因此脱除效果不及冷端静电除尘器[95]。

表 5-7　美国环保署测量的颗粒物控制设备脱汞率

颗粒物控制设备	平均脱汞率/%		
	烟煤	次烟煤	褐煤
冷端静电除尘器	36(1～63)	9(0～18)	1(0～2)
热端静电除尘器	14(0～48)	7(0～27)	无测试数据
布袋除尘器	90(84～93)	72(53～87)	无测试数据

注：数据摘自文献[95]

我国的一些高校也对国内 23 台机组进行了现场测试，测试结果见表 5-8。测试结果表明：对烟煤，静电除尘器的平均脱汞率为 28%，布袋除尘器的平均脱汞率为 76%，由于不同电厂的结果差异较大，且测量数量非常有限，表 5-8 还远不足以说明我国电厂的汞排放情况，尚需大量现场数据进行补充。

表 5-8　我国颗粒物控制设备脱汞率

颗粒物控制设备	平均脱汞率/%		
	烟煤	次烟煤	褐煤
冷端静电除尘器	28(6～43)	15(13～18)	14(4～24)
布袋除尘器	76(9～86)	无测试数据	无测试数据

注：数据摘自文献[95]

5.5.4.2　烟气脱硫装置协同脱汞

针对湿法烟气脱硫装置的协同脱汞效果，我国国内一些高校对 28 个电厂进行测量的结果表明：湿法烟气脱硫装置可去除烟气中大部分的氧化汞，但几乎不脱除元素汞；湿法烟气脱硫装置对烟煤中汞的脱除效率最高，主要与烟煤的高氧化率有关；同时安装静电除尘器和湿法烟气脱硫装置的系统，平均汞脱除率可达到 50%(4%～88%)。因此，使烟气中氧化汞量最大化是优化协同脱汞效果的主要措施。当烟气通过湿式脱硫系统时，Hg^0 的质量分数由 5%增加到 40%。试验发现，烟气中硫的复合物是氧化汞化学还原为 Hg^0 的主要动力，它引起了湿法 FGD 吸收塔中汞的二次弥散。因为系统对于脱除氧化汞是最为有效的，所以利用脱硫装置脱汞的重点是：努力提高单质汞向氧化汞的转换率，努力避免氧化汞还原为单质汞，抑制脱硫塔中汞的二次弥散[95, 96]。

美国 GE 能源与环境研究公司对美国国际反应工程公司的分层燃烧 NO_x 控制技术进行了脱汞方面的研究，如图 5-45 所示。研究发现，煤的分层二次燃烧可使烟气中汞主要为氧化汞，在 ESP 出口处的脱汞率为 6%～40%。由于分层燃烧技术可以在烟气中达到很高的氧化汞水平，而烟气脱硫装置脱除氧化汞最为有效，因此分层燃烧技术与烟气脱硫装置相结合，可以增加烟气脱硫装置的脱汞率[96]。

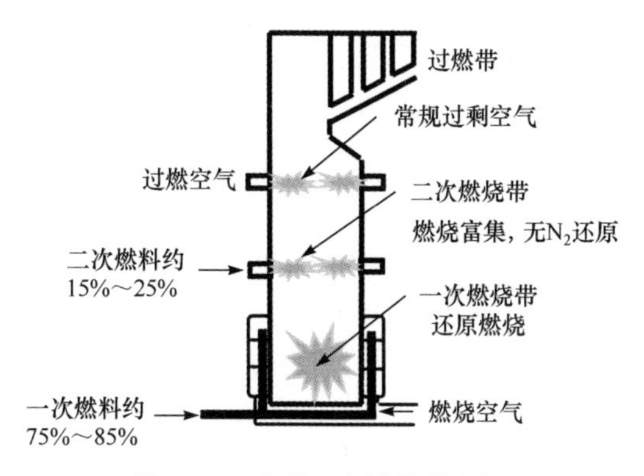

图 5-45 分层二次燃烧技术[96]

美国巴威公司在改进烟气脱硫系统、增强脱汞性能的研究中发现，湿法脱硫系统存在二次弥散的现象，被捕捉的氧化汞还原为单质汞。这是因为氧化汞在脱硫浆液中溶解，极易与脱硫浆液中的硫化物等发生还原反应：

$$Hg^{2+} + SO_3^{2-} \longrightarrow HgSO_3 \tag{5-129}$$

$$Hg^{2+} + HSO_3^{-} \longrightarrow HgSO_3 + H^+ \tag{5-130}$$

$$HgSO_3 + H_2O \longrightarrow Hg_{vap}^0 + SO_4^{2-} + 2H^+ \tag{5-131}$$

在脱硫装置中喷射的 H_2S 与烟气中的汞反应生成 HgS，成为不可溶的沉淀：

$$HS^- + Hg^{2+} \longrightarrow HgS\downarrow + H^+ \tag{5-132}$$

$$S^{2-} + Hg^{2+} \longrightarrow HgS\downarrow \tag{5-133}$$

这样就避免了氧化汞还原为单质汞。巴威公司在示范项目中证实，利用脱硫装置喷射 H_2S，可以使湿法脱硫系统脱除烟气中 95%以上的氧化汞，同时对脱硫性能影响很小，增加投资不大。

另一个非常有效的方法是在烟气尚未达到脱硫装置前，将单质汞催化为氧化汞，从而提高脱硫装置对汞的脱除率。美国优斯公司在 ESP 之后、FGD 装置之前增加了汞的氧化催化剂装置并进行脱汞性能试验。结果表明，当温度在 150℃左右，含铁的氧化催化剂可将烟气中的气态单质汞几乎全部转化为氧化汞[95, 96]。

5.5.4.3 烟气脱硝装置协同脱汞

长期实践和现场测试的研究都表明，SCR 烟气脱硝工艺对元素汞的氧化过程有促进作用，但是 SCR 烟气脱硝工艺的促进效果有很强的煤种依赖性，并且受很多因素影响，包括烟气成分、催化剂类型和寿命、烟气流速等。因此，即使是在煤种和设备类型很接近的电厂，汞的氧化效果也会在较宽的范围内变化。研究发现，SCR 前后 Hg^0 转化率变化范围较大，当锅炉燃烧烟煤时，Hg^0 转化率为 30%～98%；当燃烧无烟煤和褐煤时，Hg^0 转化率为 0%～26%，相对于无烟煤和褐煤，燃烧烟煤时 SCR 具有更高的 Hg^0 转化能力，脱硝反应中还原剂 NH_3 的喷入对 SCR 汞氧化反应也有一定的影响。SCR 汞氧化能力的不确定性和波动性影响了利用 WFGD 实现汞的高效脱除的目的[81, 95-101]。

美国对 SCR 烟气脱硝工艺的影响研究较多，如 2007 年 Yang 等[102]测量了美国 6 个电厂 SCR 烟气脱硝工艺前后烟气中汞的形态变化(图 5-46)，发现通过 SCR 烟气脱硝工艺后，电厂的元素汞(Hg^0)含量明显减少，氧化汞(Hg^{2+})含量增加，但总汞量几乎不变。大量元素汞向氧化汞转化，将显著提高后续静电除尘器/布袋除尘器和湿法烟气脱硫装置的脱汞效果。具体的控制方案是，利用 SCR 脱硝装置实现 Hg^0 向 Hg^{2+}的形态转化，进而在 WFGD 设备中完成 Hg^{2+}的洗涤脱除。利用燃煤电站现有的污染物脱除装置实现燃煤锅炉烟气汞排放无须增加额外的控制装置，是一种低成本的控制技术。其工艺路线图见图 5-47。这种汞控制技术方案的关键是如何在 WFGD 进口之前利用 SCR 最大程度地实现 Hg^0 的形态转化。

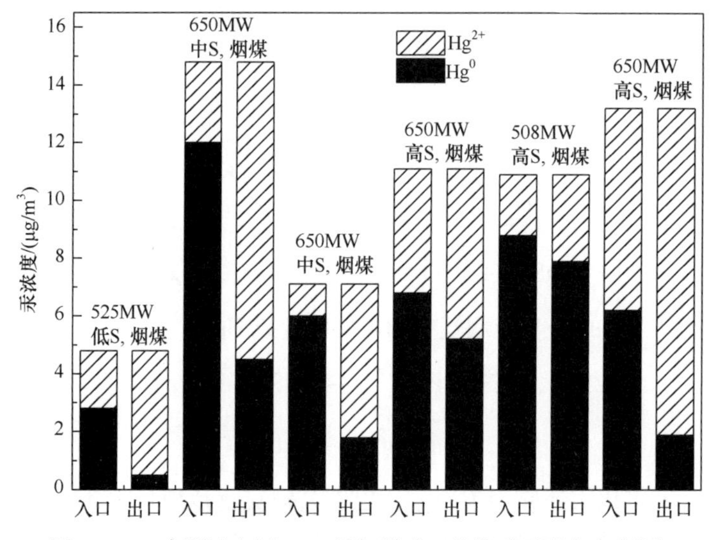

图 5-46 6 个测试电厂 SCR 烟气脱硝工艺前后汞形态变化[94]

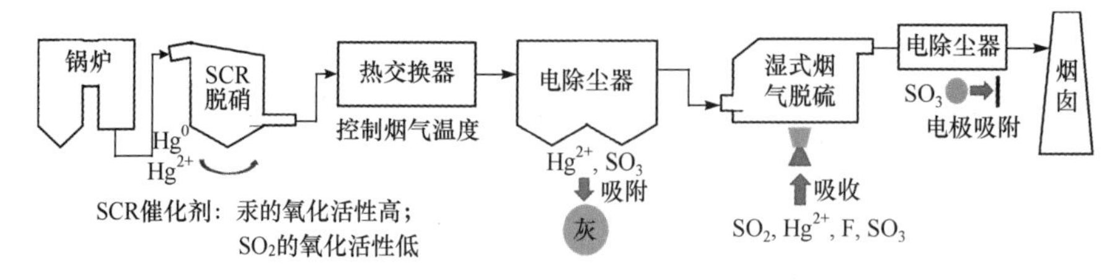

图 5-47 脱硫脱硝脱汞一体化工艺示意图

美国国家能源技术实验室研究发现，烟气中氯化氢、氨以及催化剂的空速、催化剂的温度和寿命等因素对汞的氧化有很大影响。通常情况下，氨有碍于单质汞 Hg^0 氧化，而 SCR 催化剂对汞的吸附作用和氧化作用与烟气中的 HCl 质量分数有关。由于 SCR 催化剂独特的几何形状，当 HCl 进入 SCR 装置后，就能在有效的时间内与单质汞在催化剂表面上充分接触，并与单质汞发生氧化反应。当烟气中没有 HCl 时，单质汞只被吸附在催化剂表面。试验表明，当烟气中 HCl 质量分数达到 8×10^{-6}时，95%的单质汞被氧化，但是汞的吸附量并没有明显增加。同时发现，氨的存在导致了吸附在 SCR 催化剂上的汞的释放。具体影响情况分析如下：

(1) HCl 的影响

钒系 SCR 催化剂在高效脱硝的同时可以实现烟气中汞形态的转化。SCR 汞形态转化反应是由催化剂、烟气组分和 Hg 三者共同参与的复杂非均相氧化反应。催化剂表面的 V=O 活性中心位参与汞的氧化反应，提高 SCR 催化剂活性成分 V_2O_5 的负载量，增加了催化剂表面 V=O 活性中心位的数量，促进汞氧化反应的发生。Hg^0 和 NH_3 在 V=O 活性中心位上发生吸附竞争，其中 NH_3 为强吸附，Hg^0 为弱吸附，抑制了汞氧化反应的发生。烟气中 HCl 在 SCR 催化剂的作用下生成中间产物，为汞氧化反应提供活性氯原子，起着重要的促进作用，因而可通过往烟气中喷射卤素添加剂或者采用混烧高氯煤方法实现 SCR 对汞的高效氧化。烟气中的 SO_2 有利于汞氧化反应的进行。

在 SCR 对汞氧化反应中，HCl 起着决定性的作用。当烟气中无 HCl 存在时，SCR 催化剂对汞不起氧化作用。在试验温度范围内，HCl 本身不直接参与反应，汞氧化反应中起直接作用的是氯原子：

$$Hg+Cl \longrightarrow HgCl \tag{5-134}$$

$$HgCl+Cl \longrightarrow HgCl_2 \tag{5-135}$$

活性氯原子的来源可能有两种途径：第一种途径是 HCl 在有金属氧化物作为催化剂的条件下，可以通过 Deacon 反应生成 Cl_2，Cl_2 再与烟气中的 Hg^0 进行反应生成 $HgCl_2$[103]。SCR 催化剂中的 V_2O_5 作为 Deacon 反应的催化剂：

$$4HCl + O_2 \xrightarrow{\text{催化剂}} 2Cl_2 + 2H_2O \tag{5-136}$$

$$Hg^0 + Cl_2 \longrightarrow HgCl_2 \tag{5-137}$$

第二种途径是活性氯原子，在对飞灰的汞氧化反应研究中发现，烟气中的氯对汞氧化同样起重要的作用。飞灰中的未燃尽碳对 HCl 具有很强的吸附作用，吸附后的 HCl 产生活性氯原子。SCR 催化剂比表面积较大，同时表面具有大量的 V=O 活性中心位，类似飞灰中未燃尽碳的作用。烟气中的 HCl 吸附到 SCR 表面的 V=O 活性中心位形成活性氯原子，与 Hg^0 反应生成 Hg^{2+}。事实上，HCl 对 V_2O_5 具有很强的亲和力，在一定的温度条件下(约 150℃)两者可以反应生成 $V_2O_3(OH)_2Cl_2$ 和 $VOCl_2$。这表明烟气中 HCl 可以吸附在 SCR 催化剂表面的 V=O 活性中心位上，进而形成活性氯原子参与汞的氧化反应。

对中国的煤而言，89.92%的煤中氯的质量分数小于 500×10^{-6}，属“特低氯煤”，折合成烟气中 $\varphi(HCl)$低于 30×10^{-6}；其余煤中的氯质量分数小于 1500×10^{-6}，属“低氯煤”。当锅炉燃用低氯煤时，为保证达到较高的 Hg^0 转化率，可采用往烟气中喷射卤素添加剂(HCl)，也可采用在燃煤中混合一定比例的高氯煤的办法，以增大烟气中的 $\varphi(Cl)$，从而提高 Hg^0 经过 SCR 装置的形态转化效率。

(2) SO_2 的影响

当反应温度为 380℃时，烟气中 SO_2 对 SCR 汞形态的影响如图 5-48 所示。$n(NH_3)/n(NO_x)$为 0 或 1 时，模拟烟气中 SO_2 的加入均使得 Hg^0 的转化率有所增大。当 $n(NH_3)/$

$n(NO_x)$为 0 时，提高烟气中 $\varphi(SO_2)$，Hg^0 转化率最大可提高 29%；当 $n(NH_3)/n(NO_x)$为 1 时，Hg^0 转化率随 $\varphi(SO_2)$增大缓慢增大，最大可提高 19%。研究发现，SCR 在脱硝的同时可把烟气中的部分 SO_2 氧化成 SO_3，目前典型商业 SCR 的 SO_2 转化率为 1.0%～2.0%。研究发现，烟气中的 SO_3 可与 Hg^0 反应促进汞的氧化。这是因为催化剂表面形成的 SO_3 可以与 Hg^0 进行反应生成 $HgSO_4$。反应方程式为

$$2SO_2+O_2 \longrightarrow 2SO_3 \tag{5-138}$$

$$2Hg^0+2SO_3+O_2 \longrightarrow 2HgSO_4 \tag{5-139}$$

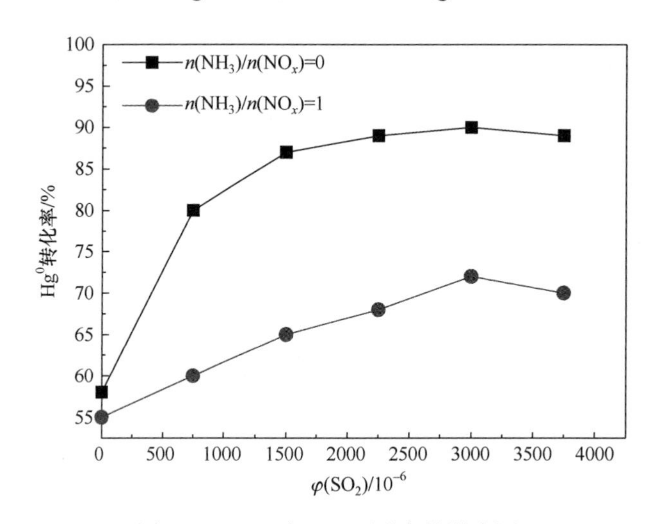

图 5-48　SO_2 对 SCR 汞形态的影响[81]

(3) NH_3 的影响

在 SCR 反应中，催化剂表面的 V═O 活性中心位起着重要的作用，NH_3 吸附到 V═O 活性中心位上是 SCR 反应进行的第一步。NH_3 首先吸附到活性中心位 V═O 上，反应生成 $VONH_3$，作为脱硝反应的前驱物，在吸附态 NH_4^+的活化过程中起促进作用。也有人认为吸附的 NH_3 与 O═V—O—V═O 反应生成中间物 V—ONH_2。这表明脱硝反应中还原剂 NH_3 会大量吸附到活性中心位上参与反应。随着 $n(NH_3)/n(NO_x)$的增大，Hg^0 转化率下降，说明 NH_3 的喷入抑制了 SCR 催化剂的汞氧化反应。NH_3 对汞氧化反应的抑制原因如下：①在 SCR 脱硝反应中，NH_3 吸附到催化剂表面的活性中心位上，在催化剂表面与 HCl、SO_2 等酸性烟气组分发生活性中心位的竞争，造成催化剂表面吸附 HCl、SO_2 减少，抑制汞氧化反应的发生；②NH_3 在活性中心位上的强吸附能力导致了吸附到催化剂表面的 Hg^0 的减少。图 5-49 显示了试验过程中氨气的喷入对烟气中汞形态的作用。试验中发现，当模拟烟气中喷入氨气时，NH_3 吸附到 SCR 催化剂表面的 V═O 活性中心位与烟气中的 NO_x 反应，此时观察到 SCR 催化剂表面有大量的 Hg^0 逸出，表明催化剂表面 NH_3 和 Hg^0 存在着吸附位竞争行为。相对于 NH_3 在 V═O 活性中心位上的强吸附作用，Hg^0 的吸附作用相对较弱，在有 NH_3 存在时，吸附的 Hg^0 从催化剂表面发生脱附行为；③NH_3 与 HCl 直接发生反应生成 NH_4Cl，降低了模拟烟气中 $\varphi(HCl)$，使得参与汞氧化反应的

HCl 量减小，抑制汞氧化反应的发生，降低了 Hg^0 转化率。

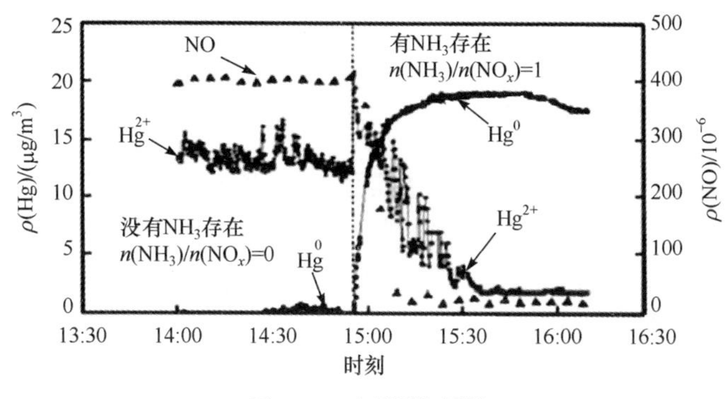

图 5-49 氨的影响[81]

5.5.5 联合脱汞技术

对于某些煤种和设备，APCD 协同烟气脱汞工艺无法达到满意的控制效果，此时可以辅助以 ACI 工艺，来达到高的脱汞效率。首先促进元素汞向氧化态或颗粒态转化，然后利用除尘器、湿法烟气脱硫装置脱除大部分汞，再在此基础上加上 ACI 工艺，以达到汞的排放要求。这两种工艺同时运用不仅能提高脱汞率，费用上也会较单独使用 ACI 工艺便宜。其影响因素包括：①煤种性质。APCD 工艺对于含硫量较大的煤种产生的汞转化率不够，元素汞向氧化态或者颗粒态转化效果较低，而且产生的含硫气态污染物会对后续 ACI 工艺产生不良影响。②温度。除尘器特别是布袋除尘器在脱除高比电阻粉尘和细粉尘方面有独特效果。由于细颗粒上富集了大量的汞，因此布袋除尘器有很大的除汞潜力，能够除去约 70%的汞。高温会缩短布袋除尘器滤袋的寿命，造成运行费用高等问题，限制了其使用。③飞灰杂质。烟气中以较大颗粒形式存在的固相汞可被脱除，而大量固相汞被吸附于亚微米颗粒中，一般电除尘器对这部分粒径范围的颗粒脱除效率很低，所以电除尘器的除汞能力有限。后续的颗粒也会对 ACI 的吸附能力产生影响，成本较高[39, 96]。

WFGDS 与 ACI 技术相结合可达到较好的脱汞效果。湿法脱硫装置可以使烟气中 80%～95%的可溶于水的 Hg^{2+}被除去，但对于不溶于水的 Hg^0 的捕获效果不好。据美国能源部和电力研究协会在电站的现场测试，WFGD 对烟气中总汞的脱除率在 10%～80%范围内。烟气中的飞灰、HCl 和 NO_x 能够影响 Hg^0 转化为 Hg^{2+}的转化率，由此影响烟气脱硫(flue gas desulfurization，FGD)的除汞能力。单靠现有脱硫装置脱汞效果不好，可将此工艺与吸附工艺 ACI 结合，增强脱汞效果。影响脱汞的关键因素主要是 WFGD 工艺，ACI 技术作为其后续辅助加强技术[39, 96]。

SCR 可与 FGD 技术结合。脱硫设备温度相对较低，有利于 Hg^0 的氧化和 Hg^{2+}的吸收，是目前去除单质汞最为有效的净化设备。特别是湿法脱硫系统中，Hg^{2+}易溶于水，容易与石灰石等反应，能去除约 90%的 Hg^{2+}。由此，烟气中 Hg^{2+}占总汞的比例是影响脱硫设施对汞去除率的主要因素。脱硫工艺能够加强汞的氧化进而增加后续 FGD 工艺的去除率。

5.6　典型工程案例

5.6.1　案例 1——江西某电厂锅炉 WFGD 系统添加氧化增效剂

随着全国用电量的增加，一些电厂的实际用煤的成分偏离设计煤种较大值，导致脱硫塔负荷增大，需要对其进行增容改造。脱硫塔的增容改造一般时间较长，而且资金投入大，因此添加氧化增效剂成了现在很多电厂共同的选择。江西某电厂锅炉 WFGD 系统添加氧化增效剂来脱除烟气中的汞[10]。

(1) 基本参数

电厂 700MW 超临界机组锅炉本体由上海锅炉厂有限公司设计制造。两台 700MW 燃煤锅炉为超临界参数变压运行直流炉，单炉膛、一次再热、平衡通风、露天布置、固态排渣、全钢构架、全悬吊结构Ⅱ型炉。

锅炉容量和主要参数：主蒸汽和再热蒸汽的压力、温度、流量等要求与汽轮机的参数相匹配，主蒸汽温度按 571℃，最大连续蒸发量 2102t/h，最终与汽轮机的阀门全开功率工况相匹配，炉型号为 SG2102/25.4-M959。

制粉系统采用中速磨冷一次风正压直吹式，每台锅炉配置 6 台中速磨煤机；独立密封风系统，6 台磨煤机共用 1 台密封风机，1 台备用。

燃烧系统采用四角切向布置的摆动燃烧器，在热态运行中，一、二次风喷口均可上下摆动，一次风摆角±20°，二次风摆角±30°。喷口的摆动由能反馈电信号的执行机构来实现。摆动灵活，四角同步。油燃烧器的总输入热量按 30%的最大连续蒸发量计算。布置三层油燃烧器，共 12 支，点火方式为高能电火花点燃轻油，然后点燃煤粉。每支油枪出力为 3500kg/h。

燃油枪采用机械雾化，喷嘴保证燃油雾化良好，避免油滴落入炉底或带入尾部烟道。设计煤种元素分析的收到基全硫为 0.8%，对应的脱硫塔入口烟气二氧化硫为 1500mg/m^3。

(2) 工艺流程和监测点

烟气中 NO_x 采用 SCR 脱硝技术，脱硝催化剂为传统的钒钛钨催化剂，工作温度区间在 350～420℃。烟气经脱硝后引入空气降温，然后进入电袋除尘器做除尘处理。其工艺流程图和监测点见图 5-50。烟气中的 SO_2 采用湿法脱硫技术。为了脱除烟气中的重金属 Hg，在脱硫液中加入增效剂。脱硫液为碳酸钙溶液。增效剂的组成为表面活性剂、助溶剂、催化剂和化学轨道形成剂。催化剂有 H_2O_2/Fe^{3+} 或 Mn^{2+} 的芬顿试剂等。化学轨道剂

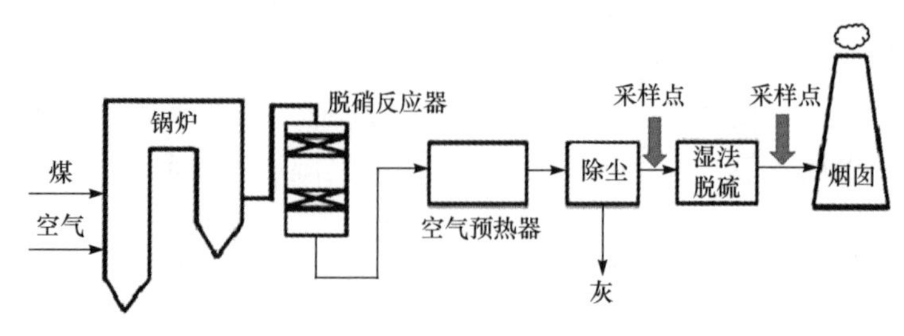

图 5-50　工艺流程图及采样监测点[10]

则是在碳酸钙颗粒表面制造微孔和裂纹，这些微孔就是液体中的硫进入碳酸钙颗粒内部的通道。

(3) 运行结果与分析

在 640MW 负荷下，在 WFGD 入口、WFGD 出口处进行 3 次平行工况的浓度测量，分别将三次结果取平均值，测试数据见表 5-9。

表 5-9 SO_2浓度和脱硫效率

采样时间	第一天	第二天
采样点	加氧化增效剂前	加氧化增效剂后
脱硫系统入口 SO_2浓度/(g/m^3)	1571	1620
脱硫系统出口 SO_2浓度/(g/m^3)	152	87
脱硫效率/%	90.32	94.63

湿式脱硫装置脱除 SO_2时发生以下反应：

$$SO_2 + H_2O \longrightarrow H^+ + HSO_3^- \longrightarrow 2H^+ + SO_3^{2-} \tag{5-140}$$

$$2HSO_3^- + O_2 \longrightarrow 2SO_4^{2-} + 2H^+ \tag{5-141}$$

$$2CaCO_3 + 2SO_4^{2-} \longrightarrow 2CaSO_4 \downarrow + 2CO_2 \uparrow + O_2 \uparrow \tag{5-142}$$

$$2CaCO_3 + 2SO_3^{2-} \longrightarrow 2CaSO_3 \downarrow + 2CO_2 \uparrow + O_2 \uparrow \tag{5-143}$$

$$2CaSO_3 \downarrow + O_2 \longrightarrow 2CaSO_4 \downarrow \tag{5-144}$$

添加氧化增效剂后，湿式脱硫系统对 SO_2的脱除效率提高了 4.31%。原因是表面活性剂可以改变碳酸钙颗粒表面的湿润度，增强界面处的传质效果。助溶剂的主要作用是促进碳酸钙颗粒的溶解，加快其和溶液中碳酸根离子的反应。催化剂可以降低反应活化能，加快反应的进行，而化学轨道形成剂则是在碳酸钙颗粒表面制造微孔和裂纹，这些微孔就是液体中的硫进入碳酸钙颗粒内部的通道。微孔通道加快了硫的传质，从而加快了反应的速率。

在 640MW 负荷下，在湿式脱硫系统入口、出口处进行 3 次平行工况的测量，分别将三次结果取平均值，脱汞的测试数据见表 5-10。

表 5-10 Hg 浓度和脱汞效率

采样时间	第一天	第二天
采样点	加氧化增效剂前	加氧化增效剂后
脱硫系统入口 Hg 浓度/(g/m^3)	6.73	7.34
脱硫系统出口 Hg 浓度/(g/m^3)	2.46	1.88
脱汞效率/%	63.45	74.39

从表 5-10 中可以看出，添加氧化增效剂后的脱汞效率提高了 10.94 个百分点，脱汞效率有了明显的提升。湿法脱硫装置对汞的脱除效率不理想的原因主要是：二价汞在脱硫浆液中与具有强还原性的亚硫酸根离子反应，被还原为零价汞，发生二次释放，而湿式脱硫装置对零价汞几乎没有脱除作用。添加增效剂后脱硫浆液里的零价汞由于芬顿试剂的氧化作用而发生了氧化反应，抑制了汞的二次释放，从而提高了总汞的脱除效率。

在实际工程中，也可以采取燃煤电厂烟气强氧化脱汞工艺，包括烟气除尘器、换热器、吸收塔、石膏处理装置、石灰石液浆加药装置、次氯酸钠加药装置、非酸性氯盐加药装置、除雾器、烟囱、风机；燃煤锅炉引风机出来的烟气经烟气除尘器除尘、换热器降温后进入吸收塔下部向上流动，与由塔的上部向下喷淋的吸收剂逆流混合，烟气中的单质汞转化为氧化态汞，溶于水后与吸收塔底部液浆中的可溶性硫化物反应生成不溶于水的硫化汞而被去除，脱汞后的烟气经过除雾器除去雾滴、换热器升温后，经烟囱排入大气；脱硫溶液也可以由石灰石液浆、次氯酸钠、非酸性氯盐按物质的量比(10～200)：1：1 在进入吸收塔前混合而成。

5.6.2　案例 2——20t/h 工业链条锅炉烟气超低排放治理工艺

(1) 项目背景

某环保科技有限公司遵循燃煤工业锅炉多污染物协同处理的设计思路，通过自主研发及大量工业试验，提出适用于燃煤工业锅炉，特别是 20t/h 及以下的链条炉的“低氮燃烧+干式静电除尘+臭氧氧化预处理+WLT 钙基吸收湿法同步脱硫脱硝+湿法静电除尘除雾”的超低排放工艺路线[104]。

(2) 项目概况

某积层板生产企业配备 300 万 cal(1cal=4.184J)+600 万 cal 燃煤导热油锅炉各一台，锅炉原配套除尘脱硫塔，未配套脱硝装置。锅炉由常州能源设备总厂有限公司制造。初始烟气参数见表 5-11，锅炉设计参数见表 5-12。

表 5-11　初始烟气参数

项目	数值
工况烟气量设计值/(m^3/h)	27000
初始烟气温度/℃	＜200
初始烟气含氧量/%	＜13
初始烟气含湿量/%	＜14.8
烟尘浓度/(mg/Nm^3)	＜1800
SO_2 浓度/(mg/Nm^3)	＜1200
NO_x 浓度/(mg/Nm^3)	＜300
引风机出口温度/℃	94
预热空气温度/℃	54

表 5-12　锅炉设计参数

项目	600 万 cal 锅炉	300 万 cal 锅炉
设计压力/MPa	1.1	1.1
最高工作温度/℃	320	320
工作介质	导热油	导热油
介质循环量/(m^3/h)	350	200
炉内介质温度/℃	6.5	3
排烟温度/℃	200	200
预热空气温度/℃	60	60
锅炉设计效率/%	80.5	80.2
设计燃料	烟煤	烟煤
燃料低位发热量/(kJ/kg)	21591	21591

(3) 工艺流程设计

工艺流程主要由锅炉烟气再循环系统、干式静电除尘系统、臭氧氧化预处理系统、WLT 钙基吸收湿法同步脱硫脱硝系统和湿法静电除尘系统五个系统组成。首先，锅炉先进行烟气再循环改造，从静电除尘器后烟道引出一条旁路，通过循环风机把一定流量的烟气回流至鼓风机后的连接烟道，再混合进入炉排。然后，锅炉出口烟气经过干式静电除尘器除尘后，由引风机送入臭氧氧化预处理烟道，在氧化烟道中，大部分的 NO 被 O_3 氧化成可溶于水的高价态 NO_x(主要是 NO_2 和 N_2O_3)，经过充分的混合反应再进入 WLT 钙基吸收湿法同步脱硫脱硝塔。湿法同步脱硫脱硝以钙基复合浆液为吸收剂，通过逆流喷淋和液相紊流传质，高效脱除绝大部分的 SO_2、NO_2、N_2O_3 以及部分 Hg^{2+}。最终烟气进入湿法静电除尘除雾器进一步脱除极细微尘、SO_3、水雾和绝大部分重金属成分，实现燃煤烟气超低排放。总工艺流程详见图 5-51。

(4) 关键技术、设备及工程应用

1) 烟气再循环的低氮燃烧技术。

烟气再循环是一种常用的低氮燃烧技术，它是从静电除尘器出口烟道回流一定比例的热烟气返回炉内，利用惰性气体的吸热和氧浓度的降低，令炉膛火焰区温度降低，抑制燃烧速度，减少热力型 NO_x 生成量。抽出的烟气可以直接进入炉内，也可以与一次风或二次风混合后送入炉内。本项目按照 20%的循环比设计，排除煤种和炉排分布等外因。本项目通过烟气在线监测仪器对省煤器出口烟气进行含氧量和 NO_x 浓度监测。结果表明：在锅炉燃烧良好的工况下烟气含氧量稳定在 11%左右，比改造前下降了 2%～3%，最低可达 9%，NO_x 排放浓度由改造前的 300～400mg/m^3 降至 200～250mg/m^3，为后续湿法脱硝做好准备。

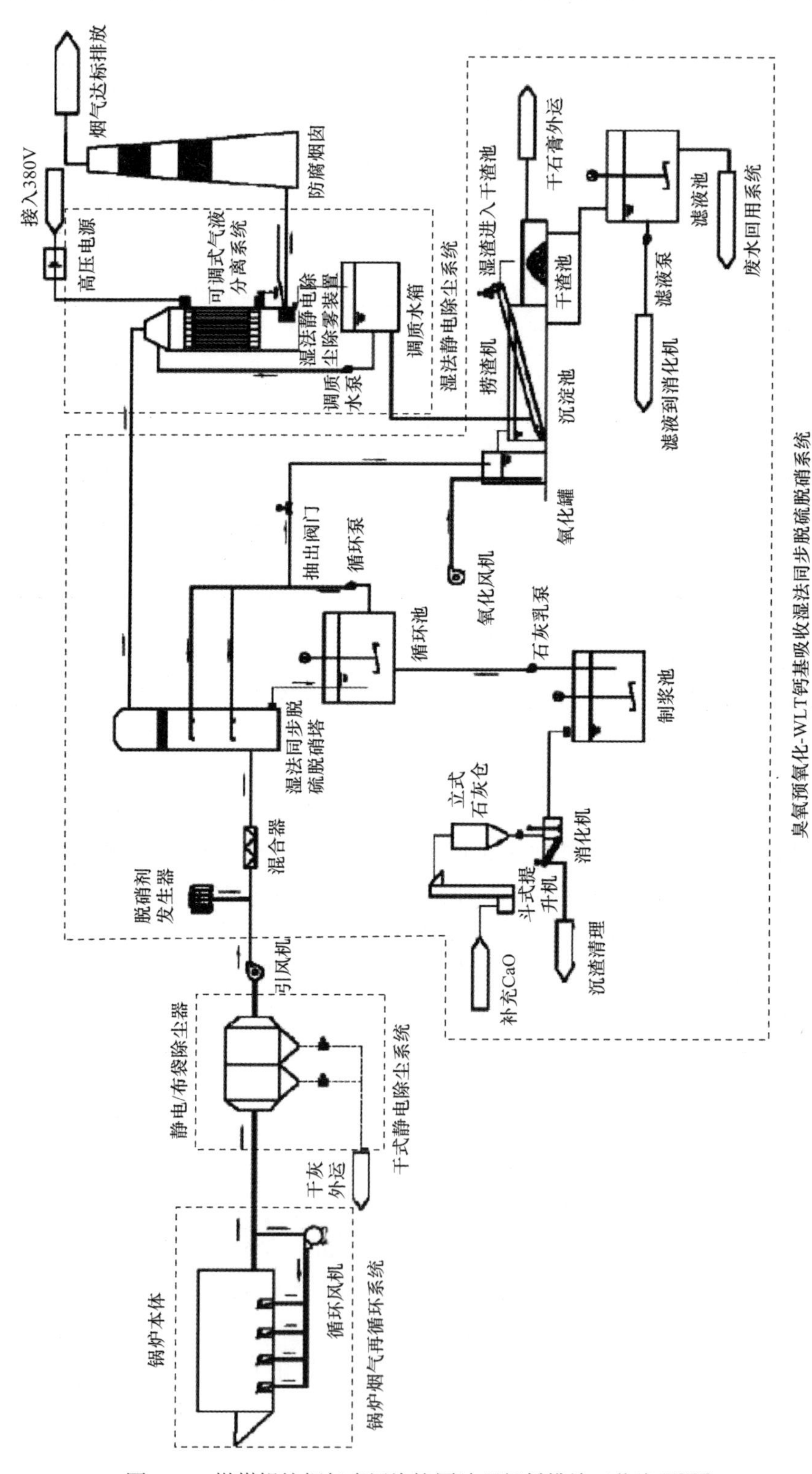

图 5-51　燃煤锅炉烟气多污染协同治理超低排放工艺流程[104]

2) 臭氧氧化预处理技术。

工业燃煤锅炉按常规燃烧方式产生的 NO_x 主要包括 NO、NO_2 以及极少量 N_2O，其中 NO 至少占 70%～80%，NO_2 占 20%～30%。实现湿法同步脱硫脱硝处理，关键在于利用具有强氧化性的 O_3 把不溶于水的 NO 氧化成溶于水的 NO_2 和更高价态的 NO_x，因此氧化预处理是实现塔内钙基液相同步吸收 SO_2 和 NO_2 的重要前提。氧化预处理系统核心设备包括混合烟道、紊流混合器、臭氧发生器、液氧储存罐、双循环冷却系统和 PLC 控制模块。

为了保证氧化效率，尽量减少液氧消耗，提出几点工艺革新：①O_3 欠量投加设计。根据物料计算结果，进一步降低 NO/O_3 物质的量比，在保证一定投加体积的前提下控制 O_3 浓度，从而实现欠量投加。欠量投加主要考虑两方面，其一是避免过量的 O_3 分解成 O_2 而增加烟气含氧量，其二是避免过量 O_3 造成钙基脱硝成分被氧化消耗，从而影响后续湿法脱硝效果。②增加紊流混合器。紊流混合器能大幅度提高 O_3 和烟气的传质反应效率，并降低烟气流速，保证充足的混合时间和反应时间，是实现高氧化率的关键。③烟气热交换降温设计。由于 O_3 在高温条件下分解速度加倍，存活周期骤减，因此提供合适的反应温区是降低液氧消耗的必要措施。

3) WLT 钙基吸收湿法同步脱硫脱硝技术。

WLT 钙基吸收湿法同步脱硫脱硝塔是工艺路线中最核心的设备，其主要功能是在单塔单循环的结构基础上，通过钙基复合循环吸收剂，实现 SO_2、NO_2、SO_3、部分极细粉尘和部分重金属成分的协同脱除，其中 SO_2 和 NO_2 脱除效率直接通过调整反应物料用量、逆流喷淋的优化、液膜发生器的配置、烟气停留时间来控制，同时实现副产物无污染、可回收利用。根据第三方检测机构的数据，WLT 钙基吸收湿法同步脱硫脱硝塔的脱硫率≥95%，脱硝率≥50%，除尘率≥60%，Hg 及其化合物脱除率≥15%。

该技术进行了多处工艺革新：其一，与传统的脱硫技术相比，该技术是液相作为连续相而气相作为分散相，在逆流喷淋和液膜发生器共同作用下把烟气与钙基吸收剂互相旋切，烟气被分割成微小气泡在液膜中高速运动，气液之间界面传质阻力迅速下降，通过大幅增大传质面积提高紊流传质效率；其二，吸收剂选择弱酸性钙基复合浆液，既可以彻底规避碱性环境下造成的结垢堵塞风险，又可以通过强制曝气促成固态结晶实现固硫固氮；其三，通过精细化工艺设计，令单塔单循环的塔体结构能达到单塔双循环甚至双塔双循环的多污染物脱除效率，大幅降低造价成本和设备占地面积，性价比优势显著；其四，相比于其他同步脱硫脱硝塔体，WLT 塔内部结构相对简单，尽量减少可能存在结垢死角的部件，特种玻璃钢塔体彻底解决腐蚀磨损的传统难题。

4) 湿法静电除尘除雾技术。

作为工艺的终端处理设备，湿法静电除尘除雾器的主要作用是脱除极细微尘、SO_3、水雾和重金属成分。与传统的湿电相比，本项目采用上进气下出气自净型湿法静电除尘除雾器，见图 5-52。该装置特点有：酸性运行杜绝了结垢条件，靠自收集的水雾从上向下冲洗极板极线，实现自洁净，不会出现干枯结垢死区；在出气口设置低阻力耐腐蚀捕液装置，进一步提高水雾的去除率；所有过流部件采用耐腐蚀导电玻璃钢制造，防止酸性腐蚀，极大延长设备寿命和运行稳定性。

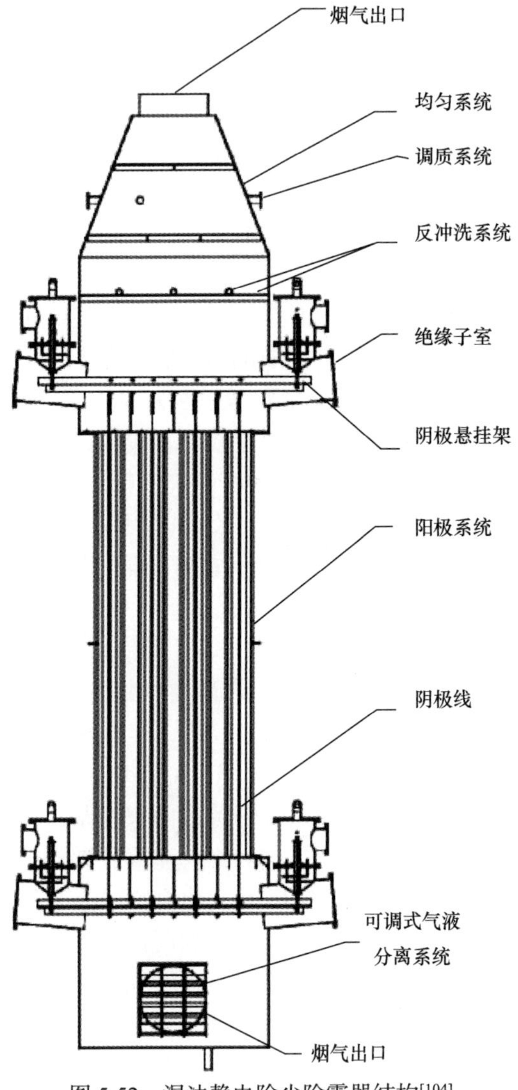

图 5-52　湿法静电除尘除雾器结构[104]

5) PLC 自控系统。

针对工业锅炉运行负荷、出口烟气量、煤种及出口污染物含量等参数因企业生产状态和锅炉营运变化而多变的实际情况，本项目采用自主开发的 PLC 自控系统及软件，把各系统设备有机结合、互相配合，灵活调节自动监控，及时反馈工况信息，保障装备运行稳定。

(5) 效果分析

“低氮燃烧+干式静电除尘+臭氧氧化预处理+WLT 钙基吸收湿法同步脱硫脱硝+湿法静电除尘除雾”多污染物协同治理工艺，实现了 SO_2 浓度≤35mg/Nm^3、NO_x 浓度≤150mg/Nm^3、烟尘浓度≤10mg/Nm^3、Hg 及其化合物浓度≤0.03mg/Nm^3，优于燃气锅炉烟气排放限值。

臭氧氧化预处理-WLT 钙基吸收湿法同步脱硫脱硝，先利用具有强氧化性的 O_3 把不溶于水的 NO 氧化成溶于水的 NO_2 和更高价态的 NO_x，再通过钙基复合循环吸收剂，实现 SO_2、NO_2、SO_3、部分极细粉尘和部分重金属成分的协同脱除，脱硫率高达 95%以上，脱硝率大于 50%，除尘率高于 60%。上进气下出气自净型湿法静电除尘除雾器处理后，烟尘浓度≤10mg/Nm^3，Hg 及其化合物浓度≤0.03mg/Nm^3。

5.6.3　案例 3——基于燃煤电厂超低排放的催化法脱汞技术

某电厂采用催化法脱汞技术，具体情况如下[105]。

(1) 项目概况

选取具有代表性的 300MW 机组 2 台、330MW 机组 1 台、350MW 机组 1 台、660MW 机组 1 台和 1000MW 机组 1 台进行现场测试。6 台机组均已完成超低排放改造。其中，脱硫过程均采用石灰石-石膏湿法烟气脱硫(WFGD)工艺；除尘工艺方面，2 台采用静电除尘(ESP)工艺，1 台采用电袋复合除尘工艺，2 台采用静电除尘(ESP)+湿式电除尘器(WESP)工艺，1 台采用袋式除尘(FF)工艺；脱硝工艺方面，除 1 台采用 SNCR+SCR 复合脱硝工艺外，其余 5 台均采用 SCR 工艺。以上几种工艺都是目前比较典型的超低排放改造工艺。测试机组基本情况见表 5-13。

表 5-13　测试机组的基本情况

机组	锅炉炉型	装机容量/MW	污染物控制装置
Q	亚临界、直流燃烧器、四角切圆燃烧、固态排渣、全钢构架外形为Π形汽包锅炉	300	SNCR+SCR+ESP+WFGD
H	亚临界、自然循环、一次中间再热、固态排渣	300	SCR+ESP+WFGD+WESP
J	亚临界、自然循环、单炉膛、全钢构架、全悬吊结构Π形燃煤汽包锅炉	330	SCR+ESP+WFGD
D	亚临界、自然循环、一次再热、平衡通风、固态排渣煤粉锅炉	660	SCR+ESP+WFGD+WESP
Y	超临界直流炉、一次再热、平衡通风、固态排渣、对冲燃烧Π形锅炉	1000	SCR+ESP/FF+WFGD
A	超临界变压运行螺旋管圈直流、前后墙对冲燃烧方式、固态排渣、Π形锅炉	350	SCR+FF+WFGD

(2) 数据采集与分析

依据质量平衡原理，采集发电厂的入炉煤、炉渣、飞灰、脱硫石膏、净烟气等样品进行分析测试。采样点位置如图 5-53 所示。若机组加装有湿式除尘器，则增加湿式除尘器排水口采样点。

本项目入炉煤元素分析采用《煤的元素分析方法》(GB/T 476—2001)，工业分析采用《煤的工业分析方法》(GB/T 212—2008)，汞元素分析采用《煤中汞的测定方法》(GB/T 16659—2008)。净烟气总汞采样使用美国 EPA 30B 方法，采集的样品使用汞分析仪(加拿大 Lumex，915 型)进行测试分析。炉渣、飞灰、石膏中汞元素的分析采用《固体废物 浸出毒性浸出方法 硫酸硝酸法》(HJ/T 299—2007)。脱硫废水中汞元素的分析采用《水质 总汞的测定 冷原子吸收分光光度法》(GB/T 7468—1987)。

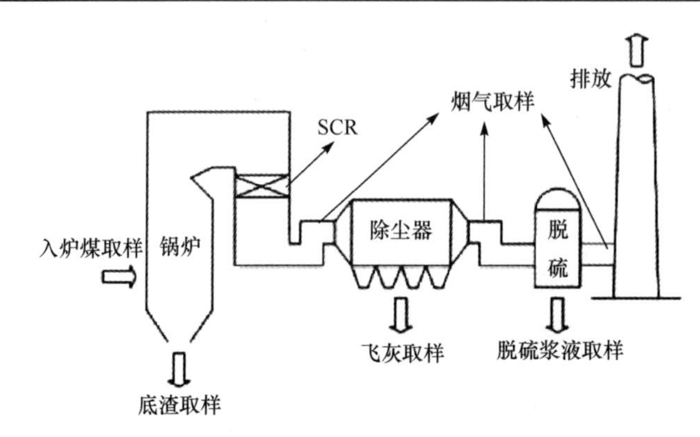

图 5-53　监测采样点位置示意图[105]

各机组煤样中氮、硫、汞、灰分分析结果见表 5-14。

表 5-14　各机组煤样分析结果

机组	氮含量/%	硫含量/%	汞含量/(ng/g)	灰分/%
Q	0.42	0.92	60.07	10.00
H	1.07	0.35	60.07	—
J	0.84	0.42	30.01	6.12
D	0.82	0.30	81.05	13.01
Y	0.83	0.50	244.00	7.30
A	6.06	1.40	58.36	4.06

由表中数据可知，入炉煤中汞含量最高的是 Y 机组，高达 244.00ng/g；其次是 D 机组，为 81.05ng/g；汞含量最低的是 J 机组，为 30.01ng/g。参照中国煤炭中的汞含量为 10～1400ng/g，算术平均值为 220ng/g，以上测试目标机组入炉煤中的汞含量均在全国煤样汞含量范围内。

对燃煤机组末端排放烟气、入炉煤、飞灰、底渣、湿除出水以及脱硫石膏中的总汞含量进行采样和化验分析，测试结果如表 5-15 所示。

表 5-15　不同机组燃烧产物中的汞含量

机组	煤样/(ng/g)	底渣/(ng/g)	飞灰/(ng/g)	脱硫石膏/(ng/g)	湿除出水/(μg/L)	净烟气/(μg/Nm^3)
Q	60.07	4.05	24.40	241.90	—	1.02
H	60.07	4.85	837.74	252.27	—	1.05
J	30.1	3.02	147.11	601.12	0.10	0.46
D	81.05	2.76	135.43	869.21	0.01	3.96
Y	244.00	6.60	425.70	1988.20	—	3.40
A	58.36	1.12	188.20	58.15	—	2.94

依据测试机组单位时间内的给煤量、锅炉炉型、元素分析及工业分析数据，采用质

量平衡计算方式计算出该机组在测试期间单位时间内的飞灰、底渣、脱硫石膏产生量以及净烟气排放量。带有湿式除尘系统的机组，同时记录单位时间内的湿除出水量。结合表 5-16 中不同样品的汞含量数据，计算得出单位时间内入炉煤、飞灰、底渣、脱硫石膏、湿除出水、净烟气中的汞含量。部分电厂脱硫废水并非连续排放，不能代表测试阶段脱硫废水中的汞含量，所以用脱硫浆液或脱硫石膏的汞含量参与质量平衡的计算。对于未安装 WESP 的 Q、J、Y 和 A 电厂，使用式(5-143)计算汞的质量平衡；对于安装了 WESP 的 H 和 D 电厂，使用式(5-144)计算汞的质量平衡。计算结果见表 5-16。

$$汞的质量平衡=\frac{\text{Hg(底渣)}+\text{Hg(飞灰)}+\text{Hg(脱硫石膏)}+\text{Hg(烟气)}}{\text{Hg(煤)}}\times 100\% \tag{5-145}$$

$$汞的质量平衡=\frac{\text{Hg(底渣)}+\text{Hg(飞灰)}+\text{Hg(脱硫石膏)}+\text{Hg(湿除出水)}+\text{Hg(烟气)}}{\text{Hg(煤)}}\times 100\% \tag{5-146}$$

式中：Hg(煤)、Hg(飞灰)、Hg(底渣)、Hg(脱硫石膏)、Hg(湿除出水)、Hg(烟气)分别表示单位时间内入炉煤、飞灰、底渣、脱硫石膏、湿除出水、烟气排放的汞含量，g/h。

表 5-16 不同机组的汞质量平衡

机组	单位时间内的汞含量/(g/h)						汞的质量平衡/%
	入炉煤	底渣	飞灰	脱硫石膏	湿除出水	烟气	
Q	7.28	0.01	4.12	2.69	—	0.32	98.08
J	19.30	0.01	17.04	2.79	—	2.22	114.30
H	4.36	0.01	1.83	2.79	0.05	0.44	117.43
D	20.42	0.02	4.69	2.54	0.05	7.33	71.65
Y	88.82	0.04	49.28	23.34	—	11.36	94.60
A	7.05	0.01	6.23	0.65	—	0.32	102.18

采用质量平衡法计算得到汞的质量平衡区间为 71.65%～117.43%。汞在燃烧产物中进行了重新分配，如图 5-54 所示。由于燃煤煤质、锅炉炉型、燃烧方式、环保脱除设施等的差异，不同机组汞元素的分配也会存在差异。底渣中的汞含量极微，占燃烧产物中总汞的比例不足 1%；湿除出水中的汞含量也较低，占燃烧产物中总汞的平均比例为 0.66%；除尘器底灰中的汞所占比重相对较大，尤其是采用布袋除尘器的 A 机组，汞含量最高占到燃烧产物中总汞的 86.41%；湿法脱硫石膏中的汞含量占燃烧产物中总汞含量的 9.02%～54.49%；末端排放烟气中的汞含量占燃烧产物中总汞含量的 4.44%～50.10%。

燃煤电厂超低排放改造过程中常用的技术措施能提升汞的协同脱除效率。脱硝超低排放改造普遍采取加装 SCR 催化剂层的措施，强化了对烟气中单质汞的催化氧化作用，使烟气中的汞更多地以氧化态的形式存在，有利于汞在除尘器和脱硫系统中的去除；除尘系统的超低排放改造措施主要包括电除尘器增效、电改电袋(或布袋)、加装高效除雾器或湿式除尘器，在提高除尘效率的同时，也会提高系统对颗粒态汞的脱除效率；脱硫

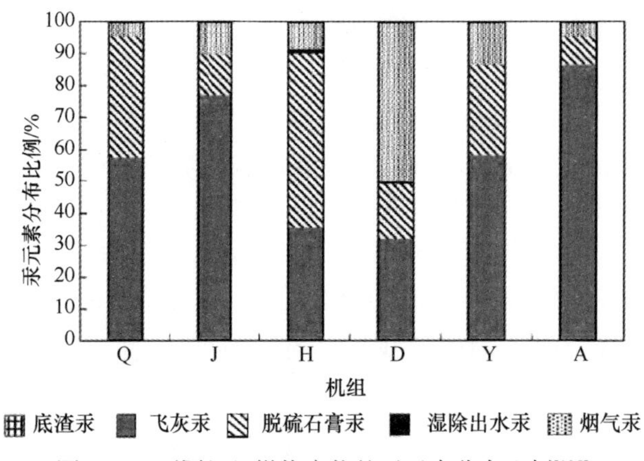

图 5-54　不同机组燃烧产物的汞元素分布比例[105]

系统超低排放改造一般采用湿法脱硫增效、加装喷淋层、单塔双循环或双塔双循环等措施，整体技术方向是提高气液比或者强化气液传质，强化烟气中的氧化态汞在浆液淋洗过程中的吸收。

根据表 5-17 中的测试数据，采用式(5-147)计算得到不同污染控制装置的汞协同脱除效率，结果如表 5-17 所示。

$$\text{污染控制装置脱汞效率} = \frac{\text{Hg(煤)} - \text{Hg(烟气)}}{\text{Hg(烟气)}} \tag{5-147}$$

表 5-17　不同污染控制装置脱汞效率

机组	污染控制装置(APCDs)	脱汞效率/%
Q	SNCR+SCR+ESP+WFGD	95.60
J	SCR+ESP+WFGD	88.33
H	SCR+ESP+WFGD+WESP	88.50
D	SCR+ESP+WFGD+WESP	64.10
Y	SCR+ESP/FF+WFGD	87.26
A	SCR+FF+WFGD	95.41

烟气处理工艺为 SNCR+SCR+ESP+WFGD 的 Q 机组、SCR+ESP+WFGD+WESP 的 H 机组、SCR+ESP+WFGD 的 J 机组、SCR+FF+WFGD 的 A 机组和 SCR+ESP/FF+WFGD 的 Y 机组的汞协同脱除效率为 87.26%～95.60%，协同脱汞效率较高。采用 SNCR+SCR+ESP+WFGD 污染物脱除工艺的 Q 机组的汞脱除效率最高。该机组采用尿素直喷 SNCR+SCR 联合脱硝工艺，从炉膛出口至 SCR 反应器前，烟气中的 H_2O、NH_3、NO、CO_2 等含量较其他机组偏高，有利于单质汞的氧化，使得烟气中的氧化态汞含量增加，进而提高了整个系统对汞的脱除效果。与其他机组相比，采用 SCR+FF+WFGD 污染物脱除工艺的 A 机组使用超细高效除尘滤袋，除尘效率达 99.995%，除尘出口平均粉尘浓度为 2.5mg/m^3(标态，干基，6%O_2)，除尘性能远优于其他 5 台机组，使得整个污染控制系统对颗粒态汞、氧化态汞的脱除效率也得到了提高。D 机组的协同脱汞效率为 64.10%，

相对较低。分析其燃用煤质情况发现，虽然该电厂入炉煤中的汞含量相对较低(81.05ng/g)，但烟气中氯元素的浓度也非常低，烟气中的卤族元素会影响单质汞的氧化，氯元素含量低会使得烟气中的氧化态汞和颗粒态汞含量偏低。现场实测数据显示，在SCR前后，颗粒态汞分别仅占烟气中总汞的0.71%和3.64%。因此，尽管ESP/WESP对于颗粒态汞的脱除效率达到了100%，但对于汞的协同脱除效率贡献不大，导致D电厂污染控制装置的协同脱汞效率偏低。

参考文献

[1] 刘敏, 蒋靖坤, 郝吉明, 等. 中国非燃煤大气汞排放量估算[J]. 环境科学, 2006(12): 2401-2406.

[2] Mason R P, Fitzgerald W F, Morel F M M. The biogeochemical cycling of elemental mercury: Anthropogenic influences[J]. Geochimica et Cosmochimica Acta, 1994, 58(15): 3191-3198.

[3] 王起超, 沈文国, 麻壮伟. 中国燃煤汞排放量估算[J]. 中国环境科学, 1999, 19(4): 318-321.

[4] 王海泉. 煤燃烧过程中汞排放及其控制的实验及机理研究[D]. 武汉: 华中科技大学, 2006.

[5] Niksa S, Fujiwaran N, Fujita Y, et al. A mechanism for mercury oxidation in coal-derived exhausts[J]. Journal of the Air & Waste Management Association, 2002, 52(8): 894-901.

[6] 阮长超. 氧化剂协同石灰石湿法烟气脱硫脱汞实验研究[D]. 武汉: 华中科技大学, 2017.

[7] 叶群峰. 吸收法脱除模拟烟气中气态汞的研究[D]. 杭州: 浙江大学, 2006.

[8] Xing Y, Wang M, Lu P, et al. Effects of operational conditions, anions, and combustion flue gas components in WFGD systems on Hg^0 removal efficiency using a H_2O_2/Fe^{3+} solution with and without $CaSO_3$[J]. Fuel, 2018, 222: 648-655.

[9] Stergaršek A, Horvat M, Frkal P, et al. Removal of Hg^0 in wet FGD by catalytic oxidation with air–A contribution to the development of a process chemical model[J]. Fuel, 2013, 107: 183-191.

[10] 金玉群, 雷静. 氧化增效剂对湿法脱硫系统脱硫脱汞效率的影响[J]. 江西电力, 2018(8): 64-66.

[11] 徐亚琳. 燃煤烟气中零价汞氧化催化剂的制备及性能研究[D]. 南京: 南京理工大学, 2017.

[12] Galbreath K C, Zygarlicke C J. Mercury transformations in coal combustion flue gas[J]. Fuel Processing Technology, 2000, 66(6): 289-310.

[13] 贾文波. 基于SCR和WFGD系统协同脱汞实验研究[D]. 保定: 华北电力大学, 2019.

[14] 李晓蕾. 模拟烟气同时脱硫脱硝脱汞的实验研究[D]. 保定: 华北电力大学, 2011.

[15] 刘亚芝. 循环流化床半干法脱硫脱硝脱汞一体化工艺在循环流化床锅炉的应用[J]. 锅炉制造, 2014(4): 28-30.

[16] Tang L, Li C T, Zhao L K, et al. A novel catalyst CuO-ZrO_2 doped on Cl^- activated bio-char for Hg^0 removal in a broad temperature range[J]. Fuel, 2018, 218:366-374.

[17] Wang J, Anthony E J. An analysis of the reaction rate for mercury vapor and chlorine[J]. Chemical Engineering Technology, 2005, 28(5): 569-573.

[18] Hall B, Schager P, Lindqvist O. Chemical reactions of mercury in combustion flue gases[J]. Water, Air and Soil Pollution, 1991, 56(4): 3-14.

[19] 丁双玉, 李恒江, 尹荣花, 等. 锌冶炼系统汞的分布和治理工艺探索[J]. 化工设计, 2015, 25(1): 43-45

[20] 马永鹏, 杜京京, 张新明, 等. 有色金属冶炼烟气汞排放控制技术研究进展[J]. 广州化工, 2016, 44(16): 9-12.

[21] 马永鹏. 有色金属冶炼烟气汞排放控制与高效回收技术研究[D]. 上海: 上海交通大学, 2014.

[22] 冯钦忠, 刘俐媛, 陈杨, 等. 有色金属冶炼行业汞污染控制新技术研究进展[J]. 世界有色金属, 2015(6): 19-21.

[23] Nriagu J O, Lacyna J M. Quantitative assessment of worldwide contamination of air., water and soilds by trace-metals[J]. Nature, 1988, 333(6169): 134-139.
[24] Pacyna E G, Pacyna J M, Steenhuisen F, et al. Global anthropogenic mercury emission inventory for 2000[J]. Atmospheric Environment, 2006, 40(22): 4048-4063.
[25] 蒋靖坤. 中国大气汞排放和控制初步研究[D]. 北京：清华大学, 2004.
[26] 吴清茹. 中国有色金属冶炼行业汞排放特征及减排潜力研究[D]. 北京：清华大学, 2015.
[27] Wu Y, Wang S X, Streets D G, et al. Trends in anthropogenic mercury emissions in China from 1995 to 2003[J]. Environmental Science & Technology, 2006, 40(17): 5312-5318.
[28] Li G H, Feng X B, Li Z G, et al. Mercury emission to atmosphere from primary Zn production in China[J]. Science Total Environment, 2010, 408(20): 4607-4612.
[29] Wang S X, Song J X, Li G H, et al. Estimating mercury emissions from a zinc smelter in relation to China's mercury control policies[J]. Environmental Pollution, 2010, 158(10): 3347-3353.
[30] Feng X B, Li G, Qiu G. A preliminary study on mercury contamination to the environment from artisanal zinc smelting using indigenous methods in Hezhang county, China-Part I: Mercury emission from zinc smelting and its influences on the surface waters[J]. Atmospheric Environment, 2004, 38(36): 6223-6230.
[31] 王雄，黄志明，罗贤勇. 美国燃煤电厂汞排放控制研究[J]. 中国城市经济, 2010, 9: 140-142.
[32] 郑伟，刘伟，王宁，等. 美国燃煤电厂大气汞排放控制法规探析[J]. 环境保护科学, 2019, 45(1): 5-8.
[33] 吴清茹，赵子鹰，杨帆，等. 中国燃煤电厂履行《关于汞的水俣公约》的差距与展望[J]. 中国人口 · 资源与环境, 2019, 29(10): 52-60.
[34] Liger R N, Kramlich J C, Marinov N M. Towards the development of a chemical kinetic model for the homogeneous oxidation of mercury by chlorine species[J]. Fuel Processing Technology, 2000, 65-66: 423-438.
[35] Pan H, Minet R, Benson S, et al. Process for converting hydrogen chloride to chlorine[J]. Industrial& Engineering Chemistry Research, 1994, 33(12): 2996-3003.
[36] 韩斌杰. 复合钙基吸收剂脱除硫硝汞烟气污染物试验研究[D]. 杭州：浙江大学, 2012.
[37] 王运军，段钰锋，杨立国，等. 湿法烟气脱硫装置和静电除尘器联合脱除烟气中汞的试验研究[J]. 中国电机工程学报, 2008, 28(29): 64-69.
[38] 任赏赏，刘学武，陈淑花. 氧化铜脱汞剂的制备及其脱汞研究[J]. 现代化工, 2020, 40(2): 132-136.
[39] 鲍静静，印华斌，杨林军，等. 湿法烟气脱硫系统的脱汞性能研究[J]. 电力工程，2009，29(7): 667-669.
[40] 佟莉，徐文青，亓昊，等. 硝酸改性活性炭上氧/氮官能团对脱汞性能的促进作用[J]. 物理化学学报, 2015, 31(3): 512-518.
[41] Liu D, Li C, Wu J, et al. Novel carbon-based sorbents for elemental mercury removal from gas streams: A review[J]. Chemical Engineering Journal, 2020, 391: 123514-123529.
[42] 秦亚迪，王淑娟，禚玉群. 改性SCR催化剂对燃煤电厂烟气中汞催化氧化研究进展[J]. 环境工程技术学报, 2018, 8(5): 540-544.
[43] Yang Y, Xu W, Wang J, et al. New insight into simultaneous removal of NO and Hg^0 on CeO_2-modified V_2O_5/TiO_2 catalyst: A new modification strategy[J]. Fuel, 2019, 249: 178-187.
[44] Chen C, Jia W, Liu S, et al. The enhancement of CuO modified V_2O_5-WO_3/TiO_2 based SCR catalyst for Hg^0 oxidation in simulated flue gas[J]. Applied Surface Science, 2018, 436: 1022-1029.
[45] Zhang S, Zhao Y, Yang J, et al. Fe-modified MnO_x/TiO_2 as the SCR catalyst for simultaneous removal of NO and mercury from coal combustion flue gas[J]. Chemical Engineering Journal, 2018, 348: 618-629.
[46] Wang T, Li C, Zhao L, et al. The catalytic performance and characterization of ZrO_2 support modification

on CuO-CeO2/TiO2 catalyst for the simultaneous removal of Hg^0 and NO[J]. Applied Surface Science, 2017, 400: 227-237.

[47] Chen C, Cao Y, Liu S, et al. Review on the latest developments in modified vanadium-titanium-based SCR catalysts[J]. Chinese Journal of Catalysis, 2018, 39: 1347-1365.

[48] Fang P, Cen C, Tang Z. Experimental study on the oxidative absorption of Hg^0 by $KMnO_4$ solution[J]. Chemical Engineering Journal, 2012, 198-199: 95-102.

[49] 谭增强, 牛国平, 陈晓文, 等. 载溴竹炭的脱汞特性研究[J]. 环境工程, 2015(S1): 376-379, 409.

[50] Ma J, Li C, Zhao L, et al. Study on removal of elemental mercury from simulated flue gas over activated coke treated by acid[J]. Applied Surface Science, 2015, 329: 292-300.

[51] Zhang B, Xu P, Qiu Y, et al. Increasing oxygen functional groups of activated carbon with non-thermal plasma to enhance mercury removal efficiency for flue gases[J]. Chemical Engineering Journal, 2015, 263: 1-8.

[52] 张璧, 罗光前, 徐萍, 等. 活性炭表面含氧官能团对汞吸附的作用[J]. 工程热物理学报, 2015, 36(7): 227-231.

[53] 孙巍, 晏乃强, 贾金平. 载溴活性炭去除烟气中的单质汞[J]. 中国环境科学, 2006, 26(3): 257-261.

[54] 周强, 冒咏秋, 段钰锋, 等. 溴素改性活性炭汞吸附特性研究[J]. 工程热物理学报, 2014, 35(12): 211-214.

[55] 高洪亮, 周劲松, 骆仲泱, 等. 改性活性炭对模拟燃煤烟气中汞吸附的实验研究[J]. 中国电机工程学报 2007, 27(8): 28-32.

[56] 黄治军, 段钰锋, 王运军, 等. 改性氢氧化钙吸附脱除模拟烟气中汞的试验研究[J]. 中国电机工程学报, 2009, 29(17): 56-62.

[57] Wu J, Li C, Chen X, et al. Photocatalytic oxidation of gas-phase Hg^0 by carbon spheres supported visible-light-driven CuO-TiO_2[J]. Journal of Industrial and Engineering Chemistry, 2017, 46: 416-425.

[58] 赵毅, 聂国欣, 贾里扬. 燃煤电厂烟气脱汞技术的研究[J]. 华北电力大学学报, 2019, 46(2): 103-109.

[59] Niksa S, Fujiwara N. A predictive mechanism of mercury oxidation on selective catalytic reduction catalysts under coal-derived flue gas[J]. Journal of the Air & Waste Management Association, 2005, 55(12): 1866-1875.

[60] Lee C W, Srivastava R K, Ghorishi S B, et al. Investigation of selective catalytic reduction impact on mercury speciation under simulated NO_x emission control conditions[J]. Journal of the Air & Waste Management Association, 2004, 54(12): 1560-1566.

[61] Naik C V, Krishnakumar B, Niksa S. Pediciting Hg emission rates from utility gas cleaning systems[J]. Fuel, 2020, 89(4): 859-867.

[62] Sheng H, Zhou J, Zhu Y, et al. Mercury oxidation over a vanadia-based selective catalytic reduction catalyst[J]. Energy & Fuels, 2009, 23(1): 253-259.

[63] 王瑞山, 彭红寒, 周开敏, 等. 冶炼烟气制酸净化除汞工艺探讨[J]. 硫酸工业, 2017(4): 5-8.

[64] 李云新, 刘卫平. 冶炼烟气制酸中汞排放治理浅析[J]. 世界有色金属, 2015(6): 14-17.

[65] 莫招育, 陈志明, 谢鸿, 等. 典型铜冶炼生产工艺中汞污染源流程及监控方案研究[J]. 大众科技, 2013, 15(4): 73-74, 188.

[66] 徐磊, 阮胜寿. 矿铜冶炼过程中汞的走向及回收工艺探讨[J]. 铜业工程, 2017(1): 71-74.

[67] 刘亭. 氧化铁脱除单质汞的机理和实验研究[D]. 武汉: 华中科技大学, 2016.

[68] Wang Z H, Zhou J H, Zhu Y Q, et al. Simultaneous removal of NO_x, SO_2 and Hg in nitrogen flow in a narrow reactor by ozone injection: Experimental results[J]. Fuel Processing Technology, 2007, 88: 817-823.

[69] 代绍凯, 徐文青, 陶文亮, 等. 臭氧氧化法应用于燃煤烟气同时脱硫脱硝脱汞的实验研究[J]. 环境

工程, 2014(10): 85-89.

[70] Fang P, Cen C, Wang X, et al. Simultaneous removal of SO_2, NO and Hg^0 by wet scrubbing using urea + $KMnO_4$ solution[J]. Fuel Processing Technology, 2013, 106(3): 645-653.

[71] Hutson D N, Krzyzynska R, Srivastava K R. Simultaneous removal of SO_2, NO_x, and Hg from coal flue gas using a $NaClO_2$-enhanced wet scrubber[J]. Industrial & Engineering Chemistry Research, 2008, 47(16): 5825-5831.

[72] Calvert J G, Lindberg S E. Mechanisms of mercury removal by O_3 and OH in the atmosphere[J]. Atmospheric Measurement Techniques, 2005, 39: 3355-3367.

[73] 刘盛余, 能子礼超, 刘沛, 等. 高锰酸钾氧化吸收烟气中单质汞的研究[J]. 环境工程学报, 2011, 5(7): 1613-1616.

[74] 赵毅, 郝润龙, 齐萌. 同时脱硫脱硝脱汞技术研究概述[J]. 中国电力, 2013, 46(10): 155-158.

[75] Zhao Y, Hao R, Yuan B, et al. Simultaneous removal of SO_2, NO and Hg^0 through an integrative process utilizing a cost-effective complex oxidant[J]. Journal of Hazardous Materials, 2016, 301: 74-83.

[76] Hao R, Wang Z, Gong Y, et al. Photocatalytic removal of NO and Hg^0 using microwave induced ultraviolet irradiating H_2O/O_2 mixture[J]. Journal of Hazardous Materials, 2020, 383: 121135-121144.

[77] Yuan B, Mao X, Wang Z, et al. Radical-induced oxidation removal of multi-air-pollutant: A critical review[J]. Journal of Hazardous Materials, 2020, 383: 121162-121175.

[78] Liu Y, Zhang J. Photochemical oxidation removal of NO and SO_2 from simulated flue gas of coal-fired power plants by wet scrubbing using UV/H_2O_2 advanced oxidation process[J]. Industrial & Engineering Chemistry Research, 2011, 50(7): 3836-3841.

[79] 赵永椿, 张军营, 刘晶, 等. 燃煤飞灰吸附脱汞能力的实验研究[J]. 中国科学: 技术科学, 2010, 40(4): 41-47.

[80] Lee W, Bae G N. Removal of elemental mercury (Hg^0) by nanosized V_2O_5/TiO_2 catalysts[J]. Environmental Science & Technology, 2009, 43(5): 1522-1527.

[81] 何胜, 周劲松, 朱燕群, 等. 钒系 SCR 催化剂对汞形态转化的影响[J]. 浙江大学学报(工学版), 2010, 44(9): 151-158.

[82] Li Y, Murphy P D, Wu C Y, el al. Development of silica/vanadia/titania catalysts for removal of elemental mercury from coal-combustion flue gas[J]. Environmental Science & Technology, 2008, 42(14): 5304-5309.

[83] Liu J, Guo R, Guan Z, et al. Simultaneous removal of NO and Hg^0 over Nb-Modified $MnTiO_x$ catalyst[J]. International Journal of Hydrogen Energy, 2019, 44: 835-843.

[84] Jampaiah D, Ippolito S J, Sabri Y M, et al. Ceria-zirconia modified MnO_x catalysts for gaseous elemental mercury oxidation and adsorption[J]. Catalysis Science Technology, 2016, 6: 1792-1803.

[85] Xu H, Yan N, Qu Z, et al. Gaseous heterogeneous catalytic reactions over Mn-based oxides for environmental applications: A critical review[J]. Environmental Science & Technology, 2017, 51: 8879-8892.

[86] Wang P, Su S, Xiang J, et al. Catalytic oxidation of Hg^0 by MnO_x-CeO_2/γ-Al_2O_3 catalyst at low temperatures[J]. Chemosphere, 101: 49-54.

[87] Zhang A, Zheng W, Song J, et al. Cobalt manganese oxides modified titania catalysts for oxidation of elemental mercury at low flue gas temperature[J]. Chemical Engineering Journal, 236: 29-38.

[88] Kim H M, Ham S W, Lee J B. Oxidation of gaseous elemental mercury by hydrochloric acid over $CuCl_2/TiO_2$-based catalysts in SCR process[J]. Applied Catalysis B: Environmental, 2010, 99(1-2): 272-278.

[89] Yang J, Zhang M, Li H, et al. Simultaneous NO reduction and Hg^0 oxidation over $La_{0.8}Ce_{0.2}MnO_3$

perovskite catalysts at low temperature[J]. Industrial & Engineering Chemistry Research, 2018, 57: 9374-9385.

[90] Zhang A, Xing W, Zhang D, et al. A novel low-cost method for HgO removal from flue gas by visible-light-driven BiOX (X=Cl, Br, I) photocatalysts[J]. Catalysis Communications, 2016, 87: 57-61.

[91] Qi X M, Gu M L, Zhu X Y, et al. Fabrication of $BiOIO_3$ nanosheets with remarkable photocatalytic oxidation removal for gaseous elemental mercury[J]. Chemical Engineering Journal, 2016, 285: 11-19.

[92] Liu Y, Wang Y. Gaseous elemental mercury removal using VUV and heat coactivation of Oxone/H_2O/O_2 in a VUV-spraying reactor[J]. Fuel, 2019, 243: 352-361.

[93] 马斯鸣. 蜂窝陶瓷光纤反应器光催化脱汞研究[D]. 武汉: 华中科技大学, 2017.

[94] 程广文, 张强, 白博峰. 一种改性选择性催化还原催化剂及其对零价汞的催化氧化性能[J]. 中国电机工程学报, 2015, 35(3): 623-629.

[95] 陶叶. 火电机组烟气脱汞工艺路线选择[J]. 电力建设, 2011, 32(4): 74-78.

[96] 苑奇. 美国燃煤电厂一体化脱汞技术进展[J]. 中国电力, 2011, 44(11): 50-54.

[97] Laudal D L, Brown T D, Nott B R. Effects of flue gas constituents on mercury speciation[J]. Fuel Processing Technology, 2000, 66: 157-165.

[98] 王铮, 薛建明, 许月阳, 等. 选择性催化还原协同控制燃煤烟气中汞排放效果影响因素研究[J]. 中国电机工程学报, 2013, 33(14): 32-37.

[99] Eom Y, Jeon S H, Ngo T A, et al. Heterogeneous mercury reaction on a selective catalytic reduction (SCR) catalyst[J]. Catalysis Letters, 2008, 121(3-4): 219-225.

[100] Eswaran S, Stenger H G. Understanding mercury conversion in selective catalytic reduction (SCR) catalysts[J]. Energy & Fuels, 2005, 19(6): 2328-2334.

[101] 俞晋频. 改性催化剂汞氧化试验研究[D]. 杭州: 浙江大学, 2015.

[102] Yang H M, Pan W P. Transformation of mercury speciation through the SCR system in power plants[J]. Journal of Environmental Sciences, 2007, 19: 181-184.

[103] Hans A, Carlos E R, Harvey G S. Comparing and interpreting laboratory results of Hg oxidation by a chlorine species[J]. Fuel Processing Technology, 2007, 88: 723-730.

[104] 李宇翔, 黄秀灯, 温超强, 等. 20t/h 工业链条锅炉超低排放治理工艺探讨[J]. 环境保护与循环经济, 2016(6): 25-35.

[105] 郭静娟, 刘松涛, 张优, 等. 基于燃煤电厂超低排放的汞分布特性研究[J]. 中国环境监测, 2020, 36(1): 55-59.

6 烟气除氟原理与技术

6.1 概 述

6.1.1 烟气中氟的来源

电解铝、磷肥、钢铁、玻璃(包括玻璃纤维)等生产过程中均需使用含氟的原辅料如冰晶石(主要成分是 Na_3AlF_6)、萤石(主要成分是氟化钙)、含氟磷矿石等，产生的废气中含氟化物等污染物[1, 2]。氟也是煤中含量较高的微量元素，大多在 20～500mg/kg，平均值为 150mg/kg 左右[3]。煤在燃烧时，其中的氟将发生分解，大部分以 HF、SiF_4 等气态污染物形式排入大气，不仅严重腐蚀锅炉和烟气净化设备，而且造成大气氟污染和生态环境的破坏，也产生含氟化合物等烟气。废气中的氟化物主要以气态氟化物和尘氟形式存在，气态氟化物有氟化氢(HF)、四氟化硅(SiF_4)、氟硅酸(H_2SiF)、氟气(F_2)等，其中排放量最大、毒性最强的是氟化氢[1, 2, 4]。

6.1.1.1 电解铝烟气

铝电解都是采用冰晶石-氧化铝熔融电解法，电解槽导入强大直流电，氧化铝、氟化盐在 950～970℃高温条件下熔融。熔融冰晶石是溶剂，氧化铝作为溶质，以碳素体作为阳极，铝液作为阴极，电解质在电解槽内经过复杂的电化学反应(即电解)，氧化铝被分解，在槽底阴极析出液态金属铝，阳极释放阳极气体。阳极气体主要包括氟化物(气氟、固氟)和碳氧化合物[5]，其次是一些氧化铝粉尘及少量的 SO_2。

铝电解烟气的产生：在 400～600℃下，氧化铝中仍可含有 0.2%～0.5%的水分。电解铝生产过程中，高温条件下氟化盐与水发生水解反应后产生的氟化氢气体是电解铝过程中产生的主要污染物[6]。铝电解时散发的主要氟化物如下。

1) 熔融电解质蒸气，主要是 Na_3AlF_6、$NaAlF_4$ 和 AlF_3。在低于 920℃时，Na_3AlF_6 分解成单冰晶石($NaAlF_4$)与 AlF_3。

2) 气态氟化物，主要是 HF，因为在原料中含有水分，或电解液暴露面与空气中水分发生下述反应：

$$2Na_3AlF_6+3H_2O=\!=\!=Al_2O_3+6NaF+6HF\uparrow \tag{6-1}$$

$$2AlF_3+3H_2O=\!=\!=Al_2O_3+6HF\uparrow \tag{6-2}$$

3) 在接近发生阳极效应时，产生 CF_4 与 C_2F_6，含量占 1.5%～2%，在阳极效应时高达 20%～40%。

4) 向电解槽加入氟化盐时产生的粉尘进入烟气。

电解铝散发的主要污染物是氟化物及少量的 SO_2 和碳氢化合物，其次是一些氧化铝粉尘。铝电解槽排放的氟化物有两种形态：一种是气态氟化物，它是由氟化盐水解产生的，主要是 HF 气体；其次是 CF_4、SiF_4。另一种是固态氟化物，包括电解质挥发、氟化铝升华的凝聚物和含氟粉尘，每生产 1t 铝排氟 16～20kg[7]。

6.1.1.2 玻璃窑炉烟气

平板玻璃根据生产工艺主要分为浮法玻璃、压延玻璃和平拉玻璃，目前浮法玻璃在平板玻璃生产线中占主流地位，达到 90%以上。截至 2021 年 5 月 27 日，全国浮法玻璃生产线共计 302 条，在产 256 条，日熔量共计 169475t。平板玻璃生产线在原料破碎、装卸、存储、配料、输送等过程中会产生粉尘污染，以及在玻璃熔化工序会产生烟尘污染，还会有 HCl、HF 污染物排放。玻璃窑炉产生的污染已引起环保部门及民众的广泛关注。

据统计，55%的平板玻璃生产线采用石油焦粉作为燃料，25%的平板玻璃生产线采用重油作为燃料，剩余的 20%则采用天然气、煤制气作为燃料。因燃料特性不同，玻璃窑炉烟气污染物的成分也不尽相同。以重油为燃料的玻璃窑炉为例，烟气中的主要污染物是 SO_2、NO_x 和烟尘，烟气中还含有多种酸性气体如 HCl、HF 等，且烟尘成分复杂、黏性大，碱金属含量高；而以天然气、煤制气为燃料的玻璃窑炉，烟气中的 SO_2 及粉尘含量则相对较少。使用不同燃料，玻璃窑炉的污染物排放浓度差别较大，其中以石油焦粉、重油为燃料的玻璃窑炉污染物原始排放浓度较高，且污染物浓度波动范围较大[8, 9]。

与火电厂的烟气治理相比，玻璃窑炉的烟气净化治理困难较多。玻璃窑炉燃料复杂、炉温高，高温燃烧会产生大量热力型 NO_x，同时，原料分解也产生一定量的 NO_x，玻璃窑炉出口烟气中 NO_x 浓度也很高，烟气中细微尘多且黏性强、碱金属浓度高，HF、HCl 等物质容易造成脱硝催化剂的堵塞与中毒，对脱硝反应有较大影响[10]。因此，玻璃窑炉烟气污染物控制技术路线的选用与布置，需考虑烟气排放浓度的波动范围，需充分考虑烟气中的有害成分，考虑多方面因素对污染物控制技术路线的影响，要采取合理的措施降低污染物排放浓度。

6.1.1.3 球团、烧结工业窑炉烟气

高炉炼铁炉料由烧结矿、球团矿和块矿组成，各高炉要根据不同的生产条件，决定各种炉料的配比，达到环境友好、成本生产低的目的。2017 年中国钢铁工业协会会员单位高炉的炉料中平均有 13%左右的球团矿，78%的烧结矿，9%的块矿。实现高产低耗要求高炉入炉矿含铁品位高，有优质的炉料，高质量烧结矿要实现高碱度(1.8～2.2 倍)，但炼铁炉渣碱度要求在 1.0～1.1 倍，炉料就需要配低碱度的球团矿(或块矿)。我国的铁矿多为富含有害杂质(P、S、Pb、Zn、As)的贫矿，需细磨精选造块才能入炉，烧结矿原料一般要求 10mm 以下富矿粉和粒度较粗的精矿粉，而球团矿对于原料的要求则为 200 目占 80%以上。

球团生产是钢铁企业的主要污染源之一，主要污染物包括：颗粒物、SO_2、NO_x、CO_2、CO、二噁英、氟化物、氯化物及重金属。烟气特点如下：①烟气量大，根据燃料热值不同，烟气量为每吨球团矿 3000～5000m^3/h(以连篦机-回转窑为例)。②与烧结机相同，在球团工艺(连篦机、带式机)中的不同干燥段，烟气温度、污染物浓度、含水量不同，干

燥烟气含水量较大，可达 10%以上。③球团出来的烟气温度一般较高，一般都要进行余热利用，处理后烟气温度为 140～180℃。④含氧量一般为 8%～12%，较烧结机氧含量(12%～18%)低。⑤烟气成分复杂，同时夹带挥发分、重金属、二噁英和粉尘，与烧结机烟气成分相似[11, 12]。

烧结是钢铁冶炼中的一个重要环节，是将各种不能直接入炉的炼铁原料，如粉矿、高炉炉尘、杂副料等配加一定的燃料和熔剂，加热到 1300～1500℃，使粉料烧结成块状的工艺。烧结过程中将产生大量烟气，烟气是烧结混合料点火后，随台车运行，在高温烧结成型过程中所产生的含尘废气。据统计[13]，每生产 1t 烧结矿产生 4000～6000m^3 的烟气，其中，机头烟气量一般为 3600～4300m^3/t 烧结矿。

烧结烟气主要特点是：①烟气量大，每生产 1t 烧结矿产生 4000～6000m^3 的烟气。由于烧结料透气性的差异及辅料不均等原因，烧结烟气系统的阻力变化较大，最终导致烟气量变化大，变化幅度可高达 40%以上。②烟气温度波动较大。随着生产工艺的变化，烧结烟气的温度变化范围一般在 120～180℃，但有些钢厂从节约能源消耗、降低运行成本考虑，采用低温烧结技术后，使烧结烟气的温度大幅下降，可低至 80℃左右。③烟气含湿量大。为了提高烧结混合料的透气性，混合料在烧结前必须加适量的水制成小球，所以烧结烟气的湿含量较大，按体积比计算，水分含量一般在 10%左右。④烧结烟气成分复杂。由于以铁矿石为原料，因此烧结烟气的成分相对比较复杂，除 SO_2 外，含有多种腐蚀性气体和重金属污染物，包括 HCl、HF、NO_x 等腐蚀性气体，以及铅、汞、铬、锌等有毒重金属物质。煤气点火及混合料的烧结成型过程，均将产生一定量的 SO_x、NO_x 等酸性气态污染物，它们遇水后将形成稀酸，造成大气污染和金属部件持续腐蚀。烟气挟带粉尘量较大，含尘量一般为 0.5～15g/m^3。⑤SO_2 排放量较大。烧结过程能够脱除混合料中 80%～90%的硫，烧结车间的 SO_2 初始排放为 6～8kg/t 烧结料或(500～1000)×10^{-6}。受矿石和燃料中硫含量和烧结工况影响，随着原燃料供需矛盾的不断变化和钢铁企业追求成本的最低化，钢铁企业所使用原燃料的产地、品种变化很大，由此造成其质量、成分(包括含硫率)等的差异波动很大，使得烧结生产最终产生的 SO_2 的浓度变化范围较大[11, 12, 14]。

6.1.1.4　金属冶炼烟气

我国的金属硫化矿普遍含氟，其含量一般在 0.02%～1%。氟在硫化矿中主要以 CaF_2 的形式存在，在焙烧的过程中发生热分解，最终的产物为 HF 和 SiF_4。这些氟化物随烟气的传输进入制酸系统后，将对制酸系统的设备造成危害。

$$CaF_2 + H_2O \xrightarrow{\geqslant 800℃} CaO + 2HF\uparrow \tag{6-3}$$

$$4HF + SiO_2 \xrightarrow{\geqslant 800℃} SiF_4 + 2H_2O \tag{6-4}$$

从冶炼系统排出的烟气中的氟化物可能存在以下三种状态：①呈固态存在。对于这种情况，可利用冶炼后续的收尘系统将其去除。②以气态形式存在，且烟气中存在能固氟的粉尘。这样一来，被固化的氟化物在进入制酸系统时，能很容易地被洗涤除去。③以气态形式存在，且烟气中不存在能将氟化物固化的粉尘。对于这种情况，氟化物的固化去除，只能在制酸系统的净化工段进行。

6.1.1.5　燃煤烟气

氟是煤中对人体和环境有危害的微量元素之一，在矿物中以 F^-为主，它是电负性最强的元素，电负性为 3.92。地壳中氟丰度的变化范围是 450～700mg/kg，算数平均值为 550mg/kg，几何平均值是 540mg/kg。氟是煤中含量较高的微量元素，大多在 20～500mg/kg，平均值为 150mg/kg 左右。煤中氟的赋存形态十分复杂，研究表明其主要以无机物形式存在：以无机盐矿物形态存在于煤中，如 CaF_2、$Ca_5(PO_4)_3F$ 等；以类质同象形式呈离子态存在于矿物晶盐中。

煤的燃烧过程是一种复杂的氧化-还原过程。煤中氟化物的分解转化不仅与燃烧条件有关，而且与煤中氟化物的赋存形态有关。煤在燃烧时，氟化物由固态转化成气态污染物，主要经历下列反应历程：首先是碳氢化合物形成挥发分，直接结合在碳氢化合物侧键上的有机氟将随之脱出，在高温条件下极易与水中的 H^+反应生成 HF，而与烃类生成氟碳氢化合物，如 CH_3F、CH_2F_2 及 CF_4 等。对于煤中以非类质同象形式呈离子态吸附于矿物和煤颗粒表面及吸附水溶液中的无机氟，在较低温度条件下将随煤和矿物吸附水或结构水脱出 F^-，通过以下反应生成 HF[15, 16]：

$$2OH^- + 2F^- \rightleftharpoons 2(OH^-)^* + 2(F^-)^* \longrightarrow 2HF\uparrow + 2O^{2-} \tag{6-5}$$

$$H^+ + F^- \rightleftharpoons (H^+)^* + (F^-)^* \longrightarrow HF\uparrow \tag{6-6}$$

$$H_2O + F^- \longrightarrow OH^- + HF\uparrow \tag{6-7}$$

式中：$(OH^-)^*$、$(F^-)^*$、$(H^+)^*$表示活化态。

对于以类质同象形式呈离子态存在于矿物晶格中的氟化物，则随脱羟基作用脱出 F^-，然后生成 HF。以无机盐矿物形态存在于煤中的氟化物，在高温条件下可能主要通过如下反应生成 HF：

$$CaF_2 + H_2O \xrightarrow{\geqslant 800℃} CaO + 2HF\uparrow \tag{6-8}$$

$$MgF_2 + H_2O \xrightarrow{\geqslant 700℃} MgO + 2HF\uparrow \tag{6-9}$$

$$CaF_2 + H_2O + SiO_2 \xrightarrow{\geqslant 800℃} CaSiO_3 + 2HF\uparrow \tag{6-10}$$

在高温条件下，各反应生成的 HF 可与煤中的 SiO_2 发生反应：

$$4HF + SiO_2 \xrightarrow{\geqslant 800℃} SiF_4 + 2H_2O \tag{6-11}$$

SiF_4 的生成量与燃烧温度和煤中 SiO_2 的含量有关。因此，煤中氟以 HF 及少量的 SiF_4、CF_4 等的气态形式排入大气中，只有极少量的高温稳定性好的固体反应物如 CaF_2、MgF_2 和 $CaF_2 \cdot 5Al_2O_3$ 等络合物残留在灰渣中。HF 的毒性要比 SO_2 高 10～100 倍，HF 是危害动植物最为严重的一种污染物。我国部分地区由于在室内用没有烟囱的炉灶烘烤食物、炊事、取暖，煤燃烧释放出的氟被粮食吸收、富集，从而通过食物链、呼吸道进入人体，导致居民氟中毒。燃煤污染型氟中毒在我国已成为危害较严重的地方病。

6.1.2 氟的环境影响

氟化物具有很高的化学活性和生物活性，通常以化合物形态存在，氟化物属于作用于各种酶的原生质毒，对人类、动植物的毒害作用很强，大量的研究证明，微量氟及其化合物也会对人类和动物的机体造成极严重的后果。环境中的氟化物超过一定浓度后将对生物造成影响。大气中的氟随气流、降水向周围地区扩散而最终落到地面，被植物、土壤吸收或吸附；水中的氟随水流主要影响径流区的生物和土壤；而固体废弃物中的氟化物，因其结构稳定而对环境影响较小。因此可以认为，大气中的氟对人类和其他生物的影响较大。

6.1.3 氟的控制标准

近些年来，随着我国现代化和工业化的进程，我国经济快速发展，人民生活水平日益提高，但同时引起的环境污染问题日益严重，越来越受到社会的关注。其中大气污染是极为重要的一方面。许多由大气污染引起的地方病也受到了重视，我国和地方相继出台了一系列的标准来减少氟化物的排放，包括电解铝、磷肥、钢铁、玻璃(包括玻璃纤维)等生产过程中产生的污染物，规定了氟化物污染物排放限值。例如，《铝工业污染物排放标准》(GB 25465—2010)规定了电解铝企业大气污染物排放标准中氟化物不得超过3.0mg/m^{3}的排放限值。部分标准见表 6-1。

表 6-1 部分排放标准中大气污染物氟化物(以氟计)排放浓度限值(mg/m^3)

排放标准	排放限值		
	现有企业		新建企业
《铝工业污染物排放标准》(GB 25465—2010)	电解槽烟气净化	4.0	3.0
	阳极焙烧炉	6.0	3.0
《陶瓷工业污染物排放标准》(GB 25464—2010)	5.0		3.0
《工业炉窑大气污染物排放标准》(山东省地方标准)(DB 37/2375—2019)	金属熔炼炉	3.0	3.0
	其他炉窑	6.0	6.0
《工业炉窑大气污染物排放标准》(江苏省地方标准)(DB 32/3728—2020)	6.0		6.0
《日用玻璃工业污染物排放标准》(征求意见稿)	5.0		5.0
《平板玻璃工业大气污染物排放标准》(GB 26453—2011)	玻璃窑炉	5.0	5.0
	在线镀膜尾气处理系统	5.0	5.0
《钢铁烧结、球团工业大气污染物排放标准》(GB 28662—2012)	烧结机球团焙烧设备	6.0	4.0
《大气污染物综合排放标准》(上海市地方标准)(DB 31/933—2015)	—		5.0
《水泥工业大气污染物排放标准》(GB 4915—2013)	水泥窑及窑尾余热利用系统	5	3

续表

排放标准	排放限值		
	现有企业		新建企业
《水泥工业大气污染物排放标准》(DB 11/1054—2013)	水泥窑及窑尾余热利用系统	2	2
《砖瓦工业大气污染物排放标准》(GB 29620—2013)	人工干燥及焙烧	3	3
《锡、锑、汞工业污染物排放标准》(GB 30770—2014)	锡冶炼	6	3
	烟气制酸	6	3
《铜、镍、钴工业污染物排放标准》(GB 25467—2010)	铜冶炼	9.0	3.0
	镍、钴冶炼	9.0	3.0
	烟气制酸	9.0	3.0
《无机化学工业污染物排放标准》(GB 31573—2015)	涉钴、锆重金属无机化合物工业	3	3
	无机氟化合物工业	6	6

6.2　烟气除氟发展历程与现状

6.2.1　国外烟气除氟发展历程与现状

氟化物指含氟元素的无机及有机化合物。工业废气排放的氟化物有气态的氟化氢、四氟化硅、四氟化碳等：也有固态微粒状的氟化钠、六氟硅二钠、三氟化铝、六氟铝钠、氟化钙、含氟树脂、含氟农药等。其中气态氟化氢及四氟化硅对环境危害最大；易溶于水或弱酸的无机氟化物次之；惰性的四氟化碳及在强酸中都难以溶解的氟化物对环境的危害较小。

在水泥生产中，如不特意把含氟高的矿物，如萤石用于水泥生产过程以降低烧成温度，一般窑尾排放的氟化物会很低。国外对氟排放的限值大多为 5mg/Nm^3。比利时规定为 5mg/Nm^3，德国在 20 世纪 90 年代后期试行 Bimschv 排放环保法，氟化物排放限值为 1mg/Nm^3，意大利、卢森堡为 5mg/Nm^3，荷兰为 1mg/Nm^3，英国、瑞典则未限定。

对于铝工业污染物问题、预焙烧槽烟气以及阳极焙烧炉烟气治理，欧美国家推荐的最佳实用技术是干法技术，发达国家多采用该方法。该方法利用氧化铝对氟化氢的吸附性能，在烟道中加入氧化铝吸附氟化氢，再通过布袋除尘器实现气固分离，达到烟气净化，同时去除氟化氢、粉尘和沥青烟的目的。对于阳极焙烧炉烟气治理，由于焙烧炉烟气温度高，为使沥青烟气冷凝，进入布袋除尘器前烟气须降温到 90℃。

国外砖瓦工业大气污染物排放控制的相关标准规定了氟化物排放限值，如韩国(以总氟计)4.3mg/m^3、英国(以总氟计)10mg/m^3、美国(以 HF 计)0.057lb/t 产品或 90%去除率。目前，在世界范围内各种砖占墙体材料比重约 80%，世界发达国家如美国、德国、法国、意大利等，以每年 4.6%的速度发展烧结砖，并实现工厂化运作。大部分美国烧结砖都采用隧道窑焙烧，燃料大部分为天然气，占 65.9%，10.8%使用锯末作燃料，9.6%使用煤，

7.8%使用燃油，5.9%使用液化石油气，通过改变燃料来改变污染物的排放。德国已成功使用 20 多种不同的烟气净化设备，对这些酸性气体去除效果好，可同时去除颗粒物、氟化物、硫氧化物和氯化物。这些净化设备包括 FHW 水平方向填充反应器、RECO-烟气热回收及扩散控制设备、文丘里烟气净化系统、Steuler 烟气净化系统及分离氟化物、硫化物、氯化物净化工艺系统等。

6.2.2　国内烟气除氟发展历程与现状

1973 年，我国发布第一个国家环境保护标准——《工业“三废”排放标准》，其中在化工和冶金方面提出了对氟化物(换算成 F)大气排放标准。1987 年，我国颁布了针对工业和燃煤污染防治方面的《中华人民共和国大气污染防治法》，将法律的手段应用到防治大气污染中，强化了对大气环境污染的预防和治理。1996 年颁布实施的《环境空气质量标准》(GB 3095—1996)增加了氟化物的环境标准，1997 年实施的《大气污染物综合排放标准》(GB 16297—1996)对现源与新源大气污染中的氟化物排放限值做了规定。2002 年，我国颁布的《中华人民共和国清洁生产促进法》对清洁生产做了定义。清洁生产是指不断采取改进设计、使用清洁的能源和原料、采用先进的工艺技术与设备、改善管理、综合利用等措施，从源头削减污染，提高资源利用效率，减少或者避免生产、服务和产品使用过程中污染物的产生和排放，以减轻或者消除对人类健康和环境的危害。例如清洁煤技术，可有效减少污染物的排放，其中就包括了煤中氟化物的排放。《关于进一步加强电解铝行业环境管理的通知》(环发〔2004〕94 号)指出，对于电解铝生产企业，“企业必须采用清洁生产工艺和严格的污染控制措施，减少污染物排放量。根据厂址周边环境状况和企业设计的氟化物排放水平，提出企业合理的发展规模和氟化物的排放总量限值”。“鼓励电解铝企业和科研单位开展电解铝清洁生产技术、污染治理技术的研发，进一步提高大型预备槽电解铝企业的清洁生产水平，减少氟化物的排放量”。对于铝工业污染物问题，我国预焙烧槽烟气均采用干法技术治理，该法利用氧化铝对氟化氢的吸附性能，在烟道中加入氧化铝吸附氟化氢，再通过布袋除尘器实现气固分离，达到烟气净化，同时去除氟化氢和粉尘的目的。大型电解槽烟气净化系统基本上能保持正常、高效运行，氟化物净化效率大于 98%，甚至超过 99%，净化后氟排放浓度一般低于 6mg/m^3。阳极焙烧炉烟气治理，主要有电除尘器捕集法(电捕法)、氧化铝吸附布袋除尘法(干法)和碱液吸收湿式净化法(湿法)。干法技术可同时除去烟气中的氟化物、粉尘和沥青烟，是欧美国家推荐的最佳实用技术，发达国家多采用该方法，该方法工艺及原理与电解槽烟气净化系统相似，但由于焙烧炉烟气温度高，为使沥青烟气冷凝，进入布袋除尘器前烟气须降温到 90℃。

根据《“十一五”国家环境保护标准规划》(环发〔2006〕20 号)，为推进环境执法和监督管理工作实现科学化、法制化和规范化，进一步健全环境保护法规，完善环境保护技术法规和标准体系，“十一五”期间将加大制定行业型污染物排放标准工作的力度，完成钢铁、煤炭、火力发电、农药、有色金属、建材、制药、石化、化工、石油天然气、机械、纺织印染等重点行业污染物排放标准制修订工作，增加行业型排放标准覆盖面，逐步缩小通用型污染物排放标准适用范围。2013 年 2 月，工业和信息化部发布的《工业和信息化部有关有色金属工业节能减排指导意见》中规定了氟化物减排目标。

1997 年颁布实施了《工业炉窑大气污染物排放标准》(GB 9078—1996)，而这一标准是强制性的标准。该标准将烧结砖瓦工业窑炉专门列为一个类别，对其排放的有害气体污染物质给出了严格的限制。例如对烧结砖瓦窑炉而言，新建或改扩建的窑炉：在一类区内禁止排放任何烟尘及 SO_2、HF、HCl、NO_x 等有害污染物质。二类区内烟尘最高允许排放浓度为 200mg/m^3，烟气黑度为 1(林格曼级)；二氧化硫最高允许排放浓度为 850mg/m^3；氟化物最高允许排放浓度为 6mg/m^3。三类区内烟尘最高允许排放浓度为 300～400mg/m^3；二氧化硫最高允许排放浓度为 1200mg/m^3；氟化物最高允许排放浓度为 15mg/m^3。《砖瓦工业大气污染物排放标准》(GB 29620—2013)对 2014 年 1 月 1 日起所有新建企业及 2016 年 7 月 1 日起现有企业的大气污染物排放限值做出了规定。其中，对氟化物的控制指标为 3mg/m^3 以内，且必须同时满足空气过量系数为 1.7 的条件。与某些国家的排放标准相比较，我国的排放标准要求是世界上最严的，高于德国(5mg/m^3)、法国(5mg/m^3)以及欧盟(1～10mg/m^3)。国内专门用于砖瓦行业的脱硫脱硝技术很少，国外在砖瓦制品的气体净化设备方面的技术水平比较先进。

6.3 烟气中氟控制技术分类

含 HF 和 SiF_4 的废气很容易被水和碱性物质(石灰乳、烧碱、纯碱、氨水等)采用湿法净化工艺脱除。根据吸收剂不同又将湿法净化工艺分为水吸收法和碱吸收法。氟化物用水吸收，比较经济，吸收液易得，缺点是对设备有强烈的腐蚀作用；用碱性物质吸收，产物为盐类，可减轻对设备的腐蚀作用，还可获得副产物，回收氟资源。净化含氟废气的另一个主要方法为干法吸附。废气中的氟化氢或四氟化硅被吸附下来，生成氟的化合物或仅仅吸附在吸附剂表面，吸附剂再生后循环使用。

6.3.1 含氟烟气的干法净化工艺

干法净化工艺净化烟气就是利用固体吸附剂吸附某种气体物质而完成净化烟气的目的。通常采用碱性氧化物作吸附剂，利用其固体表面的物理或化学吸附作用，将烟气中的 HF、SiF_4、SO_2 等污染物吸附在固体表面，而后利用除尘技术使之从烟气中除去。含氟烟气通过装填有固体吸附剂的吸附装置，使氟化氢与吸附剂发生反应，达到除氟的目的。在含有 HF、SO_2、CO、NO_x、CO_2、SiF_4 等的烟气成分中，HF 的沸点最高，为 19.15℃，气体的凝结与蒸发是由分子间的范德瓦耳斯力所致。气体被吸附所需要的最低能量与气体凝结成液体的能量相当，很难液化的气体呈现很小的吸附能力。因此，HF 与其他组分相比最容易被吸附。

一般按吸附剂的不同，将干法除氟分为 Al_2O_3 法、CaO 法、$CaCO_3$ 法和 Fe_2O_3 法等，以 Al_2O_3 为例介绍干法吸附净化含氟烟气。20 世纪 60 年代，世界上开始大量使用 Al_2O_3 为电解铝生产过程中产生的含 HF 废气的吸附剂。国外采用的干法净化流程有：美国的 A-398 法、加拿大的阿尔肯法等。实践证明，用 Al_2O_3 作吸附剂吸氟效率可达 95%以上。

干法吸附工艺净化含氟烟气产生的氟化物可以回收利用，吸附剂价廉易得、工艺简单、操作方便、无须再生，净化效率高，一般在98%以上；干法净化不存在含氟废水，避免了设备出现结垢、腐蚀和二次污染问题。

6.3.2 含氟废气的湿法净化工艺

含氟废气的湿法净化工艺分为碱吸收和水吸收两种。

(1) 碱吸收

碱法除氟是采用含碱性物质的吸收液吸收烟气中氟化物并得到副产物冰晶石的方法。一般采用廉价的石灰作为中和剂，此时石灰可能与烟气中的 SO_2 反应而产生 $CaSO_4$ 结垢问题；若烟气中不含 SiF_4，可用 NH_4OH、NaOH 进行中和而得到相应的 NH_4F、NaF 产品。含氟烟气经二级吸收、除雾后排放，一级循环吸收液部分排出到中和澄清器，用碱性物质中和生成氟化物沉淀；中和澄清液返回循环使用，而泥浆排至废渣库或脱水后堆存。最常用的碱性物质是 Na_2CO_3，也可以采用石灰乳作吸收剂。碱法除氟具有除氟效率高、工艺成熟、技术可靠、存在的结垢问题较难解决等特点。

(2) 水吸收

水吸收法就是用水作吸收剂循环吸收烟气中的 HF 和 SiF_4，生成氢氟酸和氟硅酸，继而生产氟硅酸钠，回收氟资源。吸收液呈现酸性，待吸收液中含氟达到一定浓度后，将其排出加以回收利用或中和处理。

一般水吸收法除氟工艺采用二级或三级串联吸收工艺，吸收设备可选择文丘里管、填料塔、旋流板塔等，二级或三级串联吸收工艺的除氟效率可分别达到95%和98%以上，若第三级采用碱性介质作吸收液，其除氟效率将达到 99.9%。含氟烟气经三级吸收、除雾后排放，一级吸收液部分排出，用于回收氟化盐产品或用石灰中和排放，吸收液逐级向前补充，在三级循环池中补入新水。该工艺吸收液中含氟浓度高，可用于回收生产 Na_3AlF_6、Na_2SiF_6、MgF_2、AlF_3、NaF 等多种氟盐，为氟资源的回收利用创造条件[17]。

烧结烟气中含氟量低且粉尘较多时，一般先经旋风除尘、降温后，再进行吸收。烧结烟气温度高达 300～400℃，经除尘后降至 250℃，喷射吸收塔后，脱氟率可达 90%以上。

水吸收法除氟工艺具有除氟效率高、操作弹性大、吸收液(水)和中和剂(石灰)价廉易得，不存在设备、管道因结垢堵塞或磨损等问题，吸收液经中和处理或回收氟盐产品后含氟浓度很低，废水对环境的影响较小；但仍存在设备腐蚀、中和渣量大、废渣二次污染等特点。

6.4 烟气中除氟技术原理

6.4.1 除氟过程的吸附机理

目前，工业上采用的干法除氟系统有流化床和输送床两种装置流程，是由反应器、风机和分离装置三部分组成，以氧化铝、CaO 和 $CaCO_3$ 为吸附剂。氧化铝在反应器内与烟气均匀混合，将 HF 牢固地吸附住从而达到除氟的目的。

(1) 氧化铝表面的剩余价力和它对 HF 的吸附[18]

在氧化铝颗粒表层，由于分子引力不匀称，一侧“悬空”，存在类似化学键的不饱和性，或者可以认为有剩余价力指向空间，形成一种力场(图 6-1)，具有吸引周围介质的分子、原子或离子以降低表面自由能的能力。即使同在固体表层，各个分子所处状态也不尽相同。位于不同部位的分子，由于价力的饱和程度不同，与周围介质相作用的能力就不同。那些价力饱和程度最小，对介质吸附作用最活泼、最强有力的部位，就是活性中心。吸附首先从活性中心开始。活性中心越多越有利于吸附。

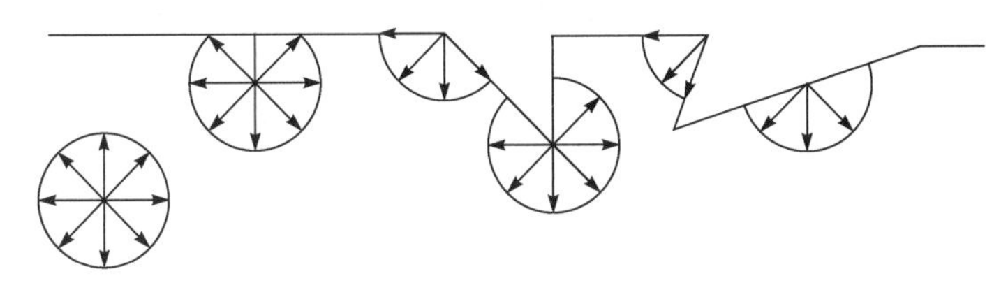

图 6-1 剩余价力的产生[18]

氧化铝表面对 HF 的吸引和排斥是伴随发生的。如图 6-2 所示，气体分子因扩散和热运动撞击到固体表面时，有的被吸附住(a)；有的被弹回去，没被吸附住(b)；有的则因“羁留”不牢固而摆脱，也就是脱附(c)。当气体分子接近固体表面时，受到表层分子的吸引；当气体分子与固体表层分子的距离非常小时，电子的相互排斥和其他因素所引起的斥力开始发生作用。距离越小，斥力越大。分子间的这种引力和斥力总称为分子间力或范德瓦耳斯力。范德瓦耳斯力的大小与分子间距离的七次方成反比，当距离稍远大于 5Å 时，范德瓦耳斯力的作用就非常微弱。

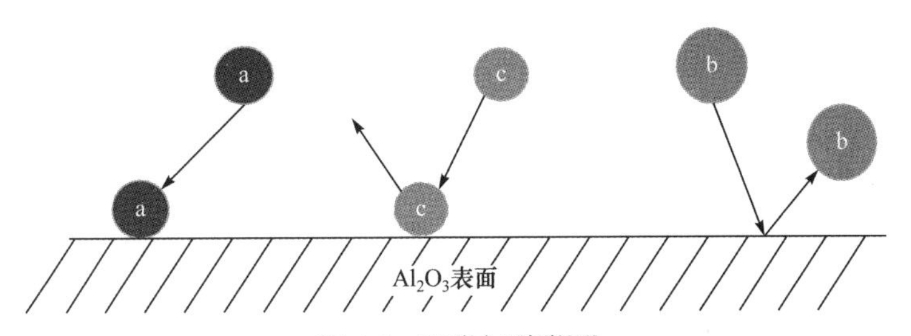

图 6-2 吸附与脱附[18]

在范德瓦耳斯力作用下，如果单位时间内被吸附的 HF 分子数多于脱附的分子数，就是吸附，反之就是解吸。在一定条件下，吸附与解吸呈动态平衡。引起吸附的分子间力由三个部分构成：①分散作用；②定向作用；③诱导作用。在离子晶体表面的吸附，定向作用和诱导作用是主要因素。在非离子晶体上的吸附，分散作用是决定因素。

氧化铝是典型的两性化合物，具有离子晶体的特性，作为吸附剂，决定它对 HF 吸附的主要因素是定向作用和诱导作用。HF 是一种极性很强的气体物质，它在氧化铝表面的状态类似于极性吸附。

氧化铝吸附 HF，以化学吸附为主，物理吸附居次。氧化铝对氟化氢的吸附过程分三个步骤：①氟化氢在气相中不断扩散，通过氧化铝表面气膜到达氧化铝表面。②氟化氢受氧化铝离子极化的化学键力的作用，形成化学吸附。③被吸附的氟化氢和氧化铝发生化学反应，生成表面化合物。

化学吸附的结果是在氧化铝的表层，每一个氧化铝分子吸附两个 HF 分子，生成单分子层吸附化合物：

$$Al_2O_3 + 2HF \longrightarrow (Al_2O_3 \cdot 2HF) \tag{6-12}$$

吸附化合物被热解吸时，当温度低于 400℃，氧化铝的载氟量几乎无变化，温度超过 400℃，载氟量出现下降。高于 600℃以后大量解吸。实际上，当载氟氧化铝被加热到 300℃以上时，表面吸附化合物便发生晶格重排，由正四面体结构转化成正六面体结构，即 AlF_3 晶体：

$$3(Al_2O_3 \cdot 2HF) \longrightarrow 2AlF_3 + 3H_2O + 2Al_2O_3 \tag{6-13}$$

结果是三个分子的吸附化合物生成两个分子的 AlF_3，同时有两个分子的 Al_2O_3 被复原。一旦转化为稳定结构的 AlF_3，则不易解吸。这为干法除氟和直接回收氟提供了依据。然而，在高温下 AlF_3 容易水解和升华，温度越高，水解越完全，升华越迅速。这可能是温度超过 400℃，载氟量下降所致。在电解铝中，电解槽的保温料层温度大多在 400℃以下，这恰恰是表面化合物转化成 AlF_3 所需温度。因此，被吸附的 HF 在槽面预热期间大量解吸的可能性是很小的。影响 Al_2O_3 吸附过程的因素包括吸附剂和吸附质的物理化学性质，温度、压力和流体力学条件等[19]。

(2) CaO、$CaCO_3$ 对 HF 的吸附过程

CaO、$CaCO_3$ 作为吸附剂脱除烟气中 HF 时，其原理就是酸碱中和反应，通常用下面反应过程表示：

$$2HF+CaO/MgO \longrightarrow CaF_2/MgF_2+H_2O \tag{6-14}$$

$$2HF+CaCO_3 \longrightarrow CaF_2+H_2O+CO_2\uparrow \tag{6-15}$$

6.4.2　湿法除氟过程的化学过程

从工业窑炉来烟气进入烟气调质器，在烟气调质器中 SO_2 首先与喷入的消石灰粉或小苏打粉进行一次混合脱酸反应，生成 $CaSO_3$ 和 $CaSO_4$、CaF_2、$CaCl_2$ 或 Na_2SO_4 等。烟气与脱酸剂的反应原理如下：

$$SO_2+Ca(OH)_2 \longrightarrow CaSO_3+H_2O \tag{6-16}$$

$$SO_2+Ca(OH)_2+1/2O_2 \longrightarrow CaSO_4+H_2O \tag{6-17}$$

$$CaSO_3+1/2O_2 \longrightarrow CaSO_4 \tag{6-18}$$

$$2HCl+Ca(OH)_2 \longrightarrow CaCl_2+2H_2O \tag{6-19}$$

$$2HF+Ca(OH)_2 \longrightarrow CaF_2+2H_2O \tag{6-20}$$

采用小苏打粉是基于研磨到粒径 15～20μm(600 目左右)的小苏打($NaHCO_3$)细粉作为吸收剂，在 140℃以上高温烟气的作用下分解出碳酸钠和二氧化碳，新分解出的碳酸钠表面形成微孔结构，犹如被爆开的爆米花，具有高度活性，烟道内烟气与激活的吸收剂充分接触发生化学反应，烟气中的 SO_2、NO_x、氟化物、氯化物、重金属被吸收净化，

脱酸并干燥的 Na_2SO_4、NaCl、重金属化合物等副产物随气流进入后端陶瓷滤管一体化装置被捕集。脱酸的主要反应如下：

$$2NaHCO_3(s) \longrightarrow Na_2CO_3(s)+H_2O(g)+CO_2(g) \quad (6\text{-}21)$$

$$SO_2(g)+Na_2CO_3(s)+1/2O_2 \longrightarrow Na_2SO_4(s)+CO_2(g) \quad (6\text{-}22)$$

$$SO_3(g)+Na_2CO_3(s) \longrightarrow Na_2SO_4(s)+CO_2(g) \quad (6\text{-}23)$$

$$2HCl+Na_2CO_3 \longrightarrow 2NaCl+CO_2(g)+H_2O \quad (6\text{-}24)$$

$$2HF+Na_2CO_3 \longrightarrow 2NaF+CO_2(g)+H_2O \quad (6\text{-}25)$$

6.5 烟气中除氟技术

6.5.1 电解铝烟气除氟技术

铝电解生产过程排放的烟气性质并不恒定，随着电解槽型式、氧化铝特性、密闭情况及操作条件的不同而有较大差异。一般而言，其主要由气态污染物和粉尘组成。电解生产过程中析出的 O_2 同阳极炭反应生成 CO 和 CO_2，这些气体与氟化盐水解产生的氟化氢、四氟化碳以及氟化盐挥发、氟化铝升华的凝聚物共同组成了电解铝烟气。电解铝烟气中的卤素污染物主要是含氟化合物，这是由其生产过程所用原料以及工艺决定的。2010年颁布的《铝工业污染物排放标准》(GB 25465—2010)将烟气总氟排放指标从 $6mg/m^3$ 降到了 $3mg/m^3$，这使电解铝含氟烟气的治理迎来了新的挑战。

电解铝含氟烟气净化工艺分湿法和干法两种。

6.5.1.1 湿法净化工艺

湿法净化工艺是利用气态氟化物易被水或碱性水溶液吸收的特点，对烟气进行吸收洗涤处理。常用的吸收剂有水、碳酸钠、氢氧化钠、氢氧化钙、硫酸钙等溶液，含氟气体与吸收剂在填料吸收塔内逆流接触，在适宜的条件下经过化学反应形成冰晶石等吸收产物，再经沉淀、过滤提纯后可回收利用[20-22]。其工艺如图 6-3 所示。

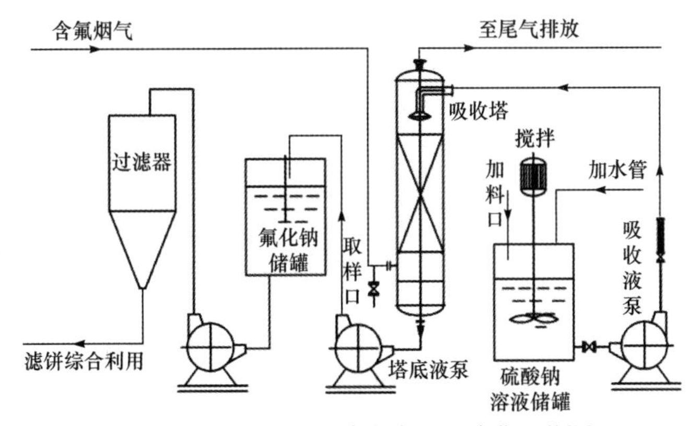

图 6-3 电解铝工业含氟烟气湿法净化工艺[20]

湿法净化工艺运行简单，净化效率高，可在一定条件下回收利用氟资源，但它也存在一些缺点，如易产生二次副产品且提纯费用较高、存在水的二次污染和设备的腐蚀等问题。

6.5.1.2　干法净化工艺

干法净化工艺是利用吸附活性强的氧化铝与含氟烟气发生吸附反应。20 世纪 60 年代，世界上开始大量使用氧化铝作为电解铝生产过程中含氟烟气的吸附剂。国内主要引进的干法净化流程有：美国的 A-398 法、加拿大的阿尔肯法、法国的彼施涅法，其原理主要是利用 HF 气体具有沸点高(19.5℃)、电负性大、易吸附在吸附质表面的特点，让电解烟气与氧化铝充分接触，将烟气中的 HF 气体吸附在氧化铝表面，然后进行气固分离，使烟气中的 HF 得到净化；与此同时，烟气中的粉尘也被高效回收。干法烟气净化效率可达 98%～99%[23-25]。氧化铝对氟化氢的吸附主要是化学吸附，速度快且不易解吸，反应可在 1s 左右完成。吸附过程中，在氧化铝表面生成单分子层吸附化合物，每个氧化铝分子吸附 6 个氟化氢分子，其化学反应方程式如下：

$$6HF+Al_2O_3 = 2AlF_3+3H_2O \tag{6-26}$$

干法净化工艺流程见图 6-4，主要包括电解槽集气、吸附反应、气固分离、氧化铝输送、机械排风等五个部分：①电解槽集气。电解槽散发的烟气呈无组织扩散状态，为了有效地控制污染，必须对电解槽进行密封。收集的烟气通过电解槽的排烟支管汇到电解厂房外的排烟总管，然后送往净化系统处理。②吸附反应。将新鲜的氧化铝粉吸附剂加入到电解烟气中，并使之与烟气充分接触而吸附烟气中的氟化氢，然后送到布袋除尘器布袋过滤室。③气固分离。吸附后的氧化铝为载氟氧化铝，与烟气的分离是由布袋除尘器来完成的。分离下来的载氟氧化铝，一部分作为循环氧化铝继续参与吸附反应，另

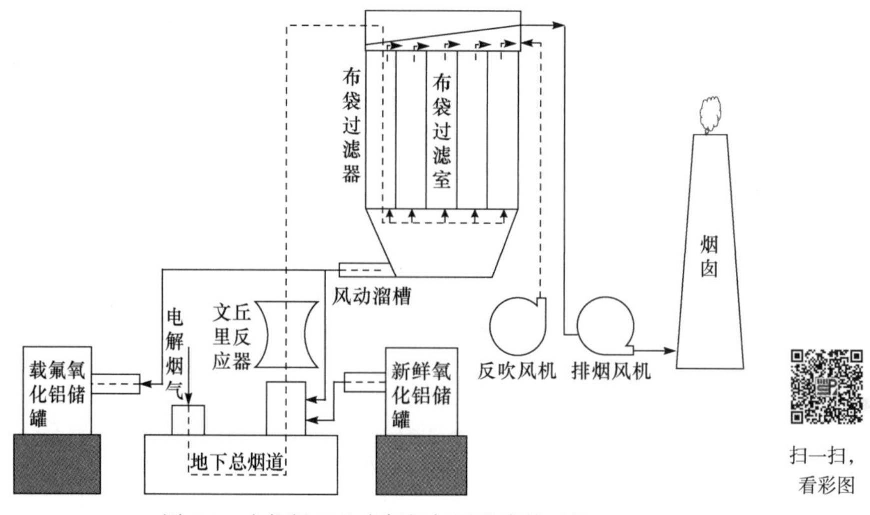

图 6-4　电解铝工业含氟烟气干法净化工艺

■ 表示载氟氧化铝储罐，绿色虚线表示未处理的电解烟气走向，黑色实线表示经过处理的烟气走向，黑色虚线表示新鲜空气走向，红色实线表示载氟氧化铝吸附剂走向，蓝色实线表示新鲜氧化铝吸附剂走向

一部分由氧化铝输送系统送入载氟氧化铝料仓，供电解使用。④氧化铝输送。新鲜氧化铝定量地由新鲜氧化铝料仓排出，经风动溜槽给到文丘里反应器中。吸附后的载氟氧化铝由除尘器的沸腾床的溢流口，经输送气力提升机输送到载氟氧化铝料仓，供电解使用。⑤机械排风。排风是整个净化系统的主要力源。净化系统的烟气输送、氧化铝输送、除尘器等均在负压状态下操作，不向外界排放污染物。机械排风的设备为离心机。

干法净化工艺主要设备包括文丘里反应器、脉冲袋式除尘器、气力提升机、风动溜槽以及排烟风机。

(1) 文丘里反应器

其工作原理和特点是烟气向上通过文丘里反应器的喉口时，流速突然增大，形成湍流。在此加入氧化铝，氧化铝与烟气由于湍流而充分混合，进行充分反应，烟气自下而上穿过这层断面与氧化铝接触，完成氧化铝对氟化氢的吸附过程。喉口上方形成的湍流使氧化铝充满整个管道断面，缩短了所需的管道长度，提高了净化效率。

(2) 脉冲袋式除尘器

含尘气体从袋式除尘器进口引入后，通过烟气分配装置均匀入滤袋，在此过程中粉尘即被滤袋的外侧所阻挡，经过净化处理的气体从出口排出，当滤袋表面的粉尘增加到一定的厚度，导致设备阻力上升到设定值时，微压差控制信号输出。控制仪发出信号，使喷吹系统工作，电磁脉冲打开，此时压缩空气从气包顺序经脉冲阀和喷嘴向滤袋内喷射，附于袋外的粉尘脱离滤袋落入灰斗，然后由回转排烟阀将粉尘排出。

(3) 气力提升机

其靠真空来吸取物料，在压力差的作用下，大气中的空气流从物料堆的间隙通过，把物料吸入吸嘴，并沿输料管进入分离器中进行气固分离，物料直接从底部卸出，空气进入除尘器，净化空气通过排风机排出。

(4) 风动溜槽

风动溜槽分为下充气层、中透气层和上输料层，由风机给予低压小容量的空气，由充气层透过透气层，使物料流态化，从而实现物流的移动。均采用风动溜槽向反应器的输送系统中加入循环氧化铝。

(5) 排风是整个净化系统的主动力源

干法净化处理和湿法净化处理两种方法各有优缺点。湿法净化的关键技术在于吸附剂脱除工艺的理论研究及高效湿法吸附剂的研究开发，而干法净化的关键技术则在于改性 Al_2O_3 的制备。电解铝含氟烟气的净化消除是一个系统工程，在加强吸附工序吸附效率的同时，还应在原料氧化铝的选择，降低助熔剂的投料比，烟气集气、除尘系统管理等方面有所加强，从污染的源头进行把控，这样才能更合理地达到标准的排放要求。

6.5.2 玻璃窑炉烟气除氟技术

玻璃窑炉废气的主要来源是燃料燃烧以及配合料的挥发。燃料主要是重油或天然气，产生 SO_2、H_2S、NO_x 和 CO_2 等污染气体。配合料的挥发主要指在玻璃熔制过程中需加入萤石、氟硅酸、冰晶石等氟化物作澄清剂、乳浊剂和助溶剂。这些氟化物熔制时 50%～60%转移到玻璃中，其他部分易生成 HF 和 SiF_4 等挥发物进入废气中，其中 SiF_4 又进一步反应生成 HF。废气中 HF 对人体的危害比 SO_2 要大 20 倍，所以必须经过净化处理后才能达标排放。《工业炉窑大气污染物排放标准》(GB 9078—1996)要求，F^-浓度小于 6mg/Nm^3，SO_2 浓度小于 850mg/Nm^3，而目前玻纤池窑排放的废气污染物在处理前 F^-浓度约 200mg/Nm^3。玻璃窑炉的废气净化主要有吸附法、催化法、吸收法三类。

6.5.2.1　吸附法

吸附法主要在国外二十世纪七十年代末开始研究使用，它是利用颗粒吸附剂来吸附含氟物。含氟烟气通过装填有固体吸附剂的吸附装置，使氟化氢与吸附剂发生反应，达到除氟的目的。该方法工艺简单，净化效果好，但设备庞大，投资费用较高。而且烟气中废气种类较多，存在相互干扰过程，不利于对氟化物的精准吸附。因而此方法在市场上的应用案例也是比较少的。

6.5.2.2　催化法

催化法是使污染废气经过一段催化床层，通过催化剂的作用对废气进行催化分解，但此方法投资和运行费用都很高，而且净化效果只在单一组分的时候较好，对于多组分废气不太适用。

6.5.2.3　吸收法

吸收法是一种湿式净化技术。玻璃窑炉废气中的 SO_2、NO_x、HCl、HF 等都是酸性气体，而且 HF 在 20℃以下能以任意比例溶于水，所以目前国内的玻璃企业一般都采用碱性溶液来吸收处理含氟废气，即湿式净化工艺，常用的吸收剂有 Na_2CO_3、$Ca(OH)_2$ 等。工艺流程图如图 6-5 所示。此方法与电厂的湿法烟气脱硫工艺大体相似，美国、欧洲、日本等地区主要使用的是碱液喷射法，将 Na_2CO_3、$Ca(OH)_2$ 等作为 SO_2、HF 的中和剂，在塔中反应达到脱硫除氟的目的。由于湿法是用吸收液进行净化，所以净化过程会产生废水，还需要附加后续的除雾及水处理装置[26,27]。

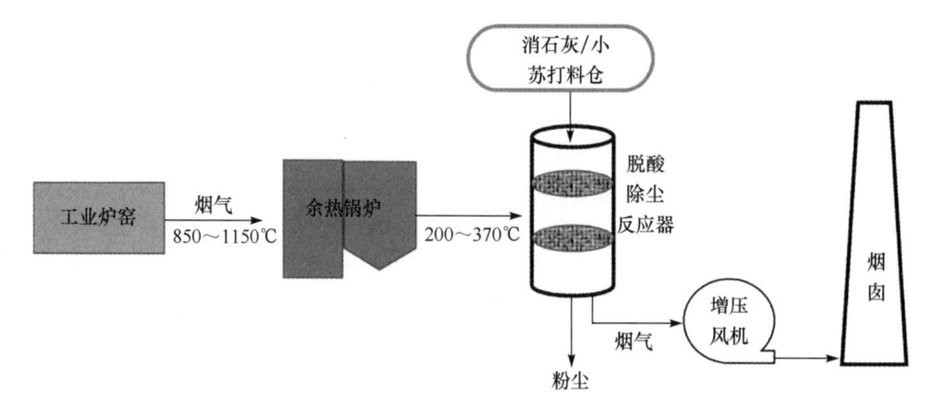

图 6-5　湿法吸收处理工艺

经预热锅炉降温后的烟气进入脱酸反应器，烟气中的污染物在反应器中与喷入的消石灰或小苏打反应。在脱酸反应器中 SO_2 首先与喷入的消石灰粉进行一次混合脱酸反应，

生成 $CaSO_3$、$CaSO_4$、CaF_2、$CaCl_2$，若喷入小苏打粉，则生成 Na_2SO_4、$NaNO_3$、NaCl、NaF、重金属盐等，烟气中的 SO_2 及其他酸性物质被吸收净化，生成的 $CaSO_3$、$CaSO_4$、CaF_2、$CaCl_2$ 或 Na_2SO_4、$NaNO_3$、NaCl、NaF、重金属盐等粉尘进入反应器下部的灰斗排放。灰斗下部设气力输灰系统，以压缩空气作为动力，通过密封管道输送脱酸除尘器飞灰进入废料仓内。

本系统主要设备包括脱酸旋风除尘器(图 6-6)、消石灰或小苏打喷射器、除尘器灰斗、飞灰输送泵、飞灰输送管道等。

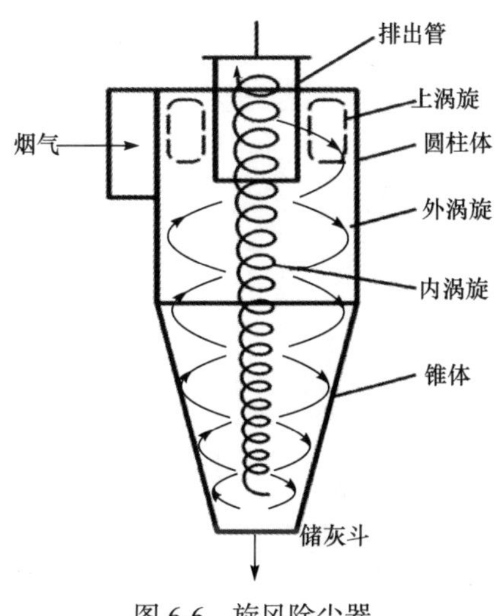

图 6-6　旋风除尘器

湿法吸收处理工艺在玻璃窑炉烟气氟化物的净化处理上具有很成熟的案例经验，其效率和运行稳定性也相对较好，得到了诸多企业的青睐。但末端治理始终不是一种最好的选择，研究如何提高优化燃烧技术、如何优化原料的投入配比，从污染物的产生源头加以控制，节省资源、减少排放，是未来需要努力去探究的内容。

6.5.3　球团烟气除氟技术

球团烟气主要来自球团生产过程的焙烧环节。铁精矿粉、熔剂等的混合物按照比例在造球机中滚成生球后，要经过干燥、焙烧固结成型，这一过程会产生诸多污染物，球团烟气便是其中之一。球团烟气中污染物组分较多，有颗粒物、SO_2、NO_x、CO_2、CO、二噁英、氟化物、氯化物及重金属等。

球团烟气中的卤素污染物主要是氟化物(还有少量的卤化物，总体以氟化物为主)，净化处理一般采用湿法净化工艺，通过碱性吸收剂的中和作用将氟化物转移到液相中。

文丘里-空心吸收塔(图 6-7)是湿法净化工艺设备中的一种，其原理是烟气自下而上流动，与喷淋层喷射向下的吸收剂如石灰石浆液或碱液经传质、传热并发生化学反应，洗涤 SO_2、SO_3、HF、HCl 等。在吸收过程中，在高温和高速流动烟气的作用下，自下而上的浆液表面发生复杂的物理和化学反应。一方面浆液表面的水吸收烟气中的有害物质并在浆液颗粒内部产生由外向内的扩散过程，形成一个浓度梯度；另一方面浆液表面的水分逐渐蒸发，表面水分逐渐减少，水分从浆液内部向表面扩散。浆液液滴在蒸发和吸收的过程中逐步饱和，吸收过程趋于停止。液滴在下降过程中，相互碰撞，使小液滴变为大液滴，减少了吸收剂的表面。这个过程的综合结果是在液滴离开喷头的下落过程中，吸收速度逐渐变慢。设置文丘里管后，错位布置的文丘里棒形成无数个文丘里管单元，文丘里管减小了烟气在塔中的流通截面，因而提高了烟气通过时的流速，当脱硫循环液经喷淋落下时，在文丘里棒层与逆流而上的热烟气形成强烈湍流，强烈破碎含石灰石的浆滴，极大地增加了气液相之间的传质、传热表面。另外，烟气通过文丘里层时，以“液体包围气体”的鼓泡传质过程，提高了传质效率[28]。

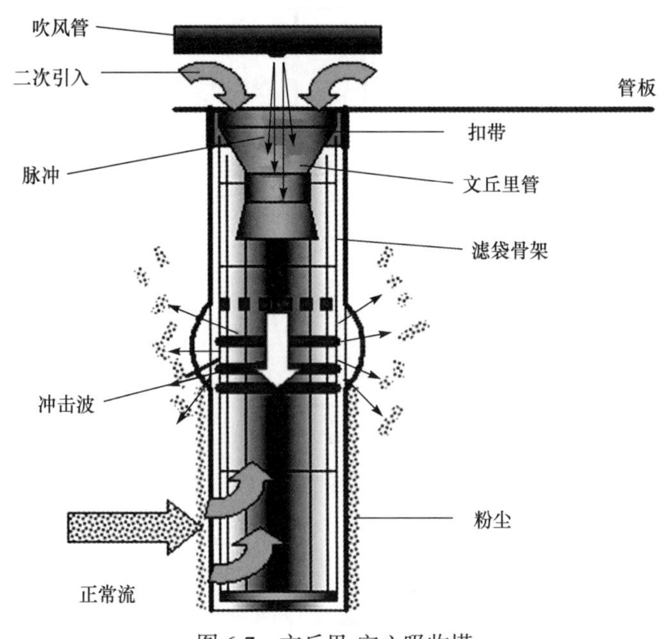

图 6-7　文丘里-空心吸收塔

文丘里-空心吸收塔具有除氟效率高、降温效果好、流程简单、设备小等优点；在适宜的条件下，除氟效率可达 99%。此技术与烟气脱硫使用的文丘里吸收塔类似，具有相似的结构部件，只是具体功用不同。含氟烟气排出后自下而上进入吸收塔内，与喷淋层喷射的吸收液逆流接触，发生一系列物理化学的传质反应，完成对氟化物的吸收净化。由于烟气中含有其他酸性气体，它们也会与吸收液发生反应，造成一定程度的除氟效率下降以及管路结垢($CaSO_4$)等问题。

6.5.4　烧结烟气除氟技术

烧结矿和球团矿一样，都是把铁精矿粉造块的常用手段，这样可以保证供给高炉的铁矿石铁含量均匀，并保证高炉的透气性。烧结工艺包含配料、混合、烧结及产品处理等步骤，这一过程产生的烧结烟气含有诸多污染物质，除了主要的粉尘、SO_2、NO_x之外，还有氟化物、氯化物、二噁英等污染物，必须经过妥善的净化处理才可排放。烧结烟气中的卤素污染物还是以氟化物为主，2012 年发布的《钢铁烧结、球团工业大气污染物排放标准》(GB 28662—2012)规定排放尾气中氟化物的量(以氟计)不得超过 4.0mg/m^3。

烧结烟气中含氟量低且粉尘较多时，一般先经旋风除尘、降温后，再进行吸收。烧结烟气温度高达 300～400℃，经除尘后降至 250℃。烧结烟气中卤素污染物的净化处理一般可分为湿法吸收工艺和干法吸附工艺。

6.5.4.1 湿法吸收

湿式吸收法利用了烟气中的氟化物易溶于水、具有弱酸性等特点，通常可以用水、氨水、石灰乳、纯碱或烧碱溶液等来吸收处理[29]。水吸收工艺可以较好地回收氟资源，在磷肥生产中比较常见；而钢铁行业诸如球团、烧结烟气的脱氟净化等过程，通常以碱性溶液来吸收处理，如石灰石浆液，也可以是 NH_4OH 或 NaOH 等，其工艺流程见图 6-8。本烟气脱硫系统以石灰石粉为脱硫剂，将石灰浆液经给浆泵供入脱硫塔，烟气通过塔内旋流气喷管进入浆液段，浆液在塔内浆液段与烟气反应，吸收烟气中的二氧化硫、氟、粉尘，净化后的烟气排放。脱硫生成的产物主要是石膏。此工艺运行参数控制非常重要，如液/气比，控制循环浆料中 SO_2 不超过 10mmol/L，pH 值控制在 4.5～5.5，运行浆液密度控制在 1080～1150kg/m^3。

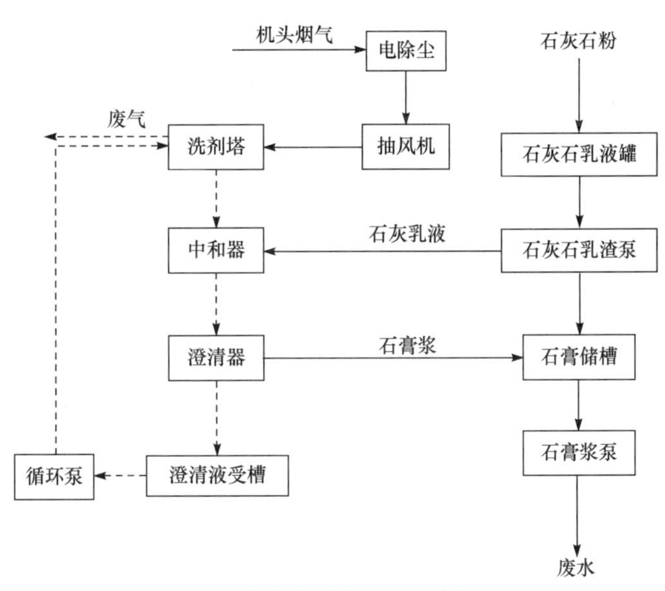

图 6-8 烟气除氟脱硫工艺示意图

水、NH_4OH 或 NaOH 等作吸收剂时，则不会出现堵塞现象，工艺具有净化效率高、运行稳定等优点，但仍存在设备腐蚀、中和渣量大、有废渣、产生脱氟废水等二次污染，需要后续的处理流程，在合适的条件下，可用于回收生产 Na_3AlF_6、Na_2SiF_6、MgF_2、AlF_3、NaF 等多种氟盐，为氟资源的回收利用创造条件[30]。常用的设备一般是(逆流)洗涤塔或者文丘里吸收塔等常见的吸收传质装置。

6.5.4.2 干法吸附

干法吸附工艺是利用了氟化物电负性大、易被强活性的吸附剂吸附的特点，完成对含氟烟气的净化处理。其工艺流程见图 6-9。常用的吸附剂是活性氧化铝、活性炭、沸石分子筛等吸附材料。活性氧化铝是一种极性吸附剂，白色粉末状，无毒，不导电，机械强度好，且对蒸汽和多数气体稳定，循环使用后其性能变化很小，并可在移动床中使用，而且在烟气处理中 Al_2O_3 对 HF 的吸附优先于 SO_2，因此常用于对含氟废气的吸附[31]。氧化铝在将 HF 或 SiF_4 吸附下来后，生成三氟化铝等氟化物，或仅将其吸附于自身表面，再生后可循环使用。活性炭也是一种常用的吸附剂，具有优异的孔径结构和巨大的比表面积，同时也具有良好的机械性能，吸附饱和后可通过热再生循环使用，广泛使用于烟气脱硫脱硝方面，在多污染物协同控制等领域也具有良好的应用前景。

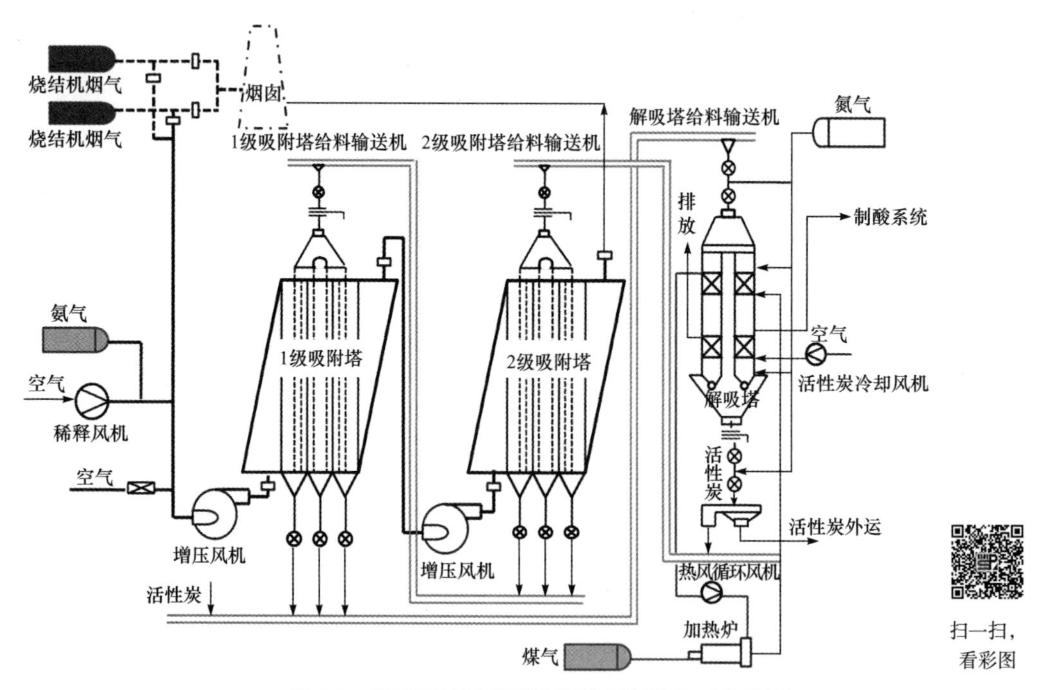

图 6-9 两级活性炭吸附法烧结烟气净化工艺流程
绿色线表示吸附剂活性炭的管路

另一种是采用 $CaCO_3$ 或 CaO 为吸附剂，主要设备是干式洗涤塔，即一种垂直流填料床吸附装置。含氟废气由上往下慢速流动，含氟炉窑烟气在填料床与吸附剂充分接触发生化学反应，从而将烟气中的氟去除，而烟气热量得到保留。

当采用石灰石作为吸附剂时，其除氟的原理是

$$2HF+CaCO_3 = CaF_2+CO_2+H_2O \tag{6-27}$$

同时，该吸附剂对酸性废气均有一定的吸附性能，反应的活性顺序为 $SO_3>HF>HCl>SO_2$。

干式洗涤塔技术成熟、稳定、可靠，在德国已经有 50 多年的应用历史，是欧盟推荐的最佳可获得技术，也是美国环保署推荐的最大可行控制技术，其对氟化物的去除率达 90%～99%。氟化氢的排放浓度可低至 1mg/m³，同时，对氯化氢的去除率达 50%以上。

6.6 典型工程案例

6.6.1 案例 1——铝电解干法烟气净化系统

某铝业公司铝电解干法烟气净化系统具体情况如下[32]。

(1) 工程概况

某铝业公司设计产能为 30 万 t/a 电解铝，分设 2 个厂房 6 个工区，共有电流为 420kA 电解槽 268 台，于 2016 年 9 月建成投产。2 个电解厂房中间设置 2 套电解烟气净化系统，每套净化系统配备由 4 台排烟风机、2 台空气提升机、2 套 32 个净化反应器组成的净化除尘器，共有 24576 条 Φ150mm×6000mm 过滤除尘布袋，采用了文丘里重力喷吹加料反应器、循环加料控制装置、宽间距沸腾床、气流均布和在线脉冲喷吹清灰装置等先进设备。干法烟气净化的基本流程如图 6-10 所示。

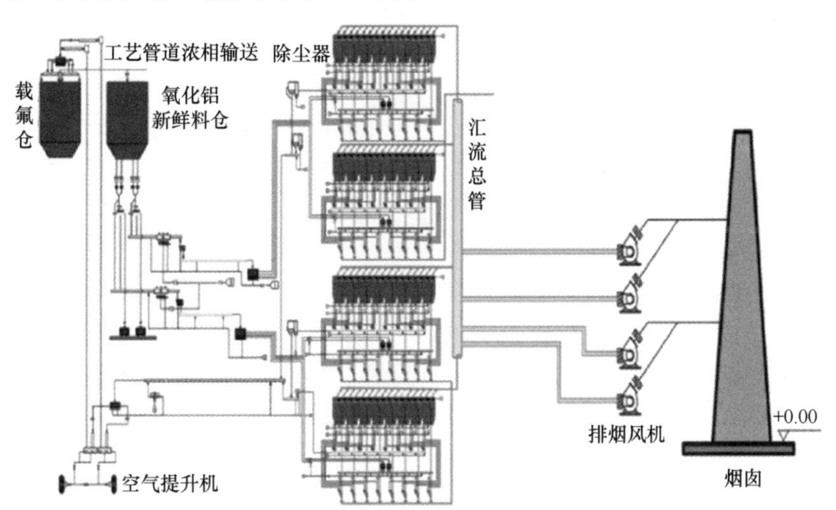

图 6-10 某铝业公司干法烟气净化系统工艺流程[32]

(2) 提高烟气集气效率的优化措施

1) 开启备用引风机。

为加大电解烟气捕集率，该铝业公司将每套净化系统排烟风机由原三开一备的运行方式改为四台全运行，加大力度对电解产生的烟气进行有组织抽排控制，减小二次无组织排放。此项投入一个月增加排烟风机的电量消耗 115.77 万 kW · h，如电价按 0.35 元/(kW · h) 计算，月新增电费成本约 40 万元。

2) 加强电解槽作业槽盖板管理。

该铝业公司专门制定了环境保护管理办法，要求电解换极作业槽只能开启 3 块槽盖板，一个工区同时打开槽盖板换极台数不得超过 3 台。同时，加强对电解烟气净化工艺的控制管理，确保铝电解烟气高效捕集。

3) 检测调节电解槽支烟管负压。

每季度对电解槽支烟管负压进行检测，对明显偏高或偏低的个别槽进行调整，确保电解负压控制在合理均衡有效抽风范围值，将负压系统调整至最佳状态，提高单台电解槽抽风负压，以减少烟气的无组织排放。

4) 控制除尘器布袋压差，提升总管负压。

有效控制净化除尘器的压差，确保压差控制在合理范围。在除尘器滤袋承载力范围保持较低压差时，使用净化除尘器喷吹间隔及喷吹压力合理搭配，相应减小氧化铝在除尘布袋外侧的附着量，降低粉尘附着阻隔细微烟尘穿透排放的阻力，进一步提升烟管总负压，尽全力使排烟风机更多有用功作用于电解烟气集气捕集上。

5) 封堵电解槽槽盖板泄漏间隙及各泄漏点。

在电解车间的每台电解槽出铝端、烟道端前后的 4 块三角盖板上端盖板骨架上，安装耐高温的密封补偿板；同时净化岗位加强巡查，及时封堵老旧脆化破损的系统密封件，严密防止烟气无组织排放。

(3) 提高烟气净化效率的优化措施

1) 改进新鲜投料控制阀。

原设计的烟气净化系统新鲜投料控制阀是用普通铁质插板阀，其能实现物料的投放及切断，但其在投料均衡持续稳定方面极不稳定，单个反应器投料经常忽大忽小，甚至出现大小不受控的情况，要么投料很大，要么不下料。引进一种调节控制器并通过投料溜槽再造等技术升级，实现每套净化系统 32 个反应器投料均衡一致，避免因投料偏小而未能有效吸附有害烟气的情况。

2) 改进循环投料控制装置。

烟气净化系统循环投料设计初衷是除尘器灰斗积料来料、返回料、循环投料三元动态平衡，但是由于实际运行过程中产生氧化铝板结料，返回料会出现上述提及的新鲜投料控制阀一样的问题，加上返回料为灰斗下料最下沿出口，大量的结渣随自重物流移至阀板处沉积而造成堵料，此时循环投料口成为灰斗最下沿出料口，同理又将循环投料出口及溜槽堵死。循环投料没有渣块过滤装置，吹刷积堵溜槽时其渣块通过反应器后再次进入灰斗，如此循环往复，清吹溜槽堵料工作只治标不治本。

研究者设计了一种集分料、分渣、定量于一体的循环投料控制装置，如图 6-11 所示。改进后的装置能有效地将灰斗内渣块、料渣分离，解决了返回料与循环料的分料控制，实现了来料、返回料、循环料的三元动态平衡，从根本上确保循环投料持续稳定，进而

改造前

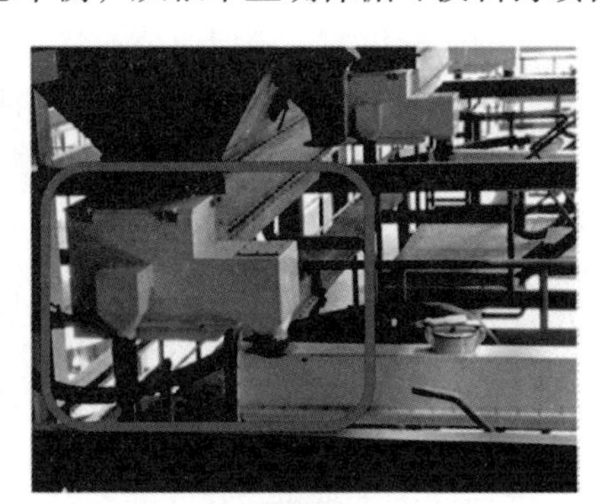

改造后

图 6-11　烟气净化系统改造前后的循环投料控制装置[32]

有效提升净化吸附效率。

3) 改进反应器投料喷料装置。

烟气净化系统反应器投料喷料装置设在反应器内，用压缩空气作为喷料助吹，因压缩空气压力较高及氧化铝颗粒流动冲刷影响，极易造成喷料器托盆、管道磨穿漏料。循环投料喷料装置未设有喷料助吹气源，因载氟氧化铝受原料输送破碎变细、载氟量上升、杂质增加等影响，其喷洒效果不佳。偶尔出现循环投料直接堆积于出口与托盆间隙而造成堵料，即使其能自然流动，也会出现原料刚流动到托盆边沿就受逆风负压带动上升，在反应器内形成吸附剂未能覆盖的气流通道，吸附效果依然不佳。

引进一种无动力加料喷射装置更替原有喷料装置，该喷料装置能有效解决上述问题与不足，新鲜投料和循环投料喷料能横洒至反应器边缘，形成两道严密的吸附拦截网，从拦截网往上形成一段混合反应柱，使烟气净化吸附充分。

4) 改进除尘布袋漏袋检测技术。

烟气净化系统除尘布袋漏袋检查延续传统人工检查确认更换方式，为减小布袋漏袋检查工作，在每一列除尘器总出口设置了粉尘探测仪，在粉尘探测仪辅助下检查布袋漏袋范围锁定在某列 8 箱体内。在科技智能化的推动指引下，通过技术升级改造，把除尘布袋漏袋检查范围不断缩减，将原本一列 8 个箱体(3072 条滤袋)缩减到某一个箱体(3072 条滤袋)，最终缩减到某个箱体的某一根喷吹管(16 条滤袋)。仅从缩小检查范围看，缩小检查范围高达 99%。

(4) 效果分析

1) 铝电解烟气净化排放指标明显改善。

其中气氟稳定控制在 0.5mg/m^3 以下，总氟(气氟加尘气氟)排放稳定在 1.5mg/m^3 左右，多数时间均在 1.0mg/m^3 以下，颗粒物平稳在 3.0mg/m^3 左右。

2) 氟化铝单耗下降，节约成本。

在烟气排放数据得到优化的同时，电解载氟氧化铝含氟量明显上升，其含量从原来的 1.0%上升至 1.5%，为电解节省氟化盐投入提供先决条件，仅 2018 年技改后生产 1t 铝需要的氟化铝单耗下降 2.28kg，单从氟化铝单耗下降成本核算上看，按产能 30 万 t/a 计，剔除投入的电费成本后一年仍可创收 100 多万元。

6.6.2　案例 2——WETFINE 系统烧结和球团废气的净化技术

WETFINE 系统烧结和球团废气的净化技术具体情况如下[29]。

(1) 技术简介

某工程技术公司开发的 WETFINE 系统能够将烧结厂、球团厂、废物焚化炉、玻璃炉等污染源的排放量降低到前所未有的水平。碱金属、氯化物微粒、PCDD/F(二噁英)、SO_x 成分等均可从气体中分离。WETFINE 系统包括 1 个洗涤器和 1 个湿法静电除尘器，见图 6-12。烟气首先在洗涤器经逆流快冷，然后初步净化后的气体通过一个去雾器进入湿法静电除尘器，再经烟囱排入大气。系统要根据不同项目的具体要求专门设计。快冷段使用循环水，以逆流方式使气体迅速冷却、达到饱和并初步分离掉粗颗粒。冷却水在 2 个喷淋步骤中由单流喷嘴加以雾化，雾化的循环水吸收酸性气体成分，包括 HCl、HF

和 SO_2。向快冷循环水中加入碱性物质如石灰石($CaCO_3$)、石灰乳[$Ca(OH)_2$]、$Mg(OH)_2$ 或苛性钠(NaOH)可以同时脱硫。在快冷段的冷却过程中，气态 PCDD/F 及其他挥发温度高的有机物被吸收并部分凝聚。以气态形式进入快冷段的有机物，大部分已变成凝聚态或者被吸附在水滴和粉尘颗粒的表面。之后这些粉尘颗粒经过电除尘器的净化被除去，完成净化处理要求的达标废气即可排放。排出的污水经过前述的用石灰乳[$Ca(OH)_2$]中和酸性水、添加 Na_2S 和加入 $FeCl_3$ 作絮凝剂三个处理步骤，然后浆液通过沉降池以分离悬浮物，最后调整 pH 至中性再排入相应的污水系统。

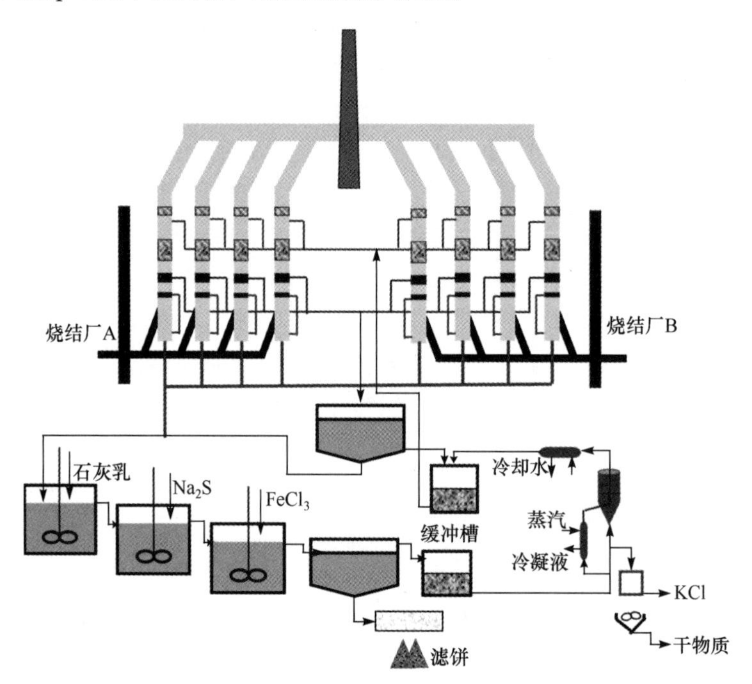

图 6-12　WETFINE 系统图[29]

(2) 技术优势

WETFINE 系统可以对多种类型的烟气进行综合处理，烟气中的粉尘、二氧化硫、氟化物、氯化物、二噁英等都可以在此系统进行净化处理，且去除率维持在较高的水平，能满足烟气的达标排放要求，结果见表 6-2。

表 6-2　运行结果

成分	去除率/%	
	平均值	最佳值
粉尘	91.3	98.1
SO_2(不脱硫时)	15.0	26.0
SO_3(不脱硫时)	60.7	89.4
SO_x(脱硫时)	＞80	＞95
HF	67.2	89.2
HCl	95.4	97.1
NH_3	85.2	87.1

续表

成分	去除率/%	
	平均值	最佳值
有机物质	44.4	87.1
PCDD/F	93.1	95.4

6.6.3 案例 3——窑炉烟气干式洗涤除氟工艺

上海某陶瓷企业窑炉烟气采用了干式洗涤除氟工艺，具体情况如下[33]。

(1) 项目概况

上海某陶瓷企业，对其两条炉窑烟气进行处理，净化处理后的烟气再接入卧干器进行余热回用。该企业采用天然气作为燃料，生产原料基本不含硫。因此，烟气中二氧化硫的浓度已经达标排放，不需要考虑。两条炉窑烟气数据见表 6-3。

表 6-3 项目烟气主要参数

参数	单位	窑 A	窑 B	窑 A+窑 B
工况风量	m^3/h	18014	32573	50587
烟气温度	℃	260±10	204	223
湿含量	%	3.69	7.7	6.27
标态风量	Nm^3/h	8850	17065	25915
粉尘浓度	mg/m^3	9	10.8	10.1
烟气含氧量	%	15～17	17.5	17.5
含氟浓度	mg/m^3	197	22.5	84.6

(2) 工艺流程

该项目采用干式洗涤塔技术，其工艺流程见图 6-13。将两条窑炉排放的烟气先经 Y

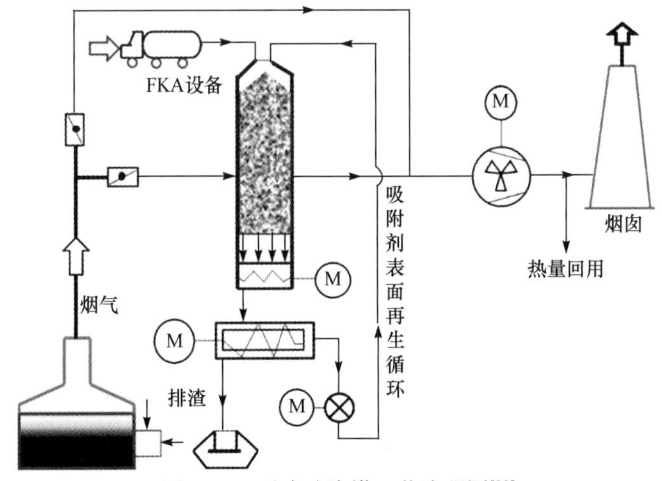

图 6-13 干式洗涤塔工艺流程图[33]

FKA 为吸附剂压力变送器型号，该设备向干式洗涤塔中加入吸附剂

型合并后再接入干式洗涤塔。净化之后的烟气进行热量回用或通过烟囱直接排放；排放风机设置在烟囱和干式洗涤塔之间，风机采用变频控制。确保任何一条炉窑停产时，不会影响另外一条炉窑的正常运行；吸附剂从干式洗涤塔顶部的料仓加入，由上而下垂直流动；在干式洗涤塔底部设有吸附剂“表面再生”系统，未反应的吸附剂重新回到干式洗涤塔顶部料仓，失效的吸附剂直接排出。

(3) 运行效果

在系统连续稳定运行 1 个月后，环保部门对该项目进行了环保验收监测，部分监测数据如表 6-4 所示。该项目在 2011 年实施时依据旧的排放标准，因此项目设计时，氟化物的排放浓度设计为 6mg/m^3，实际排放是 4.61mg/m^3。

表 6-4　干式洗涤塔脱氟效果

检测指标	进口	出口
烟气温度/℃	250	240
气氟浓度/(mg/m^3)	118	0.372
尘氟浓度/(mg/m^3)	10.6	1.35
氟化物浓度/(mg/m^3)	129	1.72
氟化物折算浓度/(mg/m^3)	—	4.61

6.6.4　案例 4——冶炼烟气三段四层净化除氟技术

某集团化工厂冶炼烟气采用了三段四层净化除氟技术，具体工程情况如下[34]。

(1) 项目背景

硫酸生产中，氟的危害主要表现在对设备内部的瓷环、瓷砖等含二氧化硅材料的腐蚀，含硅较高的金属材料及催化剂也是氟腐蚀的对象。冶炼烟气制酸净化工序普遍采用稀酸洗涤净化流程，一般能满足氟含量低的烟气净化。2000 年以来，国内铜的生产能力剧增，进口铜矿量加大，部分进口铜矿氟含量是国内铜矿的十几倍甚至几十倍。国内某大型冶炼企业制酸系统发生了因烟气氟含量剧增导致干燥塔瓷环短时间腐蚀、坍塌的恶性事故。因此，研究新的制酸净化流程与设备条件下对烟气中氟的去除，开发在净化工序简捷有效的固氟技术，对指导安全、稳定生产是十分必要的。

某集团化工厂在借鉴行业内水玻璃固氟技术的基础上，结合该厂炼铜原料来源复杂、烟气中氟含量波动大、当地水资源紧张等实际情况，开发了冶炼烟气三段四层除氟技术，在完成 530kt/a 硫酸系统工业试验后，总结经验，优化设计，进而在新建的 300kt/a 硫酸系统中应用，取得了较好的除氟效果。

(2) 烟气制酸净化流程

该厂 530kt/a 硫酸装置的净化工序采用湍冲洗涤塔—洗涤塔—气体冷却塔—电除雾器流程。净化工序的串酸采取由稀向浓、由后向前的方式。湍冲洗涤塔采用喷淋洗涤，稀酸液与烟气逆向接触，对其进行洗涤；洗涤塔为上、下两组喷头交互喷淋；气体冷却塔中装有填料，烟气与酸度很低的洗涤液在此充分接触换热，达到冷却烟气的目的。

(3) 三段四层除氟技术

在湍冲洗涤塔—洗涤塔中加水玻璃进行第一、二段除氟，已取得良好的效果，净化二段电雾出口 ρ(F)为 0.5～0.9mg/m³，但还有小部分的氟化物进入后续设备。干燥塔和吸收塔大量使用 DS-1 合金，因此提出了更高的要求，在气体冷却塔中加入第三段除氟措施。考虑水玻璃的静止沉淀会堵塞气体冷却塔的填料，因此在这一段不能加水玻璃，而选择在气体冷却塔填料上层加入玻璃纤维，在下层酸液中加入石英石，两固定层去除残余的氟。其示意图如图 6-14 所示。

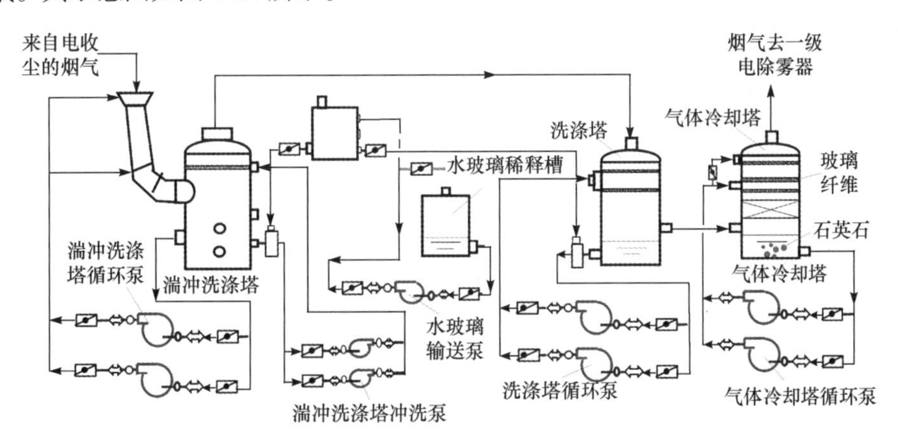

图 6-14　300kt/a 硫酸装置净化除氟系统示意图[34]

冶炼烟气从冶金炉窑出来后，先经旋风除尘器和电收尘器除去大量的烟尘，然后进入制酸装置。净化工序的湍冲洗涤塔、洗涤塔、气体冷却塔均有单独的洗涤循环系统。石英石和玻璃纤维的主要成分都为 SiO_2，其除氟反应如下：

$$4HF + SiO_2 \longrightarrow SiF_4 + 2H_2O \tag{6-28}$$

水玻璃和水的配比定为 1∶40。水玻璃加入湍冲洗涤塔后，形成如图 6-15 所示的水流分布与循环路线。

净化工序的气体冷却塔、洗涤塔和湍冲洗涤塔三个塔内部都有自身的稀酸循环路线，稀酸由塔底经泵上塔喷淋，喷淋酸又回到塔底。除此之外，三个塔之间还存在着串酸，由气体冷却塔串入洗涤塔、洗涤塔串入湍冲洗涤塔。

水玻璃除氟装置主要由水玻璃稀释槽、水玻璃高位槽、水玻璃输送泵和相应的管道组成。配好的水玻璃溶液由水玻璃稀释槽经水玻璃输送泵打入水玻璃高位槽，由水玻璃高位槽流入湍冲洗涤塔和洗涤塔。输送泵出口设有回流阀，通过对回流阀的调节来控制进入水玻璃高位槽的水玻璃流量。水玻璃高位槽设有溢流口，当液位过高时便会溢流到水玻璃稀释槽。水玻璃除氟装置工艺流程如图 6-16 所示。

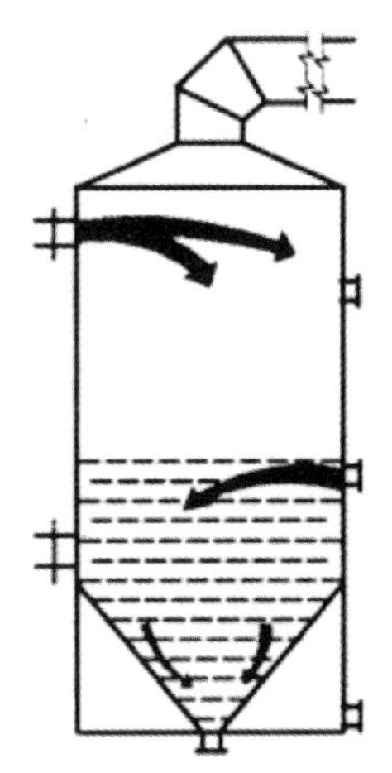

图 6-15　湍冲洗涤塔中水玻璃的循环路线[34]

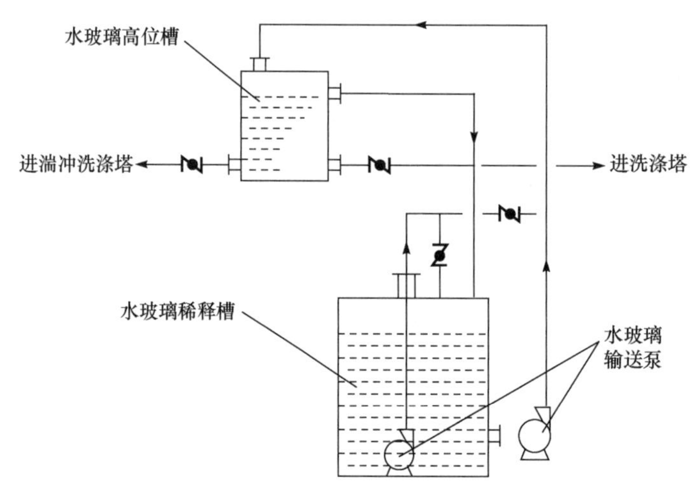

图 6-16　水玻璃除氟装置工艺流程示意[34]

净化系统气体冷却塔采用石英石和玻璃纤维作为除氟物质，主要原因是采用石英石和玻璃纤维作为除氟物质时，可适当增加石英石和具有很大比表面积的玻璃纤维的用量，且不会对循环酸或系统设备造成太大影响。由于石英石和玻璃纤维的加入量较多，除氟反应中 SiO_2 的量较大，因此平衡向反应正方向移动，获得的转化率比较大。玻璃纤维缠绕在玻璃钢骨架板上，并在骨架板两侧涂以树脂以固定玻璃纤维，若干个缠绕玻璃纤维的板片固定于一带有插槽的玻璃钢板上组成一个除氟装置的元件。玻璃纤维板片之间 30mm 的空隙即为烟气的通道。玻棉瓦装置布设于气体冷却塔填料层上部。根据气体冷却塔的直径，将玻棉瓦的摆放区域设计为一个直径 5m 的圆，周边留有 1m 的环形走道(图 6-17)。

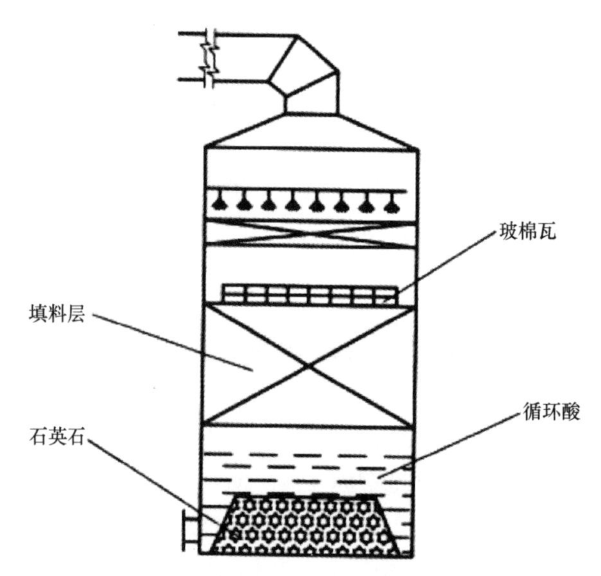

图 6-17　气体冷却塔石英石与玻棉瓦装填示意图[34]

两个玻棉瓦装置按与板片相反的方向叠放，这样烟气从下层玻棉瓦板片间隙进入后再从上层玻棉瓦板片间隙出来，过程中烟气的路径形成90°的转向(图6-18)，使得烟气和玻璃纤维充分接触，加之玻璃纤维本身具有很大的比表面积，因此可以在一定的烟气停留时间内获得较高的反应转化率，提高了除氟效率。

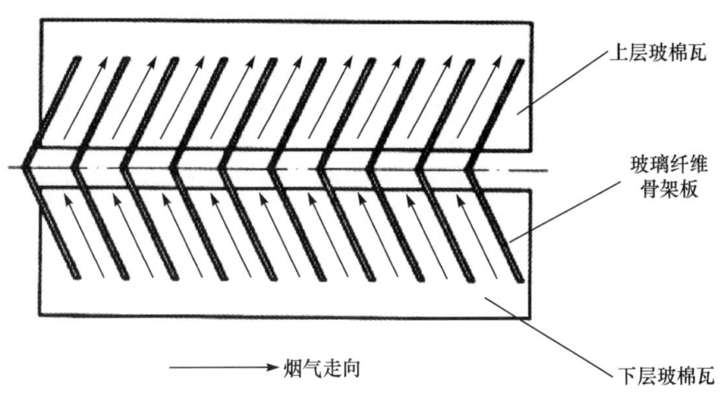

图6-18 烟气通过玻棉瓦时的路线[34]

(4) 运行效果

三段四层净化除氟技术用于530kt/a硫酸装置净化工序，该装置运行结果显示，除氟效果非常明显，净化二段电雾出口ρ(F)＜0.7mg/m^3(表6-5)。

表6-5 530kt/a硫酸装置除氟效率

检测时间/(年-月-日)	水玻璃投入量/(kg/h)	铜合成炉投料量/(t/h)	烟气量/(m^3/h)	ρ(F)(标态)/(mg/m^3)		除氟效率/%
				净化入口	二段电雾出口	
2006-11-28	100	80	1.82×10^5	6.68	0.24	96.40
2006-12-01	100	80	2.10×10^5	42.94	0.38	99.10
2006-12-04	100	70	1.61×10^5	10.85	0.70	93.60
2006-12-07	100	80	1.82×10^5	12.25	0.50	95.90
1006-12-10	100	90	1.79×10^5	11.30	0.45	96.01
2006-12-13	100	100	2.02×10^5	29.84	0.43	98.60

参考文献

[1] 宋天佑. 无机化学[M]. 2版. 下册. 北京: 高等教育出版社, 2010.
[2] 吴国庆. 无机化学[M]. 2版. 下册. 北京: 高等教育出版社, 2003.
[3] 吴代赦, 郑宝山, 唐修义, 等. 中国煤中氟的含量及其分布[J]. 环境科学, 2005, 26(1): 7-11.
[4] 钟兴厚, 萧文锦, 袁启华, 等. 无机化学丛书[M]. 第六卷. 北京: 科学出版社, 1995.
[5] 张评, 冯权莉. 电解铝废气处理的研究进展[J]. 化工科技, 2018, 26(5): 63-67.
[6] 李振宇. 电解铝生产中含氟烟气的治理技术[J]. 云南冶金, 2010, 39(5): 73-77.
[7] 郭福宝.. 铝电解含氟烟气治理技术要点分析[J]. 中国金属通报, 2018(5): 153, 155.
[8] 雷永程, 宋薇. 玻璃窑废气治理工艺比选分析[J]. 节能与环保, 2018(2): 66-68.
[9] 唐黎标. 玻璃行业烟气综合治理技术的现状和发展探析[J]. 玻璃与搪瓷, 2019, 47(5): 53-55, 45.
[10] 陈国宁, 王爰, 黄宣宣, 等. 玻璃行业烟气综合治理技术的现状和发展[J]. 轻工科技, 2017, 33(11):

93-94
[11] 陈国涛. 烧结球团烟气综合治理技术的应用[J]. 信息记录材料, 2017, 18(7): 95-96.
[12] 王艳军. 烧结球团烟气综合治理技术的应用[J]. 山东工业技术, 2016(18): 229.
[13] 张春霞, 王海风, 齐渊洪. 烧结烟气污染物脱除的进展[J]. 钢铁, 2010, 45(12): 1-11.
[14] 李庭寿. 烧结烟气综合治理探讨[C]. 2013 年全国烧结烟气综合治理技术研讨会论文集. 中国金属学会, 山西省金属学会: 中国金属学会, 2013: 10-18, 26.
[15] 齐庆杰, 刘建忠, 曹欣玉, 等. 煤中氟分布与燃烧排放特性[J]. 化工学报, 2002, 53(6): 572-577.
[16] 崔新盛, 孙梦醒. 中国原煤中氟的研究进展[J]. 山东工业技术, 2016(13): 65, 71.
[17] 齐庆杰, 于贵生, 刘建忠, 等. 石灰石/石膏法烟气脱氟反应的动力学研究[J]. 燃料化学学报, 2008, 36(2): 208-211.
[18] 杨飏. 电解铝工业烟气干法除氟过程的吸附机理[J]. 轻金属, 1980(3): 25-32.
[19] 许乃才. 铝基吸附剂的制备、表征及对 F^-的吸附性能研究[D]. 北京: 中国科学院大学, 2017.
[20] 邱静茹, 王飞, 赵丹丹, 等. 湿法净化铝电解含氟烟气的工艺研究[J]. 广州化工, 2014, 42(24): 63-64, 110.
[21] 张鸭方, 邹嘉华. 电解铝含氟废气治理技术探讨[J]. 环境科学导刊, 2009, 28(S1): 89-91.
[22] 姜国平, 姜浩. 电解铝生产含氟工业烟气湿法吸收治理中试装置设计实现[J]. 工业安全与环保, 2015, 41(6): 87-89.
[23] 董成勇. 铝电解烟气深度处理的研究与探讨[J]. 轻金属, 2018(4): 29-32.
[24] 徐沛新. 铝电解含氟烟气干法净化技术应用[J]. 工业安全与环保, 2004(3): 9-10.
[25] 马进德, 周海, 赵振明. 铝电解含氟烟气的治理探讨[J]. 青海科技, 2007(2): 69-72.
[26] 孙海鹏, 李哲, 孙凯. 玻璃窑炉烟气治理技术探析[J]. 中国环保产业, 2017(4): 33-35.
[27] 周建勇, 沈士江. 玻璃纤维池窑废气的干法治理[J]. 环境工程, 2003(4): 69-70, 6.
[28] 王代军. 烧结球团烟气综合治理技术的应用与分析[C]. 2015 京津冀钢铁业清洁生产、环境保护交流会论文集. 河北省冶金学会、北京金属学会、天津市金属学会、河北省环境科学学会: 河北省冶金学会, 2015: 21-26.
[29] Hofstadler K, Murauer F, Steiner D, et al. WETFINE——烧结厂和球团厂的废气净化新技术[J]. 钢铁, 2002(1): 70-72.
[30] 周末. 活性炭吸附法在烧结烟气治理领域的进展及前景[C]. 烧结工序节能减排技术研讨会文集. 中国金属学会, 2009: 69-71, 78.
[31] 刘周利, 白晓光, 李玉柱. 包钢烧结烟气除氟脱硫技术比较[J]. 包钢科技, 2015, 41(4): 24-26, 33.
[32] 黄校, 岑加茂. 某铝业公司铝电解干法烟气净化系统的优化实践[J]. 有色冶金节能, 2019, 35(5): 20-23.
[33] 蒋卫刚, 许骞, 邬坚平. 烟气干法脱氟余热回用技术在陶瓷行业中的应用[J]. 佛山陶瓷, 2014(11): 26-28.
[34] 孙治忠, 刘玉强. 冶炼烟气三段四层净化除氟技术的开发与应用[J]. 硫磷设计与粉体工程, 2012(1): 1-5.

7　烟气中碱金属脱除原理与技术

7.1　概　　述

7.1.1　烟气中碱金属的来源

烟气中的碱金属主要来源于燃煤。煤中的碱金属主要是钠、钾化合物，其在煤中的存在形式主要有无机碱金属和有机碱金属两种。无机碱金属主要是以氯化物、水合离子以及水不溶性的硅铝酸盐形式存在，有机碱金属主要是羧酸盐和以配位形式结合在煤结构中的含氮或含氧官能团上[1]。

从热力学角度来看，反应的温度和压力主要对碱金属生成的化学平衡产生影响。温度较低时，碱金属与硅铝酸盐的反应发生在钠释放之前，而在高温时则发生在钠释放之后。温度的提升有利于反应向生成气相的方向偏移，导致气相碱金属增多。压力的提升将抑制气相的生成，导致气相碱金属减少。煤中存在的碱金属物质中，硅铝酸盐形式的化合物有很高的熔点而以固态形式留在灰分中，以其他形式存在的碱金属由于熔点低一般都会从煤中挥发出来，以气态形式存在于高温烟气中[2]。不同煤种中碱金属含量不同，会影响烟气中碱金属的含量。同时煤中其他物质的含量如硅铝酸盐，由于能和碱金属反应，会影响碱金属的释放。研究表明，关于钠的释放，主要途径有三种[3, 4]：以氯化钠等含钠化合物分子的形式释放；以有机钠转化为挥发分的形式释放；以钠原子的形式释放。对于钾的释放形式，目前有两种不同的观点，一种观点认为在煤炭燃烧过程中，一部分以气态形式存在的氯化钠与钾的硅铝酸盐发生置换反应，将硅铝酸盐中的钾置换出来并以氯化钾的形式存在于烟气中。另一种观点认为，钾在煤炭燃烧过程中发生离析反应，即钾先从硅铝酸盐内部向颗粒表面扩散，进而从表面气化释放到气相中。此时，钾是以原子的形式释放的，而释放到气相中的存在形态与具体的燃烧气氛和燃烧工况等因素有关。

煤燃烧过程中，碱金属的释放分为燃烧初期与燃烧后期两个阶段。燃烧初期，碱金属的演变与煤结构的裂解有关。在该阶段煤中碱金属主要发生水溶态碱金属向酸溶态碱金属转化，同时，少量碱金属化合物随着水分蒸发释放至烟气中。燃烧后期，碱金属的演变与煤的燃烧反应有关。该阶段中碱金属被释放到烟气中，与其他化合物反应生成不稳定的碱金属氧化物。

燃烧或气化温度对碱金属及碱土金属的释放和沉积起决定性作用。研究表明，煤转化后底灰中钠的含量随着燃烧或气化温度的升高而显著降低，高温下钠更倾向于释放到气相中。而在燃烧底灰和气化底灰中钠主要以硅铝酸钠的形式存在，燃烧的粉煤灰中钠主要以硫酸钠的形式存在，而气化粉煤灰中氯化钠是钠的主要存在形式。燃烧和气化过程中钠将经历不同的演变过程，气化时金属钠原子、Na_2O 和 NaCl 从煤中释放到气相中，并在气化过程中直接冷凝在设备的表面上；在燃烧过程中当 SO_2 存在时，Na 将与含硫气体反应形成大量的气态硫酸钠。

氯化钠是煤中钠的主要形式，在燃烧与气化过程中会挥发出来，而钾与钠不同，主要存在于不挥发的硅酸盐中，然而钾也能从硅酸盐中释放出来，并和氯化钠蒸气发生交换反应后以氯化钾的形式出现。热力学计算表明[5]，蒸气状态的氯化钠和氯化钾是流化床烟气中钠与钾的主要载体，然而烟气中的硫化物可与碱金属氯化物反应生成硫酸盐；烟气中钠原子、Na_2O 与水结合生成 NaOH，再与二氧化硫反应生成硫酸盐。反应如下：

$$2NaCl + SO_2 + 1/2O_2 + H_2O \longrightarrow Na_2SO_4 + 2HCl \tag{7-1}$$

$$NaOH + SO_2 + 1/2O_2 \longrightarrow Na_2SO_4 + H_2O \tag{7-2}$$

动力学计算还表明，在低于 1127℃，在有足够硫的条件下，大部分的碱金属是以硫酸盐的形式存在的。从化学热力学的角度分析，高温下主要的气相碱金属为氢氧化物，而温度较低有利于硫酸盐的形成。煤中的 Ca/S 比例会影响碱金属与硅铝酸盐的反应接触时间。煤中氯含量的增加有利于碱金属以氯化物的形式析出。研究表明，高氯煤中碱金属主要以氯化物的形式释放，同时煤中氯的增加导致气相碱金属量增加。研究也表明，燃料中氯含量较高，促进钾和钠以气态 KCl 和 NaCl 的形式析出；加入 CaO 会释放出更多的气态 KCl、NaCl 和 KOH。在流化床中，煤中氯的含量多少会改变 NaOH 和 NaCl 之间的平衡，是影响碱金属释放的决定性因素。

目前我国钢铁生产所用铁矿石中，钾、钠、氯、氟等元素含量较高，所以在原料的烧结阶段便有一部分的碱金属元素在抽风烧结的过程中与氯元素结合，生成低熔点、低沸点的碱金属氯化物，并最终进入烧结机头灰中。为降低烧结矿的低温粉化率，在原料入炉前通常会通过喷淋 $CaCl_2$ 溶液对其进行预处理。而与烧结矿一同进入高炉中的氯化钙则会在高温条件下与烧结矿矿相中的碱金属元素反应，生成碱金属氯化物并最终进入高炉瓦斯泥或瓦斯灰中。而当生产流程进入转炉炼钢阶段时，烟气中的碱金属氯化物主要来源于吹炼过程中加入的造渣料。被气流吹起的微小熔融颗粒在随烟气运动的过程中不断冷却凝固，最终在烟道内壁上沉积或被除尘装置吸收。

7.1.2　碱金属的环境影响

煤在燃烧过程中，其所含的低熔点碱金属化合物会释放出来，以气态形式存在于烟气中。当管道中有二氧化硫等气体时，气态碱金属化合物会与其反应生成硫酸盐，随温度降低而逐渐冷凝沉积在锅炉壁面或燃气轮机叶片上形成冷凝液膜，呈熔融态，它会捕集烟道气中的固体颗粒，加速了污垢的沉积，大大降低热交换速率，引起设备积灰、结渣，并造成燃气轮机叶片严重腐蚀，影响锅炉的正常运行。为了避免严重的高温腐蚀问题，烟气中的碱金属浓度必须控制在 50ppb(ppb 为 10^{-9})以下[6]。另一部分则是亚微米颗粒物的来源之一，在燃烧过程中，碱金属、微量元素以及它们的氧化物会以蒸气的形式挥发出来，这些蒸气不断向外扩散，在尾部烟道中随温度的降低会均相核凝聚或异相冷凝形成亚微米颗粒，这些细小的颗粒很难被除尘系统捕集而去除，因而会随尾气排放到大气中，造成环境污染，是雾霾形成的一个重要来源。此外，碱金属会造成脱硝催化剂中毒，主要是硫酸盐、氯化物和碳酸盐等碱金属与催化剂表面接触，能够直接与催化剂的活性位发生作用导致催化剂钝化，烟气中 Na^+、K^+等碱金属离子使得低温催化剂活性位 B 酸位(V—OH)的数量明显减少，从而减弱了催化剂对 NH_3 的吸附性能，导致脱硝效率降低。

在我国，高炉炼铁是以烧结矿为主，配加部分球团矿和块矿的炉料结构，其中烧结矿配比高达 75%以上。铁矿烧结过程中原料种类烦杂，在生产过程中，为控制生产成本，不可避免地会配加钾和钠等含量较高的劣质矿石，以回收含铁粉尘。研究表明，钾和钠在烧结过程中经过复杂的氧化还原反应，除有一部分以蒸气状态进入烧结烟气外，质量分数超过 80%的钾和钠会随着烧结矿进入高炉。碱金属在高炉内循环富集，会导致高炉结瘤、炉衬被侵蚀，且钾和钠沉积在炉料表面会加剧烧结矿低温还原粉化和焦炭熔损，进一步影响高炉透气性和高炉顺行。钾和钠具有挥发性，在烧结过程中容易进入烟气。这部分钾和钠会以化合物形态冷凝成单个固态晶体，或附着在颗粒物上。研究发现，在烧结过程中，大部分钾和钠保留在烧结矿中，少部分进入粉尘及颗粒物被脱除，其中粉尘里的机头灰和机尾灰的钾和钠含量高，而排空的颗粒物和烟气中钾和钠质量分数不高。在高温和还原性气氛条件下，钾、钠与易于挥发的氯元素结合，形成微米及亚微米颗粒，造成环境污染。

7.1.3　碱金属的控制标准

目前，碱金属对环境的污染并未引起重视，相应的控制标准几乎没有。在燃煤发电技术的高温煤气中规定了碱金属蒸气的含量，即碱金属蒸气必须低于 0.024ppm(ppm 为 10^{-6})[7]。《高炉炼铁工艺设计规范》中也规定了碱负荷不超过 3.0kg/t。

7.2　烟气中碱金属的脱除技术

7.2.1　煤中碱金属的脱除技术

目前缓解高钠煤燃烧过程中碱金属引发问题的途径有以下几种：①合理配煤。将高钠煤与弱结渣煤掺烧，减轻高钠煤的结渣。②烧前预处理。在高钠煤燃烧前对其进行提质处理，降低煤中碱金属的含量。③对锅炉换热面进行处理。一般采用抗高温耐腐蚀合金材料或管壁涂层。④使用固体吸附剂。通过物理吸附或化学反应的方式将煤中的碱金属吸附在灰分中[8]。

合理配煤掺烧是通过改变燃料中 SiO_2 和 Al_2O_3 的含量来实现对碱金属的控制，这种方法能在一定程度上缓解碱金属引起的问题，但是掺烧需要大量的低钠、低灰且灰的软化程度较高的优质煤，这种方法不能从根本上解决问题。煤粉燃前预处理，常用的方法是用水或者含铝的水溶液对高钠煤进行提质处理，降低煤基质中的碱金属含量进而缓解高钠煤燃烧过程中出现的沾污、结渣等问题。但是，高钠煤洗选导致用煤成本提高，洗煤用水和洗煤废水的处理也需要大量投资，因此这种方法在实践中难以得到广泛应用。锅炉换热面处理技术虽然取得了一定的进展，但是技术的实施难度比较大，而且合金材料的成本较高，在工业锅炉中的应用有一定难度。在燃烧过程中使用固体吸附剂的方法来脱除烟气的碱金属蒸气相对来说是一种简单、经济且操作性强的方法。

固体吸附剂脱除烟气中碱金属的方式大体分为两类：一类是固定床吸附，即将含碱金属的高温烟气通过固体吸附剂床层来实现对碱金属的吸附控制；另一类是动态吸附，即在燃烧前将燃料与吸附剂粉末混合均匀或将吸附剂粉末喷入到燃烧炉内，吸附剂与煤粉或烟气中的碱金属化合物接触并通过物理或化学反应将碱金属化合物固化到灰分颗粒中被集灰系统捕集。

此外，碱金属化合物在催化剂的作用下可以带上电荷，在电场力的作用下到达吸收板，从而实现碱金属的脱除，这是通用公司提出的一种脱除方案[7]。碱金属虽然离子化趋势较弱，但在催化剂的作用下可以带上电荷。利用这一原理通用公司制造了碱金属检测仪器。碱金属的种类不同，电离法的脱除效果也不同。实验表明，即使在足够高的偏压下也不能保证碱金属化合物全部离子化。事实上这种方法的脱除效率在 900V 偏压下大约在 50%，并不能满足 PFBC 烟机入口对碱金属浓度的要求。要使这一方法真正可行，必须提高碱金属的电离化程度。

近年来，许多学者对如何去除煤燃烧及气化过程中的碱金属蒸气进行了研究，主要是通过在高钠煤中加入不同添加剂进行掺烧。一方面，掺混添加剂可以增大固体颗粒表面积以捕捉和固定化学反应所释放出来的碱金属蒸气；另一方面，添加剂中的物质可以和碱金属蒸气发生化学反应以捕捉和固定碱金属蒸气。目前研究所使用的添加剂主要采用硅铝含量高的氧化硅、矾土、石墨、氧化铝、煅烧过的石灰石、粉煤灰及黏土矿物高岭土等。

Punjak[9]在其研究中，选出了三种效果较好的碱金属固体吸附剂：铝矾土、高岭土和酸性白土。其研究发现，铝矾土具有最高的初始吸附速率，高岭土具有最高的碱容量；三种吸附剂的吸附机理有差别，高岭土和酸性白土的吸附属于不可逆吸附，而铝矾土的吸附部分可逆，在解吸附过程中会失去约 10%的初始增重。其中，高岭土吸附氯化钠的反应如下：

$$2NaCl+Al_2O_3 \cdot 2SiO_2+H_2O \longrightarrow Na_2O \cdot Al_2O_3 \cdot 2SiO_2+2HCl \tag{7-3}$$

酸性白土吸附氯化钠的反应如下：

$$2NaCl+5SiO_2+Al_2SiO_5+H_2O \longrightarrow Na_2O \cdot Al_2O_3 \cdot 6SiO_2+2HCl \tag{7-4}$$

20 世纪 70 年代末，Lee 等[10]在空气气氛中和模拟的高温烟气条件下测试了 6 种固体吸附剂对碱金属蒸气的脱除效果，发现高岭土类型的黏土如活性矾土、硅藻土对碱金属的吸附效果较好。硅藻土是通过化学反应吸附碱金属，而活性矾土是通过物理吸附和化学吸附相结合的方式脱除碱金属，并且在水蒸气存在的情况下，化学吸附方式占主导地位，此时活性矾土对碱金属的吸附效率也较高，且这两种吸附剂对碱金属的吸附速率不是由质量传递控制，而是由碱金属化合物在吸附剂内孔的扩散速率或化学反应速率控制。

李依丽等[11]以氯化钠蒸气为研究对象，通过实验室自建的碱金属蒸气脱除装置，对 6 种天然矿物及活性氧化铝的脱碱性能进行比较，得出活性氧化铝具有最高的碱容量(吸附剂的评价指标)，高岭土次之，铝土最低。吸附剂吸附碱金属化合物蒸气机理包括物理吸附、化学吸附或两者同时存在。实验中吸附剂若对 NaCl 蒸气只发生物理吸附，则 NaCl 以分子形式附着在吸附剂孔隙结构中；若发生化学吸附，则吸附剂对 Na^+和 Cl^-发生选择性吸附，吸附 Na^+与 Cl^-的数量不同，且有反应产物 $NaAlO_2$ 和 HCl 气体产生。实验表明，吸附剂对碱金属蒸气的吸附不仅与吸附剂的化学成分有关，还与吸附剂内部的孔结构有关，活性氧化铝对 NaCl 的吸附属多分子层的物理吸附，吸附的主要阻力集中在碱金属蒸气扩散至吸附剂的内孔。Tran 等[12]对高岭土同时脱除烟气中的 KCl 和 $CdCl_2$ 进行了实验研究，实验装置为固定床，反应温度为 850℃，反应气氛分为氧化性(空气)和还原性($80\%N_2$，10%CO，$10\%CO_2$)两种。研究发现，高岭土在氧化性和还原性气氛下均能够吸附 KCl，但只能够在氧化性气氛下吸附 $CdCl_2$；在两种气氛下，$CdCl_2$ 加入均能够促进高岭土对 KCl 的脱除；在还原性气氛下，高岭土对 KCl 的脱除效果更好；高岭土在空气气氛下，在 850℃时，对 KCl 的脱除是不可逆的，将 KCl 由气相转化为不溶于水的固相产物。对比高岭土对不同碱金属化合物的脱除，发现 KCl 和 KOH 的脱除效率相近，KCl 略高，而 K_2SO_4 的脱除效率明显低于 KCl 和 KOH。实验还发现，KCl 的转化率随着 KCl 浓度降低或反应温度升高而降低[13]。

美国 ANL 公司[14]采用陶瓷吸收器作为碱金属脱除装置，采用活性矾土作为添加剂，获得了 99%以上的脱除效率。在 ANL 公司的脱除设备(图 7-1)中，首先对烟气进行了多级除尘处理，使碱金属吸收器更专一地发挥作用，将炉膛烟气先进行粒子脱除，首先将以固态及附着在固体粒子上的液态金属脱除，同时还将防止烟灰颗粒堵塞添加剂粒子的孔隙而影响添加剂对气态碱金属的脱除，这对于主要靠物理吸附作用来对碱金属进行脱除的活性矾土来说是适宜的。用固定床设备对碱金属进行脱除的方法因效率高已成为目前最有效的脱除方法之一。

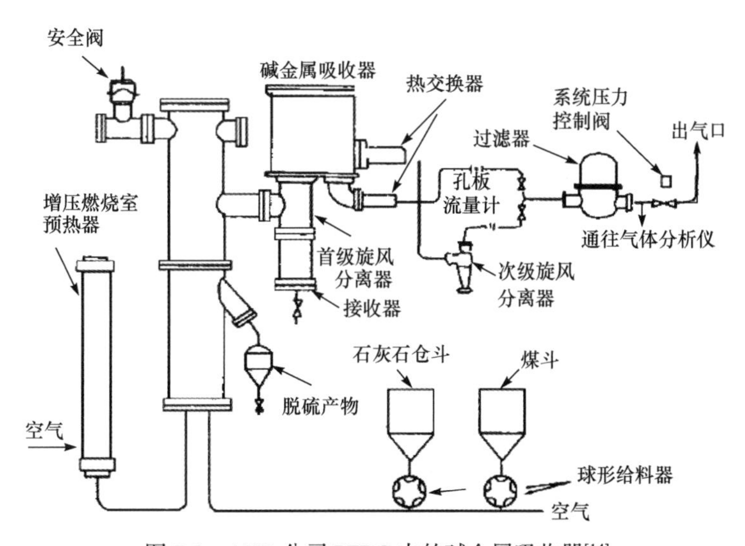

图 7-1 ANL 公司 PFBC 中的碱金属吸收器[14]

由此可知，国内外研究者提出的吸附反应机理各有侧重，既有通过物理吸附脱除碱金属蒸气的，也有通过化学反应的方式固定碱金属的，吸附机理随着煤种、燃烧条件的不同而有所不同。

7.2.2　烧结过程中碱金属脱除技术

碱金属的分布状态如下[15]：原生磁精矿、氧化精矿碱金属富集于云母和黏土之中。氧化精矿含黏土、云母较高，所以含碱金属量高于磁精矿。烧结矿、球团矿碱金属富集于辉石和玻璃之中。高炉还原渣、碱金属富集于长石之中。碱金属(钾和钠)对高炉炼铁的危害一直是钢铁生产关注的重点。高炉冶炼时，在高温区碱金属碳酸盐被还原，形成碱金属蒸气，并随着高炉煤气由下而上运动，少部分碱金属随煤气和炉尘从炉顶排出，大部分碱金属会沉积在内衬和炉料上。钾、钠会加剧 CO_2 对焦炭的气化反应，一方面，造成焦炭破损，缩小间接还原区，扩大直接还原区，导致焦比升高；另一方面，钾、钠会加剧球团矿灾难性的膨胀和多数烧结矿中温还原粉化，使气流分布失常，料柱透气性变差。碱金属反复循环，危害高炉正常冶炼。近年来，不少钢铁企业因有害元素的问题导致高炉事故频发，甚至严重影响炼铁生产。我国高炉炼铁是以烧结矿为主、配加部分球团矿和块矿的炉料结构，其中烧结矿配比高达 75%以上。铁矿烧结过程中原料种类烦杂，在生产过程中，为控制生产成本，不可避免地会配加钾和钠等含量较高的劣质矿石，以回收含铁粉尘。另外，矿石中如磁精矿和氧化精矿也含有碱金属。研究表明，钾和钠在烧结过程中经过复杂的氧化还原反应，除有一部分以蒸气状态进入烧结烟气外，质量分数超过 80%的钾和钠会随着烧结矿进入高炉。

为了降低碱金属对高炉冶炼危害性，控制烧结矿钾和钠质量分数是关键。采用氯化烧结工艺有助于钾和钠的脱除，该方法利用 KCl、NaCl 和其他金属氯化物如 $CaCl_2(MgCl_2)$ 之间化学稳定性的差异，Ca^{2+}将烧结矿和球团矿中的 K^+和 Na^+置换出来，新生成的 KCl 和 NaCl 与 $CaCl_2$ 相比有较低的熔点、较高的挥发性及更容易还原等性质，在高温条件下挥发并被废气流带走。该方法的缺点是氯化烧结会降低烧结矿的冷强度，且钾和钠进入烟气之后，凝结成细小颗粒附着于除尘灰，易堵塞和腐蚀设备。范晓慧等[16]研究了烧结过程中碱金属脱除及在颗粒物中的富集行为，研究结果表明：在烧结过程中，钾和钠的脱除率分别为 22.86%和 8.70%，脱除的钾和钠主要进入机头灰中，其次为机尾灰；燃料配比和碱度对碱金属脱除的影响最大，随着燃料配比和碱度提高，钾和钠的脱除率增大，钾和钠的脱除主要发生在料层中下部，烧结料层表层和底部的钾和钠的脱除率低；钾和钠随烟气进入颗粒物中，随着烟气颗粒物粒径减小，碱金属的质量分数和富集比增大，钾和钠在第四电场灰中的富集比分别达到 279.86 和 43.17，在气溶胶颗粒中则分别达到 248.77 和 50.13；钾和钠易与氯元素气化-凝结形成化合物，因而主要以氯化物存在于颗粒物中。因此，他们认为：①在烧结过程中，大部分钾和钠保留在烧结矿中，少部分进入粉尘及颗粒物被脱除，其中粉尘里的机头灰和机尾灰的钾和钠含量高，而排空的颗粒物和烟气中钾和钠质量分数不高。②燃料配比和碱度对钾和钠的脱除有较大影响。随着燃料配比和碱度提高，钾和钠的脱除率增大，钾和钠在烧结过程中的脱除主要发生在烧结中后期。在烧结初始及末期，钾和钠的脱除率低。③烧结脱除的钾和钠主要富集在排出的粉尘和气溶胶颗粒物上，其在四种除尘灰和气溶胶颗粒物中的质量分数和富集程度随着颗粒粒径减小而增大，在颗粒中以氯化物为主要存在形态。

因此，对于烧结过程，可以采用源头控制+末端治理相结合的方法来降低碱金属的影响，尤其是源头控制，如降低碱金属的入炉量。在选矿工艺流程中[17]，处理氧化矿石的弱磁-强磁-反浮选作业对精矿钾、钠含量影响最大，如萤石型矿石原矿中 K_2O 和 Na_2O 为 0.87%，弱磁精矿为 0.29%，强磁精矿为 0.94%，浮选给矿为 0.49%，而浮选精矿为 0.51，因此可以通过选矿工艺除去部分钾、钠，降低氧化精矿中碱金属的含量。另外，采取均衡配用氧化精矿，以保持炉料中碱金属含量的稳定性，借以调整结构，降低碱金属含量，改善烧结矿性能。基于上述研究结果，可以降低碱金属的入炉量。改变烧结工艺，如采用氯化烧结工艺。研究人员在铁矿石烧结时添加氯化钙，发现碱金属的含量明显降低。由于碱金属的挥发性，部分碱金属进入烟气中，这些烟气中的碱金属主要富集在排出的粉尘和气溶胶颗粒物上，可以通过提高除尘器效率来提高对碱金属的控制。

7.3 碱金属对脱硝催化剂的影响

(1) 堵塞

堵塞是引起催化剂失活常见的因素，主要有孔堵塞和通道堵塞。孔堵塞是由细小的飞灰颗粒、铵盐、钙盐以及硅酸盐引起的，这些细小的具有黏性的颗粒会沉积在催化剂的小孔中，阻碍了反应物到达催化剂内表面，从而引起催化剂失活。研究表明，孔堵塞的主要成分是硅酸盐和钙盐。通道堵塞是指整体式的催化剂通道被大颗粒的飞灰堵塞，引起床层压降增加，脱硝性能下降。

(2) 中毒

受催化剂温度窗口的限制，燃煤电厂的脱硝系统布置于除尘器之前。烟尘中的有毒物质就会对催化剂产生毒害作用，中毒也就成为 SCR 催化剂实际应用过程中遇到的一个主要问题。烟气中存在的一些毒物，如碱金属、碱土金属、砷、磷、铅等吸附在催化剂表面的活性中心，使活性中心发生钝化，从而引起催化剂中毒。并且中毒不可逆，因此对催化剂来说中毒是致命的。

烟气中碱金属与 SCR 催化剂表面活性位点发生反应，破坏表面酸性，减少活性位点以及破坏氧化还原能力，造成催化剂严重中毒失活。对商业钒基催化剂来说，碱金属是最强的毒物之一。研究表明，碱(土)金属碱性越强，毒化作用越大；Ca、Mg 导致催化剂的失活程度弱于 K、Na。碱金属可以抑制表面 V 的还原和降低催化剂的酸性位点。部分研究表明，催化剂表面沉积碱金属后，催化剂表面酸性由于酸碱中和反应而减弱。此外，有学者通过浸渍负载碱金属的方法研究了碱金属对 NH_3 在 V_2O_5/TiO_2 催化剂上吸附与活化的影响，发现碱金属抑制 NH_3 吸附，碱金属负载量越多，NH_3 吸附量越低，且不同的碱金属化合表现出不同的抑制效果，其中钾化合物对催化剂的 NH_3 吸附抑制最为明显[18]。除了对表面酸性及 NH_3 吸附的影响外，碱金属会占据活性中心的活性位，抑制其反应，使 SCR 的中间反应不能顺利进行，从而降低脱硝效率(图 7-2)。Li 等[19]的中毒机制研究表明，铝物种倾向于减少路易斯酸性位点，而钠的化合物可以降低 B 酸和 L 酸酸位。随着 V^{5+}的减少和还原性的降低，Na 与活性 V 物种有很强的相互作用。随着 V 上 NH_3 吸附量和 W 周围电子密度的降低，Al 与 V 和 W 的结合变弱。该研究对于 SCR 催化剂的进一步改性和在制造工业中的应用极为有利。

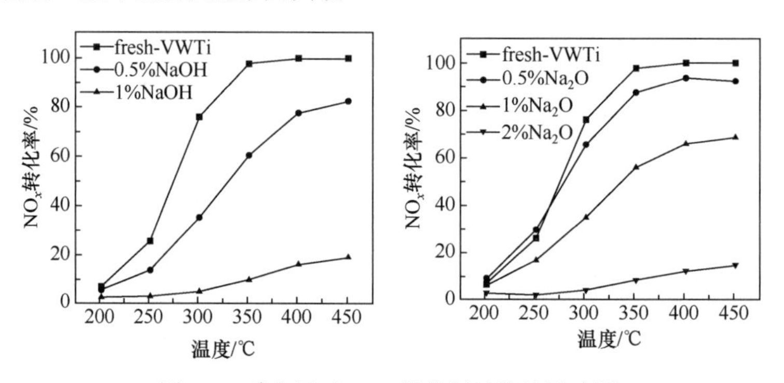

图 7-2 碱金属对 SCR 催化剂性能的影响[19]

由于 SCR 反应通常在催化剂的表层进行，所以碱金属在催化剂表层的冷凝情况在一定程度上将决定其中毒程度。碱金属的流动性在溶液的状态下表现更强，对催化剂的影响也更明显，因此，若有水蒸气在催化剂上凝结会加剧催化剂碱金属中毒，需避免烟气中水蒸气的凝结。

提高催化剂抗碱金属中毒的方法主要有以下几种：①制备酸化催化剂。碱金属可同时作用于钒基催化剂的活性组分与载体，增强载体的酸性，能使碱金属首先于酸性较强的载体酸性位点反应，从而避免主催化剂的活性位点被毒化。用杂多酸、稀硫酸等处理催化剂是增强载体酸性的有效方法。②增大活性组分 L/B 酸的比例。研究表明，碱金属主要毒化 B 酸性位点，对 NH_3 在 L 酸性位点的吸附影响较小。增大 L 酸性位点在催化剂表面酸性位点中的比例和数量对提高催化剂抗碱金属中毒能力有利。③改变制备方法或前驱体、沉淀剂的类型。不同的制备方法通过影响催化剂表面物种的分布，改变表面活性位点的类型及数量，进而影响反应气的吸附活化，从而影响催化剂的抗碱金属中毒能力。④分隔 SCR 反应活性位点与碱金属毒化位点。从碱金属毒化的机理来看，毒化主要通过 B 酸性位点上的 H 与碱金属的交换完成。反应气与碱金属离子在催化剂的同一活性位点反应。所以增强载体的酸性，采用酸性位点较多的金属改性，在某种程度上，只能减弱碱金属的毒化作用。分离 SCR 反应活性位点与碱金属毒化位点能有效避免碱金属对催化剂的毒化。⑤采用第三金属改性。改性是一种比较优异的增强催化剂抗碱金属中毒能力的方法。可利用添加金属元素的方法来达到调控载体酸性、活性成分 L/B 酸比例的目的。

参 考 文 献

[1] 汉春利, 张军, 刘坤磊, 等. 煤中钠存在形式的研究[J]. 燃烧科学与技术, 2001, 7(2): 167-169.

[2] 李勇, 肖军, 章名耀. 燃煤过程中碱金属迁移规律的模拟研究与预测分析[J]. 燃料化学学报, 2005(5): 556-560.

[3] 张军, 汉春利, 刘坤, 等. 煤中碱金属及其在燃烧中的行为[J]. 热能动力工程, 1999(2): 73-79.

[4] Wu H, Hayashi J, Chiba T, et al. Volatilisation and catalytic effects of alkali and alkaline earth metallic species during the pyrolysis and gasification of Victorian brown coal. Part V. Combined effects of Na concentration and char structure on char reactivity[J]. Fuel, 2004, 83(1): 23-30.

[5] 申文琴, 熊利红, 沙兴中. 热煤气中碱金属蒸汽的形成及消除方法[J]. 煤气与热力, 1998(6): 3-5.
[6] 杨少波. 高碱煤/气化飞灰燃烧过程中碱金属的迁移转化与 NO_x 排放特性[D]. 北京: 中国科学院大学, 2019.
[7] Lee S H D, Swift W M. A fixed granular-bed sorber for measurement and control of alkali vapors in PFBC[J]. Fluidized Bed Combustion, 1991, 11(2): 10951103.
[8] 汉春利, 张军, 刘坤磊, 等. PFBC 烟气中碱金属的脱除[J]. 热能动力工程, 2000(1): 71-74, 85.
[9] Punjak W A, Uberoi M, Shadman F. High-temperature adsorption of alkali vapors on solid sorbents[J]. AIChE Journal, 1989, 35(7): 1186-1194.
[10] Lee S H D, Johnson I. Removal of gaseous alkali metal compounds from hot flue gas by particulate sorbents[J]. Journal of Engineering for Gas Turbines and Power, 1980, 102(2): 397-402
[11] 李依丽, 吴幼青, 高晋生. 高温气体中碱金属蒸气的脱除[J]. 华东理工大学学报, 2003(2): 162-165.
[12] Tran Q K, Steenari B M, Iisa K, et al. Capture of potassium and cadmium by kaolin in oxidizing and reducing atmospheres[J]. Energy & Fuels, 2004, 18(6): 1870-1876.
[13] Tran K Q, Iisa K, Steenari B M, et al. A kinetic study of gaseous alkali capture by kaolin in the fixed bed reactor equipped with an alkali detector[J]. Fuel, 2005, 84(2): 169-175.
[14] Lee S H D, Myles K M. Alkali measurement in PFBC and tis control by a granular bed of activited bauxite. Proc. of the 9th Int. Conf. on Fluidized Bed Combustion. ASME, 1987: 793-801.
[15] 徐传智. 武钢炼铁原料中碱金属分布[J]. 武钢技术, 1981(2): 8-11.
[16] 范晓慧, 何向宁, 甘敏, 等. 烧结过程中碱金属脱除及在颗粒物中的富集行为[J]. 中南大学学报(自然科学版), 2017, 48(11): 2843-2850.
[17] 赵民, 王大宏, 武明河. 降低碱金属对高炉危害途径的研究与实践[J]. 包钢科技, 2000, 26(2): 11-14.
[18] 张先龙, 吴雪平, 黄张根, 等. 燃煤烟气中碱金属化合物对 V_2O_5/AC 催化剂低温脱硝的影响[J]. 燃料化学学报, 2009, 37(4): 496-500.
[19] Li S, Huang W, Xu H, et al. Alkali-induced deactivation mechanism of V_2O_5-WO_3/TiO_2catalyst during selective catalytic reduction of NO by NH_3 in aluminum hydrate calcining flue gas[J]. Applied Catalysis B: Environmental, 2020, 270: 118872-118879.